ELEMENTE DER MATHEMATIK

Leistungskurs Analysis

Herausgegeben von

Heinz Griesel, Helmut Postel

unter Mitwirkung von Friedrich Suhr

Schroedel

ELEMENTE DER MATHEMATIK

Leistungskurs Analysis

Herausgegeben von
Prof. Dr. Heinz Griesel und Prof. Helmut Postel unter Mitwirkung von Friedrich Suhr

Bearbeitet von
Prof. Dr. Heinz Griesel, Dr. Arnold Hermans, Anke Horn, Dr. Reinhard Köhler, Angelika Müller, Heinz Klaus Strick, Friedrich Suhr

Unter beratender Mitwirkung von
Günter Cöster, Dr. Andreas Meißner, Prof. Dr. Lothar Profke

Im Buch verwendete Symbole

GTR kennzeichnet Aufgaben für einen grafikfähigen Taschenrechner

CAS kennzeichnet Aufgaben für ein Computer-Algebra-System

TAB kennzeichnet Aufgaben für ein Tabellenkalkulationsprogramm

▲ kennzeichnet zusätzlichen Inhalt

Zum Schülerband erscheint:
Lösungsband Best.-Nr. 83954

ISBN 3-507-**83934**-2

Druck A 5 4 3 2 1 / Jahr 2005 2004 2003 2002 2001

Alle Drucke der Serie A sind im Unterricht parallel verwendbar. Die letzte Zahl bezeichnet das Jahr dieses Druckes.

Umschlagentwurf: Loeper & Wulf, Hannover
Zeichnungen: Michael Wojczak, Langner und Partner, Expression GmbH
Druck: klr mediapartner GmbH & Co. KG, Lengerich

Vorwort

1. Zur Zielsetzung des Buches

Der vorliegende Lehrgang zur *Analysis* ist für Leistungskurse der Klassen 12 und 13 konzipiert.
Das Buch schließt an die Differentialrechnung von Klasse 11 an. Vorausgesetzt werden dabei nur die Differentialrechnung für ganzrationale Funktionen und für die Funktionen $x \mapsto \sqrt{x}$, $x \mapsto \frac{1}{x}$, $x \mapsto \sin x$ und $x \mapsto \cos x$.
Eine flexible Gestaltung des Unterrichts bei unterschiedlichen Lernvoraussetzungen zu Beginn der Klasse 12 wird durch *gezielte* Überschneidungen ermöglicht: Ketten-, Produkt- und Quotientenregel aus dem Unterkapitel 1.3, die Bestimmung von Funktionen mit vorgegebenen Eigenschaften und die Extremwertprobleme im Kapitel 2 sind auch wegen ihrer großen Bedeutung für das Abitur Inhalt dieses Bandes.
Damit steht hier ausreichend Material für Wiederholungs- und Vertiefungsphasen (sowie für eigenständige Arbeit der Schülerinnen und Schüler) zur Verfügung, auch falls diese Themen schon in Klasse 11 behandelt worden sein sollten.

2. Zum Inhalt des Bandes

Im Kapitel 1 erfolgt eine Erweiterung der Analysis auf Exponential- und Logarithmusfunktionen, gleichzeitig werden dabei die notwendigen Ableitungsregeln erarbeitet. Auch die – für Leistungskurse angemessene – Präzisierung der Begriffe Grenzwert und Stetigkeit von Funktionen erfolgt hier.
Im Kapitel 2 werden Funktionen mit vorgegebenen Eigenschaften bestimmt, Extremwertprobleme behandelt und weitere Funktionenscharen untersucht.
Die Integralrechnung wird im Kapitel 3 behandelt. Das Kapitel 4 widmet sich verschiedensten Anwendungen der Integralrechnung, weiteren Integrationsregeln und numerischen Verfahren der Integration.
Das Kapitel 5 versteht sich als Angebot zur Erweiterung der Differential- und Integralrechnung auf rationale Funktionen oder trigonometrische Funktionen.
Auch die Kapitel 6 (Differentialgleichungen) und 7 (Approximation von Funktionen) stellen ein zusätzliches Angebot für Leistungskurse dar.
Darüber hinaus enthält der Anhang einen kurzen Lehrgang zu Beweisen.

3. Klausurtraining und Abituraufgaben

Am Ende der Kapitel 1 bis 5 gibt es jeweils zwei Klausurvorschläge und Fragen zum jeweiligen Basiswissen.
Die Lösungen zu diesen Klausurvorschlägen sind im Anhang ab Seite 356 abgedruckt.
Das Kapitel 8 enthält zahlreiche erprobte Aufgaben zur Vorbereitung auf die Abiturprüfung.

4. Blickpunkte und Exkurse

Blickpunkte verstehen sich als Anregung zum Behandeln eines komplexen Themas, welches mit den vorhandenen mathematischen Mitteln an der jeweiligen Stelle des Lehrgangs bearbeitet werden kann.
Exkurse sind – wie das Wort sagt – außerhalb des Lehrgangs angesiedelt. Sie enthalten Reflexionen über die zentralen Ideen der Mathematik und deren Geschichte.

5. Zum Einsatz neuer Technologien

Grafikfähige Taschenrechner (GTR), Computer-Algebra-Systeme (CAS) und Tabellenkalkulationsprogramme (TAB) erhalten als Hilfsmittel in Studium, Wissenschaft und Beruf eine immer größere Bedeutung. Sie sollten daher auch zu Werkzeugen des Mathematikunterrichts werden.
Zur Anregung wurden deshalb Aufgaben aufgenommen, welche mit solchen technischen Hilfsmitteln (GTR, CAS, TAB) gelöst werden können bzw. deren Lösung durch den Einsatz solcher Technik sinnvoll unterstützt wird. Diese Aufgaben sind in der Marginalspalte durch ein entsprechendes Symbol gekennzeichnet. Der Einsatz solcher Technik ist jedoch für die Arbeit mit diesem Buch nicht zwingend erforderlich. Die Autoren erhoffen sich jedoch, dass durch dieses Angebot solche Technologien allmählich in den Unterricht eindringen, so wie das mit gewöhnlichen Taschenrechnern in den letzten 30 Jahren schon geschehen ist.

Inhaltsverzeichnis

1. EXPONENTIAL- UND LOGARITHMUSFUNKTIONEN – ABLEITUNGSREGELN

Täglich gibt es Pressemeldungen über das Anwachsen verschiedener Größen:

Bodenversiegelung führt zu Umweltschäden

In Deutschland wird zur Zeit jährlich eine Fläche von der Größe des Bodensees überbaut. Wenn der Boden weiter in diesem Tempo unter Teer und Beton verschwände, wäre Deutschland in 500 Jahren ganz überbaut.

Wasserhyazinthen überwuchern Victoriasee

Vor nur 10 Jahren wurde diese südamerikanische Schwimmpflanze erstmals im Victoriasee gesichtet. Heute hält sie das zweitgrößte Süßwasserbecken der Welt im Würgegriff: Alle 20 Tage verdoppelt sich die bedeckte Fläche.

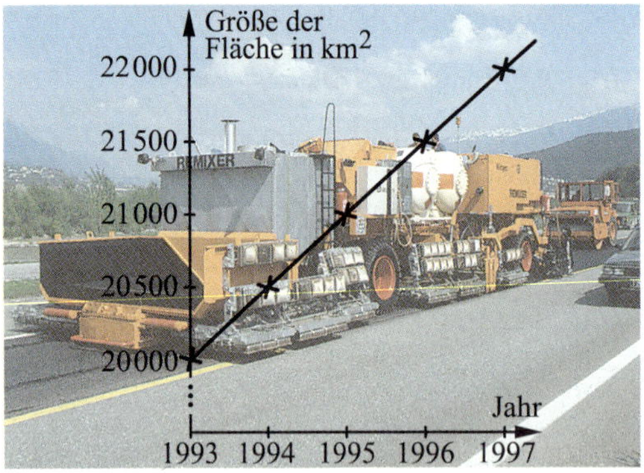

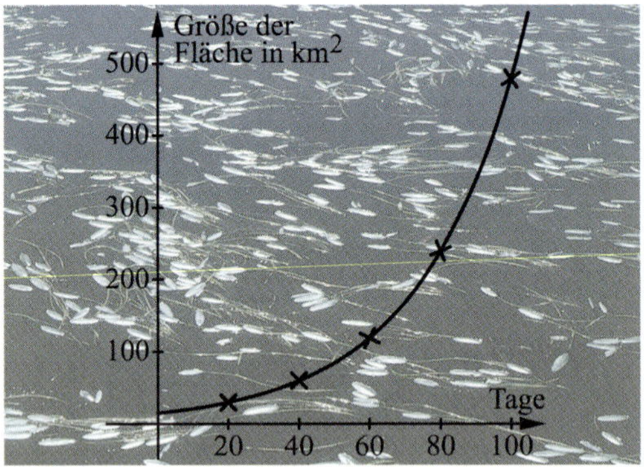

Ein jährliches Anwachsen der versiegelten Bodenfläche um den gleichen Betrag bedeutet eine konstante Wachstumsgeschwindigkeit. Dieses lineare Wachstum ermöglicht einfache Prognosen.

Das Wachstum der Wasserhyazinthen verläuft exponentiell, da alle 20 Tage eine Verdoppelung stattfindet. Da täglich ein größer werdender Betrag hinzukommt, ist die Wachstumsgeschwindigkeit nicht konstant. Prognosen überraschen häufig: Bei diesem Wachstum benötigen Wasserhyazinthen Jahre, um den Victoriasee zur Hälfte zu bedecken, danach nur noch 20 Tage für die 2. Hälfte, also den Rest.

Das Wachstum der Wasserhyazinthen sei durch die Funktion beschrieben, die jedem Zeitpunkt x die Größe f (x) der bedeckten Fläche zuordnet.

Die *mittlere Wachstumsgeschwindigkeit* im Zeitintervall $[x;\ x+h]$ ist die Flächeninhaltszunahme $f(x+h) - f(x)$ pro Zeitspanne h:

$$\frac{f(x+h) - f(x)}{x+h-x} = \frac{f(x+h) - f(x)}{h}$$

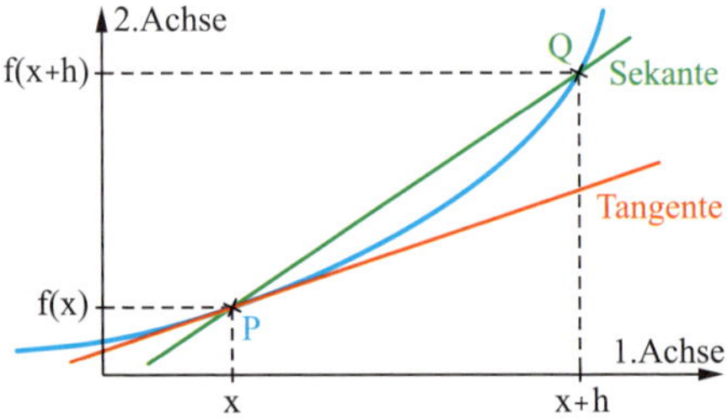

Geometrisch bedeutet dieser Differenzenquotient die Steigung der Sekanten durch die Punkte $P(x \mid f(x))$ und $Q(x+h \mid f(x+h))$.

Die *momentane Wachstumsgeschwindigkeit* zum Zeitpunkt x ist der Grenzwert:

$$\lim_{h \to 0} \frac{f(x+h) - f(x)}{h} = f'(x)$$

Geometrisch bedeutet dies die Steigung der Tangenten an den Graphen im Punkt $P(x \mid f(x))$.

Zur Bestimmung der Wachstumsgeschwindigkeit exponentieller Prozesse benötigen wir also die Ableitung der Exponentialfunktion. Diese zu bestimmen ist der zentrale Inhalt dieses Kapitels.

1.1 Exponential- und Logarithmusfunktionen – Eigenschaften

1.1.1 Exponentialfunktionen $x \mapsto b^x$

Aufgabe 1

Iod-Gewinnung aus dem Meer

Das seltene Element Iod kommt im Meerwasser vor. Algen reichern es in ihrem Organismus an, bis 20 g je kg Trockenmasse.

Daher züchtet man zur Iod-Gewinnung spezielle Algen in ca. 30 m Tiefe. Diese wachsen sehr schnell:

Eine Anpflanzung verdoppelt wöchentlich ihre Höhe.

a) Betrachte die Algenhöhe y (in dm) als Funktion der Zeit x (in Wochen). Nimm dazu an, dass die Anpflanzung am Anfang der Beobachtung 1 dm hoch ist.

(1) Stelle in einer Wertetabelle zusammen, wie hoch die Anpflanzung vor 3, vor 2, vor 1 Woche war und wie hoch sie in 1, in 2, in 3 Wochen sein wird.

(2) Gib eine Funktionsgleichung und eine Zuordnungsvorschrift an.

(3) Zeichne den Graphen der Funktion.

Iod in der Szintigraphie

Zur Untersuchung von Tumoren erhält ein Patient intravenös ein Medikament mit radioaktivem Iod. Dieses reichert sich im kranken und gesunden Gewebe unterschiedlich stark an, sodass mit der von ihm ausgesandten radioaktiven Strahlung Lage und Größe von Tumoren erkannt werden kann.

Das verwendete radioaktive Iod-Isotop ^{131}I zerfällt nur langsam: wöchentlich halbiert sich seine Menge.

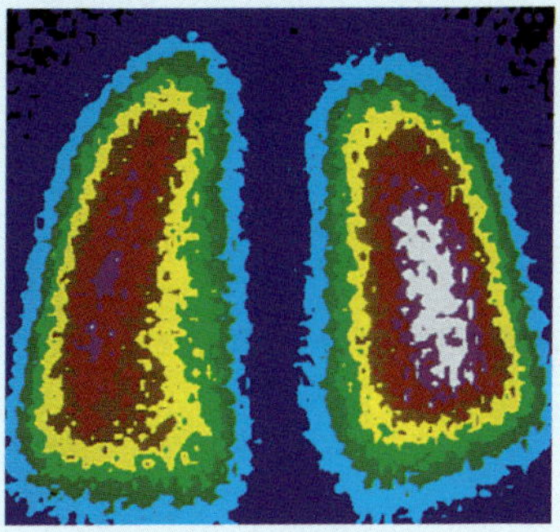

b) Betrachte die Menge y an radioaktivem Iod (in mg) als Funktion der Zeit x (in Wochen). Nimm an, dass am Anfang 1 mg vorhanden ist.

(1) Stelle in einer Wertetabelle zusammen, welche Menge an radioaktivem Iod nach 1, nach 2, nach 3 Wochen noch vorhanden ist. Trage auch ein, wie viel Iod vor 3 Wochen, vor 2 Wochen, vor 1 Woche vorhanden gewesen sein muss, damit zu Beobachtungsbeginn noch 1 mg vorliegt.

(2) Gib eine Funktionsgleichung und eine Zuordnungsvorschrift an.

(3) Zeichne den Graphen der Funktion.

c) Gib Gemeinsamkeiten und Unterschiede der beiden Funktionen aus den Teilaufgaben a) und b) an.

Lösung

a) (1)

Zeitspanne x (in Wochen)	Höhe y (in dm)
−3	0,125
−2	0,25
−1	0,5
0	1
1	2
2	4
3	8

(2) $y = 2^x$ bzw. $x \mapsto 2^x$

(3)

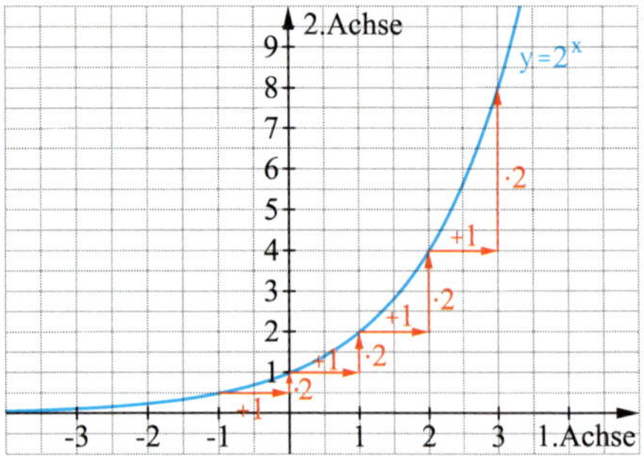

b) (1)

Zeitspanne x (in Wochen)	Menge y (in mg)
−3	8
−2	4
−1	2
0	1
1	0,5
2	0,25
3	0,125

(2) $y = \left(\frac{1}{2}\right)^x$ bzw. $x \mapsto \left(\frac{1}{2}\right)^x$

(3)

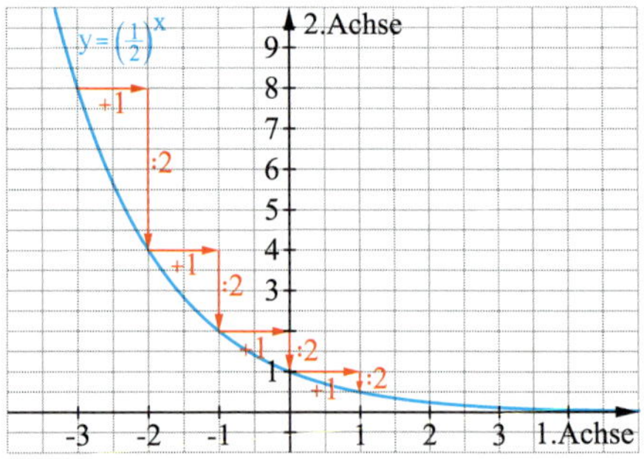

c) Sowohl die Funktion f mit $f(x) = 2^x$ als auch die Funktion g mit $g(x) = \left(\frac{1}{2}\right)^x$ haben als Definitionsbereich $\mathbb{R}$ und die Wertemenge $\mathbb{R}^+$.
Die Funktion f ist streng monoton wachsend; die Funktion g ist streng monoton fallend. Der Graph von f schmiegt sich an den negativen Teil der 1. Achse an, der Graph von g an den positiven Teil. Beide Graphen treffen dennoch nicht die 1. Achse, kommen ihr aber beliebig nahe.
Jedesmal, wenn man das Argument x um 1 vergrößert, wird der zugehörige Funktionswert mit einem festen Faktor multipliziert: bei f mit 2, bei g mit $\frac{1}{2}$.

Weiterführende Aufgaben

2. *Lineares Wachstum*

Bei einer Betriebsfeier hat ein Betriebsangehöriger um 20 Uhr schon einen Blutalkoholgehalt von 2‰. Danach trinkt er keinen Alkohol mehr. Sachverständige gehen davon aus, dass stündlich 0,2 Promillepunkte Alkohol im Körper abgebaut werden.

a) Betrachte den Blutalkoholgehalt (in ‰) als Funktion der Zeit (in Stunden) und gib die Funktionsgleichung an.

b) Ab einem Blutalkoholgehalt von 0,5‰ ist das Führen eines Fahrzeuges verboten. Darf der Betriebsangehörige um 2 Uhr nachts mit dem Auto fahren?

c) Welchen Alkoholgehalt hat er morgens um 7 Uhr noch im Blut?

3. *Zusammenhang zwischen den Exponentialfunktionen* $x \mapsto b^x$ *und* $x \mapsto \left(\frac{1}{b}\right)^x$

a) Zeichne die Graphen zu $x \mapsto b^x$ und $x \mapsto \left(\frac{1}{b}\right)^x$ in dasselbe Koordinatensystem. Wähle (1) $b = 3$ und (2) $b = 4$.

b) Welcher Zusammenhang besteht zwischen dem Graphen zu $x \mapsto b^x$ und dem zu $x \mapsto \left(\frac{1}{b}\right)^x$?

Information

(1) Wachstumsvorgänge

Wachstumsvorgänge kann man mithilfe von Funktionen beschreiben. Zwei Möglichkeiten zur Modellierung solcher Vorgänge sind besonders wichtig.

(a) Lineares Wachstum

Beim linearen Wachstum wird bei einer gleichen Zunahme der x-Werte um s immer der gleiche Summand d zu den zugehörigen Funktionswerten addiert.

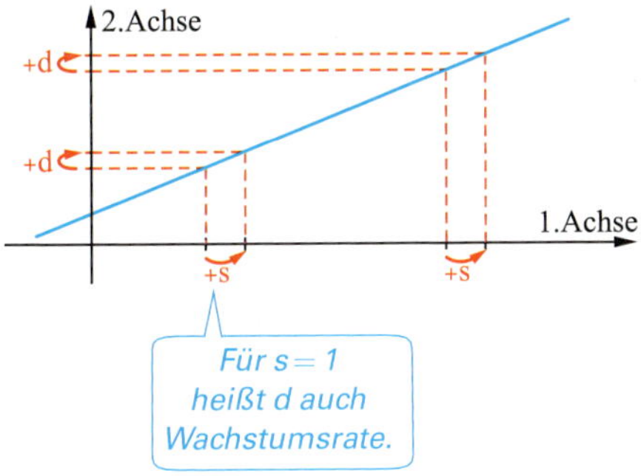

(b) Exponentielles Wachstum

Beim exponentiellen Wachstum werden bei einer gleichen Zunahme der x-Werte um s die zugehörigen Funktionswerte immer mit dem gleichen Faktor a multipliziert.

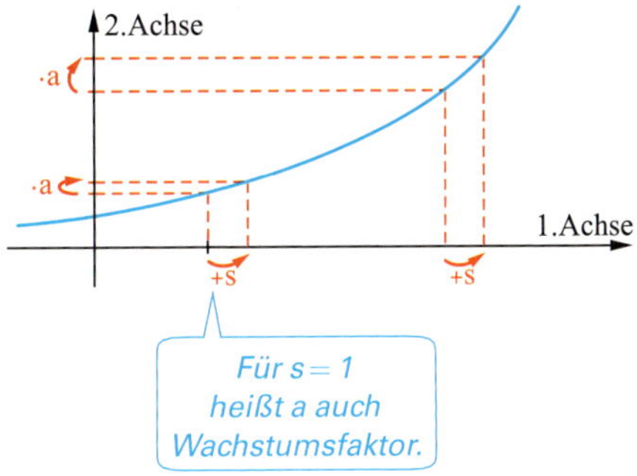

(2) Definition der Exponentialfunktionen

Definition 1

Die Funktion f mit $f(x) = b^x$ und $b \in \mathbb{R}^+ \setminus \{1\}$ heißt **Exponentialfunktion** zur **Basis** b.

Als Definitionsbereich legen wir, wenn nichts anderes vereinbart ist, $\mathbb{R}$ zugrunde.

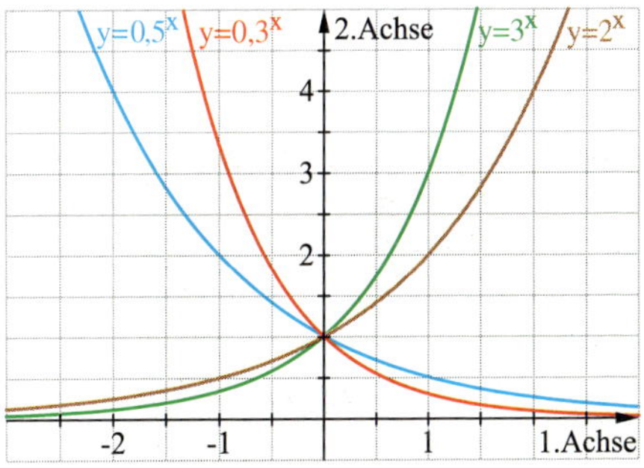

(3) Eigenschaften der Exponentialfunktionen

Satz 1

Für jede Exponentialfunktion f mit $f(x) = b^x$ gilt:

(a) Für $b > 1$ ist f streng monoton wachsend, für $0 < b < 1$ fallend.

(b) Der Wertebereich von f ist $\mathbb{R}^+$.

(c) Die 1. Achse ist Asymptote des Graphen von f.

Zum Begriff Asymptote siehe auch Seite 15.

(d) Aus dem 1. Potenzgesetz $b^{x+s} = b^x \cdot b^s$ folgt unmittelbar:
Erhöht man x jeweils um dieselbe Schrittweite s, so muss man den zugehörigen Funktionswert b^x mit demselben Faktor b^s multiplizieren.
(*Grundeigenschaft der Exponentialfunktionen*)

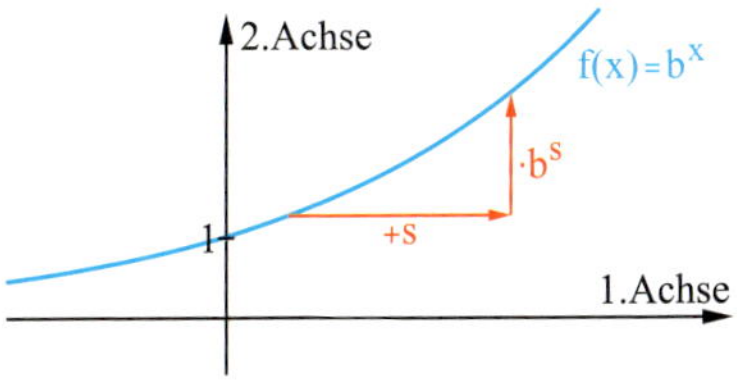

Stelle	Funktionswert
x	b^x
(+s) x + s	b^{x+s} (·b^s)

(4) Zusammenhang zwischen Exponentialfunktionen

Es gilt $\left(\frac{1}{b}\right)^x = \frac{1}{b^x} = b^{-x}$. Der Funktionsterm $\left(\frac{1}{b}\right)^x$ entsteht also aus dem Term b^x, indem x durch $-x$ ersetzt wird. Dies bedeutet:

Satz 2

Der Graph der Exponentialfunktion zu $y = \left(\frac{1}{b}\right)^x$ geht aus dem Graphen zu $y = b^x$ durch Spiegelung an der 2. Achse hervor.

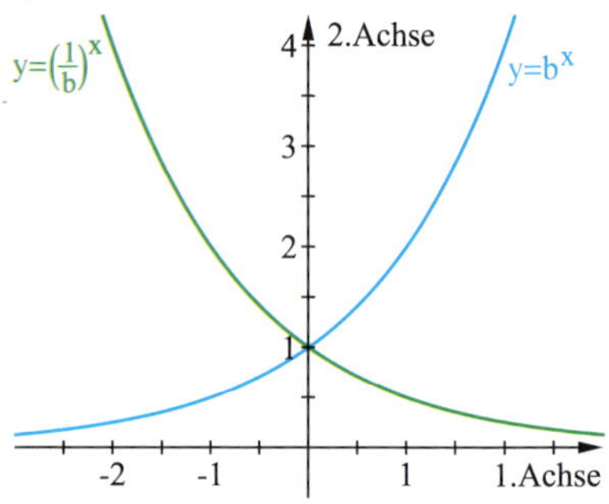

Übungsaufgaben

4.

Berechne einige Werte mit dem Taschenrechner und zeichne den Graphen zu $y = 2^x$ im Intervall [0; 12]. Wähle dabei als Einheiten 1 cm auf der ersten und $\frac{1}{1000}$ cm auf der zweiten Koordinatenachse.

5.

a) Begründe die folgende Faustregel für die Exponentialfunktion mit $y = 2^x$:
Ein Zuwachs eines x-Wertes um 10 bewirkt ungefähr eine Vertausendfachung des Funktionswertes.

b) Berechne angenähert den Funktionswert von $y = 2^x$ an der Stelle 36. Wähle 1 cm als Einheit und vergleiche diesen Funktionswert mit der Entfernung Erde – Mond ($\approx$ 384 000 km).

GTR **6.**

a) Zeichne die Graphen der Funktionen zu:
(1) $y = 3^x$ (2) $y = 4^x$ (3) $y = 0{,}25^x$ (4) $y = 0{,}4^x$

b) Gib Gemeinsamkeiten und Unterschiede dieser Funktionen an.

c) An welcher Stelle nimmt die Funktion den Wert 0,4 [0,7; 0,9; 1,4; 1,7; 3,5] an?

d) Formuliere allgemein Eigenschaften für die Funktion mit $y = b^x$. Welchen Einschränkungen unterliegt b und warum?

7.

a) Zeichne den Graphen von f mit $f(x) = 6^x$ im Intervall $[-2; 1]$.

b) Bestimme mithilfe dieses Graphens jeweils näherungsweise die Lösungsmenge von
(1) $6^x = 3$; (2) $1 \le 6^x \le 2$; (3) $-1 > 6^x > -3$; (4) $6^x \le 6$.

c) Wähle die Schrittweite 1 und veranschauliche die Grundeigenschaft der Exponentialfunktionen am Graphen.

8.
Bei welcher Schrittweite verdoppelt sich der Funktionswert von f mit $f(x) = (\sqrt{2})^x$ jedesmal? Erstelle dazu für das Intervall $[-2; 4]$ eine Wertetabelle und zeichne den Graphen von f.

9.
Die Exponentialfunktion $x \mapsto b^x$ gehe durch den Punkt P. Bestimme b.

a) $P(2\,|\,25)$ **c)** $P(-1\,|\,0{,}25)$ **e)** $P(-2{,}5\,|\,32)$

b) $P(1\,|\,7)$ **d)** $P\left(\frac{1}{2}\,\middle|\,\frac{1}{2}\cdot\sqrt{2}\right)$ **f)** $P\left(-\frac{2}{3}\,\middle|\,\frac{1}{4}\right)$

$P(1{,}5\,|\,8)$:
$b^{1{,}5} = 8$; d.h. $b^{\frac{3}{2}} = 8$
somit $b = 8^{\frac{2}{3}} = \sqrt[3]{64} = 4$

10.
Röntgenstrahlen werden durch Bleiplatten abgeschwächt. Die Strahlungsintensität nimmt pro 1 mm Plattendicke um 5% ab. Gehe von einer Strahlungsintensität $1 = 100\%$ aus. Gib die Funktion an, die der Plattendicke (in mm) die Restintensität zuordnet. Zeichne auch den Graphen.

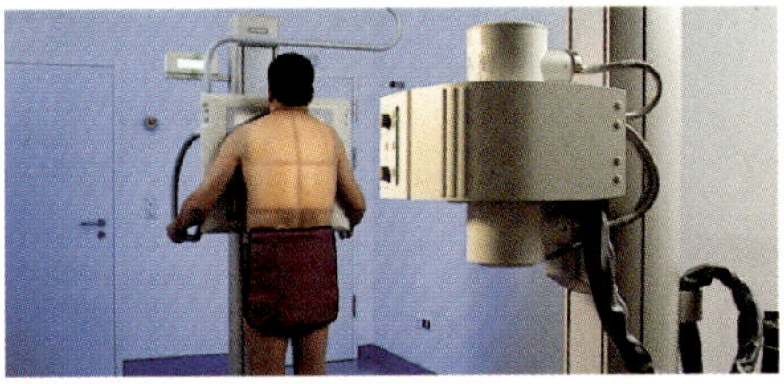

11.
Frau Glückspilz hat 1 Million Euro im Lotto gewonnen. Sie legt dieses Geld auf einem Konto mit einer 4,5 %igen Verzinsung an.

a) Gib das Kontoguthaben (in Mio. €) in Abhängigkeit von der Zeit (in Jahren) an.

b) Zeichne auch den Graphen dieser Funktion. Informiere dich dazu über die Verzinsung für Bruchteile eines Jahres. Wie müsste man den Graphen demzufolge genau zeichnen?

12.
Frische Vollmilch enthält pro 100 ml 1 mg Vitamin C. Dieses zersetzt sich unter dem Einfluss von Licht. In einer farblosen Glasflasche nimmt der Vitamin-C-Gehalt stündlich um 5 % ab, in einer braun getönten Flasche um 2 %.
Beschreibe den zeitlichen Verlauf des Vitamin-C-Gehalts für beide Fälle durch Funktionen. Zeichne die Graphen in ein gemeinsames Koordinatensystem.

13.
Ermittle die Funktionsgleichungen der gezeichneten Graphen.

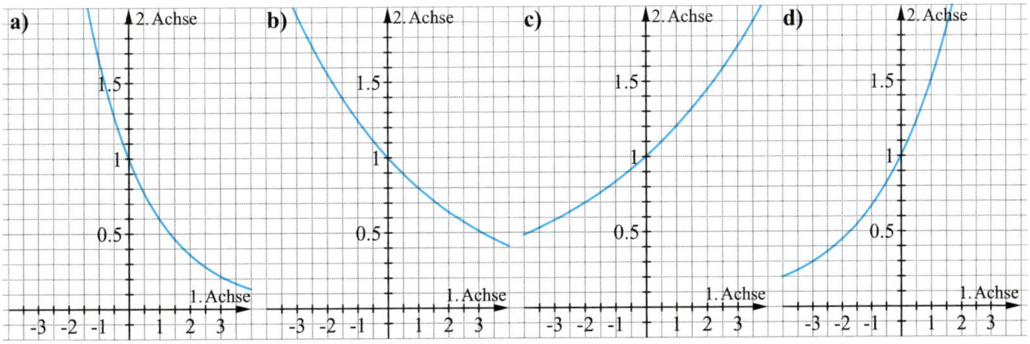

1.1.2 Verhalten von Funktionen für $x \to \infty$ bzw. $x \to -\infty$ – Asymptoten

Einführung Bei der Exponentialfunktion f mit dem Term $f(x) = \left(\frac{1}{2}\right)^x$ haben wir gesehen, dass für größer werdende Stellen x die Funktionswerte f(x) sich dem Wert 0 annähern. Der Graph der Funktion f schmiegt sich dem positiven Teil der 1. Achse an. Man kann dafür auch schreiben: $\lim\limits_{x \to \infty} f(x) = 0$. Entsprechend gilt für $g(x) = 2^x$ dann: $\lim\limits_{x \to -\infty} g(x) = 0$.

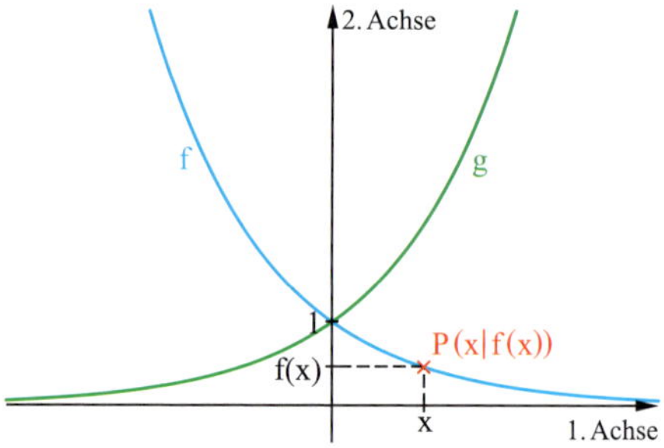

Aus Klasse 11 kennen wir nur Grenzwerte für Folgen. Der Grenzwert-Begriff soll nun für Funktionen für $x \to \infty$ präzisiert werden. Dazu stellen wir uns vor, dass ein Punkt $P(x \mid f(x))$ auf dem Graphen von f unbegrenzt nach rechts wandert. Dies lässt sich durch eine Folge $\langle x_n \rangle$ von Funktionsstellen auf der 1. Achse (*Grundfolge*) beschreiben, zu der dann eine Folge von Funktionswerten $\langle f(x_n) \rangle$ gehört (*Folge der dazugehörigen Funktionwerte*). Entsprechendes gilt für $x \to -\infty$.

Definition 2

(1) Die Folge $\langle x_n \rangle$ **divergiert gegen $+\infty$,** falls es zu jeder noch so großen Zahl E eine Platznummer n_E gibt, ab der alle weiteren Folgenglieder größer als E sind.

(2) Die Folge $\langle x_n \rangle$ **divergiert gegen $-\infty$,** falls es zu jeder noch so kleinen Zahl E eine Platznummer n_E gibt, ab der alle weiteren Folgenglieder kleiner als E sind.

Beachte: -10 ist kleiner als -5

Beispiele: (1) Die Folge $\langle 2^n \rangle$ divergiert gegen $+\infty$.
(2) Die Folge $\langle -n^2 \rangle$ divergiert gegen $-\infty$.
(3) Die Folge $\langle (-1)^n n \rangle$ ist zwar divergent, aber sie divergiert weder gegen $+\infty$ noch gegen $-\infty$.

Aufgabe 1 Skizziere den Funktionsgraphen. Welche Divergenz weisen die angegebenen Grundfolgen auf? Bilde jeweils die dazugehörige Folge der Funktionswerte und untersuche diese auf Konvergenz:

a) Funktionsterm $f(x) = 0{,}2^x$,
(1) Grundfolge $\langle 2n \rangle$ sowie
(2) Grundfolge $\langle -n \rangle$.

b) Funktionsterm $g(x) = \sin(x)$,
(1) Grundfolge $\langle n\pi \rangle$ sowie
(2) Grundfolge $\left\langle \left(n + \frac{1}{2}\right)\pi \right\rangle$.

Lösung **a)** (1) Die Grundfolge $\langle 2n \rangle$ divergiert gegen $+\infty$.
Die zugehörigen Funktionswerte sind
$f(2n) = 0{,}2^{2n} = (0{,}2^2)^n = 0{,}04^n$.
Die Folge $\langle f(2n) \rangle = \langle 0{,}04^n \rangle$ konvergiert gegen 0.

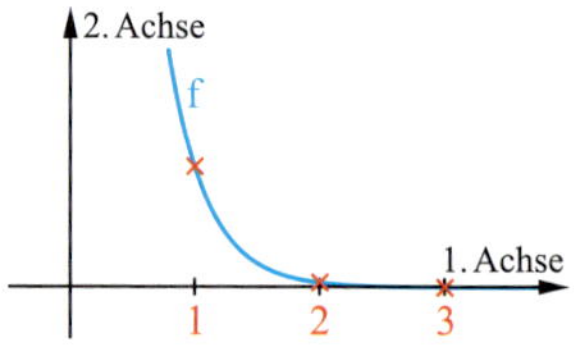

(2) Die Grundfolge $\langle -n \rangle$ divergiert gegen $-\infty$.
Die zugehörigen Funktionswerte sind
$f(-n) = 0{,}2^{-n} = (0{,}2^{-1})^n = \left(\frac{1}{0{,}2}\right)^n = 5^n$.
Die Folge $\langle f(-n) \rangle = \langle 5^n \rangle$ divergiert gegen $+\infty$.

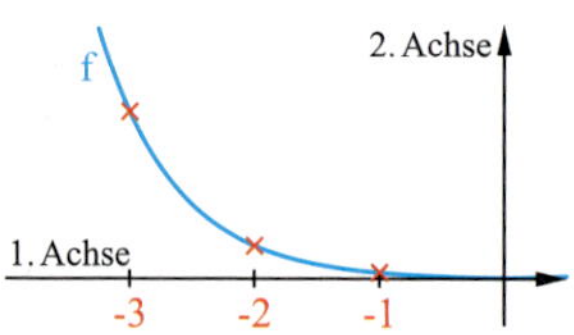

b) (1) Die Grundfolge $\langle n\pi\rangle$ divergiert gegen $+\infty$. Die zugehörigen Funktionswerte sind $g(n\pi) = \sin(n\pi) = 0$.
Die Folge $\langle g(n\pi)\rangle = \langle 0\rangle$ ist konstant 0 und konvergiert somit auch gegen 0.

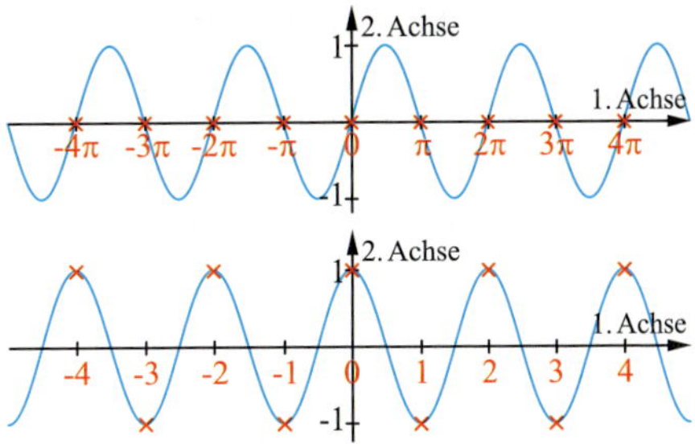

(2) Die Grundfolge $\left\langle\left(n+\frac{1}{2}\right)\pi\right\rangle$ divergiert ebenfalls gegen $+\infty$. Die zugehörigen Funktionswerte sind
$g\left(\left(n+\frac{1}{2}\right)\pi\right) = \sin\left(\left(n+\frac{1}{2}\right)\pi\right) = \begin{cases} 1 & \text{falls n gerade} \\ -1 & \text{falls n ungerade} \end{cases}$.
Die Folge $\left\langle g\left(\left(n+\frac{1}{2}\right)\pi\right)\right\rangle = \langle(-1)^n\rangle$ divergiert; sie hat keinen Grenzwert.

Information **(1) Grenzwert einer Funktion für $x \to \infty$ bzw. $x \to -\infty$**

Bei der Funktion f mit $f(x) = 0{,}2^x$ gehört zu der gegen $+\infty$ divergenten Grundfolge eine gegen 0 konvergente Folge von Funktionswerten. Das Anschmiegen des Graphen an die 1. Achse für $x \to \infty$ zeigt, dass hier für jede gegen $+\infty$ divergente Grundfolge entsprechendes gilt. Dies „passt" zu dem anschaulich klaren Grenzwert $\lim\limits_{x\to\infty} 0{,}2^x = 0$.

Andererseits gehört zu der gegen $-\infty$ divergenten Grundfolge eine ebenfalls divergente Folge von Funktionswerten. Dies „passt" dazu, dass sich die Funktionswerte für $x \to -\infty$ keinem Grenzwert nähern, sondern unbegrenzt anwachsen. Es gibt also keinen Grenzwert $\lim\limits_{x\to-\infty} 0{,}2^x$.

Bei der Funktion g mit $g(x) = \sin(x)$ haben wir für zwei verschiedene gegen $+\infty$ divergente Grundfolgen Folgen von Funktionswerten mit völlig unterschiedlichem Verhalten gefunden: eine konvergente und eine divergente.
Anschaulich ist klar, dass man hier von keinem Grenzwert $\lim\limits_{x\to\infty} \sin(x)$ sprechen kann.
Wir definieren allgemein:

Definition 3

Unter dem **Grenzwert der Funktion f für $x \to \infty$ bzw. $x \to -\infty$** versteht man eine Zahl, die man folgendermaßen erhält:

(1) Man geht von beliebigen *Grundfolgen* $\langle x_n\rangle$ aus, die gegen $+\infty$ bzw. $-\infty$ divergieren.
(2) Man bildet zu jeder dieser Folgen die *zugehörige Folge der Funktionswerte* $\langle f(x_n)\rangle$.
(3) Man prüft, ob jede dieser Folgen von Funktionswerten gegen denselben Grenzwert G konvergiert. Ist dies der Fall, ist der Grenzwert G also unabhängig von der Auswahl der Grundfolge $\langle x_n\rangle$, so heißt G der **Grenzwert der Funktion f für $x \to \infty$ bzw. $x \to -\infty$.**

Man schreibt: $G = \lim\limits_{x\to+\infty} f(x)$ bzw. $G = \lim\limits_{x\to-\infty} f(x)$.
Man sagt: $\lim\limits_{x\to+\infty} f(x)$ bzw. $\lim\limits_{x\to-\infty} f(x)$ existiert.
Ist die Bedingung (3) nicht erfüllt, so hat die Funktion f für $x \to \infty$ bzw. $x \to -\infty$ keinen Grenzwert.

(2) Einfache Grenzwerte

Anschaulich klar ist:

$\lim\limits_{x\to\infty} \frac{1}{x^n} = 0$ und $\lim\limits_{x\to-\infty} \frac{1}{x^n} = 0$ für alle natürlichen Zahlen n.

$\lim\limits_{x\to\infty} c = c$ und $\lim\limits_{x\to-\infty} c = c$

Für $b > 1$ ist $\lim\limits_{x\to-\infty} b^x = 0$, für $0 < b < 1$ ist $\lim\limits_{x\to\infty} b^x = 0$.

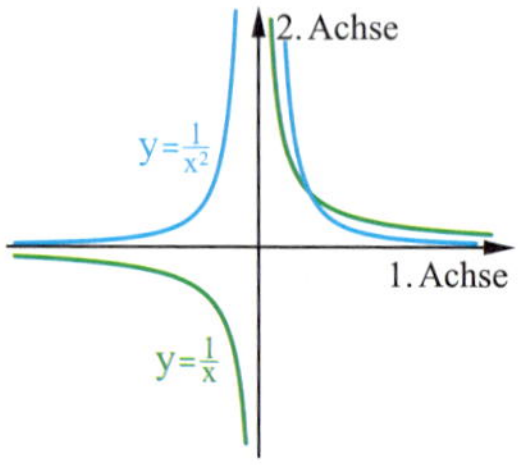

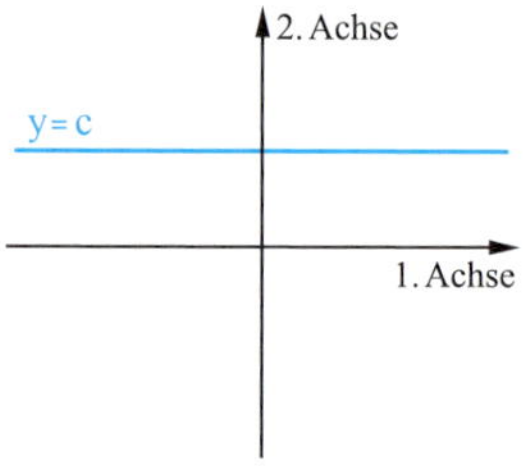

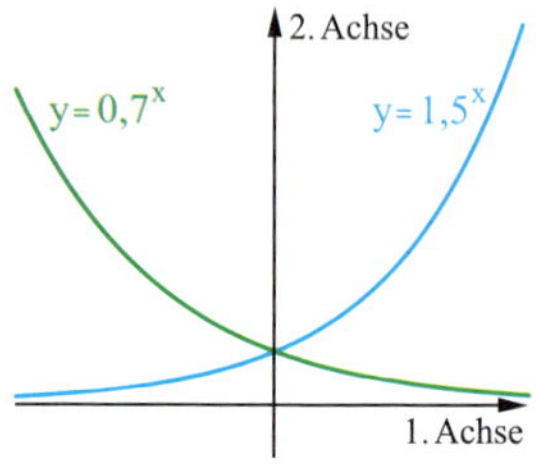

Weiterführende Aufgaben

2. *Grenzwertsätze für Funktionen*

Gegeben seien die Funktionen zu $u(x) = 0{,}5^x$ und $v(x) = 3$.

Bestimme (1) $\lim\limits_{x\to\infty} \big(u(x) + v(x)\big)$

(2) $\lim\limits_{x\to\infty} \big(u(x) - v(x)\big)$

(3) $\lim\limits_{x\to\infty} \big(u(x) \cdot v(x)\big)$

(4) $\lim\limits_{x\to\infty} \left(\frac{u(x)}{v(x)}\right)$

Skizziere dazu auch die Graphen und vergleiche mit den Grenzwerten $\lim\limits_{x\to\infty} u(x)$ und $\lim\limits_{x\to\infty} v(x)$.

Satz 3: *Grenzwertsätze für Funktionen*

Die Funktionen u und v seien für alle $x \in \mathbb{R}$ definiert. Die Grenzwerte $\lim\limits_{x\to+\infty} u(x)$ und $\lim\limits_{x\to+\infty} v(x)$ sollen existieren. Dann existieren auch die Grenzwerte

$\lim\limits_{x\to+\infty} \big(u(x)+v(x)\big)$, $\lim\limits_{x\to+\infty} \big(u(x)-v(x)\big)$, $\lim\limits_{x\to+\infty} \big(u(x)\cdot v(x)\big)$ sowie

$\lim\limits_{x\to+\infty} \frac{u(x)}{v(x)}$ $\left(\text{sofern } \lim\limits_{x\to+\infty} v(x) \neq 0\right)$, und es gilt:

$$\lim_{x\to+\infty} \big(u(x)+v(x)\big) = \lim_{x\to+\infty} u(x) + \lim_{x\to+\infty} v(x)$$

$$\lim_{x\to+\infty} \big(u(x)-v(x)\big) = \lim_{x\to+\infty} u(x) - \lim_{x\to+\infty} v(x)$$

$$\lim_{x\to+\infty} \big(u(x)\cdot v(x)\big) = \lim_{x\to+\infty} u(x) \cdot \lim_{x\to+\infty} v(x)$$

$$\lim_{x\to+\infty} \frac{u(x)}{v(x)} = \frac{\lim\limits_{x\to+\infty} u(x)}{\lim\limits_{x\to+\infty} v(x)} \quad \left(\text{sofern } \lim_{x\to+\infty} v(x) \neq 0\right).$$

Entsprechendes gilt für Grenzwerte für $x \to -\infty$.

3. *Asymptote*

Für die Exponentialfunktion f mit $f(x) = 0{,}5^x$ gilt $\lim\limits_{x \to \infty} f(x) = 0$. Der Graph schmiegt sich an die 1. Achse an. Man nennt die 1. Achse auch *Asymptote* des Graphen.
Zeichne den Graphen der Funktion und beschreibe seinen Verlauf für $x \to \infty$.

a) $g(x) = 0{,}5^x + 2$ **b)** $h(x) = 0{,}5^x + 2x$ **c)** $i(x) = 0{,}5^x \cdot \sin x$

Definition 3

Eine Gerade mit der Gleichung
$y = m \cdot x + b$ heißt
Asymptote des Graphen einer Funktion f für $x \to \infty$ (bzw. $x \to -\infty$),
falls gilt:

$\lim\limits_{x \to \infty} \big(f(x) - (mx + b)\big) = 0$ bzw.

$\lim\limits_{x \to -\infty} \big(f(x) - (mx + b)\big) = 0$

Beispiel: Asymptote für $x \to \infty$.

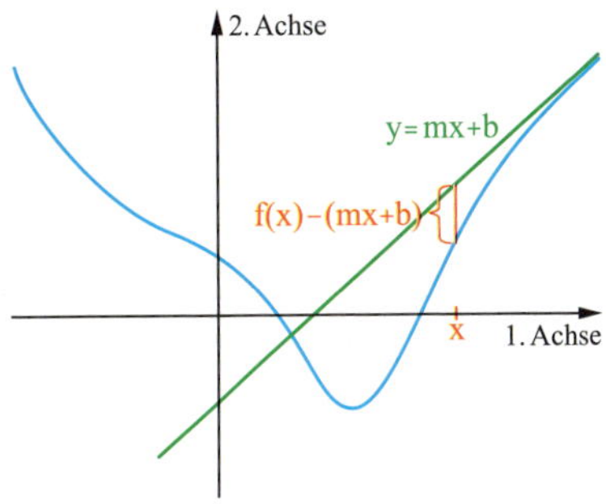

Übungsaufgaben

4.

Untersuche, welche Folge $\langle a_n \rangle$ gegen $+\infty$ divergiert, welche gegen $-\infty$.

a) $a_n = n^3$ **c)** $a_n = 30 - n$ **e)** $a_n = (-2)^n$ **g)** $a_n = 2^n + (-1)^n$

b) $a_n = -n^2$ **d)** $a_n = 2n + 1$ **f)** $a_n = n^2 - n + 1$ **h)** $a_n = 4 - \left(\frac{1}{2}\right)^n$

5.

a) Berechne, ab welcher Platznummer die Glieder der Folge $\langle 3 + n^2 \rangle$ größer als
(1) $E = 10$ (2) $E = 100$ (3) $E = 1000$ sind.

b) Berechne, ab welcher Platznummer die Glieder der Folge $\langle 5 - \sqrt{n} \rangle$ kleiner als
(1) $E = -10$ (2) $E = -100$ (3) $E = -1000$ sind.

6.

Zeige mithilfe einer geeigneten Grundfolge, dass der Grenzwert nicht existiert:

a) $\lim\limits_{x \to \infty} \sqrt{x}$ **b)** $\lim\limits_{x \to -\infty} \frac{1}{2}x$ **c)** $\lim\limits_{x \to \infty} \cos x$

7.

Bestimme mithilfe von Grenzwertsätzen:

$\frac{x+1}{x^2} = \frac{1}{x} + \frac{1}{x^2}$

a) $\lim\limits_{x \to \infty} \left(\frac{1}{x} + 3\right)$ **c)** $\lim\limits_{x \to \infty} \left(\frac{x+1}{x^2}\right)$ **e)** $\lim\limits_{x \to \infty} \left(2 + \frac{6}{x} - \left(\frac{1}{2}\right)^x\right)$

b) $\lim\limits_{x \to -\infty} (2 - 3^x)$ **d)** $\lim\limits_{x \to -\infty} \left(\frac{4x^2 - 5}{x^3}\right)$ **f)** $\lim\limits_{x \to -\infty} \frac{4 \cdot 3^x - 5}{2}$

8.

Skizziere den Graphen und untersuche, ob er eine Asymptote besitzt.

a) $f(x) = 3 - 2^x$ **c)** $f(x) = 5 - \frac{1}{x^2}$ **e)** $f(x) = \frac{1}{x} + \left(\frac{1}{2}\right)^x$

b) $f(x) = \left(\frac{1}{2}\right)^x + x$ **d)** $f(x) = \frac{1}{x} + \frac{1}{x^2}$ **f)** $f(x) = x^2 + 2^x$

1.1.3 Allgemeine Exponentialfunktionen $x \mapsto a \cdot b^x$

Aufgabe 1 Eine bestimmte Bakterienart vermehrt sich so stark, dass die von ihr bedeckte Fläche sich stündlich verdoppelt.
Zu Beginn der Beobachtung ist in Schale A eine Fläche von 1 cm^2 von den Bakterien bedeckt, in Schale B nur 0,3 cm^2.

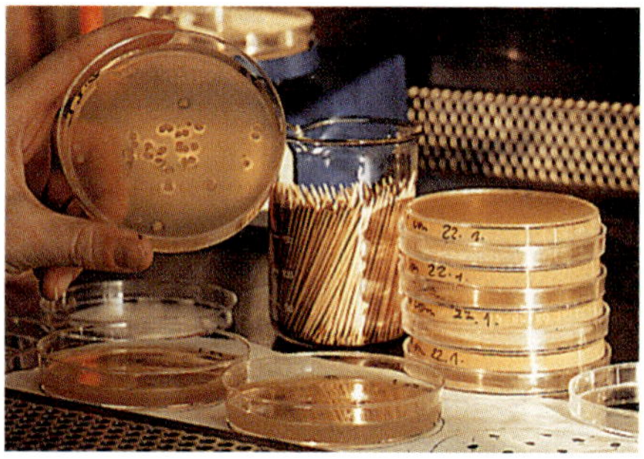

a) Notiere in einer Wertetabelle für beide Schalen die Größe der Fläche, die nach 1, nach 2, nach 3, nach 4 Stunden bedeckt ist.

b) Betrachte für beide Schalen die Größe der bedeckten Fläche (in cm^2) als Funktion der Zeit (in h). Gib jeweils die Funktionsgleichung an.

c) Zeichne die Graphen der beiden Funktionen in dasselbe Koordinatensystem.
Wie kann man den Graphen der Funktion für das Bakterienwachstum in Schale B aus dem für Schale A erhalten?

Lösung

a)

Zeit x (in h)	0	1	2	3	4
Flächeninhalt in Schale A (in cm^2)	1	2	4	8	16
Flächeninhalt in Schale B (in cm^2)	0,3	0,6	1,2	2,4	4,8

b) Das Wachstum der Bakterien in Schale A wird durch die Funktion mit der Gleichung $y = 2^x$ beschrieben. In Schale B beträgt die Größe der zu Beginn bedeckten Fläche nur das 0,3-fache der Größe der Fläche in Schale A. Da sich in beiden Schalen die Bakterienfläche stündlich verdoppelt, ist die Größe der Fläche in Schale B zu *jedem* Zeitpunkt das 0,3-fache der Größe der Fläche in A.
Also wird das Wachstum der Bakterien in Schale B durch die Funktion mit der Gleichung $y = 0{,}3 \cdot 2^x$ beschrieben.

c)

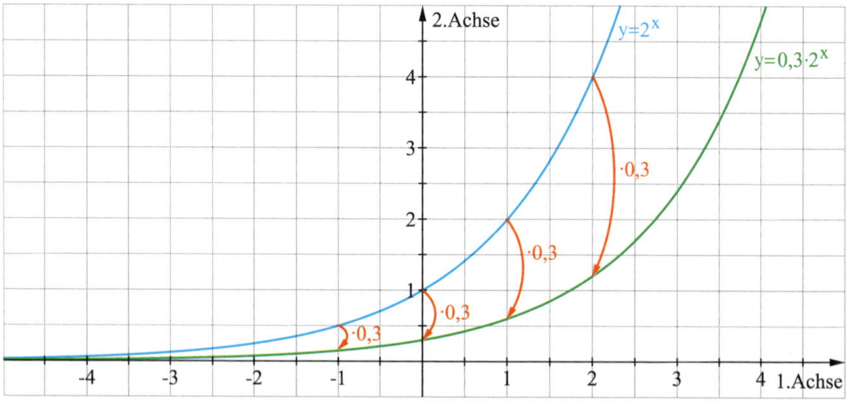

Jeder Funktionswert 2^x wird mit dem Faktor 0,3 multipliziert. Der Graph zu $x \mapsto 0{,}3 \cdot 2^x$ geht daher aus dem Graphen zu f mit $f(x) = 2^x$ durch *Streckung parallel zur 2. Achse* von der 1. Achse aus mit dem Faktor 0,3 hervor.

Information **(1) Definition der allgemeinen Exponentialfunktionen**

> **Definition 4**
> Wir bezeichnen eine Funktion f mit dem Term $f(x) = a \cdot b^x$, wobei $a \in \mathbb{R}^+$, $b \in \mathbb{R}^+ \setminus \{1\}$, als **allgemeine Exponentialfunktion zur Basis b**.

Es gilt für $x = 0$: $f(0) = a \cdot b^0 = a \cdot 1 = a$.
Daher nennt man die Zahl a auch den *Anfangswert* der Exponentialfunktion. Er gibt die Stelle an, an der der Graph die zweite Achse schneidet.

(2) Eigenschaften der allgemeinen Exponentialfunktionen
Alle Graphen zu $x \mapsto a b^x$ für $a \in \mathbb{R}^+$ gehen aus den Graphen zu $x \mapsto b^x$ durch Streckung parallel zur 2. Achse mit dem positiven Faktor a hervor. Daher gilt Satz 1 von Seite 9 entsprechend auch für die Funktionen $x \mapsto a b^x$.
Insbesondere gilt auch für die allgemeinen Exponentialfunktionen die *Grundeigenschaft:* Jedes Mal, wenn man x um dieselbe Schrittweite s vergrößert, wird der zugehörige Funktionswert mit b^s multipliziert.

Stelle	Funktionswert
x	$a \cdot b^x$
$x + s$ (+s)	$a \cdot b^{x+s}$ ($\cdot b^s$)

Beweis durch Anwenden der Potenzgesetze:
$a b^{x+s} = a(b^x b^s) = (a b^x) b^s$

Weiterführende Aufgabe

GTR **2.** *Graph der Funktion* $x \mapsto a \cdot b^x + c$
Zeichne mit einem grafikfähigen Taschenrechner für verschiedene Werte von a, b, c den Graphen der Funktion $x \mapsto a \cdot b^x + c$.
Finde eine sinnvolle Fallunterscheidung anhand der Werte von a, b, c heraus, sodass du den Graphen mit seinen Eigenschaften beschreiben kannst. Vergleiche auch mit dem Graphen der Exponentialfunktion $x \mapsto b^x$.

Übungsaufgaben

3.
a) Zeichne den Graphen zu $y = \frac{1}{2} \cdot 3^x$ $\left[\text{zu } y = \frac{5}{3} \cdot 3^x\right]$ und vergleiche mit dem Graphen zu $y = 3^x$. Gib Eigenschaften der Funktion zu $y = \frac{1}{2} \cdot 3^x$ $\left[\text{zu } y = \frac{5}{3} \cdot 3^x\right]$ an.

b) Gegeben sei die Exponentialfunktion mit der Gleichung $y = \frac{1}{2} \cdot 3^x$.
Mit welchem Faktor multipliziert sich y, wenn x um 2 [um 0,5; um 1,5; um 0,7] wächst?
Lege dazu eine Tabelle mit 4 Zeilen an, ausgehend von der Stelle -1.

GTR **4.**
a) Zeichne die Graphen der Funktionen mit (1) $y = 3 \cdot 2^x$, (2) $y = 0.5 \cdot 2^x$, (3) $y = -3 \cdot 2^x$ und vergleiche ihren Verlauf mit dem Graphen zu $y = 2^x$.
Wie gehen die Graphen aus dem zu $y = 2^x$ hervor?

b) Formuliere eine Regel, wie der Graph zu $y = a \cdot b^x$ aus dem Graphen zu $y = b^x$ hervorgeht.

5.
Das Wachstum einer Hefekultur wird durch nebenstehende Tabelle beschrieben: Nach x Stunden beträgt das Volumen y cm^3. Welche Funktion kann dieses Wachstum beschreiben?

x	0	0,5	1	2	−1	−2
y	2,5	4,3	7,5	22,5	0,8	0,3

6.
Die Exponentialfunktion $x \mapsto a \cdot b^x$ gehe durch die Punkte P und Q. Bestimme a und b.

a) $P(1\,|\,6)$, $Q(2\,|\,18)$
b) $P(-1\,|\,0{,}3)$, $Q(2\,|\,37{,}5)$
c) $P(4\,|\,12{,}5)$, $Q(-1\,|\,0{,}8)$
d) $P(\frac{1}{2}\,|\,3)$, $Q(2\,|\,18)$

> $P(-1\,|\,0{,}75)$; $Q(0{,}5\,|\,6)$
> $a \cdot b^{-1} = 0{,}75$, d.h. $a = \frac{3}{4}b$,
> und $a \cdot b^{0{,}5} = 6$
> Also $\frac{3}{4}b \cdot b^{0{,}5} = 6$, $b^{1{,}5} = 8$, $b^{\frac{3}{2}} = 8$,
> $b = \sqrt[3]{8^2}$, $b = 4$
> Damit ist $a = \frac{3}{4} \cdot 4 = 3$

7.

Aktuelle Daten im Internet unter http://www.census.gov/ipc/www/idbsum.html

Die Erdbevölkerung wächst derzeit ungefähr exponentiell:
Wenn wir mit t die Maßzahl der Zeit bezeichnen, gemessen in Jahren, beginnend Anfang 2000, und mit N die Bevölkerungszahl der Erde, gemessen in Milliarden, so gilt derzeit ungefähr $N = 6{,}02 \cdot 1{,}014^t$.

a) Berechne die Bevölkerungszahl für die Jahre 2001 bis 2020 und stelle das Wachstum der Erdbevölkerung grafisch dar.

b) Wann ungefähr wird sich die Bevölkerungszahl gegenüber dem Jahr 2000 verdoppelt [vervierfacht] haben, wenn das Wachstum so weitergeht wie bisher?

c) Wenn die Erdbevölkerung weiterhin so wächst, wie viele Menschen leben dann voraussichtlich im Jahre 2080 [2120] auf der Erde?

8.
a) Zeichne die Graphen der Funktionen zu $y = 3^x + 2$ und $y = 3^x - 1$; vergleiche ihren Verlauf mit dem Graphen zu $y = 3^x$.
Wie gehen die Graphen aus dem zu $y = 3^x$ hervor?

b) Wie geht der Graph zu $y = b^x + c$ aus dem Graphen zu $y = b^x$ hervor?

9.
a) Der Graph zu $y = 4^x$ soll mit dem Faktor 0,5 parallel zur 2. Achse von der 1. Achse aus gestreckt und um 2 Einheiten nach unten verschoben werden. Gib den zugehörigen Funktionsterm an.

b) Wie müsste man den Funktionsterm 3^x verändern, wenn der Graph der Funktion um 2 Einheiten nach rechts verschoben werden soll?

10.
a) Führe folgende Abbildungen mit dem Graphen zu $y = 2^x$ durch:
(1) Verschiebe ihn um 1 nach rechts; (2) strecke ihn mit dem Faktor $\frac{1}{2}$ parallel zur 1. Achse von der 2. Achse aus. Was fällt auf? Begründe.

b) Wie muss man den Graphen zu $y = 2^x$ verschieben, um den Graphen zu $y = 4 \cdot 2^x$ zu erhalten?

11.

Wie gehen die Graphen der Funktionen aus dem Graphen der Funktion $x \mapsto 2^x$ hervor?

$x \mapsto 2^{-x}$; $x \mapsto \frac{1}{2^x}$; $x \mapsto 2^{x-1}$; $x \mapsto 2^{x+1}$; $x \mapsto \frac{1}{2^{1-x}}$; $x \mapsto \frac{1}{2^{x-1}}$; $x \mapsto \frac{1}{2} \cdot 2^x$; $x \mapsto \left(\frac{1}{2}\right)^{x+1}$

GTR **12.**

Die Abbildungen zeigen Graphen zu Exponentialfunktionen vom Typ $f(x) = a\,b^x + c$. Ermittle zu den Graphen a, b und c, und gib die Funktionsvorschrift an. Begründe deine Lösung. Überprüfe auch mit einem GTR.

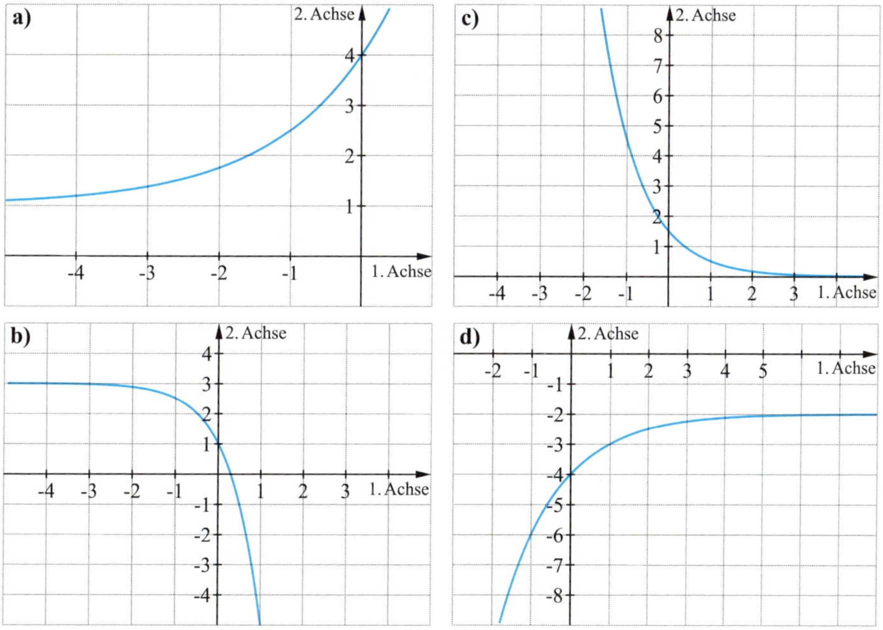

13.

Beim Aufladen eines bestimmten Kondensators nimmt die Spannung U nach dem Gesetz $U = 250 \cdot (1 - 0{,}5^t)$ zu. Dabei ist t die Zeit, gemessen in ms, und U die Spannung, gemessen in V (Volt). Zeichne den Graphen der Funktion $t \mapsto U$ für $t \geq 0$ und gib an, durch welche geometrischen Abbildungen er aus dem Graphen von $t \mapsto 0{,}5^t$ entsteht.

ms bedeutet Millisekunde

14.

Schreibe den Funktionsterm f(x) in der Form $f(x) = a \cdot b^x$ mit geeigneten $a \in \mathbb{R}$ und $b \in \mathbb{R}^+$. Deute das Ergebnis geometrisch.

a) $f(x) = 2^{2x-1}$

b) $f(x) = \frac{1}{2} \cdot 3^{-x+2}$

c) $f(x) = 0{,}5^{-x+\frac{1}{2}}$

d) $f(x) = 4^{1+0{,}5x}$

e) $f(x) = 27^{\frac{1}{3}x+0{,}5}$

f) $f(x) = \frac{24}{4^{-0{,}5x+1}}$

1.1.4 Logarithmusfunktionen

Einführung

(1) Definition des Logarithmus

Bei Wachstumsvorgängen stellt man sich oft die Frage, wie lange es dauert, bis die anwachsende Größe einen bestimmten Wert y erreicht hat.
Beschreibt man das Wachstum durch eine Exponentialfunktion f mit $f(x) = b^x$, so ist zu einem vorgegebenen Funktionswert $f(x) = y$ die Stelle x gesucht, an der dieser Wert y erreicht wird.

6 000 000 000. Mensch
13. Okt. 1999 (dpa)
Rein rechnerisch überschritt die Weltbevölkerung heute die 6-Milliarden-Grenze. Wann werden 7 Mrd. Menschen auf der Erde leben?

Definition 5
Für $y \in \mathbb{R}^+$ und $b \in \mathbb{R}^+ \setminus \{1\}$ ist der **Logarithmus** $\log_b y$ **zur Basis b** derjenige Exponent, mit dem man b potenzieren muss, um y zu erhalten.

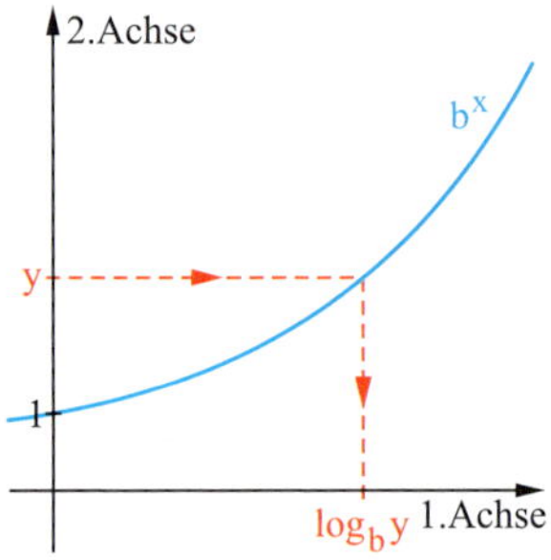

Beispiele:
$\log_2 8 = 3$, denn $2^3 = 8$ $\log_2 \frac{1}{4} = -2$, denn $2^{-2} = \frac{1}{2^2} = \frac{1}{4}$
$\log_2 1 = 0$, denn $2^0 = 1$ $\log_2 \sqrt{2} = \frac{1}{2}$, denn $2^{1/2} = \sqrt{2}$

(2) Zusammenhang zwischen Potenzieren und Logarithmieren

Das Logarithmieren ist neben dem Wurzelziehen eine andere Möglichkeit, das Potenzieren rückgängig zu machen: Beim Wurzelziehen wird die Basis der Potenz gesucht, beim Logarithmieren der Exponent.
Aus der Definition folgt unmittelbar:

Satz 4: *Zusammenhang zwischen Potenzieren und Logarithmieren*
Für alle $b \in \mathbb{R}^+ \setminus \{1\}$, $x \in \mathbb{R}$, $y \in \mathbb{R}^+$ gilt:
(1) $\log_b(b^x) = x$
(2) $b^{\log_b y} = y$

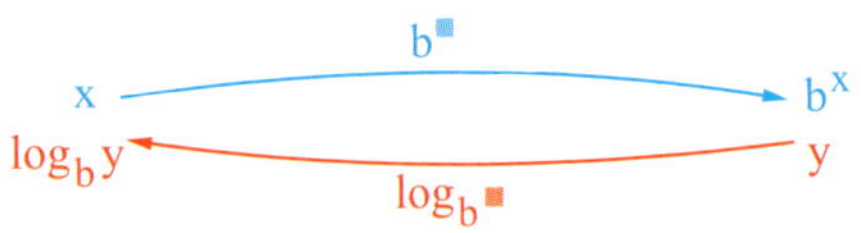

Beispiele:
- $\log_2 32 = 5$, denn $2^5 = 32$
  $2^{\log_2 8} = 8$
- $\log_3 81 = 4$, denn $3^4 = 81$
  $3^{\log_3 81} = 81$

Merke: Der Logarithmus ist ein Exponent.

(3) Dekadischer Logarithmus

Der Logarithmus zur Basis 10 heißt **dekadischer Logarithmus.** Statt $\log_{10} x$ schreibt man kurz lg x. Er ist mit den meisten Taschenrechnern berechenbar.

$\lg x = \log_{10} x$

Aufgabe 1

a) Zeichne den Graphen zu $y = 2^x$ in ein Koordinatensystem, bei dem du auf beiden Achsen die gleiche Skalierung wählst. Zeichne mithilfe dieses Graphen den Graphen der Funktion mit $y = \log_2 x$.

b) Gib Eigenschaften des Graphen zu $y = \log_2 x$ an.

c) Wie kann man diesen Graphen aus dem der Exponentialfunktion erhalten?

Lösung

a) Zum Zeichnen des Graphen zu $y = 2^x$ erstellen wir eine Wertetabelle.

x	$y = 2^x$
-2	$\frac{1}{4}$
-1	$\frac{1}{2}$
0	1
1	2
2	4

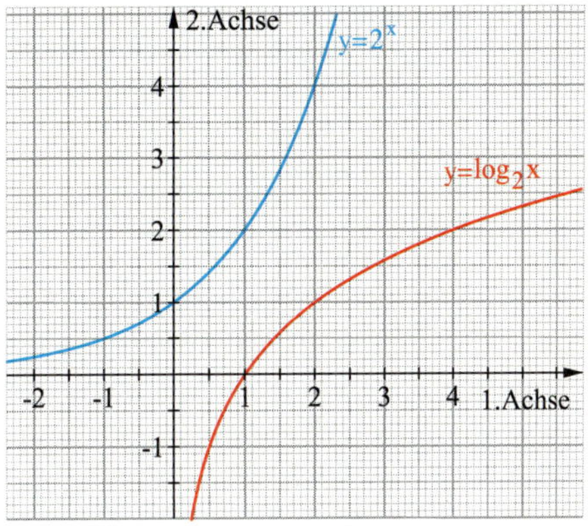

Aus dieser Wertetabelle erhält man die für die Logarithmusfunktion durch Vertauschen der beiden Spalten, da nun umgekehrt zu vorgegebenen Werten der Potenz die zugehörigen Exponenten zur Basis 2 gesucht sind.

x	$\log_2 x$
$\frac{1}{4}$	-2
$\frac{1}{2}$	-1
1	0
2	1
4	2

Der Graph zu $y = \log_2 x$ ist in Rot oben eingezeichnet.

b) Der Graph schmiegt sich dem negativen Teil der 2. Achse an. An der Stelle 1 schneidet er die 1. Achse. Der Graph steigt an; die Funktion ist streng monoton wachsend.

c) Der Graph zu $y = \log_2 x$ geht aus dem Graphen der Exponentialfunktion mit $y = 2^x$ durch Spiegeln an der Hauptwinkelhalbierenden w hervor.

Beachte: Beim Spiegeln an der Winkelhalbierenden müssen beide Koordinatenachsen dieselbe Skalierung haben.

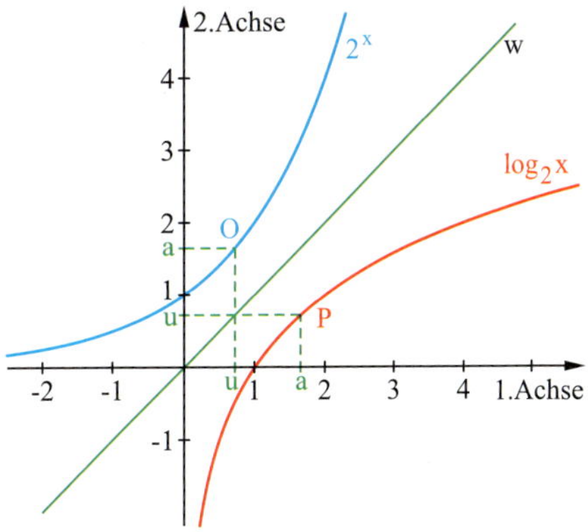

Information **(1) Definition der Logarithmusfunktion**

Definition 6
Die Funktion f mit $f(x) = \log_b x$, die jeder Zahl $x \in \mathbb{R}^+$ den zugehörigen Logarithmus zur Basis b zuordnet, heißt **Logarithmusfunktion** zur **Basis** b.

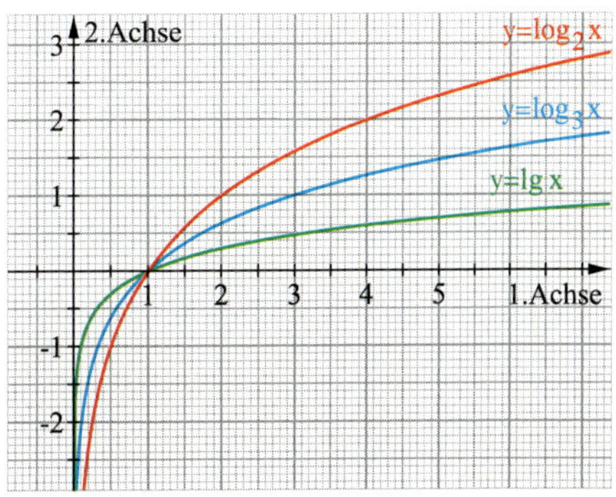

(2) Logarithmusfunktion als Umkehrfunktion der Exponentialfunktion

Aus der Definition der Logarithmen ergibt sich, dass die Logarithmusfunktion $x \mapsto \log_b x$ die Umkehrfunktion der Exponentialfunktion $x \mapsto b^x$ ist. Aus einer Wertetabelle für die Exponentialfunktion erhält man also eine Wertetabelle für die zugehörige Logarithmusfunktion, indem man die beiden Spalten (Zeilen) vertauscht. Für die Graphen bedeutet das:

Satz 5

Der Graph der Logarithmusfunktion mit $y = \log_b x$ entsteht aus dem Graphen der Exponentialfunktion mit $y = b^x$ durch Spiegeln an der Hauptwinkelhalbierenden.
Dazu muss aber auf beiden Achsen die gleiche Skalierung verwendet werden.

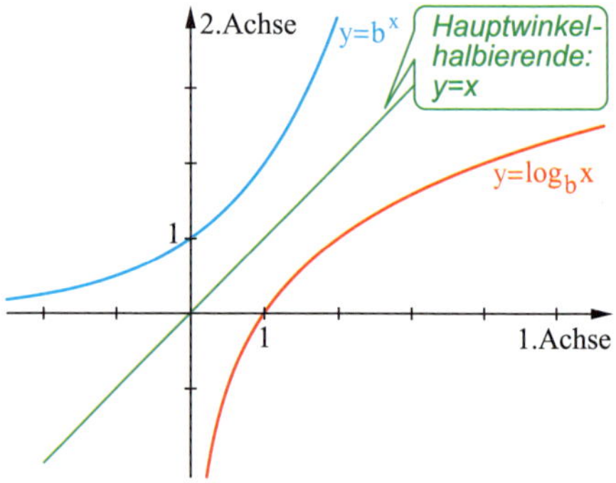

(3) Eigenschaften der Logarithmusfunktion

Aus den Eigenschaften der Exponentialfunktionen folgt unmittelbar:

Satz 6

Für jede Logarithmusfunktion f mit $f(x) = \log_b x$, wobei $x \in \mathbb{R}^+$ und $b > 1$ gilt:

(a) f ist streng monoton wachsend.

(b) Der Wertebereich von f ist $\mathbb{R}$.

(c) Die 2. Achse ist Asymptote des Graphen von f.

Weiterführende Aufgaben

2. *Logarithmengesetze*

Beweise mithilfe der entsprechenden Potenzgesetze.

Satz 7

Für alle $b \in \mathbb{R}^+ \setminus \{1\}$, $x, y \in \mathbb{R}^+$, $t \in \mathbb{R}$ gilt:

(1) $\log_b(x \cdot y) = \log_b x + \log_b y$

Der Logarithmus eines Produktes ist die Summe der Logarithmen der Faktoren.

(2) $\log_b\left(\frac{x}{y}\right) = \log_b(x) - \log_b(y)$

Der Logarithmus eines Quotienten ist die Differenz der Logarithmen von Dividend und Divisor.

(3) $\log_b(x^t) = t \cdot \log_b x$

Der Logarithmus einer Potenz ist das Produkt aus dem Exponenten und dem Logarithmus der Basis.

3. *Berechnen beliebiger Logarithmen mit dem Taschenrechner*
Die Berechnung beliebiger Logarithmen kann auf die Berechnung von dekadischen Logarithmen zurückgeführt werden.

a) Beweise dazu mithilfe der Logarithmengesetze:

> **Satz 8**
> Für alle $b \in \mathbb{R}^+ \setminus \{1\}$, $x \in \mathbb{R}^+$ gilt: $\log_b x = \frac{\lg x}{\lg b}$

b) Berechne damit $\log_2 3$, $\log_3 2$, $\log_5 0{,}8$, $\log_7 \sqrt{8}$.

4. *Verlauf des Graphen von $f(x) = \log_b x$ für $0 < b < 1$*

a) Zeichne die Graphen zu f mit $y = \log_2 x$ und $y = \log_{\frac{1}{2}} x$ in dasselbe Koordinatensystem.

b) Gib eine Vorschrift an, mit der man aus dem Graphen zu $x \mapsto \log_b x$ den Graphen zu $x \mapsto \log_{\frac{1}{2}} x$ erhält. Begründe deine Antwort mithilfe der Umkehrfunktion.

c) Zeige, dass für $b > 1$ gilt: $\log_b x < 0$, falls $0 < x < 1$ und $\log_b x > 0$, falls $x > 1$.

d) Übertrage die Aussage von Teilaufgabe c) auf die Basis $\frac{1}{b}$.

Übungsaufgaben

5.
Bestimme die Logarithmenwerte:

(1) $\log_2 16$; (3) $\log_2 \sqrt[4]{8}$; (5) $\log_2 256$; (7) $\log_2 32768$; (9) $\log_2 \left(\frac{1}{2^b}\right)$;

(2) $\log_2 \frac{1}{2}$; (4) $\log_2 1$; (6) $\log_2 \sqrt[3]{0{,}25}$; (8) $\log_2 (2^a)$ (10) $\log_2 \sqrt[n]{2}$.

GTR **6.**

a) Bestimme mithilfe des Graphen zu f mit $f(x) = 2^x$ Näherungswerte für:
(1) $\log_2 0{,}6$ (2) $\log_2 1{,}4$ (3) $\log_2 2{,}3$ (4) $\log_2 3$

b) Bestimme durch systematisches Probieren einen Näherungswert für $\log_2 3$ auf vier Stellen hinter dem Komma. Setze dazu folgende Überlegung fort:
Wegen $2^1 = 2 < 3 < 4 = 2^2$ gilt $1 < \log_2 3 < 2$
Wegen $2^{1,5} = 2{,}828\ldots < 3 < 3{,}031\ldots = 2^{1,6}$ gilt $1{,}5 < \log_2 3 < 1{,}6$
Setze dies fort.

7.
Berechne.

a) $\log_3 9$; $\log_3 \frac{1}{27}$; $\log_3 (3^{\frac{4}{5}})$; $\log_3 \sqrt{3}$; $\log_3 \sqrt[4]{\frac{1}{3}}$;

b) $\log_4 2$; $\log_{27} 81$; $\log_4 0{,}0625$; $\log_5 \sqrt{0{,}008}$; $\log_{10} 0{,}1$;

c) $\log_b \left(\sqrt[3]{b^2}\right)$; $\log_a \left(\sqrt{a^k}\right)$; $\log_c \sqrt[3]{\frac{1}{c^2}}$; $\log_b \left(\frac{1}{\sqrt[4]{b^7}}\right)$ $\log_d \sqrt[n]{d^{-m}}\}$

8.
Bestimme die Lösungsmenge.

a) $\log_2 x = 5$ **c)** $\log_2 x = -2$ **e)** $\log_{10} x = 1$ **g)** $\log_b x = 2$

b) $\log_3 x = \frac{1}{2}$ **d)** $\log_{10} x = 0{,}4$ **f)** $\log_2 (x+1) = 2$ **h)** $\log_b x = -1$

9.
Für welche Basis b gilt die Gleichung?

a) $\log_b 4 = 2$
b) $\log_b 2 = 4$
c) $\log_b 17 = 1$
d) $\log_b 9 = 2$
e) $\log_b \sqrt{7} = \frac{1}{2}$
f) $\log_b 2 = 2$
g) $\log_b 5 = 1$
h) $\log_b 1 = 0$
i) $\log_b 10 = 0$
j) $\log_b 0{,}2 = -1$
k) $\log_b \frac{1}{9} = -2$
l) $\log_b \sqrt[3]{0{,}04} = -\frac{2}{3}$

10.
a) Zeichne den Graphen zu $x \mapsto \log_6 x$ im Intervall $[0{,}5;\ 10]$ durch Spiegelung des Graphen der entsprechenden Exponentialfunktion.
b) Begründe: Die Funktion $x \mapsto \log_6 x$ wächst unbegrenzt.
An welcher Stelle erreicht sie den Funktionswert 10 [100; 1000]?

11.
Bestimme $b > 1$ so, dass der Graph zu $x \mapsto \log_b x$ durch den Punkt $P(2\,|\,0{,}5)$ geht.

12.
Begründe: $E(1\,|\,0)$ ist der einzige Punkt, den die Graphen je zweier Logarithmusfunktionen gemeinsam haben.

13.
Beweise: Für alle $b \in \mathbb{R}^+ \setminus \{1\}$, $x \in \mathbb{R}^+$ gilt: $\log_b\left(\frac{1}{x}\right) = -\log_b(x)$.

14.
Wende Logarithmengesetze an.

a) $\log_b (xy)^5$ **b)** $\log_b \sqrt[3]{\frac{a}{b}}$ **c)** $\log_b \frac{2a^2b^3}{c^4d^5}$ **d)** $\log_b \frac{\sqrt{x-y}}{x+y}$ **e)** $\log_b\left(\sqrt[4]{u} \cdot \sqrt[3]{v}\right)$

15.
Vereinfache den angegebenen Term mithilfe der Logarithmengesetze.

a) $\log u + \log v - \log w$
b) $2 \log x_1 + \frac{1}{2} \log x_2$
c) $\frac{2}{3} \log r - \frac{3}{2} \log s$
d) $\log (x^2 - y^2) - 2 \log (x + y)$

16.
Bestimme die Lösungsmenge.

a) $3^{x-1} = 120$
b) $5 \cdot 4^{2x+1} = 26$
c) $3^{x+1} = 2 \cdot 3^{2x}$
d) $5^x = 2 \cdot 7^{x-1}$
e) $22 \cdot 3^{x-3} = 9 \cdot 5^{3+x}$
f) $18 \cdot 2^{7x-1} = 2 \cdot 5^{2x-1}$
g) $2^{4x-3} \cdot 4^{2x+1} = 8^x$
h) $3^{3x+1} \cdot 9^{-2x} = 27^x$

$$\begin{aligned}
3^{5x-1} &= 8 \\
\lg\left(3^{5x-1}\right) &= \lg 8 \\
(5x-1)\lg 3 &= \lg 8 \\
5x-1 &= \frac{\lg 8}{\lg 3} \\
x &= \frac{1}{5}\left(\frac{\lg 8}{\lg 3} + 1\right) \approx 0{,}578
\end{aligned}$$

GTR **17.**
a) Zeichne in dasselbe Koordinatensystem die Graphen zu $x \mapsto \log_2 x$ und $x \mapsto \log_2(3x)$.
b) Beschreibe wie der Graph zu $x \mapsto \log_2(3x)$ aus dem zu $x \mapsto \log_2 x$ hervorgeht.
c) Formuliere eine Regel, wie der Graph zu $x \mapsto \log_b(ax)$ aus dem Graphen zu $x \mapsto \log_b x$ hervorgeht.

18.

Wie ergibt sich der Graph von g aus dem Graphen von f mit $f(x) = \log_2 x$?
Verwende die Logarithmengesetze. Zeichne den Graphen von g mit Asymptote.

a) $g(x) = -\log_2 x$

b) $g(x) = \log_{\frac{1}{2}} 2x$

c) $g(x) = \log_2\left(\frac{4}{x}\right)$

d) $g(x) = \log_{\frac{1}{2}}(x+1)$

e) $g(x) = \log_2\left(\frac{1}{x-1}\right)$

f) $g(x) = -\log_{\frac{1}{2}}\left(\frac{2}{x+2}\right)$

g) $g(x) = -2 \cdot \log_2(x+1)$

h) $g(x) = \log_2(x^2)$

i) $g(x) = \log_{\frac{1}{2}}(x^3)$

j) $g(x) = 1 + \log_2\left(\frac{1}{x^2}\right)$

k) $g(x) = 2 - \log_{\frac{1}{2}}(\sqrt{x})$

l) $g(x) = \log_2 \frac{1}{\sqrt{x+1}}$

GTR **19.**

Die Abbildungen zeigen Graphen zu Logarithmusfunktionen vom Typ $f(x) = \log_a(x+b) + c$. Ermittle zu den Graphen die Parameter a, b und c, und gib die Funktionsvorschrift an. Begründe deine Lösung.

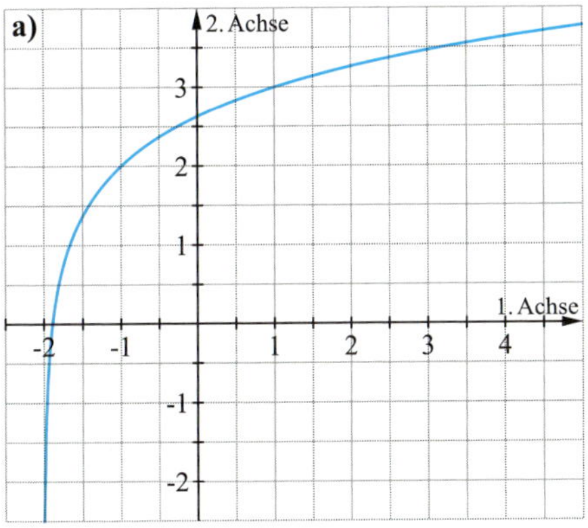

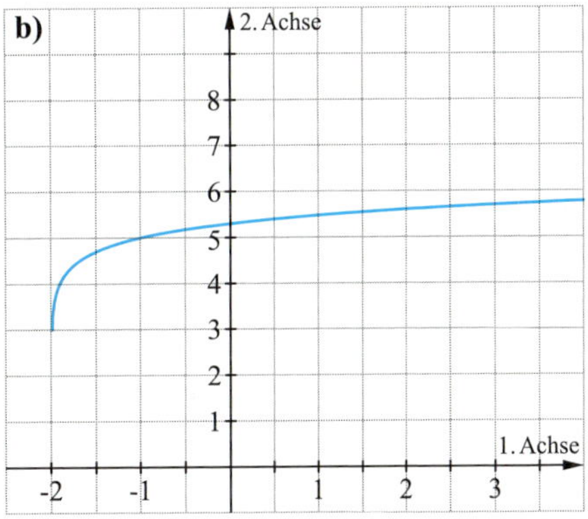

20.

Die Lautstärke L, die vom Menschen empfunden wird, ist *nicht* proportional zur physikalischen Intensität I des Lautes. Wir bezeichnen die kleinste Intensität, die das menschliche Ohr noch wahrnehmen kann, mit I_0. Für die Lautstärke L eines Lautes der Intensität I gilt dann

$L = 10 \lg \frac{I}{I_0}$ (gemessen in Dezibel (dB)).

a) Zeichne den Graphen der Funktion $\frac{I}{I_0} \to L$ für $1 \le \frac{I}{I_0} \le 10^{20}$. Beschreibe den Graphen.

b) In einer Diskothek herrscht eine Lautstärke von 50 dB. Die Intensität wird verdoppelt. Wie verändert sich die Lautstärke?

c) Die Lautstärke soll von 50 dB auf 100 dB verdoppelt werden. Wie muss die Intensität verändert werden?

1.1.5 Umkehren einer Funktion

Bei Exponentialfunktionen führt die Frage, wann ein vorgegebener Funktionswert erreicht wird, auf Logarithmusfunktionen. Dieses Umkehren der Zuordnungsrichtung soll nun auch bei anderen Funktionen untersucht werden.

Aufgabe 1 Zeichne den Graphen der angegebenen Potenzfunktion; wähle gleich große Einheiten auf den Achsen. Untersuche, ob die Umkehrzuordnung *Wert der Potenz → Stelle, an der der Wert angenommen wird,* eine Funktion ist. Zeichne auch den Graphen der Umkehrzuordnung in dasselbe Koordinatensystem und vergleiche mit dem der Funktion f mit:

a) $f(x) = x^2$ **b)** $f(x) = x^3$

Lösung **a)** Die Quadratfunktion f mit $f(x) = x^2$ mit $x \in \mathbb{R}$ ordnet z. B. sowohl der Zahl 2 als auch der Zahl -2 als Quadrat die Zahl 4 zu.
Die Umkehrfrage (von welcher reellen Zahl ist 4 das Quadrat?) ist nicht eindeutig zu beantworten. Die Umkehrzuordnung ist *nicht eindeutig*, sie ist also *keine Funktion.*

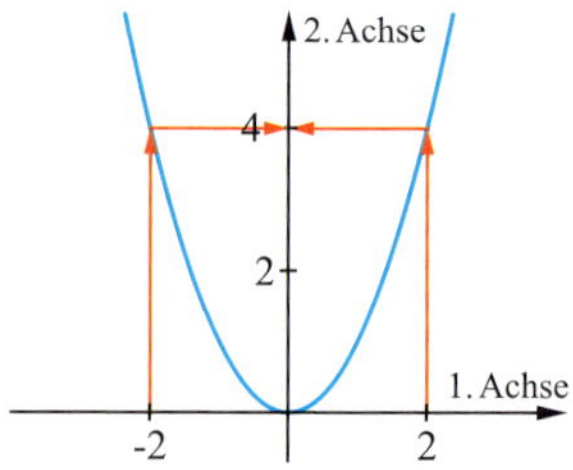

Das Vertauschen der Spalten in einer Wertetabelle der Quadratfunktion liefert für die Umkehrzuordnung eine Wertetabelle mit nicht eindeutiger Zuordnung.
Auch am Graphen der Umkehrzuordnung sieht man, dass keine Funktion vorliegt. Den Graphen der Umkehrzuordnung kann man durch Spiegeln an der 1. Winkelhalbierenden erhalten.

Quadratfunktion

x	$y = x^2$
-2	4
-1	1
0	0
1	1
2	4

Umkehrzuordnung

y	x
4	-2
1	-1
0	0
1	1
4	2

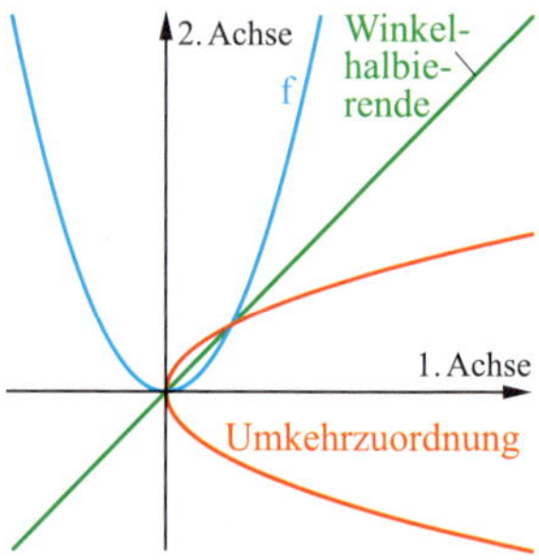

b) Bei der Potenzfunktion f mit $f(x) = x^3$ gibt es keine verschiedenen x-Werte, denen übereinstimmende 3. Potenzen zugeordnet werden. Das Vertauschen der Spalten einer Wertetabelle der Funktion f liefert eine Wertetabelle mit eindeutiger Zuordnung. Die Umkehrzuordnung ist daher ebenfalls eine Funktion. Auch ihr Graph entsteht durch Spiegeln an der 1. Winkelhalbierenden aus dem der Funktion.

Potenzfunktion

x	$y = x^3$
-2	-8
-1	-1
0	0
1	1
2	8

Umkehrzuordnung

y	x
-8	-2
-1	-1
0	0
1	1
8	2

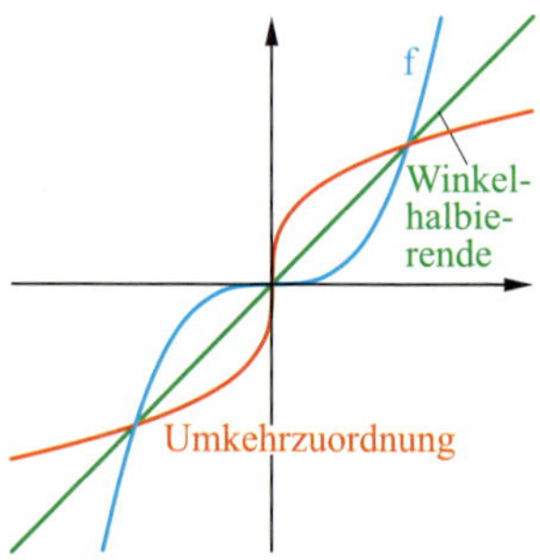

Information

(1) Umkehrfunktion

Vertauscht man die Spalten (Zeilen) einer Wertetabelle einer Funktion, so erhält man die Wertetabelle der Umkehrzuordnung der Funktion. Die so erhaltene Wertetabelle kann auch eine nicht eindeutige Zuordnung liefern.

Definition 7

Kehrt man bei einer Funktion f die Zuordnungsrichtung um, so erhält man die umgekehrte Zuordnung. Ist diese Umkehrzuordnung wieder eine Funktion, so heißt die ursprüngliche Funktion **umkehrbar.**
Die durch die Umkehrung erhaltene Funktion heißt **Umkehrfunktion** von f; sie wird mit $\bar{f}$ bezeichnet.

(2) Graph der Umkehrfunktion

Liegt der Punkt P(v | s) auf dem Graphen der Funktion f, so bedeutet dies, dass f der Stelle v den Wert s zuordnet.
Bei der Umkehrfunktion $\bar{f}$ wird zum Wert s die zugehörige Stelle gesucht, also v.
Das bedeutet, dass der Punkt P′(s | v) mit vertauschten Koordinaten auf dem Graphen der Umkehrfunktion liegt.
Wenn die Einheiten auf den Koordinatenachsen gleich groß sind, ist die Winkelhalbierende w Symmetrieachse für beide Koordinatenachsen mit ihren Skalen.

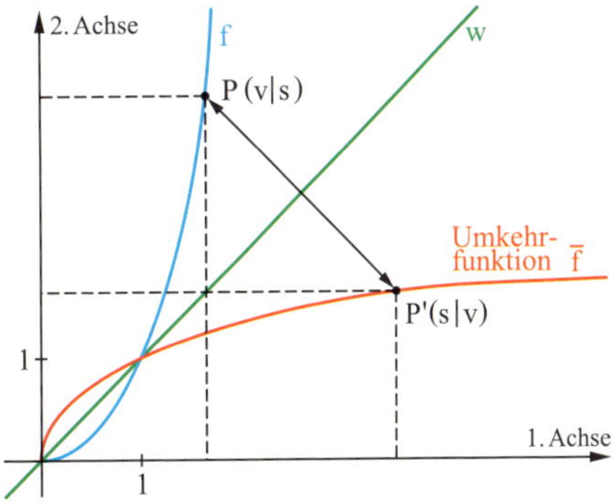

Der Punkt P′(v | s) entsteht also aus dem Punkt P(v | s) durch Spiegeln an der Winkelhalbierenden.

Satz 9

Man erhält den Graphen der Umkehrfunktion einer Funktion f, indem man den Graphen von f an der Hauptwinkelhalbierenden der Koordinatenachsen spiegelt.

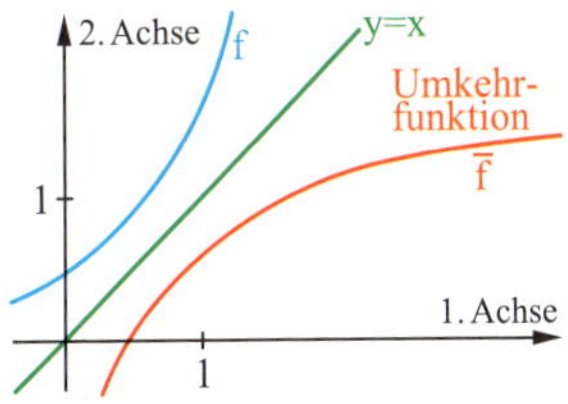

(3) Kriterium für die Umkehrbarkeit einer Funktion

Satz 10

Eine Funktion f ist umkehrbar, wenn zu verschiedenen Stellen x_1, x_2 ihres Definitionsbereiches stets auch verschiedene Funktionswerte gehören, also:
Wenn $x_1 \neq x_2$, dann $f(x_1) \neq f(x_2)$.

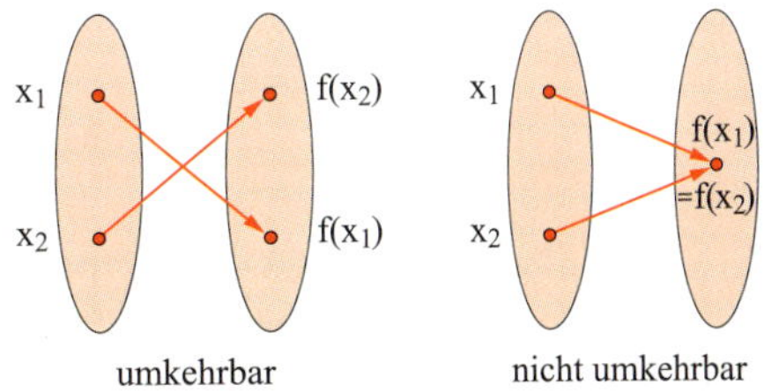

Weiterführende Aufgaben

2. *Bestimmen der Funktionsgleichung einer Umkehrfunktion*

a) Zeichne den Graphen der Funktion f mit der Funktionsgleichung $y=\frac{1}{2}\cdot 3^x-4$. Begründe, dass f umkehrbar ist.

b) Zeichne auch den Graphen der Umkehrfunktion $\bar{f}$. Ermittle deren Funktionsgleichung aus der von f.

Schritte zum Bestimmen der Funktionsgleichung der Umkehrfunktion

(1) Auflösen der Funktionsgleichung $y=f(x)$ nach der Variablen x.

Beispiel:
Funktionsgleichung von f:
$y=2x-4$
$2x=y+4$
$x=\frac{1}{2}y+2$

Funktionsgleichung nach x umstellen

(2) Umbenennen von x in y und y in x, damit die Variable x wieder für die Ausgangsgrößen steht.

Funktionsgleichung von $\bar{f}$:
$y=\frac{1}{2}x+2$

x und y vertauschen

3. *Umkehren nach Einschränken des Definitionsbereiches*
Die Quadratfunktion f mit $f(x)=x^2$ ist für $x\in\mathbb{R}$ nicht umkehrbar.
Gib einen möglichst großen Definitionsbereich an, in dem die Quadratfunktion f mit $f(x)=x^2$ umkehrbar ist.
Zeichne auch den Graphen der Umkehrfunktion und gib deren Gleichung an.
Hinweis: Es gibt zwei Möglichkeiten für die Wahl des Definitionsbereiches. Betrachte beide.

4. *Umkehrbarkeit streng monotoner Funktionen*

a) Begründe folgende Sätze am Graphen.

Streng monoton steigend bedeutet: Ist $x_1 < x_2$, so gilt auch $f(x_1) < f(x_2)$.

Satz 11
Wenn eine Funktion in ihrem Definitionsbereich streng monoton steigend [oder fallend] ist, dann ist sie dort umkehrbar.

Satz 12
Die Funktion f sei im Intervall I differenzierbar.
Wenn $f'(x)>0$ [oder $f'(x)<0$] für alle $x\in I$ gilt, dann ist f im Intervall I umkehrbar.

Denke an den Monotoniesatz.

b) In der Wenn-dann-Formulierung steht hinter dem „wenn" die Voraussetzung und hinter dem „dann" die Behauptung. Man erhält den Kehrsatz eines Satzes, indem man Voraussetzung und Behauptung vertauscht.
Bilde jeweils den Kehrsatz zu den Sätzen 11 und 12.
Untersuche, ob die Kehrsätze der Sätze 11 und 12 wahre Sätze sind.

Übungsaufgaben

5.
Gib an, ob die zum Graphen gehörige Funktion umkehrbar ist.

a)
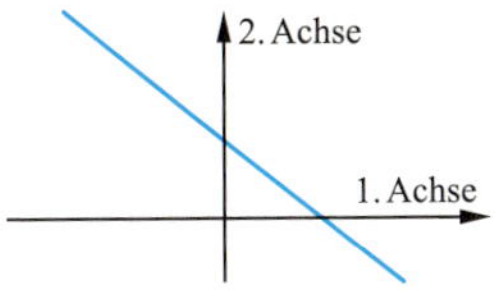

b)
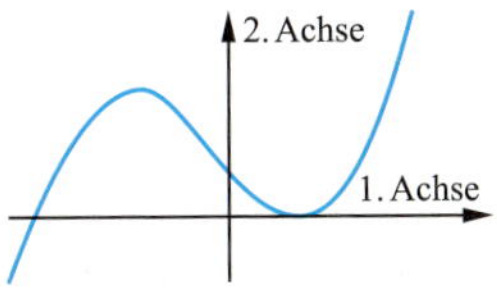

c)
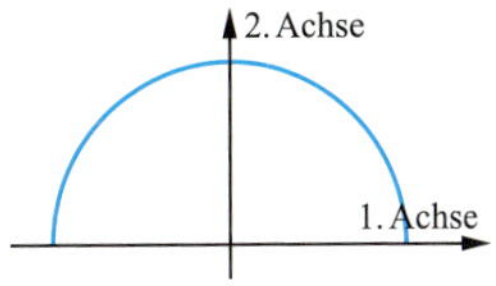

6.
a) Untersuche, welche lineare Funktionen f mit $f(x) = mx + b$ umkehrbar sind.
b) Welche linearen Funktionen stimmen mit ihrer Umkehrfunktion überein?

7.
Entscheide, ob die Funktion f auf ihrem maximalen Definitionsbereich umkehrbar ist. Schränke gegebenenfalls den Definitionsbereich so ein, dass f umkehrbar wird.

a) $f(x) = 2$ **c)** $f(x) = \frac{1}{x}$ **e)** $f(x) = \sqrt{x+1}$ **g)** $f(x) = |x|$
b) $f(x) = x^4$ **d)** $f(x) = \frac{1}{x^2}$ **f)** $f(x) = \sin x$ **h)** $f(x) = 2^{-x}$

8.
Ermittle zu f die Umkehrfunktion $\bar{f}$. Zeichne beide Graphen in ein gemeinsames Koordinatensystem.

a) $f(x) = -2x + 1$ **c)** $f(x) = x^3$ **e)** $f(x) = \sqrt{x-2}, x \geq 2$ **g)** $f(x) = 3^x$
b) $f(x) = x^2 - 1,\ x \geq 0$ **d)** $f(x) = \frac{1}{x-1}, x \neq 1$ **f)** $f(x) = 1 - \frac{1}{x^2}, x < 0$ **h)** $f(x) = 3 \cdot 2^x$

9.
Überprüfe die Umkehrbarkeit von f mittels Satz 12.

a) $f(x) = -\frac{1}{6}x^3 - 4x + 1$ **b)** $f(x) = \frac{1}{3}x^3 + x^2 + 2x + 6$ **c)** $f(x) = x^5 - 10x^3 + 45x + 15$

Gilt auch die Umkehrung des Satzes?

10.
Zeige für ganzrationale Funktionen f:
a) Wenn f umkehrbar ist, dann ist der Grad von f ungerade.
b) f ist genau dann umkehrbar, wenn f keine Extremstellen hat.

GTR / CAS

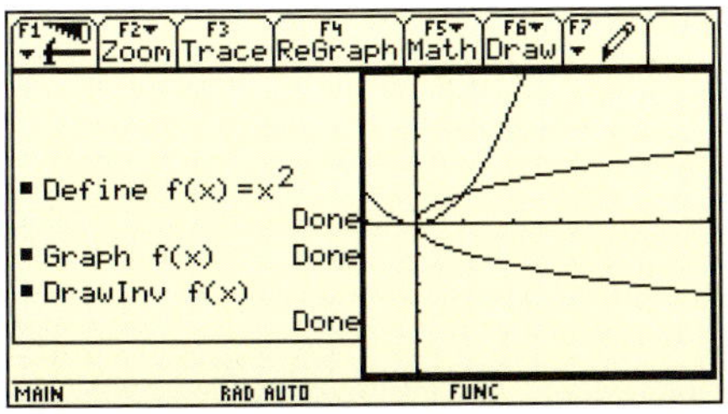

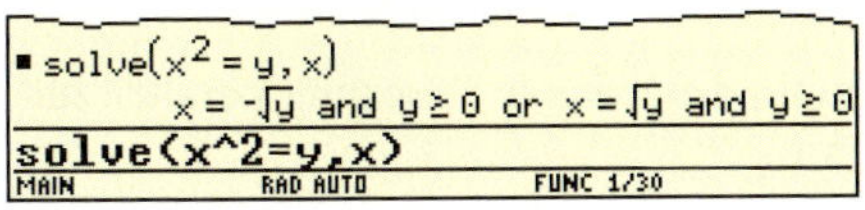

11.
a) Stelle mit einem grafikfähigen Taschenrechner den Graphen der Funktion f und ihrer Umkehrzuordnung dar. Entscheide so, ob die Funktion umkehrbar ist.
(1) $f(x) = 4 - x^2$ (2) $f(x) = \frac{2}{x}$ (3) $f(x) = \frac{4}{x^2}$
Kann man die Graphen der Umkehrfunktion durch Spiegeln des Graphen der Funktion erhalten?

b) Mithilfe von Computer-Algebra-Systemen kann man auch die Funktionsgleichung einer Umkehrfunktion ermitteln. Erläutere die Vorgehensweise im Beispiel links. Verfahre dann entsprechend mit den Funktionen aus Teilaufgabe a).

1.2 Ableitung der Exponentialfunktionen

1.2.1 Die e-Funktion

Aufgabe 1 *Ableitung der Exponentialfunktion*

Genaue, große Zeichnung ist wichtig.

a) Zeichne den Graphen zu $f_2(x) = 2^x$ und $f_3(x) = 3^x$. Zeichne darunter jeweils den Graphen der Ableitungsfunktion, indem du nach Augenmaß an mehreren Stellen des Graphen Tangenten anlegst und deren Steigung bestimmst.
Äußere eine Vermutung für die Ableitung.

b) Beweise diese Vermutung, indem du allgemein die Ableitung für $f_b(x) = b^x$ bestimmst.

Lösung

a) Der Graph der Ableitungsfunktion hat wieder die Form des Graphen einer Exponentialfunktion.
Der Graph von f_2' entsteht aus dem Graphen von f_2 durch Streckung parallel zur 2. Achse mit dem Faktor $\approx 0{,}7$, also $f_2'(x) \approx 0{,}7 \cdot 2^x$.
Der Graph von f_3' entsteht aus dem Graphen von f_3 durch Streckung parallel zur 2. Achse mit dem Faktor $\approx 1{,}1$, also $f_3'(x) \approx 1{,}1 \cdot 3^x$.
Die Streckfaktoren lassen sich gut an der Stelle 0 ablesen. Sie stimmen also mit der jeweiligen Ableitung an der Stelle 0 überein.

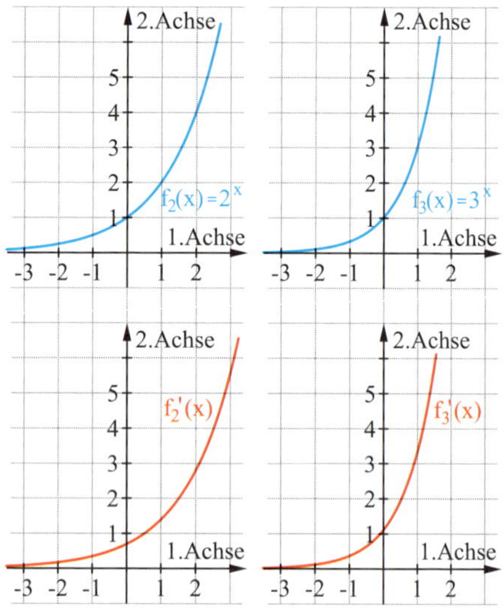

b) Wir wollen die Ableitung für $f_b(x) = b^x$ an der Stelle x bestimmen.
Die Steigung der Sekanten durch die Punkte $P(x \mid f_b(x))$ und $Q(x+h \mid f_b(x+h))$ ist gegeben durch den Differenzenquotienten

$$\frac{b^{x+h} - b^x}{(x+h) - x} = \frac{b^x \cdot b^h - b^x}{h} = \frac{b^h - 1}{h} \cdot b^x.$$

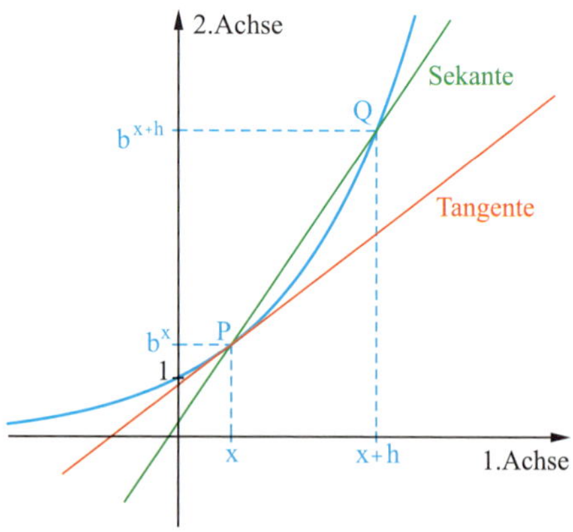

Für die Ableitung an der Stelle x ergibt sich daraus:

$$f_b'(x) = \lim_{h \to 0} \left(\frac{b^h - 1}{h} \cdot b^x \right) = \left(\lim_{h \to 0} \frac{b^h - 1}{h} \right) \cdot b^x.$$

Dieser Term zeigt schon, dass sich der Graph zu f_b' durch Streckung parallel zur 2. Achse aus dem Graphen zu f_b erzeugen lässt.

Der Streckfaktor ist der Grenzwert $\lim\limits_{h \to 0} \frac{b^h - 1}{h} = \lim\limits_{h \to 0} \frac{b^h - b^0}{h - 0}$. Er lässt sich zu jedem b nur numerisch berechnen. Man erkennt aber, dass er die Ableitung der Funktion f_b an der Stelle 0 angibt. (Deren Existenz entnehmen wir der Anschauung.) Damit ergibt sich:

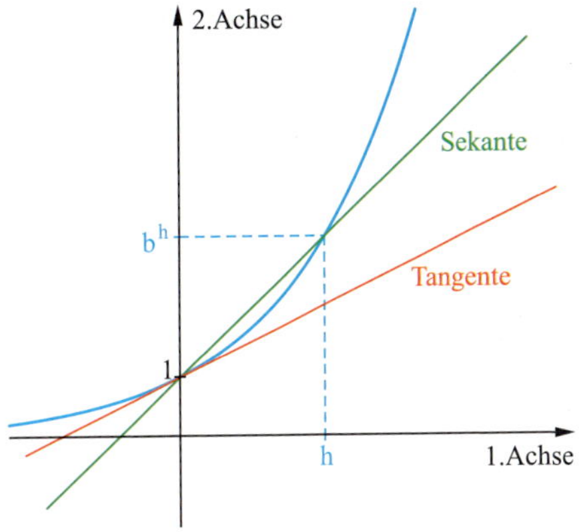

Die Ableitung einer Exponentialfunktion f_b mit $f_b(x) = b^x$, wobei $b \in \mathbb{R}^+ \setminus \{1\}$, ist $f_b'(x) = f_b'(0) \cdot b^x$.
Streckt man also den Graphen der Exponentialfunktion parallel zur 2. Achse mit dem Faktor $f_b'(0)$, so erhält man den Graphen der Ableitung.

Aufgabe 2 *Eine Exponentialfunktion, die mit ihrer Ableitung übereinstimmt*

Wir wissen: Den Graphen der Ableitung zu $f_2(x) = 2^x$ erhalten wir durch Streckung mit einem Faktor kleiner 1 aus dem Funktionsgraphen von f_2.
Um den Graphen der Ableitung $f_3(x) = 3^x$ zu erhalten, müssen wir den Funktionsgraphen von f_3 mit einem Faktor größer 1 strecken.
Wir suchen nun eine Exponentialfunktion f_b mit $f_b(x) = b^x$, die mit ihrer Ableitung übereinstimmt. Das bedeutet $f_b'(0) = 1$.
Nähere dazu die Ableitung $f_b'(0)$ durch einen Differenzenquotienten an. Bestimme damit einen Näherungswert für die Basis der Exponentialfunktion, die mit ihrer Ableitung übereinstimmt.

Lösung Wir wählen als Beispiel für den Differenzenquotienten die Differenz $h = \frac{1}{1000}$. Der Differenzenquotient für $h = \frac{1}{1000}$ an der Stelle 0 ist $\frac{b^{\frac{1}{1000}} - 1}{\frac{1}{1000}} = 1000\left(b^{\frac{1}{1000}} - 1\right)$.
Wir suchen die Basis b, für die dieser Differenzenquotient den Wert 1 hat. Wir wissen schon, dass die Basis b zwischen 2 und 3 liegt. Durch Probieren mit dem Taschenrechner erhalten wir:

b	2,5	2,7	2,8	2,75	2,72
$1000\left(b^{\frac{1}{1000}} - 1\right)$	0,9167	0,9937	1,030	1,012	1,001

Die Exponentialfunktion zu $f_{2,72}(x) = 2{,}72^x$ stimmt recht gut mit ihrer Ableitung überein.

Information **(1) Ableitung der Exponentialfunktion f_b mit $f_b(x) = b^x$**

In Teilaufgabe 1 b) wurde gezeigt:

Satz 13

Den Graphen der Ableitung f_b' einer Exponentialfunktion f_b mit $f_b(x) = b^x$ erhält man durch Strecken des Graphen zu f_b parallel zur 2. Achse. Der Streckfaktor ist die Steigung an der Stelle 0.
Kurz: Für $f_b(x) = b^x$ ist $f_b'(x) = f_b'(0) \cdot b^x$.

(2) Definition der Eulerschen Zahl

Anschaulich ist klar, dass es eine Exponentialfunktion gibt, die mit ihrer Ableitung übereinstimmt, ihre Basis liegt in der Nähe von 2,72.

Definition 8
Diejenige Basis, für welche die zugehörige Exponentialfunktion mit ihrer Ableitung übereinstimmt, wird mit e bezeichnet und **Eulersche** Zahl genannt.

(3) Die Eulersche Zahl als Folgengrenzwert

Der Differenzenquotient zur Bestimmung der Ableitung $f'_b(0)$ der Exponentialfunktion f_b mit $f_b(x) = b^x$ im Intervall $[0; h]$ ist $\frac{b^h - b^0}{(0-h)-0} = \frac{b^h - 1}{h}$.

Setzt man $h = \frac{1}{n}$, so ergibt sich daraus $\frac{b^{\frac{1}{n}} - 1}{\frac{1}{n}}$.

$h = \frac{1}{n}$
für $n \to \infty$
gilt $h \to 0$

Rechts ist die Basis e berechnet, für die für große n gilt: $\frac{e^{\frac{1}{n}} - 1}{\frac{1}{n}} \approx 1$.

$$\frac{e^{\frac{1}{n}} - 1}{\frac{1}{n}} \approx 1 \qquad \left| \cdot \frac{1}{n}\right.$$
$$e^{\frac{1}{n}} - 1 \approx \frac{1}{n} \qquad | +1$$
$$e^{\frac{1}{n}} \approx 1 + \frac{1}{n} \qquad |\text{Potenzieren mit n}$$
$$e \approx \left(1 + \frac{1}{n}\right)^n$$

Man kann genauer zeigen:

Satz 14
Für die Eulersche Zahl e gilt: $e = \lim\limits_{n \to \infty} \left(1 + \frac{1}{n}\right)^n = 2{,}718281828459045\ldots$

Weiter kann man beweisen, dass die Eulersche Zahl eine *irrationale Zahl* ist; d.h. sie kann nicht als Bruch mit ganzzahligem Zähler und Nenner dargestellt werden.

(4) Definition der e-Funktion

Die Exponentialfunktion f mit $f(x) = e^x$ stimmt nach Definition mit ihrer Ableitung überein: $f'(x) = e^x$.
Sie ist geometrisch also dadurch gekennzeichnet, dass an jeder Stelle die Tangentensteigung gleich dem Funktionswert ist.

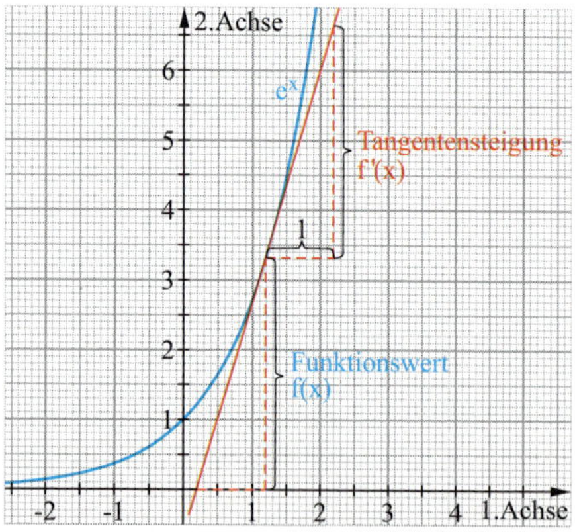

Definition 9
Die Exponentialfunktion mit $f(x) = e^x$ wird **e-Funktion** genannt.

Satz 15
Die e-Funktion mit $f(x) = e^x$ stimmt mit ihrer Ableitung überein: $f'(x) = f(x) = e^x$

Übungsaufgaben

3.
Betrachte die Exponentialfunktion f mit $f(x) = 2{,}5^x$.

a) Zeichne den Graphen der Funktion im Intervall $[-3; 3]$.

b) Bestimme an mehreren Stellen durch Einzeichnen von Tangenten die Steigung und zeichne damit den Graphen der Ableitungsfunktion.

c) Ermittle einen Term für die Ableitung
(1) aus der Zeichnung, (2) rechnerisch.

4.
Betrachte die Exponentialfunktion f mit $f(x) = 2{,}7^x$.

a) Zeichne den Graphen der Funktion.

b) Bestimme Näherungswerte für die Ableitung von f an den Stellen $-2{,}5;\ -2;\ \ldots,\ 2;\ 2{,}5$ durch Berechnen des Differenzenquotienten für $h = -0{,}001$.

c) Zeichne den Graphen der Ableitungsfunktion in dasselbe Koordinatensystem.

GTR **5.**
Mithilfe eines grafikfähigen Taschenrechners oder eines CAS kann man Tangenten an einen Funktionsgraphen näherungsweise grafisch ermitteln.
Bestimme auf diese Weise die Steigung der Funktion zu $f(x) = 2{,}2^x$ und zeichne den Graphen der Ableitungsfunktion. Vergleiche den Graphen der Funktion mit dem der Ableitungsfunktion.

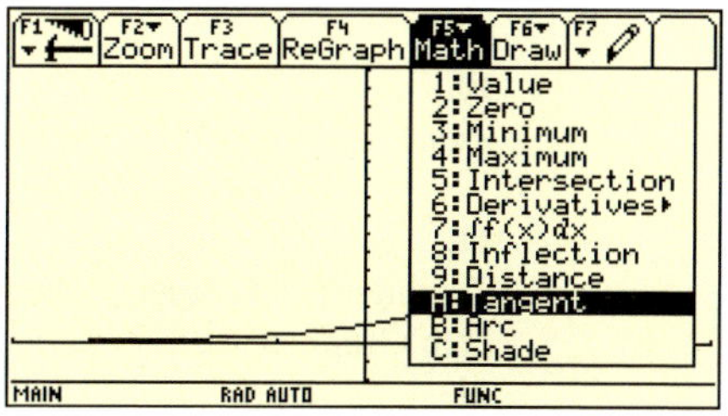

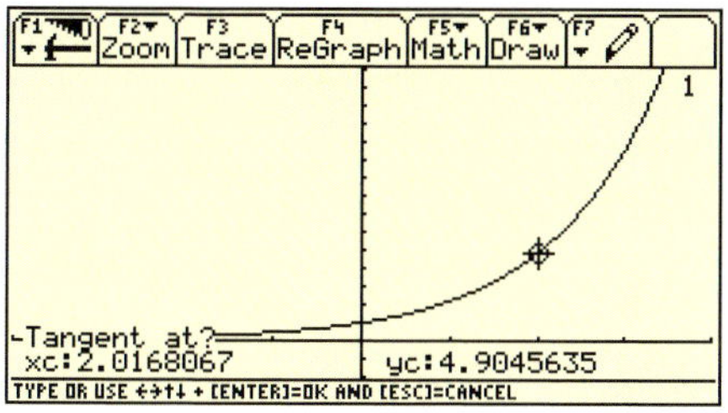

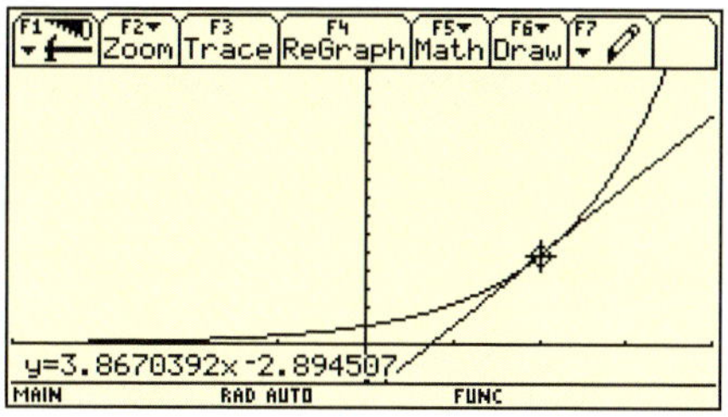

CAS **6.**
Cornelia hat die Graphen der Ableitungsfunktionen verschiedener Exponentialfunktionen mit einem CAS-Taschenrechner gezeichnet. Sie behauptet:
„Die Ableitung einer Exponentialfunktion ist eine parallel zur 1. Achse verschobene Exponentialfunktion. Für Basen größer als 3 ist sie nach links verschoben; für Basen kleiner als 2,5 nach rechts.“
Überprüfe diese Behauptung.

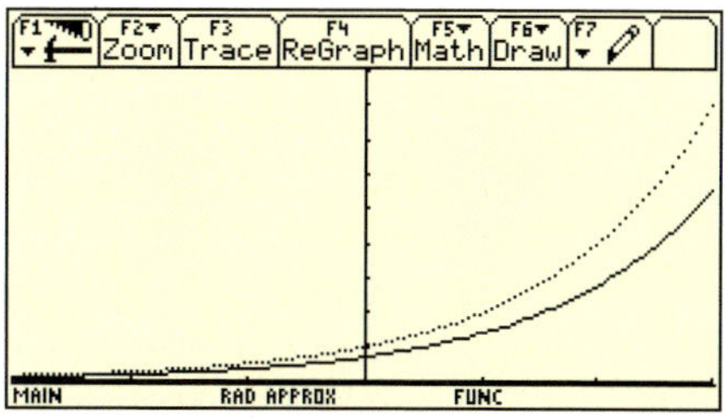

CAS **7.**

Zeichne mit einem CAS-Programm die Graphen verschiedener Exponentialfunktionen in ein Koordinatensystem, in dem auch die Gerade mit der Gleichung $y = 1 + x$ eingezeichnet ist. Ermittle einen Näherungswert für die Basis derjenigen Exponentialfunktion, deren Graph diese Gerade als Tangente an der Stelle 0 hat.

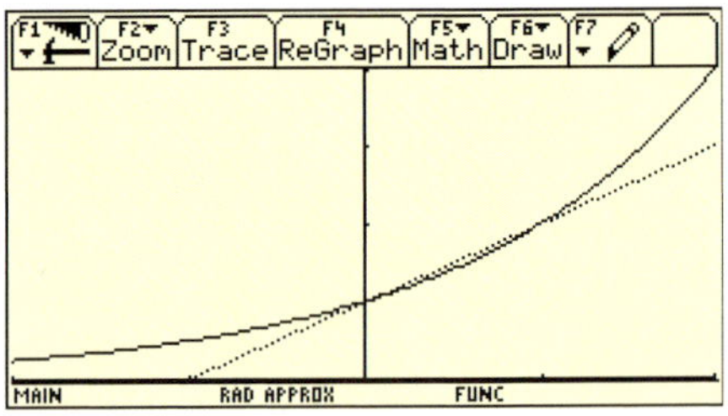

TAB **8.**

Erstelle mit einem Taschenrechner oder einer Tabellenkalkulation eine Wertetabelle für den Term $\left(1 + \frac{1}{n}\right)^n$ für $n = 50, 100, \ldots, 1000$. Überlege, welcher dieser Werte wohl die Zahl e am genauesten annähert. Begründe dies.

9.

Nils überlegt: „Der Term $1 + \frac{1}{n}$ hat als Grenzwert für $n \to \infty$ den Wert 1."
Für jede beliebige Zahl n ist $1^n = 1$, also gilt: $\lim\limits_{n \to \infty} \left(1 + \frac{1}{n}\right)^n = 1$.
Nimm Stellung dazu.

10.

Zeichne den Graphen der e-Funktion.

11.

Zeichne den Graphen der Funktion und gib an, durch welche Abbildung(en) er aus dem Graphen der e-Funktion erhalten werden kann:

a) $x \mapsto e^x - 1$
b) $x \mapsto e^x + 0{,}5$
c) $x \mapsto \frac{1}{2} e^x$
d) $x \mapsto 1{,}5\, e^x$
e) $x \mapsto -e^x$
f) $x \mapsto -\frac{1}{4} e^x$
g) $x \mapsto \frac{1}{3} e^x + 1$
h) $x \mapsto 2e^x - 3$
i) $x \mapsto e^{-x}$

12.

Berechne an den Stellen -1; 0; 1; 2 die Gleichung der Tangente an den Graphen zu

a) $x \mapsto e^x$,
b) $x \mapsto \frac{1}{2} \cdot e^x$,
c) $x \mapsto 3 - e^x$.

Wo schneidet die Tangente jeweils die 1. Achse?

13.

In der Nähe des Punktes $P(0 \mid 1)$ unterscheidet sich der Graph der e-Funktion nur wenig von der Tangente in P an den Graphen. Erstelle hieraus eine Näherungsgleichung für e^x und berechne Näherungswerte für $e^{0{,}002}$; $e^{-0{,}001}$; $e^{0{,}1}$.
Sind diese Werte größer oder kleiner als der genaue Wert?

14.

a) Beweise: Die Tangente an den Graphen der e-Funktion im Punkt $P(x \mid e^x)$ schneidet die 1. Achse an der Stelle $x - 1$.

b) Welche geometrische Konstruktion für die Tangente ergibt sich hieraus?

1.2.2 Natürlicher Logarithmus und Ableitung der Exponentialfunktion

Information **Natürlicher Logarithmus**

Auch zur Exponentialfunktion zur Basis e gehört eine Logarithmusfunktion. Dieser Logarithmus zur Basis e hat einen besonderen Namen:

Definition 7

Der Logarithmus zur Basis e heißt **natürlicher Logarithmus** („logarithmus naturalis"); er wird mit ln bezeichnet:

$\ln x = \log_e x$

Die Funktion f mit $f(x) = \ln x$ mit $x \in \mathbb{R}^+$ nennt man **natürliche Logarithmusfunktion.**

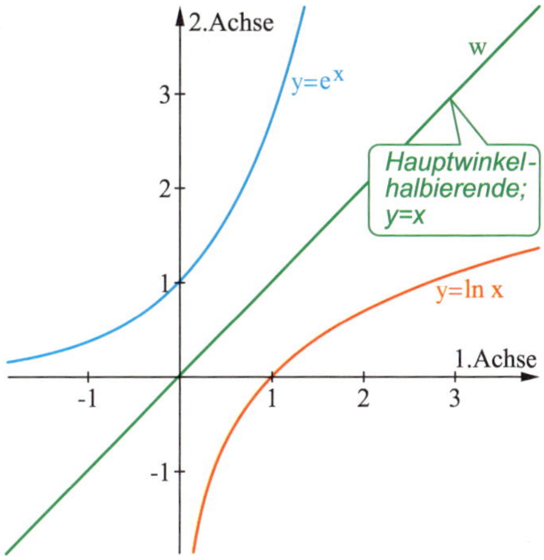

Die ln-Funktion ist die *Umkehrfunktion* der e-Funktion. Es gilt:

$\ln(e^x) = x$ (für alle $x \in \mathbb{R}$) und
$e^{\ln x} = x$ (für $x > 0$).

Ferner gilt: $\ln e = 1$

Beachte: Die Einheiten auf Koordinatenachsen müssen gleich sein.

Der Graph der natürlichen Logarithmusfunktion entsteht wiederum durch Spiegelung des Graphen der e-Funktion (siehe Satz 5, Seite 22) an der Hauptwinkelhalbierenden.

Die meisten Taschenrechner haben eine [ln]- oder [ln x]-Taste.

Auch die e-Funktion ist auf den meisten Taschenrechnern verfügbar, oft aber nicht immer direkt, sondern als Zweitbelegung der Taste [ln].

Einführung **Ableitung der Exponentialfunktion**

Es soll die Ableitung der Exponentialfunktion zu $f(x) = b^x$ mit einer beliebigen Basis $b \in \mathbb{R}^+ \setminus \{1\}$ bestimmt werden. Da wir die Ableitung der e-Funktion schon kennen, versuchen wir die Basis so umzuformen, dass e vorkommt. Wegen $b = e^{\ln b}$ gilt:

Man kann auch die Kettenregel anwenden. (S. 41)

$f(x) = b^x = (e^{\ln b})^x = e^{(\ln b)\cdot x}$

Der Vorfaktor ln b vor der Variablen x bewirkt, dass der Graph der e-Funktion mit dem Faktor ln b parallel zur 1. Achse gestreckt wird: Wegen $b^x = e^{(\ln b)\cdot x}$ hat b^x an der Stelle x den Wert, den e^x an der Stelle $(\ln b)\cdot x$ hat. Zeichnet man an der Stelle x eine Tangente mit Steigungsdreieck an den Graphen zu $f(x) = b^x$, so kann man sich dieses wie folgt aus dem Steigungsdreieck der Tangente an der Stelle $(\ln b)\cdot x$ für die e-Funktion entstanden denken.

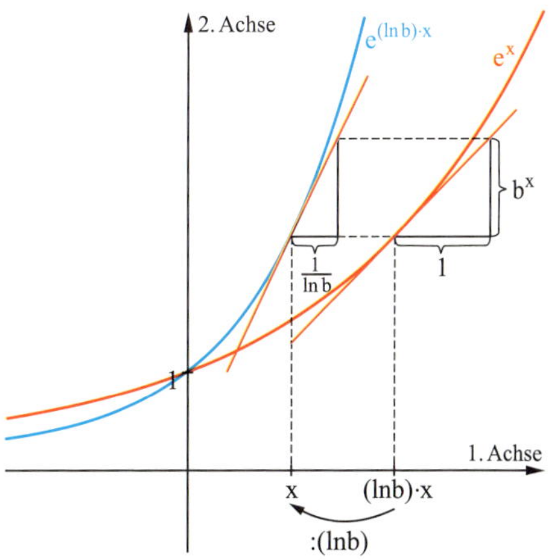

Die e-Funktion hat an der Stelle $(\ln b)\cdot x$ die Steigung $e^{(\ln b)\cdot x}$, also b^x. Wir können somit dieses Steigungsdreieck so zeichnen, dass die Kathete parallel zur 1. Achse die Länge 1 hat und die andere Kathete die Länge b^x.
Durch Streckung mit dem Faktor $\ln b$ parallel zur 1. Achse entsteht daraus das Steigungsdreieck zur Tangente der Funktion $f(x) = e^{(\ln b)\cdot x}$ an der Stelle x. Bei dieser Streckung bleibt die Länge der Kathete parallel zur 2. Achse unverändert. Die andere Kathete hat aber statt der Länge 1 die Länge $\frac{1}{\ln b}$.
Damit ergibt sich für die Ableitung von $f(x) = b^x$ an der Stelle x:

$$f'(x) = \frac{b^x}{\frac{1}{\ln b}} = (\ln b)\cdot b^x$$

Im Sonderfall $b = e$ stimmt dieses Ergebnis mit den schon bekannten für die e-Funktion überein.

Information Das in der Aufgabe erhaltene Ergebnis zeigt, dass der Ableitungs-Graph jeder Exponentialfunktion durch Streckung parallel zur 2. Achse aus den Graphen dieser Funktion hervorgeht.

Satz 14

Die Exponentialfunktion zu $f(x) = b^x$, $b \in \mathbb{R}^+ \setminus \{1\}$, hat die Ableitung $f'(x) = (\ln b)\cdot b^x$.

Übungsaufgaben

3.

a) Zeichne den Graphen der natürlichen Logarithmusfunktion.

b) Beschreibe den Graphen.

Vergleiche Seite 22

c) Verdeutliche die drei Logarithmengesetze durch Zahlenbeispiele am Graphen.

4.

Vereinfache folgende Terme:

a) $\ln e^2$ **d)** $\ln \sqrt[3]{e}$ **g)** $\ln \sqrt{\frac{3}{e}}$ **j)** $e^{\ln 3}$ **m)** $e^{-\ln\sqrt{5}}$

b) $\ln \frac{1}{e^2}$ **e)** $\ln \frac{e^2}{k}$ **h)** $\ln(e^{3k})$ **k)** $e^{-\ln 2}$ **n)** $2e^{-\ln 0{,}1}$

c) $\ln \sqrt{e}$ **f)** $\ln 2 \cdot e^3$ **i)** $\ln \sqrt[n]{e}$ **l)** $e^{\frac{1}{2}\ln 3}$ **o)** $e^{\ln 2 - \ln 3}$

5.

Fasse zusammen.

a) $\ln(x+1) - \ln x + \ln\frac{1}{x}$ **c)** $3\ln x - \ln(2+x) - \ln(x-2)$

b) $\ln(x+1) - \ln(x-1) - 2\ln x$ **d)** $\ln(e^{x+1}) \cdot \ln(e^{-x^2})$

6.

Bestimme die Lösungsmenge.

a) $\ln x = 3$ **c)** $\ln(x+1) = 2$ **e)** $\ln(3x-5) = 0$ **g)** $e^{\frac{1}{2}x} = 3$ **i)** $e^{\sqrt{x}} = 2$

b) $\ln x = -1$ **d)** $\ln(x^2) = 1$ **f)** $e^x = 2$ **h)** $e^{2x+1} = \frac{1}{2}$ **j)** $e^{3x^2} = 7$

7.
Zeichne den Graphen der Funktion f und beschreibe, wie er aus dem Graphen des natürlichen Logarithmus entsteht.

a) $f(x) = \ln x + 1$ **c)** $f(x) = \ln(x+1)$ **e)** $f(x) = 2 \cdot \ln x$ **g)** $f(x) = \ln(2x)$
b) $f(x) = \ln x - 3$ **d)** $f(x) = \ln(x-3)$ **f)** $f(x) = \ln\left(\frac{1}{3}x\right)$ **h)** $f(x) = \frac{1}{3}\ln x$

GTR **8.**
Die folgenden Graphen wurden mithilfe eines CAS gezeichnet. Bestimme mögliche Funktionsterme zu diesen Graphen und überprüfe das Ergebnis ggf. mit einem GTR.

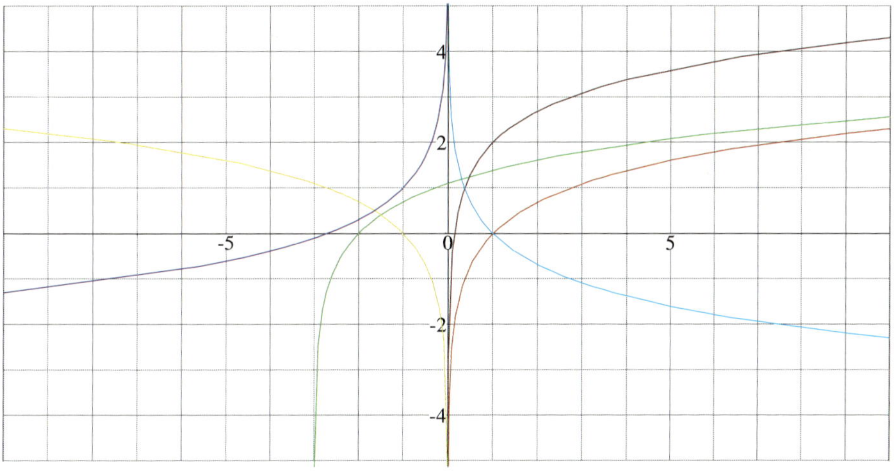

9.
Bilde die 1. und 2. Ableitung.

a) $f(x) = 3^x$ **c)** $f(t) = 1{,}02^t + t^2$ **e)** $f(x) = k \cdot k^x - k^x$
b) $f(x) = 2 \cdot 3^x$ **d)** $f(x) = 2{,}5^x - 2{,}5 \cdot 2^x$ **f)** $f(x) = \frac{b^x}{\ln b} - \frac{\ln b}{b}$

10.
Bilde die n-te Ableitung: **a)** $f(x) = 2^x$ **b)** $f(x) = 2^x + x^n$ **c)** $f(x) = \frac{b^x}{(\ln b)^n}$

11.
Berechne für $b = 3$ [2,5; 0,5] die Gleichung der Tangente an den Graphen der Exponentialfunktion zu $f(x) = b^x$ jeweils an den Stellen -1; 0; 1; 2. Zeichne diese Tangenten.

12.
An den Graphen der Exponentialfunktion zu $f(x) = 2^x$ soll an der Stelle 1 die Tangente gezeichnet werden. Bestimme die Schnittpunkte mit den Koordinatenachsen.

13.
An den Graphen zu $f(x) = \left(\frac{1}{4}\right)^x$ sollen an den Stellen 1 und -2 die Tangenten gezeichnet werden. Bestimme den Schnittpunkt dieser beiden Tangenten.

Weitere Funktionsuntersuchungen Aufgaben, Seite 67 ff.

14.
Untersuche die Funktion f mit:

a) $f(x) = 3^x - 2^x$ **b)** $f(x) = \left(\frac{1}{2}\right)^x + e^x$ **c)** $f(x) = \frac{1}{3} \cdot 2^x + \frac{1}{2} \cdot 3^x$

1.3 Ketten-, Produkt- und Quotientenregel – Stetigkeit

1.3.1 Kettenregel

Beim Bestimmen der Ableitung der Exponentialfunktion zu $f(x) = b^x$ haben wir den Funktionsterm umgeformt zu $f(x) = e^{(\ln b) \cdot x}$. Im Funktionsterm der e-Funktion steht hier statt der Variablen x der Term $(\ln b) \cdot x$. Diesen kann man als Term einer linearen Funktion mit $v(x) = (\ln b) \cdot x$ auffassen.
Bei der zusammengesetzten Funktion mit $f(x) = e^{(\ln b) \cdot x} = e^{v(x)}$ haben wir die Ableitung mithilfe geometrischer Überlegungen bestimmt. Wir wollen nun solche zusammengesetzten Funktionen allgemeiner untersuchen.

Aufgabe 1 *Verketten von Funktionen*
Die Vorrangregeln für die Potenz- und Punktrechnung legen die Berechnungsreihenfolge in dem Term e^{x^2} nicht fest.

a) Erstelle für die Funktionen zu
(1) $f(x) = e^{(x^2)}$ und (2) $g(x) = (e^x)^2$
jeweils eine Wertetabelle und zeichne auch den Graphen.

b) Erläutere den Zusammenhang der Funktionen f und g mit der e-Funktion und der Quadratfunktion anhand der Pfeilbilder für f und g.

Lösung **a)** (1) Beim Term $e^{(x^2)}$ muss zu jeder Zahl für x zunächst das Quadrat berechnet und dann anschließend e damit potenziert werden.

Wertetabelle

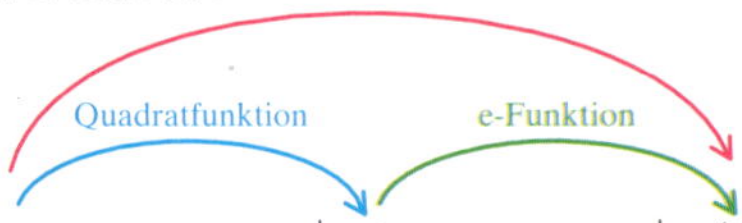

x	x^2	$e^{(x^2)}$
−2	4	$e^4 \approx 54{,}6$
−1	1	$e \approx 2{,}7$
0	0	1
1	1	$e \approx 2{,}7$
2	4	$e^4 \approx 54{,}6$

Graph

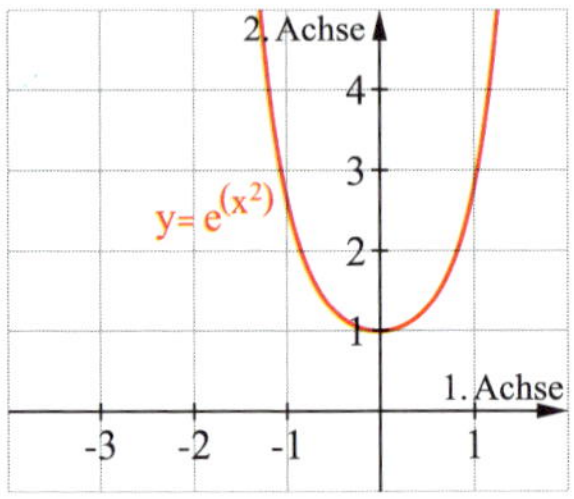

(2) Beim Term $(e^x)^2$ muss zu jeder Zahl für x zunächst die Potenz e^x berechnet und dann der erhaltene Wert quadriert werden.

Wertetabelle

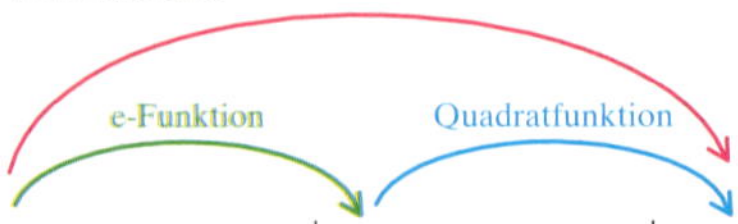

x	e^x	$(e^x)^2$
−2	e^{-2}	$e^{-4} \approx 0{,}02$
−1	e^{-1}	$e^{-2} \approx 0{,}14$
0	1	1
1	e	$e^2 \approx 7{,}38$
2	e^2	$e^4 \approx 54{,}6$

Graph

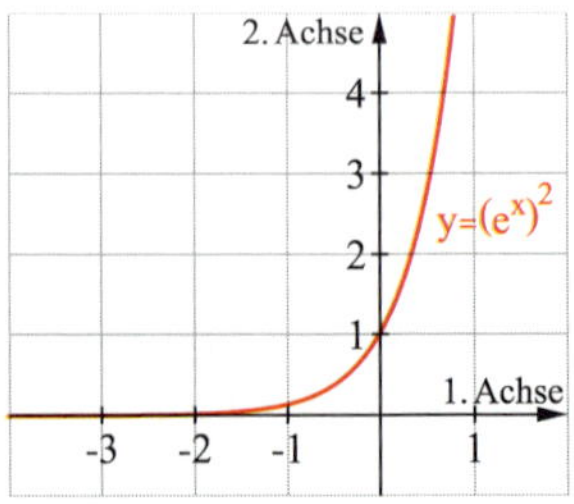

b) Die Funktion $f: x \mapsto e^{(x^2)}$ entsteht durch Hintereinanderausführen der Quadratfunktion $x \mapsto x^2$ und der e-Funktion $x \mapsto e^x$ in dieser Reihenfolge.
Die Funktion $g: x \mapsto (e^x)^2$ entsteht durch Hintereinanderausführen der e-Funktion $x \mapsto e^x$ und der Quadratfunktion $x \mapsto x^2$ in dieser Reihenfolge.
Am Pfeildiagramm erkennt man gut, dass sich die beiden Funktionen f und g nur durch die Reihenfolge unterscheiden, in der die e-Funktion $u: x \mapsto e^x$ und die Quadratfunktion $v: x \mapsto x^2$ nacheinander ausgeführt werden:

(1)

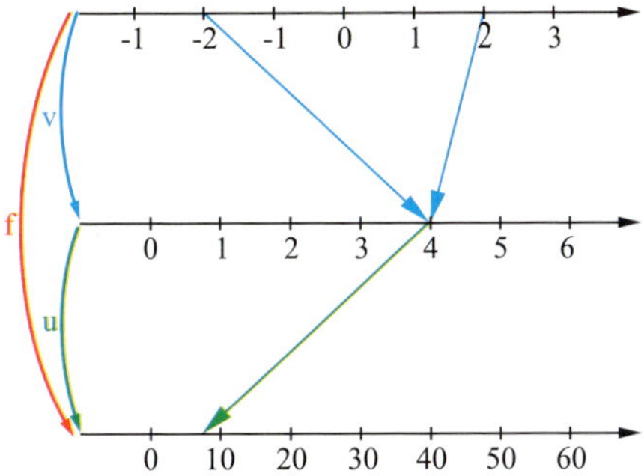

(2)

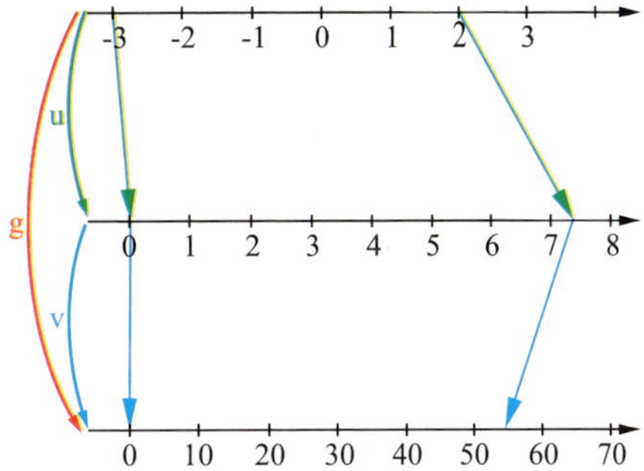

Information **(1) Vorrangregel für mehrfaches Potenzieren**

Exponent spart Klammern ein

Um Klammern einzusparen, vereinbaren wir: $a^{b^c} = a^{(b^c)}$
Sofern Klammern keine andere Reihenfolge vorschreiben, wird die Berechnung also mit dem am weitesten oben stehenden Exponenten begonnen.

(2) Verketten von Funktionen

In der Aufgabe 1 haben wir zwei Funktionen hintereinander geschaltet. In der Mathematik nennt man das *Verketten.* So erhält man aus den Funktionstermen der Funktionen u und v den Funktionsterm einer durch Verkettung zusammengesetzten Funktion:
Man wendet auf x zuerst die Funktion v an und erhält einen Zwischenwert z:
$x \overset{v}{\curvearrowright} z$ mit $z = v(x)$.
Auf diesen Zwischenwert wird dann die Funktion u angewendet:
$z \overset{u}{\curvearrowright} y$ mit $y = u(z) = u(v(x))$

Insgesamt: $$x \overset{v}{\curvearrowright} v(x) = z \overset{u}{\curvearrowright} u(z) = y$$ (f: von x nach y)

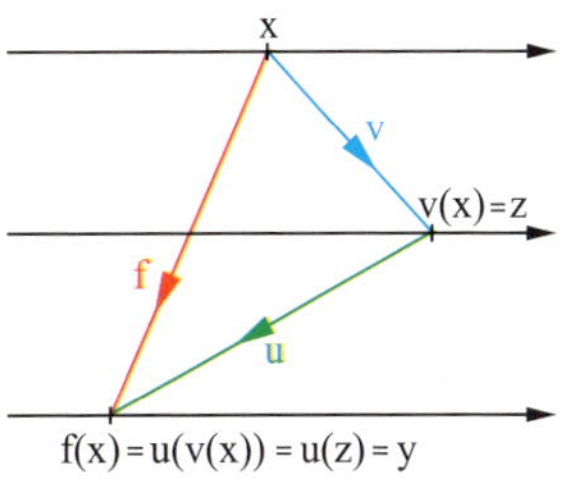

$W_v \subseteq D_u$ bedeutet: W_v ist Teilmenge von D_u

Den Funktionsterm f(x) erhält man also, indem man in dem Term u(z) anstelle der Variablen z den Term v(x) einsetzt.
Diese Funktion f mit $f(x) = u(v(x))$ mit dem Definitionsbereich D_v ist nur dann erklärt, wenn der Wertebereich von v eine Teilmenge des Definitionsbereiches von u ist: $W_v \subseteq D_u$.

Definition 11

Es seien $v: x \mapsto v(x);\ x \in D_v$ und $u: x \mapsto u(x);\ x \in D_u$ zwei Funktionen mit $W_v \subseteq D_u$.

Hängt man im Pfeildiagramm an die Pfeile von v die Pfeile von u, so entsteht eine neue Funktion f mit $f(x) = u(v(x))$ für alle $x \in D_v$. Die Funktion f heißt die **Verkettung** von v und u.

Die Funktion v nennt man auch *innere Funktion* und u *äußere Funktion*.

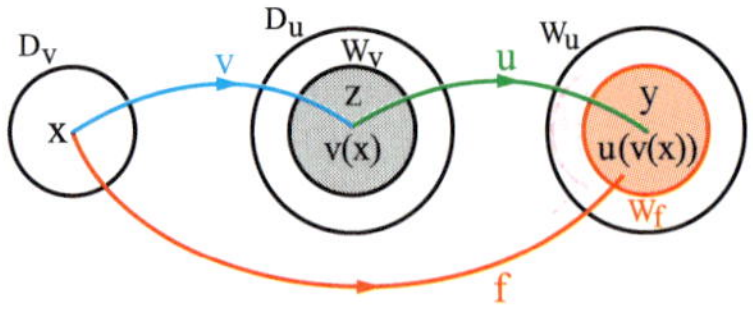

Beispiel: Gegeben seien die Funktionen u und v mit $v(x) = 2x - 1;\ x \in \mathbb{R}$ und $u(z) = z^2$; $z \in \mathbb{R}$. Dann ist $W_v = \mathbb{R} \subseteq D_u$, und es gilt: $f(x) = u(v(x)) = (2x-1)^2$.

Aufgabe 2 *Kettenregel*

a) Die Funktion v sei an der Stelle a differenzierbar, und es sei $v(a) = b$ (sowie $v(x) = z$). Die Funktion u sei an der Stelle b differenzierbar.

Versuche die Ableitung der Funktion f mit $f(x) = u(v(x))$ an der Stelle a zu bestimmen und formuliere eine Regel.

Anleitung: Erweitere den Differenzenquotienten so, dass der Differenzenquotient der Funktion v auftritt.

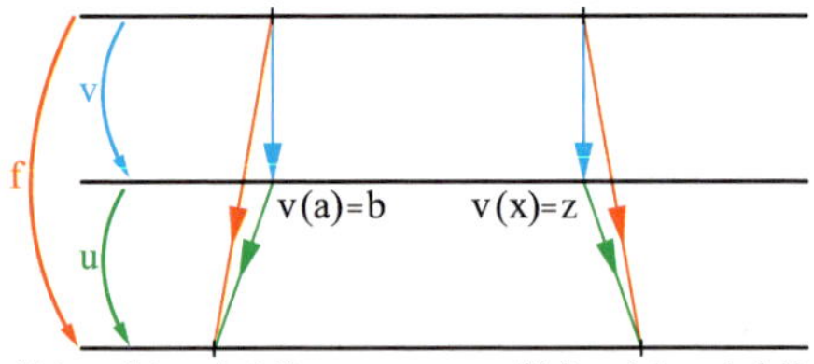

b) Bestimme nach dieser Regel die Ableitung der Funktion f mit

(1) $f(x) = e^{x^2}$ (2) $f(x) = (e^x)^2$ (3) $f(x) = \sqrt{x^2+1}$

Lösung

Achtung: Es darf nur mit einem Faktor ungleich Null erweitert werden. (vgl. S. 41/42)

a) Es gilt:

$$f'(a) = \lim_{x\to a} \frac{f(x)-f(a)}{x-a} = \lim_{x\to a} \left(\frac{f(x)-f(a)}{v(x)-v(a)} \cdot \frac{v(x)-v(a)}{x-a} \right)$$

Es wurde mit $v(x) - v(a)$ erweitert

$$= \lim_{x\to a} \frac{f(x)-f(a)}{v(x)-v(a)} \cdot \lim_{x\to a} \frac{v(x)-v(a)}{x-a}$$

Die letzte Umformung ist nur dann richtig, falls die beiden Grenzwerte existieren.

Der zweite Grenzwert existiert, weil v an der Stelle a differenzierbar ist:

$$\lim_{x\to a} \frac{v(x)-v(a)}{x-a} = v'(a).$$

Um den ersten Grenzwert zu bestimmen, versuchen wir diesen als Grenzwert der Funktion u auszudrücken.

Dazu ersetzen wir $f(x)$ durch $u(z)$, $f(a)$ durch $u(b)$, $v(x)$ durch z und $v(a)$ durch b (vgl. Abbildung oben).

Der Grenzprozess $x \to a$ entspricht dann dem Grenzprozess $z \to b$, denn:

$$\lim_{x\to a} v(x) = v(a) = b$$

Daher folgt nun: $\lim\limits_{x\to a} \frac{f(x)-f(a)}{v(x)-v(a)} = \lim\limits_{z\to b} \frac{u(z)-u(b)}{z-b} = u'(b)$.

Insgesamt erhalten wir: $f'(a) = u'(b) \cdot v'(a) = u'(v(a)) \cdot v'(a)$. Kurz formuliert:

Ableitung der Gesamtfunktion	=	äußere Ableitung	·	innere Ableitung

b) (1) Für $f(x) = e^{x^2}$ hat die innere Funktion den Term $v(x) = x^2$. Bezeichnen wir diesen Zwischenwert mit z, so ist der Term der äußeren Funktion $u(z) = e^z$.

Ableitung der Gesamtfunktion	=	äußere Ableitung	·	innere Ableitung
	=	$(e^z)'$	·	$(x^2)'$
	=	e^z	·	$2x$
	=	e^{x^2}	·	$2x$

Benennen wir den Zwischenwert nicht mit x, ergibt sich kürzer.

(2)

Ableitung der Gesamtfunktion	=	äußere Ableitung	·	innere Ableitung
$f'(x)$	=	$2 \cdot e^x$	·	e^x
	=	$2 \cdot (e^x)^2$		

(3)

Ableitung der Gesamtfunktion	=	äußere Ableitung	·	innere Ableitung
$f'(x)$	=	$\frac{1}{2 \cdot \sqrt{x^2+1}}$	·	$2x$
$f'(x)$	=	$\frac{2x}{2\sqrt{x^2+1}}$	=	$\frac{x}{\sqrt{x^2+1}}$

Information **(1) Ableitung verketteter Funktionen**

Die Lösung der Aufgabe 2a) liefert:

Satz 15: *Kettenregel*

Die Funktion v sei in einem Intervall I_1 definiert und an der Stelle a des Intervalls I_1 differenzierbar. Es gelte $v(a) = b$.
Die Funktion u sei in einem Intervall I_2 definiert, es gelte $v(x) \in I_2$ für alle $x \in I_1$ (insbesondere gehört dann b zu dem Intervall I_2). u sei an der Stelle b differenzierbar.
Dann ist die Funktion f mit $f(x) = u(v(x))$ an der Stelle a differenzierbar, und es gilt: $f'(a) = v'(a) \cdot u'(v(a)) = u'(v(a)) \cdot v'(a)$

Diese Regel heißt *Kettenregel,* weil die Funktion f die *Verkettung* der Funktionen u und v ist.
Da der Faktor $v'(a)$ die Ableitung der *inneren* Funktion v ist, gilt folgende Merkregel:

Ableitung der Gesamtfunktion = innere Ableitung · äußere Ableitung = äußere Ableitung · innere Ableitung

(2) Lücken im Beweis der Kettenregel

Die auf Seite 40 angegebene Herleitung der Kettenregel weist für einen vollständigen Beweis noch zwei Lücken auf:

a) Es kann nämlich vorkommen, dass es in jeder noch so kleinen Umgebung von a Zahlen x gibt mit $v(x) = b = v(a)$. In diesem Fall ist $v(x) - v(a) = 0$ und es wäre mit 0 erweitert worden, was aber nicht gestattet ist. Der Beweis der Kettenregel ist daher nur für solche Funktionen v geführt, für die in einer vollen Umgebung von a gilt: $v(x) \neq v(a)$. Dies ist im Allgemeinen der Fall.

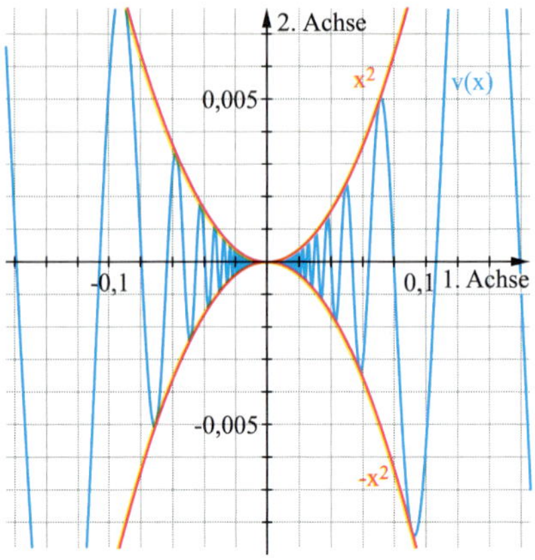

Es gibt jedoch auch Funktionen v, bei denen es in jeder noch so kleinen Umgebung von a noch ein x gibt mit $v(x) = v(a)$.

Beispiel:

$$v(x) = \begin{cases} x^2 \cdot \sin\frac{1}{x} & \text{für } x \neq 0 \\ 0 & \text{für } x = 0 \end{cases} \quad \begin{pmatrix} \text{mit } a = 0 \\ \text{und } b = 0 \end{pmatrix}$$

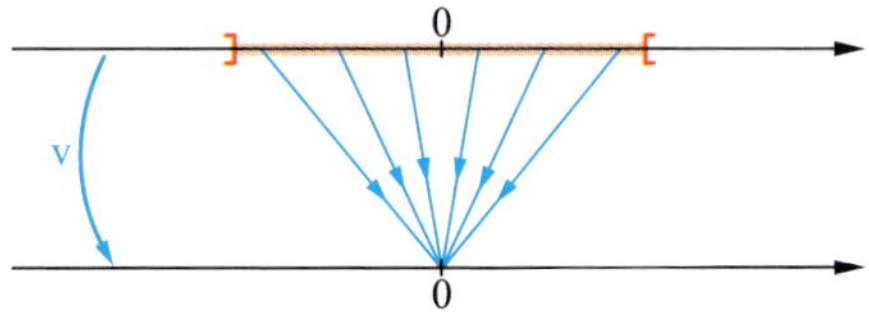

Der Graph dieser Funktion oszilliert in jeder Umgebung von 0 unendlich oft zwischen den Graphen der Funktionen $x \mapsto x^2$ und $x \mapsto -x^2$ hin und her.
Im Pfeildiagramm dieser Funktion gehen in jeder noch so kleinen Umgebung von 0 unendlich viele Pfeile aus, die in 0 enden. Die Kettenregel gilt jedoch auch für solche Funktionen.

b) Beim Beweis der Kettenregel haben wir für die innere Funktion v argumentiert: Nähert sich x der Stelle a an, so nähert sich $v(x)$ dem Wert $v(a)$ an: $\lim\limits_{x \to a} v(x) = v(a)$

(1) Für die Quadratfunktion $x \mapsto x^2$ gilt das offensichtlich an jeder Stelle a.

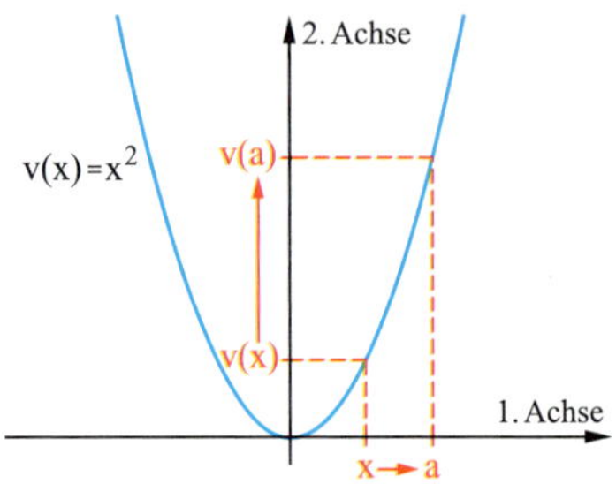

(2) Für die Signumfunktion

$$f(x) = \operatorname{sgn}(x) = \begin{cases} 1 & \text{für } x > 0 \\ 0 & \text{für } x = 0 \\ -1 & \text{für } x < 0 \end{cases}$$

gilt das offensichtlich an der Stelle 0 nicht.

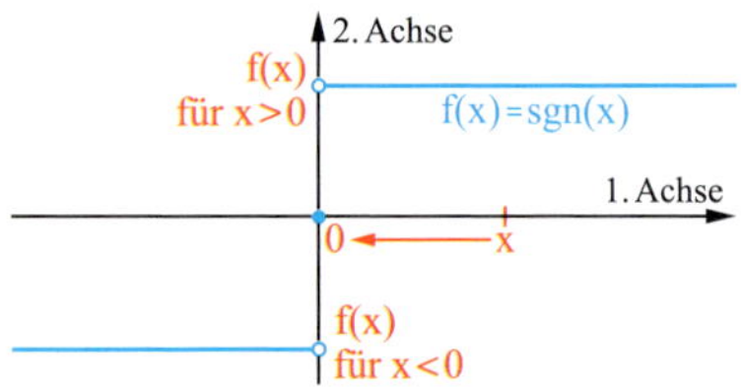

Diese Beweislücke können wir nur schließen, indem wir Grenzwerte bei Funktionen genauer untersuchen. Das geschieht im nächsten Abschnitt (S. 45 ff.).

Übungsaufgaben

3.

Bestimme – soweit möglich – die Verkettung f mit $f(x) = u(v(x))$ [die Verkettung g mit $g(x) = v(u(x))$] der Funktionen v und u.

a) v: $x \mapsto e^x$; $x \in \mathbb{R}$
u: $x \mapsto \sqrt{x}$; $x \in \mathbb{R}$

b) v: $x \mapsto \frac{3}{4}x - 4$; $x \in \mathbb{R}$
u: $x \mapsto \frac{8}{3}x + 5$; $x \in \mathbb{R}$

c) v: $x \mapsto x^2 + 3$; $x \in \mathbb{R}$
u: $x \mapsto \sqrt{x}$; $x \in \mathbb{R}_0^+$

d) v: $x \mapsto 2x^2$; $x \in \mathbb{R}$
u: $x \mapsto \sin x$; $x \in \mathbb{R}$

e) v: $x \mapsto x^2 - 4x + 5$; $x \in \mathbb{R}$
u: $x \mapsto \frac{1}{x}$; $x \in \mathbb{R}\setminus\{0\}$

f) v: $x \mapsto e^x$; $x \in \mathbb{R}$
u: $x \mapsto \frac{1}{x}$; $x \in \mathbb{R}\setminus\{0\}$

4.
Zerlege die angegebene Funktion f in Teilfunktionen v und u so, dass gilt:
$f(x) = u(v(x))$

a) $f(x) = e^{2x-1};\ x \in \mathbb{R}$

b) $f(x) = \sqrt{3x-2};\ x \geq \frac{2}{3}$

c) $f(x) = \frac{1}{x^2+2x+4};\ x \in \mathbb{R}$

d) $f(x) = (5x-4)^3;\ x \in \mathbb{R}$

e) $f(x) = \frac{1}{x^2-4};\ x \in \mathbb{R}\setminus\{-2; 2\}$

f) $f(x) = \sqrt{\sin x};\ x \in\ ]0; \pi[$

g) $f(x) = \cos\frac{1}{x};\ x \in \mathbb{R}\setminus\{0\}$

h) $f(x) = \frac{1}{\cos x};\ x \in \left]-\frac{\pi}{2}; \frac{\pi}{2}\right[$

i) $f(x) = e^{\sin x}$

j) $f(x) = |-3x+5|;\ x \in \mathbb{R}$

5.
Gegeben seien die Funktion w, v und u mit $w(x) = -2x+1$, $v(x) = e^x$ und $u(x) = x^2$, jeweils mit dem Definitionsbereich $\mathbb{R}$. Gib die Verkettung der drei Funktionen an:

a) $f_1(x) = w(v(u(x)))$

b) $f_2(x) = w(u(v(x)))$

c) $f_3(x) = v(w(u(x)))$

d) $f_4(x) = v(u(w(x)))$

6.
Zerlege die angegebene Funktion f in Teilfunktionen w, v und u so, dass gilt:
$f(x) = u(v(w(x)))$.

a) $f(x) = \frac{1}{(x^3-2x)^4}$ **b)** $f(x) = \sqrt{e^{3x}}$ **c)** $f(x) = \sin\sqrt{x^2+1}$

▲ **7.**
Es sei $u\colon x \mapsto \sqrt{x};\ x \in \mathbb{R}_0^+$. Schränke den Definitionsbereich der inneren Funktion v so ein, dass die Verkettung f mit $f(x) = u(v(x))$ erklärt ist.

a) $v\colon x \mapsto \frac{2}{3}x+5;\ x \in \mathbb{R}$ **b)** $v\colon x \mapsto x^2-4;\ x \in \mathbb{R}$ **c)** $v\colon x \mapsto \frac{1}{x+1};\ x \in \mathbb{R}\setminus\{-1\}$

▲ **8.**
Zeige:

a) Die Verkettung einer linearen Funktion und der Quadratfunktion ist eine quadratische Funktion.

b) Die Verkettung zweier linearer Funktionen ist wieder eine lineare Funktion.

▲ **9.**
Es seien u eine ganzrationale Funktion vom Grad n und v eine ganzrationale Funktion vom Grad m. Was kann man dann über den Grad der Verkettung von v und u aussagen?

a) $m \neq 0$, n beliebig **b)** $m \neq 0,\ n = 0$ **c)** $m > 0,\ n > 0$ **d)** $m = 1,\ n > 0$

10.
Bestimme die Ableitung einmal nach der Kettenregel und zum anderen nach einer Termumformung. Vergleiche die Ergebnisse.

a) $f(x) = (2x+1)^2$ **b)** $f(x) = (3x^2+x+1)^2$ **c)** $f(x) = (e^x)^2$

11.
Bestimme mithilfe der Kettenregel die Ableitung der Exponentialfunktion zu $f(x) = b^x = e^{(\ln b) \cdot x}$.

12.
Bestimme die Ableitung.

a) $f(x) = e^{4x+5}$
b) $f(x) = e^{x^2+3}$
c) $f(x) = e^{x^2-x}$
d) $f(t) = e^{\sqrt{t}}$
e) $f(x) = \sqrt{-x}$
f) $f(x) = \sqrt{x^2+1}$
g) $f(z) = \sqrt{3z-9}$
h) $f(x) = \sin(-x)$
i) $f(x) = 9 \cdot \sin x^2$
j) $f(z) = 8 \cdot \cos(2z+5)$
k) $f(s) = (\cos s)^2$
l) $f(x) = e^{\cos x}$

CAS **13.**
Für viele Funktionen kann man die Ableitung bequem mit einem CAS bestimmen.

a) Erläutere, wie im linken CAS-Fenster bei der Bestimmung der Ableitung für $f(x) = \sqrt{x^2-4}$ vorgegangen wurde.

b) In einigen Fällen gibt das CAS den Term der Ableitung in einer anderen Form an, als erwartet, so zum Beispiel im rechten Fenster bei der Ableitung für $f(x) = \sqrt{3x}$. Beschreibe, wie im rechten CAS-Fenster der Vergleich zwischen beiden Termen erfolgte.

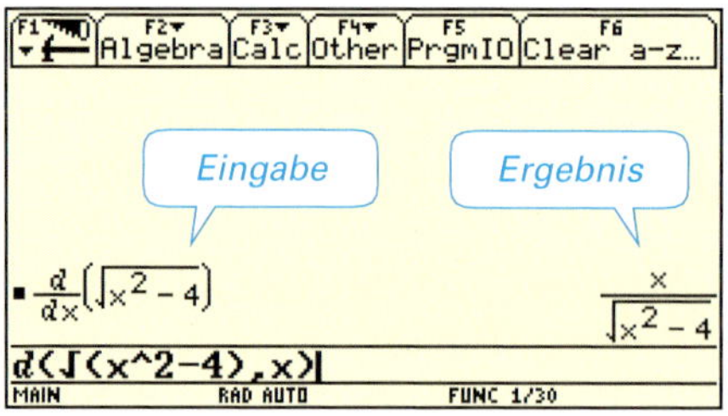

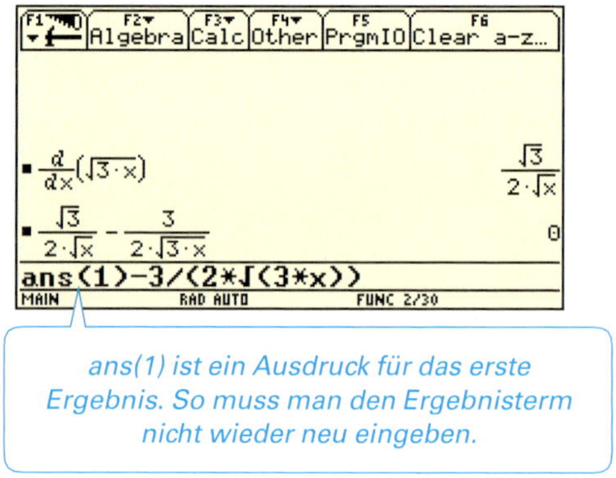

CAS **14.**
Bestimme die Ableitung. In einigen Fällen gibt es mehrere Wege.
Du kannst die Ergebnisse mit einem Computer-Algebra-System kontrollieren.

a) $f(x) = (x-2)^2$
b) $f(x) = (3x-5)^2$
c) $f(x) = (2x^3+1)^2$
d) $f(x) = \left(\sqrt{x}+1\right)^2$
e) $f(x) = \left(2+\frac{1}{x}\right)^2$
f) $f(x) = (x-4)^5$
g) $f(x) = 2 \cdot (3x-2)^3$
h) $f(x) = \sqrt{x^2-4}$
i) $f(x) = 3 \cdot \sqrt{4x+2}$
j) $f(x) = 5 \cdot \sqrt{x-4}$
k) $f(x) = (2x^2+x-1)^4$
l) $f(x) = \sqrt{x \cdot (x+1)}$
m) $f(x) = \sqrt{\frac{1}{2x+1}}$
n) $f(x) = 8 \cdot \sqrt{2x+1}$
o) $f(x) = \sqrt{2x} + \frac{1}{2x}$
p) $f(x) = \left(\frac{1}{2}x\right)^4 + \sqrt{5x}$
q) $f(x) = (x-4)^3 + (x-4)^2$
r) $f(x) = (x+2)^5 + (4-x)^9$
s) $f(x) = (2x^4-1)^2 + \sqrt{x^3}$
t) $f(x) = \frac{1}{x^2+0{,}5} - 2 \cdot \left(x+\frac{1}{2}\right)^2$
u) $f(x) = \frac{1}{x^2+1} + 2 \cdot \left(\frac{1}{2}x\right)^2$

1.3.2 Grenzwert einer Funktion an einer Stelle

Einführung Beim Beweis der Kettenregel haben wir für die innere Funktion argumentiert: Nähert sich x der Stelle a an, so nähert sich v (x) dem Wert v (a) an.
Anschaulich können wir uns auf dem Graphen der Funktion v einen Punkt P (x | y) denken. Nähern wir x der Stelle a an, so wandert der Punkt auf dem Graphen. Wird sich auch y einer Zahl, also einem Grenzwert annähern? Rechts siehst du drei Möglichkeiten. Beschreibe.

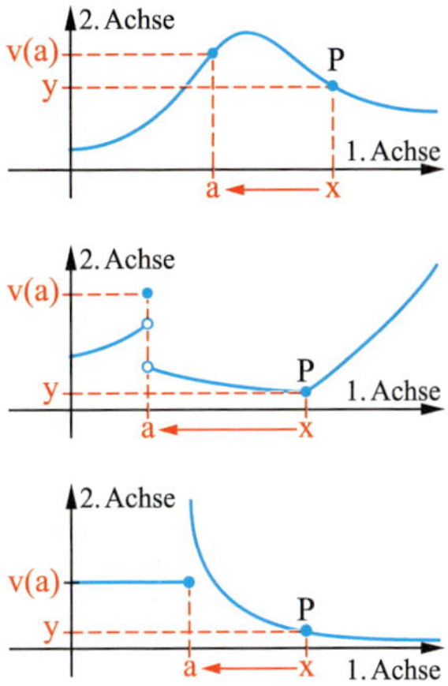

Diese anschauliche Vorstellung zum Bestimmen des Grenzwertes einer Funktion an einer Stelle wollen wir nun präzisieren. Wenn die Abszisse x eines Punktes P auf die Stelle a zustrebt, kann man sich vorstellen, dass die Abszisse eine *Grundfolge* $\langle x_n \rangle$ durchläuft, die gegen a konvergiert. Die *zu der Grundfolge gehörende Folge der Funktionswerte* $\langle f(x_n) \rangle$ ist dann gerade die Folge der Ordinaten (vgl. Seite 12/13).

Beispiel: Wir betrachten die Funktion f mit $f(x) = x^2$. Die Grundfolgen $\left\langle 1 + \frac{1}{n} \right\rangle$, $\left\langle 1 - \frac{1}{n} \right\rangle$, $\left\langle 1 + (-1)^n \cdot \frac{1}{n} \right\rangle$ konvergieren gegen die Stelle 1. Die zugehörigen Folgen der Funktionswerte $\langle x_n^2 \rangle$ konvergieren jeweils gegen $1 \cdot 1$, also gegen 1.

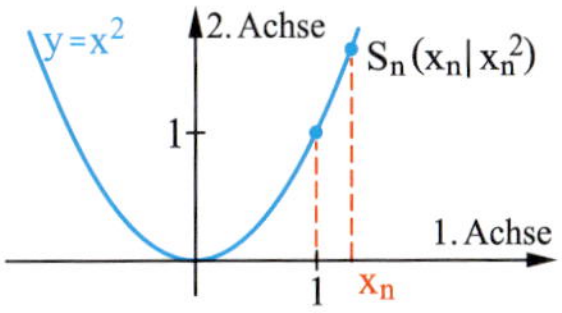

Aufgabe 1 Betrachte die Funktionen f. Gib Grundfolgen an, die gegen a = 1,5 konvergieren und untersuche die zugehörigen Folgen der Funktionswerte auf Konvergenz.

(1) $f(x) = x + 1 \quad \text{für } x \neq 1{,}5$

(2) $f(x) = \begin{cases} x + 1 & \text{für } x < 1{,}5 \\ x + 2 & \text{für } x > 1{,}5 \end{cases}$

(3) $f(x) = \begin{cases} x + 1 & \text{für } x \neq 1{,}5 \\ 3{,}5 & \text{für } x = 1{,}5 \end{cases}$

(4) $f(x) = \begin{cases} x + 1 & \text{für } x < 1{,}5 \\ x + 2 & \text{für } x \geq 1{,}5 \end{cases}$

Lösung (1) Sei $\langle x_n \rangle$ eine beliebige gegen 1,5 konvergierende Grundfolge (mit $x_n \neq 1{,}5$), dann gilt für die Folge $\langle f(x_n) \rangle$ der Funktionswerte: $f(x_n) = x_n + 1$
Nach dem Grenzwertsatz für Summenfolgen konvergiert dann $\langle f(x_n) \rangle$ gegen $1{,}5 + 1$, also gegen 2,5. Da $\langle x_n \rangle$ eine beliebige Grundfolge war, gilt für *alle* gegen 1,5 konvergierenden Folgen $\langle x_n \rangle$:
$\lim\limits_{n \to \infty} f(x_n) = \lim\limits_{n \to \infty} (x_n + 1) = 2{,}5$

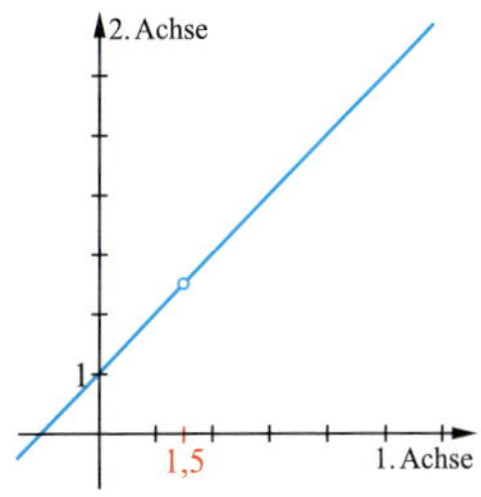

(2) Wir geben zwei Grundfolgen $\langle x_n \rangle$ und $\langle \overline{x}_n \rangle$ vor, die von links bzw. rechts gegen 1,5 konvergieren.
Beispiel: $x_n = 1{,}5 - \frac{1}{n}$; $\overline{x}_n = 1{,}5 + \frac{1}{n}$
Für die zugehörigen Folgen der Funktionswerte gilt:
$\lim\limits_{n \to \infty} f(x_n) = \lim\limits_{n \to \infty} (x_n + 1) = \lim\limits_{n \to \infty} \left(1{,}5 - \frac{1}{n} + 1\right) = 2{,}5$
$\lim\limits_{n \to \infty} f(\overline{x}_n) = \lim\limits_{n \to \infty} (\overline{x}_n + 2) = \lim\limits_{n \to \infty} \left(1{,}5 + \frac{1}{n} + 2\right) = 3{,}5$
Die Folgen der Funktionswerte konvergieren gegen *verschiedene* Grenzwerte.

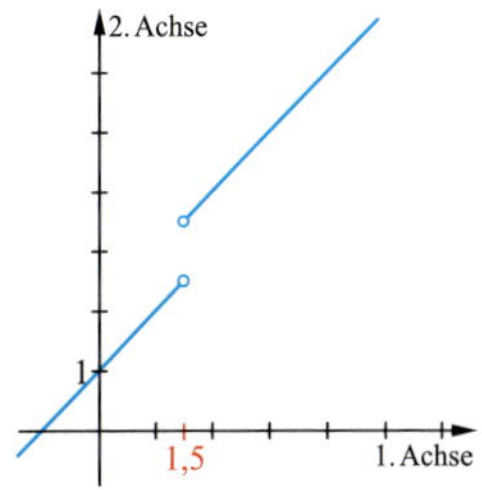

(3) Sei $\langle x_n \rangle$ eine beliebige Grundfolge mit $\lim\limits_{n \to \infty} x_n = 1{,}5$ und $x_n \neq 1{,}5$.
Dann gilt: $\lim\limits_{n \to \infty} f(x_n) = \lim\limits_{n \to \infty} (x_n + 1) = 1{,}5 + 1 = 2{,}5$
Alle Folgen von Funktionswerten, die zu verschiedenen Grundfolgen $\langle x_n \rangle$ (mit $\lim\limits_{n \to \infty} x_n = 1{,}5$, $x_n \neq 1{,}5$) gehören, konvergieren gegen *denselben* Grenzwert $1{,}5 + 1$, also gegen 2,5.

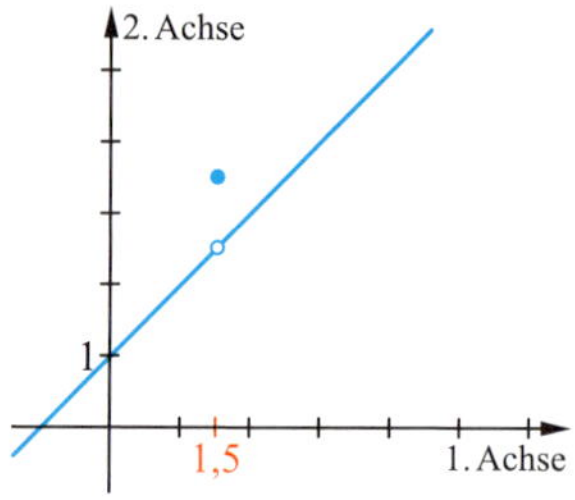

(4) Wir geben zwei Grundfolgen vor, die von links bzw. von rechts gegen 1,5 konvergieren.
Beispiele: $x_n = 1{,}5 - \left(\frac{1}{2}\right)^n$; $\overline{x}_n = 1{,}5 + \left(\frac{1}{2}\right)^n$

$$\lim_{n \to \infty} f(x_n) = \lim_{n \to \infty} (x_n + 1) = \lim_{n \to \infty} \left(1{,}5 - \left(\tfrac{1}{2}\right)^n + 1\right) = 1{,}5 + 1 = 2{,}5$$

$$\lim_{n \to \infty} f(\overline{x}_n) = \lim_{n \to \infty} (\overline{x}_n + 2) = \lim_{n \to \infty} \left(1{,}5 + \left(\tfrac{1}{2}\right)^n + 2\right) = 1{,}5 + 2 = 3{,}5$$

Die zugehörigen Folgen von Funktionswerten konvergieren *nicht* gegen *denselben* Grenzwert.

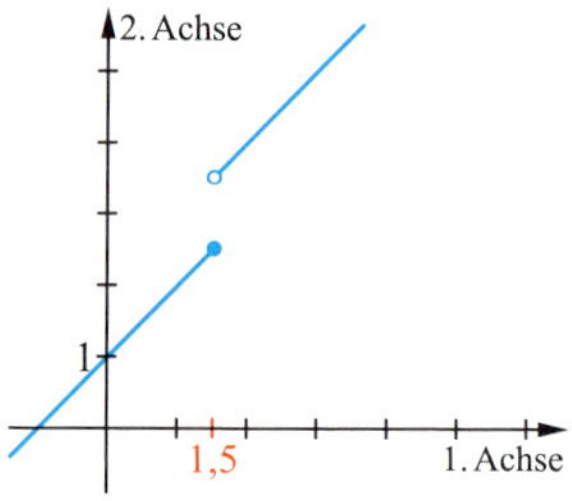

Information **(1) Isolierte Stellen im Definitionsbereich**

Nicht immer gibt es eine gegen a konvergierende Grundfolge $\langle x_n \rangle$ mit $x_n \neq a$, die ganz im Definitionsbereich der Funktion f liegt.

Beispiel:
Gegeben sei die Funktion f mit $f(x) = \begin{cases} x & \text{für } x \leq 3 \\ 3 & \text{für } x = 4 \end{cases}$ und die Stelle $a = 4$.
Hier gibt es keine gegen 4 konvergierende Grundfolge $\langle x_n \rangle$ mit $x_n \neq 4$, die ganz im Definitionsbereich der Funktion f liegt. 4 und auch jede andere Zahl größer als 4 liegt *isoliert zum Definitionsbereich* der Funktion f.

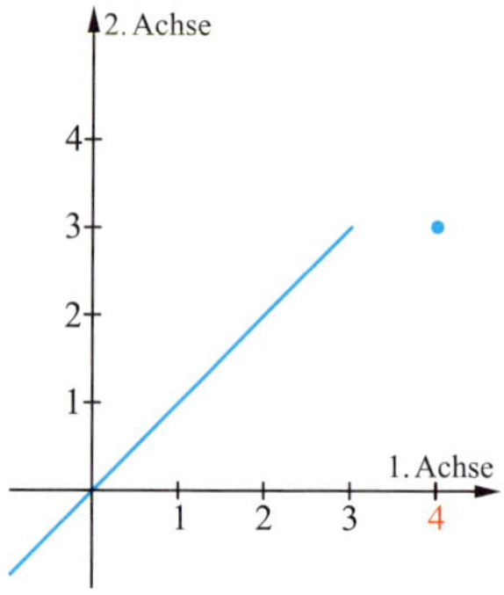

Definition 12

Die Stelle a heißt **isoliert** zum Definitionsbereich der Funktion f, wenn es *keine* gegen a konvergierende Grundfolge $\langle x_n \rangle$ mit $x_n \neq a$ gibt, die ganz im Definitionsbereich von f liegt.

(2) Präzisierte Definition des Grenzwertes $\lim\limits_{x \to a} f(x)$

Die bisher betrachteten Beispiele haben gezeigt:
Wenn nach der anschaulichen Vorstellung die Funktion f an der Stelle a einen Grenzwert hat, dann konvergieren alle Folgen von Funktionswerten, die jeweils zu einer gegen a konvergierenden Grundfolge gehören, gegen denselben Grenzwert.
Wenn dagegen nach der anschaulichen Vorstellung die Funktion f an der Stelle a keinen Grenzwert hat, so gibt es gegen a konvergierende Grundfolgen, deren zugehörige Folgen der Funktionswerte nicht gegen denselben Grenzwert konvergieren.
Diese Tatsache verwenden wir zur präzisierten Definition.

Definition 13

f sei eine Funktion und a liege nicht isoliert zum Definitionsbereich der Funktion f. Unter dem **Grenzwert der Funktion f an der Stelle a** versteht man eine Zahl G, die man folgendermaßen erhält:

(1) Man geht aus von beliebigen Grundfolgen $\langle x_n \rangle$ mit $x_n \neq a$, die gegen a konvergieren.

(2) Man bildet zu jeder Grundfolge $\langle x_n \rangle$ die zugehörige Folge der Funktionswerte $\langle f(x_n) \rangle$.

(3) Man prüft, ob jede dieser Folgen von Funktionswerten gegen denselben Grenzwert G konvergiert.

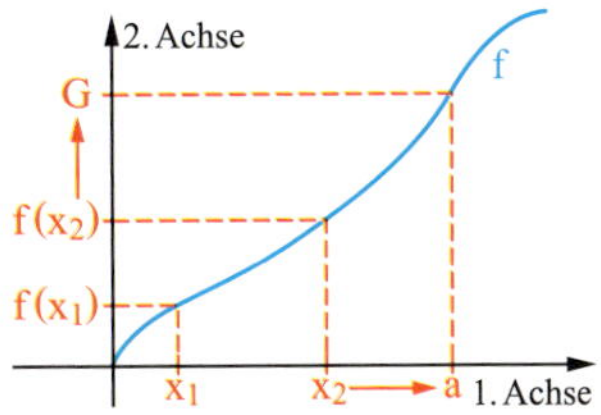

Ist dies der Fall, so heißt die Zahl G der Grenzwert der Funktion f an der Stelle a.

Man schreibt: $G = \lim\limits_{x \to a} f(x)$. Man sagt: $\lim\limits_{x \to a} f(x)$ existiert.

Ist Bedingung (3) nicht erfüllt, so hat die Funktion an der Stelle a keinen Grenzwert. Man sagt: Der Grenzwert $\lim\limits_{x \to a} f(x)$ existiert nicht.

(3) Grenzwerte einiger Funktionen

Die folgenden Grenzwerte haben wir als anschaulich einsichtig angesehen oder exakt mithilfe von Grundfolgen nachgewiesen. Die Grenzwerte weiterer Funktionen lassen sich dann mithilfe von Grenzwertsätzen erschließen.

$\lim\limits_{x \to a} x = a$; $\lim\limits_{x \to a} x^2 = a^2$; $\lim\limits_{x \to a} c = c$; $\lim\limits_{x \to a} \sqrt{x} = \sqrt{a}$; $\lim\limits_{x \to a} \sin x = \sin a$;

$\lim\limits_{x \to a} \cos x = \cos a$; $\lim\limits_{x \to a} b^x = b^a$

(4) Grenzwertsätze

Aus den Grenzwertsätzen für Folgen ergibt sich unmittelbar:

Satz 16: *Grenzwertsätze*

Die Funktionen u und v seien in einem gemeinsamen Intervall definiert.
Die Grenzwerte $\lim\limits_{x \to a} u(x)$ und $\lim\limits_{x \to a} v(x)$ sollen existieren. Dann gilt:

1. Der Grenzwert der Summenfunktion existiert, und es gilt:

$\lim\limits_{x \to a} \big(u(x) + v(x)\big) = \lim\limits_{x \to a} u(x) + \lim\limits_{x \to a} v(x)$ (*Grenzwertsatz für Summenfunktionen*)

2. Der Grenzwert der Differenzfunktion existiert, und es gilt:

$\lim\limits_{x \to a} \big(u(x) - v(x)\big) = \lim\limits_{x \to a} u(x) - \lim\limits_{x \to a} v(x)$ (*Grenzwertsatz für Differenzfunktionen*)

3. Der Grenzwert der Produktfunktion existiert, und es gilt:

$\lim\limits_{x \to a} \big(u(x) \cdot v(x)\big) = \lim\limits_{x \to a} u(x) \cdot \lim\limits_{x \to a} v(x)$ (*Grenzwertsatz für Produktfunktionen*)

4. Der Grenzwert der Quotientenfunktion existiert, sofern $v(x) \neq 0$ und $\lim\limits_{x \to a} v(x) \neq 0$, und es gilt:

$\lim\limits_{x \to a} \frac{u(x)}{v(x)} = \frac{\lim\limits_{x \to a} u(x)}{\lim\limits_{x \to a} v(x)}$ (*Grenzwertsatz für Quotientenfunktionen*)

(5) Beweis des Grenzwertsatzes für Summenfunktionen

$\langle x_n \rangle$ sei eine beliebige Grundfolge mit $\lim\limits_{x \to \infty} x_n = a$; $x_n \neq a$. Dann gilt nach Voraussetzung:
$\lim\limits_{x \to a} u(x) = \lim\limits_{n \to \infty} u(x_n)$; $\lim\limits_{x \to a} v(x) = \lim\limits_{n \to \infty} v(x_n)$

Nach dem Grenzwertsatz für Summenfolgen existiert dann $\lim\limits_{n + \infty} \big(u(x_n) + v(x_n)\big)$ und es gilt: $\lim\limits_{n + \infty} \big(u(x_n) + v(x_n)\big) = \lim\limits_{n \to \infty} u(x_n) + \lim\limits_{n + \infty} v(x_n)$ ■

Die anderen Grenzwertsätze lassen sich analog beweisen.

Übungsaufgaben

2.

Gegeben ist die Funktion f, die Stelle a sowie eine gegen a konvergierende Grundfolge $\langle x_n \rangle$. Gib die Folge $\langle P_n \rangle$ der Punkte des Graphen an, die x_n als Abszisse haben.
Gib ferner die Folge der Funktionswerte an und bestimme deren Grenzwert.

a) $f(x) = x^2$ (1) $a = 2$; $x_n = 2 + \frac{1}{n}$ (2) $a = -4$; $x_n = -4 - \frac{1}{n}$ (3) $a = 0$; $x_n = (-1)^n \cdot \frac{1}{n}$

b) $f(x) = x^3$ (1) $a = 1$; $x_n = 1 - \left(\frac{1}{2}\right)^n$ (2) $a = -2$; $x_n = 2 + \frac{1}{n}$

c) $f(x) = x^4 + x$; $a = 1$; $x_n = 1 + (-1)^n \cdot \frac{1}{n}$

d) $f(x) = \frac{1}{x}$; $a = 1$; $x_n = 1 + (-1)^n \cdot \left(\frac{1}{2}\right)^n$

3.

Gegeben sind die Funktion f und die Stelle a. Wähle eine beliebige gegen a konvergierende Grundfolge. Bestimme dann die zu dieser Grundfolge gehörende Folge der Funktionswerte und deren Grenzwert. Welche Grenzwertsätze mussten bei der Grenzwertbestimmung angewendet werden?

a) $f(x) = x^2$; $a = -5$

b) $f(x) = x^5$; $a = 3$

c) $f(x) = x^3 + x^2$; a beliebig

d) $f(x) = 8x^3$; a beliebig

e) $f(x) = mx + n$; a beliebig

f) $f(x) = \frac{1}{x}$; $a = 4$

g) $f(x) = \frac{1}{x^2}$; $a = -2$

h) $f(x) = \frac{1}{x^4}$; a beliebig mit $a \neq 0$

i) $f(x) = \frac{1}{(x+1)^2}$; a beliebig mit $a \neq -1$

j) $f(x) = \frac{3x}{x-2}$; a beliebig mit $a \neq 2$

4.

Gegeben sei die Funktion $x \mapsto H(x)$ mit:

$$H(x) = \begin{cases} 1 & \text{für } x > 0 \\ 0 & \text{für } x \leq 0 \end{cases}$$

Diese Funktion heißt **Heavisidefunktion**.

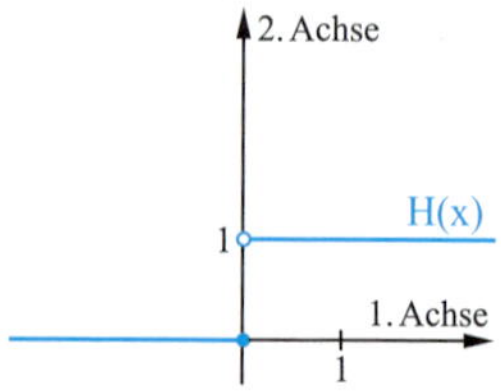

a) Betrachte die Stelle 0 und die Grundfolge $\langle x_n \rangle$ mit $x_n = (-1)^n \cdot \frac{1}{n}$.

Zeige, dass die zugehörige Folge $\langle H(x_n) \rangle$ divergiert.

b) Gib eine weitere gegen 0 konvergierende Grundfolge $\langle x_n \rangle$ mit $x_n \neq 0$ an, deren zugehörige Folge der Funktionswerte divergent ist.

c) Gib auch eine gegen 0 konvergierende Grundfolge $\langle x_n \rangle$ mit $x_n \neq 0$ an, deren zugehörige Folge der Funktionswerte konvergent ist.

5. *Anwenden der Grenzwertsätze*
Bestimme folgende Grenzwerte:

a) $\lim\limits_{x \to 2} (3x^4 + 2^x - 7)$
b) $\lim\limits_{x \to 4} (2x^3 - x + 2)$
c) $\lim\limits_{x \to 3} \big((2x + 4) \cdot (7x + 3)\big)$
d) $\lim\limits_{x \to -2} \big((3x^2 - 1) \cdot (4x + 2^{-x})\big)$
e) $\lim\limits_{x \to 1} (2x + 1)^2$
f) $\lim\limits_{x \to -2} (3^x + 6)^2$
g) $\lim\limits_{x \to 2} (4x^3 - 6x^2 - 3)^2$
h) $\lim\limits_{x \to 1} \frac{3x^2 - 1}{2x - 1}$
i) $\lim\limits_{x \to 0} \frac{7x + 1}{3x + 2}$
j) $\lim\limits_{x \to 4} \frac{2x^2 - \frac{1}{2}}{2^x + 1} \cdot \frac{3x}{(x - 1)^2}$
k) $\lim\limits_{x \to \pi} \sin(x + 1)$
l) $\lim\limits_{x \to \frac{\pi}{2}} (\sin x)^2$
m) $\lim\limits_{x \to \pi} \frac{\cos x}{x}$
n) $\lim\limits_{x \to 16} \frac{4 \cdot \sqrt{x} - 5}{3\sqrt{x} + 8}$
o) $\lim\limits_{x \to 2\pi} \frac{\sqrt{x} + \sin x}{\sqrt{x} + 3x^2}$

6.
Gib ein Beispiel dafür an, dass $\lim\limits_{x \to a} \frac{u(x)}{v(x)}$ existiert, obgleich $\lim\limits_{x \to a} u(x) = 0$ und $\lim\limits_{x \to a} v(x) = 0$ ist. Wieso liegt kein Widerspruch zu dem Grenzwertsatz für Quotientenfunktionen vor?

7.
Für die Funktion v gelte $\lim\limits_{x \to a} v(x) = b$ und für die Funktion u gelte $\lim\limits_{x \to b} u(x) = c$.
Begründe für die Verkettung $f(x) = u\big(v(x)\big)$: $\lim\limits_{x \to a} f(x) = c$.

1.3.3 Stetigkeit

Aufgabe 1 Gegeben ist eine Funktion f und eine Stelle a, die zum Definitionsbereich von f gehört. Bestimme $\lim\limits_{x \to a} f(x)$ und vergleiche den Grenzwert mit dem Funktionswert f (a).

a) $f(x) = 3x^2 + 1;\ a = 2$
b) $f(x) = |\operatorname{sgn} x|;\ a = 0$
c) $f(x) = H(x) = \begin{cases} 1 & \text{für } x > 0 \\ 0 & \text{für } x \le 0 \end{cases};\ a = 0$

Heaviside-Funktion

Lösung **a)** Mithilfe der Grenzwertsätze erhalten wir: $\lim\limits_{x \to 2} f(x) = 3 \cdot \left(\lim\limits_{x \to 2} x\right)^2 + 1 = 13$;
$f(2) = 3 \cdot 2^2 + 1 = 13$; Grenzwert und Funktionswert stimmen überein.

b) Ist $\langle x_n \rangle$ eine beliebige gegen 0 konvergierende Grundfolge mit $x_n \neq 0$, dann gilt
$|\operatorname{sgn} x_n| = 1$.
Das heißt: $\lim\limits_{x \to 0} f(x) = \lim\limits_{x \to 0} |\operatorname{sgn} x| = 1$.
Andererseits ist $f(0) = |\operatorname{sgn} 0| = 0$.
Grenzwert und Funktionswert stimmen *nicht* überein.

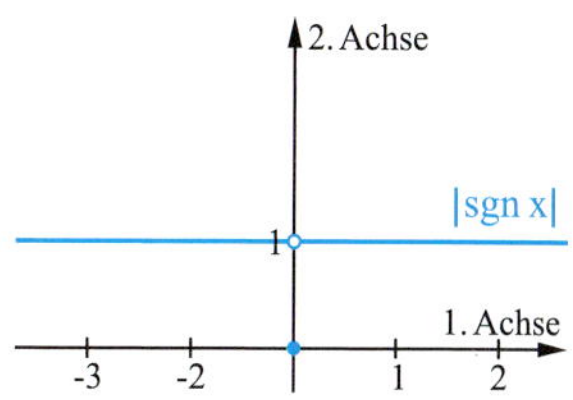

c) Wir wählen einmal die Grundfolge $\langle x_n \rangle = \left\langle -\frac{1}{n} \right\rangle$ und einmal $\langle x_n \rangle = \left\langle \frac{1}{n} \right\rangle$. Im ersten Fall ist $H(x_n) = 0$ $\left(\text{weil } x_n = -\frac{1}{n} < 0\right)$.
Im zweiten Fall ist $H(x_n) = 1$ $\left(\text{weil } x_n = \frac{1}{n} > 0\right)$.
Die beiden Folgen konvergieren gegen *verschiedene* Grenzwerte, nämlich 0 und 1. $\lim\limits_{x \to 0} H(x)$ existiert nicht.

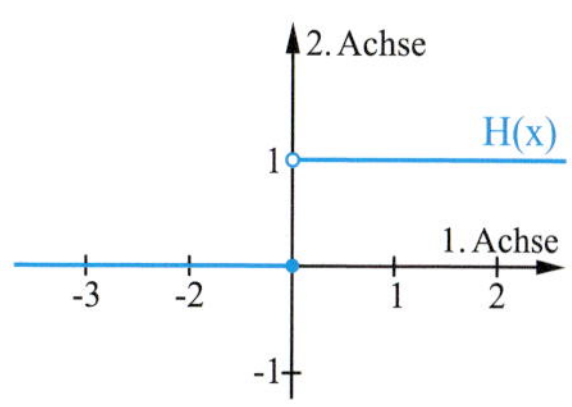

Information **(1) Stetigkeit an der Stelle a**

Betrachte die Ergebnisse der Aufgabe 1.
Im Falle des Beispiels a) stimmen Grenzwert der Funktion an der Stelle a und Funktionswert an derselben Stelle überein. Die Funktion heißt dann *an der Stelle a stetig.*
In den anderen Fällen, wie im Beispiel b), in denen Grenzwert und Funktionswert voneinander verschieden sind, oder wie im Beispiel c), bei dem der Grenzwert nicht einmal existiert, heißt die Funktion *an der Stelle a unstetig.*

Definition 14

Die Funktion f sei an der Stelle a definiert. Sie heißt dann **an der Stelle a stetig,** falls $\lim_{x \to a} f(x)$ existiert und $\lim_{x \to a} f(x) = f(a)$ ist. Andernfalls heißt die Funktion *an der Stelle a unstetig.*

Beispiele

(1) f ist stetig an der Stelle a

(2) f ist unstetig an der Stelle a

(3) f ist weder stetig, noch unstetig an der Stelle a

anschaulich: kein Sprung

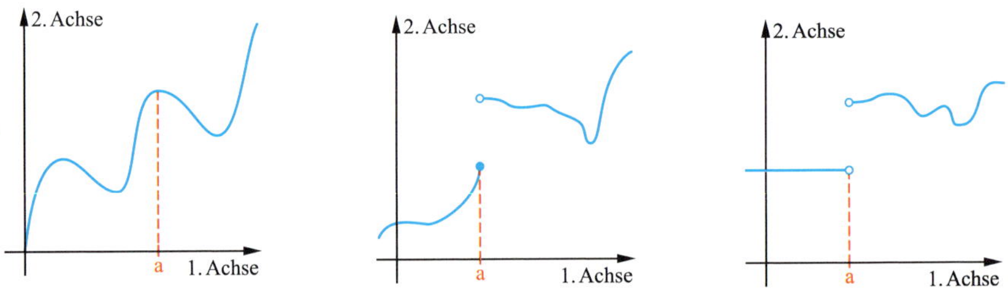

(2) Beispiele stetiger Funktionen

Wir wissen schon aus Information (3) von Seite 47:

Satz 17

Folgende Funktionen sind an jeder Stelle ihres Definitionsbereichs stetig:
$x \mapsto x$; $x \mapsto c$; $x \mapsto x^2$; $x \mapsto b^x$ (für $b > 0$); $x \mapsto \sqrt{x}$; $x \mapsto \sin x$; $x \mapsto \cos x$; $x \mapsto \tan x$

Aus den Grenzwertsätzen folgt:

Satz 18

Die Funktionen u und v seien in einem gemeinsamen Intervall definiert, zu dem die Stelle a gehört. Die Funktionen u und v seien an der Stelle a stetig. Dann sind auch die Funktionen

(1) f mit $f(x) = u(x) + v(x)$,

(2) g mit $g(x) = u(x) - v(x)$,

(3) h mit $h(x) = u(x) \cdot v(x)$,

(4) k mit $k(x) = \frac{u(x)}{v(x)}$ (sofern $v(a) \neq 0$) an der Stelle a stetig.

(4) Stetigkeit im Definitionsbereich

anschaulich: Man kann den Graphen in D durchzeichnen

Definition 15

Eine Funktion heißt **stetig,** wenn sie an jeder Stelle ihres Definitionsbereichs stetig ist.

Satz 19

Jede ganzrationale Funktion ist stetig.

Übungsaufgaben

2.

Zeige mithilfe der Grenzwertsätze, dass die Funktion f an der Stelle a (a beliebig aus dem Definitionsbereich von f) stetig ist.

a) $f(x) = 3x^2 + 4x + 5$ **b)** $f(x) = \frac{1}{4}x^3 - 4^x + 1$ **c)** $f(x) = \frac{x^2 - 2x + 1}{(x-7)\cdot(x+3)}$

3.

Zeige, dass die Funktion f an der Stelle a unstetig ist.

a) $H(x);\ x = 0$ **b)** $f(x) = \begin{cases} x+4 & \text{für } x \geq -3 \\ 4-x & \text{für } x < -3 \end{cases};\ a = -3$ **c)** $f(x) = x - H(x);\ a = 0$

4.

a) Die Funktion $x \mapsto \frac{x^2-1}{x-1}$ ist an der Stelle 1 nicht definiert. Sie hat dort eine Lücke. Welchen Funktionswert muss man für $x = 1$ festsetzen, damit die dadurch erweiterte Funktion an der Stelle 1 stetig ist (sogenannte *stetige Erweiterung* an der Stelle 1)?

b) Verfahre ebenso mit folgenden Funktionen: (1) $x \mapsto \frac{x^2-4}{x+2}$ (2) $x \mapsto \frac{\sin x}{x}$

5.

Untersuche, ob die Funktion f an der Stelle a stetig ist.

$\text{sgn}(x) = \begin{cases} -1 & \text{für } x < 0 \\ 0 & \text{für } x = 0 \\ 1 & \text{für } x > 0 \end{cases}$

a) $f(x) = x \cdot H(x);\ a = 0$

b) $f(x) = x^2 \cdot \text{sgn}\, x;\ a = 0$

c) $f(x) = x + \text{sgn}\, x;\ a = 0$

d) $f(x) = x + H(x);\ a = 0$

e) $f(x) = \begin{cases} \sqrt{x} & \text{für } x \geq 4 \\ \frac{1}{4}x + 1 & \text{für } x < 4 \end{cases};\ a = 4$

f) $f(x) = \begin{cases} \sqrt{x-1} & \text{für } x > 1 \\ \sqrt{1-x^2} & \text{für } x \in [-1; 1] \end{cases};\ a = 1$

6.

Gib an, wo die Funktion f stetig und wo sie unstetig ist.

a) $f(x) = 5x^2 + 1$ **b)** $f(x) = H(x)$ **c)** $f(x) = \text{sgn}\, x$ **d)** $f(x) = |x|$

7.

Wo ist die Funktion f stetig, wo unstetig, wo weder stetig noch unstetig?

a) $f(x) = 4(x-1)$ **b)** $f(x) = \frac{H(x-2)}{H(x)}$ **c)** $f(x) = \frac{\sqrt{|x|}}{\text{sgn}\, x}$ **d)** $f(x) = \frac{\sqrt{x}}{\text{sgn}\, x}$

8.

Zeige, dass die Funktion f an allen Stellen unstetig ist: $f(x) = \begin{cases} 1 & \text{für } x \text{ rational} \\ 2 & \text{für } x \text{ irrational} \end{cases}$

9.

Begründe: Ist die Funktion v an der Stelle a stetig und die Funktion u an der Stelle $b = v(a)$, so ist die verkettete Funktion zu $f(x) = u(v(x))$ an der Stelle a stetig.

1.3.4 Produktregel

Einführung Lukas hat versucht, die Ableitung der Funktion f mit $f(x) = x \cdot e^x$ zu bestimmen.
Beschreibe wie er vorgegangen ist. Zur Kontrolle hat er Graphen gezeichnet.
Wie kannst du erkennen, dass sein Vorgehen fehlerhaft war?

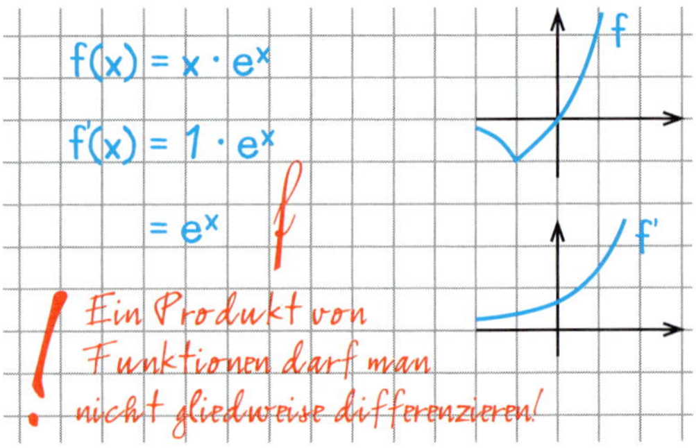

Wir betrachten eine Funktion f, die Produkt zweier differenzierbarer Funktionen u und v ist: $f(x) = u(x) \cdot v(x)$

Wir versuchen, die Ableitung von f an der Stelle a aufgrund der Definition der Ableitung zu bestimmen:

$$f'(a) = \lim_{x \to a} \frac{f(x) - f(a)}{x - a} = \lim_{x \to a} \frac{u(x) \cdot v(x) - u(a) \cdot v(a)}{x - a}$$

Um $f'(a)$ auf $u'(a)$ und $v'(a)$ zurückzuführen, formen wir den Term rechts so um, dass die Differenzenquotienten von u und v auftreten. Dies wird erreicht, wenn wir im Zähler des Bruches das Produkt $u(a) \cdot v(x)$ zugleich subtrahieren und addieren. Dann erhalten wir:

$$f'(a) = \lim_{x \to a} \frac{u(x) \cdot v(x) - u(a) \cdot v(x) + u(a) \cdot v(x) - u(a) \cdot v(a)}{x - a}$$

$$= \lim_{x \to a} \left(\frac{u(x) - u(a)}{x - a} \cdot v(x) + u(a) \cdot \frac{v(x) - v(a)}{x - a} \right)$$

Wir müssen untersuchen, ob dieser Grenzwert existiert und welchen Wert er hat. Hierzu müssen wir voraussetzen, dass $\lim_{x \to a} \frac{u(x) - u(a)}{x - a}$, also $u'(a)$, sowie $\lim_{x \to a} v(x)$ und $\lim_{x \to a} \frac{v(x) - v(a)}{x - a}$, also $v'(a)$ existieren.

Unter diesen Voraussetzungen folgt:

$$f'(a) = \lim_{x \to a} \frac{u(x) - u(a)}{x - a} \cdot \lim_{x \to a} v(x) + u(a) \cdot \lim_{x \to a} \frac{v(x) - v(a)}{x - a}$$

Wie aber berechnet man $\lim_{x \to a} v(x)$? Wir wissen: $v'(a) = \lim_{x \to a} \frac{v(x) - v(a)}{x - a}$.

Hier geht der Nenner gegen 0. Da insgesamt ein endlicher Wert herauskommt, muss auch der Zähler gegen 0 gehen, d.h. $v(x)$ strebt gegen $v(a)$. Es gilt $\lim_{x \to a} v(x) = v(a)$.
Dies besagt, dass v an der Stelle a stetig ist (vgl. dazu auch Satz 21, Seite 53).
Also folgt: $f'(a) = u'(a) \cdot v(a) + u(a) \cdot v'(a)$

Zur Stetigkeit siehe Seite 50.

Information **(1) Produktregel**

Die Einleitung oben führt zu folgendem Satz:

Satz 20: *Produktregel*

Wenn die Funktionen u und v an der Stelle a differenzierbar sind, so ist auch die Funktion f mit $f(x) = u(x) \cdot v(x)$ an der Stelle a differenzierbar, und es gilt: $f'(a) = u'(a) \cdot v(a) + u(a) \cdot v'(a)$. Wir schreiben kurz: $(u \cdot v)' = u' \cdot v + u \cdot v'$

(2) Stetigkeit differenzierbarer Funktionen

Wir wissen, dass eine an einer Stelle stetige Funktion dort nicht differenzierbar sein muss.
Andererseits ist anschaulich klar, dass eine an einer Stelle unstetige Funktion dort nicht differenzierbar ist. Es gilt folgender Satz:

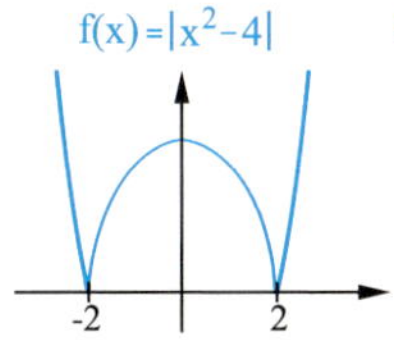

An den Stellen -2 und 2 stetig, jedoch nicht differenzierbar

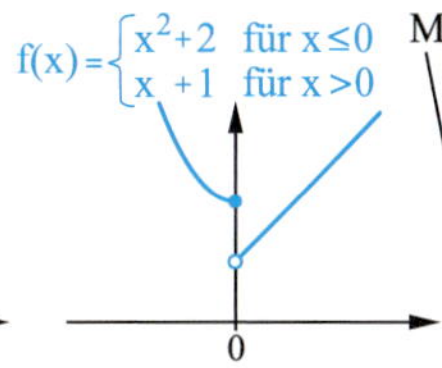

An der Stelle 0 unstetig und nicht differenzierbar

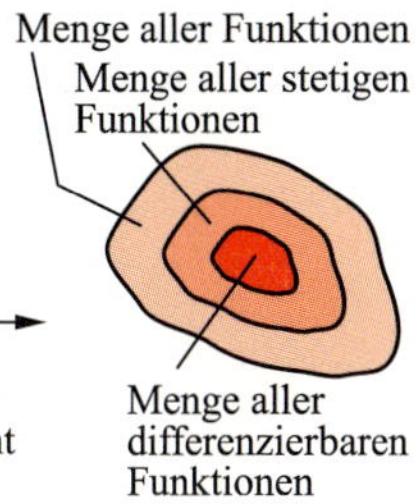

Satz 21

Wenn eine Funktion f an einer Stelle a differenzierbar ist, dann ist sie an dieser Stelle auch stetig.

Beweis: Es gilt: $f(x) = f(a) + \frac{f(x) - f(a)}{x - a} \cdot (x - a)$. Ist f an der Stelle a differenzierbar, so existiert $\lim\limits_{x \to a} \frac{f(x) - f(a)}{x - a}$ und es folgt nach den Grenzwertsätzen:
$\lim\limits_{x \to a} f(x) = f(a) + f'(a) \cdot 0 = f(a)$, d.h. f ist an der Stelle a stetig. ∎

Aufgabe 1 Bestimme die Ableitung zu $f(x) = x \cdot e^x$.

Lösung
Für $f(x) = x \cdot e^x$ setzen wir $u(x) = x$ und $v(x) = e^x$
Damit ist dann $u'(x) = 1$ und $v'(x) = e^x$
Damit ergibt sich $f'(x) = 1 \cdot e^x + x \cdot e^x = (x+1) \cdot e^x$

Übungsaufgaben

2.
Differenziere nach der Produktregel.

a) $f(x) = x^2 \cdot e^x$
b) $f(x) = x \cdot \sqrt{x}$
c) $f(x) = \frac{1}{x} \cdot 2^x$
d) $f(x) = \frac{\sqrt{x}}{x}$
e) $f(x) = \sin x \cdot e^x$
f) $f(x) = \sqrt{x} \cdot 3^x$
g) $f(x) = (3x^2 + e^x) \cdot \sqrt{x}$
h) $f(x) = \sqrt{x} \cdot \cos x$
i) $f(x) = \frac{x}{x}$

3.
Wende die Produktregel an.

a) $f(x) = (3x+4) \cdot (7x^2+5)$
b) $f(x) = (2x+2) \cdot (4x^5+7x+2)$
c) $f(x) = (2x^2-9) \cdot e^x$
d) $f(x) = (4x^3-1) \cdot \frac{1}{x}$
e) $f(x) = (7x^2+5x+3) \cdot 4^x$
f) $f(x) = (6x^7+5) \cdot \frac{1}{x}$
g) $f(x) = 5^x \cdot \sqrt{x}$
h) $f(x) = e^x \cdot (x^2+2x+1)$
i) $f(x) = x^3 \cdot e^x$
j) $f(x) = 4x \cdot \cos x$
k) $f(x) = \sin^2 x$
l) $f(x) = \cos^2 x$
m) $f(x) = e^x \cdot (\sin x - \cos x)$
n) $f(x) = (x^2+1) \cdot \sin x$
o) $f(x) = (2x^2+x) \cdot \cos x$
p) $f(x) = 3^x \cdot \left(\sqrt{x} - \frac{1}{x}\right)$

4.
Bilde die erste und zweite Ableitung von f, ohne vorher die Klammern aufzulösen.

a) $f(x) = (x^2 + 1) \cdot (3x - 7)$
b) $f(x) = (8x^2 - 5x + 7) \cdot (4x^7 - 3x^4 + 2x)$
c) $f(x) = (4x - 1) \cdot (7x^3 - 4x^2 + x + 2)$
d) $(5x^7 - 3x) \cdot (9x^6 + 4x^2 + 9)$

5.
Bilde die Ableitung.

a) $f(x) = (a + x) \cdot e^x$
b) $f(x) = a x^2 \cdot e^{-x}$
c) $f(x) = a\sqrt{x} \cdot \sin x$
d) $f(x) = \frac{\sqrt{x}}{c \cdot x}$; $(c \neq 0)$
e) $f(x) = (2ax)^2 \cdot \frac{1}{x}$
f) $f(x) = \frac{\sin x \cdot \cos x}{p}$; $(p \neq 0)$

6.
Die Faktorregel kann man als Spezialfall der Produktregel ansehen. Zeige dies.

$f(x) = c \cdot u(x)$
$f'(x) = c \cdot u'(x)$

7.
a) Zeige, dass für drei Funktionen folgende Regel gilt:
$(u \cdot v \cdot w)' = u' \cdot v \cdot w + u \cdot v' \cdot w + u \cdot v \cdot w'$
Bestimme dann die Ableitung der Funktion f mit $f(x) = \frac{1}{x} \cdot \sqrt{x} \cdot \sin x$.
b) Verallgemeinere die Regel auf vier [fünf] Funktionen.
c) Zeige mithilfe der Produktregel: (1) $(u^2)' = 2 \cdot u \cdot u'$ (2) $(u^3)' = 3 \cdot u^2 \cdot u'$
Wende die neue Regel auf $\sin^2 x$ bzw. $\sin^3 x$ an.

8.
Bilde die erste Ableitung von f.

a) $f(x) = (x - 1) \cdot (x^2 + 3) \cdot (x - 7)$
b) $f(x) = (x + 5) \cdot (3x^4 + 7) \cdot e^x$
c) $f(x) = (8x^3 - 4) \cdot (4x^4 - 7) \cdot 6^x$
d) $f(x) = (x - 1) \cdot \sqrt{x} \cdot (x^2 - 1)$
e) $f(x) = \frac{1}{x} \cdot \sqrt{x} \cdot (x^2 - 1)$
f) $f(x) = 2^x \cdot \sin x \cdot \cos x$
g) $f(x) = \frac{\sin x \cdot \cos x}{x}$
h) $f(x) = x \cdot \sqrt{x} \cdot \frac{1}{x}$

CAS **9.**
Bestimme die 1. und 2. Ableitung der Funktion f. Verwende auch die Kettenregel. Du kannst deine Ergebnisse mit einem Computer-Algebra-System kontrollieren.

a) $f(x) = (3x + 5)^2$
b) $f(x) = (2x - 5)^3$
c) $f(x) = \left(\frac{1}{3}x^2 - e^x\right)^4$
d) $f(x) = \sqrt{2x + 5}$
e) $f(x) = \frac{1}{e^x - 5}$
f) $f(x) = \sqrt{x^2 - x}$
g) $f(x) = (9x + 9^x)^4$
h) $f(x) = 3 \cdot (2x - 4)^5$
i) $f(x) = \frac{1}{4x + 2}$
j) $f(x) = (4x^2 - 2x)^3$
k) $f(x) = \sqrt{2x^2 + 25}$
l) $f(x) = \left(\frac{1}{4}x - 9\right)^6$
m) $f(x) = \sin(2x + 1)$
n) $f(x) = e^{2x + 3}$
o) $f(x) = \cos(3x - 2)$
p) $f(x) = 7 \cdot \sin(4x + 1)$
q) $f(x) = 2 \cdot \sin x^2$
r) $f(x) = 5 \cdot e^{3x^2 - 1}$

CAS **10.**
Ermittle die ersten 3 Ableitungen der Funktion f mit $f(x) = e^x(x^2 - 1)$. Erläutere, welchen Vorteil die rechts vorgenommene Termumformung nach dem Ableiten hat.

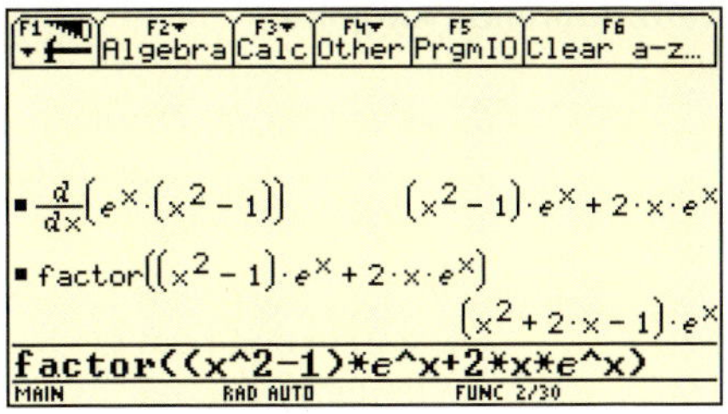

1.3.5 Quotientenregel

Aufgabe 1 **a)** Leite eine Formel für die Ableitung einer Funktion f mit $f(x) = \frac{u(x)}{v(x)}$ her. Diese Formel nennt man *Quotientenregel.*

b) Wende die Quotientenregel auf folgende Funktionen f an:

(1) $f(x) = \frac{3x+1}{x^2+1}$; (2) $f(x) = \frac{\sin x}{e^x}$

Lösung **a)** Schreiben wir $f(x) = \frac{u(x)}{v(x)} = u(x) \cdot \frac{1}{v(x)} = u(x) \cdot (v(x))^{-1}$, so können wir die Ableitung mithilfe der Produkt- und der Kettenregel bilden:

$$f'(x) = u'(x) \cdot \frac{1}{v(x)} + u(x) \cdot \left(-\frac{1}{(v(x))^2} \cdot v'(x)\right) = \frac{u'(x)\,v(x) - u(x)\,v(x)}{(v(x))^2}$$

Beachte: *Für $g(x) = \frac{1}{x}$ ist $g'(x) = -\frac{1}{x^2}$.*

Damit haben wir bewiesen:

Satz 22: *Quotientenregel*
Wenn die Funktionen u und v an der Stelle a (mit $v(a) \neq 0$) differenzierbar sind, dann ist auch die Funktion f mit $f(x) = \frac{u(x)}{v(x}$ an der Stelle a differenzierbar, und es gilt:

$$f'(a) = \frac{u'(a) \cdot v(a) - u(a) \cdot v'(a)}{(v(a))^2}.$$

Wir schreiben kurz: $\left(\frac{u}{v}\right)' = \frac{u' \cdot v - u \cdot v'}{v^2}$.

b) (1) Es ist: $f(x) = \frac{3x+1}{x^2+1}$

Wir setzen: $u(x) = 3x + 1$; $v(x) = x^2 + 1$

Dann ist: $u'(x) = 3$; $v'(x) = 2x$

$$f'(x) = \frac{u'(x) \cdot v(x) - u(x) \cdot v'(x)}{(v(x))^2}$$

$$f'(x) = \frac{3 \cdot (x^2+1) - (3x+1) \cdot 2x}{(x^2+1)^2} = \frac{3x^2 + 3 - 6x^2 - 2x}{(x^2+1)^2} = \frac{-3x^2 - 2x + 3}{(x^2+1)^2}$$

(2) Für $f(x) = \frac{\sin x}{e^x}$ setzen wir: $u(x) = \sin x$; $v(x) = e^x$

Dann ist: $u'(x) = \cos x$, $v'(x) = e^x$

Damit folgt $f'(x) = \frac{\cos x \cdot e^x - \sin x \cdot e^x}{(e^x)^2} = \frac{\cos x - \sin x}{e^x}$

Weiterführende Aufgaben

2. *Ableitung der Potenzfunktion $x \mapsto x^n$ für negative ganze Exponenten*
Beweise, dass man auch hier entsprechend zur Potenzregel ableiten darf:

Satz 23
Die Funktion f mit $f(x) = x^n$ ist für $n \in \mathbb{Z}^-$ an jeder Stelle ihres Definitionsbereiches differenzierbar, und es gilt $f'(x) = n \cdot x^{n-1}$.

3. *Ableitung der Tangensfunktion*
Es ist $\tan x = \frac{\sin x}{\cos x}$. Beweise damit

Satz 24
Für die Ableitung der Tangensfunktion gilt:
$(\tan x)' = \frac{1}{\cos^2 x} = 1 + (\tan x)^2$ für $x \neq \frac{\pi}{2} + n\pi,\ n \in \mathbb{Z}$.

Übungsaufgaben

4.
Differenziere nach der Quotientenregel. Bilde auch die 2. Ableitung.

a) $f(x) = \frac{x^2}{x^2+1}$ **c)** $f(x) = \frac{7x+4}{2x+6}$ **e)** $f(x) = \frac{x^2+1}{x}$ **g)** $f(x) = \frac{8x^2-1}{x+2}$

b) $f(x) = \frac{3x}{x^2-1}$ **d)** $f(x) = \frac{1}{x^2-1}$ **f)** $f(x) = \frac{3x}{7x^5-1}$ **h)** $f(x) = \frac{2x^2+5}{x-1}$

5.
Bilde die Ableitung.

a) $f(x) = \frac{x^3+2x-1}{x-1}$ **b)** $f(x) = \frac{x^3+x^2+1}{x^2-1}$ **c)** $f(x) = \frac{\frac{1}{2}x^2 - x + \frac{1}{7}}{\frac{3}{2}x+1}$

6.
Differenziere nach der Quotientenregel.

a) $f(x) = \frac{\sqrt{x}}{e^x}$ **f)** $f(x) = \frac{\cos x}{x^2}$ **k)** $f(x) = \frac{2^x}{\sqrt{x}}$

b) $f(x) = \frac{e^x}{x^2}$ **g)** $f(x) = \frac{x^2}{\cos x}$ **l)** $f(x) = \frac{\frac{1}{x}+\sqrt{x}}{\frac{1}{x}-\sqrt{x}}$

c) $f(x) = \frac{x}{e^x}$ **h)** $f(x) = \frac{\sqrt{x}+x}{\sin x}$ **m)** $f(x) = \frac{\sqrt{x}+e^x}{\cos x}$

d) $f(x) = \frac{1}{\cos x}$ **i)** $f(x) = \frac{\sqrt{x}}{x}$ **n)** $f(x) = \frac{4ax^2}{\sqrt{x}}$

e) $f(x) = \frac{1}{\sin x}$ **j)** $f(x) = \frac{x}{\sqrt{x}}$ **o)** $f(x) = \frac{\sqrt{ax}}{2bx}$

7.
Bilde die Ableitung der Funktionen mit:
$f_1(x) = x^{-1}$; $f_2(x) = x^{-2}$; $f_3(x) = x^{-3}$; $f_4(x) = x^{-4}$; $f_5(x) = x^{-5}$

1.4 Ableitung der Logarithmusfunktionen – Regel über die Ableitung der Umkehrfunktion

Aufgabe 1 Bestimme die Ableitung der Logarithmusfunktion f mit $f(x) = \ln x$.
Zeichne dazu in ein gemeinsames Koordinatensystem die Graphen zur e-Funktion und des natürlichen Logarithmus. Zeichne dann an den Graphen der Logarithmusfunktion an einer Stelle x eine Tangente mit Steigungsdreieck.
Versuche, die Kathetenlängen aus dem entsprechenden Steigungsdreieck der e-Funktion zu erhalten.

Lösung An der Stelle ln x hat die e-Funktion $g(x) = e^x$ die Ableitung $g'(\ln x) = e^{\ln x} = x$.
Die senkrechte Kathete des Steigungsdreiecks ist x-mal so lang wie die waagerechte Kathete, d.h. die Längen betragen u und $u \cdot x$. Das Steigungsdreieck an der Tangente des Logarithmus ist kongruent dazu, die waagerechte Kathete hat die Länge $u \cdot x$, die senkrechte u. Darauf ergibt sich für den natürlichen Logarithmus $f'(x) = \frac{u}{u \cdot x} = \frac{1}{x}$.

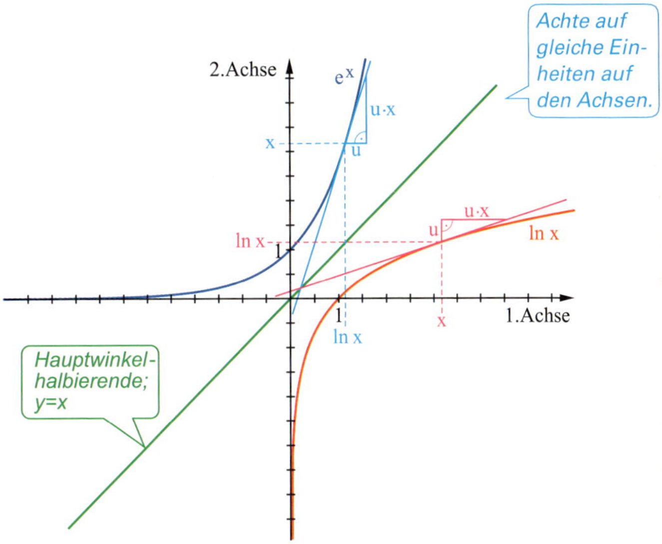

Information

> **Satz 25:** *Ableitung des natürlichen Logarithmus*
> Die Funktion f mit $f(x) = \ln x$ hat für alle $x > 0$ die Ableitung $f'(x) = \frac{1}{x}$.

Weiterführende Aufgaben

2. *Beweis der Ableitungsregeln für Logarithmus- und Umkehrfunktion*
Beweise folgende Regeln:

> **Satz 26:** *Ableitung der Logarithmusfunktion*
> Die Logarithmusfunktion mit $f(x) = \log_b x$ für $b \in \mathbb{R}_+^* \setminus \{1\}$ hat für jedes $x \in \mathbb{R}^+$ die Ableitung $f'(x) = \frac{1}{(\ln b) \cdot x}$.

> **Satz 27:** *Regel über die Ableitung der Umkehrfunktion*
> Wenn $f'(x) > 0$ oder $f'(x) < 0$ in einer Umgebung der Stelle a ist, dann ist die Umkehrfunktion $\bar{f}$ an der Stelle b (mit $b = f(a)$; $a = \bar{f}(b)$) differenzierbar, und es gilt:
> $\bar{f}'(b) = \frac{1}{f'(a)} = \frac{1}{f'(\bar{f}(b))}$

3. *Ableitung der allgemeinen Potenzfunktion*

a) Wir wissen: Die Ableitung der Potenzfunktion f mit $f(x) = x^n$ $(n \in \mathbb{Z})$ ist $f'(x) = n \cdot x^{n-1}$. Beweise, dass diese Regel für *alle reellen* Exponenten gilt:

> **Satz 28:** *Ableitung der allgemeinen Potenzfunktion*
> Die Potenzfunktion f mit $f(x) = x^s$ mit $s \in \mathbb{R}$ hat für jedes $x \in \mathbb{R}^+$ die Ableitung $f'(x) = s \cdot x^{s-1}$.

Anleitung: Schreibe x^s als Potenz mit der Basis e.

b) Wende Satz 28 an zur Ableitung von

(1) $f(x) = \frac{1}{x^7}$ (2) $f(x) = \sqrt[4]{x^3}$ (3) $f(x) = \frac{1}{\sqrt[4]{x}}$ (4) $f(x) = \sqrt[3]{(x+1)^2}$

Weiterführende Aufgaben

$(\ln|x|)' = \frac{1}{x}$ für $x \in \mathbb{R}^*$

4. *Ableitung von f mit $f(x) = \ln|x|$*
Zeige: Für die Ableitung der Funktion f mit $f(x) = \ln|x|$ mit $x \neq 0$ gilt $f'(x) = \frac{1}{x}$.

5.
Bilde die 1. und 2. Ableitung.

a) $f(x) = \ln(x+1)$
b) $f(x) = \log_2 x + x + 2$
c) $f(x) = \log_3 x + 3^x$
d) $f(x) = 2\ln(2x)$
e) $f(x) = \ln(1 + kt)$
f) $h(t) = \frac{1}{2}\ln\left(\frac{t}{b} - 1\right)$
g) $f(x) = \ln b \cdot \log_b x$
h) $f(x) = e^{2\ln x} + \ln(e^{2x})$
i) $f(x) = \frac{1}{3}\sin(\ln t)$
j) $f(x) = \log_3(x^2 - 1)$
k) $f(x) = \log_2\left(\frac{x+1}{x-1}\right)$
l) $f(x) = \lg x - \log_2 \frac{1}{x}$

6.
An welchen Punkten sind die Tangenten an den Graphen der natürlichen Logarithmusfunktion parallel zur Geraden mit $2x - 3y + 7 = 0$?
Wie lautet jeweils die Gleichung der Tangente?

7.
Untersuche die gegebene Funktion.

a) $f(x) = \ln x - \frac{1}{2}x^2;\ x \in \mathbb{R}^+$ **b)** $f(x) = x - \ln(x+1);\ x > -1$ **c)** $f(x) = 1 + \ln|x|;\ x \neq 0$

8.
Bestimme die Ableitungsfunktion mittels Satz 28.

a) $f(x) = \sqrt[3]{x}$
b) $f(x) = \sqrt{2x+1}$
c) $f(x) = \sqrt[3]{1-x}$
d) $f(x) = \frac{1}{\sqrt{x+1}}$
e) $f(x) = \frac{1}{\sqrt[3]{2x+1}}$
f) $f(x) = \frac{2}{\sqrt[4]{x-7}}$
g) $f(x) = \frac{1}{x^4}$
h) $f(x) = \frac{1}{\sqrt[7]{(x-1)^3}}$
i) $f(x) = x^{\pi}$

9.
Wenn man voraussetzt, dass die Umkehrfunktion $\bar{f}$ einer Funktion f an der Stelle b differenzierbar ist, dann kann man die Formel für die Ableitung der Umkehrfunktion sehr leicht mithilfe der Kettenregel herleiten.
Anleitung: Beachte $\bar{f}(f(x)) = x$; differenziere beide Seiten nach x.

1.5 Regeln von de l'Hospital

Einführung Die Funktion f mit $f(x) = \frac{x-1}{\ln x}$ ist an der Stelle $x = 1$ nicht definiert, da $\ln 1 = 0$. Rechts ist der von einem CAS-Rechner gezeichnete Graph abgebildet. An der Stelle 1 ist keine Besonderheit zu erkennen. Obwohl auch der Zählerterm von f an der Stelle 1 eine Nullstelle hat, scheint $\lim\limits_{x \to 1} \frac{x-1}{\ln x} = 1$ zu gelten.

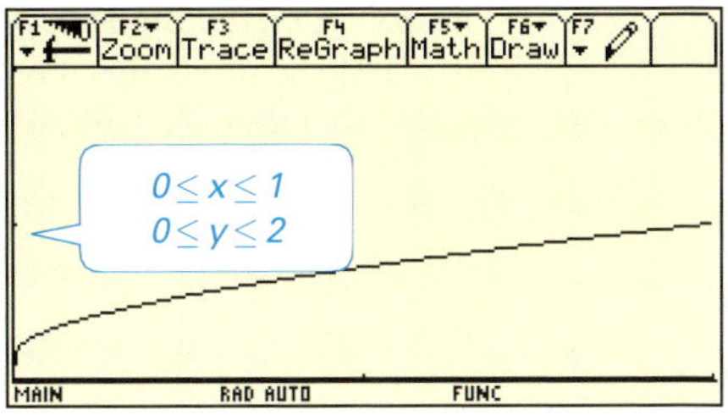

Information **(1) 1. Regel von de l'Hospital**

> **Satz 29:** *1. Regel von de l'Hospital*
>
> Die Funktionen f und g seien an der Stelle a differenzierbar, und es gelte:
> $f(a) = g(a) = 0$ sowie $g'(a) \neq 0$.
>
> Dann folgt: $\lim\limits_{x \to a} \frac{f(x)}{g(x)} = \frac{f'(a)}{g'(a)}$

Beweis:

Wir erweitern den Funktionsterm:

$$\frac{f(x)}{g(x)} = \frac{\frac{f(x)}{x-a}}{\frac{g(x)}{x-a}}$$

$$= \frac{\frac{f(x)-f(a)}{x-a}}{\frac{g(x)-g(a)}{x-a}} \quad \left(\text{wegen } f(a) = g(a) = 0\right)$$

Marquis DE L'HOSPITAL (1661–1704) (gelesen: delopital) war ein französischer Adliger und Schüler von JOHANN BERNOULLI (vgl. S. 179).

Dann folgt:

$$\lim_{x \to a} \frac{f(x)}{g(x)} = \frac{\lim\limits_{x \to a} \frac{f(x)-f(a)}{x-a}}{\lim\limits_{x \to a} \frac{g(x)-g(a)}{x-a}} = \frac{f'(a)}{g'(a)}$$

Hierbei muss vorausgesetzt werden, dass f und g an der Stelle a differenzierbar sind und dass $g'(a) \neq 0$ ist. Damit ist die 1. Regel von de l'Hospital bewiesen. ■

(2) 2. Regel von de l'Hospital

Oft benötigt man auch für $x \to \infty$ den Grenzwert von Quotienten, deren Zähler und Nenner Null werden. Hier gilt:

> **Satz 30:** *2. Regel von de l'Hospital*
>
> Es sei $\lim\limits_{x \to +\infty} f(x) = \lim\limits_{x \to +\infty} g(x) = 0$.
>
> Dann folgt:
>
> $\lim\limits_{x \to +\infty} \frac{f(x)}{g(x)} = \lim\limits_{x \to +\infty} \frac{f'(x)}{g'(x)}$, sofern der rechte Grenzwert existiert.

Beweis:
Wir gehen aus von $\lim\limits_{x\to+\infty}\frac{f(x)}{g(x)}$. Diesen Grenzwert können wir zurückführen auf einen Grenzwert an der Stelle 0, wenn wir $x=\frac{1}{z}$ setzen.
Ist nämlich $\langle x_n\rangle$ eine Folge, die gegen $+\infty$ divergiert, so ist $\langle z_n\rangle$ mit $x_n=\frac{1}{z_n}$ $\left(\text{also } z_n=\frac{1}{x_n}\right)$ eine Folge, die gegen 0 konvergiert, und umgekehrt:
Ist $\langle z_n\rangle$ eine Folge mit $z_n>0$, die gegen 0 konvergiert, so ist $\langle x_n\rangle$ mit $x_n=\frac{1}{z_n}$ eine Folge, die gegen $+\infty$ divergiert.

Daher gilt:
$$\lim_{x\to+\infty}\frac{f(x)}{g(x)}=\lim_{\substack{z\to0\\z>0}}\frac{f\left(\frac{1}{z}\right)}{g\left(\frac{1}{z}\right)}.$$
Wendet man jetzt rechts die 1. Regel von de l'Hospital an, so erhält man:
$$\lim_{x\to+\infty}\frac{f(x)}{g(x)}=\lim_{\substack{z\to0\\z>0}}\frac{f\left(\frac{1}{z}\right)}{g\left(\frac{1}{z}\right)}=\lim_{\substack{z\to0\\z>0}}\frac{f'\left(\frac{1}{z}\right)\cdot\left(-\frac{1}{z^2}\right)}{g'\left(\frac{1}{z}\right)\cdot\left(-\frac{1}{z^2}\right)}=\lim_{\substack{z\to0\\z>0}}\frac{f'\left(\frac{1}{z}\right)}{g'\left(\frac{1}{z}\right)}=\lim_{x\to+\infty}\frac{f'(x)}{g'(x)}.$$

Weiterführende Aufgaben

1. *Wachstum der e-Funktion*

a) Rechts sind die Graphen der Funktionen der Schar zu $f_n(x)=x^n\cdot e^{-x}$ für $n=1; 2; 3; 4$ dargestellt.
Kannst du entscheiden, welcher Graph zu welcher Funktion gehört?
Welches Verhalten vermutest du für $x\to\infty$?

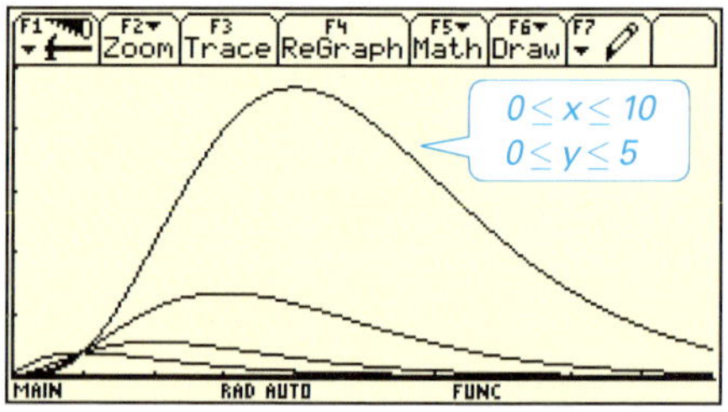

b) Beweise:

> **Satz 31**
> Für beliebiges $n\in\mathbb{N}$ gilt: $\lim\limits_{x\to+\infty}x^n\cdot e^{-x}=0$ sowie $\lim\limits_{x\to-\infty}x^n\cdot e^{x}=0$

GTR **c)** Manchmal formuliert man die Aussage des obigen Satzes auch so:
„Die e-Funktion wächst schneller gegen ∞ als jede ganzrationale Funktion."
Verdeutliche dir das, indem du die Graphen einiger Potenzfunktionen und der e-Funktion zeichnest.

Der Logarithmus wächst langsamer gegen ∞ als jede ganzrationale Funktion.

2. *Wachstum des Logarithmus*

a) Beweise:

> **Satz 32**
> Es gilt für alle $n\in\mathbb{N}$: $\lim\limits_{x\to0}x^n\ln x=0$ sowie $\lim\limits_{x\to\infty}\frac{\ln x}{x^n}=0$

GTR **b)** Manchmal formuliert man die Aussage des Satzes 32 auch so: Der Logarithmus wächst langsamer gegen ∞ als jede rationale Funktion.
Verdeutliche das durch Zeichnen geeigneter Graphen.

Übungsaufgaben

3.
Bestimme folgende Grenzwerte nach der 1. Regel von de l'Hospital.

a) $\lim\limits_{x \to a} \frac{x-a}{\sin(x-a)}$ **c)** $\lim\limits_{x \to 0} \frac{x^2 - \sin x}{x^2 + \sin x}$ **e)** $\lim\limits_{x \to 0} \frac{x \cdot \sin x}{x^2 - \sin x}$

b) $\lim\limits_{x \to \frac{\pi}{2}} \frac{\cos x}{\frac{\pi}{2} - x}$ **d)** $\lim\limits_{x \to 0} \frac{\sin x + x}{\sin x}$ **f)** $\lim\limits_{x \to \frac{\pi}{2}} \frac{\left(x - \frac{\pi}{2}\right) \cdot \sin x}{\cos x}$

4.
Berechne nach der 1. Regel von de l'Hospital.

a) $\lim\limits_{x \to -2} \frac{x^2 - x - 6}{x+2}$ **c)** $\lim\limits_{x \to -1} \frac{x^2 + x}{x+1}$ **e)** $\lim\limits_{x \to 5} \frac{x^{10} - 5^{10}}{x^7 - 5^7}$

b) $\lim\limits_{x \to 1} \frac{x^3 + x^2 + x - 3}{x-1}$ **d)** $\lim\limits_{x \to 1} \frac{x^3 - 1}{x-1}$ **f)** $\lim\limits_{x \to -4} \frac{x^3 + 4^3}{x^8 - 4^8}$

5.
Bestimme die Grenzwerte aus 4 a) – d) ohne die 1. Regel von de l'Hospital.

6.
Warum darf man bei $\lim\limits_{x \to 2} \frac{x^2 - x + 2}{x - 2}$ die 1. Regel von de l'Hospital nicht anwenden?
Was würde sich nach dieser Regel ergeben? Zeige, dass der Grenzwert nicht existiert.

7.
Untersuche an Beispielen, ob die 1. Regel von de l'Hospital gilt, falls *nur* $g(a) = 0$ ist.

8.

Mehrmalige Anwendung der 1. Regel von de l'Hospital

Es kann durchaus vorkommen, dass nach einer einmaligen Anwendung der 1. Regel von de l'Hospital gilt: $f'(a) = g'(a) = 0$.
In diesem Fall kann man die Regel erneut anwenden, bis der Nenner ungleich null ist.

Beispiel:

$$\lim_{x \to -1} \frac{2x^3 + 6x^2 + 6x + 2}{x + 2x + 1} = \lim_{x \to -1} \frac{6x^2 + 12 + 6}{2x + 2} = \lim_{x \to -1} \frac{12x + 12}{2} = 0.$$

a) Berechne auf diese Weise: $\lim\limits_{x \to 5} \frac{3x^2 - 30x + 75}{7x^2 - 70x + 175}$.
Berechne die Grenzwerte auch auf andere Weise.

b) Berechne $\lim\limits_{x \to 0} \frac{1 - \cos x}{x^2}$. **c)** Berechne auf zwei Weisen: $\lim\limits_{x \to 0} \frac{\sin^2 x}{x^2}$.

9.
Berechne mithilfe der 2. Regel von de l'Hospital folgende Grenzwerte:

a) $\lim\limits_{x \to +\infty} x^2 \cdot \sin \frac{1}{x^2}$ **b)** $\lim\limits_{x \to +\infty} x^n \cdot \sin \frac{1}{x^n}$ $(n \in \mathbb{N})$ **c)** $\lim\limits_{x \to +\infty} x \cdot \left(1 - \cos \frac{1}{x}\right)$ **d)** $\lim\limits_{x \to +\infty} x \cdot \sin^2 \frac{1}{x}$

10.
Untersuche, ob es auch eine 2. Regel von de l'Hospital für Grenzwerte der Form $\lim\limits_{x \to -\infty} \frac{f(x)}{g(x)}$ gibt.

11.
a) $\lim\limits_{x \to 0} \frac{\tan x}{x}$ **b)** $\lim\limits_{x \to 0} \frac{x^2}{\tan x}$ **c)** $\lim\limits_{x \to 0} \sin x \cdot \ln x$ **d)** $\lim\limits_{x \to \infty} \frac{e^x}{x^2 + x}$

1.6 Funktionsuntersuchungen – Anwendungen

1.6.1 Anwendungen der e-Funktion

Aufgabe 1

Radioaktive Substanzen zerfallen so, dass für die Halbierung einer bestimmten Menge stets die gleiche Zeitspanne erforderlich ist – unabhängig von der zu halbierenden Menge. Diese Zeitspanne nennt man die *Halbwertszeit*. Der radioaktive Zerfall ist ein exponentieller Prozess. In der Physik schreibt man das Zerfallsgesetz so: $N(t) = N_0 \cdot e^{-kt}$, wobei t = Zeit, N(t) = Menge zur Zeit t, N_0 = Menge zur Zeit 0 und k = eine stoffspezifische Zerfallskonstante ist. (Mit Menge ist hier die Masse gemeint.)
Vom künstlich in Kernreaktoren hergestellten Plutonium gibt es mehrere unterschiedlich langlebige Isotope. Das Plutonium-Isotop ^{240}Pu hat die Halbwertszeit $t_k = 6600$ Jahre.

a) Ermittle die Zerfallskonstante aus der Halbwertszeit und erstelle damit den Term der Zerfallsfunktion $t \mapsto N(t)$, wobei $N_0 = 100$ (in g).

b) Zeichne den Graphen der Zerfallsfunktion im Zeitintervall [0; 25 000 (in Jahren)].

c) Berechne, wann nur noch weniger als 1‰ der Ausgangsmenge vorhanden ist.

d) Begründe, dass die Zerfallsgeschwindigkeit durch die Ableitung N′(t) gegeben ist. Wie groß ist die Zerfallsgeschwindigkeit nach 1000 Jahren?

Lösung

Im Gegensatz zum Vorgehen in der Physik und Chemie rechnen wir nur mit den Maßzahlen. Das ist erlaubt, wenn man die Einheiten festlegt.

a) Für $t = 6600$ ist $N(t) = N(6600) = \frac{1}{2} \cdot N_0$. Damit ergibt sich

$\frac{1}{2} N_0 = N_0 \, e^{-k \cdot 6600}$ | : N_0

$\frac{1}{2} = e^{-k \cdot 6600}$ | Logarithmieren

$\ln \frac{1}{2} = -k \cdot 6600$ | Logarithmengesetz

$-\ln 2 = -k \cdot 6600$ | : (– 6600)

$\frac{\ln 2}{6600} = k$ also: $k \approx 0{,}0001$ also $N(t) = 100 \cdot e^{-0{,}0001 \cdot t}$

b)

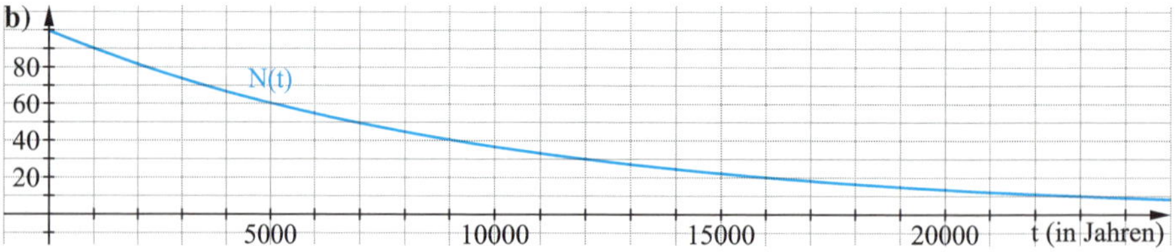

c) 1‰ von 100 g sind 0,1 g. Für den gesuchten Zeitpunkt t gilt also

$0{,}1 = 100 \cdot e^{-0{,}0001 t}$ | : 100

$\frac{1}{1000} = e^{-0{,}0001 t}$ | Logarithmieren

$\ln \frac{1}{1000} = -0{,}0001 t$ | : (– 0,0001)

$t = \frac{\ln \frac{1}{1000}}{-0{,}0001} \approx 69\,000$

Nach ca. 69 000 Jahren ist nur noch 1 Promille der Ausgangsmenge vorhanden.

d) Die Zerfallsgeschwindigkeit gibt die pro Zeiteinheit zerfallene Menge an.
Im Intervall $[t;\, t+h]$ gilt für die durchschnittliche Zerfallsgeschwindigkeit:

$$\frac{N(t+h)-N(t)}{(t+h)-t}=\frac{N(t+h)-N(t)}{h}$$

Daraus erhält man die momentane Zerfallsgeschwindigkeit zum Zeitpunkt t durch Grenzwertbildung:

$$\lim_{h\to 0}\frac{N(t+h)-N(t)}{h}=N'(t)$$

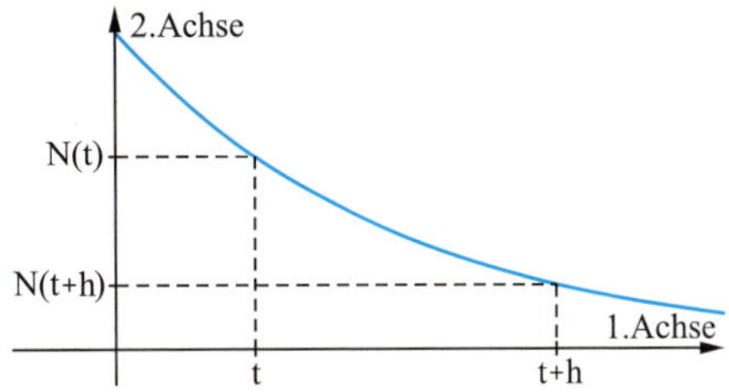

Mit den Ableitungsregeln ergibt sich:

$$\begin{aligned} N'(t) &= (100\cdot e^{-0{,}0001\cdot t})' \\ &= 100\cdot e^{-0{,}0001\cdot t}\cdot(-0{,}0001) \\ &= -0{,}01\,e^{-0{,}0001\,t} \\ N'(1000) &= -0{,}01\cdot e^{-0.1} \\ &\approx -0{,}009 \end{aligned}$$

Nach 1000 Jahren beträgt die Zerfallsgeschwindigkeit also $-0{,}009$ g pro Jahr. Diese Geschwindigkeit ist negativ, da die Substanzmenge abnimmt.

Information **Halbwertszeit eines exponentiellen Zerfallsprozesses**

Diejenige Zeitspanne t_H, innerhalb derer die vorhandene Masse des radioaktiven Präparates auf die Hälfte zurückgeht, heißt die **Halbwertszeit** dieses Präparates. Wenn das Zerfallsgesetz $N(t)=N_0\cdot e^{-kt}$ lautet, so gilt: $e^{-k\,t_H}=\frac{1}{2}$.
Daraus erhält man durch beidseitiges Logarithmieren $-k\,t_H=\ln\left(\frac{1}{2}\right)=-\ln 2$ und damit $t_H=\frac{\ln 2}{k}$

Satz 33
Verläuft ein radioaktiver Zerfallsprozess nach dem Gesetz $N(t)=N_0 e^{-kt}$, dann gilt für die Halbwertszeit: $t_H=\frac{\ln 2}{k}$.

Weiterführende Aufgaben

2. *e als Basis für jede Exponentialfunktion*
In Anwendungssituationen werden exponentielle Prozesse häufig durch Funktionsterme mit e als Basis beschrieben.
Dass dies stets möglich ist, garantiert der folgende Satz.

Satz 34
Jede allgemeine Exponentialfunktion $f(x)=a\cdot b^x$, $b\in\mathbb{R}^+\setminus\{1\}$, lässt sich mit der Basis e darstellen:
$f(x)=a\cdot e^{k\cdot x}$ mit $k=\ln b$

a) Beweise den Satz 34.

b) Schreibe folgende Exponentialfunktionen als Exponentialfunktionen mit der Basis e:
$f_1(x)=0{,}8\cdot 7^x$; $f_2(x)=3\cdot\left(\frac{1}{3}\right)^x$; $f_3(x)=\frac{5}{4^x}$

3. *Verdoppelungszeit beim exponentiellen Wachstum*

a) Beschreibe das Anwachsen der Salmonellen-Anzahl durch einen Funktionsterm mit e als Basis und 800 als Anfangswert.

b) Berechne, wann 1600, 3200, 6400 Salmonellen-Keime vorhanden sind.

c) Beweise:

Satz 35

Verläuft ein exponentieller Wachstumsprozess nach dem Gesetz $N(t) = N_0 \cdot e^{kt}$, so wird für eine Verdoppelung stets dieselbe Zeitspanne benötigt, nämlich die Verdoppelungszeit $t_V = \frac{\ln 2}{k}$.

Wer nie sein Beef mit Salmonellen aß

München (dpa) – Kartoffel- und Geflügelsalate können bei Sommerpartys leicht zum Erreger für eine Salmonellenerkrankung werden. Salmonellen finden zwischen 15 und 45 Grad Celsius ideale Wachstumsvoraussetzungen. Die staatliche Beratung für Ernährung wies in München darauf hin, dass sich Salmonellen im lauwarmen Kartoffelsalat und nicht durchgegarten Frikadellen von 800 Keimen in vier Stunden auf über drei Millionen vermehren. Zubereitete Salate sollten unbedingt im Kühlschrank aufbewahrt und in Kühltaschen zur Party transportiert werden. Kartoffel- und Meeresfrüchtesalate sollten schnell abkühlen und in kleinen Mengen aufgeteilt in den Kühlschrank gestellt werden.

Übungsaufgaben

4.

Ein radioaktives Präparat aus dem Strontium-Isotop ^{90}Sr zerfällt ungefähr nach dem Gesetz $N(t) = N_0 \cdot e^{-0{,}025\,t}$ (t in Jahren, $N(t)$ und $N_0 = N(0)$ in mg).

a) Stelle die Zerfallsfunktion $t \mapsto N(t)$ im Intervall [0; 100] graphisch dar.

b) Wie viel Prozent der Ausgangssubstanz N_0 sind nach 100 [10; 50; 1000] Jahren noch vorhanden?

c) Bestimme die Halbwertszeit t_H des Strontium-Isotops ^{90}Sr.

d) Wie groß ist die Zerfallsgeschwindigkeit $N'(t)$ zum Zeitpunkt $t = 1$ [10; 100; t_H]?

e) Begründe: Die Zerfallsgeschwindigkeit ist proportional zur noch vorhandenen Menge.

ϑ (Theta) griechischer Buchstabe

5.

Die Abkühlung einer Tasse Kaffee verläuft nach dem Gesetz $\vartheta = \vartheta_0\, e^{-ct}$ (t ist die Zeit, gemessen in min; ϑ die Temperatur, gemessen in °C). Zur Zeit $t = 2$ ist $\vartheta = 64$; für $t = 5$ ist $\vartheta = 48{,}5$. Bestimme die Werte ϑ_0 und c.

6.

Ein Medikament sei im menschlichen Körper 6 Stunden nach der Einnahme zur Hälfte abgebaut.

a) Bestimme Zerfallsfunktion und Zerfallsgeschwindigkeit für den Fall, dass die eingenommene Menge m_0 ist.

b) In welchen zeitlichen Abständen und in welcher Menge ist das Medikament einzunehmen, wenn im menschlichen Körper ein Mindestniveau von $0{,}8\, m_0$ aufrechterhalten werden soll?

7.

Das radioaktive Isotop Kohlenstoff ^{14}C hat eine Halbwertszeit von etwa 5760 Jahren. Deshalb lässt sich das Isotop Kohlenstoff ^{14}C in folgender Weise bei der Altersbestimmung von Tier- oder Pflanzen-Fossilien verwenden (sog. *Radiocarbon-Methode)*:
Lebende Organismen enthalten einen bestimmten prozentualen Anteil von ^{14}C, der durch ständigen Ausgleich mit der Umgebung stabil bleibt und gleich dem bekannten, im Wesentlichen stets konstanten Anteil von ^{14}C in der Natur ist. Mit dem Absterben des Organismus hört dieser Ausgleich auf, und das im Organismus enthaltene ^{14}C zerfällt unaufhörlich. Der Prozentsatz von ^{14}C, der von der ursprünglichen Menge noch vorhanden ist, lässt einen Rückschluss auf das Alter zu.

a) Berechne aus der Halbwertszeit die Konstante k und formuliere das Zerfallsgesetz.

b) Ein bei Ausgrabungen in der UdSSR im Jahre 1988 gefundener Mammutknochen enthielt noch ungefähr 8 % seines ursprünglichen Gehalts an ^{14}C.
Wie alt ist der Knochen ungefähr?

8.

Das Alter von Getränken wie Whisky oder Wein kann nach einer Methode von LIBBY mithilfe des Gehaltes am radioaktiven Wasserstoff-Isotop Tritium ^{3}H bestimmt werden. Dessen Gehalt ist im natürlichen Wasserkreislauf durch Neubildung in den oberen Schichten der Atmosphäre und radioaktiven Zerfall konstant, in abgetrennte Flüssigkeitsproben kommt kein neues Tritium aus der Atmosphäre hinzu. Der Gehalt nimmt ab mit einer Halbwertszeit von 12,3 Jahren.
Wie alt ist ein Whisky, der nur noch 30 % des ursprünglichen Tritiumgehaltes aufweist?

9.

Der Luftdruck nimmt mit zunehmender Höhe ab, und zwar bei einem Aufstieg von 1000 m um (etwa) 12 % (konstante Temperatur unterstellt). Am Erdboden herrsche der Luftdruck $p_0 = 1013$ hPa.

a) Wie hoch ist der Luftdruck in einer Höhe von 100 m [von 2000 m, von 8000 m] über dem Erdboden?
In welcher Höhe ist der Luftdruck auf die Hälfte von p_0 gefallen?

b) Bestimme k so, dass die Funktion p mit $p(x) = p_0 e^{-kx}$ den Luftdruck in einer Höhe von x Metern angibt.

10.

Die Bevölkerung Italiens wächst zur Zeit entsprechend der Funktion N mit $N(t) = N_0 \cdot e^{\alpha(t-t_0)}$, wobei $N_0 = 60 \cdot 10^6$ die Anzahl der Einwohner im Jahr 2000 (t_0) bezeichnet und die Wachstumsrate $\alpha = 0{,}02 \frac{1}{\text{Jahr}}$ ist.

a) Wie groß wird die Bevölkerungszahl im Jahre 2020 sein?

b) Vor wie viel Jahren war die Bevölkerungszahl halb so groß wie im Jahre 2000?

c) Um wie viel Prozent nimmt die Bevölkerungszahl jährlich zu? Vergleiche mit der Wachstumsrate!

d) Berechne die Verdoppelungszeit.

1.6.2 Untersuchung von Exponential- und Logarithmusfunktionen

Aufgabe 1 Untersuche die Funktion f mit $f(x) = e^{-x^2}$ im Hinblick auf

(1) Definitionsbereich
(2) Symmetrie des Graphen
(3) Verhalten für $x \to \infty$ und $x \to -\infty$
(4) Gemeinsame Punkte von Graph und Koordinatenachsen
(5) Extrempunkte
(6) Wendepunkte

Gauß'sche Glockenkurve

Lösung

(1) Definitionsbereich

$D = \mathbb{R}$, da man für alle reellen Zahlen den zugehörigen Funktionswert berechnen kann.

(2) Symmetrie

Es ist $f(-x) = e^{-(-x)^2} = e^{-x^2} = f(x)$. Also ist der Graph der Funktion symmetrisch zur 2. Achse.

(3) Verhalten für $x \to \infty$ und $x \to -\infty$

Für größer werdende Werte von x strebt $-x^2$ gegen $-\infty$ und damit strebt dann e^{-x^2} gegen Null, also: $f(x) \to 0$ für $x \to \infty$.

x	0	1	5	10	15
$-x^2$	0	-1	-25	-100	-285
e^{-x^2}	1	0,37	$1{,}39 \cdot 10^{-11}$	$3{,}7 \cdot 10^{-44}$	$1{,}9 \cdot 10^{-98}$

folgt auch aus der Symmetrie Entsprechend begründet man $f(x) \to 0$ für $x \to -\infty$.

(4) Gemeinsame Punkte mit den Koordinatenachsen

1. Achse: Da die e-Funktion nur positive Funktionswerte hat, hat die Funktion f keine Nullstellen.

2. Achse: $f(0) = e^{-0^2} = e^0 = 1$, also Achsenschnittpunkt $P(0 \mid 1)$.

(5) Extrempunkte

$f'(x) = (e^{-x^2}) \cdot (-2x) = -2x e^{-x^2}$ *Kettenregel*

Die Extremstellen von f sind unter den Nullstellen von f' zu finden.

$f'(x) = -2x \cdot e^{-x^2} = 0$, falls $x = 0$, da $e^{-x^2} \neq 0$ für alle $x \in \mathbb{R}$.

Nur an der Stelle 0 kann ein Extrempunkt vorliegen. Aus dem Verhalten der Funktion f für $x \to \infty$ und $x \to -\infty$ oder mithilfe des Vorzeichenwechselkriteriums oder mithilfe des Kriteriums mittels $f''(x)$ erkennt man, dass an der Stelle 0 ein relatives Maximum vorliegt. $H(0 \mid 1)$ ist ein Hochpunkt des Graphen, sogar ein absoluter.

(6) Wendepunkte

Die Wendestellen von f sind unter den Nullstellen von f'' zu finden.

$f''(x) = (-2x \cdot e^{-x^2})'$ *Produktregel*

$= (-2x)' e^{-x^2} + (-2x)(e^{-x^2})'$

$= -2e^{-x^2} - 2x \cdot (-2x e^{-x^2})$ *Kettenregel*

$= -2e^{-x^2} + 4x^2 e^{-x^2}$

$= e^{-x^2}(4x^2 - 2)$

$f''(x) = e^{-x^2} \cdot (4x^2 - 2) = 0$, falls $4x^2 - 2 = 0$, da $e^{-x^2} \neq 0$ für alle $x \in \mathbb{R}$.

$x^2 = \frac{1}{2}$, also sind mögliche Wendestellen:

$x = \sqrt{\frac{1}{2}} \approx 0{,}71$ oder $x = -\sqrt{\frac{1}{2}} \approx -0{,}71$ *Symmetrie*

Aus dem Verhalten für $x \to \infty$ und $x \to -\infty$ ergibt sich im Zusammenhang mit dem Hochpunkt, dass an diesen Stellen Wendepunkte vorliegen müssen.

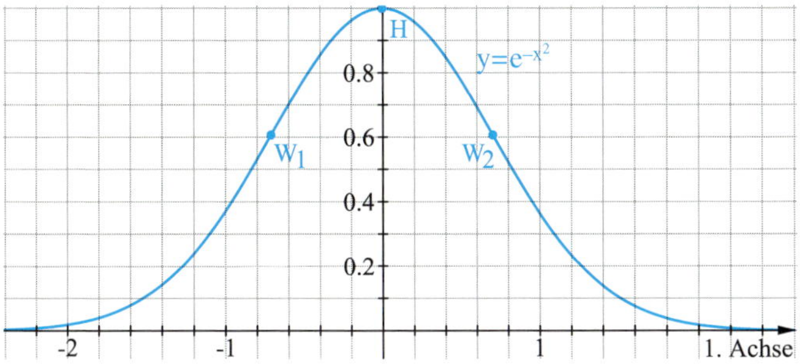

$f\left(\sqrt{\tfrac{1}{2}}\right) = e^{-\left(\sqrt{\frac{1}{2}}\right)^2} = e^{-\frac{1}{2}} \approx 0{,}61$

$f\left(-\sqrt{\tfrac{1}{2}}\right) = e^{-\frac{1}{2}} \approx 0{,}61$ Symmetrie

Also sind $W_1\left(\sqrt{\tfrac{1}{2}} \,|\, e^{-\frac{1}{2}}\right)$ und $W_2\left(-\sqrt{\tfrac{1}{2}} \,|\, e^{-\frac{1}{2}}\right)$ Wendepunkte des Graphen.

Man kann dies auch mit dem Vorzeichenwechselkriterium oder der 3. Ableitung nachweisen.

Mit diesen Ergebnissen kann man den Graphen zeichnen.

Übungsaufgaben

2.

Untersuche die gegebene Funktion.

a) $f(x) = e^x - 2$ **b)** $f(x) = e^{\frac{1}{2}x} - e^x$ **c)** $f(x) = \frac{1}{2}(e^x - e^{-x})$ **d)** $f(x) = e^x - \frac{5}{4}e^{-x} + 2$ **e)** $f(x) = e^{2x} - 2e^x + 1$ **f)** $f(x) = e^{2x} + 2e^{-x}$ **g)** $f(x) = e^{\frac{x^3}{20}}$ **h)** $f(x) = x \cdot e^x$

3.

Hängt eine Leitung frei zwischen zwei Masten, so wird ihr Verlauf bei geeignet gewähltem Koordinatensystem sehr gut durch die Gleichung $y = \frac{1}{2}(e^x + e^{-x})$ wiedergegeben. Untersuche diese Funktion.

4.

Untersuche die Funktion f. Fertige eine Zeichnung an.

a) $f(x) = \dfrac{e^x - 2}{1 + e^x}$ **b)** $f(x) = \dfrac{e^x - e^{-x}}{e^x + e^{-x}}$ **c)** $f(x) = \dfrac{e^{-x}}{1 + e^x}$ **d)** $f(x) = (x^2 - 1)\,e^x$ **e)** $f(x) = x^2 e^{-x}$ **f)** $f(x) = x(x-1)\,e^{-x}$

5.

Bestimme alle ganzrationalen Funktionen 3. Grades [5. Grades, n-ten Grades], die mit der Funktion f im Funktionswert an der Stelle 0 und in den ersten 3 [5; n] Ableitungen übereinstimmen.

a) $f(x) = e^x$ **b)** $f(x) = \frac{1}{2}(e^x - e^{-x})$ **c)** $f(x) = \frac{1}{2}(e^x + e^{-x})$ **d)** $f(x) = x \cdot e^{-x}$

6.

Untersuche die Funktion f. Gib die Gleichung der Wendetangente(n) an.

a) $f(x) = \frac{1}{2}e^{2x} - e^x$ **b)** $f(x) = -e^{2x} + 2e^x$ **c)** $f(x) = e^x + 4e^{-x}$ **d)** $f(x) = \dfrac{4e^{2x} - 1}{e^{3x}}$

7.

Skizziere den Graphen von f. Berechne dazu die Nullstellen und berücksichtige das Verhalten von f (x) für $x \to +\infty$ bzw. $x \to -\infty$.

a) $f(x) = (x^3 - x)\, e^{-x}$ **b)** $f(x) = (x^2 - 5x - 14)\, e^x$ **c)** $f(x) = (x^3 - 7x - 6)\, e^x$

8.

Zeichne den Graphen von f durch Überlagerung zweier Funktionsgraphen. Berechne die charakteristischen Punkte und untersuche das Verhalten von f (x) für $|x| \to \infty$.

a) $f(x) = e^x - x$ **b)** $f(x) = e^{-x} + x$ **c)** $f(x) = e^x + \frac{1}{2e} x^2$ **d)** $f(x) = e^{-x+1} + \frac{1}{2} x^2$

9.

Untersuche f und zeichne den Graphen.

a) $f(x) = e^x + (1 - e)\, x - 1$ **b)** $f(x) = 2e^{-x} + (e^2 - 1)\, x - 2$ **c)** $f(x) = e^x + x^2 - x + \frac{1}{4}$

10.

Untersuche f und zeichne den Graphen.

a) $f(x) = e^{\frac{1}{2}x} - e^x$ **c)** $f(x) = e^{2x} - 5e^x + 6$ **e)** $f(x) = 4 \cdot e^{-\frac{1}{8}x^2}$

b) $f(x) = e^x + e^{2-x}$ **d)** $f(x) = e^{2x} - (e+1)\, e^x + e$ **f)** $f(x) = x \cdot e^{-\frac{1}{8}x^2}$

11.

Untersuche f und zeichne den Graphen.

a) $f(x) = (x^2 + 1)\, e^x$ **c)** $f(x) = (x+2)^2\, e^{-\frac{1}{2}x}$

b) $f(x) = (x - 2)^2\, e^x$ **d)** $f(x) = (x^3 + x^2 - 4x - 4)\, e^{-x}$

12.

Gegeben ist die Funktion f mit $f(x) = e^x \cdot (x^3 - 3x^2)$.
Untersuche f auf Nullstellen, Extrema und Verhalten für $x \to +\infty$ bzw. $x \to -\infty$.
Welche Aussage kann man – ohne Rechnung – über Anzahl und Lage der Wendepunkte machen? Zeichne den Graphen von f.

13.

Gegeben sind die Funktionen f und g mit $f(x) = e^{x^2} - 1$ und $g(x) = (e - 1)\, x^2$.

a) Untersuche die Funktion f und zeichne den Graphen.

b) Zeige, dass die Graphen von f und g sich in einem Punkt berühren. Welche Punkte haben sie noch gemeinsam?

c) Für welche $x \in [0; 1]$ ist die Differenz der Funktionswerte von f und g maximal?

14.

a) Marc hat mit dem GTR den Graphen der Funktion f mit $f(x) = \frac{e^x - 2}{(x - 0{,}7)^2}$ gezeichnet.
Gibt das Bild den Verlauf des Graphen im wesentlichen korrekt wieder?

GTR **b)** Untersuche entsprechend für den Graphen f mit $f(x) = \frac{e^x - 2}{x^2 - 2x - 1{,}89}$.

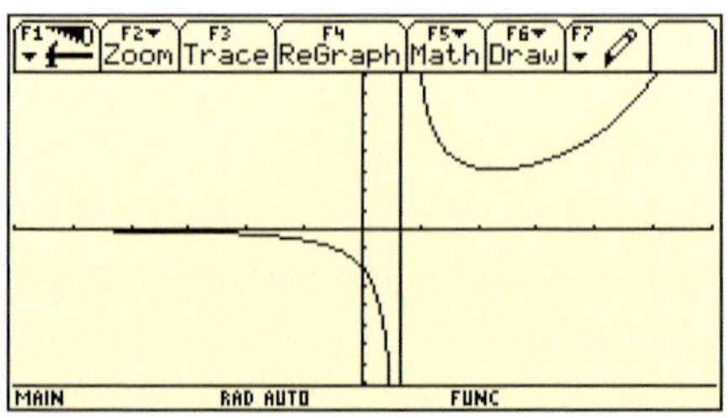

15.
Vereinfache den Funktionsterm und skizziere den Graphen von f. Gib den Definitionsbereich an.

a) $f(x) = \ln(x^2)$ **b)** $f(x) = \ln(x^2 - 1)$ **c)** $f(x) = \ln\left(\frac{x-4}{x+1}\right)$ **d)** $f(x) = \ln(x^2 - 6x + 8)$

16.
Skizziere den Graphen von f. Berechne dazu die Nullstellen und berücksichtige das Verhalten von f (x) für $x \to \infty$ bzw. $x \to 0$.

a) $f(x) = x \cdot \ln x - x$

b) $f(x) = (x^2 - 4) \cdot \ln x$

c) $f(x) = (x^2 - 4x + 3) \cdot \ln x$

d) $f(x) = \frac{(\ln x)^2 - 1}{x}$

17.
Untersuche die Funktion f. Berücksichtige dabei auch das Verhalten von f für $x \to \infty$ bzw. $x \to 0$. Zeichne den Graphen von f.

a) $f(x) = x^2 \cdot (1{,}5 - \ln x)$

b) $f(x) = 2\sqrt{x}(\ln x - 1)$

c) $f(x) = \left(x - 2\sqrt{e}\right)^2 \cdot \ln x$

d) $f(x) = (x - 1)^2 \ln x$

Newton-Verfahren anwenden

18.
Untersuche die Funktion f. Berücksichtige dabei auch das Verhalten von f (x) für $x \to \infty$ bzw. $x \to 0$.

a) $f(x) = \frac{\ln x + 1}{x}$ **b)** $f(x) = \frac{2\ln(1-x) + 1}{x^2 - 2x + 1}$ **c)** $f(x) = \frac{x^2 - x - \ln x}{x}$

19.
Newton-Verfahren

Untersuche die Funktion f:

a) $f(x) = \ln(x^2 + 1)$ **b)** $f(x) = 2\ln\left(\frac{1}{2}x^2 - x + 1\right) - x$ **c)** $f(x) = \ln(e^x - x)$

20.
Untersuche die Funktion f:

a) $f(x) = \ln(x^2 + 2x + 1)$ **b)** $f(x) = \frac{1}{\ln x - 1}$ **c)** $f(x) = \ln\left|\frac{x+2}{x-1}\right|$

21.

a) Untersuche die Funktion f mit $f(x) = x^x$ und $x > 0$. Berücksichtige dabei auch das Verhalten von f (x) für $x \to \infty$ bzw. $x \to 0$.

Beachte: Für einige Betrachtungen ist es günstig, den Funktionsterm umzuformen: $x^x = (e^{\ln x})^x = e^{x \ln x}$

b) Untersuche entsprechend die Funktion f mit $f(x) = x^{\frac{1}{x}}$ und $x > 0$.

22.
Für $|x| \neq \sqrt{e}$ sei die Funktion f gegeben durch

$$f(x) = \begin{cases} \frac{1}{1 - \ln(x^2)}, & \text{falls } x \neq 0 \\ 0 & \text{falls } x = 0 \end{cases}.$$

a) Zeige: f ist auf $\mathbb{R} \setminus \{-\sqrt{e}; \sqrt{e}\}$ stetig und genau dann an der Stelle x (mit $x \in \mathbb{R} \setminus \{-\sqrt{e}; \sqrt{e}\}$) differenzierbar, wenn $x \neq 0$ ist.

b) Untersuche f und zeichne den Graphen.

1.6.3 Untersuchung von Funktionenscharen

Aufgabe 1 Betrachte für positive Werte von t die Funktionen f_t mit $f_t(x) = \ln(x^2 + t)$.

a) Untersuche diese Funktionen im Hinblick auf

(1) Definitionsbereich
(2) Symmetrie des Graphen
(3) Verhalten für $x \to \infty$ und $x \to -\infty$
(4) Nullstellen
(5) Extrempunkte
(6) Wendepunkte.

Zeichne die Graphen verschiedener Funktionen der Schar.

b) Auf welcher Linie liegen alle Wendepunkte der Funktionen dieser Schar? Zeichne auch diese.

c) Haben verschiedene Funktionsgraphen der Schar gemeinsame Punkte?

Lösung **a)** (1) Jede Funktion f_t hat den Definitionsbereich $\mathbb{R}$, da $x^2 + t$ für positive Werte von t stets positiv ist.

(2) $f_t(-x) = \ln((-x)^2 + t) = \ln(x^2 + t) = f_t(x)$
Alle Funktionsgraphen der Schar sind symmetrisch zur 2. Achse.

(3) $f_t(x) = \ln(x^2 + t) \to \infty$ für $x \to \infty$
Entsprechend gilt $f_t(x) \to \infty$ für $x \to -\infty$, was sich auch aus der Symmetrie ergibt.

(4) $\ln(x^2 + t) = 0$, also $x^2 + t = e^0 = 1$. Damit ergibt sich $x^2 = 1 - t$.

Also hat die Funktion f_t $\begin{cases} \text{keine Nullstellen, falls } t > 1 \\ \text{eine Nullstelle bei } 0\text{, falls } t = 1 \\ \text{zwei Nullstellen bei } \sqrt{1-t} \text{ und } -\sqrt{1-t}\text{, falls } 0 < t < 1 \end{cases}$

(5) Die Extremstellen befinden sich unter den Lösungen der Gleichung $f_t'(x) = 0$.
Es ist $f_t'(x) = \frac{1}{x^2 + t} \cdot (2x) = \frac{2x}{x^2 + t}$

Aus $f_t'(x) = 0$ folgt dann $x = 0$; eine mögliche Extremstelle ist also 0.
An dieser Stelle wechselt $f_t'(x)$ sein Vorzeichen: für $x < 0$ ist $f_t'(x) < 0$ und für $x > 0$ ist $f_t'(x) > 0$.
Also hat an der Stelle 0 jeder Funktionsgraph der Schar einen Tiefpunkt T. Er hat die Koordinaten $T(0 \mid \ln t)$.

(6) Die Wendestellen befinden sich unter den Lösungen der Gleichung $f_t''(x) = 0$.

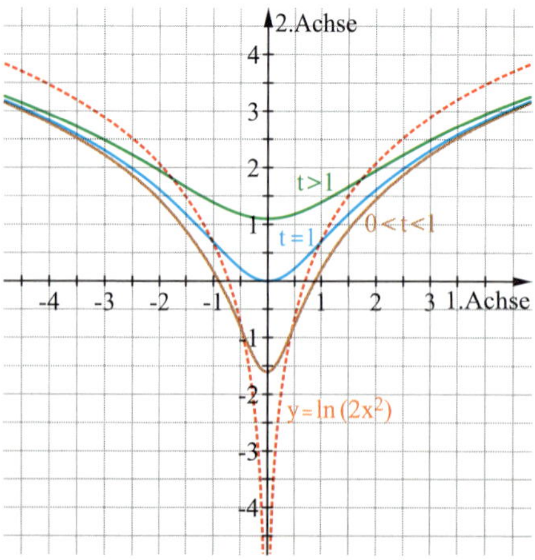

$$f_t''(x) = \left(\frac{2x}{x^2 + t}\right)' = \frac{2 \cdot (x^2 + t) - 2x(2x)}{(x^2 + t)^2} = \frac{-2x^2 + 2t}{(x^2 + t)^2}$$

Aus $f_t''(x) = 0$ folgt dann $-2x^2 + 2t = 0$.
Damit ergibt sich $x^2 = t$, also $x = \sqrt{t}$ oder $x = -\sqrt{t}$; mögliche Wendestellen sind also $\sqrt{t}$ und $-\sqrt{t}$.
Da $f_t''(x)$ an diesen Stellen das Vorzeichen wechselt, liegen an beiden Stellen Wendepunkte vor.
Ihre Koordinaten sind $W_1(\sqrt{t} \mid \ln(2t))$ und $W_2(-\sqrt{t} \mid \ln(2t))$.

b) Der rechte Wendepunkt jedes Graphen hat die Koordinaten $x = \sqrt{t}$ und $y = \ln(2t)$.
Aus der 1. Koordinatengleichung ergibt sich durch Auflösen nach t: $t = x^2$.
Setzt man dies in die 2. Koordinatengleichung ein, so erhält man $y = \ln(2 \cdot x^2)$.
Aus den Koordinaten der linken Wendepunkte erhält man ebenso $y = \ln(2x^2)$.
Also liegen alle Wendepunkte auf dem Graphen der Funktion zu $y = \ln(2x^2)$.
Diese hat an der Stelle 0 eine Definitionslücke.
Der Graph dieser Funktion ist gestrichelt gezeichnet.

c) Haben verschiedene Graphen der Schar, etwa zu den Funktionen f_t und f_s einen gemeinsamen Punkt, so gilt an dieser Stelle x:

$$\begin{aligned} f_t(x) &= f_s(x) \\ \ln(x^2+t) &= \ln(x^2+s) \quad &| e^{\cdots} \\ x^2+t &= x^2+s \quad &| -x^2 \\ t &= s \end{aligned}$$

Also nur bei gleichen Parametern haben Funktionen der Schar gemeinsame Punkte; die Graphen stimmen dann völlig überein.
Graphen zu verschiedenen Parametern haben keine gemeinsamen Punkte.

Weiterführende Aufgabe

2. *Hüllkurve einer Funktionenschar*
Rechts sind die Graphen einiger Funktionen der Schar zu
$f_a(x) = e^{x-a+1} + a$ gezeichnet.
Es sieht so aus, als ob alle Funktionsgraphen eine gemeinsame Gerade berühren und nur oberhalb von ihr verlaufen.
Bestätige rechnerisch, dass dies zutrifft und ermittle die Gleichung dieser Geraden. Gehe dazu folgendermaßen vor:

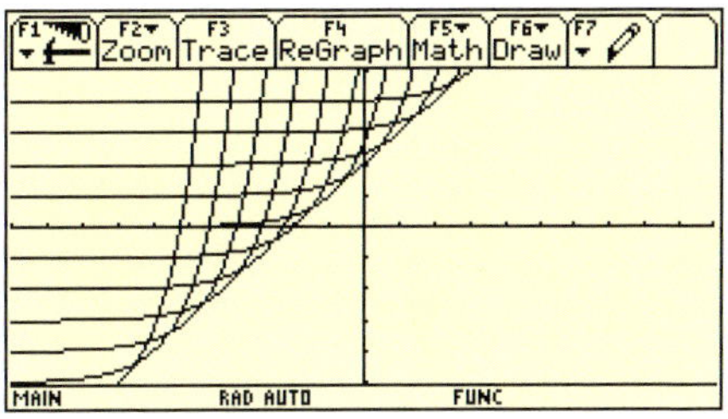

Das ist eine Extremwertbestimmung.

(1) Ermittle für eine feste Stelle x den Parameter der Funktion, die an dieser Stelle den kleinsten Funktionswert von allen Funktionen der Schar hat.
(2) Berechne diesen minimalen Funktionswert.
(3) Ermittle die Funktion, die der betrachteten Stelle diesen Funktionswert zuordnet. Der Graph dieser Funktion ist die *Hüllkurve*, in diesem Fall eine Gerade.

Übungsaufgaben

3.
a) Untersuche die Funktionenschar zu $f_t(x) = x(t - \ln x)$ mit $x > 0$.
b) Auf welcher Kurve liegen alle Extrempunkte?
c) Können verschiedene Graphen der Schar gemeinsame Punkte haben?

4.
a) Untersuche die Funktionenschar zu $f_t(x) = x \ln \frac{x^2}{t}$; $x \neq 0$; $t > 0$.
b) Auf welcher Kurve liegen alle Extrempunkte?
c) Können verschiedene Graphen der Schar gemeinsame Punkte haben?

5.

a) Untersuche die Funktionenschar zu $f_t(x) = x\,e^{-tx^2}$.

b) Auf welcher Kurve liegen alle Extrempunkte, auf welcher alle Wendepunkte?

c) Können verschiedene Graphen der Schar gemeinsame Punkte haben?

6.

a) Untersuche die Funktionenschar zu $f_t(x) = (e^x - t)^2$.

b) Können verschiedene Graphen der Schar gemeinsame Punkte haben?

7.

Beweise, dass die Funktion f_k mit $f_k(x) = e^{kx} + k\,e^{(k+1)x}$ genau dann eine Wendestelle hat, wenn $k < 0$ und $k \neq -1$ ist. Berechne dann den Wendepunkt des Graphen.

8.

Gegeben sei für $k \in \mathbb{R}$ die Funktionenschar f_k mit $f_k(x) = e^x + k \cdot e^{-x}$.
Zeige, dass die Funktionen f_k nicht gleichzeitig Extrema und Wendestellen haben können. Welche Aussage kann man über die Lage der Wendepunkte der Graphen von f_k machen?

9.

Gegeben sei für $k \in \mathbb{R}^+$ die Funktionenschar f_k mit $f_k(x) = x^2 \cdot e^{\frac{1}{k}x}$

a) Untersuche f_k und zeichne den Graphen für $k = 1$.

b) Zeige, dass die Extrempunkte der Funktionenschar auf einer Parabel liegen.

10.

a) Für $k \in \mathbb{R}$ sei die Funktionenschar f_k gegeben durch $f_k(x) = x \cdot (\ln x - k)$.
Zeige, dass die Graphen aller Funktionen f_k zum Graphen der Funktion $f_0(x) = x \cdot \ln x$ ähnlich sind. Wie lautet jeweils der Streckfaktor?

b) Welche entsprechende Aussage kann man über die Funktionenschar g_k mit $g_k(x) = \frac{\ln x - k}{x}$ machen?

11.

Für $k \in \mathbb{R}$ ist die Funktionenschar f_k gegeben durch $f_k(x) = x \cdot \ln x + k \cdot x + 1$.

a) Untersuche die Funktion f_k für $k = -1$. Zeichne den Graphen.

b) Zeige, dass die Extrempunkte aller Funktionen f_k die Halbgerade zu $y = -x + 1$, $x > 0$, bilden.

c) Begründe mittels b), dass f_k genau dann Nullstellen hat, wenn $k \leq -1$ ist.

12.

In der Stochastik spielt im Zusammenhang mit der Normalverteilung die Funktionenschar $\varphi_{\mu,\sigma}(x) = \frac{1}{\sqrt{2\pi}\,\sigma} \cdot e^{-\frac{1}{2}\left(\frac{x-\mu}{\sigma}\right)^2}$ eine große Rolle.

Funktionenschar mit 2 Parametern μ und σ

a) Untersuche diese Funktionen auf Nullstellen, Verhalten für $x \to \infty$ und $x \to -\infty$, Extrem- und Wendepunkte.

b) Wie wirkt sich eine Veränderung von μ (bei konstantem σ) auf den Graphen aus?

c) Wie wirkt sich eine Veränderung von σ (bei konstantem μ) auf den Graphen aus?

1.7 Vermischte Übungen zu Exponential- und Logarithmusfunktionen

Differentiation

1.
Gib zur Funktion jeweils f′ und f″ an. Fasse gegebenenfalls zusammen.

a) $f(x)=e^{-x}+2e^{x}$

b) $f(x)=3e^{4x}+4e^{-2w}-5e^{2,5x}$

c) $f(x)=(e^{x}-e^{-x})^2-(e^{-x}+e^{x})^2$

d) $f(x)=\left(\frac{e^{x}-e^{-x}}{2}\right)^2+\left(\frac{e^{-x}+e^{x}}{2}\right)^2$

e) $f(x)=\frac{e^{2x}-3e^{x}+4}{e^{x}}$

f) $f(x)=\left(\frac{2}{e}\right)^{2x}-x^2+\frac{7}{x}$

g) $f(x)=4^{x}-4x$

h) $f(x)=5^{x}+5^{-x}$

i) $f(x)=\left(\sqrt{3}\right)^{2x}$

2.
Bestimme jeweils f′ und f″.

a) $f(x)=x\cdot e^{x}$

b) $f(x)=x\cdot e^{-x}$

c) $f(x)=(x-4)\cdot e^{x+4}$

d) $f(x)=(x^2+1)\cdot e^{2x}$

e) $f(x)=\left(x^3+\frac{1}{x}\right)\cdot e^{x+3}$

f) $f(x)=(x^2+1)\cdot e^{-2x}+(1-x^2)\cdot e^{2x}$

3.
Bestimme jeweils f′ und f″.

a) $f(x)=\frac{e^{x}}{x}$

b) $f(x)=\frac{e^{x+1}}{x+1}$

c) $f(x)=\frac{e^{x}+e^{-x}}{x^2}$

d) $f(x)=\frac{1}{1-e^{x}}$

e) $f(x)=\frac{e^{x}-e^{-x}}{e^{x}+e^{-x}}$

f) $f(x)=\frac{e^{x}}{1+e^{x}}$

4.
Berechne f′.

a) $f(x)=\ln(x-1)+\ln(x+2)$

b) $f(x)=\ln(x^2)+2\ln x$

c) $f(x)=\ln(2x+1)+\ln(2x-1)$

d) $f(x)=\ln\frac{1}{x}-\frac{1}{\ln x}$

e) $f(x)=\ln\left(\frac{x+1}{x-1}\right)$

f) $f(x)=x\cdot\ln x$

g) $f(x)=x^2\ln x$

h) $f(x)=\frac{x}{\ln x}$

i) $f(x)=(\ln x)^2$

j) $f(x)=\frac{1}{(\ln x)^2}$

k) $f(x)=(x^2+3)\cdot\ln x$

l) $f(x)=\ln 3^{x}$

m) $f(x)=\ln\frac{1}{(x-1)(x+1)}$

n) $f(x)=\ln(x^2+1)$

o) $f(x)=\ln\frac{x^2-1}{x+3}$

Funktionsuntersuchungen

5.
Untersuche die Funktion f. Skizziere den Graphen.

a) $f(x)=e^{2x-1}-e^{x+1}$

b) $f(x)=1-x-e^{-x}$

c) $f(x)=e^{x-1}-x$

d) $f(x)=2+3x-2^{x+1}$

e) $f(x)=\frac{e^{3x}-1}{e^{x}}$

f) $f(x)=2^{x}-0{,}5x^2-2$

6.
Untersuche die Funktion f. Skizziere den Graphen.

a) $f(x)=4xe^{-x}$

b) $f(x)=x^2e^{x}$

c) $f(x)=(x^2+3x+2)\cdot e^{-x}$ d

d) $f(x)=(x^2-2x+2)\cdot e^{x}$

e) $f(x)=\frac{x^2-1}{e^{x}}$

f) $f(x)=(x^3-4)\cdot e^{x}$

7.

Untersuche die Funktion f. Skizziere den Graphen.

a) $f(x) = \ln x - x$

b) $f(x) = \ln x + x^2 - 1$

c) $f(x) = \ln \frac{x-1}{7-x}$

d) $f(x) = x^2(\ln x - 2)$

e) $f(x) = 3x - 2x \cdot \ln x$

f) $f(x) = x \cdot \ln x - \frac{x^2}{2}$

Extremwertaufgaben

8.

Gegeben ist die Funktion f mit $f(x) = e^x$.

a) Ermittle die Gleichung der Geraden g durch die Punkte $P_1(0|1)$ und $P_2(1|e)$ des Graphen der Funktion f. Fertige eine Zeichnung an.

b) Für welches $x \in [0; 1]$ ist die Differenz der Funktionswerte $g(x) - f(x)$ maximal? Berechne das Extremum.

9.

a) Gegeben sei die Funktion f mit $f(x) = e^{x+1}$.
Welcher Punkt des Graphen von f hat vom Ursprung den kleinsten Abstand?

b) Gegeben sei die Funktion f mit $f(x) = \ln\left(\frac{x}{e}\right)$.
Welcher Punkt des Graphen von f hat vom Ursprung den kleinsten Abstand?
Hinweis: Genau dann, wenn der Abstand ein Minimum hat, hat auch das Quadrat dieses Abstandes ein Minimum.

Bestimmung von Funktionen, Funktionenscharen

10.

Bestimme die ganzrationalen Funktionen 2. Grades, welche das Schaubild von f mit $f(x) = e^x$ [mit $f(x) = e^{-x}$] im Punkte $P(0|1)$ berühren.
Zeichne eine nach oben und eine nach unten geöffnete berührende Parabel zusammen mit dem Schaubild von f in dasselbe Koordinatensystem.

GTR **11.**

Gib einen möglichen Funktionsterm für f an. Überprüfe das Ergebnis mit einem GTR.

a)

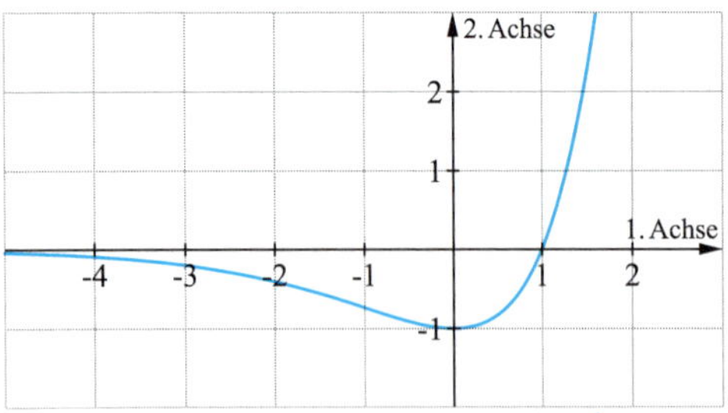

c)

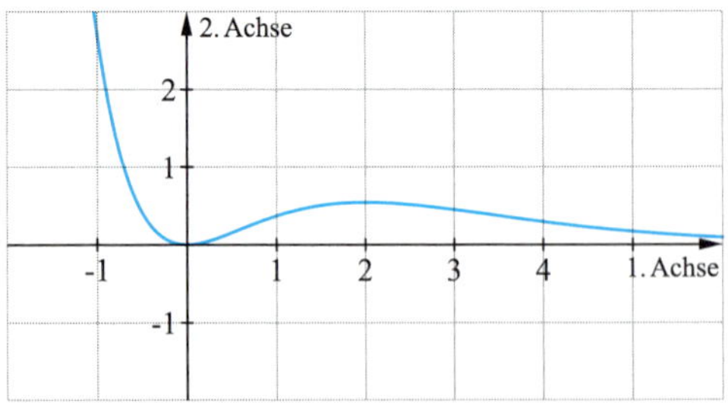

b)

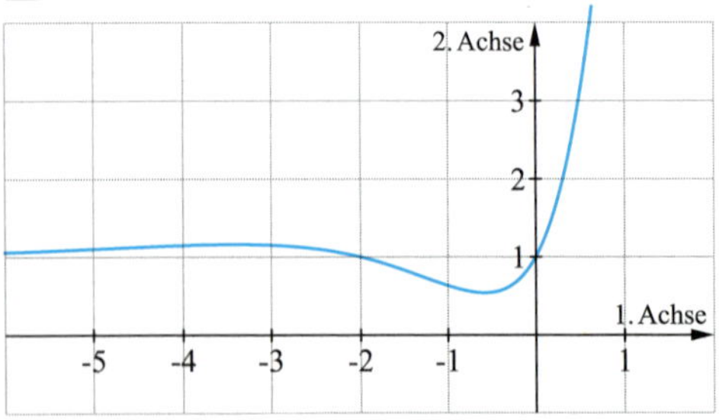

d)

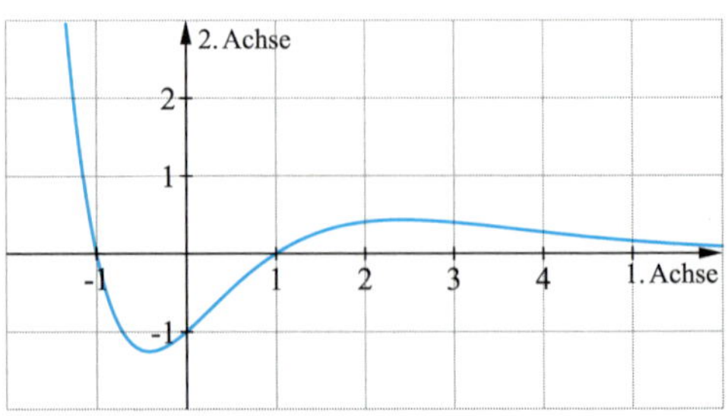

12.
Bestimme die ganzrationalen Funktionen 2. Grades, welche das Schaubild von f mit $f(x) = \ln(x+1)$ mit $f(x) = \ln\left(\frac{1}{x+1}\right)$ im Punkt $P(0\,|\,0)$ berühren. Zeichne eine nach oben und eine nach unten geöffnete berührende Parabel zusammen mit dem Schaubild von f in ein Koordinatensystem.

13.
Gegeben sei die Funktion f mit $f(x) = \ln x$, $x > 0$.

a) Welche der Tangenten an den Graphen von f verläuft durch den Ursprung?

b) Was ergibt sich entsprechend für $\ln(x+1)$?

14.
Gegeben sei die Funktion f mit $f(x) = e^x$.

a) Welche der Tangenten an das Schaubild von f verläuft durch den Ursprung?

b) Was ergibt sich entsprechend für die Funktionenscharen $f_k(x) = e^{x-k}$ bzw. $f_k(x) = e^{kx}$?

15.
Rechts sind die Graphen einer Funktionenschar f_k für $k = 0; 1; 2; 3; 4; 5$ abgebildet.
Bestimme einen möglichen Funktionsterm $f_k(x)$.
Überprüfe das Ergebnis mithilfe eines CAS.

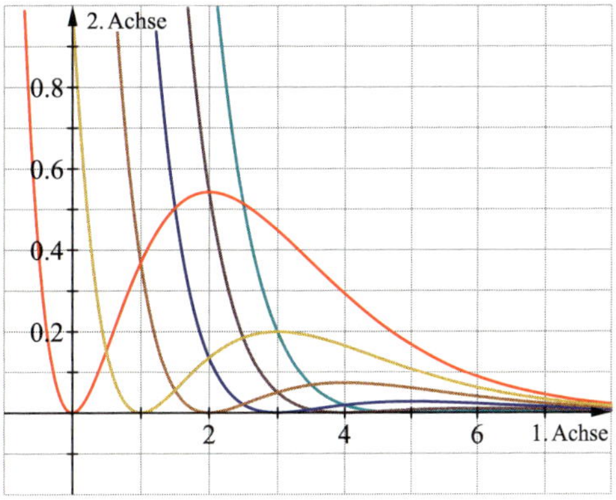

16.
Für $k \in \mathbb{R}$ sind die Funktionenscharen f_k und g_k gegeben durch $f_k(x) = e^{kx}$ und $g_k(x) = e^{-k}$.
Wie ist k zu wählen, damit die Tangenten an die Graphen von f_k und g_k im Punkt $P(0\,|\,1)$ mit der 1. Achse ein

a) rechtwinklig-gleichschenkliges

b) gleichseitiges Dreieck bilden?

Fertige jeweils eine Skizze an.

17.
Gegeben sind die Funktionen f und g mit $f(x) = x \cdot e^x$ bzw. $g(x) = x \cdot e^{-x}$.

a) Ermittle die Gleichungen der Wendetangenten an die Graphen von f und g.

b) Was ergibt sich, wenn man die Gleichungen der Wendetangenten der Graphen von f_k und g_k mit $f_k(x) = x \cdot e^{kx}$ und $g_k(x) = x \cdot e^{-kx}$, $k \neq 0$, berechnet und miteinander vergleicht?

c) Zeige, dass die Wendepunkte von f_k bzw. g_k auf einer Geraden liegen. Was lässt sich über die Lage der Extrempunkte sagen?

18.
Gegeben ist die Funktionenschar f_k mit $f_k(x) = (x^2 + 4 \cdot x + k) \cdot e^{-x}$, $k \in \mathbb{R}$.
Begründe, dass eine Funktion f_k, deren Schaubild eine Nullstelle hat, auch stets eine Extremstelle hat

a) durch Vergleich der Gleichungen $f_k(x) = 0$ unf $f_k'(x) = 0$;

b) durch Betrachtung des Verhaltens von $f(x)$ für $x \to \infty$ bzw. $x \to -\infty$, ohne f_k' zu betrachten.

19.

a) Häufig definiert man $0^0 = 1$. Benutze diese Definition und untersuche die Stetigkeit der Funktionen f_1, f_2 und f_3 mit $f_1(x) = 0^x$, $f_2(x) = x^0$ und $f_3(x) = x^x$. Welche anderen Möglichkeiten für 0^0 sind denkbar? Wie wirken sich diese auf die Stetigkeit von f_1, f_2 und f_3 aus?

20.

Gegeben ist die Funktionenschar f_k mit $f_k(x) = x + 1 - k \cdot e^x$, $k > 0$.

a) Untersuche f_k auf Extrema und Wendepunkte, zeichne den Graphen für $k = 1$.

b) Zeige, dass die Hochpunkte der Funktionenschar f_k auf einer Geraden liegen.

21.

Gegeben ist die Funktionenschar f_k mit $f_k(x) = (k - x) \cdot e^x$, $k \in \mathbb{R}$.

a) Zeige, dass der Graph einer jeden Funktion f_k genau einen Extrempunkt hat.

b) Zeige, dass die Extrempunkte aller Funktionen f_k auf dem Schaubild der Exponentialfunktion mit $y = e^x$ liegen.

22.

Untersuche die Anzahl der Lösungen der Gleichung $e^x - x + k = 0$ in Abhängigkeit von $k \in \mathbb{R}$.
Hinweis: Untersuche die Funktionenschar f_k mit $f_k(x) = e^x - x + k$, $k \in \mathbb{R}$.

23.

Die Funktion f ist gegeben durch $f(x) = a\,e^x + b\,e^{-x}$ mit festen Zahlen $a, b \in \mathbb{R} \setminus \{0\}$.
Zeige, dass der Graph von f entweder einen Extrempunkt oder einen Wendepunkt besitzt.

24.

Gegeben ist die Funktionenschar f_k mit $f_k(x) = \frac{1}{k} \cdot \ln x$, $k > 0$.

a) Bestimme die Gleichung der Tangenten t_k und der zugehörigen Normalen n_k an den Graphen von f_k, im Punkt $P(1\,|\,0)$. Zeichne f_2, t_2 und n_2 in dasselbe Koordinatensystem.

b) Für welches k hat das von der Normalen n_k, der Tangente t_k und der 2. Achse begrenzte Dreieck minimalen Flächeninhalt?

Anwendungsaufgaben

25.

Das Element ^{234}U zerfällt mit der Halbwertszeit $2{,}44 \cdot 10^5$ Jahre.

a) Wie viel Prozent der ursprünglichen Masse sind noch nach 1 000 [10 000; 100 000; t] Jahren vorhanden?

b) Nach welcher Zeit sind noch 10 [5; 1; p] % der ursprünglichen Masse vorhanden?

c) Gib eine Funktion an, die den bereits zerfallenen Anteil zum Zeitpunkt $t > 0$ angibt. Zeichne den Graphen in ein geeignetes Koordinatensystem.

26.

Die Bevölkerung eines Staates wachse entsprechend der Funktion N mit $N(t) = N_0 e^{\alpha(t - t_0)}$. Dabei ist $N_0 = 120 \cdot 10^6$ die Anzahl der Einwohner im Jahr 2005 (t_0) und $\alpha = 0{,}03 \frac{1}{\text{Jahr}}$ die Wachstumsrate.

a) Wie groß wird die Bevölkerungszahl im Jahre 2010 sein?

b) Vor wie vielen Jahren war die Bvölkerungszahl halb so groß wie im Jahre 2005?

c) Um wie viel Prozent nimmt die Bevölkerungszahl jährlich zu? Vergleiche mit der Wachstumsrate.

27.
Die Bevölkerung eines Staates nahm in 5 Jahren um 2 Millionen Einwohner zu. Die jährliche Zunahme betrug 0,5%. Bestimme die Bevölkerungszahl nach Ablauf dieser 5 Jahre. Nach wie vielen Jahren wird sich die Bevölkerungszahl verdoppelt haben?

28.
Im Jahr 1998 hatten die USA 270,3 Millionen Einwohner. Mexiko hatte in diesem Jahr 95,8 Millionen Einwohner. Das jährliche Bevölkerungswachstum betrug für die USA in den letzten Jahren durchschnittlich 1,1%, für Mexiko durchschnittlich 2,0%. Es sei als konstant unterstellt.

a) Bestimme jeweils die Bevölkerungszahl in Abhängigkeit von der Zeit. Stelle die Wachstumsfunktionen graphisch dar.

b) Berechne die Verdoppelungszeiten.

c) Wann wird (bei unveränderten Wachstumsraten) die Einwohnerzahl der USA nur noch doppelt so groß wie die von Mexiko sein?

d) Gib eine Funktion an, die den bereits zerfallenen Anteil zum Zeitpunkt $t > 0$ angibt. Zeichne den Graphen in ein geeignetes Koordinatensystem.

29.
Ein exponentieller Wachstumsvorgang hat den nebenstehenden Graphen.
Bestimme einen Funktionsterm und berechne die Wachstumsgeschwindigkeit.

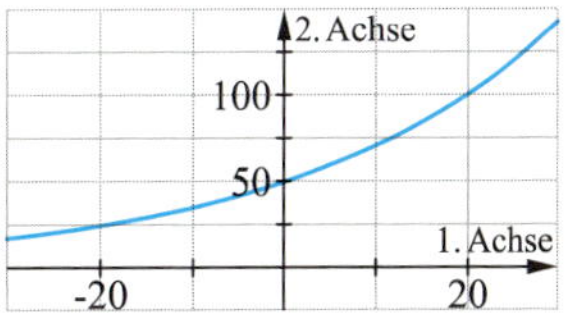

30.
Der Luftdruck nimmt mit zunehmender Höhe ab, und zwar bei einem Aufstieg von 1000 m um (etwa) 12% (konstante Temperatur unterstellt). Am Erdboden herrsche der Luftdruck $p_0 = 1013$ hPa.

a) Wie hoch ist der Luftdruck in einer Höhe von 100 m [von 2000 m, von 8000 m] über dem Erdboden?
In welcher Höhe ist der Luftdruck auf die Hälfte von p_0 gefallen?

b) Bestimme k so, dass die Funktion zu $y = p_0 e^{-kx}$ den Luftdruck in einer Höhe von x Metern angibt.

31.
Ein Unternehmen hat folgende Verkaufszahlen für seinen neuen Communicator „Intercontinental" erzielt:

Monat	Januar	Februar	März	April	Mai
Verkaufszahl	210000	300000	425000	600000	845000

a) Bestimme eine Exponentialfunktion, die die Verkaufszahlen für die einzelnen Monate näherungsweise angibt.

b) Zeige, dass die Funktion f mit $f(t) = 300 \cdot \frac{2^{\frac{1}{2}-1}}{2^{t-12}+1}$ ebenfalls näherungsweise die Verkaufszahlen angibt, wobei für t (die einzelnen Monate) die Zahlen 1, 2, 3, 4, 5 eingesetzt werden.

c) Untersuche und zeichne den Graphen von f. Warum ist dieser Verlauf der Verkaufszahlen realistischer als ein exponentieller Verlauf?

32.

Ein Anfangskapital K von 10000 € sei zum Zinssatz von 5% langfristig angelegt.

a) Wie groß ist das Kapital K_1 (Anfangskapital zuzüglich Zinsen) nach *einem* Jahr?

b) Zeige: Nach n Jahren beträgt das Kapital $K_n = K_0 \cdot 1{,}05^n$.

c) Berechne, nach welcher Zeit sich das Anfangskapital ungefähr verdoppelt hat.

33.

Ein Anfangskapital von 5000 € war bei wechselnden Zinssätzen 5 Jahre lang angelegt und hat sich in dieser Zeit (mit Zinseszins) auf 6755 € erhöht.
Berechne, welcher feste Zinssatz (genannt Rendite) ungefähr dieses Resultat erbracht hätte.

34.

Ein Kapital von 10000 € wird zu einem Zinssatz von 4% jährlich verzinst.

a) Wie hoch ist das Kapital nach 1 Jahr [nach 5 Jahren; nach 10 Jahren; nach n Jahren]?

b) Wie hoch ist das Kapital am Ende des ersten Jahres, wenn die Verzinsung $\frac{1}{2}$-jährlich $\left[\frac{1}{4}\text{-jährlich; } \frac{1}{12}\text{-jährlich; } \frac{1}{n}\text{-jährlich}\right]$ zu einem diesem Zeitraum entsprechenden Zinssatz von 2% $\left[1\%;\ \frac{1}{3}\%;\ \frac{4}{n}\%\right]$ erfolgt?
Was erhält man für $n \to \infty$? (Momentanverzinsung)
Hinweis: Verwende zur Ermittlung des Grenzwertes, dass für $n \to \infty$ gilt: $\left(1 + \frac{x}{n}\right)^n \to e^x$.

35.

Berechne ausgehend von einem Jahreszinssatz von 5% [10%; p%] und einem Anfangskapital von 2000 € wie in Aufgabe 34b) das Gesamtkapital nach einem Jahr bei Momentanverzinsung.

36.

Ein Kapital wird zu folgendem Jahreszinssatz verzinst:

(1) 5%; (2) 10%, (3) p%

Wie wäre der entsprechende Zinssatz bei Momentanverzinsung zu wählen, wenn man auf 1 Jahr bezogen den gleichen Zuwachs erhalten möchte?

37.

Beim Einschalten eines bestimmten Radios nimmt die Stromstärke nach dem Gesetz $I(t) = 0{,}6 \cdot (1 - 0{,}5^t)$ zu. Dabei ist t die Zeit, gemessen in ms (das sind 10^{-3} s), und $I = I(t)$ die Stromstärke, gemessen in A (Ampere).

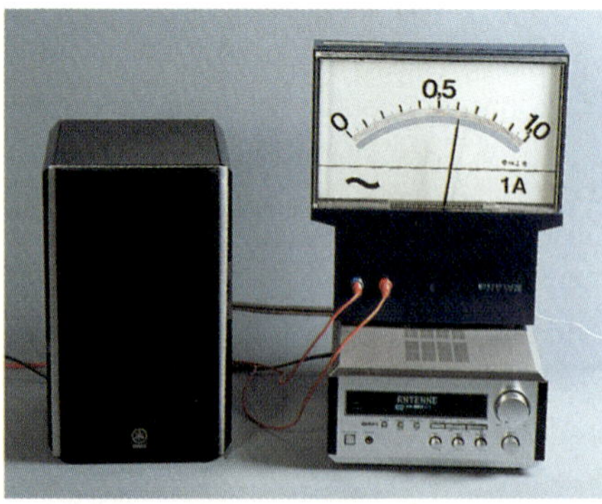

a) Zeichne den Graphen der Funktion I für $t \geq 0$.

b) Durch welche geometrischen Abbildungen (Spiegelung, Verschiebung, Streckung) geht dieser Graph aus dem Graphen zu $y = 0{,}5^t$ hervor?
Zeichne den Graphen zu $y = 0{,}5^t$ in das Koordinatensystem von Teilaufgabe a).

c) Welcher Geraden nähert sich der Graph der Funktion I mit wachsendem t?
Was bedeutet das für den Einschaltvorgang?

d) Bilde die Ableitung der Funktion I und interpretiere sie für den Einschaltvorgang.

Exkurs

Exkurs

Zahlen – historisch betrachtet

Zahlen gehören zu den wichtigsten Begriffen der Mathematik. In der gesamten Analysis wird die Kenntnis der reellen Zahlen und der Umgang mit den Rechengesetzen für diese Zahlen als bekannt vorausgesetzt.
Doch sind die reellen Zahlen eine späte Schöpfung des menschlichen Geistes. Die alten Griechen kannten sie noch nicht. In dem berühmten Standardwerk der griechischen Mathematik von EUKLID (365–300 v. Chr.), *Elemente der Mathematik*, das aus 13 Büchern besteht, findet sich kein Hinweis auf die reellen Zahlen.

1. Natürliche Zahlen

Die alten Griechen kannten nur die mit 1 beginnenden natürlichen Zahlen 1, 2, 3, 4 usw. Mit diesen Zahlen kann man die Anzahl der Elemente einer endlichen Menge angeben.
Bis zu vier Elementen ist das ohne Zählen möglich. Für die Bestimmung höherer Anzahlen als 4 ist Zählen erforderlich.

Die Anzahlen bis zu vier Elementen lassen sich durch simultanes Erfassen ohne Zählen in einem Akt ganzheitlicher Wahrnehmung erfassen. Dazu sind sogar bestimmte Tiere in der Lage.
Zählsysteme sind die erste mathematische Erfindung des Steinzeitmenschen.
Eine großartige Erfindung ist das Zählsystem des Zehnersystems als Stellenwertsystem durch die Inder um 500 v. Chr. Mit nur endlich vielen Ziffern 0, 1, 2, 3, 4, 5, 6, 7, 8, 9 gelingt es, die unendlich vielen Zahlen aufzuzählen.

Das deutsche Wort *Zahl* hat *Kerbe* als altgermanische Wurzel. Das deutet darauf hin, dass die Germanen Anzahlen durch Kerben im Holz beschrieben haben. Sie verwendeten Kerben als Zählsystem. Sie kannten noch nicht unser heutiges Zehnersystem.
Das Zehnersystem lernten islamische Gelehrte bei der Ausbreitung des Islam in Indien kennen. Dieses Zählsystem gelangte im 12. Jahrhundert über Spanien nach Europa. Auch die italienischen Kaufleute verwendeten es bei ihrer Buchführung. Doch erst um 1500 hatte sich das Rechnen mit den neuen Ziffern gegenüber dem Rechnen mit dem Rechenbrett durchgesetzt.
Die untere zeitgenössische Darstellung von 1503 zeigt PYTHAGORAS, der als Erfinder des Abakusrechnens galt. Er sitzt griesgrämig noch beim Rechnen, während BOETHIUS (links), der angebliche (aber nicht tatsächliche) Erfinder des schriftlichen Rechnens mit indischen Ziffern, bereits fertig ist. Die Göttin Arithmetica im Hintergrund beaufsichtigt den Wettbewerb.

2. *Die positiven reellen Zahlen als Ergebnis eines Messprozesses*

Auch die alten Griechen haben schon gemessen. Messen ist multiplikatives Vergleichen, d.h. ins Verhältnis setzen (siehe den Exkurs Seite 234).

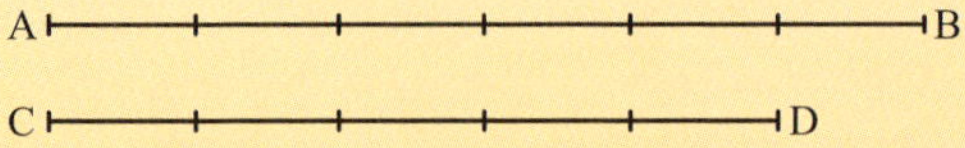

Wir messen $\overline{AB}$ und $\overline{CD}$ und erhalten $\overline{AB} : \overline{CD} = 6 : 5$.

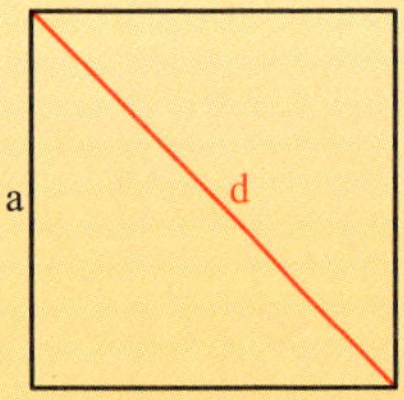

Das Verhältnis der Länge d zur Länge a (Diagonale zur Seite) eines Quadrates ist nicht durch zwei natürliche Zahlen beschreibbar. Es ist irrational. Das konnten schon die alten Griechen beweisen. Diese Einsicht führte zu großer Ratlosigkeit der griechischen Mathematiker.
Die Griechen fassten 6 : 5 (siehe oben) jedoch nicht als eigenständige Zahl auf. Erst in der Neuzeit nach 1600 fasste man Verhältnisse von Größenwerten, auch irrationale, zunehmend als eigenständige Zahlen auf. So entstand der Begriff der positiven reellen Zahl.

3. *Die negativen Zahlen*

Im Gegensatz zu den positiven reellen Zahlen haben die negativen Zahlen lange um ihre Existenzberechtigung ringen müssen. Erst im 19. Jahrhundert fanden sie bei allen Mathematikern Anerkennung.

4. *Die Definition der reellen Zahlen*

Im 20. Jahrhundert gelang es auch, eine einwandfreie Definition der reellen Zahlen anzugeben.

Definition
Unter der Menge $\mathbb{R}$ der reellen Zahlen versteht man eine Menge, in der zusätzlich die beiden Verknüpfungen $+$ und $\cdot$ sowie eine Relation $<$ eingeführt sind, sodass folgende Bedingungen gelten:

Kommutativgesetze:
$a + b = b + a$ $\qquad$ $a \cdot b = b \cdot a$

Assoziativgesetze:
$(a + b) + c = a + (b + c)$
$(a \cdot b) \cdot c = a \cdot (b + c)$

Existenz von neutralen Elementen 0 bzw. 1:
$a + 0 = a$ $\qquad$ $a \cdot 1 = a$

Existenz von inversen Elementen:
Zu jedem $a \in \mathbb{R}$ gibt es $-a$ mit $a + (-a) = 0$
Zu jedem a $(a \neq 0)$ gibt es a^{-1} mit $a \cdot a^{-1} = 1$

Distributivgesetz:
$a \cdot (b + c) = a \cdot b + a \cdot c$

Transitivität von <:
Wenn $a < b$ und $b < c$, dann $a < c$.

Trichotomie:
Es gilt entweder $a < b$ oder $b < a$ oder $a = b$.

Monotoniegesetze:
$a < b \Rightarrow a + c < b + c$
$a < b \Rightarrow a \cdot c < b \cdot c$ $\qquad$ für $c > 0$

Vollständigkeitsaxiom:
Zu jeder nach oben beschränkten nicht leeren Menge von reellen Zahlen gibt es eine kleinste obere Schranke.

Die Bedingungen in der Definition oben heißen auch die *Axiome der reellen Zahlen*.
Man definiert dann die Subtraktion und die Division wie folgt:
$a - b = a + (-b)$ $\quad$ $a : b = a \cdot b^{-1}$ (für $b \neq 0$)
Mithilfe des Vollständigkeitsaxioms (s. oben) kann man beweisen, dass es genau eine Zahl $x > 0$ gibt, welche die Gleichung $x^n = a$ $(a > 0,$ $n \in \mathbb{N}^*)$ erfüllt. Diese Zahl wird als n-te Wurzel aus a $\left(\sqrt[n]{a} = x\right)$ definiert. Ferner wird für $a > 0$, $m \in \mathbb{Z}$, $n \in \mathbb{N}^*$ die Potenz $a^{\frac{m}{n}} = \sqrt[n]{a^m}$ definiert.
Dann kann man aus diesen Axiomen alle Rechengesetze herleiten wie die Vorzeichenregeln, Bruchrechenregeln, binomische Formeln, Wurzelgesetze, Potenzgesetze usw.

Die wichtigste Veranschaulichung der reellen Zahlen ist die *Zahlengerade*. Die reellen Zahlen sind die Zahlen auf der Zahlengeraden.

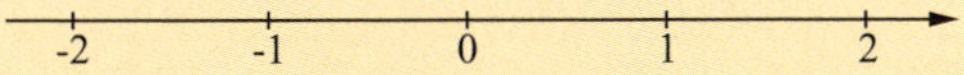

5. *Die Konstruktion reeller Zahlen durch Dedekind und Cantor*

Den deutschen Mathematikern DEDEKIND (1831 – 1916) und CANTOR (1845 – 1918) ist es gelungen, Mengen zu konstruieren, welche die angegebene Definition der Menge der reellen Zahlen erfüllen. Damit wurde unabhängig vom Messen und von der Anschauung die Existenz der reellen Zahlen nachgewiesen. Es war damit gezeigt, dass der Begriff der reellen Zahlen nicht leer ist. Das war eine große mathematische Leistung.

6. *Die komplexen Zahlen*

Die reellen Zahlen werden durch die Zahlengerade veranschaulicht. Man kann auch Zahlen einführen, welche durch die Ebene veranschaulicht werden (die so genannte Gauß'sche Ebene). Sie heißen *komplexe Zahlen*. Man schreibt $a + bi$ (mit $i = \sqrt{-1}$, $i^2 = -1$).

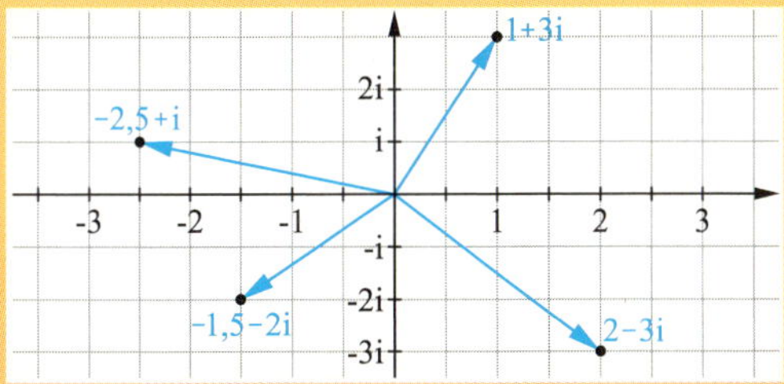

Man kann mit den komplexen Zahlen wie mit reellen Zahlen rechnen.

$$(3+4i)+(7-5i)=10-i$$
$$(3+4i)\cdot(2-i)=6-3i+8i-4i^2$$
$$=6+4+(8-3)i$$
$$=10+5i$$

Für die komplexen Zahlen gibt es keine Kleinerrelation $<$, für welche die Monotoniegesetze gelten. Die komplexen Zahlen können auch nicht zur Beschreibung des Ergebnisses eines Messprozesses verwendet werden.
Die komplexen Zahlen spielen aber dennoch in den Anwendungen der Mathematik in Naturwissenschaft und Technik eine große Rolle.

7. *Gibt es auch Zahlen, welche durch die Punkte des Raumes veranschaulicht werden?*

Die *reellen Zahlen* werden durch die Punkte einer Geraden (*Zahlengeraden*) veranschaulicht, die *komplexen Zahlen* durch die Punkte einer Ebene (*Gauß'sche Ebene*). Dann ist die Frage naheliegend: Gibt es Zahlen, mit denen man wie bei den reellen Zahlen rechnen (d. h. addieren, subtrahieren, multiplizieren und dividieren) kann und welche durch die Punkte des dreidimensionalen oder eines noch höherdimensionalen Raumes veranschaulicht werden können?
Das ist nicht der Fall, wie der deutsche Mathematiker FROBENIUS beweisen konnte.
Nur wenn man auf die Kommutativität der Multiplikation verzichtet, gibt es solche Zahlen, aber nur für den vierdimensionalen Raum. Sie heißen *Quaternionen*.

CANTOR, Georg
1845 – 1918

DEDEKIND, Richard
1831 – 1916

FROBENIUS, Georg
1849 – 1917

Blickpunkt

Weltbevölkerung

Weltbevölkerung wächst langsamer als vorausgesagt

BM/AP Bonn – Die Wachstumsrate der Weltbevölkerung ist zum ersten Mal gefallen. Sie liegt nach Angaben der Deutschen Stiftung Weltbevölkerung für 1996 bei 1,48 Prozent. Vor einem Jahrzehnt hatte die Rate noch 1,72 Prozent betragen und zu der Prognose geführt, die Erde wäre Mitte des 21. Jahrhunderts mit mehr als elf Milliarden Menschen übervölkert. Sollte sich der Trend fortsetzen, so Stiftungs-Geschäftsführer Hans Fleisch, sei eine Gesamtbevölkerung der Erde im Jahr 2050 von weniger als acht Milliarden realistisch.

Jahr	Bevölkerung in Mrd.	Jahr	Bevölkerung in Mrd.
1650	0,545	1970	3,698
1750	0,791	1975	4,086
1800	0,978	1980	4,448
1850	1,262	1982	4,607
1900	1,55	1984	4,763
1910	1,686	1986	4,936
1920	1,811	1988	5,111
1930	2,07	1990	5,292
1940	2,295	1992	5,48
1950	2,516	1994	5,66
1955	2,752	1996	5,821
1960	3,019	1998	5,968
1965	3,336		

vgl. auch im Internet unter: www.dsw-online.de

1.

a) Stelle das Datenmaterial von Tabelle 1 graphisch dar.

b) Wie groß ist die mittlere, prozentuale Zunahme der Bevölkerung im Zeitraum von 1980 – 1994? Nimm an, die Bevölkerung würde in Zukunft weiter wachsen wie? Wie viele Menschen würden dann im Jahr 2010 (2025, 2150) leben? Vergleiche mit den Angaben des Zeitungsartikels.

c) 1650 lebten ca. 0,545 Mrd. Menschen auf der Erde. Bis 1800 hat sich diese Zahl nahezu verdoppelt. Führe diese Überlegung an Hand der Tabelle fort und bestimme die Zeiträume, in denen sich die Bevölkerungszahl verdoppelt hat. Interpretiere das Ergebnis.

2.

Betrachtet man die graphische Darstellung etwas genauer, so lassen sich verschiedene Wachstumsphasen unterscheiden. Es sei z. B. die folgende Einteilung vorgegeben:

(1) 1650 – 1750
(2) 1750 – 1900
(3) 1900 – 1950
(4) 1950 – 1970
(5) 1970 – 1990
(6) 1990 – 1996

a) Bestimme für jede angegebene Phase mit Hilfe der Tabelle eine durchschnittliche prozentuale Zunahme. Ist die angegebene Einteilung sinnvoll? Hätte man auch eine andere Phaseneinteilung wählen können? Welche?

b) Vergleiche die Wachstumsentwicklung im 19. Jahrhundert mit den vorigen Jahrhunderten. Gib Gründe für die unterschiedliche Wachstumsentwicklung an.

Nach Schätzungen der UN lebten 1996 ca. 5,821 Mrd. Menschen auf der Erde. Eine genaue Zahl anzugeben ist unmöglich, da in vielen Staaten die Erfassungsmethoden nur unzureichend sind. Unsere Bevölkerung wächst in einem nicht vorstellbaren Maße. Jeden Tag verzeichnet man einen Bevölkerungszuwachs von 240000 Kindern, d.h. pro Tag ist die Zahl der Geburten um 240000 höher als die der Sterbefälle. Die Bedrohung durch Rohstoff-, Wasser-, Nahrungsmittelknappheit und soziale Konflikte zeichnet sich bereits heute erschreckend ab. Es existiert nun eine Funktion, die den Bestand einer Population als Gesamtheit im Laufe der Zeit beschreibt. Zur Modellierung des Bevölkerungswachstums suchen wir nun eine geeignete Funktion $f(t)$ mit $t \in \mathbb{R}_0^+$, mit folgenden Eigenschaften:

(1) f soll mindestens zweimal differenzierbar sein.
(2) f soll das Wachstum der Weltbevölkerung während eines Zeitabschnitts möglichst gut wiedergeben.

3.

a) Warum ist die Differenzierbarkeit der Funktion f von Bedeutung? Welche Bedeutung haben bei unserem Modell die 1. und 2. Ableitung von f?

b) Weshalb kann die gesuchte Funktion nur eine Modellfunktion für das Wachstum sein?

c) Ein Tabellenkalkulationsprogramm kann zu gegebenen Messpunkten eine Näherungsfunktion bestimmen. Gib die Werte der Tabelle ein und bestimmt mit Hilfe des Programms näherungsweise eine Modellfunktion. Welchen Funktionstyp sollte man wählen und warum?

Betrachtet man die Bevölkerungszahlen über den Zeitraum 1650–1990, so kann man zunächst einmal eine lange Phase geringen Wachstums beobachten, bevor es im 20. Jahrhundert zu einem explosionsartigen Anstieg kommt. Diese Phase von 1900–1990 läßt sich demnach durch eine Funktion beschreiben, deren Steigungsverhalten stark zunimmt.

4.

a) Die Funktion f mit $f(t) = \frac{2{,}065 \cdot 10^2}{2029 - t}$ beschreibt das reale Bevölkerungswachstum im betracheten Bereich [1900; 1990] relativ gut. Skizziere f in das Koordinatensystem von Aufgabe 1. Interpretiere das Ergebnis.

b) Bestimme die prozentualen Abweichungen an den Messpunkten und gib den Fehler an. Verwende dazu CAS oder Tabellenkalkulation.

c) Ist die Funktion f für Prognosezwecke geeignet? Überprüfe die Qualität von f im Hinblick auf Prognosen. Begründe deine Antwort.

d) Bei Modellbildung geht man meist von bestimmten Annahmen aus. Welche Annahmen müsste man in Bezug auf die Funktion f machen?

Wesentliche Kenngrößen zur Beschreibung von Wachstumsprozessen sind die momentane Wachstumsgeschwindigkeit $f'(t)$, die momentane Wachstumsbeschleunigung $f''(t)$, der Wachstumssatz $s(t) = \frac{f'(t)}{f(t)}$ und die Verdopplungszeit t_v.

Dabei gibt der Wachstumssatz $s(t)$ die durchschnittliche momentane Änderungsrate pro Individuum an. Für die Verdopplungszeit t_v gilt $f(t + t_v) = 2 \cdot f(t)$.

5.

Es sollen verschiedene Funktionstypen daraufhin untersucht werden, ob sie als Wachstumsfunktionen in Frage kommen. Betrachtet werden folgende Funktionen:

$f_1(t) = at + b$ $\quad f_2(t) = ab^t$ $\quad f_3(t) = at^b$ $\quad f_4(t) = a \cdot \ln(t + b)$ $\quad f_5(t) = \frac{a}{b - t}$

a) Gib einschränkende Bedingungen für a und b an.

b) Diskutiere die vorliegenden Funktionen bezüglich der Wachstumskenngrößen:
(1) Wachstumsgeschwindigkeit
(2) Wachstumsbeschleunigung
(3) Wachstumssatz
(4) Verdopplungszeit t_v

c) Interpretiere die erhaltenen Terme $f'(t)$, $f''(t)$, $s(t)$ und t_v im Hinblick auf Bevölkerungswachstum.

d) Gib Bereiche für die angegebenen Funktionen an, in denen sie das Bevölkerungswachstum möglichst gut wiedergeben.

e) Bestimme die Parameter a und b für die gewählten Abschnitte mit Hilfe geeigneter Messpunkte und unter Verwendung von Tabellenkalkulation.

Fragen zum Basiswissen

- Was versteht man unter einer Exponentialfunktion? (Seite 9)
- Zähle die wichtigsten Eigenschaften einer Exponentialfunktion auf. (Seiten 9 und 10)
- Was versteht man unter dem Grenzwert einer Funktion für $x \to \infty$ bzw. $x \to -\infty$? (Seite 13)
- Was versteht man unter einer Asymptoten einer Funktion? (Seite 15)
- Erläutere an Beispielen, wie der Graph einer Exponentialfunktion mit dem Term $f(x) = a \cdot b^x + c$ aus dem Graphen zu $f(x) = b^x$ hervorgeht. (Seiten 16 und 17)
- Erläutere die Definition des Logarithmus und den Zusammenhang des Graphen der Logarithmusfunktion mit dem der Exponentialfunktion. (Seite 20)
- Erläutere, unter welchen Bedingungen eine Funktion umkehrbar ist und wie man die Funktionsgleichung und den Graphen der Umkehrfunktion erhalten kann. (Seiten 27 und 28)
- Eine besondere Rolle unter den Exponentialfunktionen spielt die Funktion f mit $f(x) = e^x$.
  Erkläre, was die Basis e bedeutet und erläutere, wie man sie erhalten hat.
  Welche Ableitung hat die Exponentialfunktion mit $f(x) = b^x$? (Seiten 30 bis 32)
- Nenne die Kettenregel und wende sie an einem Beispiel an. (Seite 41)
- Was versteht man unter dem Grenzwert einer Funktion an einer Stelle? (Seite 47)
- Erläutere den Begriff der Stetigkeit einer Funktion. (Seite 50)
- Nenne die Produktregel und wende sie an einem Beispiel an. (Seite 52)
- Nenne die Quotientenregel und wende sie an einem Beispiel an. (Seite 55)
- Welche Ableitung hat die Logarithmusfunktion?
  Wie kann man dieses Ergebnis erhalten? (Seite 57)
- Nenne die Regeln von de l'Hospital und wende sie an einem Beispiel an. (Seiten 59 und 60)
- Durch Exponentialfunktionen lassen sich zwei Arten von Naturvorgängen besonders gut beschreiben. Nenne Beispiele. Erläutere dabei auch die Aspekte Halbwertszeit und Verdoppelungszeit. (Seiten 62 bis 65)

Klausurtraining A

1.
Gegeben sei die Funktion f mit $f(x) = e^{-\frac{6}{x^2}}$.

a) Untersuche diese Funktion im Hinblick auf Definitionsbereich, Symmetrie des Graphen, Verhalten für $x \to \infty$ und $x \to -\infty$, Schnittpunkte mit den Koordinatenachsen, Extrem- und Wendepunkte, Wertebereich. Zeichne zum Schluss den Graphen.

b) Untersuche, ob man die Funktion so ergänzen kann, dass man eine auf $\mathbb{R}$ stetige Funktion erhält.

c) Begründe ohne Funktionsuntersuchung, wie sich die Graphen der Funktionenschar g_t mit $g_t(x) = e^{-\frac{t}{x^2}}$ und $t > 0$, von dem zu f unterscheiden.

2.

Gegeben ist eine Funktion f mit
$f(x) = \ln(x^2) - (x-1)^2 + 2x$.

a) Bestimme den Definitionsbereich der gegebenen Funktion.

b) Zeige, dass der Graph der Funktion zwei Hochpunkte, aber keinen Tiefpunkt besitzt.

c) Ein grafikfähiger Taschenrechner liefert den folgenden Graphen. Kläre den Widerspruch zu Teilaufgabe b).

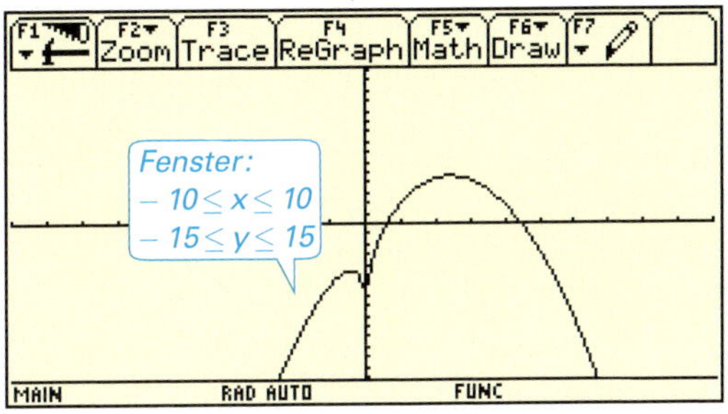

d) Zwischen zwei Extrema erwartet man einen Wendepunkt. Zeige, dass der Graph zu f keinen Wendepunkt besitzt.
Erkläre den scheinbaren Widerspruch.

GTR **e)** Begründe, warum der Graph zu f zwei Nullstellen besitzen muss.
Ermittle mit dem grafikfähigen Taschenrechner Intervalle, in denen die Nullstellen liegen.

f) Der Graph zu g mit $g(x) = \ln(x^2)$, $x \in \mathbb{R}$ und $x > 0$ besitzt im Punkt $P(a \mid b)$ eine Tangente. Diese schneidet die x-Achse in S und die y-Achse in R.
$\overline{SR}$ sei die Diagonale eines Rechtecks OSTR, wobei O der Koordinatenursprung ist.
Bestimme den Flächeninhalt A dieses Rechtecks.

CAS **g)** Bestimme mithilfe eines CAS den größten Flächeninhalt.

Klausurtraining B

1.

Gegeben ist die Funktionenschar f_a mit $f_a(x) = a\,e^{-x^2 + 3ax - 2a^2}$ und $a \in \mathbb{R}^*$.

a) Zeige, dass die Graphen der Funktionenschar $f_a(x)$ für jedes $a \in \mathbb{R}^*$ genau ein Extremum und genau zwei Wendepunkte besitzen.

b) Zeige, dass die Graphen der Funktionenschar symmetrisch zur Geraden mit der Gleichung $x = \frac{3}{2}a$ liegen.

c) Zeichne den Graphen für $a = 2$.

d) Die Graphen zu $f_a(x)$ und $f'_a(x)$ schneiden sich in einem Punkt P. Bestimme diesen Schnittpunkt.

e) Zeichne die besonderen Punkte und den Schnittpunkt P in den vorgegebenen Graphen zu f_2 ein und skizziere nur mit deren Hilfe und ohne Berechnung weiterer Werte den Graphen von $f'_2(x)$.

f) Gib die Symmetrie des Graphen zu $f'_a(x)$ an und begründe diese.

2.

Gegeben sei die Funktion f mit $f(x) = x \ln\left(\frac{x^2}{9}\right)$.

a) Untersuche die Funktion im Hinblick auf Definitionsbereich, Verhalten an der Grenze des Definitionsbereichs, Symmetrie, Nullstellen, Extrem- und Wendepunkte. Zeichne zum Schluss den Graphen.

b) Ergänze den Graphen um den Punkt $(0 \mid 0)$ und untersuche die zugehörige Funktion auf Stetigkeit.

c) Untersuche, ob der ergänzte Graph an der Stelle 0 eine Tangente hat.

2. WEITERFÜHRUNG DER DIFFERENTIALRECHNUNG

Produktionsfunktionen

In der Betriebswirtschaftslehre beschäftigt man sich im Rahmen der Produktions- und Kostentheorie mit sogenannten *Produktionsfunktionen*. Diese beschreiben modellhaft Zusammenhänge zwischen dem mengenmäßigen Einsatz bestimmter Produktionsfaktoren (z. B. Rohstoffe, die in die Produktion einfließen) und der hieraus hergestellten Menge eines Produktes.

Beispiel einer Produktionsfunktion

Die Produktionsfaktoren bei der Getreideproduktion innerhalb eines bestimmten Zeitraums sind die eingesetzte Arbeitskraft (Einsatzmenge x_1), die Größe der zur Verfügung stehenden landwirtschaftlichen Nutzfläche (Einsatzmenge x_2), die Maschinen (Einsatzmenge x_3), das Saatgut (Einsatzmenge x_4) sowie der Dünger (Einsatzmenge x_5). Die Produktionsmenge y ist eine Funktion, die von den mengenmäßigen Einsätzen der Produktionsfaktoren abhängt: $y = f(x_1, x_2, x_3, x_4, x_5)$.
Da eine Funktion, die von *fünf* Variablen abhängt, im Allgemeinen nicht leicht zu überblicken ist, setzt man die Einsatzmengen von vier Produktionsfaktoren konstant und erhält so eine Funktion, die nur noch von *einer* Variablen abhängt. Nimmt man z. B. die Einsatzmengen der Produktionsfaktoren (Boden x_2, Maschinen x_3, Saatgut x_4 und Dünger x_5) als konstant an, so erhält man eine Funktion, die den *Ertrag*, also die produzierte Getreidemenge, nur noch in Abhängigkeit vom Einsatz der Arbeitskräfte angibt: $y = f(x)$; y: Getreidemenge in t; x: Einsatz von Arbeitskräften in h.

Derartige Produktionsfunktionen wurden schon im 18. und 19. Jahrhundert untersucht.

Bestimmen einer Funktion zu vorgegebenen Eigenschaften

Ein wichtiger ökonomischer Begriff in diesem Zusammenhang ist der *Grenzertrag*. Der Grenzertrag gibt an, um wie viel Einheiten jeweils die Ausbringungsmenge (der Ertrag) zunimmt, wenn man die Einsatzmenge um *eine* Einheit erhöht. Man hat festgestellt, dass mit zunehmendem Arbeitseinsatz der Grenzertrag zunächst größer wird. Von einer bestimmten Stelle an nimmt der Grenzertrag wieder ab, bis er schließlich Null und dann sogar negativ wird. Mathematisch gesehen bedeutet das, dass die Ableitung von f zunächst wächst, dann fällt und schließlich sogar negativ wird.
Um den Verlauf des Graphen von f genauer beschreiben zu können, benötigt man weitere Informationen, z. B. von welcher Stelle an der Grenzertrag wieder kleiner wird oder mit welchem Arbeitseinsatz sich ein bestimmter Ertrag erzielen lässt. Wenn man genügend Eigenschaften des Graphen kennt, kann man den Funktionsterm f (x) bestimmen. In Unterkapitel 2.1 werden wir lernen, wie man aus vorgegebenen Eigenschaften des Funktionsgraphen den zugehörigen Funktionsterm bestimmt.

Extremwertaufgaben

Ist der Funktionsterm bekannt, so kann man berechnen, welcher Arbeitseinsatz zum größten Ertrag führt. Neben der Frage nach dem Ertragsmaximum interessiert den Betriebswirt vor allem, wo das Gewinnmaximum liegt. Das Bestimmen von Extrempunkten zu vorgegebenen funktionalen Zusammenhängen spielt nicht nur in den Wirtschaftswissenschaften, sondern auch in den Naturwissenschaften eine zentrale Rolle. *Extremwertprobleme* werden im Unterkapitel 2.2 behandelt. Variiert man weitere Produktionsfaktoren, so ändert man in der Funktion einen Parameter. Somit untersucht man eine ganze *Schar* von Funktionen. Dies ist Gegenstand von Unterkapitel 2.3.

2.1 Bestimmen von Funktionen mit vorgegebenen Eigenschaften

Aufgabe 1 **a)** Skizziere für $x > 0$ den Graphen einer Funktion f, der durch den Koordinatenursprung verläuft und dessen Steigung zunächst größer, dann wieder kleiner und schließlich sogar negativ wird.
Kennzeichne die charakteristischen Punkte des skizzierten Graphen.

siehe Einführungstext

b) Fasse den Funktionsgraphen aus Teilaufgabe a) als den Graphen einer Produktionsfunktion auf und gib eine plausible Erklärung für den Verlauf.

Steckbriefaufgabe

c) Bestimme eine ganzrationale Funktion f dritten Grades mit folgenden Eigenschaften:
(1) Der Graph von f verläuft durch den Koordinatenursprung.
(2) $P(5 \mid 100)$ ist ebenfalls Punkt des Funktionsgraphen.
(3) Der Graph von f hat an der Stelle 5 einen Hochpunkt.
(4) An der Stelle 2 liegt ein Wendepunkt.

Lösung **a)**

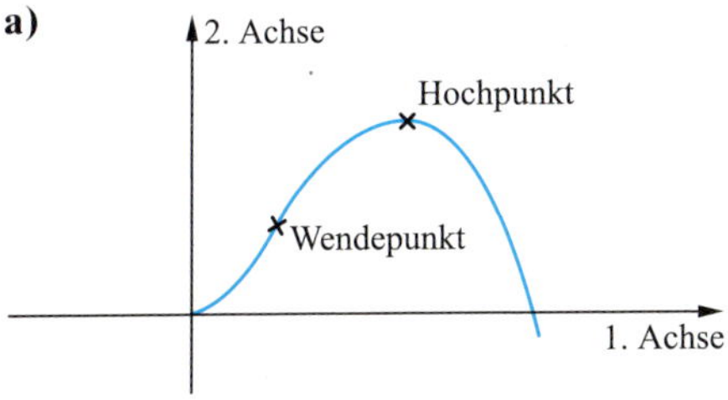

Der Punkt, in dem die Ableitung ihr Vorzeichen wechselt, ist ein *Hochpunkt.*
Der Punkt, für den die Ableitung den größten Wert annimmt, ist ein *Wendepunkt.*

f wächst monoton

b) Wenn gar nicht gearbeitet wird, fällt keine Produktion an:
Der Graph verläuft durch den Punkt $O(0 \mid 0)$.
Bei einer Zunahme des Arbeitseinsatzes steigt die Produktionsmenge, erst schneller, dann immer langsamer, bis schließlich so viele Personen in dem Betrieb arbeiten, dass sie sich gegenseitig behindern und die Produktionsmenge sogar wieder abnimmt. Der Bereich rechts vom Hochpunkt ist daher ökonomisch uninteressant.

f fällt monoton

c) *Aufstellen eines allgemeinen Funktionsterms*
Wir schreiben den gesuchten Funktionsterm zunächst in der allgemeinen Form
$f(x) = ax^3 + bx^2 + cx + d$, mit $a, b, c, d \in \mathbb{R}$, $a \neq 0$.
Man muss a, b, c, d so bestimmen, dass f die geforderten Eigenschaften hat.

Aufstellen von Bedingungsgleichungen
Dazu bilden wir die Ableitungen $f'(x) = 3ax^2 + 2bx + c$ und $f''(x) = 6ax + 2b$ und „übersetzen" die geforderten Eigenschaften (1) bis (4):

	Eigenschaften des Funktionsgraphen	*notwendige Funktionsbedingung*	*zugehörige Gleichung*
(1)	$O(0 \mid 0)$ liegt auf dem Graphen	$f(0) = 0$	$d = 0$
(2)	$P(5 \mid 100)$ liegt auf dem Graphen	$f(5) = 100$	$125a + 25b + 5c + d = 100$
(3)	Hochpunkt an der Stelle 5	$f'(5) = 0$	$75a + 10b + c = 0$
(4)	Wendepunkt an der Stelle 2	$f''(2) = 0$	$12a + 2b = 0$

Es ergibt sich also ein Gleichungssystem mit 4 Gleichungen, aus denen man a, b, c und d errechnen kann.

Lösen des Gleichungssystems
Aus der Gleichung (4) ergibt sich $b = -6a$. Ersetzen wir daher in den Gleichungen (2) und (3) b durch $-6a$ und d durch 0, so bleibt das einfache Gleichungssystem $\left|\begin{array}{l} -25a + 5c = 100 \\ 15a + c = 0 \end{array}\right|$ übrig, aus dem man $a = -1$ und $c = 15$ ermittelt.
Wegen $a = -1$ folgt schließlich $b = -6 \cdot a = 6$.
Höchstens der Graph der Funktion f mit $f(x) = -x^3 + 6x^2 + 15x$ hat die vorgegebenen Eigenschaften.

Prüfen, ob die hinreichenden Bedingungen erfüllt sind
Wir können noch nicht sicher sein, ob dies wirklich die gesuchte Funktion ist. Denn $f''(2) = 0$ ist nur eine *notwendige* Bedingung für einen Wendepunkt und $f'(5) = 0$ ist nur eine *notwendige* Bedingung für einen Hochpunkt.

hinreichendes Kriterium für Hochpunkt

Wir müssen also noch prüfen, ob f wirklich an der Stelle 5 einen Hochpunkt und an der Stelle 2 einen Wendepunkt hat:
Man erhält $f'(5) = 0$ und $f''(5) = -18 < 0$
und $f''(2) = 0$ und $f'''(2) = -6 \neq 0$.

hinreichendes Kriterium für Wendepunkt

f hat also tatsächlich an der Stelle 5 einen Hochpunkt und an der Stelle 2 einen Wendepunkt.
Die Funktion f mit $f(x) = -x^3 + 6x^2 + 15x$ hat die gewünschten Eigenschaften.

Weiterführende Aufgaben

2. *Überprüfen der Existenz von Lösungen*

a) Bestimme eine ganzrationale Funktion f dritten Grades mit folgenden Eigenschaften: $T(-1\,|\,2)$ ist Tiefpunkt, 0 ist Wendestelle des Funktionsgraphen und $P(3\,|\,1)$ liegt auf dem Graphen von f.

b) Zeige, dass es *keine* ganzrationale Funktion f dritten Grades mit folgenden Eigenschaften gibt: $T(-1\,|\,2)$ ist Tiefpunkt und 0 Wendestelle des Funktionsgraphen und $Q(3\,|\,3)$ liegt auf dem Graphen von f.

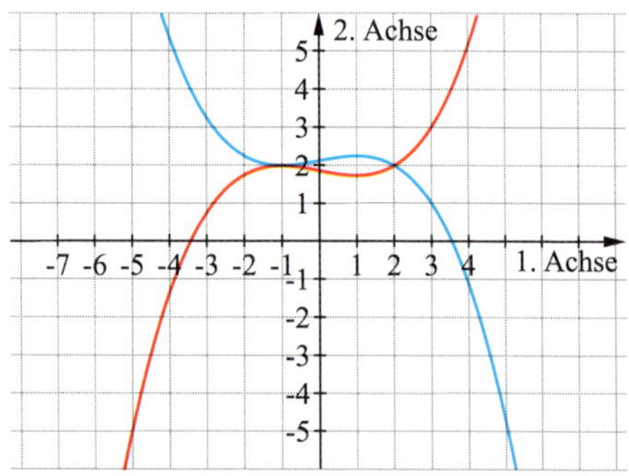

c) Zeichnet man den Graphen von f aus Teilaufgabe a) sowie das Spiegelbild des Graphen von f an der Geraden zu $y = 2$, so erhält man das nebenstehende Schaubild.
Prüfe ohne zu rechnen, inwieweit der gespiegelte Graph die geforderten Eigenschaften aus Teilaufgabe a) erfüllt. Folgere, dass es keine Funktion mit den Eigenschaften aus Teilaufgabe b) geben kann.

3. *Lösungen mit Parametern*
Bestimme alle ganzrationalen Funktionen vierten Grades, deren Graph symmetrisch zur 2. Achse ist und $O(0\,|\,0)$ als Hochpunkt hat.

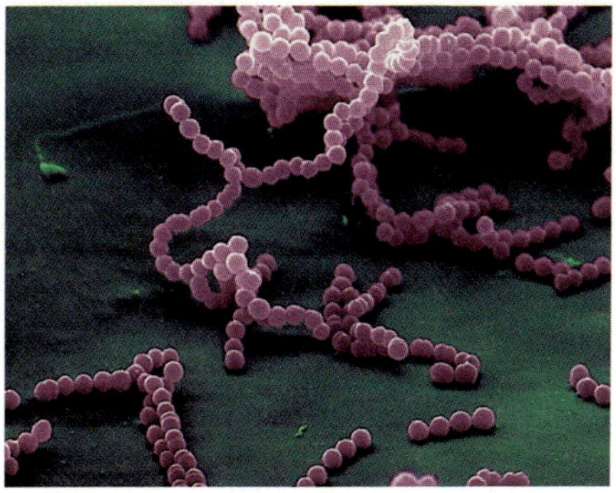

4. *Exponentialfunktion mit vorgegebenen Eigenschaften*
Bei der Beobachtung eines Wachstumsprozesses einer Bakterienkultur wurden zum Zeitpunkt $t = 0$ (etwa) 1500 Bakterien und zum Zeitpunkt $t = 2$ (etwa) 2000 Bakterien gezählt.

a) Nimm an, dass es sich um einen exponentiellen Wachstumsprozess handelt und bestimme die zugehörige Wachstumsfunktion f. Zeichne ihren Graphen.

b) Nimm an, dass der Wachstumsprozess sich durch eine Funktion g mit $g(x) = \frac{4000}{1 + a \cdot e^{-kt}}$ mit geeigneten Zahlen a, $k \in \mathbb{R}$ beschreiben lässt.
Bestimme die Funktion g, untersuche und zeichne den Graphen.

5. *Übergangsbogen*
Im Straßenbau sollen zwei Trassen durch einen Übergangsbogen verbunden werden (vgl. dazu die nebenstehende Darstellung des Längsschnitts).
Der Übergangsbogen soll durch eine ganzrationale Funktion f möglichst niedrigen Grades beschrieben werden.
Bestimme den Funktionsterm f(x), falls gilt:

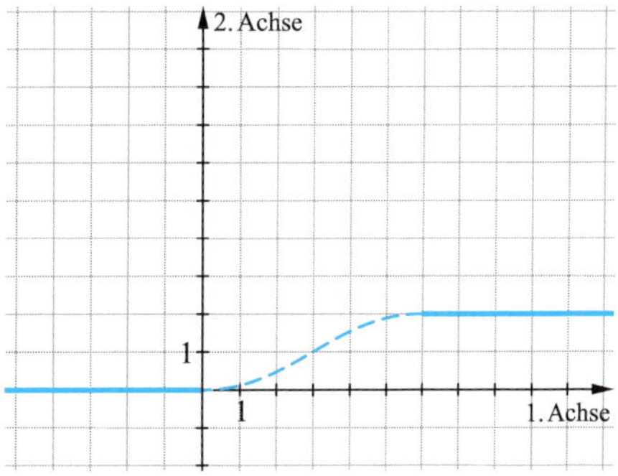

a) Der Graph von f soll an den Anschlussstellen die Steigung 0 haben.

b) f soll an den Anschlussstellen in der 1. *und* in der 2. Ableitung mit den Halbgeraden übereinstimmen.

(*Hinweis:* Um das prinzipielle Vorgehen zu verdeutlichen, konnten wir uns hier auf eine ganzrationale Funktion 3. Grades zur Bestimmung des Übergangsbogens beschränken. In der Realität verwendet man kompliziertere Funktionen.)

Information **Schritte beim Bestimmen von Funktionen mit vorgegebenen Eigenschaften**

(1) Stelle den Funktionsterm f(x) in allgemeiner Form mit unbekannten Koeffizienten auf und bestimme die Ableitungen.

(2) Leite aus den geforderten Eigenschaften Gleichungen für f(x), f′(x) bzw. f″(x) her.

(3) Stelle ein Gleichungssystem für die Koeffizienten des Funktionsterms auf und löse das Gleichungssystem.
Gib die Funktionen an, die höchstens als Lösungen in Frage kommen.

Ob ein Extrempunkt bzw. ein Wendepunkt vorliegt, lässt sich mit einem hinreichenden Kriterium prüfen.

(4) Prüfe, welche der unter (3) gefundenen Funktionen tatsächlich die geforderten Eigenschaften haben.

Es kann vorkommen, dass die Aufgabe genau eine Lösung, keine Lösung oder unendlich viele Lösungen hat.

Übungsaufgaben

6.

Steckbriefaufgabe

Gesucht ist die Funktionsgleichung einer Parabel.

a) $O(0 \mid 0)$ und $P(2 \mid 3)$ sind Punkte der Parabel, im Punkt P [im Punkt O] hat die Tangente die Steigung (1) 2, (2) -1, (3) 0.

b) Die Parabel hat den Scheitel $S(1 \mid 2)$ und geht durch $O(0 \mid 0)$.

c) An der Stelle 0,75 liegt der Scheitel der Parabel, an der Stelle 1 hat die Parabeltangente die Steigung 4.

7.

Bestimme eine ganzrationale Funktion dritten Grades so, dass für den Graphen gilt:

a) $O(0 \mid 0)$ ist Punkt des Graphen, $W(2 \mid 4)$ ist Wendepunkt, die zugehörige Wendetangente hat die Steigung -3.

b) $O(0 \mid 0)$ ist Wendepunkt, an der Stelle $\frac{1}{2}\sqrt{2}$ liegt ein relativer Hochpunkt vor, $P(1 \mid 2)$ ist Punkt des Graphen.

c) $O(0 \mid 0)$ ist relativer Tiefpunkt [Hochpunkt] des Graphen, 2 ist Wendestelle, die zugehörige Wendetangente hat die Steigung 4.

8.

Bestimme eine ganzrationale Funktion dritten Grades, sodass für den Graphen der Funktion gilt:

a) 0 und -3 sind Nullstellen, $E(3 \mid -6)$ ist relativer Tiefpunkt [Hochpunkt].

b) $H(-1 \mid 2)$ [$H(1 \mid 0)$] ist relativer Hochpunkt, $W(0 \mid 0{,}5)$ Wendepunkt.

c) $O(0 \mid 0)$ und $P(1 \mid 7)$ sind Punkte des Graphen, 2 und -2 sind relative Extremstellen.

d) $P(2 \mid 3)$ ist Punkt des Graphen, 1 ist relative Extremstelle und 1,5 ist Wendestelle.

e) An der Stelle 1 hat die Tangente die Steigung 4, eine relative Extremstelle ist 5, eine Wendestelle ist $\frac{10}{3}$, eine Nullstelle ist 0.

f) $W\left(1 \mid \frac{2}{3}\right)$ ist Wendepunkt des Graphen von f, die zugehörige Wendetangente hat die Steigung -2, an der Stelle 3 liegt ein relativer Extrempunkt.

9.

Bestimme eine ganzrationale Funktion vierten Grades, sodass für den Graphen der Funktion gilt:

a) $S(0 \mid 3)$ ist Sattelpunkt, im Punkt $P(3 \mid 0)$ liegt eine horizontale Tangente vor.

b) $T(2 \mid 4)$ ist relativer Tiefpunkt, $W(0 \mid 0)$ ist Wendepunkt, die Wendetangente hat die Steigung 1.

c) $O(0 \mid 0)$ ist relativer Hochpunkt des Graphen, 3 ist relative Extremstelle, $W(1 \mid 11)$ ist Wendepunkt.

10.

Bestimme eine ganzrationale Funktion fünften Grades, deren Graph zu $O(0 \mid 0)$ punktsymmetrisch ist, durch $P(1 \mid -2)$ verläuft und $E\left(\sqrt{2} \mid -\sqrt{8}\right)$ als relativen Extrempunkt hat. Untersuche den Graphen der Funktion.

11. *Übergangsbogen*

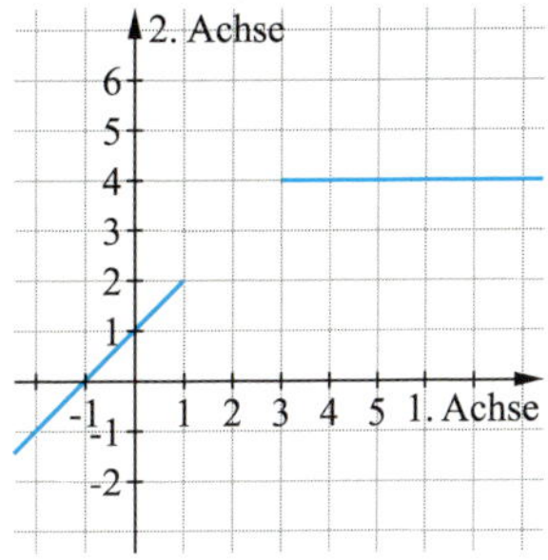

Eine ganzrationale Funktion f ist so zu bestimmen, dass ihr Graph einen Übergangsbogen zwischen zwei Halbgeraden bildet. Der Grad von f soll möglichst klein sein.

a) Der Graph von f soll an den Anschlussstellen keinen „Knick" aufweisen. Präzisiere diese Forderung mathematisch und bestimme dann f(x).

b) f soll an den Anschlussstellen in der ersten *und* in der zweiten Ableitung mit den Halbgeraden übereinstimmen. Bestimme f(x).

GTR **c)** Zeichne die Funktionsgraphen aus a) und b) mithilfe eines grafikfähigen Rechners.

d) Stelle dir vor, die Halbgeraden beschreiben Straßen. Warum ist die Lösung von b) sinnvoller als Übergangsbogen als die Lösung von a)?
(*Hinweis:* Stelle dir vor, du fährst die Linien mit einem Fahrrad ab.)

12.

Gib eine ganzrationale Funktion an, die zu dem Graphen passt.

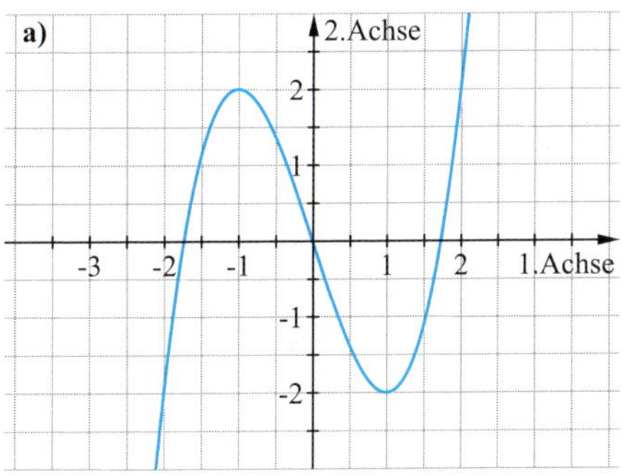

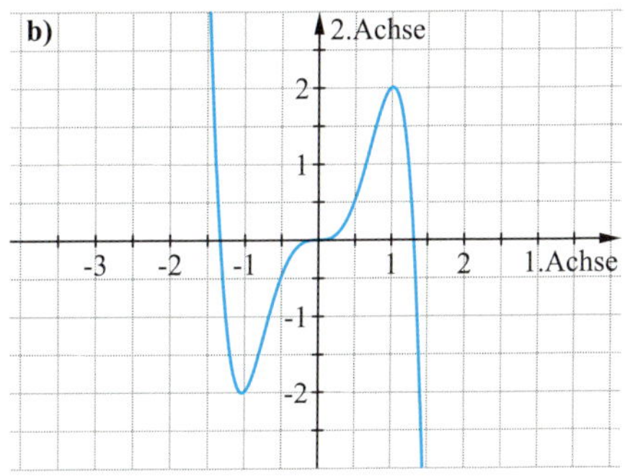

Anwendungen

13.

Die Messreihe rechts wurde für den Fall im luftleeren Raum ermittelt. Sie gibt einen funktionalen Zusammenhang zwischen der Fallzeit t (in sec) und dem zurückgelegten Weg s (in m) an. Gib eine Funktionsgleichung an.

t	1	2	3
s	4,9	19,6	44,1

14.

Zwischen dem Verkaufspreis p für ein Produkt und der nachgefragten Menge x bestehe folgende Beziehung $p = 30 - \frac{1}{2}x$.
Der *Umsatz* ist das Produkt aus dem Verkaufspreis und der zu diesem Preis abgesetzten Menge.
Gib den Umsatz als Funktion in Abhängigkeit vom Preis an. Zeichne den Graphen dieser Funktion in einem ökonomisch sinnvollen Bereich.

15.

siehe Seite 86

Von einer Produktionsfunktion f sei bekannt, dass eine Einsatzmenge von 10 [Mengeneinheiten] zu einer Ausbringungsmenge von 20 [Mengeneinheiten] führt. Für einen Einsatz von 20 [Mengeneinheiten] wird die Ausbringungsmenge maximal, und zwar 40 [Mengeneinheiten].
Wähle als Ansatz für f eine ganzrationale Funktion 3. Grades, die durch den Ursprung verläuft, und bestimme f (x).

Exponentialfunktionen und Logarithmusfunktionen mit gegebenen Eigenschaften

16.
Bestimme den Funktionsterm $f(x) = a \cdot e^{kx}$.

a) Die Gerade zu $y = 2x - 1$ ist Tangente an den Graphen von f mit dem Berührpunkt $P(1 \mid f(1))$.

b) Die Gerade zu $y = -x + 3$ schneidet den Graphen von f an der Stelle -2 orthogonal.

c) Der Graph von f hat an der Stelle -1 die Steigung -1 und an der Stelle 1 die Steigung 1.

17.
Bestimme k so, dass der Graph von f mit $f(x) = (x^2 - k)e^{-x}$ die folgende Bedingung erfüllt.

a) Der Graph von f hat an der Stelle 1 einen relativen Hochpunkt [Tiefpunkt].

b) Der Graph von f hat an der Stelle 4 einen Wendepunkt.

18.
Bestimme alle Funktionen f mit $f(x) = (x^2 + ax + b) \cdot e^x$, die an der Stelle -1 einen Hochpunkt und an der Stelle 1 einen Tiefpunkt haben.

19.
Bestimme alle Funktionen f mit $f(x) = (x^2 + ax + b) \cdot e^x$, die den Punkt $O(0 \mid 0)$ als Hochpunkt [Tiefpunkt] haben.

20.
Bestimme k so, dass die Funktion f mit $f(x) = (x^2 + kx + k) \cdot e^{-x}$

a) keine Nullstellen hat;

b) den Punkt $O(0 \mid 0)$ als Tiefpunkt hat.

21.

d bedeutet Tag, von lat. dies, engl. day

Der Zerfall eines Elementes erfolge exponentiell mit der Halbwertzeit 40 d, d.h. innerhalb von 40 Tagen reduziert sich die vorhandene Menge jeweils auf die Hälfte.
Zum Zeitpunkt $t = 0$ betrage die vorhandene Menge N_0. Gib eine Funktion f an, die die vorhandene Menge zu einem beliebigen Zeitpunk t angibt.

22.
Bestimme a und b so, dass die Funktion f mit $f(x) = a \cdot \ln(x + b)$ die Gerade zu $y = 2x - 4$ an der Stelle 2 als Tangente hat.

2.2 Extremwertprobleme

Ein wichtiger Anwendungsaspekt der Differentialrechnung ist die Berechnung von Extrema. Maximum- und Minimumprobleme waren schon immer ein zentraler Gegenstand der Mathematik und haben die Entwicklung der Differentialrechnung wesentlich mitgeprägt.
Extremwertprobleme gibt es in unterschiedlichen Anwendungsbereichen:

- Die Bahn eines geworfenen Balles ist parabelförmig. Unter welchem Abwurfwinkel α muss ein Ball geworfen werden, damit er möglichst weit fliegt?

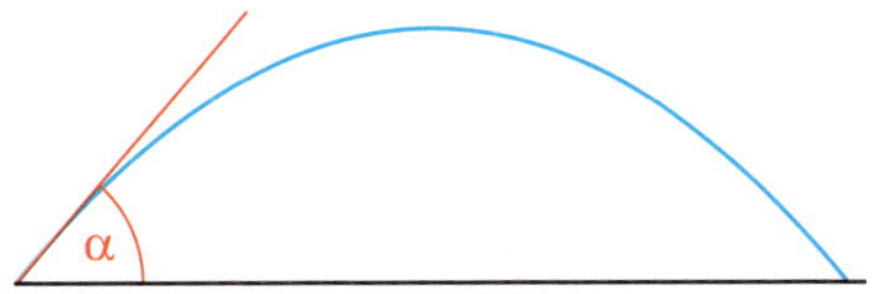

- Welche Maße muss ein quaderförmiger Kasten mit quadratischer Grundfläche und mit dem Volumen 1 000 cm^3 haben, wenn der Materialverbrauch minimiert werden soll (gemeint ist die Minimierung der Oberfläche)?

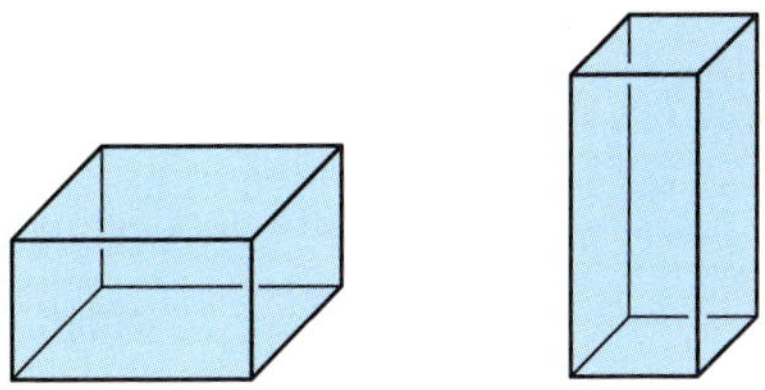

- In welchem Punkt P wird der Lichtstrahl reflektiert, damit der Weg P_1PP_2 minimal wird?

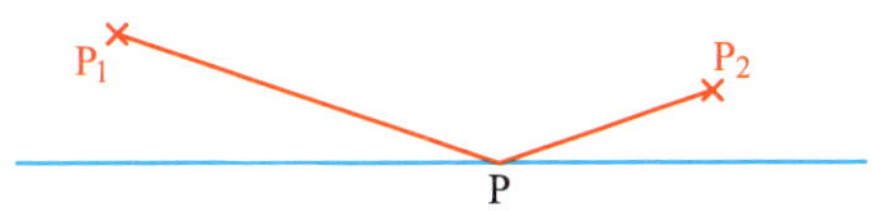

- Ein sogenannter schwarzer Körper absorbiert die elektromagnetische Strahlung aller Wellenlängen vollständig. Die pro Zeit und Fläche abgestrahlte Energie E eines schwarzen Körpers hängt von der Wellenlänge λ ab. MAX PLANCK wies für die abgestrahlte Energie $E(\lambda)$ folgenden funktionalen Zusammenhang nach:

$$E(\lambda) = \frac{c^2 h}{\lambda^5 \cdot \left(e^{\frac{ch}{k\lambda T}} - 1\right)}.$$

MAX PLANCK (1858–1947) deutscher Physiker, Nobelpreisträger

Dabei bezeichnet c die Lichtgeschwindigkeit im Vakuum, T die absolute Temperatur des Körpers, λ die Wellenlänge der Strahlung, h das Plancksche Wirkungsquantum und k die Boltzmannsche Konstante. Für welche Wellenlänge λ wird bei konstanter Temperatur T der Wert $E(\lambda)$ maximal?

- Welche Einsatzmengen der verschiedenen Produktionsfaktoren muss ein Betrieb wählen, damit die Durchschnittskosten minimal [der Gewinn maximal] sind?

vgl. Seite 100

Wir werden diese Beispiele im Aufgabenteil teilweise wieder aufgreifen und nachrechnen.
Um Methoden für das Lösen derartiger Extremwertprobleme besser kennenzulernen, soll zunächst eine etwas einfachere Aufgabe gelöst werden.

Aufgabe 1 Ein rechteckiges Stück Pappe mit den Seitenlängen 20 cm und 32 cm wird jeweils an den Ecken parallel zu den Seiten eingeschnitten und anschließend zu einem oben offenen Kasten gefaltet.
Das Volumen des Kastens soll möglichst groß werden.

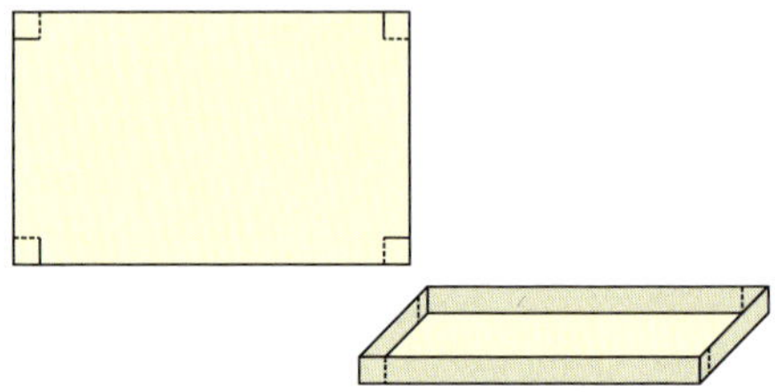

Lösung *Vorüberlegung*
Wir bezeichnen die Kantenlänge der an den Ecken eingeschnittenen Quadrate mit h. Der Wert von h gibt dann jeweils die Höhe des entstehenden Kastens an. Wir berechnen für einige Werte von h das Volumen des Kastens:

Höhe h (in cm)	Grundfläche A (in cm^2)	Volumen V (in cm^3)
1	540	540
2	448	896
3	364	1092
4	288	1152
5	220	1100
h	A	V

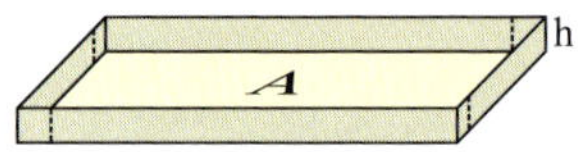

Zwischen diesen Werten muss ein Maximum liegen.

(1) *Benennen der gesuchten extremalen Größe*
Das *Volumen* des Kastens soll maximal sein:

$V = A \cdot h$ maximieren — Extremalbedingung

Das Volumen hängt also von den *beiden* Variablen A (Grundfläche) und h (Höhe) ab.

(2) *Herstellen einer Beziehung zwischen den Variablen anhand der Aufgabenstellung*

$A = (20 - 2h) \cdot (32 - 2h)$ — Nebenbedingung

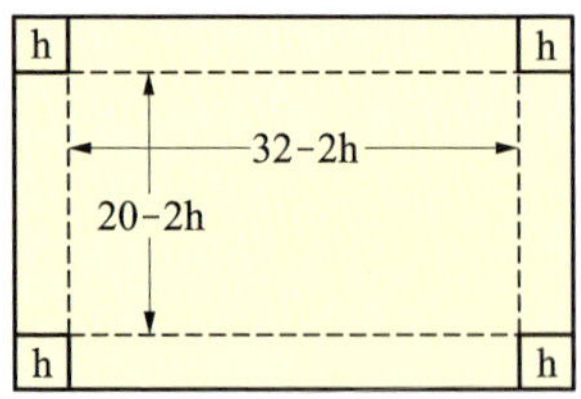

(3) *Einsetzen in die Extremalbedingung, sodass eine Funktion mit nur einer Variablen entsteht*
$V = A \cdot h = (20 - 2h) \cdot (32 - 2h) \cdot h$ — Jetzt hängt V nur noch von h ab.
Die Funktion V mit

$V(h) = (20 - 2h) \cdot (32 - 2h) \cdot h$ — Zielfunktion

muss also auf Maxima untersucht werden.
Aus der Aufgabenstellung ergibt sich, dass wir uns dabei auf Werte von h zwischen 0 und 10 beschränken können, also $0 < h < 10$.
Warum kann man $h = 0$ und $h = 10$ ausschließen?

(4) *Bestimmen der Extrema der Zielfunktion*
Es ist $V(h) = (20 - 2h) \cdot (32 - 2h) \cdot h = 4 \cdot h^3 - 104 \cdot h^2 + 640 \cdot h$.
Ableitungen: $V'(h) = 12 \cdot h^2 - 208 \cdot h + 640$; $V''(h) = 24 \cdot h - 208$.
Für jede Extremstelle muss gelten $V'(h) = 12h^2 - 208h + 640 = 0$;
also $h = 4$ oder $h = \frac{40}{3} = 13\frac{1}{3}$.
Höchstens an diesen Stellen kann die Zielfunktion ein Extremum haben.
$h = \frac{40}{3} = 13\frac{1}{3}$: Diese Stelle liegt nicht zwischen 0 und 10.
$h = 4$: $V'(4) = 0$, $V''(4) = -112 < 0$; V hat an der Stelle 4 ein Maximum.
Über dem Intervall $]0; 10[$ hat die Zielfunktion V an der Stelle 4 ein Maximum.

(5) *Bezug des berechneten Wertes zur Aufgabe*
Das Volumen wird für $h = 4$ maximal. Der Flächeninhalt der zugehörigen Grundfläche ist $A = 288$, das zugehörige maximale Volumen beträgt $V = 1152$.

Weiterführende Aufgaben

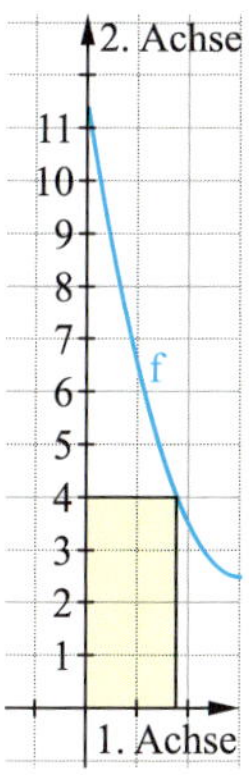

2. *Randextrema*
Gegeben ist die Funktion f mit $f(x) = (x - 3)^2 + 2{,}5$ für $0 \le x \le 3$.
Von allen achsenparallelen Rechtecken mit dem Ursprung als einem Eckpunkt und dem Punkt $P(x\,|\,f(x))$ als gegenüber liegendem Eckpunkt ist dasjenige mit maximalem Flächeninhalt zu bestimmen.

3. *Vereinfachen der Extremwertbestimmung durch Transformieren der Zielfunktion*

a) Untersuche jeweils die Funktionen f und g auf Extrema:

(1) $f(x) = \frac{1}{7}(x^3 - 6x)$, $g(x) = x^3 - 6x$
(2) $f(x) = \sqrt{x^2 - 4x + 1}$, $g(x) = x^2 - 4x + 1$
(3) $f(x) = e^{x^2 - 4x + 5}$, $g(x) = x^2 - 4x + 5$
(4) $f(x) = \frac{1}{x^2 + 4}$, $g(x) = x^2 + 4$

b) Verallgemeinere die Ergebnisse aus Teilaufgabe a).

c) Bestimme die Extrempunkte der Funktion f mit $f(x) = \frac{5}{1 + e^{\sqrt{x^2 + 6x + 10}}}$.

Information **Verfahren für das Lösen von Extremwertaufgaben**

(1) *Extremalbedingung angeben:*
Benennen aller wichtigen Größen. Eine Gleichung angeben für die Größe, zu der ein Extremum (Maximum/Minimum) bestimmt werden soll.
Die Extremalgröße hängt in der Regel von mehreren Parametern ab.

(2) *Nebenbedingung angeben:*
Eine Gleichung aufstellen, die angibt, wie die Parameter voneinander abhängen.

(3) *Zielfunktion angeben:*
Die Parameter in der Extremalbedingung mithilfe der Nebenbedingung so ersetzen, dass eine Zielfunktion entsteht, die nur noch von *einer* Variablen abhängt.

(4) *Extremwerte bestimmen:*
Die Extremwerte der Zielfunktion bestimmen; prüfen, ob Randextrema vorliegen.
Unter Umständen kann es vorteilhaft sein, die Extremstellen mithilfe einer transformierten Zielfunktion zu bestimmen.

siehe Aufgabe 3

(5) *Bezug zur Aufgabe herstellen:*
Die Werte aller gesuchten Größen angeben.

Übungsaufgaben

Ebene geometrische Figuren und geometrische Körper

4.
Aus einem 36 cm langen Draht soll das Kantenmodell einer quadratischen Säule hergestellt werden. Wie lang sind die Kanten zu wählen, damit die Säule maximales Volumen hat?

5.
Aus einem rechteckigen Stück Pappe mit den Seitenlängen 40 cm und 25 cm soll man einen Kasten ohne Deckel herstellen, indem man an jeder Ecke ein Quadrat ausschneidet und die entstehenden Seitenflächen nach oben biegt.
Der Kasten soll ein möglichst großes Volumen haben.
Wie groß muss man die Grundfläche A (in cm^2) und die Höhe h (in cm) wählen?

6.
a) Welche oben offene Schachtel in der Form einer quadratischen Säule hat bei gegebenem Oberflächeninhalt 3 dm^2 ein möglichst großes Fassungsvermögen?

b) Löse Teilaufgabe a), falls die Schachtel anstatt nach oben nach vorn geöffnet ist. In welchem Verhältnis stehen jetzt Höhe und Breite der quadratischen Säule?

c) Löse die Teilaufgaben a) und b) allgemein bei gegebener Oberflächengröße O.

7.
Der Querschnitt eines Kanals ist ein Rechteck mit angesetztem Halbkreis. Wähle die Maße dieses Rechtecks so, dass bei gegebenem Umfang u des Querschnitts sein Flächeninhalt möglichst groß wird.

8.
Aus einem Baumstamm mit kreisförmigem Querschnitt und Durchmesser d wird ein Balken mit rechteckigem Querschnitt geschnitten. Die Tragfähigkeit des Balkens ist proportional zum Produkt aus der Länge g der Grundlinie g und dem Quadrat der Höhe h: $T = c \cdot g h^2$.
Die Tragfähigkeit soll maximal sein.

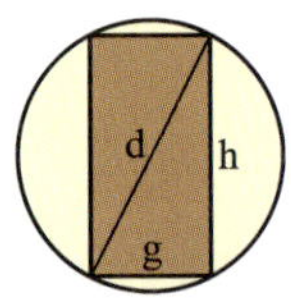

9.
Aus einem Baumstamm mit kreisförmigem Querschnitt soll ein Balken so geschnitten werden, dass der Abfall minimal wird.

10.
Aus einem rechteckigen Stück Blech gegebener Länge und der Breite 49 cm soll eine gleich lange Röhre mit möglichst großem, rechteckigem Querschnitt hergestellt werden.

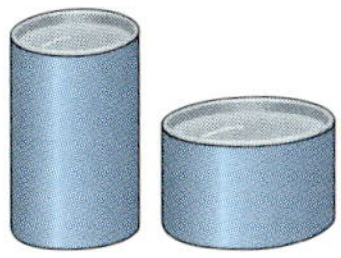

11.

a) Welche zylindrische Dose mit dem Oberflächeninhalt von $1\ dm^2$ hat das größte Volumen?

b) Welches oben offene zylindrische Gefäß mit $1\ l$ Fassungsvermögen hat den geringsten Materialverbrauch?

12.
Welcher oben offene Zylinder hat bei gegebener Oberfläche das größte Volumen?

13.
Ein Gefäß besteht aus einem Zylinder mit angesetzter Halbkugel.
Welche Form muss es haben, damit es ohne Deckel bei gegebener Oberfläche ein möglichst großes Volumen hat?

14.
Ein Kessel besteht aus einer Halbkugel mit aufgesetztem Zylindermantel.
Wie sind seine Maße zu wählen, damit der Kessel mit Deckel bei gegebener Oberfläche O ein möglichst großes Volumen hat?

15.
Die Katheten eines rechtwinkligen Dreiecks sind 12 cm und 8 cm lang. Diesem Dreieck ist ein möglichst großes Rechteck einzubeschreiben, von dem zwei Seiten auf den Katheten des Dreiecks liegen.

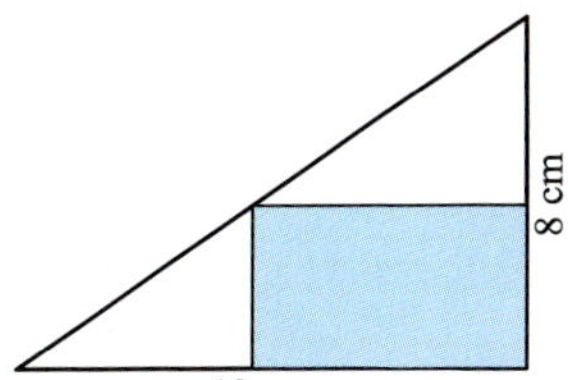

16.
Ein Dachboden hat als Querschnittsfläche ein gleichschenkliges Dreieck mit einer Höhe von 4,8 m und einer Breite von 8 m. In ihm soll ein möglichst großes quaderförmiges Zimmer eingerichtet werden.

17.
Aus einer rechteckigen Fensterscheibe mit den Seitenlängen a und b ist vom Mittelpunkt der kleineren Seite aus eine Ecke unter einem Winkel von 45° abgesprungen. Aus der restlichen Scheibe soll durch Schnitte parallel zu den ursprünglichen Seiten eine möglichst große neue Scheibe hergestellt werden.
Gib die Maße der neuen Scheibe an.

18.

a) In einen geraden Kreiskegel mit dem Grundkreisradius r und der Höhe h soll ein Zylinder mit möglichst großem Volumen einbeschrieben werden.

b) Auf der Deckfläche dieses maximalen Zylinders soll dem „Restkegel" erneut ein Zylinder größten Volumens einbeschrieben werden. Löse diese Teilaufgabe b)
- durch erneute Rechnung;
- durch Analogieüberlegung zu a).

19.
Einer Halbkugel [Kugel] soll ein Quader mit quadratischer Grundfläche einbeschrieben werden. Wie sind die Maße des Quaders zu wählen, wenn sein Volumen möglichst groß werden soll?

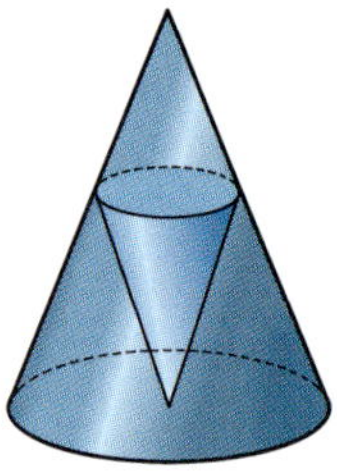

20.
Einem Kegel soll ein zweiter Kegel mit möglichst großem Volumen so einbeschrieben werden, dass die Spitze des zweiten Kegels im Mittelpunkt des Grundkreises des ersten Kegels liegt.

21.
Ein Kegel soll bei einer 12 cm langen Seitenkante ein möglichst großes Volumen bekommen.

22.
Welche quadratische Säule mit gegebenem Volumen hat die kürzeste Körperdiagonale?

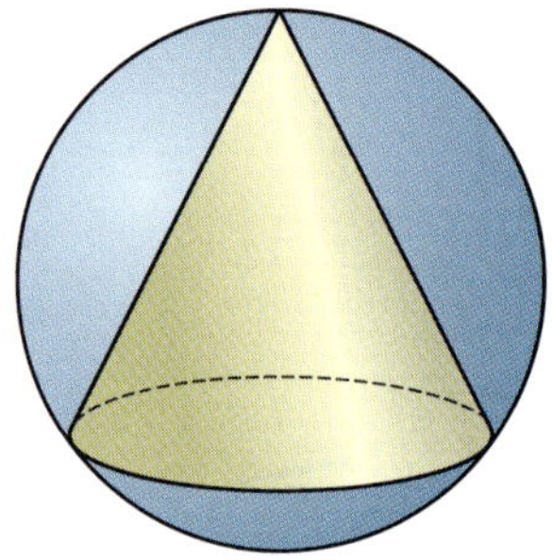

23.
Welche gerade quadratische Pyramide mit gegebenem Volumen hat die kürzeste Seitenkante?

24.
Welcher einer Kugel einbeschriebene gerade Kreiskegel hat die größte Mantelfläche?

25.
Aus vier vorgegebenen Stäben gleicher Länge soll eine gerade Pyramide mit quadratischer Grundfläche gebildet werden, die ein möglichst großes Volumen hat.

26.
a) Einer Pyramide mit quadratischer Grundfläche ist eine quadratische Säule mit maximalem Volumen einzubeschreiben.

b) Einem Kegel ist eine quadratische Säule mit maximalem Volumen einzubeschreiben.

27.
Gegeben sei ein Kreis mit dem Radius r. Rollt man einen Kreissektor zusammen, entsteht ein Kegel. Bei welchem Mittelpunktswinkel α des Sektors entsteht ein Kegel mit maximalem Volumen?

28.
Gegeben ist die Parabel mit $y = 4 - x^2$. Es sollen alle Punkte auf der Parabel bestimmt werden, deren Abstand zum Koordinatenursprung $O(0\,|\,0)$ minimal ist:

a) Zeichne die Parabel und zeige: f mit $f(x) = \sqrt{x^2 + (4 - x^2)^2}$ ist Zielfunktion.

b) Begründe: Die Funktion g mit $g(x) = x^2 + (4 - x^2)^2$ hat genau an der Stelle ein Minimum, an der auch die Funktion f ein Minimum hat.

c) Bestimme die gesuchten Punkte, indem du zur Extremwertberechnung die Funktion g verwendest.

29.
Welcher Punkt des Graphen der Funktion f mit $f(x) = \frac{1}{x}$ $\left[f(x) = \frac{1}{3}(x^3 - 3x^2 + 5)\right]$ hat vom Koordinatenursprung minimalen Abstand?

Anwendungen in Statistik, Physik und Wirtschaft

30. *Mittlere quadratische Abweichung*
In einer Versuchsreihe wurden n Messungen derselben Größe mit den Messwerten x_1, $x_2, \ldots, x_n$ durchgeführt.
Zeige, dass die Funktion f mit $f(x) = (x_1 - x)^2 + (x_2 - x)^2 + \ldots + (x_n - x)^2$ an der Stelle $\bar{x} = \frac{1}{n}(x_1 + x_2 + \ldots + x_n)$ ihr Minimum annimmt.
Welche Aussage lässt sich daher über die mittlere quadratische Abweichung $\bar{s}^2 = \frac{1}{n}[(x_1 - \bar{x})^2 + (x_2 - \bar{x})^2 + \ldots + (x_n - \bar{x})^2]$ vom arithmetischen Mittel $\bar{x}$ machen?

31.
Für den freien Fall gilt (ohne Berücksichtigung des Luftwiderstandes) die Weg-Zeit-Funktion s mit $s(t) = \frac{1}{2} \cdot g \cdot t^2$ mit einer Konstanten $g = 9{,}8\,\frac{m}{s^2}$ (Näherungswert).
Eine Kugel wird mit der Anfangsgeschwindigkeit $v_0 = 50\,\frac{km}{h}$ senkrecht nach oben geworfen. Bestimme die Steighöhe.

32.
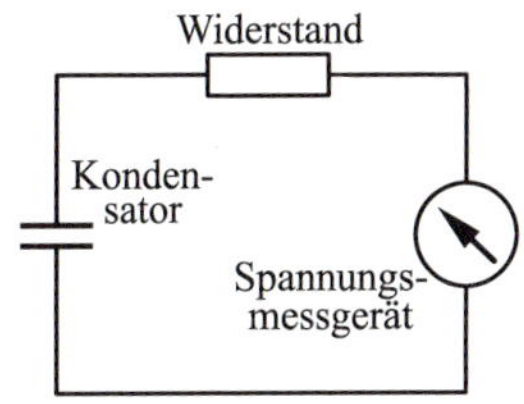

Der zeitliche Verlauf der Kondensatorspannung U(t) bei einem Auf- und Entladevorgang eines Kondensators über einen konstanten Widerstand sei durch $U(t) = k \cdot e^{-t}(1 - e^{-t})$, $t \geq 0$, beschrieben.
Bestimme denjenigen Zeitpunkt, an dem die Spannung maximal ist.

33.
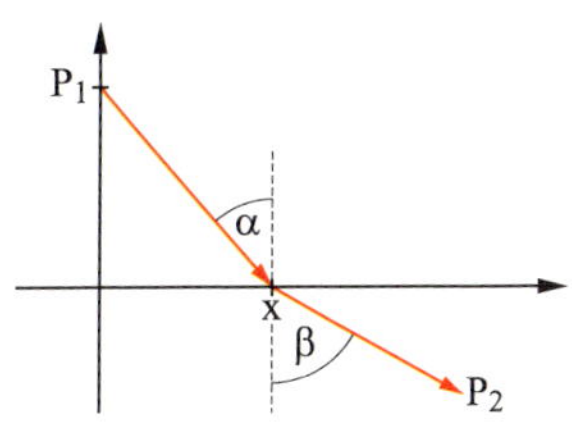

Ein Lichtstrahl wird beim Übergang von einem Stoff in einen anderen im Allgemeinen gebrochen. Bezeichnet c_1 die Geschwindigkeit, mit der sich der Lichtstrahl im oberen Medium bewegt, und c_2 die Geschwindigkeit, mit der sich der Lichtstrahl im unteren Medium bewegt, so erfolgt die Brechung so, dass die Zeit, die der Lichtstrahl insgesamt benötigt, um von P_1 nach P_2 zu gelangen, minimal ist.

a) Bestimme x_0 so, dass die Laufzeit des Lichtes von P_1 nach P_2 minimal ist.
b) Zeige, dass für die Winkel α und β gilt: $\frac{\sin\alpha}{\sin\beta} = \frac{c_1}{c_2}$.

34.
Für einen Betrieb gilt die Preis-Absatz-Beziehung $p = 100 - 2x$ mit x = Anzahl der abgesetzten (verkauften) Mengeneinheiten und p = Preis pro Mengeneinheit.
Für welchen Preis und welche Absatzmenge ist der Umsatz maximal?
Hinweis: Der Umsatz errechnet sich als Produkt aus der Anzahl der abgesetzten Mengeneinheiten und dem Stückpreis.

35.
Ein Betrieb hat die Kostenfunktion K mit $K(x) = x^3 + 8x$, wobei x die Anzahl der hergestellten Mengeneinheiten bezeichnet. Der Verkaufspreis betrage pro Mengeneinheit $p = 200$. Nimm an, dass sich zu diesem Stückpreis stets alle produzierten Mengeneinheiten verkaufen lassen. Für welche Produktionsmenge wird der Gewinn maximal?

36.
Für einen Betrieb gilt die Kostenfunktion K mit $K(x) = \frac{3}{12\,500}x^3 - \frac{9}{250}x^2 + \frac{23}{10}x + 20$, wobei x mit $x \geq 0$ die Anzahl der produzierten Mengeneinheiten bezeichnet.

a) Bestimme das Minimum der Grenzkosten $K'(x)$.

b) Bestimme näherungsweise das Minimum der Durchschnittskosten $\frac{K(x)}{x}$.

c) Begründe geometrisch *ohne Rechnung*, dass die Grenzkostenkurve zu $K'(x)$ durch das Minimum der Durchschnittskostenkurve zu $\frac{K(x)}{x}$ verläuft.

Aufgaben zu den Einführungsbeispielen von Seite 93

37.
Wird ein Ball mit einer Wurfgeschwindigkeit von $20\,\frac{m}{s}$ unter einem Abwurfwinkel α geworfen, so lässt sich die Wurfbahn durch die Parabel zu
$y = \tan\alpha \cdot x - \frac{49}{4000 \cdot (\cos\alpha)^2} \cdot x^2$ beschreiben.

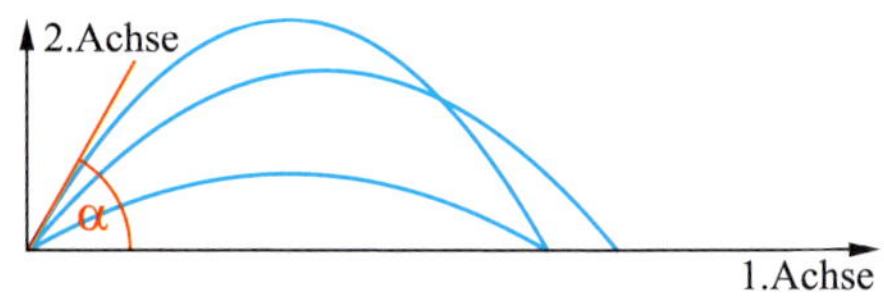

a) Berechne die Wurfweite bei vorgegebenem Abwurfwinkel α.

b) Bestimme α so, dass die Wurfweite maximal wird.

38.
Welche Maße muss ein quaderförmiger Kasten mit quadratischer Grundfläche und mit dem Volumen $1\,000\ cm^3$ haben, wenn die Größe der Oberfläche minimal sein soll?

39.
In welchem Punkt P wird der Lichtstrahl reflektiert, damit der Weg P_1PP_2 minimal wird? *Hinweis:* Lösung ohne Differentialrechnung: Spiegele den Punkt P_2 an der Geraden g.

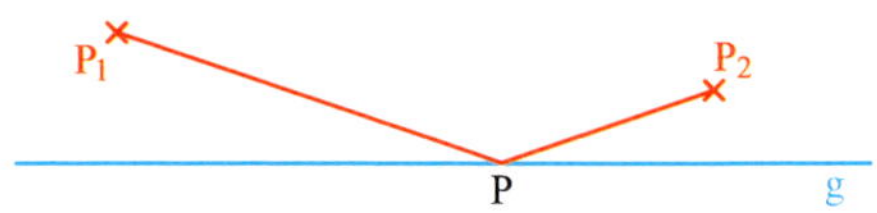

40.
Die Kostenfunktion K eines Betriebes gibt die Produktionskosten $K(x)$ in Abhängigkeit von der produzierten Menge x an. Es ist $K(x) = 0{,}01 \cdot x^3 - 3 \cdot x^2 + 320 \cdot x + 8000$.
Die Erlösfunktion E gibt den Erlös $E(x)$ in Abhängigkeit von der verkauften Menge x an. Es ist $E(x) = 355 \cdot x$.

a) Berechne, für welche Produktionsmenge die Grenzkosten minimal sind, und für welche näherungsweise Produktionsmenge die Durchschnittskosten minimal sind.

b) Nimm an, dass alle hergestellten Produkte auch verkauft werden. Dann ist der Gewinn die Differenz zwischen dem Erlös und den Kosten.
Welche Produktionsmenge bringt einen maximalen Gewinn?

41.
Bestimme λ näherungsweise so, dass bei konstanter Temperatur T das Emissionsvermögen $E(\lambda) = \frac{c^2 h}{\lambda^5 \cdot \left(e^{\frac{ch}{k\lambda T}} - 1\right)}$ eines schwarzen Körpers (vgl. S. 93) maximal wird.
Hinweis: Substituiere in der Gleichung $E'(\lambda) = 0$ den Term $\frac{ch}{k\lambda T}$ durch x und untersuche die Funktion f mit $f(x) = x\,e^x - 5\,e^x + 5$ auf Nullstellen.

2.3 Untersuchung von Funktionenscharen

Funktionale Zusammenhänge sind in realen Anwendungszusammenhängen häufig komplizierter als die von uns bisher betrachteten. Oft hängt eine Größe y nicht nur von *einer* Variablen x ab, sondern von *mehreren* Variablen $x_1, x_2, x_3, \dots$

Beispielsweise hängt der Benzinverbrauch eines Autos nicht nur von der Geschwindigkeit ab, mit der es gefahren wird, sondern auch z.B. davon, welcher Gang eingelegt ist.

Die Produktionskosten eines Betriebes hängen nicht nur von den geleisteten Arbeitsstunden ab, sondern auch von den geleisteten Maschinenstunden.

Der Druck eines (idealen) Gases hängt ab vom Volumen, das das Gas einnimmt, und von der Temperatur.

Es gibt viele weitere Beispiele von funktionalen Zusammenhängen, bei denen der Funktionswert von mehreren Variablen abhängt.

Bei der Untersuchung dieser Funktionen kann man sich einen Überblick verschaffen, indem man bis auf eine Variable alle anderen Variablen konstant setzt und jeweils die Graphen in Abhängigkeit der verbleibenden Variablen darstellt.

Die nebenstehende Abbildung zeigt beispielsweise jeweils für eine ganz bestimmte, als konstant unterstellte Temperatur, wie sich der Druck eines Gases ändert, wenn das Volumen verändert wird. Je nachdem welche Temperatur man unterstellt, erhält man je eine eigene Funktion. Nimmt man eine andere Temperatur an, so erhält man eine neue Funktion. Insgesamt erhält man eine ganze Schar von Funktionen. Jede Funktion gilt für einen ganz bestimmten Temperaturwert. Man bezeichnet daher die Temperatur auch als *Parameter* der Funktionenschar.

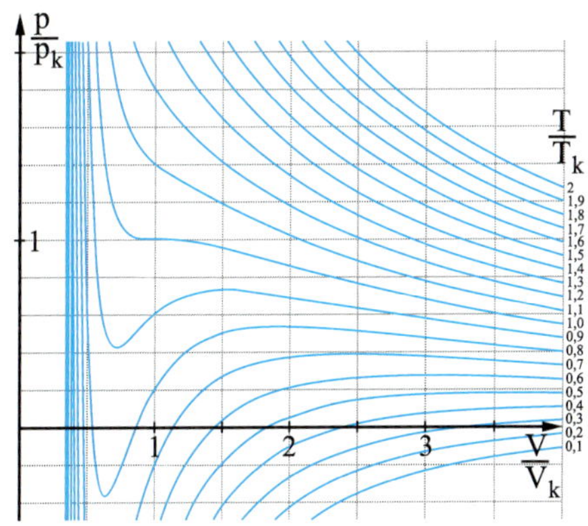

Im Folgenden werden Funktionenscharen systematisch untersucht.

Aufgabe 1 Gegeben sind Funktionen f_k mit $f_k(x) = x^4 + kx^3$ mit einem Parameter $k \in \mathbb{R}$.

a) Untersuche die Graphen der Funktionen f_k. Zeichne die Graphen für $k = -2$, für $k = 0$ und für $k = 2$.

b) Die Extrempunkte aller Funktionen f_k liegen auf dem Graphen einer Funktion g. Bestimme $g(x)$.

Lösung **a)** Wir fassen im Folgenden k als eine Konstante auf und untersuchen die Funktion f_k.

(1) *Gemeinsame Punkte von Graph und Koordinatenachsen*

1. Achse: Es ist $f_k(x) = x^4 + kx^3 = x^3(x + k)$.
Daher hat die Gleichung $f_k(x) = 0$ die Lösungen $x = 0$ und $x = -k$.
Der Graph von f_k hat als Schnittpunkte mit der 1. Achse:
$O(0\,|\,0)$ und $P_k(-k\,|\,0)$.

Alle Funktionsgraphen verlaufen durch den Koordinatenursprung.

2. Achse: $f_k(0) = 0$; $O(0\,|\,0)$ ist auch Schnittpunkt mit der 2. Achse.

(2) *Extrempunkte*

Es ist $f'_k(x) = 4x^3 + 3kx^2$.

In den Extrempunkten muss $f'_k(x) = 4x^3 + 3kx^2 = x^2(4x + 3k) = 0$ gelten. Daher kann die Funktion f_k nur an den Stellen 0 und $-\frac{3}{4}k$ Extrempunkte haben.

Wir berechnen den Wert der zweiten Ableitung $f_k''(x) = 12x^2 + 6kx$ an diesen Stellen:

Stelle $-\frac{3}{4}k$: Es ist $f_k''\left(-\frac{3}{4}k\right) = \frac{9k^2}{4}$.

Wir unterscheiden die Fälle „$k \neq 0$" und „$k = 0$":

Fall $k \neq 0$: Da $f_k''\left(-\frac{3}{4}k\right) > 0$ und $f_k\left(-\frac{3}{4}k\right) = -\frac{27}{256}k^4$ ist, halten wir fest:

f_k hat an der Stelle $-\frac{3}{4}k$ einen Tiefpunkt $T_k\left(-\frac{3}{4}k \middle| -\frac{27}{256}k^4\right)$.

Fall $k = 0$: Es ist $-\frac{3}{4}k = 0$ und $f_k(x) = x^4 + 0 \cdot x^3 = x^4$ hat $O(0|0)$ als Tiefpunkt.

Auch dann können wir den Tiefpunkt in der Form $T_k\left(-\frac{3}{4}k \middle| -\frac{27}{256}k^4\right)$ schreiben.

Der Punkt $T_k\left(-\frac{3}{4}k \middle| -\frac{27}{256}k^4\right)$ ist also stets Tiefpunkt von f_k.

Stelle 0: $f_k''(0) = 0$. Wir können das hinreichende Kriterium für relative Extremstellen mittels der zweiten Ableitung nicht anwenden.

Es ist zweckmäßig, wieder die Fälle „$k \neq 0$" und „$k = 0$" zu unterscheiden:

Es ist stets $x^2 \geq 0$. Liegt x nahe bei 0, so ist $4x + 3k \geq 0$, falls $k > 0$ ist, $4x + 3k \leq 0$, falls $k < 0$ ist.

Fall $k \neq 0$: Da $f_k'(x) = 4x^3 + 3kx^2 = x^2(4x + 3k)$ ist, ist für Werte von x, die nahe bei 0 liegen, entweder stets $f_k'(x) \geq 0$ oder $f_k'(x) \leq 0$.

Daher ist der Funktionsgraph von f_k in der Nähe von 0 entweder monoton steigend oder monoton fallend.

An der Stelle 0 liegt also *kein* Extrempunkt vor.

Fall $k = 0$: $O(0|0)$ ist Tiefpunkt (s. o.).

Wir fassen zusammen:

	Stelle 0	Stelle $-\frac{3}{4}k$
$k \neq 0$	kein Extrempunkt	$T_k\left(-\frac{3}{4}k \middle| -\frac{27}{256}k^4\right)$ Tiefpunkt
$k = 0$	$O(0|0)$ ist Tiefpunkt	

(3) *Wendepunkte*

Es ist $f_k''(x) = 12x^2 + 6kx$.

In den Wendepunkten muss $f_k''(x) = 12x^2 + 6kx = 6x \cdot (2x + k) = 0$ gelten. Daher kann die Funktion f_k nur an den Stellen 0 und $-\frac{1}{2}k$ Wendepunkte haben.

Wir berechnen den Wert der dritten Ableitung $f_k'''(x) = 24x + 6k$ an diesen Stellen:

Stelle $-\frac{1}{2}k$: Es ist $f_k'''\left(-\frac{1}{2}k\right) = -6k$.

Wir unterscheiden wieder die Fälle „$k \neq 0$" und „$k = 0$".

Fall $k \neq 0$: Da $f_k'''\left(-\frac{1}{2}k\right) \neq 0$ und $f_k\left(-\frac{1}{2}k\right) = -\frac{1}{16}k^4$ ist, halten wir fest:

f_k hat an der Stelle $-\frac{1}{2}k$ einen Wendepunkt $W_k\left(-\frac{1}{2}k \middle| -\frac{1}{16}k^4\right)$.

Fall $k = 0$: Es ist $-\frac{1}{2}k = 0$ und $f_k(x) = x^4$. Daher liegt an der Stelle $-\frac{1}{2}k$ kein Wendepunkt vor, sondern ein Tiefpunkt (s. o.).

Stelle 0: Es ist $f_k'''(0) = 6k$.

Fall $k \neq 0$: $f_k'''(0) = 6k \neq 0$: $O(0|0)$ ist Wendepunkt von f_k.

Da außerdem $f_k'(0) = 0$ ist, gilt sogar: $O(0|0)$ ist Sattelpunkt von f_k.

Fall $k = 0$: $f_k(x) = x^4$. An der Stelle 0 liegt kein Wendepunkt vor.

Wir fassen zusammen:

	Stelle 0	Stelle $-\frac{1}{2}k$
$k \neq 0$	$O(0|0)$ ist Wendepunkt	$W_k\left(-\frac{1}{2}k \middle| -\frac{1}{16}k^4\right)$ ist Wendepunkt
$k = 0$	kein Wendepunkt	

(4) *Verhalten für $x \to +\infty$ und für $x \to -\infty$*
Ausklammern des Summanden mit der höchsten Potenz:
$f_k(x) = x^4 + kx^3 = x^4\left(1 + \frac{k}{x}\right)$.
Für $x \to +\infty$ und für $x \to -\infty$ geht der Klammerterm gegen 1, d.h. das Verhalten von f_k wird von x^4 bestimmt.
Wenn $x \to +\infty$, dann $f(x) \to +\infty$. Wenn $x \to -\infty$, dann $f(x) \to +\infty$.

(5) *Graphen*

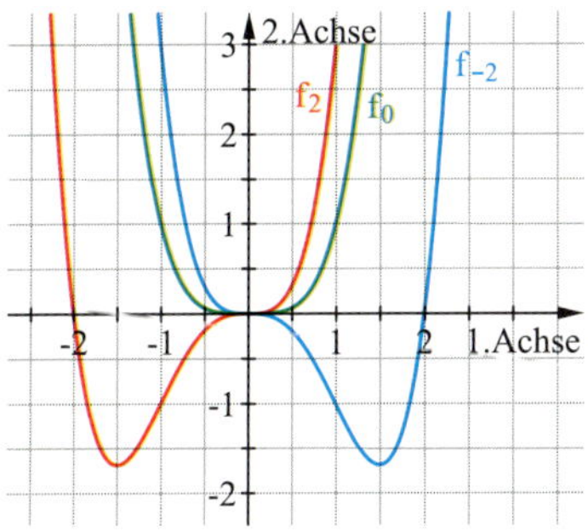

b) Die Extrempunkte aller Funktionen f_k sind die Tiefpunkte $T_k\left(-\frac{3}{4}k \middle| -\frac{27}{256}k^4\right)$.
Wir müssen einen funktionalen Zusammenhang zwischen den x-Werten x_e und den y-Werten y_e der Extrempunkte finden.
Es ist

$$y_e = -\frac{27}{256}k^4 = -\frac{1}{3} \cdot \frac{81}{256}k^4$$
$$= -\frac{1}{3}\left(-\frac{3}{4}k\right)^4$$
$$= -\frac{1}{3}x_e^4$$

Die Extrempunkte liegen also auf dem Graphen der Funktion zu $y = -\frac{1}{3}x^4$.

Begriff Ortslinie

Man bezeichnet den Graphen, auf dem die Extrempunkte aller Funktionen f_k liegen als **Ortslinie** der Extrempunkte aller Funktionen f_k.

Weiterführende Aufgaben

2. *Rechenverfahren zum Auffinden einer Ortslinie*
Gegeben ist die Funktionenschar f_k mit $f_k(x) = x^3 + 3 \cdot x^2 + (1 - k) \cdot 3 \cdot x, \quad k \in \mathbb{R}$.

a) Bestimme die Extrempunkte aller Funktionen f_k.

b) Bestimme eine Ortslinie für alle Extrempunkte $E(x_e \mid y_e)$ der Funktionenschar f_k. Löse dazu die Gleichung $f'_k(x_e) = 0$ nach k auf und substituiere in der Gleichung $y_e = f_k(x_e) = x_e^3 + 3 \cdot x_e^2 + (1 - k) \cdot 3 \cdot x_e$ den Parameter k durch den für k aus der Gleichung $f'_k(x_e) = 0$ bestimmten Wert. Begründe dieses Vorgehen.

CAS **3.** *Darstellung als Fläche im 3-dimensionalen Raum*
Wenn man neben der 1. Achse und der 2. Achse noch eine 3. Achse für den Parameter k verwendet, kann man $y = f_k(x)$ als Funktionsgleichung mit zwei Veränderlichen auffassen. Den Graphen von f_k kann man dann als gekrümmte Fläche im 3-dimensionalen Raum darstellen.

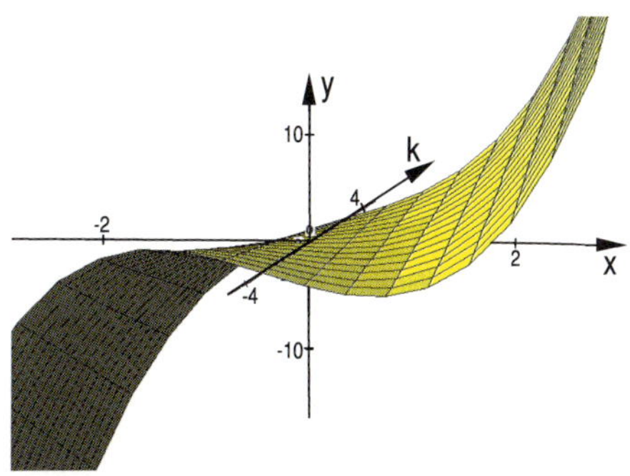

a) Interpretiere die folgende mit einem CAS gezeichnete Graphik als Darstellung der Funktionenschar f_k mit $f_k(x) = x^3 + kx$.

b) Stelle die Funktionenschar f_k mit $f_k(x) = x^4 - kx^2$ mithilfe eines CAS dar.

Übungsaufgaben

Scharen ganzrationaler Funktionen

4.
Gegeben sind die Funktionen f_k mit $f_k(x) = x^2 + kx + k, \quad k \in \mathbb{R}$.

a) Untersuche die Funktion f_k. Skizziere den Graphen für $k = -2$, $k = 0$ und für $k = 2$.

b) Zeige, dass sich alle Parabeln in genau einem Punkt schneiden. Gib den Punkt an.

c) Zeige, dass alle Extrempunkte der Funktionenschar f_k auf der Parabel zu $y = -x^2 - 2x$ liegen.

d) Für welche k liegt der Extrempunkt von f_k oberhalb der 1. Achse?

5.
Gegeben sind die Funktionen f_k mit $f_k(x) = x - \frac{k}{4}x^3, \quad k \in \mathbb{R}$.

a) Untersuche die Funktion f_k. Skizziere den Graphen für $k = -1$, für $k = 0$ und für $k = 1$.

b) Zeige, dass sich alle Funktionsgraphen in einem Punkt schneiden und dort auch dieselbe Steigung haben.

zum Begriff Ortslinie siehe Seite 103

c) Gib eine Ortslinie für alle Extrempunkte der Funktionenschar f_k an.

6.
Gegeben sind die Funktionen f_k mit $f_k(x) = x^4 - kx^2, \quad k \in \mathbb{R}$.

a) Untersuche die Funktion f_k. Skizziere den Graphen für $k = -2$ und für $k = 2$.

b) Bestimme die Ortslinie für die Tiefpunkte aller Funktionsgraphen.

c) Es sei $k > 0$ und $x_e \neq 0$ eine Extremstelle, x_w eine Wendestelle von f_k.
Zeige: $\frac{x_e}{x_w}$ hängt nicht von k ab.

7.
Gegeben sind die Funktionen f_k mit $f_k(x) = 2 \cdot x^3 - 3 \cdot k \cdot x^2 + k^3, \quad k \in \mathbb{R}$.

a) Zeige, dass für $k \neq 0$ alle Funktionen die 1. Achse berühren.

b) Untersuche die Funktion f_k. Skizziere den Graphen für $k = -1$ und für $k = 1$.

c) Es sei $k > 0$. Zeige: Die Graphen von f_k und f_{-k} sind symmetrisch zueinander.

8.
Gegeben ist die Funktionenschar f_k mit $f_k(x) = x^5 - kx^3, \quad k \in \mathbb{R}$.

a) Untersuche die Graphen der Funktionen f_k und zeichne die Graphen von f_k für $k = -3$ und für $k = 3$.

b) Bestimme eine Ortslinie für alle Extrempunkte.

9.
Für $k \in \mathbb{R}$ ist $f_k(x) = -x^3 + k \cdot x^2 + (k - 1) \cdot x$.

a) Zeige, dass sich alle Funktionsgraphen in genau zwei Punkten schneiden.

b) Bestimme k so, dass f_k an der Stelle 3 einen Extrempunkt hat.

c) Für welchen Wert des Parameters k hat der Graph von f_k *keinen* Extrempunkt?

d) Gibt es Parameter k, so dass der Graph von f_k keinen Wendepunkt hat?

10.
Für $a, b \in \mathbb{R}$ ist $f(x) = x^4 + ax^2 + bx$.

a) Bestimme a und b so, dass f an der Stelle 1 einen Sattelpunkt hat.

b) Für welche Parameter a und b hat der Graph von f *keinen* Wendepunkt?

CAS **11.**
Für $k \in \mathbb{R}$ ist $f_k(x) = -(x-k)^2 + k$.

a) Zeichne mithilfe eines CAS die Graphen von f_k für $k = -2;\ -1{,}75;\ -1{,}5;\ \ldots;\ 1{,}75;\ 2$. Stelle eine Vermutung auf bzgl. einer gemeinsamen Tangente für die Graphen aller Funktionen f_k, $k \in \mathbb{R}$.

b) Prüfe die Vermutung aus Teilaufgabe a).

12.
Für $k \in \mathbb{R}$ ist $f_k(x) = (x-k)^2 + k^2$.

CAS **a)** Zeichne mithilfe eines CAS die Graphen von f_k für $k = -2;\ -1{,}75;\ -1{,}5;\ \ldots;\ 1{,}75;\ 2$. Zeichne ferner in dasselbe Koordinatensystem den Graphen zu $y = \frac{1}{2}x^2$.
Was lässt sich vermuten bzgl. der Lage der Parabel zu $y = \frac{1}{2}x^2$ und der Lage der Graphen aller Funktionen f_k mit $k \in \mathbb{R}$.

b) Püfe die Vermutung aus Teilaufgabe a).
Die Parabel zu $y = \frac{1}{2}x^2$ heißt *Hüllkurve* zur Funktionenschar f_k.

GTR **13.**
Gib eine Funktionenschar an, zu der die folgenden Funktionsgraphen gehören.

a)
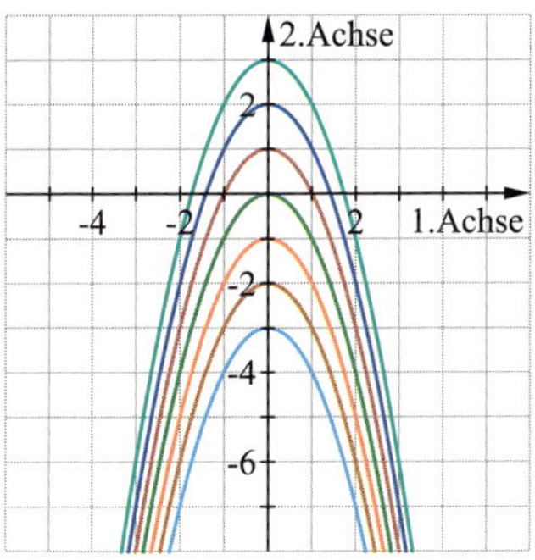

c)
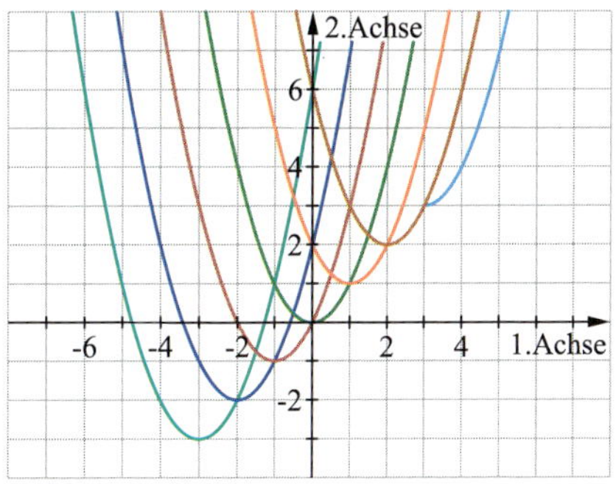

b)
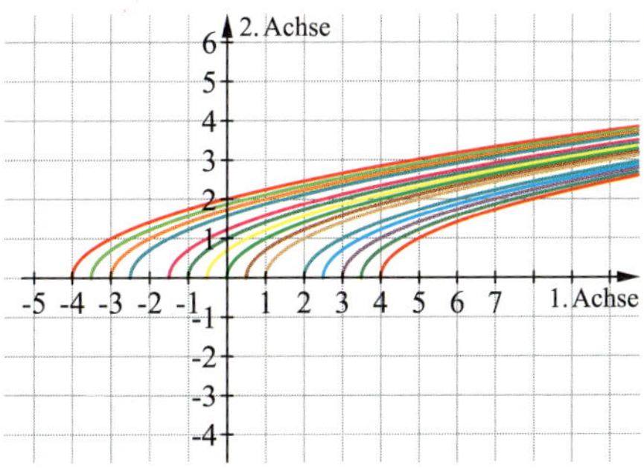

d)
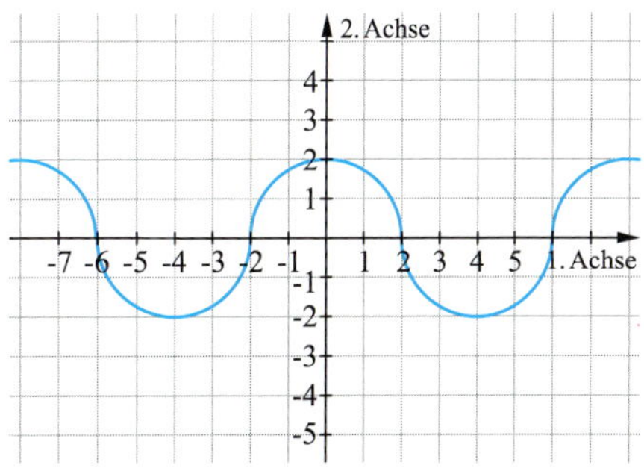

Anmerkung: Bei den Funktionen in den Teilaufgaben b) und d) handelt es sich *nicht* um ganzrationale Funktionen.

14.

In der Zeichnung sind die Graphen einer Funktionenschar f_k, $k \in \mathbb{R}$, für $k = -2, -1, 0, 1, 2$ dargestellt.

Gib den Funktionsterm $f_k(x)$, $a \in \mathbb{R}$, allgemein an, und gib jeweils an, wie der Graph von f_k (k allgemein) aus dem Graphen von f_0 $(k = 0)$ hervorgeht.

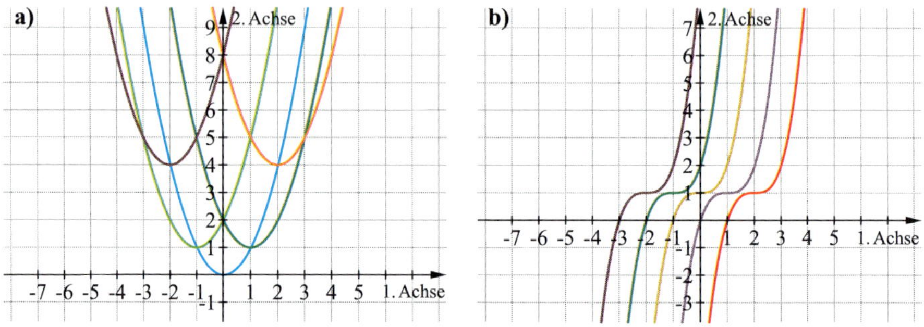

Scharen von Exponentialfunktionen

15.

Für $k \in \mathbb{R}$, $k \neq 0$, ist eine Funktionenschar f_k gegeben durch $f_k(x) = \frac{e^x}{k} + \frac{k}{e^x}$.

a) Untersuche die Graphen von f_k und bestimme Ortslinien für die Extrempunkte. Zeichne die Graphen von f_k für $k = -2$ und $k = 2$ sowie die Ortslinien der Extrempunkte.

b) Durch welche Abbildung geht für $k, l \in \mathbb{R}$ mit $k \neq 0$ und $l \neq 0$ der Graph von f_l aus dem Graphen von f_k hervor?

16.

Für $k \in \mathbb{R}$ ist eine Funktionenschar f_k gegeben durch $f_k(x) = (x^2 - kx) \cdot e^{-x}$.

a) Untersuche die Funktion f_k. Skizziere den Graphen für $k = -2$, $k = 0$ und für $k = 2$.

b) Zeige, dass die Extrempunkte aller Funktionen f_k auf dem Graphen zu $y = \frac{x^2}{x-1} e^{-x}$ liegen.

c) Für welches k hat der Tiefpunkt T_k den größten y-Wert?

17.

Für $k \in \mathbb{R}$ ist eine Funktionenschar f_k gegeben durch $f_k(x) = (x^3 - kx^2) \cdot e^x$.

a) Untersuche die Graphen von f_k auf Achsenschnittpunkte, Extrempunkte, Verhalten für $x \to -\infty$ bzw. für $x \to \infty$.
Skizziere die Graphen für $k = -2$, $k = 0$ und für $k = 2$.

b) Auf dem Graphen welcher Funktion liegen die Extrempunkte aller Funktionen f_k?

18.

Begründe: Durch f_k und g_k mit $k \in \mathbb{R}$ sind dieselben Funktionenscharen gegeben.

a) $f_k(x) = k\,e^x$; $g_k(x) = e^{x-k}$

b) $f_k(x) = k\,e^x$; $g_k(x) = 3k\,e^x$

c) $f_k(x) = (x-k)\,e^{-x}$; $g_k(x) = (x+k)\,e^{-x}$

d) $f_k(x) = 1 - \frac{k}{1+e^{-x}}$; $g_k(x) = \frac{1-k\,e^x}{1+e^x}$

Scharen weiterer Funktionstypen

19.
Für $k \in \mathbb{R}$ ist $f_k(x) = \frac{x^2 - 2 \cdot k \cdot x + k}{x}$. Untersuche die Funktionsgraphen und skizziere die Graphen von f_0 und f_1.

20.
Für $k \in \mathbb{R}$ ist $f_k(x) = \frac{x^3 - 3 \cdot k \cdot x^2 + 4 \cdot k^3}{x^2}$.

a) Untersuche die Funktionsgraphen und skizziere die Graphen von f_{-1} und f_1.
Zeige, dass die 1. Achse Ortslinie für alle Extrempunkte ist.

b) Zeige, dass für $k \in \mathbb{R}$ die Graphen von f_k und f_{-k} zueinander symmetrisch sind.

21.
Eine Funktionenschar f_k ist gegeben durch $f_k(x) = \frac{x^3 + k \cdot x^2 - (2 \cdot k + 3) \cdot x + k + 2}{x}$, $k \in \mathbb{R}$.

a) Untersuche die Graphen von f_k auf Achsenschnittpunkte, Extrempunkte, Wendepunkte und asymptotisches Verhalten. Skizziere die Graphen der verschiedenen Typen (z. B. $k = -3; -2; 0; 6; 8$).

b) Zeige, dass die Wendepunkte aller Funktionsgraphen auf dem Graphen einer ganzrationalen Funktion 4. Grades liegen.

22.
Gegeben ist die Funktionenschar f_r mit $f_r(x) = \sqrt{r^2 - x^2}$, $r > 0$.
Bestimme r so, dass der Graph von f_r die Gerade zu $y = -\frac{3}{4}x + 9\frac{3}{8}$ berührt. Bestimme auch den Berührpunkt.

Anwendungen

23.
Für $0 \le u \le 9$ und $0 \le v \le 9$ ist eine (Produktions-)Funktion gegeben durch $y = u^2(9 - u)\, v^2(9 - v)$.

a) Untersuche die Funktion zu $y = f_v(u) = u^2(9 - u)\, v^2(9 - v)$ für $0 \le u \le 9$.
Zeichne die Graphen von f_v für $v = 0; 3; 6; 9$.

b) Vergleiche die Funktionen g_u mit $y = g_u(v) = u^2(9 - u)\, v^2(9 - v)$ für $0 \le v \le 9$ mit den Funktionen f_v aus Teilaufgabe a).

c) Für welche Werte u und v wird $y = u^2(9 - u)\, v^2(9 - v)$ maximal?

24.
Logistisches Wachstum einer Population wird durch die Funktion f mit $f(t) = \frac{G}{1 + c \cdot G e^{-rGt}}$ beschrieben, wobei G eine obere Grenze für die Größe f(t) der Population ist, $c > 0$ durch die Größe der Population zum Zeitpunkt $t = 0$ festgelegt ist und $r > 0$ die Wachstumsgeschwindigkeit bestimmt.

a) Berechne, welcher Zusammenhang zwischen dem Wert von c und der Größe der Population zum Zeitpunkt $t = 0$ besteht.

b) Bestimme für $G = 1000$ und $f(0) = 100$ den Wert von c, und untersuche dann die Funktionenschar f_r in Abhängigkeit von $r \in \mathbb{R}_+$.
Skizziere den Graphen von f_r für $r = 10^{-4}\,d^{-1}$.

d bedeutet Tag, von lat. dies, engl. day.

Blickpunkt

Funktionsuntersuchungen mithilfe eines CAS

Nutzt man bei der Untersuchung von Funktionen moderne Taschencomputer, so kann man anders verfahren, als üblicherweise bei Funktionsuntersuchungen, bei denen man solche Technik nicht zur Verfügung hat. Man kann sich z. B. schnell einen Überblick über den Verlauf des Graphen verschaffen. Das Resultat muss jedoch in jedem Fall kritisch konstruktiv betrachtet und weiter hinterfragt werden. Auch beim Einsatz eines CAS ist ein fundiertes Wissen über Eigenschaften von Funktionen und über die mathematischen Methoden zur Untersuchung von Funktionen unerlässlich.

> *Aufgabe:*
> Die Funktionenschar f_k mit $f_k(x) = (x^2 - k \cdot x) \cdot e^x$ soll für $k \geq 0$ untersucht werden.
> Dabei wird hier der TI-92 verwendet.

Einen ersten Überblick verschaffen

Bei Funktionenscharen bietet es sich an, die STO-Taste zur Definition der Funktion zu benutzen. Die Funktion wird dabei als eine Funktion mit zwei Variablen eingegeben. Die Vorteile dieses Vorgehens werden im Folgenden schnell deutlich.

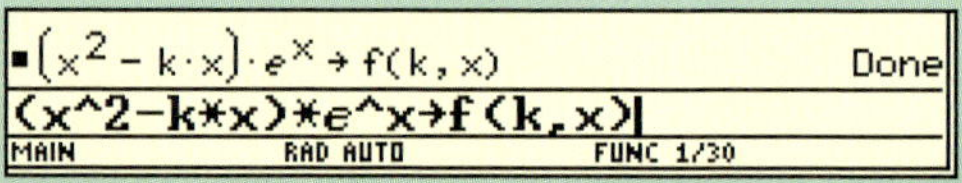

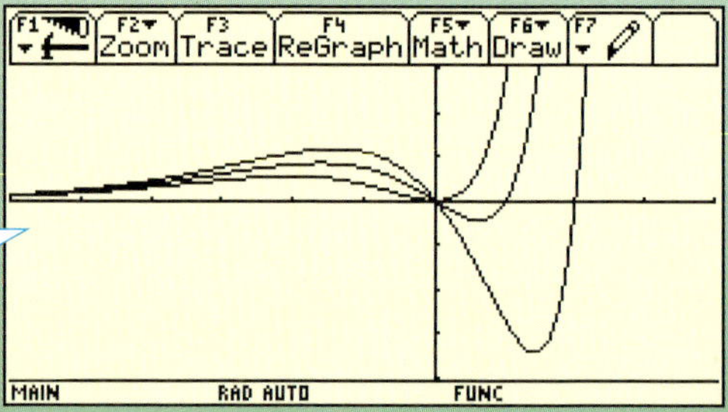

$-6 \leq x \leq 4$
$-4 \leq y \leq 3$

Im linken Fenster des Funktioneneditors ist zu erkennen, dass wir die Graphen für $k = 0$, $k = 1$ und $k = 2$ gezeichnet haben. Zeichne mit deinem Rechner!

Fragen, die sich aus dem ersten Überblick ergeben

Beantworte nach einem ersten Überblick die folgenden Fragen:

1. Welche Nullstellen haben die Graphen? *Hinweis:* Dazu ist kein CAS nötig.
2. Wie verhalten sich die Funktionswerte von f_k für $x \to -\infty$ bzw. $x \to \infty$?
3. Welche Extrempunkte hat der Graph von f_k? *Hinweis:* Rechts wird gezeigt, wie die Extremstellen mithilfe des TI-92 bestimmt werden. Erkläre die Eingabe und berechne die Extremstellen mithilfe deines CAS.
4. Auf welcher Ortslinie liegen die Extrempunkte aller Funktionen f_k? Verfahre wie in Aufgabe 2b auf Seite 103. (Achtung, nicht jedes CAS kann dieses Verfahren so realisieren. Man muss eventuell $k = t$ und $x = g(k)$ durch $x = g(t)$ ersetzen und dann $f(t, g(t))$ bestimmen.) Zeichne die Ortslinie wie rechts dargestellt in das selbe Ansichtsfenster wie die Graphen von f_0, f_1 und f_2.

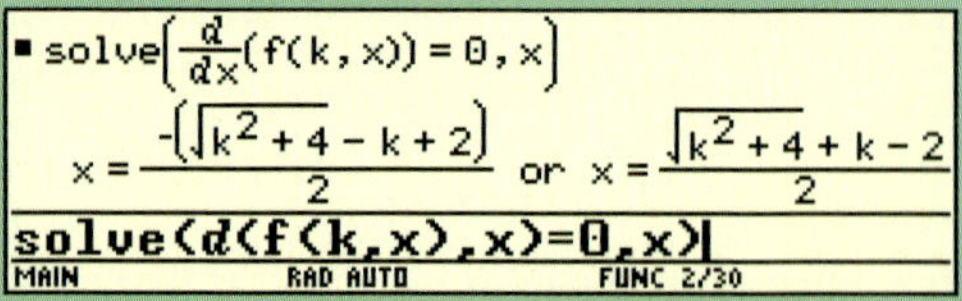

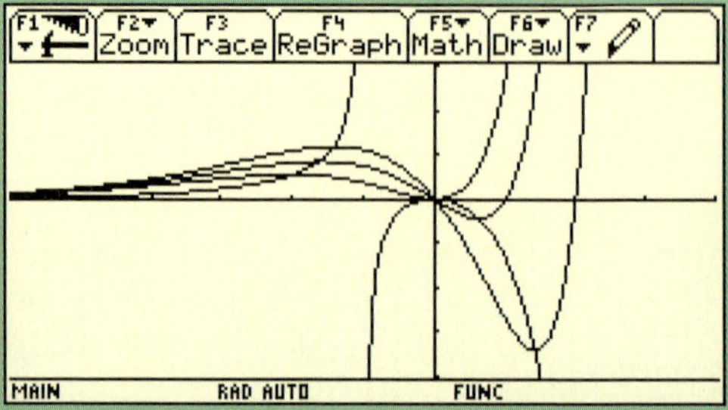

Fragen zum Basiswissen

- Welche Schritte muss man beim Bestimmen von ganzrationalen Funktionen mit vorgegebenen Eigenschaften durchführen? (Seite 89)
- Welche Schritte muss man beim Lösen von Extremwertaufgaben durchführen? (Seite 95)
- Wie findet man Ortslinien charakteristischer Punkte bei Funktionenscharen? (Seite 103)
- Wie kann man mit einer Funktionenschar eine Fläche im 3-dimensionalen Raum beschreiben? (Seite 103)

Klausurtraining A

1.

a) Bestimme eine ganzrationale Funktion 4. Grades so, dass für den Graphen gilt: $O(0\,|\,0)$ ist Sattelpunkt und $T(2\,|\,-4)$ ist Tiefpunkt.

b) Bestimme *alle* ganzrationalen Funktionen 4. Grades, deren Graphen $O(0\,|\,0)$ als Sattelpunkt haben und durch den Punkt $P(2\,|\,-4)$ verlaufen.

c) Bestimme die Ortslinie der Extrempunkte aller Funktionen aus Teilaufgabe b).

d) Bestimme unter allen Funktionen aus Teilaufgabe b) diejenige, deren Tiefpunkt der 1. Achse am nächsten liegt.

2.

Zwei Straßen (Halbgeraden) sollen durch einen Übergangsbogen verbunden werden, dessen Graph eine Polynomfunktion möglichst niedrigen Grades sein soll.

a) Der Übergangsbogen soll an den Anschlussstellen linear auslaufen.

b) Der Übergangsbogen soll an den Anschlussstellen in der ersten und in der zweiten Ableitung mit den Halbgeraden übereinstimmen.

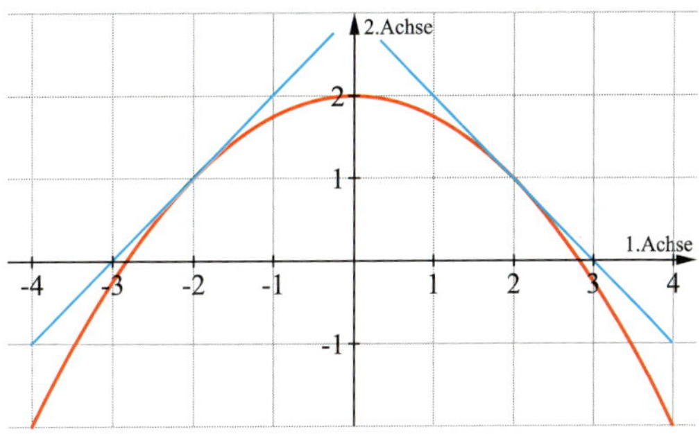

3.

Ein Betrieb bietet mehrere Sorten eines Motorgetriebes an, die nacheinander auf derselben Produktionsanlage gefertigt werden. Für das Einstellen der Produktionsanlage für die Fertigung einer bestimmten Getriebeart entstehen jeweils Kosten in Höhe von 20 000 €. Diese Kosten sind unabhängig von der Anzahl der anschließend hergestellten Getriebe (auflagefixe Kosten). Andererseits verursachen die hergestellten Getriebe hohe Lager- und Zinskosten, wenn sie nicht sofort nach der Herstellung verkauft bzw. weiter verwendet werden. Der Lagerkostensatz (Zins- und Lagerkosten pro Produkteinheit und Jahr) betrage 5 € (auflageproportionale Kosten).

Von dem Getriebe mit der Typenbezeichnung „UX 2010" werden jährlich 5000 Exemplare abgesetzt. Der Betrieb steht vor der Frage, ob er den gesamten Bedarf in *einer* Auflage produzieren soll oder ob er in mehreren Auflagen produzieren soll. Im ersteren Fall wären die auflagefixen Kosten minimal, aber es würden hohe Lagerkosten entstehen. Im zweiten Fall wären die Lagerkosten geringer, aber die Einstellungskosten höher.
Wird die Fertigungsmenge x der einzelnen Auflagen so gewählt, dass die Gesamtkosten minimal sind, so spricht man von der optimalen Losgröße.

a) Zeige, dass bei gleichmäßigem Abrufen der Produkte vom Lager und bei Vernachlässigung der Produktionszeit die Lagerkosten $k(x) = 5 \cdot \frac{x}{2}$ betragen.

b) Zeige, dass die Einstellungskosten $e(x) = 20000 \cdot \frac{5000}{x}$ betragen.

c) Bestimme die optimale Losgröße für die Gesamtkosten $K(x) = k(x) + e(x)$.

d) Es bezeichne allgemein D den Jahresbedarf für das Produkt „UX 2010", K_0 die Kosten für die Einstellung der Produktionsanlage und k den Lagerkostensatz.
Zeige: Die Gesamtkosten betragen bei einer Auflagenhöhe x und bei Vernachlässigung der Produktionszeit: $K(x) = k \cdot \frac{x}{2} + K_0 \cdot \frac{D}{x}$.
Bestimme die optimale Losgröße.

e) Was ergibt sich bei Berücksichtigung der Produktionszeit t_0?

4.
Gegeben ist eine Kurvenschar durch $y = x^5 - kx^2$ und $k \in \mathbb{R}$.

a) Welchen Punkt haben alle Graphen der Schar gemeinsam?

b) Zeige, dass für $k \neq 0$ die Kurven zu $y = x^5 + kx^2$ und zu $y = x^5 - kx^2$ zueinander symmetrisch sind.

c) Untersuche alle Graphen der Schar auf Extrempunkte und Wendepunkte und gib Ortslinien für diese Punkte an.

d) Zeichne die Graphen zu $y = x^5 + 2x^2$ und zu $y = x^5 - 2x^2$ sowie die Ortslinien aus Teilaufgabe c) in ein Koordinatensystem.

e) Zeige, dass für alle Kurven das Verhältnis der Wendestelle zur (von Null verschiedenen) Nullstelle gleich ist.
Lässt sich auch eine entsprechende Aussage für die Extremstellen machen?

Klausurtraining B

1.

a) Es ist $f(x) = p(x) \cdot e^x$ mit einem Polynom $p(x)$. Bestimme alle Funktionen f, deren Graphen an den Stellen -3 und 0 Extrempunkte haben und der Grad von $p(x)$ möglichst klein ist.

b) Zeige, dass für jede Funktion f_a mit $f_a(x) = a(x^2 + x - 1)e^x$ mit $a \neq \frac{\sqrt{3}}{3}$ der Punkt $P(0 \mid -a)$ ein Punkt des Funktionsgraphen von f_a ist, der vom Koordinatenursprung lokal einen extremalen Abstand hat.
Was ergibt sich für $a = \frac{\sqrt{3}}{3}$?

2.
Ein Kolben eines Wankelmotors soll durch drei deckungsgleiche parabelförmige Bögen begrenzt werden, die sich jeweils unter einem Winkel von 120° schneiden. Der „Radius" vom Koordinatenmittelpunkt zu den Eckpunkten beträgt 4.
Berechne die Gleichung der oberhalb der 1. Achse gelegenen Parabel.

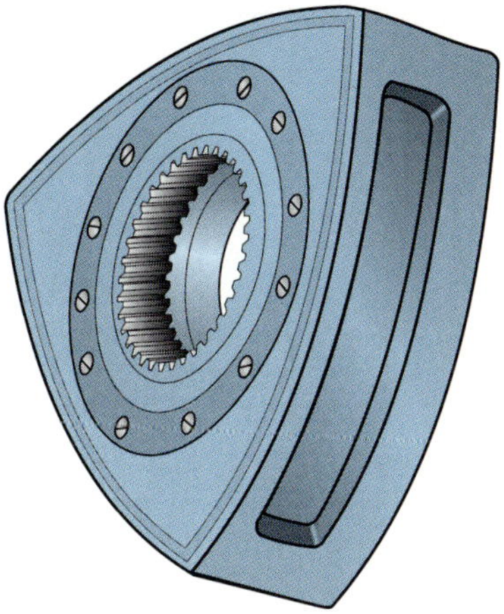

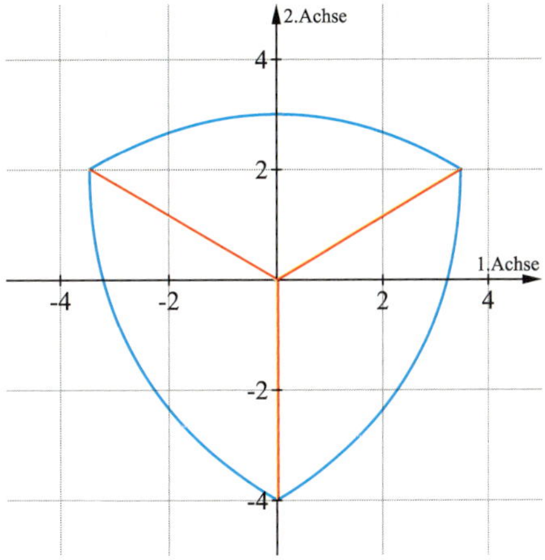

3.

Eine Firma will aus 45 cm × 90 cm großen Kartons Schachteln nach dem nebenstehenden Falzmuster herstellen.
Die Schachteln sollen ein möglichst großes Volumen haben. Vernachlässige bei der Lösung die Dicke des Kartons.

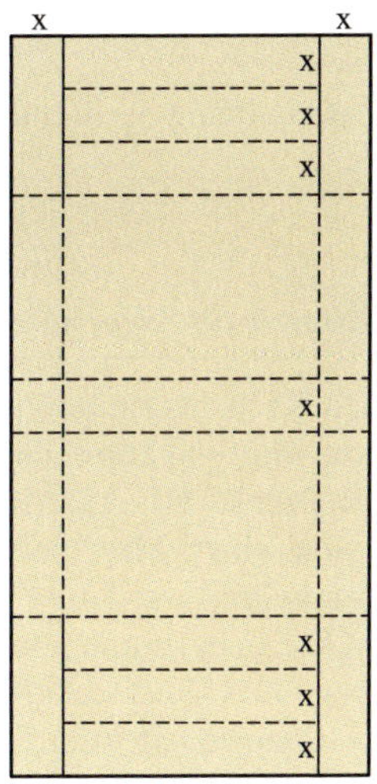

4.
Für $k \in \mathbb{R}$ ist eine Funktionenschar f_k gegeben durch $f_k(x) = \frac{1 - k\,e^x}{1 + e^{-x}}$.

a) Untersuche für welche $k \in \mathbb{R}$ der Graph von f_k Nullstellen bzw. Extremstellen besitzt. Bestimme gegebenenfalls die Nullstellen und die Extremstellen.

b) Bestimme eine Ortslinie für die Extrempunkte aller Funktionsgraphen der Schar und begründe, dass alle Extremwerte der Funktionenschar f_k zwischen 0 und 1 liegen.

c) Welcher Funktionsgraph verläuft durch den Koordinatenursprung?
Zeichne diesem Graphen sowie die Ortslinie der Extrempunkte in ein Koordinatensystem.

Exkurs

Algorithmus als zentraler Begriff

1. Zum Begriff des Algorithmus

Die Funktionsuntersuchungen ganzrationaler Funktionen laufen immer nach demselben Schema wie bei einer Maschine ab (vgl. z. B. die Unterordnung ganzrationaler Funktionen in der Klasse 11).
Sie können von einem Computer durchgeführt werden. Gibt man eine Funktion ein, so werden Nullstellen, Extrema, Wendepunkte usw. ausgegeben.
Solche Schemata für Abläufe sind *Algorithmen.*

> Ein **Algorithmus** ist ein allgemeines, bis in die Einzelheiten festgelegtes, endliches Verfahren, welches zu vorgegebenen Eingangsgrößen Ausgangsgrößen angibt.

Dies ist eine Beschreibung des intuitiven Algorithmusbegriffs.

2. Weitere Beispiele für Algorithmen

Die schriftlichen Rechenverfahren der Addition, Subtraktion, Multiplikation und Division sind weitere Beispiele für Algorithmen. Sie können auch von einer Maschine, dem Taschenrechner, ausgeführt werden.
In diesem Band kommen kommen u. a. folgende Algorithmen vor: Das Rechteckverfahren (S. 215), das Trapezsummenverfahren (S. 218), die Simpson'sche Regel (S. 221), die numerische Berechnung der Bogenlänge (S. 224) und ein numerisches Verfahren zum Lösen von Differentialgleichungen (S. 298). Aus der 11. Klasse kennen wir schon das Verfahren der Polynomdivision, das Newton'sche Verfahren und das Heronverfahren. Zu jedem dieser Algorithmen kann ein Computer-Programm angegeben werden. Computer können nur nach Algorithmen arbeiten.
Auch im *Alltag* gibt es Algorithmen wie Kochrezepte, Montageanleitungen, Gebrauchsanleitungen, Bedienungsanleitungen, Spielregeln.

AL CHWARIZMI (gest. etwa 850 n. Chr.)

stammt aus Choresm südlich des Aral-Sees in Mittelasien, lebte aber viele Jahre als hochangesehener Gelehrter in Bagdad. Sein Lehrbuch über die schriftlichen Rechenverfahren machte mit den indischen Ziffern $0, 1, 2, \ldots, 9$ und dem Stellenwertsystem bekannt. Der Name Al Chwarizmi wurde lateinisch zu Algorismi. Daraus wurde Algorithmus.

RAIMUNDUS LULLUS (1235 – 1315)

war ein spanischer Theologe, Philosoph und Dichter. Durch sein schriftstellerisches Werk gilt er als Begründer der katalanischen Schriftsprache. Als Philosoph hatte er die Vision von universellen Maschinen, mit denen man die Wahrheiten eines speziellen Wissensgebietes „errechnen“ kann. Seine Ideen hatten großen Einfluss auf LEIBNIZ.

---

3. Visualisierung durch eine Black Box

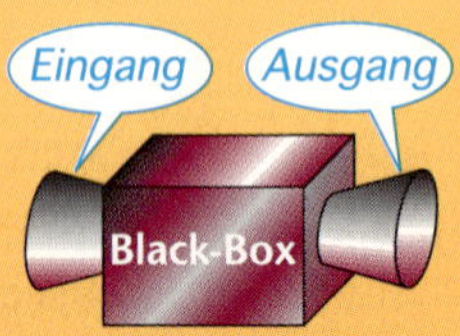

Man kann sich einen Algorithmus als eine Maschine mit einem Eingang für die Eingangsgrößen und einem Ausgang für die Ausgangsgrößen vorstellen. Den genauen Mechanismus der Maschine muss man nicht unbedingt kennen. Er kann im Dunkeln bleiben, daher der Name Black Box.

4. Der Algorithmusbegriff in der Geistesgeschichte

Philosophen sind von der Idee fasziniert gewesen, die Wahrheiten eines Wissensgebietes durch Algorithmen berechnen zu können. Anfänge solcher Überlegungen finden wir bei Raimundus Lullus und bei Leibniz.
Descartes (1598 – 1650) sah die Bedeutung der von ihm erfundenen Analytischen Geometrie vor allem darin, algebraische Algorithmen zur Lösung geometrischer Probleme einsetzen zu können.
Doch ist es gelungen, Probleme zu benennen, welche nicht durch einen Algorithmus gelöst werden können. Das war eine große geistige Leistung, die hier nicht im Einzelnen dargelegt werden kann.
Für einen solchen Unmöglichkeitsbeweis, muss der intuitive Begriff des Algorithmus präzisiert werden. Das gelang als erstem dem englischen Logiker und Mathematiker Turing mit der sog. Turing-Maschine.
Es gibt weitere Präzisierungen des Algorithmusbegriffs, die alle untereinander äquivalent sind.
So sind Ablaufschemata, welche durch ein korrektes Computer-Programm beschrieben werden können, Algorithmen in diesem präzisierten Sinne.

5. Der sinnvolle Umgang mit Algorithmen

Die Durchführung eines Algorithmus ist im Grunde geistlos und langweilig. Es bedarf dazu keinerlei schöpferischer Phantasie.
Geistreich sind das Erfinden von Algorithmen, das Aufstellen von Programmen zu Algorithmen und der raffinierte Einsatz von Algorithmen. Es verdient daher eine höhere Wertschätzung, wenn z.B. bei einer Funktionsuntersuchung anstelle einer sturen vollständigen Anwendung des Schemas geschicktes schließendes Argumentieren Teile des Schemas überflüssig macht.
Andererseits entlastet ein Algorithmus auch bei der geistigen Arbeit, da er im wesentlichen ohne Denkleistung durchgeführt werden kann.

Die Ars cumbinatoria von Gottfried Wilhelm Leibniz (1646 – 1716)
Angeregt durch R. Lullus und die Analytische Geometrie von Descartes hatte Leibniz die Idee einer universalen logisch-mathematischen Methode, mit der man gewissermaßen maschinell auf kombinatorischem Wege Wahrheiten gewinnen (ars inveniesdi) oder über Wahrheit oder Falschheit entscheiden könne (ars iudicandi).

Alan Mathison Turing (1912 – 1954)

Auf den englischen Mathematiker Turing geht die erste Präzisierung des Algorithmusbegriffs zurück. Dies geschah in den Jahren 1936/37 mit der Erfindung einer Maschine, die nach seinem Erfinder Turing-Maschine genannt wurde.
Danach ist ein Algorithmus ein Verfahrensschema, welches durch eine Turing-Maschine beschreibbar ist.

Turing-Maschine
Eine Turing-Maschine besteht aus einem in Zellen eingeteilten Rechenband, einem inneren Speicher, der endlich viele Zustände $q_0, q_1, \ldots, q_n$ annehmen kann und dem Lese- und Schreibkopf, der die Zellen des Rechenbandes lesen und überschreiben kann.
Die Maschine arbeitet in Takten nach Befehlen (z.B. Schreibbefehl, Transportbefehle L bzw. R für den Lese- und Schreibkopf).

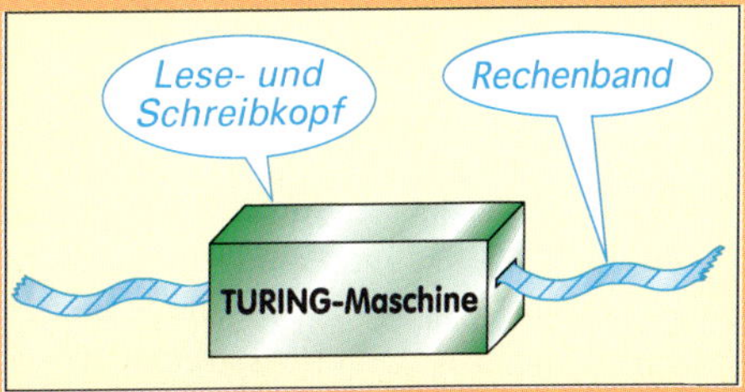

3. INTEGRALRECHNUNG

Flächeninhalt von Vielecken

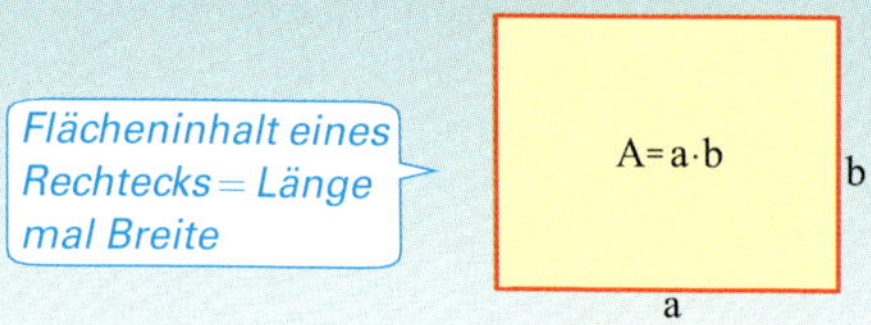

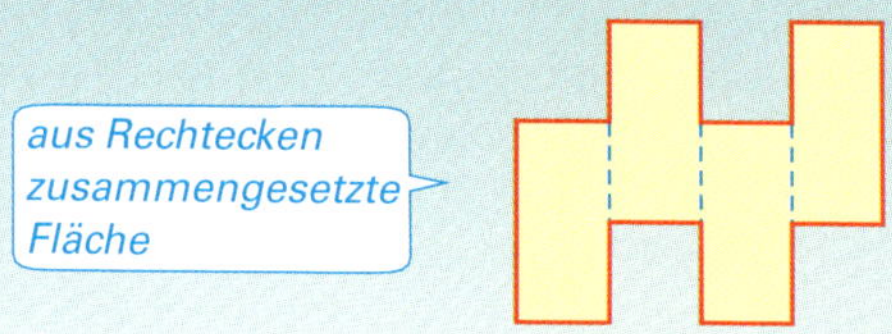

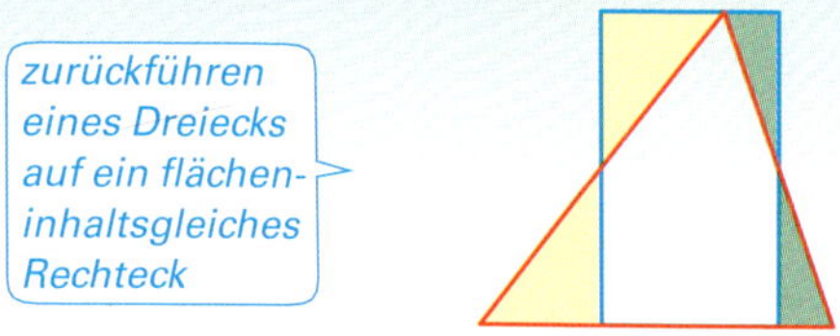

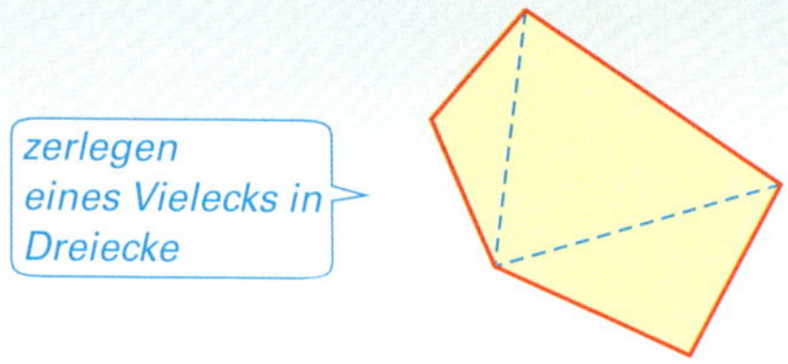

Bereits im 5. Schuljahr lernt man, wie man den Flächeninhalt A eines Rechtecks aus den Seitenlängen a und b berechnen kann. Auch für Flächen, die aus Rechtecken zusammengesetzt sind, kann man den Flächeninhalt durch Addition der Flächeninhalte der Rechtecke bestimmen.

In der Klasse 7 erfolgt eine erste Erweiterung der Flächeninhaltsberechnung auf Parallelogramme, Dreiecke und Trapeze. Die Strategie besteht darin, die jeweiligen Figuren auf flächeninhaltsgleiche Rechtecke zurückzuführen. Den Flächeninhalt eines Vielecks bestimmt man durch Zerlegen in Dreiecke.

Flächeninhalt des Kreises

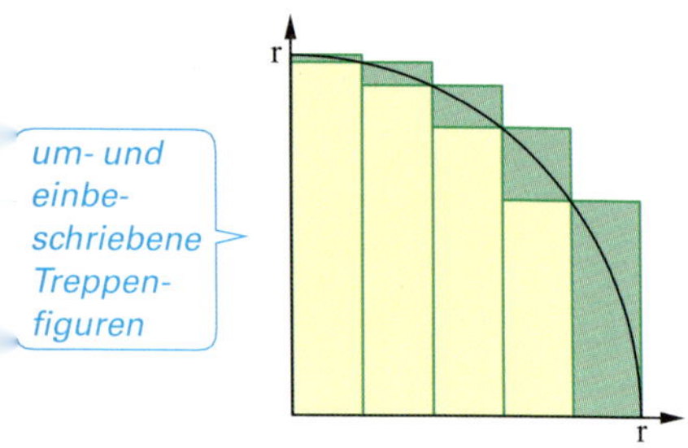

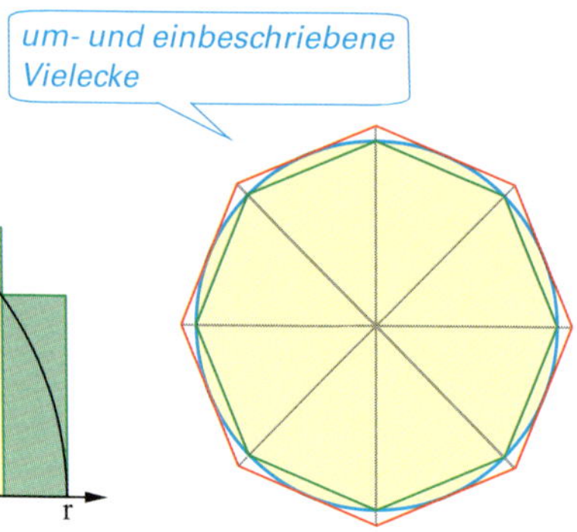

In der Klasse 10 wird erkannt: Den Flächeninhalt A eines Kreises berechnet man mithilfe der Formel $A = \pi \cdot r^2$. Damit ist der Flächeninhalt einer besonderen krummlinig berandeten Fläche bestimmt. Als Verfahren bedient man sich der *Ausschöpfung* durch einbeschriebene Treppenfiguren oder durch einbeschriebene Vielecke.

Flächeninhalt krummlinig berandeter Flächen

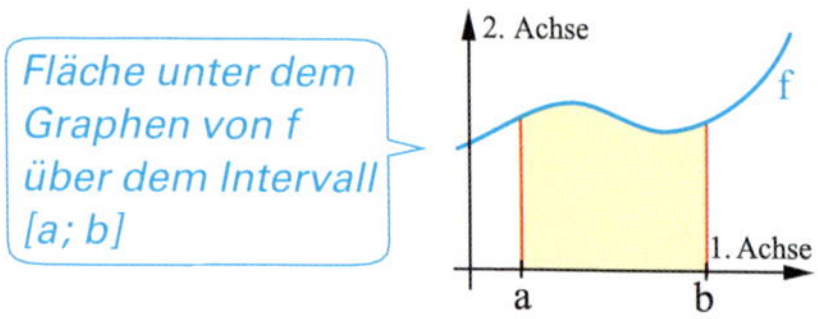

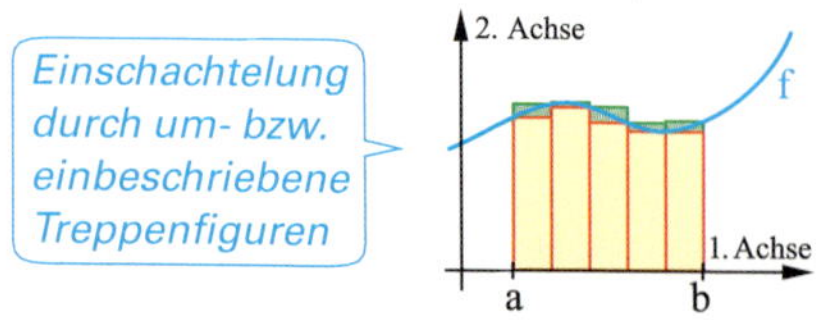

Eines der Ziele der Integralrechnung ist, den Flächeninhalt der Fläche unter dem Graphen einer Funktion f über einem Intervall [a; b] zu bestimmen. Als Verfahren eignet sich, wie schon beim Kreis, die „*Einschachtelung*" der Fläche durch einbeschriebene und umbeschriebene Treppenfiguren.

Der zentrale Begriff der Integralrechnung ist der des Integrals. In seiner geometrischen Definition (vgl. S. 123) spielt der Flächeninhalt, genauer der *orientierte Flächeninhalt* (vgl. S. 122) eine große Rolle.

3.1 Das Integral

3.1.1 Berechnen des Flächeninhalts einer Fläche unter dem Graphen einer Funktion im 1. und 2. Quadranten

Einführung **Berechnen des Flächeninhalts der Fläche unter dem Graphen der Funktion f mit $f(x) = x^2$ über dem Intervall [0; 1]**

(1) Der Grundgedanke des Berechnungsverfahrens

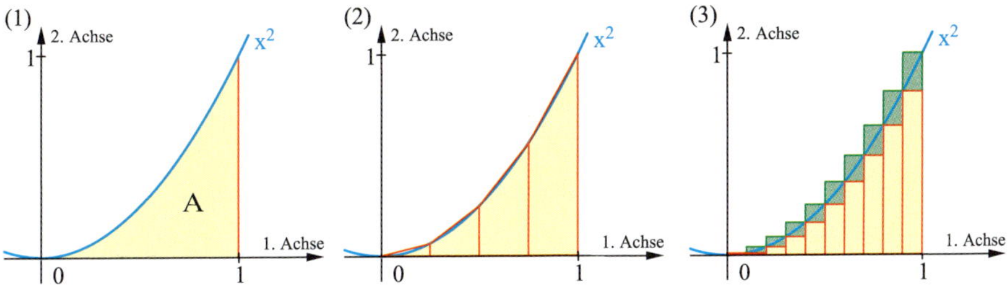

Wir wollen ein Verfahren entwickeln, mit dem man den Flächeninhalt A der Fläche unter dem Graphen der Funktion f mit $f(x) = x^2$ über dem Intervall [0; 1] berechnen kann (vergleiche Bild (1) oben).

Es ist zunächst naheliegend, die Fläche in gleich breite Streifen zu zerlegen. Dazu wird das Intervall [0; 1] z. B. in 4 gleich lange Teile zerlegt.
Über jedem dieser Teilintervalle zeichnen wir ein Näherungstrapez. Der Flächeninhalt aller dieser Trapeze zusammen ist ein Näherungswert für den gesuchten Flächeninhalt (vergleiche Bild (2) oben).
Rechnerisch einfacher ist es, über jedem der Teilintervalle *Rechtecke* zu zeichnen. Man erhält *einbeschriebene und umbeschriebene Treppenfiguren* (vergleiche Bild (3) oben).
Ist $\underline{S}_n$ der Flächeninhalt der einbeschriebenen Treppenfigur und $\overline{S}_n$ der Flächeninhalt der umbeschriebenen Treppenfigur, so gilt: $\underline{S}_n \le A \le \overline{S}_n$. Damit erhalten wir eine Einschachtelung des gesuchten Flächeninhalts A.
Dann wollen wir die Anzahl n der Teilintervalle über alle Grenzen wachsen lassen.

(2) Durchführung des Verfahrens

1. Schritt: *Einteilen des Intervalls [0; 1] in n Teilintervalle und Berechnen der Funktionswerte in den Teilpunkten*

1.1 Bestimmen der Teilpunkte
$x_0, x_1, x_2, \ldots, x_n$.

Jedes Teilintervall hat die Länge $\Delta x = \frac{1}{n}$.

Es gilt: $x_0 = 0;\quad x_1 = 1 \cdot \frac{1}{n};\quad x_2 = 2 \cdot \frac{1}{n}; \ldots;$

$x_{n-1} = (n-1) \cdot \frac{1}{n};\quad x_n = n \cdot \frac{1}{n} = 1$

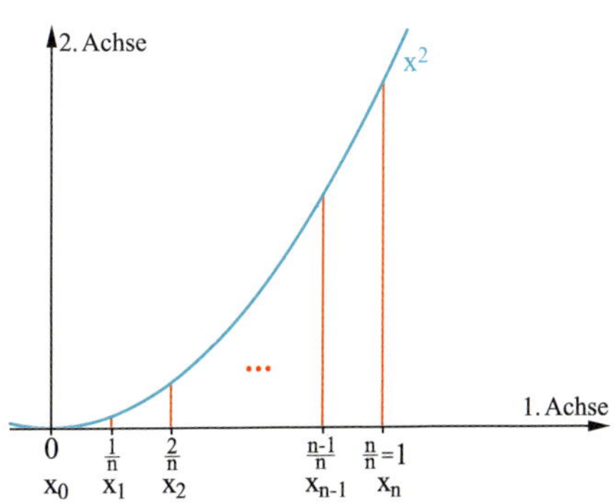

1.2 Bestimmen der Funktionswerte in den Teilpunkten

$$\begin{aligned}
f(x_0) &= f(0) &&= 0^2 &&= 0\\
f(x_1) &= f\left(1\cdot\tfrac{1}{n}\right) &&= \left(1\cdot\tfrac{1}{n}\right)^2 &&= 1\cdot\tfrac{1}{n^2}\\
f(x_2) &= f\left(2\cdot\tfrac{1}{n}\right) &&= \left(2\cdot\tfrac{1}{n}\right)^2 &&= 4\cdot\tfrac{1}{n^2}\\
&\vdots &&\vdots &&\vdots\\
f(x_{n-1}) &= f\left((n-1)\cdot\tfrac{1}{n}\right) &&= \left((n-1)\cdot\tfrac{1}{n}\right)^2 &&= (n-1)^2\cdot\tfrac{1}{n^2}\\
f(x_n) &= f\left(n\cdot\tfrac{1}{n}\right) &&= \left(n\cdot\tfrac{1}{n}\right)^2 &&= n^2\cdot\tfrac{1}{n^2} = 1
\end{aligned}$$

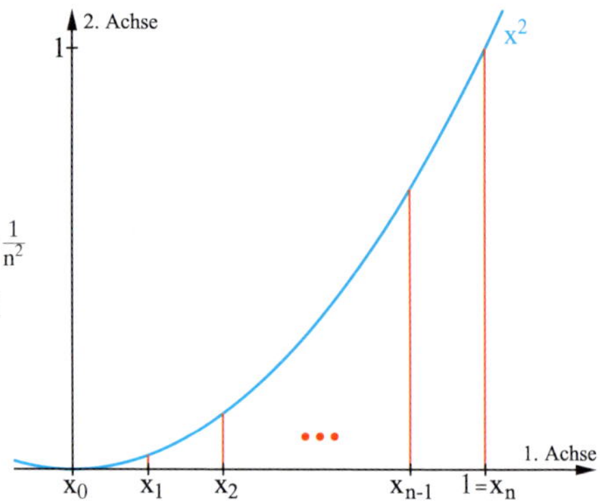

2. Schritt: *Berechnen des Flächeninhalts der Treppenfiguren*

2.1 Berechnen des Flächeninhalts $\underline{S}_n$ der unteren Treppenfigur

Die Rechtecke haben alle dieselbe Breite $\Delta x = \frac{1}{n}$.

Für die sogenannte *Untersumme $\underline{S}_n$* gilt:

$$\begin{aligned}
\underline{S}_n &= f(x_0)\cdot\Delta x + f(x_1)\cdot\Delta x + f(x_2)\cdot\Delta x\\
&\quad + \ldots + f(x_{n-1})\cdot\Delta x\\
&= 1\cdot\frac{1}{n^2}\cdot\frac{1}{n} + 4\cdot\frac{1}{n^2}\cdot\frac{1}{n} + \ldots + (n-1)^2\cdot\frac{1}{n^2}\cdot\frac{1}{n}\\
&= \frac{1\cdot 1}{n^2\cdot n}\cdot\left(1+4+\ldots+(n-1)^2\right)
\end{aligned}$$

$1+4+9+\ldots+m^2 = \frac{m\cdot(m+1)\cdot(2m+1)}{6}$
vgl. Aufgabe 5 sowie Information (1)

In der Klammer steht die Summe der ersten $(n-1)$ Quadratzahlen. Dafür gibt es eine Formel. Damit ergibt sich:

$$\underline{S}_n = \frac{1}{n^3}\cdot\frac{(n-1)\cdot n\cdot(2n-1)}{6}$$

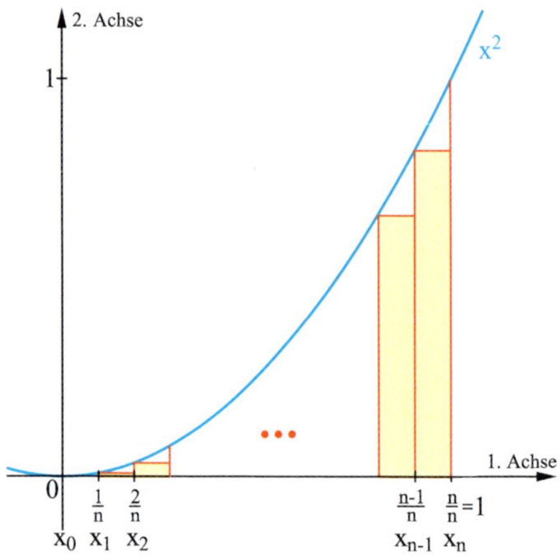

2.2 Berechnen des Flächeninhalts $\overline{S}_n$ der oberen Treppenfigur

Die Rechtecke haben alle dieselbe Breite $\Delta x = \frac{1}{n}$.

Für die sogenannte *Obersumme $\overline{S}_n$* gilt:

$$\begin{aligned}
\overline{S}_n &= f(x_1)\cdot\Delta x + f(x_2)\cdot\Delta x + \ldots\\
&\quad + f(x_n)\cdot\Delta x\\
&= 1\cdot\frac{1}{n^2}\cdot\frac{1}{n} + 4\cdot\frac{1}{n^2}\cdot\frac{1}{n} + \ldots + n^2\cdot\frac{1}{n^2}\cdot\frac{1}{n}\\
&= \frac{1\cdot 1}{n^2\cdot n}\cdot\left(1+4+9+\ldots+n^2\right)
\end{aligned}$$

In der Klammer steht die Summe der ersten n Quadratzahlen. Mit der obigen Formel ergibt sich:

$$\overline{S}_n = \frac{1}{n^3}\cdot\frac{n\cdot(n+1)\cdot(2n+1)}{6}$$

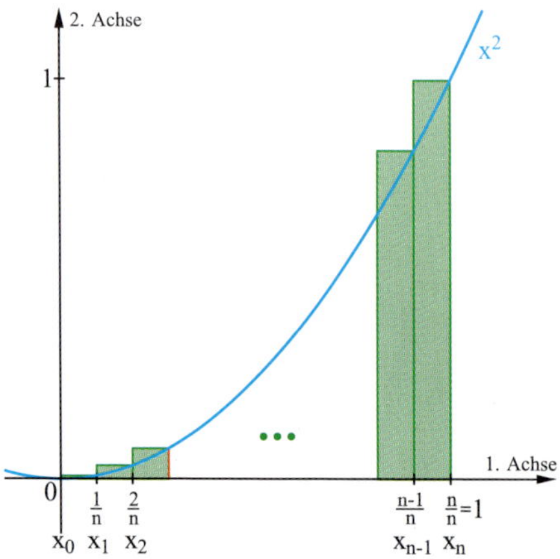

3. Schritt: *Abschätzen des gesuchten Flächeninhalts A*

Es gilt: $\underline{S}_n \leq A \leq \overline{S}_n$, also: $\frac{(n-1)\cdot n\cdot(2n-1)}{n^3\cdot 6} \leq A \leq \frac{n\cdot(n+1)\cdot(2n+1)}{n^3\cdot 6}$

Kürzen mit n^3 liefert: $\frac{1}{6}\cdot\left(1-\frac{1}{n}\right)\left(2-\frac{1}{n}\right) \leq A \leq \frac{1}{6}\cdot\left(1+\frac{1}{n}\right)\left(2+\frac{1}{n}\right)$

4. Schritt: *Genaue Bestimmung des gesuchten Flächeninhalts A*

Lässt man die Anzahl n der Teilintervalle unbegrenzt wachsen, so strebt die Breite Δx der Teilintervalle gegen 0. Die Abschätzung wird immer genauer. Durch *Bilden des Grenzwertes* auf beiden Seiten erhält man:

$$\lim_{n\to\infty}\left[\frac{1}{6}\cdot\left(1-\frac{1}{n}\right)\cdot\left(2-\frac{1}{n}\right)\right] \leq A \leq \lim_{n\to\infty}\left[\frac{1}{6}\cdot\left(1+\frac{1}{n}\right)\cdot\left(2+\frac{1}{n}\right)\right]$$

$$\frac{1}{6}\cdot\quad 1\quad\cdot\quad 2 \qquad \leq A \leq \qquad \frac{1}{6}\cdot\quad 1\quad\cdot\quad 2$$

$$\frac{1}{3} \leq A \leq \frac{1}{3}$$

Also: $A = \frac{1}{3}$

Ergebnis: Für den Flächeninhalt A der Fläche unter dem Graphen der Funktion f mit $f(x) = x^2$ über dem Intervall [0; 1] gilt: $A = \frac{1}{3}$.

Aufgabe 1 Bisher haben wir nur den Flächeninhalt einer Fläche über dem Intervall [0; 1] berechnet. Berechne jetzt den Flächeninhalt der Fläche unter dem Graphen von f mit $f(x) = x^2$ über dem Intervall [0; b].

Der Graph der Funktion f ist die Normalparabel.

Lösung **1. Schritt:** *Einteilen des Intervalls* [0; b] *in n Teilintervalle und Berechnen der Funktionswerte in den Teilpunkten*

1.1 Bestimmen der Teilpunkte $x_0, x_1, x_2, \ldots, x_{n-1}, x_n$

Jedes Teilintervall hat die Länge $\Delta x = \frac{b}{n}$ also:

$x_0 = 0$; $x_1 = 1\cdot\frac{b}{n}$; $x_2 = 2\cdot\frac{b}{n}$; $\ldots$; $x_{n-1} = (n-1)\cdot\frac{b}{n}$; $x_n = n\cdot\frac{b}{n} = b$

1.2 Bestimmen der Funktionswerte in den Teilpunkten

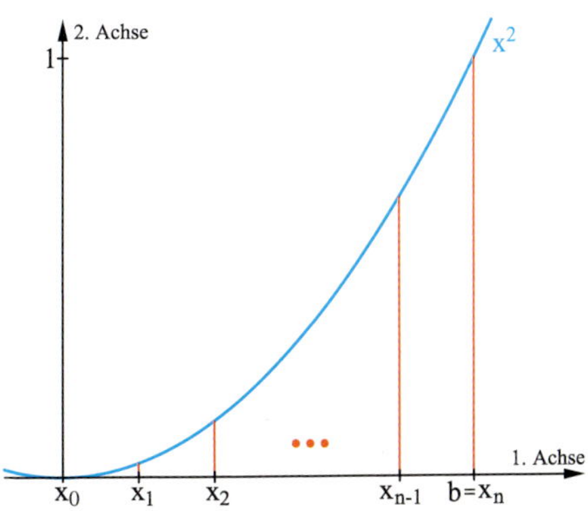

$$\begin{aligned}
f(x_0) &= f(0) &&= 0^2 &&= 0\\
f(x_1) &= f\left(1\cdot\frac{b}{n}\right) &&= \left(1\cdot\frac{b}{n}\right)^2 &&= 1^2\cdot\frac{b^2}{n^2}\\
f(x_2) &= f\left(2\cdot\frac{b}{n}\right) &&= \left(2\cdot\frac{b}{n}\right)^2 &&= 2^2\cdot\frac{b^2}{n^2}\\
&\vdots &&\vdots &&\vdots\\
f(x_{n-1}) &= f\left((n-1)\cdot\frac{b}{n}\right) &&= \left((n-1)\cdot\frac{b}{n}\right)^2 &&= (n-1)^2\cdot\frac{b^2}{n^2}\\
f(x_n) &= f\left(n\cdot\frac{b}{n}\right) &&= \left(n\cdot\frac{b}{n}\right)^2 &&= n^2\cdot\frac{b^2}{n^2}
\end{aligned}$$

2. Schritt: *Berechnen des Flächeninhalts der Treppenfiguren*

2.1 Untere Treppenfigur

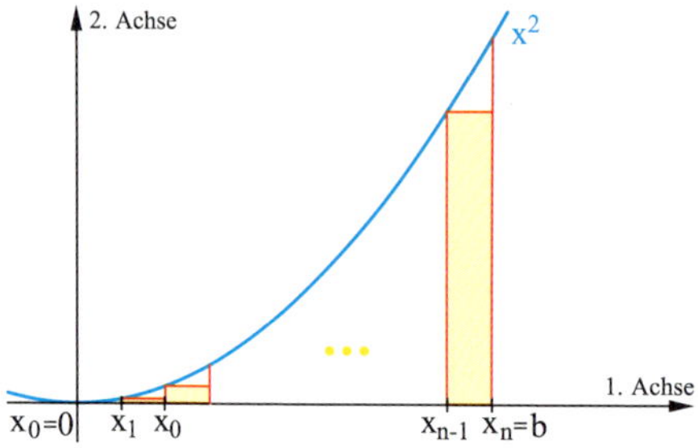

Breite der Rechtecke: $\Delta x = \frac{b}{n}$

$$\underline{S}_n = f(x_0)\cdot\Delta x + f(x_1)\cdot\Delta x + f(x_2)\cdot\Delta x + \ldots + f(x_{n-1})\cdot\Delta x$$
$$= 1^2\cdot\frac{b^2}{n^2}\cdot\frac{b}{n} + 2^2\cdot\frac{b^2}{n^2}\cdot\frac{b}{n} + \ldots + (n-1)^2\cdot\frac{b^2}{n^2}\cdot\frac{b}{n}$$
$$= \frac{b^2\cdot b}{n^2\cdot n}\cdot\left(1^2 + 2^2 + \ldots + (n-1)^2\right)$$
$$= \frac{b^3}{n^3}\cdot\frac{(n-1)\cdot n\cdot(2n-1)}{6}$$
$$= \frac{b^3}{6}\cdot\left(1-\frac{1}{n}\right)\cdot\left(2-\frac{1}{n}\right)$$

$1^1 + 2^2 + 3^2 + \ldots + m^2 = \frac{1}{6}m\cdot(m+1)\cdot(2m+1)$
vgl. Aufgabe 5 sowie Information (1)

2.2 Obere Treppenfigur

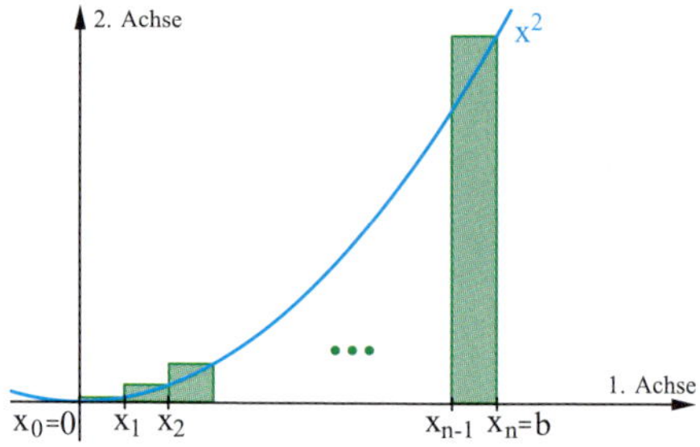

Breite der Rechtecke: $\Delta x = \frac{b}{n}$

$$\overline{S}_n = f(x_1)\cdot\Delta x + f(x_2)\cdot\Delta x + \ldots + f(x_n)\cdot\Delta x$$
$$= 1^2\cdot\frac{b^2}{n^2}\cdot\frac{b}{n} + 2^2\cdot\frac{b^2}{n^2}\cdot\frac{b}{n} + \ldots + n^2\cdot\frac{b^2}{n^2}\cdot\frac{b}{n}$$
$$= \frac{b^2\cdot b}{n^2\cdot n}\cdot\left(1^2 + 2^2 + \ldots + n^2\right)$$
$$= \frac{b^3}{n^3}\cdot\frac{(n+1)\cdot(2n+1)}{6}$$
$$= \frac{b^3}{6}\cdot\left(1+\frac{1}{n}\right)\cdot\left(2+\frac{1}{n}\right)$$

3. Schritt: *Abschätzen des Flächeninhalts A*

Es gilt: $\underline{S}_n \le A \le \overline{S}_n$, also: $\frac{b^3}{6}\cdot\left(1-\frac{1}{n}\right)\cdot\left(2-\frac{1}{n}\right) \le A \le \frac{b^3}{6}\cdot\left(1+\frac{1}{n}\right)\cdot\left(2+\frac{1}{n}\right)$

4. Schritt: *Berechnen des Flächeninhalts A*

Lässt man die Anzahl n der Teilintervalle unbegrenzt wachsen, so strebt die Rechtecksbreite Δx gegen 0. Wir erhalten für $n \to \infty$:

$\frac{b^3}{6}\cdot 1\cdot 2 \le A \le \frac{b^3}{6}\cdot 1\cdot 2$, also: $A = \frac{b^3}{6}\cdot 2 = \frac{b^3}{3}$

> Für den Flächeninhalt A der Fläche unter der Normalparabel über [0; b] gilt:
> $A = \frac{b^3}{3}$

Weiterführende Aufgaben

2. *Berechnen des Flächeninhalts von Flächen über weiteren Intervallen*

Bestimme (z.B. mithilfe der erzielten Ergebnisse) den Flächeninhalt der Fläche unter dem Graphen der Funktion f mit $f(x) = x^2$ über dem Intervall

a) [2; 3] **b)** [a; b].

3. *Berechnen des Flächeninhalts von Flächen bei weiteren Funktionen*

Bestimme den Flächeninhalt der Fläche unter dem Graphen der Funktion f über dem Intervall (1) [0; b] (2) [a; b]. Verwende bei c) die Formel für den Flächeninhalt eines Trapezes und bei d) und e) die Formel $1^3 + 2^3 + \ldots + m^3 = \frac{1}{4}m^2\cdot(m+1)^2$.

a) $f(x) = 3x^2$ **b)** $f(x) = k\cdot x^2$ **c)** $f(x) = k\cdot x$ **d)** $f(x) = x^3$ **e)** $f(x) = kx^3$

Der Inhalt der Fläche A unter dem Graphen der Funktion f über dem Intervall $[a; b]$ mit $0 \leq a < b$ beträgt für $k > 0$:

- bei $f(x) = k \cdot x$: $A = \frac{k}{2} \cdot (b^2 - a^2)$
- bei $f(x) = k \cdot x^2$: $A = \frac{k}{3} \cdot (b^3 - a^3)$
- bei $f(x) = k \cdot x^3$: $A = \frac{k}{4} \cdot (b^4 - a^4)$

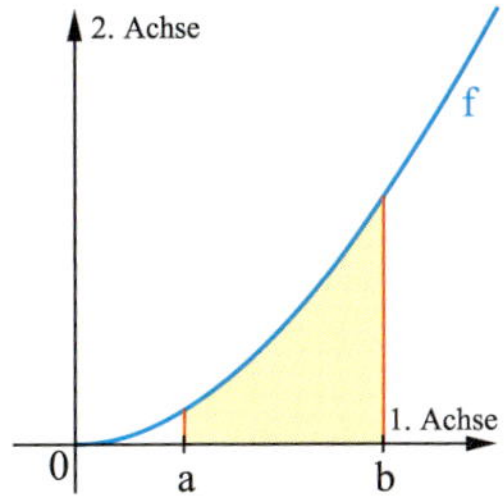

4. *Vereinfachen der Berechnung*

a) Zeige anhand der nebenstehenden Zeichnung, dass bei der Funktion f mit $f(x) = x^2$ für die Differenz von Ober- und Untersumme $\overline{S}_n$ und $\underline{S}_n$ gilt: $\overline{S}_n - \underline{S}_n = \frac{b^3}{n}$.
Welche Vereinfachung bedeutet dies für die Berechnung von Ober- und Untersumme?

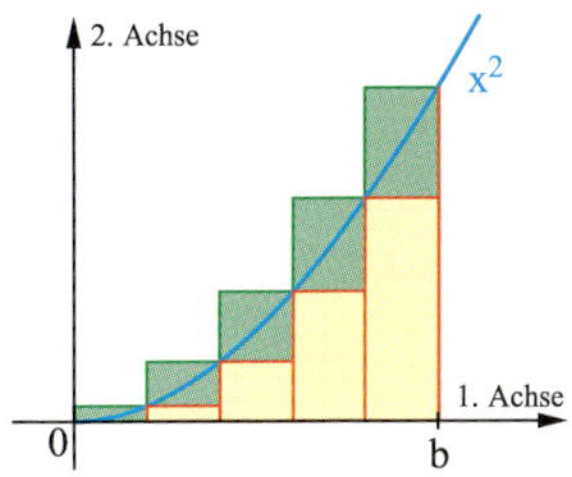

b) Was ergibt sich entsprechend für die Funktionen $x \mapsto x$ und $x \mapsto x^3$?

c) Ist das arithmetische Mittel $\frac{1}{4}(\overline{S}_n + \underline{S}_n)$ kleiner, gleich oder größer als der Flächeninhalt der Fläche unter dem Graphen der Funktion $x \mapsto x^3$ über dem Intervall $[0; b]$?

▲ **5.** *Beweis von Formeln*

Bei der Berechnung von Integralen muss man z. B. für die Summe der ersten n Quadratzahlen oder Kubikzahlen Formeln verwenden. Beweise diese durch vollständige Induktion.

zur vollständigen Induktion siehe Anhang

a) $1 + 2 + 3 + \ldots + m = \frac{1}{2} m \cdot (m + 1)$

b) $1^2 + 2^2 + 3^2 + \ldots + m^2 = \frac{1}{6} m \cdot (m + 1) \cdot (2m + 1)$

c) $1^3 + 2^3 + 3^3 + \ldots + m^3 = \frac{1}{4} m^2 \cdot (m + 1)^2$

Information **(1) Abrufen der Formeln aus Aufgabe 5 in einem CAS**

CAS

Die Formeln, die in Aufgabe 5 aufgeführt sind, lassen sich in einem Computeralgebrasystem abrufen (vergleiche linkes Fenster). Setzt man in dem Computeralgebrasystem statt m den Ausdruck $n - 1$ ein, so ergibt sich (nach Anwenden des Befehls factor) die Formel aus dem 2. Schritt von Aufgabe 1.

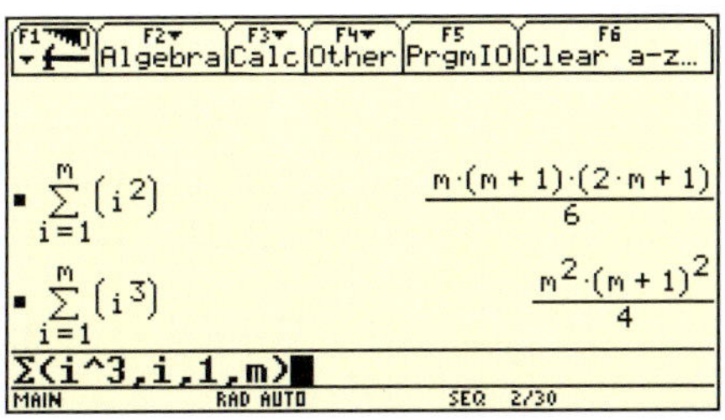

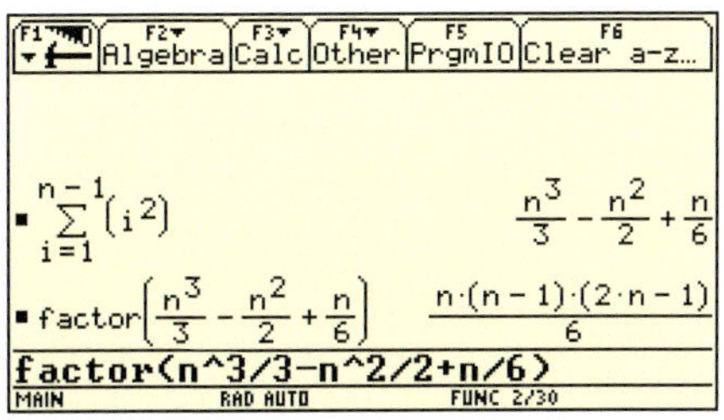

CAS **(2) Ermitteln von Unter- und Obersummen mithilfe eines CAS**

Die rechnerisch sehr aufwendige Bestimmung von Unter- und Obersummen wird durch die Verwendung eines CAS erheblich vereinfacht.

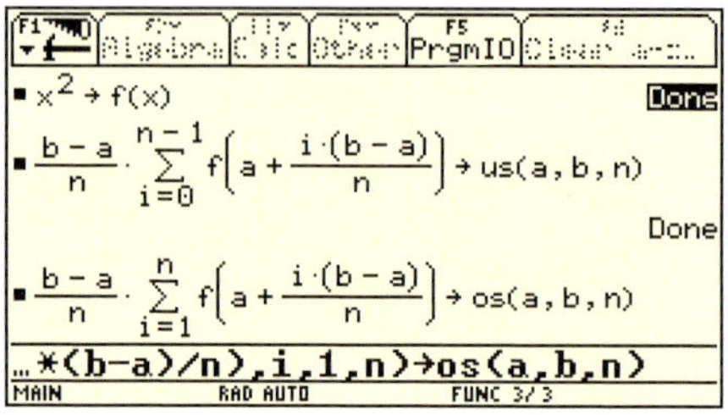

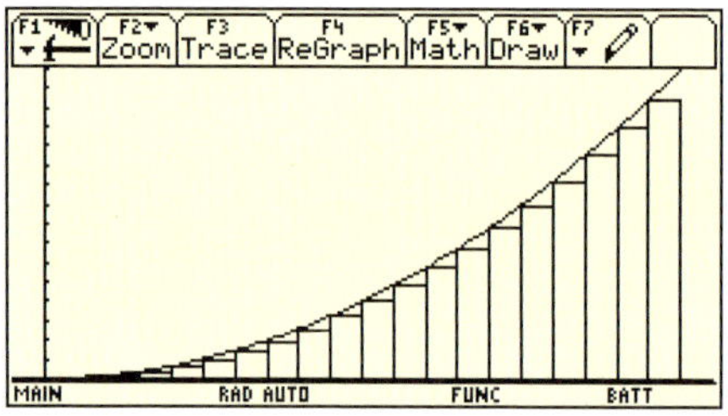

Programm zum Zeichnen von unteren Rechtecken

```
: ure(a, b, n)
: Prgm
: Local h,i
: a-(b-a)/n → xmin
: b+(b-a)/n → xmax
: ClrDraw
: Graph f(x)
: (b-a)/n → h
: For i,0,n-1
: Line a+i*h,0,a+i*h,f(a+i*h)
: Line a+(i+1)*h,0,a+(i+1)*h,f(a+i*h)
: Line a+i*h,f(a+i*h),a+(i+1)*h,f(a+i*h)
: EndFor
: EndPrgm
```

Das obere Fenster zeigt, wie die Untersumme us(a, b, n) und Obersumme os(a, b, n) definiert werden. Das Programm (rechts) ermöglicht die grafische Darstellung von unteren Rechtecken (ure; unteres Fenster). Das Programm für obere Rechtecke kann man durch einfache Änderungen daraus ableiten. Führe das durch.

Übungsaufgaben

Verwenden von CAS oder Tabellenkalkulation TAB möglich

6.

a) Gegeben sind die Funktion f mit $f(x)=x^2$ [mit $f(x)=4-x^2$] und das Intervall $[0; 2]$.
Zeichne die zur Untersumme bzw. Obersumme gehörende Treppenfigur in ein Koordinatensystem und berechne die Summe.

(1) $\underline{S}_3$ (2) $\overline{S}_3$ (3) $\underline{S}_5$ (4) $\overline{S}_5$

b) Kontrolliere das Ergebnis anhand der allgemeinen Formel für $\underline{S}_n$ bzw. $\overline{S}_n$ (siehe Lösung der Aufgabe 1, Seite 118).

c) Zeige an einer Zeichnung und an der Formel für $\underline{S}_n$, dass $\underline{S}_1=0$ ist.

7.

A sei der Flächeninhalt der Fläche unter dem Graphen der Funktion $x \mapsto \sqrt{x}$ über dem Intervall $[0; 4]$.

a) Berechne $\overline{S}_4$ [$\overline{S}_6$; $\overline{S}_8$]

b) Gib allgemein $\overline{S}_n$ an.

c) Zeige durch Symmetriebetrachtung, dass A ebenfalls der Flächeninhalt der Fläche ist, die von dem Graphen der Funktion $x \mapsto x^2$, der 2. Achse und der Geraden mit $y=4$ eingeschlossen wird.
Zeige, dass gilt: $A=\frac{16}{3}$.

▲ **d)** Folgere aus b) und c): $\lim\limits_{n\to\infty} \frac{\sqrt{1}+\sqrt{2}+\ldots+\sqrt{n}}{n\sqrt{n}}=\frac{2}{3}$.

8.

Gegeben ist die Funktion f mit $f(x) = x^2$. Wie groß muss b gewählt werden, damit

a) die Fläche unter dem Graphen von f über dem Intervall [0; b] den Flächeninhalt 9 [den Flächeninhalt 3] hat;

b) die Fläche unter dem Graphen von f über dem Intervall [3; b] den Flächeninhalt 18 [den Flächeninhalt 9] hat?

9.

Gegeben ist die Funktion f mit $f(x) = x^3$. Wie groß muss b gewählt werden, damit

a) die Fläche unter dem Graphen von f über dem Intervall [0; b] den Flächeninhalt 16 $\left[\text{den Flächeninhalt } \frac{1}{4}\right]$ hat;

b) die Fläche unter dem Graphen von f über dem Intervall [1; b] den Flächeninhalt 20 $\left[\text{den Flächeninhalt } 3\frac{3}{4}\right]$ hat?

c) die Fläche unter dem Graphen von f über dem Intervall [2; b] den Flächeninhalt 12 [den Flächeninhalt 4] hat?

10.

Bestimme mithilfe der Ergebnisse von Seite 118 den Inhalt der gelben Fläche.

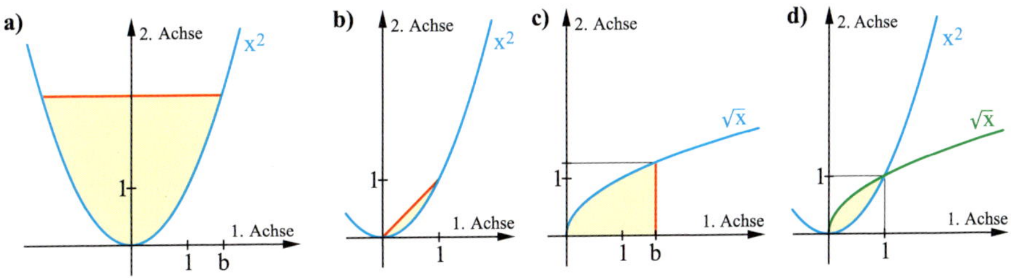

11.

Gegeben ist die Funktion f mit $f(x) = x^2$. An den Graphen dieser Funktion ist im Punkt P(1 | 1) die Tangente gezeichnet. In welchem Verhältnis teilt die Tangente die Fläche unter dem Graphen über dem Intervall [0; 2]?

Fertige eine Skizze an.

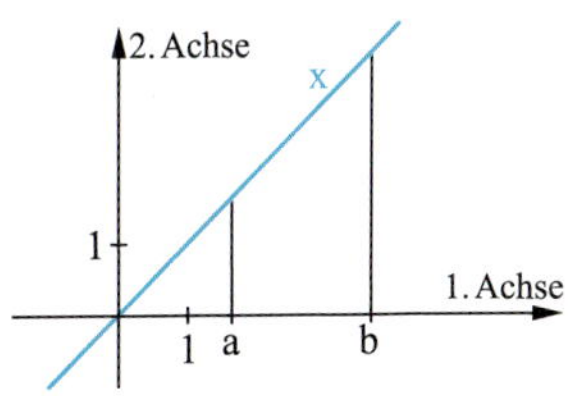

12.

Zeige:

Der Flächeninhalt A der Fläche unter dem Graphen der Funktion f mit $f(x) = x$ über dem Intervall [a; b] ist $A = \frac{b^2}{2} - \frac{a^2}{2}$.

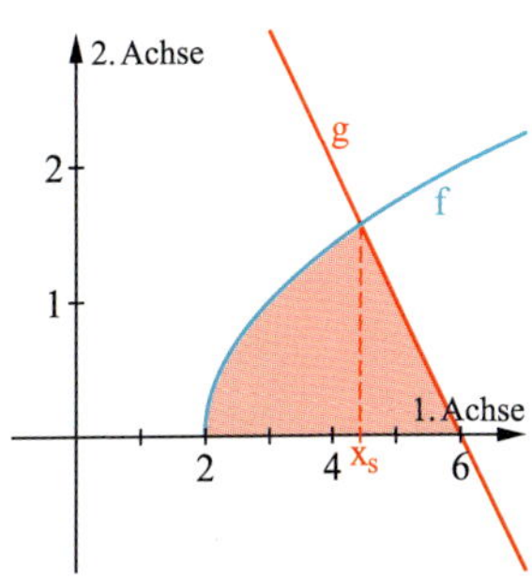

13.

Gegeben sind die Funktionen f und g mit $f(x) = \sqrt{x - 2}$ und $g(x) = -x + 6$. Berechne den Flächeninhalt der Fläche, die von der 1. Achse und den Gaphen von f und g eingeschlossen wird.

3.1.2 Orientierte Flächeninhalte – Definition des Integrals

Einführung

(1) Wasservolumen, dargestellt als Summe von orientierten Flächeninhalten

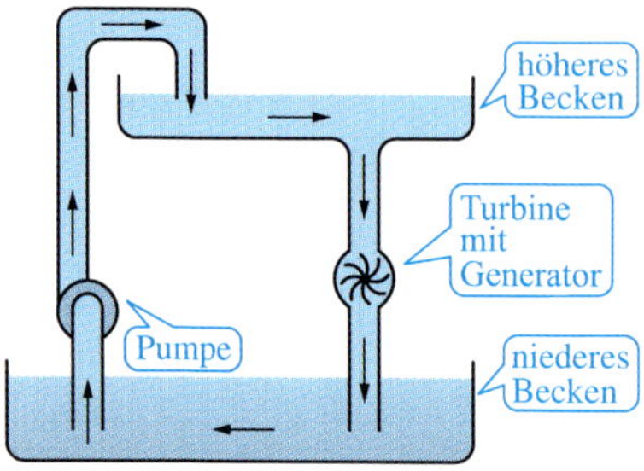

In den sogenannten Pumpspeicherwerken (Prinzipbild siehe links) wird nachts mithilfe überschüssiger Energie Wasser in ein höheres Becken gepumpt. In Zeiten großen Bedarfs an elektrischer Energie (z. B. mittags) wird Wasser zur Stromerzeugung wieder an das andere Becken abgelassen und elektrische Energie an das Stromnetz abgegeben.

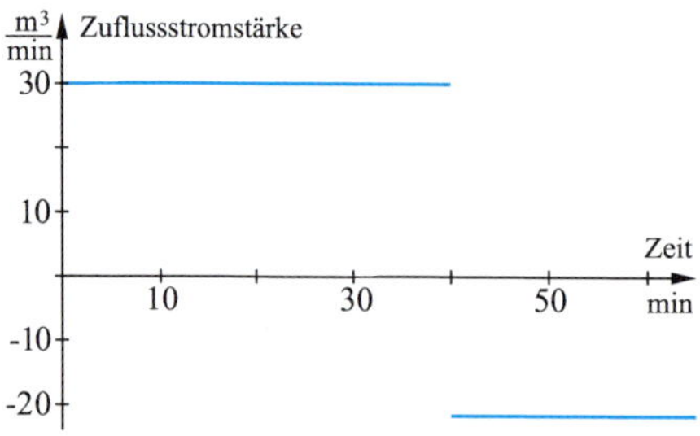

Ein solches höheres Becken wurde in 40 min mit Wasser gefüllt. Die Geschwindigkeit des Zustromes betrug $30\,\frac{m^3}{min}$. Danach wurde es mit einer Geschwindigkeit von $20\,\frac{m^3}{min}$ entleert. Der Verlauf des Vorgangs ist im Graphen dargestellt.

Beim Abflussstrom wird zur Unterscheidung von Zuflussstrom ein *negatives Vorzeichen* verwendet.

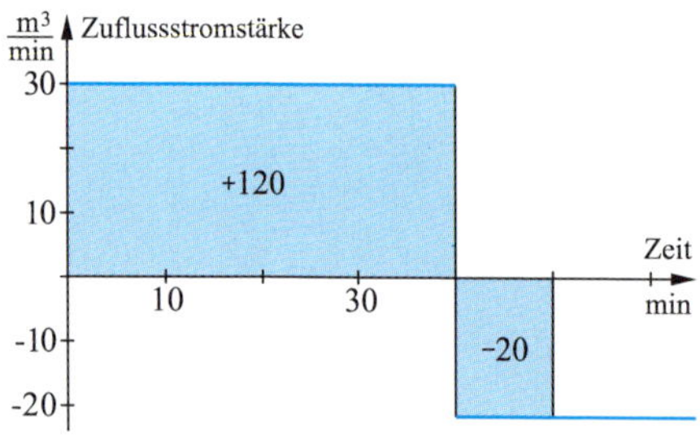

Nach 40 min befinden sich $40 \cdot 30\,m^3$, also $1200\,m^3$ in dem Becken. Dieser Größenwert lässt sich als Flächeninhalt des Rechtecks über dem Intervall [0; 40] veranschaulichen. Zum Zeitpunkt 50 min ist schon Wasser abgeflossen. In 50 min – 40 min d. h. in 10 min sind dies $10 \cdot 20\,m^3$, also $200\,m^3$. Dann sind noch $1200\,m^3 - 200\,m^3$, also $1000\,m^3$ in dem Becken. Der Größenwert $1000\,m^3$ lässt sich als Summe der Flächeninhalte von Flächen über dem Intervall [0; 50] deuten.

Dabei muss allerdings der Flächeninhalt des Rechtecks unter der 1. Achse des Koordinatensystems mit einem *negativen* Vorzeichen versehen sein.

Ist der Flächeninhalt einer Fläche oberhalb der 1. Achse mit einem positiven und der einer Fläche unterhalb der 1. Achse mit einem negativen Vorzeichen versehen, so sprechen wir von einem *orientierten Flächeninhalt*.

positiver und negativer Flächeninhalt

Beim **orientierten Flächeninhalt** sind die Flächeninhalte von Flächen oberhalb der 1. Achse mit einem positiven und unterhalb der 1. Achse mit einem negativen Vorzeichen versehen.

(2) Geometrische Definition des Integrals

Die Beispiele oben zeigen, dass die Summe der orientierten Flächeninhalte der Flächen unter einem Graphen über einem Intervall in den Anwendungen eine Rolle spielt.

Die Flächen oben waren Rechtecke. Der Graph der vorgegebenen Funktion war stückweise konstant mit einer Sprungstelle bei 40 min. Häufig sind die Graphen jedoch krummlinig. Man gibt dieser Summe daher einen eigenen Namen, nämlich *Integral*. Wir erhalten damit eine *geometrische Definition des Integrals*.

Geometrische Definition des Integrals

Gegeben sei die Funktion f definiert über einem Intervall [a; b]. Dann versteht man unter dem **Integral von a bis b der Funktion f** die Summe der orientierten Flächeninhalte der Teilflächen zwischen dem Graphen von f, der 1. Achse und den Parallelen zur 2. Achse mit x = a und x = b.

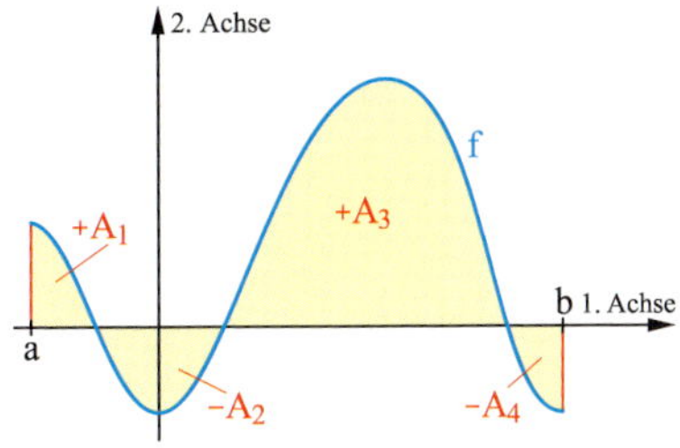

Man schreibt: $\int_a^b f = \int_a^b f(x)\,dx = (+A_1) + (-A_2) + (+A_3) + (-A_4)$

*Denke bei ∫ an **S**umme*

Bisher kennen wir nur Integrale, bei denen die Graphen und also auch die Flächen oberhalb der 1. Achse verlaufen:

Siehe Kasten Seite 119

$\int_a^b x^3\,dx = \frac{b^4}{4} - \frac{a^4}{4}$ (für $0 \le a < b$), z.B.: $\int_1^3 x^3\,dx = \frac{3^4}{4} - \frac{1^4}{4} = 20$

$\int_a^b x^2\,dx = \frac{b^3}{3} - \frac{a^3}{3}$ (für $0 \le a < b$), z.B.: $\int_2^5 x^2\,dx = \frac{5^3}{3} - \frac{2^3}{3} = 39$

$\int_a^b x\,dx = \frac{b^2}{2} - \frac{a^2}{2}$ (für $0 \le a < b$), z.B.: $\int_2^{10} x\,dx = \frac{10^2}{2} - \frac{2^2}{2} = 48$

Unser Ziel muss daher sein, auch Integrale zu berechnen, falls der Graph ganz oder teilweise unterhalb der 1. Achse verläuft.

(3) Anmerkungen zum Integralzeichen

Die Zahlen a und b in $\int_a^b f(x)\,dx$ bzw. $\int_a^b f$ heißen die *Grenzen des Integrals*; a heißt **untere Grenze** und b **obere Grenze.** Es ist zunächst vorausgesetzt, dass $a < b$ ist.
Später werden wir die Integraldefinition auch auf $a > b$ und $a = b$ erweitern (Seite 134).
Die Funktion f heißt auch **Integrand** oder *Integrandenfunktion.*

Die Schreibweise $\int_a^b f(x)\,dx$ wird verwendet, wenn eine Funktion durch einen Funktionsterm vorgegeben ist, die Schreibweise $\int_a^b f$ dagegen bei allgemeinen Sätzen.

Aufgabe 1 Bestimme folgende Integrale auf Grund der geometrischen Definition.

a) (1) $\int_a^b x^3\,dx$ für $a < b \le 0$

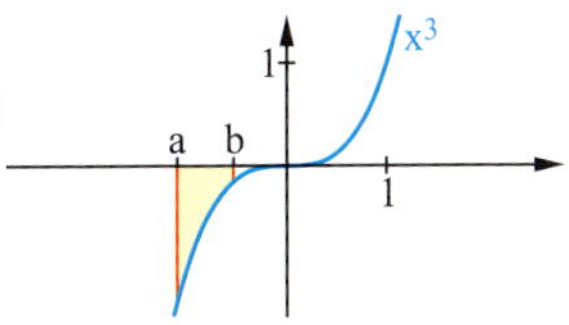

(2) $\int_a^b x^3\,dx$ für $a < 0 < b$

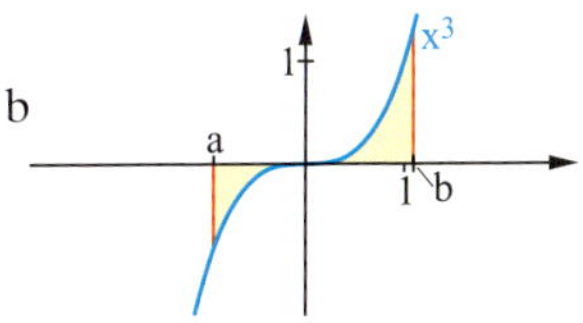

b) (1) $\int_a^b x^2\,dx$ für $a < b \le 0$

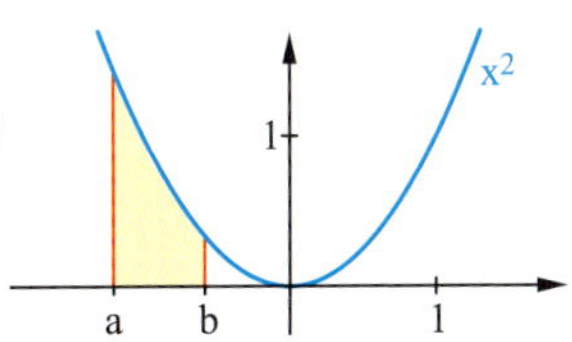

(2) $\int_a^b x^2\,dx$ für $a < 0 < b$

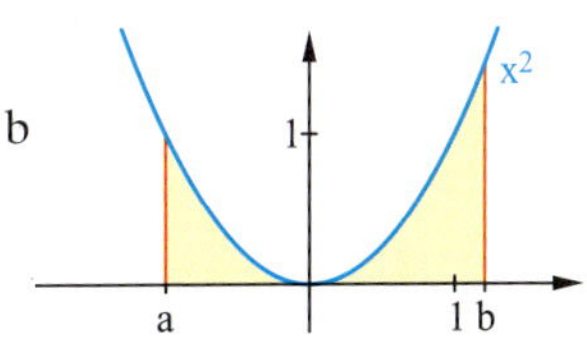

c) (1) $\int_a^b x\,dx$ für $0 \le a < b$

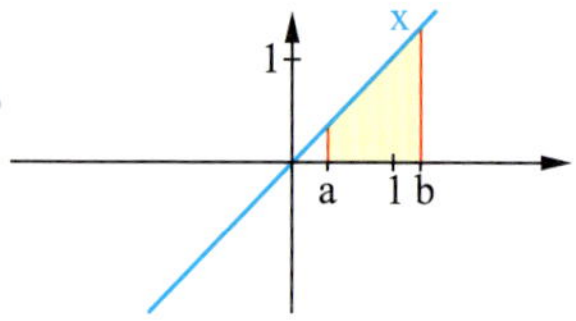

(2) $\int_a^b x\,dx$ für $a < b \le 0$

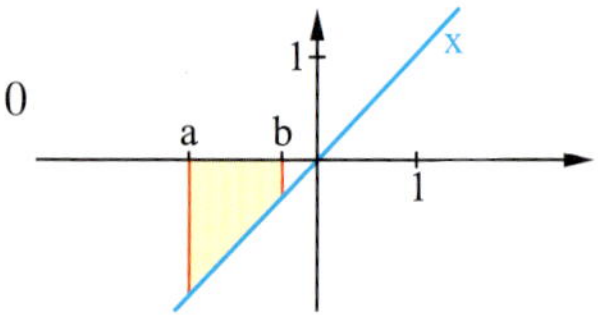

(3) $\int_a^b x\,dx$ für $a \le 0 \le b$

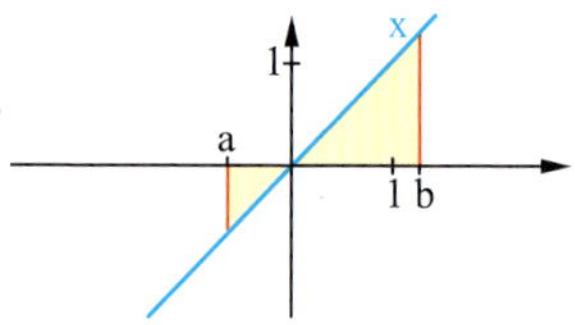

(4) $\int_a^b 1\,dx$ für $a < b$

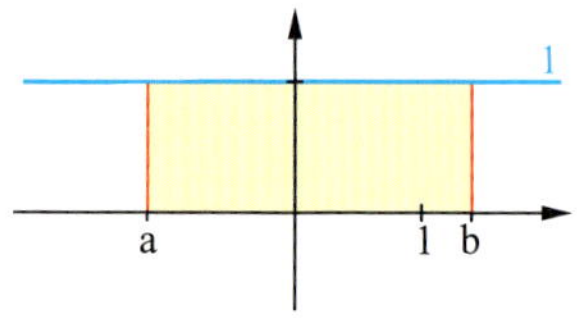

Lösung

a) (1) Wegen der Punktsymmetrie des Graphen von $x \mapsto x^3$ bezüglich des Koordinatenursprungs O ist die gelbe Fläche so groß wie die grüne Fläche.
Für den Flächeninhalt A gilt:

$$A = \frac{(-a)^4}{4} - \frac{(-b)^4}{4} = \frac{a^4}{4} - \frac{b^4}{4} \quad \text{(vgl. Seite 119)}$$

Also folgt:

$$\int_a^b x^3\,dx = -A = -\left(\frac{a^4}{4} - \frac{b^4}{4}\right) = \frac{b^4}{4} - \frac{a^4}{4}$$

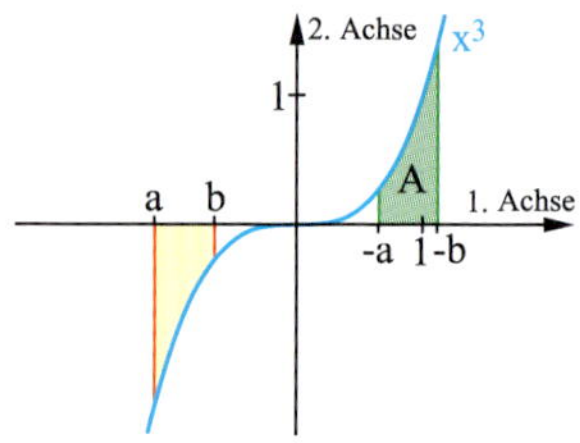

(2) Es gilt offensichtlich:

$$\int_a^b x^3\,dx = \int_a^0 x^3\,dx + \int_0^b x^3\,dx$$
$$= \left(\frac{0^4}{4} - \frac{a^4}{4}\right) + \left(\frac{b^4}{4} - \frac{0^4}{4}\right)$$
$$= \frac{b^4}{4} - \frac{a^4}{4}$$

In allen Fällen gilt:
$\int_a^b x^3\,dx = \frac{b^4}{4} - \frac{a^4}{4}$

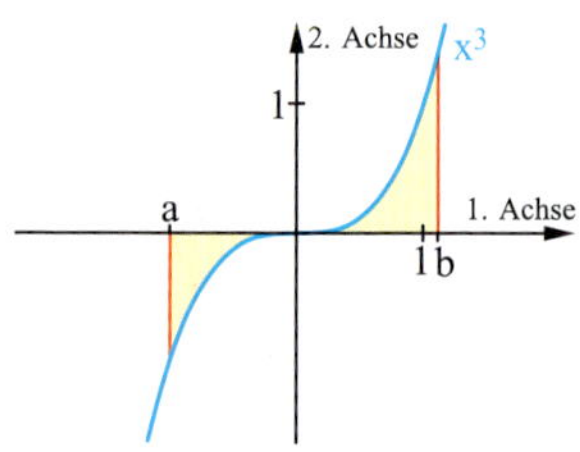

b) (1) Wegen der Symmetrie des Graphen von $x \mapsto x^2$ bezüglich der 2. Achse ist die gelbe Fläche so groß wie die grüne Fläche.
Für A gilt:

$$A = \frac{(-a)^3}{3} - \frac{(-b)^3}{3} \quad \text{(vgl. Seite 119)}$$
$$= \frac{-a^3}{3} - \frac{-b^3}{3}$$
$$= \frac{b^3}{3} - \frac{a^3}{3}$$

Also gilt auch: $\int_a^b x^2\,dx = +A = \frac{b^3}{3} - \frac{a^3}{3}$
(für $a < b \le 0$)

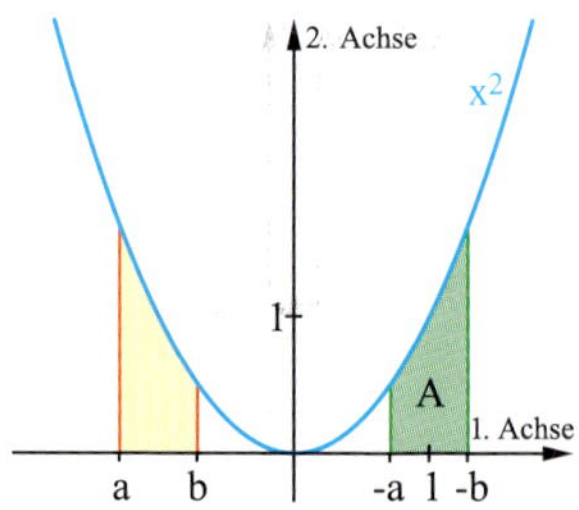

(2) Es gilt offensichtlich:

$$\int_a^b x^2\,dx = \int_a^0 x^2\,dx + \int_0^b x^2\,dx$$
$$= \left(\frac{0^3}{3} - \frac{a^3}{3}\right) + \left(\frac{b^3}{3} - \frac{0^3}{3}\right)$$
$$= \frac{b^3}{3} - \frac{a^3}{3}$$

In allen Fällen gilt:
$\int_a^b x^2\,dx = \frac{b^3}{3} - \frac{a^3}{3}$

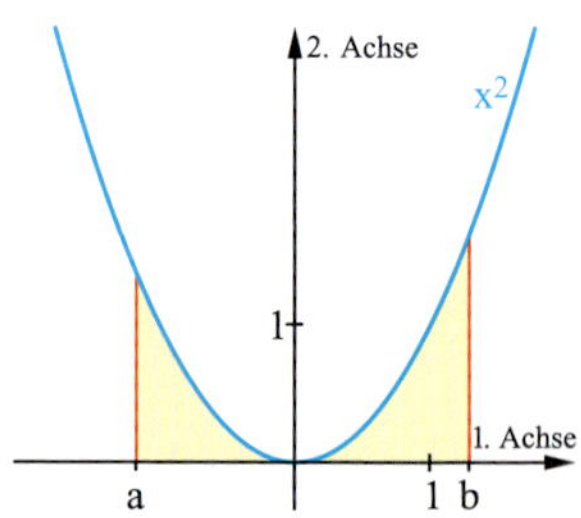

c) (1) Die zu berechnende Fläche ist ein Trapez mit $b-a$ als Höhe. Für seinen Flächeninhalt und damit auch für das Integral gilt:

$$\int_a^b x\,dx = \frac{b+a}{2}\cdot(b-a) = \frac{1}{2}(b+a)\cdot(b-a)$$
$$= \frac{1}{2}(b^2-a^2) = \frac{b^2}{2}-\frac{a^2}{2}$$

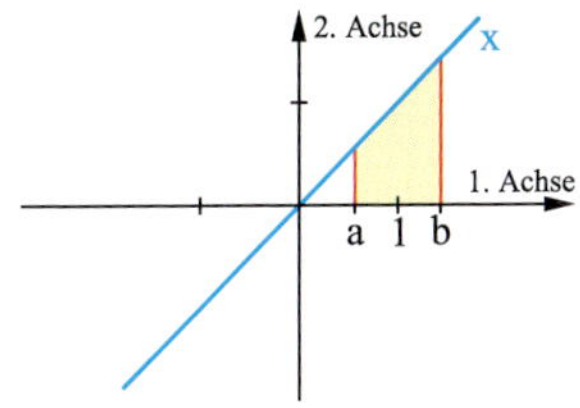

(2) Die gelbe Fläche ist so groß wie die grüne Fläche. Für den Flächeninhalt A gilt nach (1):

$$A = \frac{(-a)^2}{2}-\frac{(-b)^2}{2} = \frac{a^2}{2}-\frac{b^2}{2}$$

Daher gilt:

$$\int_a^b x\,dx = -A = -\left(\frac{a^2}{2}-\frac{b^2}{2}\right) = \frac{b^2}{2}-\frac{a^2}{2}$$

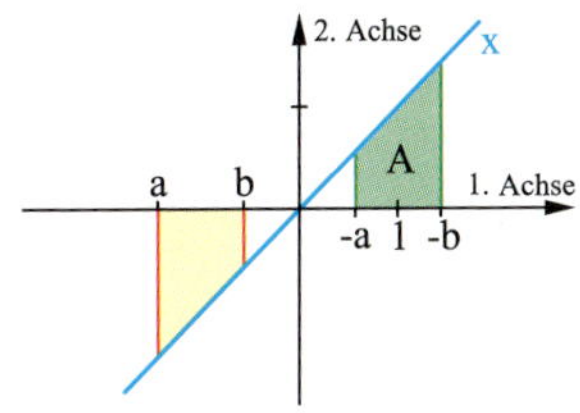

(3) Es gilt offensichtlich:

$$\int_a^b x\,dx = \int_a^0 x\,dx + \int_0^b x\,dx$$
$$= \left(\frac{0^2}{2}-\frac{a^2}{2}\right)+\left(\frac{b^2}{2}-\frac{0^2}{2}\right) = \frac{b^2}{2}-\frac{a^2}{2}$$

In allen drei Fällen gilt: $\int_a^b x\,dx = \frac{b^2}{2}-\frac{a^2}{2}$

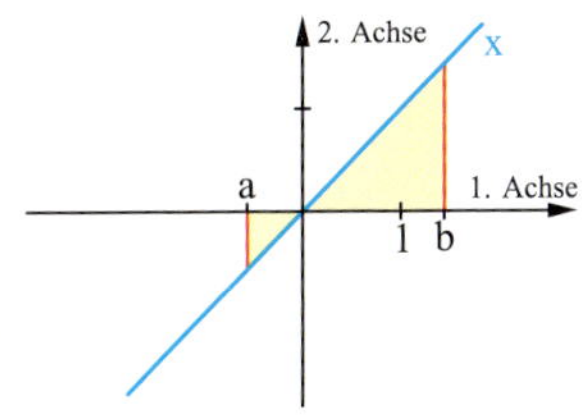

(4) Wir unterscheiden drei Fälle, je nachdem wie a und b bezüglich 0 liegen.

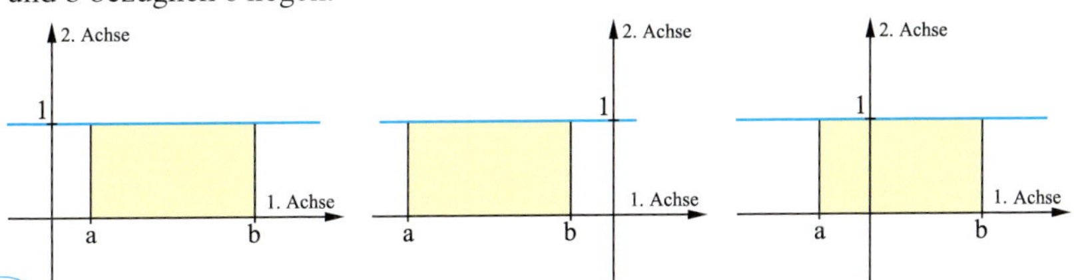

In allen drei Fällen gilt: $\int_a^b 1\,dx = b-a$

In allen drei Fällen ist $b-a$ die Länge des Rechtecks. Seine Höhe ist 1, sein Flächeninhalt also $b-a$.

Information **(1) Zusammenfassung der Ergebnisse aus Aufgabe 1**

Die Ergebnisse aus Aufgabe 1 lassen sich in der folgenden Formel zusammenfassen:

$$\int_a^b x^k\,dx = \frac{1}{k+1}\cdot\left(b^{k+1}-a^{k+1}\right) = \frac{b^{k+1}}{k+1}-\frac{a^{k+1}}{k+1} \quad (k\in\mathbb{N})$$

Einen allgemeinen Beweis dieser Formel werden wir später nachholen. Bestätigt ist diese Formel bisher für $k=0;\,1;\,2;\,3$.

Grundintegrale

$$\int_a^b x^k\,dx = \frac{b^{k+1}}{k+1}-\frac{a^{k+1}}{k+1} \quad \text{mit } k\in\mathbb{N}$$

Beispiele:

$$\int_{-3}^{2} x^3\,dx = \frac{2^4}{4}-\frac{(-3)^4}{4} = \frac{16}{4}-\frac{81}{4} = -16\tfrac{1}{4};$$

$$\int_{-4}^{-1} x^2\,dx = \frac{(-1)^3}{3}-\frac{(-4)^3}{3} = \frac{-1}{3}-\frac{-64}{3} = 21;$$

$$\int_{-4}^{+2} x\,dx = \frac{2^2}{4}-\frac{(-4)^2}{2} = \frac{4}{2}-\frac{16}{2} = -6;$$

$$\int_{-10}^{-3} 1\,dx = (-3)-(-10) = -3+10 = 7$$

Übungsaufgaben

2.
Entscheide zunächst geometrisch, ob das Integral positiv oder negativ ist. Bestätige das Ergebnis durch Ausrechnen des Integrals mithilfe einer Formel.

a) $\int_{-2}^{3} x\,dx$ **b)** $\int_{-4}^{7} 1\,dx$ **c)** $\int_{-2}^{-1} x^2\,dx$ **d)** $\int_{-1}^{2} x^2\,dx$ **e)** $\int_{-4}^{-3} x^3\,dx$ **f)** $\int_{-1}^{2} x^3\,dx$ **g)** $\int_{1}^{3} x^4\,dx$

3.
Bestimme aufgrund der geometrischen Definition.

a) $\int_{-2}^{0} -x^3\,dx$ **c)** $\int_{-2}^{0} 2\cdot x\,dx$ **e)** $\int_{3}^{5} (3\cdot x+1)\,dx$ **g)** $\int_{-1}^{0} (x+2)^4\,dx$

b) $\int_{0}^{3} 2\cdot x\,dx$ **d)** $\int_{-2}^{3} 2\cdot x\,dx$ **f)** $\int_{a}^{b} c\,dx$ **h)** $\int_{-3}^{-1} -2(x+2)^2\,dx$

4.
Bestimme durch eine geometrische Überlegung.

a) $\int_{a}^{b} -1\,dx$ **b)** $\int_{a}^{b} -x\,dx$ **c)** $\int_{a}^{b} -2x^3\,dx$ **d)** $\int_{a}^{b} -\frac{1}{4}x^3\,dx$ **e)** $\int_{-1}^{2} (x+1)^2\,dx$

5.
Zeichne den Graphen einer Funktion f, für die gilt:

a) $\int_{a}^{b} f(x)\,dx = (-A_1) + A_2 + (-A_3)$ **b)** $\int_{a}^{b} f(x)\,dx = A_1 + (-A_2) + A_3 + (-A_4)$

6.
Bestätige durch eine geometrische Überlegung für $0 < a < b$:

a) $\int_{a}^{b} 3x\,dx = 3\cdot\int_{a}^{b} x\,dx$ **b)** $\int_{a}^{b} (x+4)\,dx = \int_{a}^{b} x\,dx + \int_{a}^{b} 4\,dx$

7.
a) Zeige mithilfe einer geometrischen Überlegung.

(1) $\int_{0}^{b} \sqrt{x}\,dx = \frac{2}{3}b\cdot\sqrt{b} = \frac{2}{3}\cdot b^{\frac{3}{2}}$

(2) $\int_{a}^{b} \sqrt{x}\,dx = \frac{2}{3}\cdot\left(b^{\frac{3}{2}} - a^{\frac{3}{2}}\right)$

b) Berechne entsprechend $\int_{a}^{b} \sqrt[3]{x}\,dx$.

c) Verallgemeinere a) und b) für $\int_{a}^{b} \sqrt[k]{x}\,dx$.

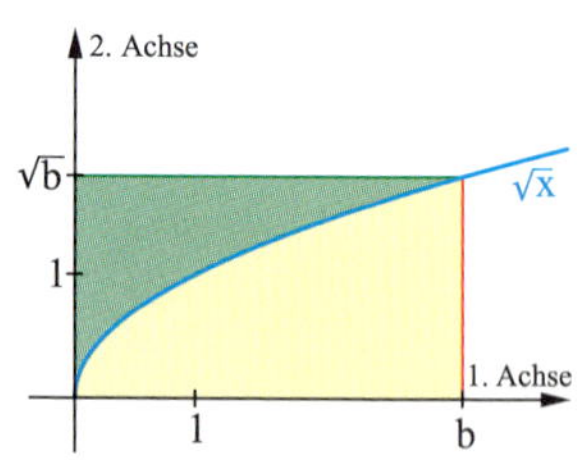

8.
Begründe geometrisch: $\int_{0}^{1} \sqrt{\gamma^2 - x^2}\,dx = \frac{\pi}{4}\gamma^2$

▲ **9.**
a) Warum ist das Integral nicht definiert?

(1) $\int_{-1}^{1} \frac{1}{x}\,dx$ (2) $\int_{-4}^{2} \sqrt{x}\,dx$ (3) $\int_{-1}^{1} f$ mit $f(x) = \begin{cases} \frac{1}{x} & \text{für } x \neq 0 \\ 1 & \text{für } x = 0 \end{cases}$

b) Erfinde selbst Integrale, die nicht definiert sind.

▲ **10.**

Die Funktion f ist abschnittsweise definiert. Berechne das angegebene Integral.

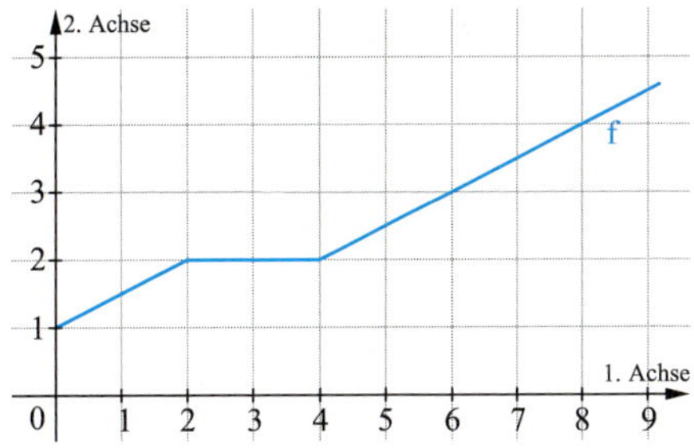

a) $\int\limits_0^{10} f$ mit $f(x) = \begin{cases} \frac{1}{2}x + 1 & \text{für } 0 \le x \le 2 \\ 2 & \text{für } 2 \le x \le 4 \\ \frac{1}{2}x & \text{für } 4 \le x \end{cases}$

b) $\int\limits_0^{5} f$ mit $f(x) = \begin{cases} 2x + 1 & \text{für } 0 \le x \le 2 \\ x + 3 & \text{für } 2 \le x \le 5 \end{cases}$

c) $\int\limits_1^{6} f$ mit $f(x) = \begin{cases} x - 1 & \text{für } 1 \le x \le 2 \\ 1 & \text{für } 2 \le x \le 4 \\ 2x - 7 & \text{für } 4 \le x \end{cases}$

▲ **11.**

Gib die abschnittsweise definierte Funktion f an und berechne das Integral $\int\limits_0^7 f$.

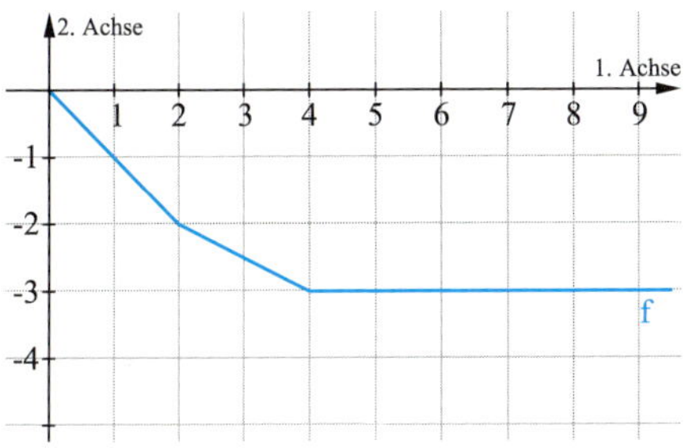

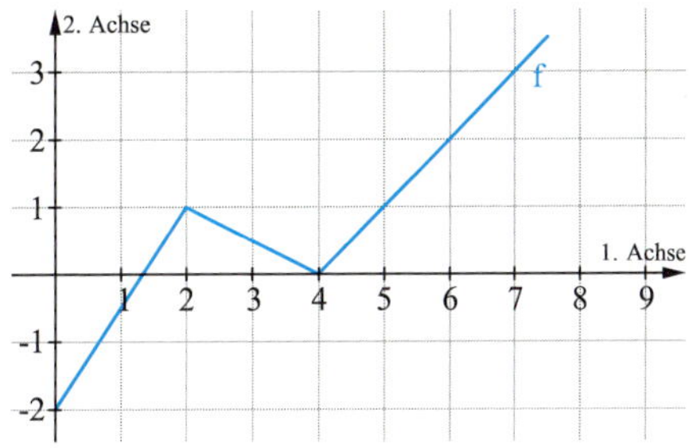

12.

Begründe geometrisch für eine beliebige ganzrationale Funktion f:

a) Ist der Graph einer Funktion f punktsymmetrisch zum Ursprung, so gilt: $\int\limits_{-1}^{+1} f = 0$.

b) Ist der Graph einer Funktion f achsensymmetrisch zur 2. Achse, so gilt: $\int\limits_{-1}^{0} f = \int\limits_{0}^{1} f$.

Erste Anwendungen des Integrals

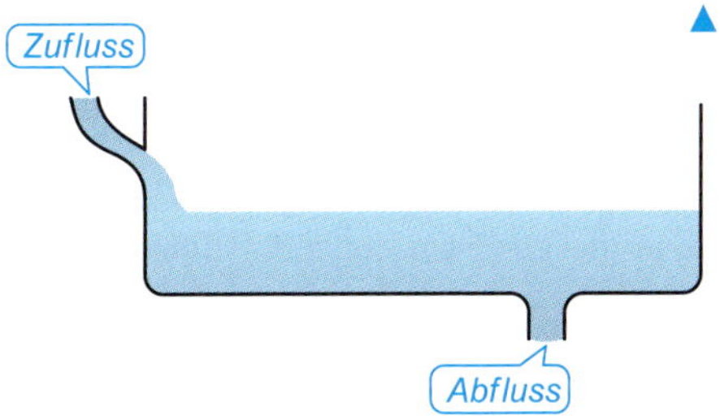

▲ **13.**

Ein leeres Becken hat einen Zufluss und einen Abfluss. Zunächst wird der Zufluss 15 min geöffnet. Die Zuflussgeschwindigkeit beträgt 300 $\frac{l}{\text{min}}$.

Dann wird 20 min lang der Zufluss geschlossen und der Abfluss geöffnet. Die Abflussgeschwindigkeit beträgt 100 $\frac{l}{\text{min}}$.

zu diesen Aufgaben siehe auch Seite 122

a) Zeichne den Graphen der Funktion *Zeitdauer → Zuflussgeschwindigkeit.* Deute die Abflussgeschwindigkeit als negative Zuflussgeschwindigkeit.

b) Wie viel *l* befinden sich nach 5, 10, 15, 20, 25, 30, 35 min im Becken? Deute die Ergebnisse als Flächeninhalt bzw. als Summe orientierter Flächeninhalte. Zeichne auch den Graphen der Funktion *Zeitdauer → Volumen im Becken.*

c) f sei die Funktion *Zeitdauer (in min) → Zuflussgeschwindigkeit* $\left(in \frac{l}{\text{min}}\right)$. Berechne $\int\limits_0^{35} f$. Welcher Zusammenhang besteht mit den Ergebnissen von Teilaufgabe b)?

14.
Ein leeres Becken wird über ein Zulaufrohr mit Wasser gefüllt. Dabei steigt 5 s lang die Zulaufgeschwindigkeit v(t) gleichmäßig bis auf $10\,\frac{l}{s}$ an und bleibt anschließend 20 s lang konstant. Dann wird das Zulaufrohr geschlossen und stattdessen wird ein Abfluss geöffnet, aus dem das Wasser mit konstanter Geschwindigkeit von $5\,\frac{l}{s}$ ausströmt.

a) Stelle den Zusammenhang grafisch dar und bestimme die im Becken vorhandene Wassermenge nach 5 s [nach 25 s, 60 s]. Deute das Volumen der berechneten Wassermengen als Flächeninhalt bzw. als Summe orientierter Flächeninhalte.

b) Es sei f die Funktion *Zeitdauer t (in s) → Zulaufgeschwindigkeit v* $\left(in\ \frac{l}{s}\right)$.
Gib $v = f(t)$ an und berechne $\int_0^{60} f(t)\,dt$. Welchen Größenwert gibt dieses Integral in der oben beschriebenen Anwendungssituation an?

15.
Eine Waldfläche wird jährlich durch Einschlag um 10 ha verringert. Nach 5 Jahren wird wieder aufgeforstet. Dadurch nimmt die Waldfläche jährlich um 7 ha zu.

a) Um wie viel ha hat sich die Fläche nach 2 [nach 4, 7, 9, t] Jahren geändert?

b) Nach wie viel Jahren ist die ursprüngliche Größe wieder erreicht?

a bedeutet Jahr, von annus

c) Es sei f die Funktion *Zeitdauer (in a) → Aufforstungsgeschwindigkeit* $\left(in\ \frac{ha}{a}\right)$.
Zeichne den Graphen der Funktion f.
Was bedeutet $\int_0^{9} f(t)\,dt$? Bestimme den Wert dieses Integrals. Deute es als Summe orientierter Flächeninhalte.

16.
Ein Trockner für Blattpflanzen, Kräuter und Gräser wird in unterschiedlichen Leistungsbereichen gefahren. Zunächst wird er 2,5 Stunden im unteren Bereich mit einer Leistung von 65 kg Trockenmasse/h und anschließend 1,5 Stunden im mittleren Bereich mit einer Leistung von 110 kg Trockenmasse/h gefahren.

a) Zeichne den Graphen der abschnittsweise definierten Funktion f, die für jeden Zeitpunkt t die eingestellte Trockenleistung f (t) in kg/h angibt. Gib auch f (t) an.

b) Es bezeichne F(t) die bis zum Zeitpunkt t insgesamt hergestellte Trockenmasse. Veranschauliche F(t) anhand des Graphen aus Teilaufgabe a). Welche Beziehung besteht zwischen der Funktion f und der Funktion F. Bestimme F(t).

17.
Ein Kraftstoffmotor kann mit zwei Geschwindigkeitsstufen betrieben werden. In der Stufe I verbraucht er 3 *l* Kraftstoff pro Stunde, in der Stufe II verbraucht er 4,5 *l* Kraftstoff pro Stunde. Der Kraftstoffvorrat beträgt 45 *l*.
Der Motor wird zunächst 2 Stunden in der Stufe I und anschließend 4 Stunden in der Stufe II gefahren.

a) Gib eine abschnittsweise definierte Funktion f an, die jedem Zeitpunkt t den jeweiligen Kraftstoffverbrauch in *l*/h zuordnet.

b) Es sei $F(t) = 45 - \int_0^{t} f(\tau)\,d\tau$. Berechne F(t) für t = 0 [1; 2; 3; 4; 5; 6].
Deute F(t) im Zusammenhang der voranstehenden Aufgabenstellung.

3.1.3 Das Integral als verallgemeinertes Produkt – Die analytische Definition des Integrals

Information **(1) Der Flächeninhalt eines Rechtecks als Produkt**

Der Flächeninhalt A eines Rechtecks mit den Seitenlängen a und b beträgt: $A = a \cdot b$

Man sagt: Das Integral ist eine Verallgemeinerung dieses Produktes. Wieso?

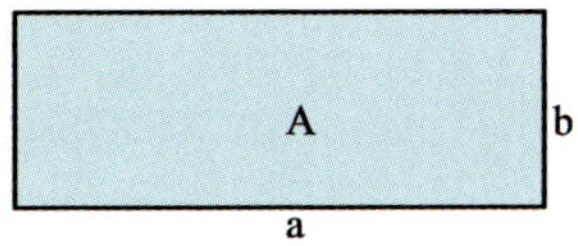

Zur Beantwortung dieser Frage betrachten wir das Verfahren zur (analytischen) Berechnung des Integrals, das wir in Abschnit 3.1 (Seite 117) angewandt haben. Es ist in mehrere Schritte unterteilt.

(2) Schritte zur analytischen Berechnung des Integrals

1. Schritt: *Äquidistante Zerlegung des Intervalls [a; b]*

Wir zerlegen das Intervall [a; b] in n gleich lange Teilintervalle. Eine solche Zerlegung Z_n heißt äquidistant. Grundsätzlich könnte man auch andere Zerlegungen verwenden. Wir gehen hierauf nicht ein.

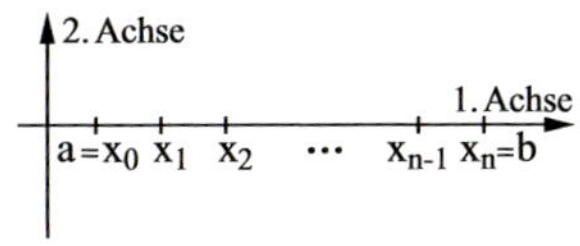

2. Schritt: *Bilden der Untersumme $\underline{S}_n$ und der Obersumme $\overline{S}_n$*

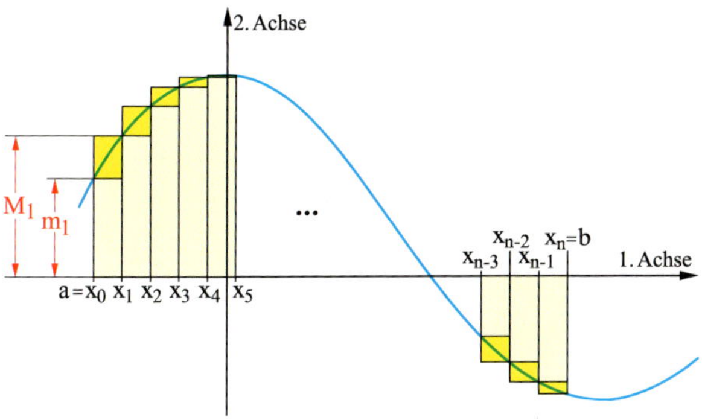

Gegeben sei die äquidistante Zerlegung Z_n des Intervalls [a; b] mit $Z_n = (a = x_0;\ x_1;\ x_2;\ \ldots;\ x_n = b)$.
Zu dieser Zerlegung gehört eine Untersumme $\underline{S}_n$ und eine Obersumme $\overline{S}_n$.
Untersumme $\underline{S}_n$ und Obersumme $\overline{S}_n$ geben jeweils den Flächeninhalt einer Treppenfigur an. Die Treppenfigur, die zu $\underline{S}_n$ gehört, schließt sich *von unten* an den Graphen der Funktion an. Die Treppenfigur, die zu $\overline{S}_n$ gehört, schließt sich *von oben* an den Graphen der Funktion an.

Die Rechtecke der Treppenfiguren passen genau auf die Teilintervalle der Zerlegung Z_n. Es gilt:

$$\underline{S}_n = m_1(x_1 - x_0) + m_2(x_2 - x_1) + \ldots + m_n(x_n - x_{n-1}) = m_1 \cdot \Delta x + m_2 \cdot \Delta x + \ldots + m_n \cdot \Delta x$$
$$\overline{S}_n = M_1(x_1 - x_0) + M_2(x_2 - x_1) + \ldots + M_n(x_n - x_{n-1}) = M_1 \cdot \Delta x + M_2 \cdot \Delta x + \ldots + M_n \cdot \Delta x$$

In der Obersumme $\overline{S}_n$ kommen $M_1, M_2, M_3, \ldots, M_n$ vor. Es sind die Maxima (die kleinsten oberen Schranken) der Funktionswerte von f in den einzelnen Teilintervallen. Entsprechend sind $m_1, m_2, \ldots, m_n$ in der Untersumme die Minima (die größten unteren Schranken) der Funktionswerte von f in den einzelnen Teilintervallen. Es ist also:

m_1 = Minimum von f (x) für $x_0 \le x \le x_1$; M_1 = Maximum von f (x) für $x_0 \le x \le x_1$
m_2 = Minimum von f (x) für $x_1 \le x \le x_2$; M_2 = Maximum von f (x) für $x_1 \le x \le x_2$ usw.

Diese Maxima und Minima können nur gebildet werden, wenn die Funktion f beschränkt ist, d.h. wenn es zwei Zahlen C_1 und C_2 gibt, so dass für alle $x \in [a; b]$ gilt: $C_1 \le f(x) \le C_2$. Dies setzen wir im folgenden stets voraus.
Außerdem ist $\Delta x = x_1 - x_0 = x_2 - x_1 = \ldots = x_n - x_{n-1}$.

3. Schritt: *Bilden der Grenzwerte* $\lim\limits_{n\to\infty} \underline{S}_n$ *und* $\lim\limits_{n\to\infty} \overline{S}_n$

Wir lassen die Anzahl n der Teilintervalle über alle Grenzen wachsen und bilden die Grenzwerte $\lim\limits_{n\to\infty} \underline{S}_n$ und $\lim\limits_{n\to\infty} \overline{S}_n$. Gilt $\lim\limits_{n\to\infty} \underline{S}_n = \lim\limits_{n\to\infty} \overline{S}_n$, so heißt dieser gemeinsame Grenzwert *das Integral von a bis b der Funktion f.*

(3) Analytische Definition des Integrals

Bei der geometrischen Definition des Integrals wurde – wie das Adjektiv „geometrisch" schon aussagt – auf den geometrischen Begriff des Flächeninhalts Bezug genommen. Man kann sich auch von der Geometrie lösen und das Verfahren, mit dem wir im Abschnitt 3.1.1 (Seite 117) den Flächeninhalt krummlinig berandeter Flächen berechnet haben, zur Definition des Integrals verwenden.

Analytische Definition des Integrals

f sei über dem Intervall [a; b] definiert und dort beschränkt.

Dann ist das Integral $\int\limits_a^b f(x)\,dx$ bzw. $\int\limits_a^b f$ eine *Zahl,* die man nach folgendem Verfahren erhält:

1. Schritt: Einteilen des Intervalles in n gleich lange Teilintervalle und Berechnen der Funktionswerte in den Teilpunkten

Das Intervall wird in n gleich lange Teilintervalle der Breite Δx zerlegt, die Teilpunkte $x_0 = a,\ x_1,\ x_2,\ x_3,\ \ldots,\ x_{n-1},\ x_n = b$ werden bestimmt und die Funktionswerte $f(x_0),\ f(x_1),\ f(x_2),\ f(x_3),\ \ldots,\ f(x_{n-1}),\ f(x_n)$ berechnet.

2. Schritt: Bilden der Untersumme $\underline{S}_n$ *und der Obersumme* $\overline{S}_n$

Es werden die Produkte $m_1 \cdot \Delta x,\ M_1 \cdot \Delta x,\ m_2 \cdot \Delta x, \ldots, m_n \cdot \Delta x,\ M_n \cdot \Delta x$ und die zugehörigen Ober- und Untersummen gebildet:

Untersumme

Obersumme

$$\underline{S}_n = m_1 \cdot \Delta x + m_2 \cdot \Delta x + m_3 \cdot \Delta x + \ldots + m_n \cdot \Delta x$$
$$\overline{S}_n = M_1 \cdot \Delta x + M_2 \cdot \Delta x + M_3 \cdot \Delta x + \ldots + M_n \cdot \Delta x$$

zur Definition von $m_1, m_2, \ldots, m_n$ und $M_1, M_2, \ldots, M_n$ siehe Seite 129

3. Schritt: Bilden des Grenzwertes von $\underline{S}_n$ *und von* $\overline{S}_n$ *für* $n \to \infty$
(bei unbegrenzter Verfeinerung der Unterteilung)

Der gemeinsame Grenzwert $\lim\limits_{n\to\infty} \underline{S}_n = \lim\limits_{n\to\infty} \overline{S}_n$ heißt **das Integral von a bis b der Funktion f.**

Das Integral kann aufgefasst werden als Verallgemeinerung des Produkts.

$$\int\limits_a^b f = \int\limits_a^b f(x)\,dx = \lim_{n\to\infty} \underline{S}_n = \lim_{n\to\infty} \overline{S}_n$$

Ein Beispiel für eine Funktion, für die das Integral nicht existiert, findet sich auf Seite 144.

Stimmen die beiden Grenzwerte der Obersummen- und der Untersummenfolge nicht überein, so existiert das Integral nicht.

(4) Das Integral als verallgemeinertes Produkt

Es gilt:
$$\int\limits_a^b f(x)\,dx = \lim_{n\to\infty} \underline{S}_n = \lim_{n\to\infty}\big(m_1 \cdot (x_1 - x_0) + m_2 \cdot (x_2 - x_1) + \ldots + m_n \cdot (x_n - x_{n-1})\big)$$
$$= \lim_{n\to\infty} \overline{S}_n = \lim_{n\to\infty}\big(M_1 \cdot (x_1 - x_0) + M_2 \cdot (x_2 - x_1) + \ldots + M_n \cdot (x_n - x_{n-1})\big)$$

Das Integral ist der Grenzwert einer Summe von Produkten. Es kann aufgefasst werden als eine Verallgemeinerung des Begriffs Produkt.

(5) Historischer Ursprung des Integralzeichens und der Bezeichnung Integral

*Denke bei ∫ an **S**umme.*

Das Integralzeichen kommt historisch von einem langgezogenen S her. Damit sollte zum Ausdruck kommen, dass das Integral der gemeinsame Grenzwert der Obersummen und Untersummen ist. Das Zeichen d x hat seinen historischen Ursprung in dem $\Delta x = x_{i+1} - x_i$ (Breite der Teilintervalle), welches in den Ober- und Untersummen auftritt.
Die Bezeichnung Integral (mittelalterliches Latein: ein Ganzes ausmachend) ist historisch aus der Summenbildung bei den Ober- und Untersummen zu erklären.

(6) Der Integralbegriff in Anwendungen

Der Integralbegriff spielt in vielen Anwendungen eine große Rolle. Einserseits sind es innermathematische Anwendungen wie das *Berechnen des Flächeninhalts krummlinig berandeter Flächen* (vgl. Seite 138) und das *Berechnen von Volumina*, insbesondere von Rotationskörpern (vgl. Seite 185 ff.).
Aber auch in außermathematischen Anwendungen wird das Integral benötigt. In diesem Buch werden dazu einige Beispiele behandelt wie der Begriff der *mechanischen Arbeit* (vgl. Seite 182) oder die folgende Aufgabe 1. Darüber hinaus gibt es in Physik und den technischen Wissenschaften weitere Anwendungen von großer Bedeutung. Erwähnt seien die Begriffe Schwerpunkt, Trägheitsmoment, Trägheitsradius, Potential, Arbeit bei isothermer Ausdehnung, Barometrische Höhenformel.

Aufgabe 1 Wir betrachten die Situation des Pumpspeicherwerkes von Seite 122. Rechts ist der Graph der Funktion f:
Zeitpunkt x (in min) → Zulaufgeschwindigkeit $\left(in\ \frac{m^3}{min}\right)$
zum Zeitpunkt x im Zeitintervall [a; b] angegeben.
Gib ein Verfahren an, mit dem man bestimmen kann, wie viel m^3 Wasser im Zeitintervall [a; b] transportiert wird. Welche Beziehung besteht zum Begriff des Integrals?

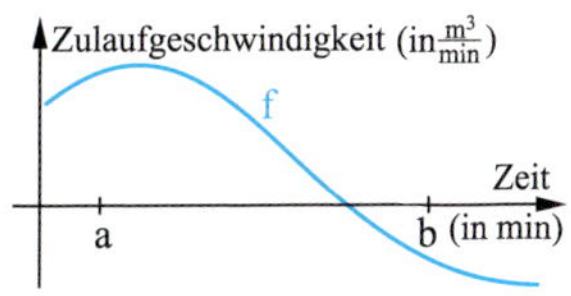

Lösung Wir orientieren uns an den Schritten der analytischen Definition des Integrals.

Beachte: Transport nach oben positives Vorzeichen, nach unten negatives Vorzeichen

1. Schritt: *Zerlegen des Intervalls [a; b] in gleich lange Teilintervalle*

Wir zerlegen das Intervall [a; b] in n gleich lange Teilintervalle mit den Teilpunkten $a = x_0, x_1, x_2, \ldots, x_{n-1}, x_n = b$

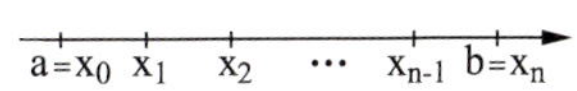

2. Schritt: *Bilden der Untersumme $\underline{S}_n$ und der Obersumme $\overline{S}_n$*

Im Teilintervall $[x_{i-1}; x_i]$ wird mindestens das Wasservolumen $m_i \cdot (x_i - x_{i-1})$ und höchstens das Wasservolumen $M_i \cdot (x_i - x_{i-1})$ transportiert. Insgesamt wird im Zeitintervall [a; b] mindestens das Wasservolumen

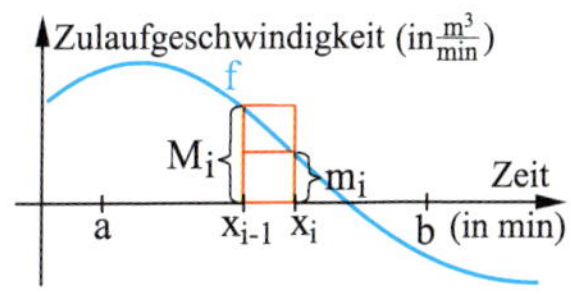

zur Bedeutung von $m_1, m_2, \ldots$ und $M_1, M_2, \ldots$ siehe Seite 129

$\underline{S}_n = m_1 \cdot (x_1 - x_0) + m_2 \cdot (x_2 - x_1) + \ldots + m_n \cdot (x_n - x_{n-1})$
und höchstens das Wasservolumen
$\overline{S}_n = M_1 \cdot (x_1 - x_0) + M_2 \cdot (x_2 - x_1) + \ldots + M_n \cdot (x_n - x_{n-1})$ transportiert.

3. Schritt: *Bilden der Grenzwerte $\lim\limits_{n\to\infty} \underline{S}_n$ und $\lim\limits_{n\to\infty} \overline{S}_n$*

Wir lassen n über alle Grenzen wachsen und bilden die Grenzwerte $\lim\limits_{n\to\infty} \underline{S}_n$ und $\lim\limits_{n\to\infty} \overline{S}_n$.
Wir können davon ausgehen, dass beide Grenzwerte übereinstimmen. Dann gilt
$\int\limits_a^b f(x)\,dx = \lim\limits_{n\to\infty} \underline{S}_n = \lim\limits_{n\to\infty} \overline{S}_n$.

Das Volumen kann auch 0 sein.

Ergebnis: Das im Zeitintervall [a; b] im Endeffekt transportierte Wasservolumen ist gleich dem Integral $\int\limits_a^b f(x)\,dx$.

Übungsaufgaben

2.

a) Der in Werbeprospekten angegebene spezifische Benzinverbrauch eines Autos (siehe rechts) gilt meist nur für einen warmen Motor und einen Geschwindigkeitsbereich von 80 km/h bis 140 km/h.

Ein Auto bewegt sich in diesem Bereich von der Stelle x_1 bis zur Stelle x_2 mit konstanter Geschwindigkeit. Wie groß ist der gesamte Benzinverbrauch zwischen diesen Stellen? Deute dieses Ergebnis als Flächeninhalt eines Rechtecks unter dem Graphen einer konstanten Funktion. Um welche Funktion handelt es sich? Fertige eine Zeichnung an.

b) Der spezifische Benzinverbrauch eines bei 0 km kalt gestarteten Autos werde durch den nebenstehenden Graphen der Funktion
zurückgelegte Weglänge x (in km)
→ spezifischer Benzinverbrauch $\left(in\ \frac{\ell}{100}\,km\right)$ *an der Stelle x* beschrieben.

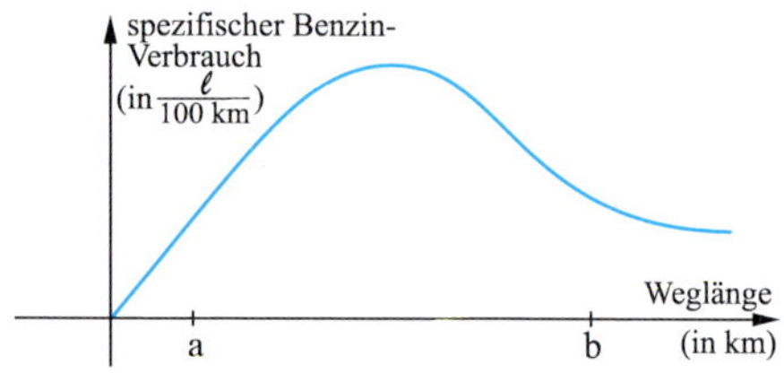

Gib ein Verfahren an, mit welchem man den gesamten Benzinverbrauch des Autos zwischen den Stellen a und b bestimmen kann. Orientiere dich an den Schritten zur analytischen Definition des Integrals.

c) *Begründe:* Die Funktion *zurückgelegte Weglänge* $x \mapsto$ *spezifischer Benzinverbrauch an der Stelle x* ist die Ableitung der Funktion *zurückgelegte Weglänge* $x \mapsto$ *gesamter Benzinverbrauch bis zur Stelle x.*

3.

Die Funktion f soll zu jeder Höhe x die punktuelle Dichte des Gases angeben, das sich im Behälter B befindet. Gib ein Verfahren an, mit dem man die Masse des Gases im Behälter finden kann und stelle die Beziehung zum Integralbegriff her.

4.

Die Funktion f soll im Zeitintervall [a; b] für jeden Zeitpunkt x die momentane zeitliche Verkehrsdichte f (x) an einer Straßenstelle angeben. Man gebe ein Verfahren an, mit dem man die Anzahl der Autos, die im Zeitintervall [a; b] diese Straßenstelle befahren, ermitteln kann. Man stelle auch die Beziehung zum Integralbegriff her.

3.1.4 Berechnen von Integralen – Einfache Integrationsregeln

Information **(1) Grundintegrale**

Wir stellen nochmals die wichtigsten bisher bekannten Integrale zusammen. Wir nennen sie Grundintegrale.

Grundintegrale

$\int_a^b 1\,dx = b - a$ $\quad$ $\int_a^b x\,dx = \frac{b^2}{2} - \frac{a^2}{2}$ $\quad$ $\int_a^b x^2\,dx = \frac{b^3}{3} - \frac{a^3}{3}$ $\quad$ $\int_a^b x^3\,dx = \frac{b^4}{4} - \frac{a^4}{4}$

(2) Zurückführen komplizierter Integrale auf Grundintegrale

Die bisherigen Berechnungsverfahren für Integrale waren sehr mühsam und zeitaufwendig. Es erhebt sich daher die Frage, ob es nicht Regeln gibt, mit denen man die Integrale anderer Funktionen wie z.B. $\int_4^6 (3x^2 + 4x)\,dx$ auf diese Grundintegrale zurückführen kann.

Auch in der Integralrechnung gibt es ähnliche Regeln wie in der Differentialrechnung, wo man die Differentiation einer ganzrationalen Funktion wie z.B. $x \mapsto x^3 + 4x + 7$ mithilfe der Faktorregel und der Summenregel auf die Differentiation der Funktionen $x \mapsto 1$, $x \mapsto x$, $x \mapsto x^2$, $x \mapsto x^3$, ... zurückführen kann.

2.1 Faktorregel und Summenregel für Integrale

Faktorregel für Integrale

Es gilt: $\int_a^b c \cdot f(x)\,dx = c \cdot \int_a^b f(x)\,dx$, $\quad$ *kurz:* $\int_a^b c \cdot f = c \cdot \int_a^b f$

Ein konstanter Faktor kann vor das Integralzeichen gezogen werden.

Beispiel: $\int_1^2 3x^2\,dx = 3 \cdot \int_1^2 x^2\,dx$

Summenregel für Integrale

$\int_a^b \big(f(x) + g(x)\big)\,dx = \int_a^b f(x)\,dx + \int_a^b g(x)\,dx$, $\quad$ *kurz:* $\int_a^b (f+g) = \int_a^b f + \int_a^b g$

Eine Summe wird gliedweise integriert.

Beispiel: $\int_3^5 (x^2 + x^3)\,dx = \int_3^5 x^2\,dx + \int_3^5 x^3\,dx$

Wir machen diese beiden Regeln an dieser Stelle nur plausibel. Auf Seite 165 (Aufgabe 3) werden wir für stetige Funktionen einen Beweis führen.

Geometrische Plausibilitätsbetrachtung für die Faktorregel für den Fall c = 2

Die Funktionswerte der Funktion f werden in Richtung der 2. Achse mit dem Faktor 2 gestreckt. Der Flächeninhalt des großen Rechtecks ist dann doppelt so groß wie der Flächeninhalt des Rechtecks, das nur bis zum Graphen von f reicht.

Dies gilt für jedes solche schmale Rechteck.

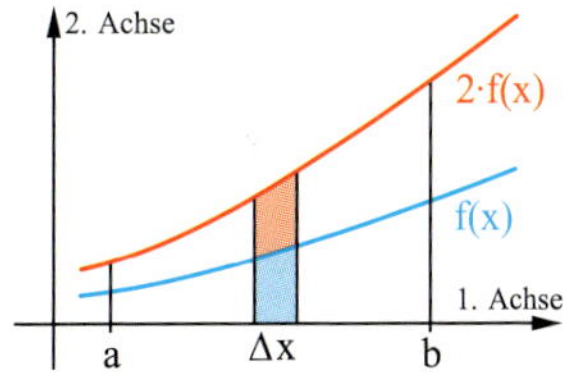

Es gilt: $\int_a^b 2 \cdot f(x)\,dx = 2 \cdot \int_a^b f(x)\,dx$

Geometrische Plausibilitätsbetrachtung für die Summenregel
Die Funktionswerte addieren sich. Der Flächeninhalt des schmalen Rechtecks, das bis zum Graphen von f + g reicht, ist gleich der Summe der Flächeninhalte der Rechtecke, die bis zu den Graphen von f bzw. g reichen. Die Überlegung gilt für jedes solche schmale Rechteck im Intervall [a; b]. Daher gilt: $\int_a^b (f+g) = \int_a^b f + \int_a^b g$

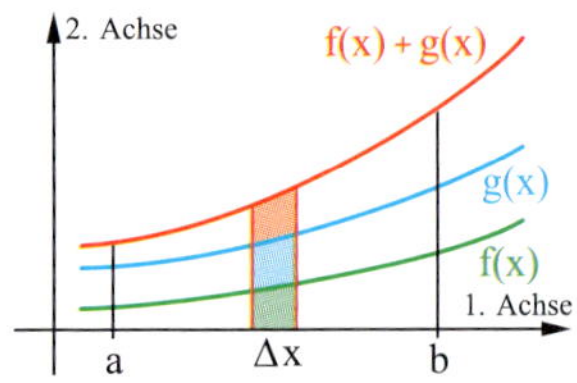

2.2 Die Regel über die Intervalladditivität

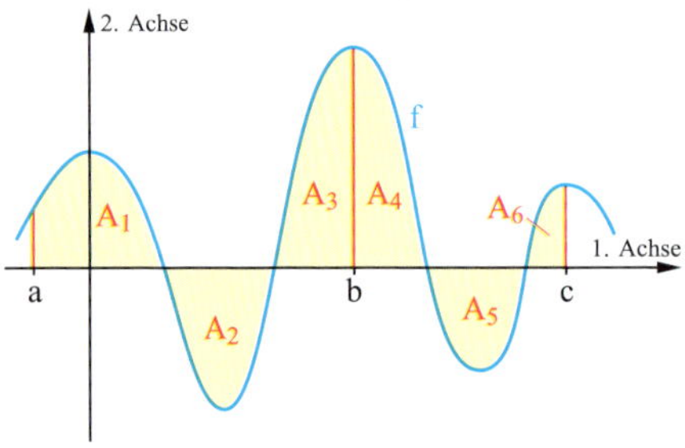

Aus der geometrischen Definition des Integrals ergibt sich (siehe das Bild links):

$\int_a^b f(x)\,dx + \int_b^c f(x)\,dx$
$= (A_1 + (-A_2) + A_3) + (A_4 + (-A_5) + A_6)$
$= \int_a^c f(x)\,dx$, also:

$$\int_a^b f(x)\,dx + \int_b^c f(x)\,dx = \int_a^c f(x)\,dx, \quad \text{mit } a < b < c$$

(3) Erweiterung der Definition des Integrals

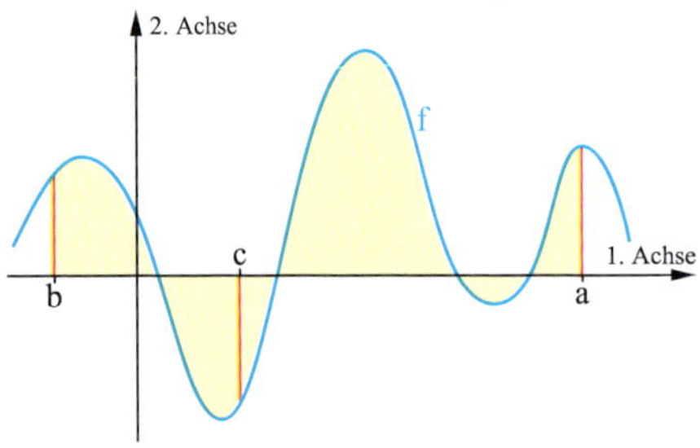

Was gilt, wenn die Bedingung $a < b < c$ nicht erfüllt ist, also z. B. $b < c < a$. Die geometrische Definition des Integrals ergibt: $\int_b^c f(x)\,dx + \int_c^a f(x)\,dx = \int_b^a f(x)\,dx$

Daraus folgt: $-\int_b^a f(x)\,dx + \int_b^c f(x)\,dx = -\int_c^a f(x)\,dx$

Setzt man nun $\int_a^b f(x)\,dx = -\int_b^a f(x)\,dx$ und also $\int_a^c f(x)\,dx = -\int_c^a f(x)\,dx$, so erhalten wir wieder:

$\int_a^b f(x)\,dx + \int_b^c f(x)\,dx = \int_a^c f(x)\,dx$, obgleich jetzt nicht mehr $a < b < c$ gilt.

siehe Aufgabe 3

Auch bei noch anderer Anordnung der Werte a, b, c gilt die obige Formel, wie man jeweils ausrechnen kann. Zusätzlich setzt man noch $\int_a^a f(x)\,dx = 0$. Das ist auch verständlich, weil das Intervall dann zu einem Punkt wird. Die Fläche entartet zu einer Strecke mit dem Flächeninhalt 0. Diese Definition hat zur Folge, dass dann in der obigen Formel auch gleiche Grenzen auftreten dürfen.

$\int_a^b f(x)\,dx + \int_b^a f(x)\,dx = \int_a^a f(x)\,dx$ ist z. B. richtig.

Definition 1: Erweiterung der Definition des Integrals

(1) Ist $a < b$, so sei
$$\int_b^a f(x)\,dx = -\int_a^b f(x)\,dx$$
Beispiel: $\int_3^1 x^2\,dx = -\int_1^3 x^2\,dx = -\left(\frac{3^3}{3} - \frac{1^3}{3}\right) = -\frac{26}{3}$

(2) $\int_a^a f(x)\,dx = 0$
Beispiel: $\int_2^2 x^3\,dx = 0$

Zusammenfassend erhalten wir die allgemeine Regel über die Intervalladditivität.

a, b, c können beliebig sein

Allgemeine Regel über die Intervalladditivität

$$\int_a^b f(x)\,dx + \int_b^c f(x)\,dx = \int_a^c f(x)\,dx$$

Beispiel: $\int_{-4}^{9} x^2\,dx + \int_{9}^{3} x^2\,dx = \int_{-4}^{3} x^2\,dx$

Weiterführende Aufgaben

1. *Verallgemeinerung der Faktor- und Summenregel*
Zeige:

a) $\int_a^b \big(c_1 \cdot u(x) + c_2 \cdot v(x)\big)\,dx = c_1 \cdot \int_a^b u(x)\,dx + c_2 \cdot \int_a^b v(x)\,dx$

b) $\int_a^b \big(-u(x)\big)\,dx = -\int_a^b u(x)\,dx$

c) $\int_a^b \big(u(x) - v(x)\big)\,dx = \int_a^b u(x)\,dx - \int_a^b v(x)\,dx$

2. *Gültigkeit der Faktorregel auch für die Verallgemeinerung des Integrals*
Begründe, dass die Faktorregel und die Summenregel auch gelten, falls

a) die untere Integralgrenze größer als die obere ist;

b) die beiden Integralgrenzen gleich sind.

3. *Gültigkeit der Intervalladditivität auch für die Verallgemeinerung des Integrals*
Zeige, dass die Regel über die Intervalladditivität auch gilt, falls

a) $c < a < b$ **b)** $b < a < c$ **c)** $c < b < a$ **d)** $a < c < b$ **e)** $a = b < c$ **f)** $b < a = c$

4. *Überblick über berechenbare Integrale*
Welche Integrale kann man mithilfe der Grundintegrale und der Faktor- und Summenregel berechnen?

Übungsaufgaben

5.
Berechne wie im Beispiel rechts. Gib jeweils die benutzte Regel an.

a) $\int_{-2}^{5} 7x^3\,dx$

b) $\int_{1}^{4} (5x^2 + 3x)\,dx$

c) $\int_{1}^{2} \left(\frac{1}{2}x^3 + 6x^2 + 1\right)dx$

d) $\int_{-4}^{+4} (4 \cdot x^3 - 3x^2 + 1)\,dx$

Summenregel

$$\int_3^4 (3x^2 + 4x)\,dx = \int_3^4 3x^2\,dx + \int_3^4 4x\,dx$$

Faktorregel

$$= 3\int_3^4 x^2\,dx + 4\int_3^4 x\,dx$$

$$= 3 \cdot \left(\frac{4^3}{3} - \frac{3^3}{3}\right) + 4 \cdot \left(\frac{4^2}{2} - \frac{3^2}{2}\right) = 51$$

e) $\int_{-1}^{3} \frac{2}{5}x^2\,dx$ **f)** $\int_{0}^{5} 3x^3\,dx$ **g)** $\int_{-2}^{-1} -4x^3\,dx$

h) $\int_{-4}^{4} -\frac{2}{3}x^3\,dx$ **i)** $\int_{-4}^{2} (-5)\,dx$ **j)** $\int_{3}^{4} (x^2 + x^3)\,dx$

6.

Berechne.

Die Integrationsvariable muss nicht immer x sein!

a) $\int_{-2}^{5} \frac{3}{4} y\, dy$ **c)** $\int_{0}^{5} y^3\, dy$ **e)** $\int_{-4}^{6} (3z^2 + 4z)\, dz$ **g)** $\int_{0}^{1} (1 - r^2)\, dr$

b) $\int_{-4}^{5} 3t^2\, dt$ **d)** $\int_{1}^{2} t^2\, dt$ **f)** $\int_{-1}^{3} (z + 4z^2)\, dz$ **h)** $\int_{-1}^{+1} (9p^3 + 10p^2 + 4p)\, dp$

CAS **7.**

Berechne das Integral. Man kann das Ergebnis mit einem CAS überprüfen.

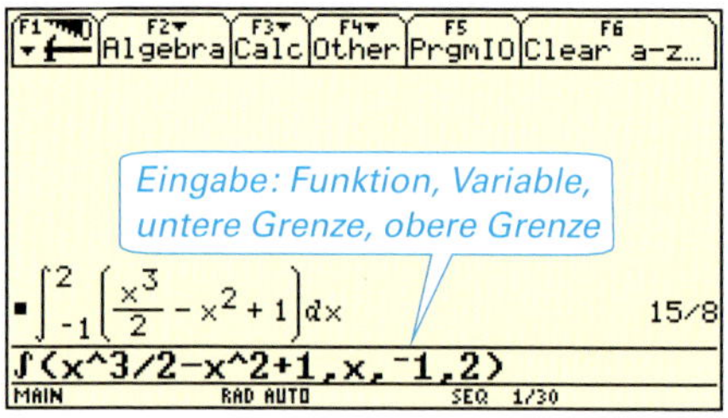

a) $\int_{2}^{3} (x^3 - 3x^2 + 4x + 1)\, dx$ **e)** $\int_{\sqrt{2}}^{\sqrt{2}} \frac{5x^3 - 3x}{2}\, dx$

b) $\int_{-2}^{1} \left(\frac{1}{2}x^3 + 2\right) dx$ **f)** $\int_{-2}^{3} (x + 2)(x - 3)\, dx$

c) $\int_{-1}^{\sqrt{2}} \left(\frac{x^3}{5} - \frac{2}{3}x\right) dx$ **g)** $\int_{0}^{4} x(x - 4)^2\, dx$

d) $\int_{-3}^{2} \frac{2x^3 - 3x^2 + 1}{6}\, dx$ **h)** $\int_{-1}^{1} \left(-\frac{11}{17}x^3 + \frac{5}{19}x\right) dx$

8.

Vereinfache erst, berechne dann.

a) $\int_{-1}^{2} (x^2 + 4x + 2)\, dx + \int_{2}^{3} (x^2 + 4x + 2)\, dx$ **c)** $\int_{-2}^{1} (3x^2 + 5x - 4)\, dx + \int_{1}^{4} (3x^2 + 5x - 4)\, dx$

b) $\int_{0}^{2} (x^3 - 4x + 1)\, dx + \int_{2}^{4} (x^3 - 4x + 1)\, dx$ **d)** $\int_{-1}^{2} \left(2 - \frac{1}{2}x^2\right) dx - \int_{1}^{2} \left(2 - \frac{1}{2}x^2\right) dx$

e) $\int_{-1}^{1} (x^2 - 2x)\, dx - \int_{3}^{2} (x^2 - 2x)\, dx + \int_{1}^{2} (x^2 - 2x)\, dx$

f) $\int_{-1}^{0} \left(4x^3 - \frac{1}{2}x - 2\right) dx - \int_{-2}^{1} \left(4x^3 - \frac{1}{2}x - 2\right) dx + \int_{0}^{1} \left(4x^3 - \frac{1}{2}x - 2\right) dx$

CAS **9.**

Vereinfache erst, berechne dann. Du kannst das Ergebnis mit einem CAS überprüfen.

a) $\int_{1}^{2} (4x^3 + 9x^2 + x + 6)\, dx + \int_{1}^{2} (5x^3 - 9x^2 + 2x - 3)\, dx$

b) $\int_{-3}^{2} (x^2 + 8x)\, dx - \int_{-3}^{2} (4x^2 + 8x)\, dx$

c) $2 \int_{-1}^{3} (x^2 - 3x + 6)\, dx + 3 \int_{-1}^{3} (x^2 + 2x - 4)\, dx$

d) $\int_{2}^{4} (5x^2 - 6x + 5)\, dx - 5 \int_{2}^{4} (x^2 + 3x + 1)\, dx$

CAS **10.**

Welche Zahl k mit $k \in \mathbb{R}$ erfüllt die Gleichung? Interpretiere die Fragestellung am Graphen der Funktion.

a) $\int_{-1}^{k} (x + 1)\, dx = 2$ **c)** $\int_{0}^{k} 2x^2\, dx = 18$ **e)** $\int_{-2}^{k} (x^3 - 5x)\, dx = 0$

b) $\int_{-2}^{k} (2x - 4)\, dx = -7$ **d)** $\int_{0}^{k} x^3\, dx = \frac{81}{64}$ **f)** $\int_{1}^{k} (4x^3 - 18x)\, dx = -12$

11.
Berechne k.

Überprüfe deine Lösung mithilfe eines CAS.

a) $\int_{-1}^{2} k x^2 \, dx = \frac{8}{3}$

b) $\int_{-1}^{+1} (-x^3 + k) \, dx = 4$

c) $\int_{-2}^{0} (x^2 - k^2) \, dx = 0$

d) $\int_{0}^{k} \frac{1}{2} x^2 \, dx = 4$

e) $\int_{0}^{k} (x^2 - 2x) \, dx + \frac{4}{3} = 0$

f) $\int_{-1}^{k} (x^2 - 2) \, dx = -\frac{5}{3}$

g) $\int_{0}^{k} (-x^2 + x) \, dx + \frac{2}{3} = 0$

h) $\int_{0}^{k} (k^2 x + k x^2) \, dx = 2$

12.
a) Berechne folgende Integrale:

(1) $\int_{-5}^{5} 2x^3 \, dx$ (2) $\int_{-2}^{2} (3x^2 + 5) \, dx$ (3) $\int_{-3}^{3} (-7x^3 + 12x) \, dx$ (4) $\int_{-1}^{1} (x^2 - 3) \, dx$

b) Begründe allgemein:
(1) Hat das Polynom f (x) nur gerade Exponenten, so gilt: $\int_{-k}^{+k} f(x) \, dx = 2 \int_{0}^{+k} f(x) \, dx$
(2) Hat das Polynom f (x) nur ungerade Exponenten, so gilt: $\int_{-k}^{+k} f(x) \, dx = 0$

13.
Verwende die Ergebnisse von Aufgabe 12 b) zur Berechnung des Integrals für $k > 0$.

a) $\int_{-k}^{+k} (x^3 + x) \, dx$ **b)** $\int_{-k}^{+k} (-3x^3 + 2x) \, dx$ **c)** $\int_{-k}^{+k} (3x^2 - 2) \, dx$

14.
Verwende die Ergebnisse von Aufgabe 12 b) zur Berechnung des Integrals. Rechne wie im Beispiel.

$$\int_{-3}^{+3} \left(\frac{1}{9}x^3 + x^2 - \frac{3}{2}x + 2\right) dx$$
$$= \int_{-3}^{+3} \left(\frac{1}{9}x^3 - \frac{3}{2}x\right) dx + \int_{-3}^{+3} (x^2 + 2) \, dx$$
$$= 0 + 2 \int_{0}^{3} (x^2 + 2) \, dx = 2 \cdot 15 = 30$$

a) $\int_{-1}^{1} (2x^3 - 6x^2 + 5x + 1) \, dx$

b) $\int_{-10}^{+10} \left(\frac{1}{5}x^3 - 30x^2 - 17x - 1\right) dx$

c) $\int_{-1}^{1} \left(2 - \frac{1}{2}x^2 - \frac{1}{3}x^3\right) dx$ **d)** $\int_{-3}^{-1} \left(\frac{1}{4}x^3 + 1\right) dx + \int_{0}^{3} \left(\frac{1}{4}x^3 + 1\right) dx + \int_{-1}^{0} \left(\frac{1}{4}x^3 + 1\right) dx$

15.
Von der Funktion f sei bekannt, dass $\int_{-4}^{-2} f(x) \, dx = 3$ ist. Der Graph von f sei punktsymmetrisch zum Ursprung. Welche der folgenden Integrale kann man berechnen? Gib den Wert des Integrals an und begründe die Lösung.

a) $\int_{-2}^{-4} f(x) \, dx$ **d)** $\int_{-4}^{4} f(x) \, dx$ **g)** $\int_{0}^{-4} f(x) \, dx + \int_{-2}^{0} f(x) \, dx$

b) $\int_{-2}^{0} f(x) \, dx$ **e)** $\int_{-2}^{4} f(x) \, dx$ **h)** $\int_{1}^{-2} 8 \cdot f(x) \, dx - \int_{1}^{-4} 8 \cdot f(x) \, dx$

c) $\int_{2}^{4} f(x) \, dx$ **f)** $\int_{0}^{2} 6 \cdot f(x) \, dx$ **i)** $\int_{-4}^{-2} f(x) \, dx + \int_{4}^{2} f(x) \, dx$

3.1.5 Verwenden von Integralen zur Flächenberechnung

Wir haben gesehen, dass das Integral von a bis b einer Funktion f häufig *nicht* gleich dem Flächeninhalt der Fläche zwischen dem Graphen von f und der 1. Achse ist. Dennoch kann man das Integral auch zur Flächenberechnung verwenden.

Aufgabe 1 Gegeben sei die Funktion f mit $f(x) = (x^2 - 1) \cdot \left(\frac{1}{2}x - 1\right)$. Bestimme den Flächeninhalt der gesamten Fläche, welche der Graph der Funktion f mit der 1. Achse über dem Intervall $[-2; 2]$ einschließt.

Hier ist nicht der orientierte Flächeninhalt gemeint.

Lösung *1. Nullstellen der Funktion f*

Um festzustellen, wo der Graph unterhalb und wo er oberhalb der 1. Achse verläuft, bestimmen wir die Nullstellen von f.

$f(x) = 0$

$(x^2 - 1) \cdot \left(\frac{1}{2}x - 1\right) = 0$

$x^2 - 1 = 0$ oder $\frac{1}{2}x - 1 = 0$

$x^2 = 1$ oder $\frac{1}{2}x = 1$

$x = 1$ oder $x = -1$ oder $x = 2$

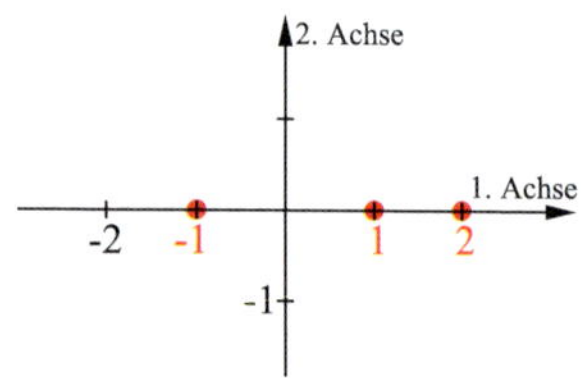

Nullstellen befinden sich an den Stellen -1, 1 und 2.

2. Qualitativer Verlauf des Graphen über dem Intervall $[-2; +2]$

Um den qualitativen Verlauf des Graphen über $[-2; +2]$ zu bestimmen, berechnen wir $f(-2)$, $f(0)$ und $f(1{,}5)$.

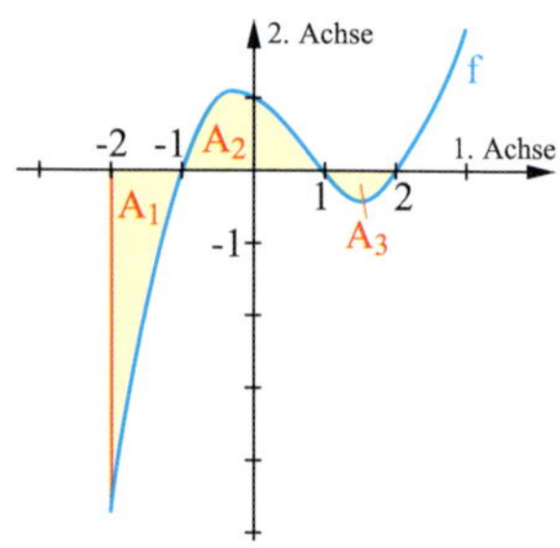

$f(-2) = ((-2)^2 - 1) \cdot \left(\frac{1}{2} \cdot (-2) - 1\right) = -6 < 0$

$f(0) = (0^2 - 1) \cdot \left(\frac{1}{2} \cdot 0 - 1\right) = 1 > 0$

$f(1{,}5) = (1{,}5^2 - 1) \cdot \left(\frac{1}{2} \cdot 1{,}5 - 1\right)$

$= 1{,}25 \cdot (-0{,}25) = -0{,}3125 < 0$

Die gesamte Fläche zwischen dem Graphen von f und der 1. Achse über dem Intervall $[-2; +2]$ besteht aus drei Teilen.

3. Berechnen der einzelnen Flächeninhalte A_1, A_2, A_3 und des Gesamtflächeninhalts A

3.1 Flächeninhalt A_1 der Fläche über dem Intervall $[-2; -1]$

1. Schritt: Berechnen des Integrals

$$\int_{-2}^{-1} (x^2 - 1) \cdot \left(\frac{1}{2}x - 1\right) dx$$

$$= \int_{-2}^{-1} \left(\frac{1}{2}x^3 - x^2 - \frac{1}{2}x + 1\right) dx$$

$$= \frac{1}{2} \int_{-2}^{-1} x^3\, dx - \int_{-2}^{-1} x^2\, dx - \frac{1}{2} \int_{-2}^{-1} x\, dx + \int_{-2}^{-1} 1\, dx$$

$$= \frac{1}{2} \cdot \left(\frac{(-1)^4}{4} - \frac{(-2)^4}{4}\right) - \left(\frac{(-1)^3}{3} - \frac{(-2)^3}{3}\right) - \frac{1}{2} \cdot \left(\frac{(-1)^2}{2} - \frac{(-2)^2}{2}\right) + ((-1) - (-2))$$

$$= \frac{1}{2} \cdot \frac{1 - 16}{4} - \frac{-1 + 8}{3} - \frac{1}{2} \cdot \frac{1 - 4}{2} + (-1 + 2)$$

$$= \frac{-15}{8} - \frac{7}{3} + \frac{3}{4} + 1 = \frac{-45 - 56 + 18}{24} + 1 = \frac{-83}{24} + 1 = -2\frac{11}{24}$$

2. Schritt: Bestimmen des Flächeninhalts

Es gilt für den Flächeninhalt: $A_1 = 2\frac{11}{24}$

3.2 Flächeninhalt A_2 der Fläche über dem Intervall $[-1; 1]$

$$A_2 = \int_{-1}^{+1} \left(\frac{1}{2}x^3 - x^2 - \frac{1}{2}x + 1\right) dx$$
$$= \frac{1}{2}\int_{-1}^{1} x^3\,dx - \int_{-1}^{1} x^2\,dx - \frac{1}{2}\int_{-1}^{1} x\,dx + \int_{-1}^{1} 1\,dx$$
$$= \frac{1}{2}\cdot\left(\frac{1^4}{4} - \frac{(-1)^4}{4}\right) - \left(\frac{1^3}{3} - \frac{(-1)^3}{3}\right) - \frac{1}{2}\cdot\left(\frac{1^2}{2} - \frac{(-1)^2}{2}\right) + (1-(-1)) = 2 - \frac{2}{3} = 1\frac{1}{3}$$

Flächeninhalt und Integral stimmen hier überein, weil die Fläche oberhalb der 1. Achse ist.

3.3 Flächeninhalt A_3 der Fläche über dem Intervall $[1; 2]$

1. Schritt: Berechnen des Integrals

$$\int_1^2 \left(\frac{1}{2}x^3 - x^2 - \frac{1}{2}x + 1\right) dx$$
$$= \frac{1}{2}\cdot\left(\frac{2^4}{4} - \frac{1^4}{4}\right) - \left(\frac{2^3}{3} - \frac{1^3}{3}\right) - \frac{1}{2}\cdot\left(\frac{2^2}{2} - \frac{1^2}{2}\right) + (2-1)$$
$$= \frac{1}{2}\cdot\frac{16-1}{4} - \frac{8-1}{3} - \frac{1}{2}\cdot\frac{4-1}{2} + 1$$
$$= \frac{15}{8} - \frac{7}{3} - \frac{3}{4} + 1$$
$$= \frac{45-56-18}{24} + 1$$
$$= \frac{-29}{24} + 1 = -\frac{5}{24}$$

2. Schritt: Bestimmen des Flächeninhalts

Es gilt für den Flächeninhalt: $A_3 = \frac{5}{24}$

3.4 Flächeninhalt A der gesamten Fläche

$$A = A_1 + A_2 + A_3 = 2\frac{11}{24} + 1\frac{1}{3} + \frac{5}{24} = 4$$

Ergebnis: Der Flächeninhalt A der Fläche zwischen dem Graphen der Funktion f und der 1. Achse über dem Intervall $[-2; 2]$ beträgt 4.

Aufgabe 2 *Flächeninhalt zwischen zwei Funktionsgraphen*

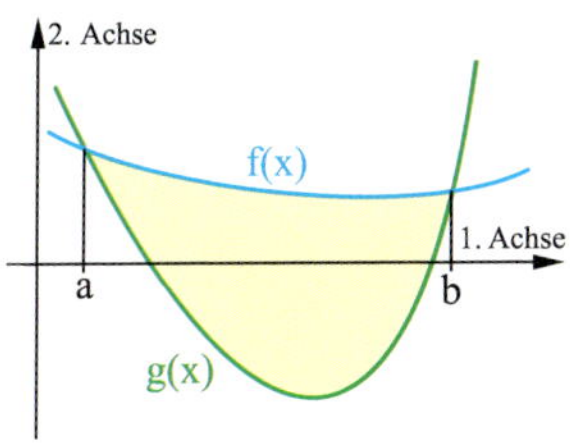

a) Der Graph der Funktion f verlaufe zwischen den Stellen a und b oberhalb des Graphen von g, d. h. es gelte $f(x) > g(x)$ für $a < x < b$. Gesucht ist eine Formel für den Flächeninhalt der Fläche zwischen den Graphen der beiden Funktionen über dem Intervall $[a; b]$.

b) Gegeben sind die beiden Funktionen f und g mit $f(x) = x^3 - 3x^2 = x^2(x-3)$ und $g(x) = x - 3$. Bestimme den Flächeninhalt der gesamten Fläche, welche die Graphen der beiden Funktionen über $[-2; 3]$ einschließen.

Lösung

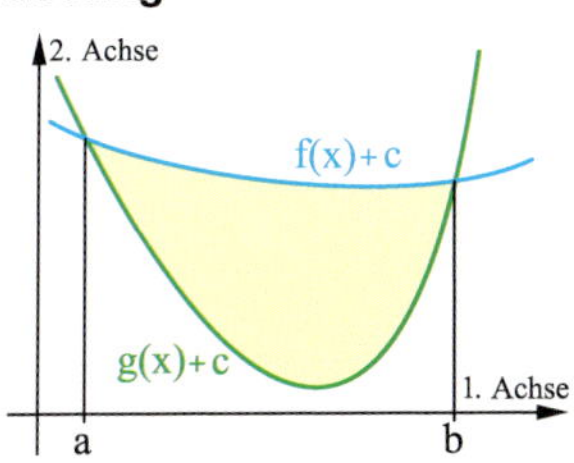

a) Um den gesuchten Flächeninhalt A schnell berechnen zu können, verschieben wir beide Graphen durch Addition einer geeigneten Konstanten c soweit, dass beide Graphen zwischen a und b oberhalb der 1. Achse verlaufen. Dann gilt für den Flächeninhalt A:

$$A = \int_a^b (f(x)+c)\,dx - \int_a^b (g(x)+c)\,dx$$

Beide Integrale kann man nach der Summenregel zusammenfassen:

$$A = \int_a^b \big((f(x)+c) - (g(x)+c)\big)\,dx$$
$$= \int_a^b (f(x) - g(x))\,dx$$

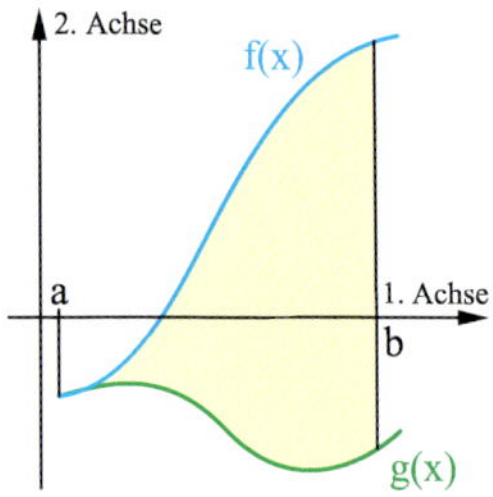

Satz 1

Gilt $f(x) > g(x)$ für alle x mit $a < x < b$, d.h. verläuft der Graph von f zwischen a und b oberhalb des Graphen von g, so gilt für den Flächeninhalt A der von beiden Graphen über dem Intervall $[a; b]$ eingeschlossenen Fläche $A = \int_a^b (f(x) - g(x))\,dx$

b) *1. Schnittstellen der beiden Graphen*
Um einen Überblick zu erhalten, welcher Graph jeweils oberhalb des anderen verläuft, bestimmen wir die Schnittstellen der beiden Graphen. Dort stimmen die Funktionswerte überein.

$$f(x) = g(x)$$
$$x^2 \cdot (x-3) = x-3$$
$$x^2 \cdot (x-3) - (x-3) = 0$$
$$(x-3) \cdot (x^2-1) = 0$$
$$x-3=0 \quad \text{oder} \quad x^2-1=0$$
$$x=3 \quad \text{oder} \quad x=1 \quad \text{oder} \quad x=-1$$

Gemeinsame Punkte der beiden Graphen liegen an den Stellen -1, 1 und 3 vor.

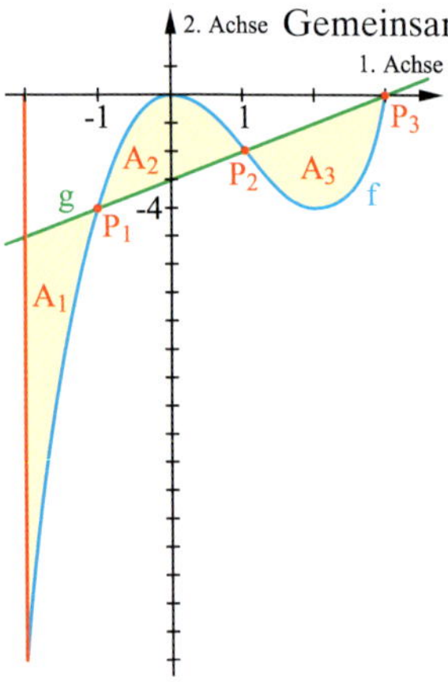

2. Qualitativer Verlauf der Graphen zueinander
Der Graph von g mit $g(x) = x-3$ ist eine Gerade mit der Steigung 1 durch $P(0\,|\,-3)$. Der Graph von f schneidet also die Gerade in den Punkten P_1, P_2 und P_3. Um zu untersuchen, wie der Graph von f im Vergleich zu der Geraden verläuft, vergleichen wir $f(0)$ mit $g(0)$.

$f(0) = 0$ und $g(0) = -3$, also $f(0) > g(0)$.

Der Graph von f verläuft also zwischen -1 und $+1$ oberhalb des Graphen von g. Weiter gilt: $f(2) = -4$ und $g(2) = -1$, also $f(2) < g(2)$.

Der Graph von g verläuft also zwischen $+1$ und $+3$ oberhalb des Graphen von f. Dann gilt: $f(-2) = -20$ und $g(-2) = -5$, also $f(-2) < g(-2)$.

Die gesamte Fläche, deren Flächeninhalt zu bestimmen ist, besteht aus 3 Teilen.

3. Berechnung der einzelnen Flächeninhalte A_1, A_2, A_3 und des Gesamtflächeninhalts

3.1 Flächeninhalt A_1 der Fläche über $[-2; -1]$
Für $-2 < x < 1$ gilt $f(x) < g(x)$. Also gilt für den Flächeninhalt A_1 dieser Fläche:

$$A_1 = \int_{-2}^{-1} ((x-3) - (x^3 - 3x^2))\,dx = \int_{-2}^{-1} (-x^3 + 3x^2 + x - 3)\,dx$$
$$= -\int_{-2}^{-1} x^3\,dx + 3 \cdot \int_{-2}^{-1} x^2\,dx + \int_{-2}^{-1} x\,dx - 3 \cdot \int_{-2}^{-1} 1\,dx$$
$$= -\left(\frac{(-1)^4}{4} - \frac{(-2)^4}{4}\right) + 3 \cdot \left(\frac{(-1)^3}{3} - \frac{(-2)^3}{3}\right) + \left(\frac{(-1)^2}{2} - \frac{(-2)^2}{2}\right) - 3 \cdot (-1-(-2))$$
$$= -\frac{1-16}{4} + 3 \cdot \frac{-1+8}{3} + \frac{1-4}{2} - 3 \cdot 1 = +\frac{15}{4} + 7 - \frac{6}{4} - 3 = 4\frac{9}{4} = 6\frac{1}{4}$$

3.2 Flächeninhalt A_2 der Fläche über $[-1; 1]$
Für $-1 < x < 1$ gilt: $f(x) > g(x)$.

$$A_2 = \int_{-1}^{+1} (x^3 - 3x^2 - (x-3))\,dx$$
$$= \int_{-1}^{+1} x^3\,dx - 3 \cdot \int_{-1}^{+1} x^2\,dx - \int_{-1}^{+1} x\,dx + 3 \cdot \int_{-1}^{+1} 1\,dx$$
$$= \left(\frac{1^4}{4} - \frac{(-1)^4}{4}\right) - 3 \cdot \left(\frac{1^3}{3} - \frac{(-1)^3}{3}\right) - \left(\frac{1^2}{2} - \frac{(-1)^2}{2}\right) + 3 \cdot (1-(-1))$$
$$= 4$$

3.3 Flächeninhalt A_3 der Fläche über [1; 3]

Für $1 < x < 3$ gilt: $f(x) < g(x)$.

$$A_3 = \int_1^3 ((x-3) - (x^3 - 3x^2))\,dx$$
$$= -\int_1^3 x^3\,dx + 3\cdot\int_1^3 x^2\,dx + \int_1^3 x\,dx - 3\int_1^3 1\,dx$$
$$= -\left(\frac{3^4}{4} - \frac{1^4}{4}\right) + 3\cdot\left(\frac{3^3}{3} - \frac{1^3}{3}\right) + \left(\frac{3^2}{2} - \frac{1^2}{2}\right) - 3\cdot(3-1)$$
$$= 4$$

3.4 Flächeninhalt A der gesamten Fläche

$$A = A_1 + A_2 + A_3 = 6\frac{1}{4} + 4 + 4 = 14\frac{1}{4}$$

Ergebnis: Der Flächeninhalt der gesamten Fläche zwischen den Graphen von f und g über dem Intervall [– 2; 3] beträgt $14\frac{1}{4}$.

Weiterführende Aufgaben

3. *Vereinfachungen bei der Flächenberechnung*

Nicht immer muss man alle Flächen, welche von zwei Funktionsgraphen eingeschlossen werden, gesondert ausrechnen.

Beispiel:

Die Graphen der Funktionen $x \mapsto x^3$ und $x \mapsto x$ schneiden sich an den Stellen – 1, 0 und 1.

Gesucht ist der Flächeninhalt der von beiden Graphen eingeschlossenen Fläche. Diese besteht aus zwei Teilen. Warum genügt es, nur *einen* Flächeninhalt auszurechnen?

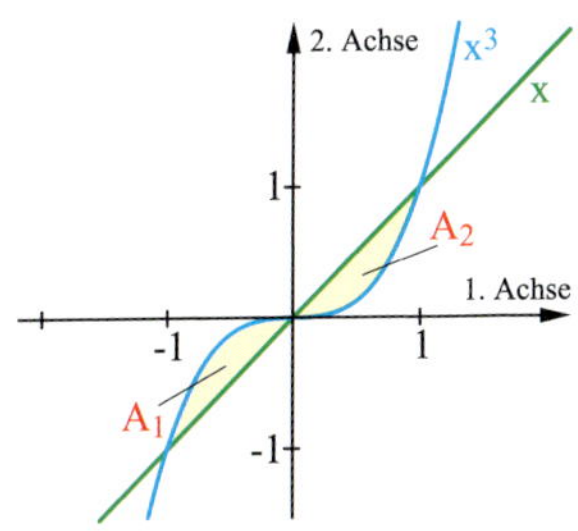

4. *Formeln für die Flächenberechnung*

a) Begründe: Für den Flächeninhalt A der Fläche zwischen Graph und 1. Achse gilt:

$$A = \int_a^{x_1} f(x)\,dx + \left|\int_{x_1}^{x_2} f(x)\,dx\right| + \int_{x_2}^{x_3} f(x)\,dx + \left|\int_{x_3}^{b} f(x)\,dx\right|$$

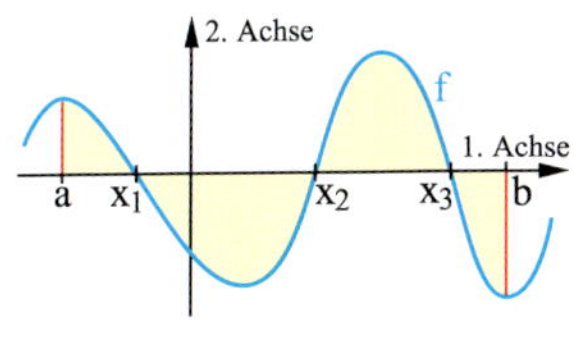

b) Zeige, dass folgender Satz gilt:

Der Flächeninhalt A der gesamten Fläche, die sich zwischen den Graphen der Funktion f und g über dem Intervall [a; b] befindet, beträgt:

$$A = \int_a^b |f(x) - g(x)|\,dx$$

CAS **c)** Benutze die Formel aus dem Aufgabenteil b) und bestimme damit den Flächeninhalt der Fläche aus Aufgabe 1 von Seite 138. Wie muss man die Funktion g wählen? Vergleiche das Ergebnis mit dem Ergebnis in der Lösung auf Seite 139.

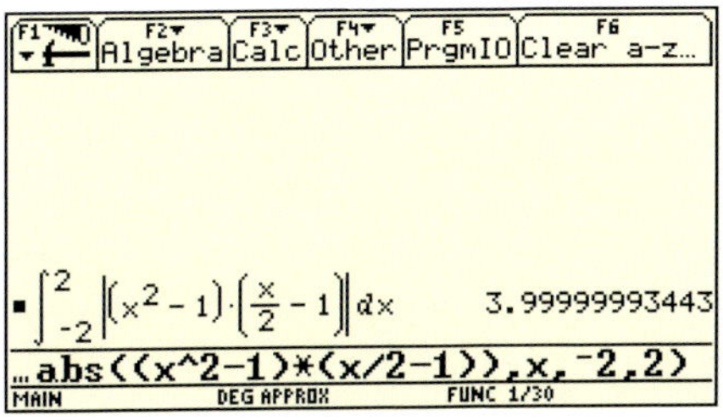

Übungsaufgaben

Flächeninhalt zwischen Funktionsgraph und 1. Achse

CAS **5.** *Flächeninhalt mit einem CAS bestimmen*

Im Fenster rechts wird gezeigt, wie man den Flächeninhalt mithilfe eines CAS ermitteln kann. Hier wurde die Fläche zwischen der 1. Achse und dem Graphen von f mit $f(x) = x^3 - x^2 - 12x$ im Intervall $[-5; 6]$ in folgenden Schritten bestimmt:

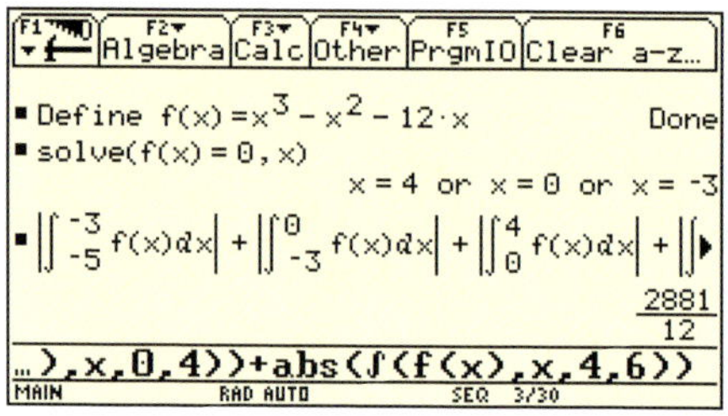

1. Die Funktion f (x) wurde definiert.
2. Die Nullstellen wurden mit solve( ) ermittelt.
3. Der Flächeninhalt wurde unter Verwendung der Funktion abs( ) für den Absolutbetrag berechnet (Ergebnis: $A = \frac{2881}{12}$).

Bestimme ebenso die Fläche zwischen dem Graphen der Funktion f und der 1. Achse im angegebenen Intervall.

a) $f(x) = x^3 + 1{,}3x^2 - 14{,}4x$; $[-5; 5]$ **b)** $f(x) = x^3 - 4{,}9x^2 - 0{,}56x + 15{,}744$; $[-2; 5]$

6.

Berechne jeweils den Inhalt der Fläche zwischen dem Graphen der Funktion f und der 1. Achse über den angegebenen Intervallen.

a) $f(x) = x^2 - 4$; $[-1; 3]$, $[-2; 2]$

b) $f(x) = -x^2 + x$; $[0; 2]$, $[-1; 3]$

c) $f(x) = x^3 - x^2$; $[0; 1]$, $[-1; 2]$

d) $f(x) = x^3 - 2x + 4$; $[-2; 0]$, $[-3; 1]$

7.

Berechne den Inhalt der Fläche, die der Graph der Funktion f mit der 1. Achse einschließt.

a) $f(x) = -x^2 + 3x$

b) $f(x) = -x^2 + 6x + 7$

c) $f(x) = (x-1)(x+2)(x-3)$

d) $f(x) = x^3 - 5x^2 + 6x$

e) $f(x) = (x^2 - 4)(x - 1)$

f) $f(x) = x^3 - 2x^2 - x + 2$

g) $f(x) = x^3 + 2x^2 - 5x - 6$

h) $f(x) = x^4 - 5x^2 + 4$

i) $f(x) = x^4 - 3x^3 - x^2 + 9x - 6$

j) $f(x) = x^4 - 3x^2 - 4$

8.

(1) Gesucht ist eine Funktion aus der Funktionenschar f_k, deren Graph mit der 1. Achse eine Fläche vom Inhalt A einschließt. Bestimme k.

(2) Untersuche allgemein die Funktionen f_k. Versuche Typen des Graphen anzugeben. *Anleitung:* Beachte das Vorzeichen von k. Diskutiere auch den Sonderfall $k = 0$.

(3) Erläutere die Aufgabenstellung im Teil (1) anhand einer Skizze aufgrund der Funktionsuntersuchung. Für welche k ist die Aufgabenstellung sinnvoll? *Beachte:* Im Aufgabenteil (1) ist gegebenenfalls nicht nur eine Lösung möglich.

a) $f_k(x) = 2x^2 - k$; $A = 3$

b) $f_k(x) = x^2 + kx$; $A = 4\frac{1}{2}$

c) $f_k(x) = 3x - kx^2$; $A = 18$

d) $f_k(x) = x^2 - k^2$; $A = 18$

e) $f_k(x) = -2x^3 + kx$; $A = 9$

f) $f_k(x) = kx^3 + 4x$; $A = 16$

CAS **9.**
Bestimme $k \in \mathbb{R}$ so, dass der Graph der Funktion f mit der 1. Achse eine Fläche vom angegebenen Flächeninhalt A einschließt.

a) $f(x) = x^2 - k^2$; $A = 10$
b) $f(x) = x^2 - kx$; $A = 36$
c) $f(x) = k^2 - 4x^2$; $A = 18$
d) $f(x) = 2x^3 + kx$; $A = 9$
e) $f(x) = kx^3 - 4x$; $A = 16$
f) $f(x) = kx^2 - 9$; $A = 6 \cdot \sqrt{3}$

10.
Bestimme den Flächeninhalt der von der 1. Achse und dem Graphen der Funktion f eingeschlossenen Fläche.

a) $f(x) = \begin{cases} \frac{1}{2}x & \text{für } x \le 2 \\ 1 & \text{für } 2 \le x \le 3 \\ -x + 4 & \text{für } 3 \le x \end{cases}$

b) $f(x) = \begin{cases} -x & \text{für } x \le 1 \\ x^2 - 2 & \text{für } 1 \le x \le 2 \\ 4 - x & \text{für } 2 \le x \end{cases}$

Flächeninhalt zwischen zwei Funktionsgraphen

11.
Berechne den Flächeninhalt der von den Graphen von f und g über [a; b] eingeschlossenen Fläche.

a) $f(x) = x^2 - 4x + 4$; $g(x) = -x^2 + 4x - 2$; $[-1; 4]$
b) $f(x) = x^3 - 3x$; $g(x) = 2x^2 + 2x - 6$; $[-3; 2]$
c) $f(x) = x^4 - 4x^2 + 4$; $g(x) = -2x^3 + 2x + 1$; $[-2; 2]$

12.
Berechne den Flächeninhalt der von den Graphen von f und g eingeschlossenen Fläche.

a) $f(x) = x^2$; $g(x) = -x + 2$
b) $f(x) = -x^2 - 6x - 3$; $g(x) = x^2 + 2x + 3$
c) $f(x) = x^3$; $g(x) = x^2 + 2x$
d) $f(x) = \frac{1}{2}x^3$; $g(x) = -x^2 + 4x$
e) $f(x) = x^3 - 6x^2$; $g(x) = -11x + 6$
f) $f(x) = x^4 - 3x^2$; $g(x) = -4x^3 + 12x$

13.
Berechne den Flächeninhalt der von den Graphen von f und g eingeschlossenen Fläche.

a) $f(x) = x^3 - x^2 + x - 1$; $g(x) = 4x^2 - 5x - 1$
b) $f(x) = x \cdot (x^2 - 4)$; $g(x) = x^2 - 2x$
c) $f(x) = -x^2 + 2$; $g(x) = x^2$ über $[-2; 2]$
d) $f(x) = x^2$; $g(x) = 7x - 12$
e) $f(x) = 2x + 3$; $g(x) = x^2$
f) $f(x) = 3 + 2x - x^2$; $g(x) = 3 - x$

CAS **14.**
Benutze für die Aufgaben 11 bis 13 ein CAS (vgl. Aufgabe 4).

15.
Bestimme $k \in \mathbb{R}$ so, dass die von den Graphen f und g eingeschlossene Fläche den Flächeninhalt A hat.

a) $f(x) = x^3$; $g(x) = 2kx^2 - k^2x$; $A = 33\frac{3}{4}$
b) $f(x) = x^2$; $g(x) = -x^2 + k$; $A = 1$
c) $f(x) = x^2$; $g(x) = 1 - kx^2$; $A = \frac{2}{3}$
d) $f(x) = x^4 - 2k^2x^2$; $g(x) = -kx^3$; $A = 3{,}15$
e) $f(x) = x^2 + kx$; $g(x) = -x^2$; $A = 9$

3.1.6 Integrierbarkeit als Eigenschaft einer Funktion

Aufgabe 1 Gegeben sei die Funktion f mit

$$f(x) = \begin{cases} 1 & \text{für } x \text{ rational} \\ 2 & \text{für } x \text{ irrational.} \end{cases}$$

Untersuche, ob das Integral $\int\limits_a^b f(x)\,dx$ existiert.

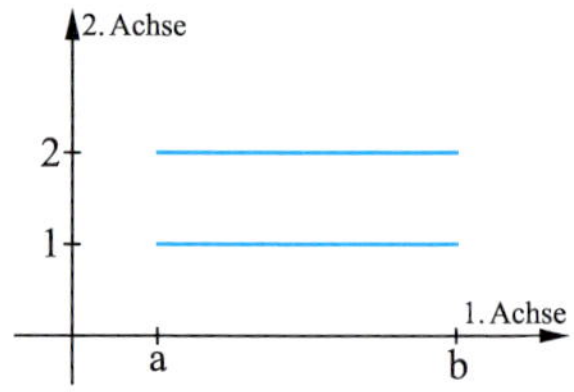

Anmerkung zur Zeichnung und zur Funktion f: Geht man von einer *rationalen* Stelle x des Intervalls [a; b] senkrecht nach oben, so trifft man bei dem ersten Geradenstück auf einen Punkt und bei dem zweiten Geradenstück auf eine Lücke. Geht man von einer *irrationalen* Zahl x des Intervalls senkrecht nach oben, so trifft man bei dem ersten Geradenstück auf eine Lücke und bei dem zweiten Geradenstück auf einen Punkt.

Der Graph der Funktion läßt sich also nur sehr unvollkommen zeichnen. Er hat an jeder Stelle eine Sprung. Die Funktion ist an jeder Stelle ihres Definitionsbereichs unstetig.

Lösung Wir betrachten die äquidistante Zerlegung Z_n des Intervalls [a; b] mit den Teilpunkten

$a = x_0;\quad x_1;\quad x_2;\quad x_3;\ \ldots,\ x_{n-1};\quad x_n = b.$

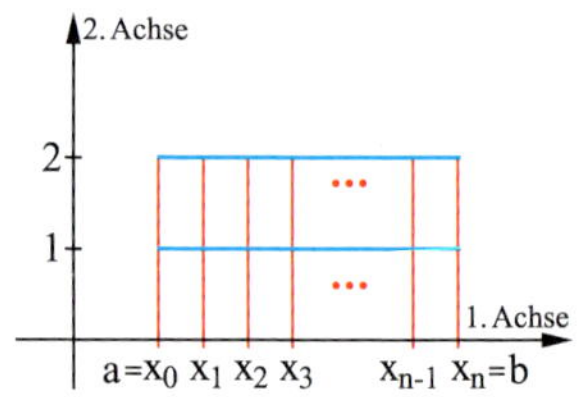

In jedem der Teilintervalle liegen rationale Zahlen. Deshalb gilt für die Minima:

$m_1 = m_2 = m_3 = \ldots = m_n = 1$

Die zugehörige Untersumme $\underline{S}_n$ lautet daher:

$$\begin{aligned}\underline{S}_n &= 1\cdot(x_1 - x_0) + 1\cdot(x_2 - x_1) + 1\cdot(x_3 - x_2) + \ldots + 1\cdot(x_n - x_{n-1})\\ &= x_1 - x_0 + x_2 - x_1 + x_3 - x_2 + \ldots + x_n - x_{n-1}\\ &= x_n - x_0\\ &= b - a\end{aligned}$$

In jedem der Teilintervalle liegen auch irrationale Zahlen, deshalb gilt für die Maxima:

$M_1 = M_2 = M_3 = \ldots = M_n = 2$

Die zugehörige Obersumme lautet daher:

$$\begin{aligned}\overline{S}_n &= 2\cdot(x_1 - x_0) + 2\cdot(x_2 - x_1) + 2\cdot(x_3 - x_2) + \ldots + 2\cdot(x_n - x_{n-1})\\ &= 2\cdot(x_1 - x_0 + x_2 - x_1 + x_3 - x_2 + \ldots + x_n - x_{n-1})\\ &= 2\cdot(x_n - x_0)\\ &= 2\cdot(b - a)\end{aligned}$$

Zu jeder Zerlegung Z_n gehört die Untersumme $\underline{S}_n = b - a$ und die Obersumme $\overline{S}_n = 2\cdot(b-a)$. Es gilt daher: $\lim\limits_{n\to\infty} \underline{S}_n = b - a$, $\lim\limits_{n\to\infty} \overline{S}_n = 2(b-a)$

Die beiden Grenzwerte stimmen *nicht* überein. Das Integral $\int\limits_a^b f(x)\,dx$ existiert nicht.

Information **(1) Integrierbarkeit einer Funktion**

Die Lösung von Aufgabe 1 oben hat gezeigt, dass das Integral $\int\limits_a^b f(x)\,dx$ mit

$f(x) = \begin{cases} 1 & \text{für } x \text{ rational} \\ 2 & \text{für } x \text{ irrational} \end{cases}$ nicht existiert.

Funktionen, für die das Intgral $\int\limits_a^b f(x)\,dx$ existiert, heißen im Intervall [a; b] *integrierbar.*

Die genaue Definition lautet:

Definition 2

Die Funktion f sei im Intervall [a; b] definiert und dort beschränkt. Sie heißt dann im Intervall [a; b] **integrierbar**, falls das Integral $\int_a^b f$ existiert.

Andernfalls heißt die Funktion f im Intervall [a; b] nicht integrierbar.

(2) Monotonie und Integrierbarkeit

Es stellt sich natürlich die Frage, welche Funktionen integrierbar sind und welche nicht. Dazu gilt der folgende Satz:

Satz 2

Jede im Intervall [a; b] monoton wachsende (monoton fallende) Funktion f ist dort auch integrierbar, d. h. das Integral $\int_a^b f$ existiert.

Beweis:

Zu beweisen ist, dass für die äquidistante Zerlegungsfolge Z_n gilt: $\lim\limits_{n\to\infty} \underline{S}_n = \lim\limits_{n\to\infty} \overline{S}_n$

Wenn A der orientierte Flächeninhalt ist, so gilt anschauungsmäßig $\underline{S}_n \leq A \leq \overline{S}_n$.

Wir beweisen nun: $\lim\limits_{n\to\infty} (\overline{S}_n - \underline{S}_n) = 0$

Hier wird die Monotonie der Funktion verwendet.

Die Differenz $\overline{S}_n - \underline{S}_n$ wird durch die Summe der Flächeninhalte der rot ausgefüllten Rechtecke an den Graphen beschrieben. Diese Rechtecke werden nach rechts an das äußerste Ende verschoben. Sie sind dort schraffiert mit rotem Rand. Daraus folgt dann:

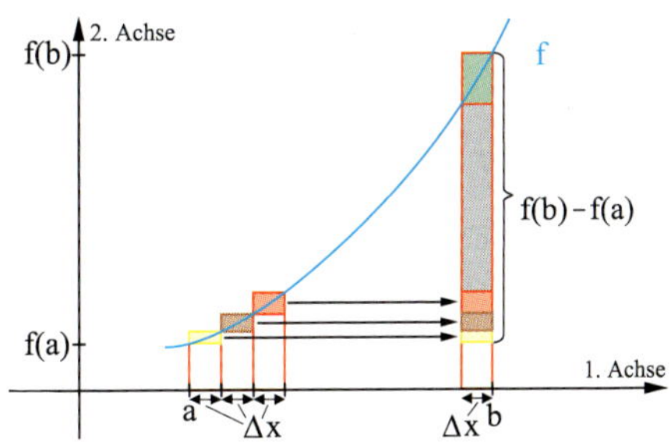

$\overline{S}_n - \underline{S}_n = \big(f(b) - f(a)\big) \cdot \Delta x$

Da aber die Intervallbreite Δx gegen 0 strebt, folgt: $\lim\limits_{n\to\infty} (\overline{S}_n - \underline{S}_n) = 0$ und damit $\lim\limits_{n\to\infty} \overline{S}_n = \lim\limits_{n\to\infty} \underline{S}_n = A$

Ähnlich verläuft der Beweis für monoton fallende Funktionen.

Streng genommen müssen wir noch zeigen, dass die Grenzwerte $\lim\limits_{n\to\infty} \underline{S}_n$ und $\lim\limits_{n\to\infty} \overline{S}_n$ überhaupt existieren. Das ist für uns jedoch anschaulich klar. ■

(3) Stetigkeit und Integrierbarkeit

Auf Seite 144 haben wir eine Funktion kennengelernt, die nicht integrierbar ist. Sie ist außerdem noch unstetig. Wie hängen Stetigkeit und Integrierbarkeit zusammen? Es gilt der Satz:

Satz 3

Jede im Intervall [a; b] stetige Funktion f ist dort auch integrierbar, d. h. das Integral $\int_a^b f$ existiert.

Der Beweis ist sehr schwierig. Wir verzichten daher darauf.
Andererseits darf man jetzt nicht meinen, daß jede unstetige Funktion auch nicht integrierbar sei. Es gibt auch unstetige Funktionen, die integrierbar sind. Das folgt schon aus Satz 2 auf Seite 145.
In diesem Satz ist nicht verlangt, dass die Funktion f stetig ist, sondern nur, dass sie monoton steigend oder fallend ist. Sie kann, wie das Bild rechts zeigt, durchaus unstetig sein (im Bild an der Stelle c).

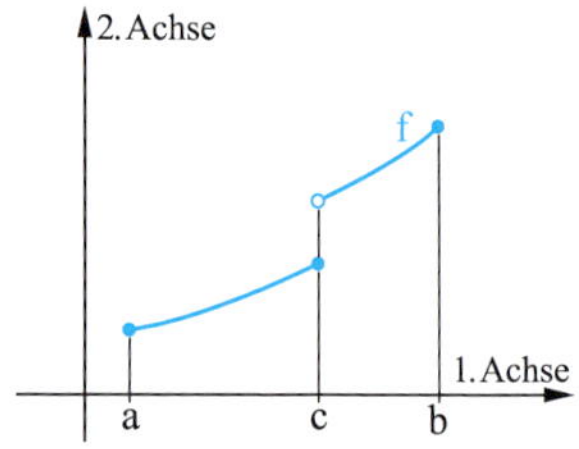

Weiterführende Aufgaben

2. *Zusammenhang zwischen Integrierbarkeit, Stetigkeit, Differenzierbarkeit*

a) Erläutere nebenstehendes Mengenbild.
F = Menge aller Funktionen, die im Intervall [a; b] definiert sind
J = Menge aller im Intervall [a; b] integrierbaren Funktionen
S = Menge aller im Intervall [a; b] stetigen Funktionen
D = Menge aller im Intervall [a; b] differenzierbaren Funktionen

Zur Stetigkeit siehe Seite 50.

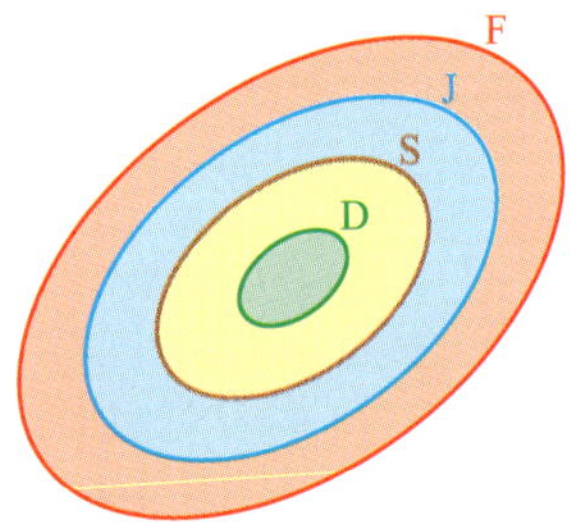

b) Gib eine Funktion an, die zu folgender Menge gehört: (1) $F\setminus J$; (2) $J\setminus S$; (3) $S\setminus D$

c) Zeichne in das Mengenbild die Menge der monotonen Funktion ein.
Beachte: Jede monotone Funktion ist integrierbar, aber nicht jede monotone Funktion ist stetig.

Übungsaufgaben

3.
Zeige, dass die Funktion f über keinem Intervall [a; b] integrierbar ist.

a) $f(x)=\begin{cases}3 & \text{für } x\in\mathbb{Q}\\ 4 & \text{für } x\in\mathbb{R}\setminus\mathbb{Q}\end{cases}$ **b)** $f(x)=\begin{cases}2x+1 & \text{für } x\in\mathbb{Q}\\ 2x+2 & \text{für } x\in\mathbb{R}\setminus\mathbb{Q}\end{cases}$ **c)** $f(x)=\begin{cases}x & \text{für } x\in\mathbb{Q}\\ x^2 & \text{für } x\in\mathbb{R}\setminus\mathbb{Q}\end{cases}$

4.
Warum ist die Funktion f in dem angegebenen Intervall [a; b] integrierbar?
Bestimme auch das Integral $\int_a^b f(x)\,dx$.
An welchen Stellen ist f unstetig, an welchen nicht differenzierbar?

a) $f(x)=\begin{cases}2 & \text{für } 0\le x<1;\\ 3 & \text{für } 1\le x\le 4;\end{cases}\quad x\in[0;4]$

b) $f(x)=\begin{cases}1 & \text{für } 0\le x<2;\\ -1 & \text{für } 2\le x\le 3;\end{cases}\quad x\in[0;3]$

c) $f(x)=\begin{cases}1 & \text{für } 0\le x<1;\\ 2 & \text{für } 1\le x<2;\\ 3 & \text{für } 2\le x\le 3;\end{cases}\quad x\in[0;3]$

d) $f(x)=\begin{cases}x & \text{für } 0\le x<2;\\ x+1 & \text{für } 2\le x\le 4;\end{cases}\quad x\in[0;4]$

e) $f(x)=\begin{cases}x^2 & \text{für } 0\le x\le 2;\\ 4 & \text{für } 2<x\le 3;\end{cases}\quad x\in[0;3]$

f) $f(x)=\begin{cases}\frac{1}{\sqrt{x}} & \text{für } 1\le x\le 4;\\ \frac{1}{2} & \text{für } 4<x\le 6;\end{cases}\quad x\in[1;6]$

3.1.7 Vermischte Übungen

1.
Berechne das Integral.

a) $\int_0^3 (x^2 - 2x + 4)\,dx$ **d)** $\int_{-2}^{2} (p^5 - 5p^4)\,dp$ **g)** $\int_{-4}^{4} (x^7 - 3x^4 + x + 5)\,dx$

b) $\int_{-2}^{4} (t^3 + 3t^2 - t + 2)\,dt$ **e)** $\int_{-1}^{1} \left(\frac{1}{2}x^3 + \frac{2}{3}x\right)dx$ **h)** $\int_{-1}^{+1} (2r^4 - r^2 + 1)\,dr$

c) $\int_{-3}^{3} (s^2 - 3s + 1)\,ds$ **f)** $\int_{-1}^{2} (8z^3 - 9z^2 + 5z - 3)\,dz$ **i)** $\int_{-5}^{5} (2z^5 - 3z^3 + z)\,dz$

2.
a) $\int_{-3}^{3} (x^3 - 3x)\,dx$ **c)** $\int_{-1}^{1} \left(\frac{1}{2}x^3 + \frac{2}{3}x\right)dx$ **e)** $\int_{-4}^{4} (x^3 - 3x^2 + x + 5)\,dx$

b) $\int_{-2}^{2} (x^4 - 2x^2 + 1)\,dx$ **d)** $\int_{-3}^{3} (x^6 + 3x^2)\,dx$ **f)** $\int_{-1}^{1} (x^5 + 3x^3 - 2x^2 + 1)\,dx$

3.
Bestimme die Integrationsgrenze x.

a) $\int_2^x (-2t + 5)\,dt = -2$ **b)** $\int_x^4 (12 - 3t)\,dt = 6$ **c)** $\int_x^4 (t^2 - 4)\,dt = 9$

4.
Bestimme $b \in \mathbb{R}$ so, dass der Graph der Funktion f mit der 1. Achse und der Geraden zu $x = b$ eine Fläche mit dem Flächeninhalt A einschließt. Fertige jeweils eine Skizze an.

a) $f(x) = \frac{1}{2}x - 1;\quad A = \frac{1}{4}$ **c)** $f(x) = \frac{1}{4}x^3 + \frac{1}{2}x;\quad A = 20$

b) $f(x) = 2x - 8;\quad A = 25$ **d)** $f(x) = x^2 + 2x + 1;\quad A = 9$

5.
Skizziere die Fläche, die der Graph der Funktion f mit der 1. Achse über dem angegebenen Intervall einschließt und berechne ihren Flächeninhalt.

a) $f(x) = (x - 2) \cdot (x - 4);\ [0; 4]$ **c)** $f(x) = -x^2 - 2x + 3;\ [-4; 2]$

b) $f(x) = x^2 + 3x;\ [-1; +1]$ **d)** $f(x) = -x^3 + 8;\ [-1; 4]$

6.
Berechne den Flächeninhalt der Fläche, die der Graph der Funktion f mit der 1. Achse einschließt.

a) $f(x) = -x^2 + 3x$ **d)** $f(x) = x^3 - 2x^2 + x$ **g)** $f(x) = (x^2 - 1) \cdot (x - 2)$

b) $f(x) = -x^2 + 6x + 7$ **e)** $f(x) = x^3 - 5x^2 + 6x$ **h)** $f(x) = x^3 - x^2 - x + 1$

c) $f(x) = (x - 2) \cdot (1 + x)$ **f)** $f(x) = (x^2 - 4) \cdot (x - 1)$ **i)** $f(x) = x^3 + 2x^2 - 5x - 6$

7.
Berechne den Flächeninhalt, der von den Graphen der Funktionen f und g eingeschlossenen Fläche. Falls ein Intervall angegeben ist, soll die über dem Intervall eingeschlossene Fläche berechnet werden.

a) $f(x) = x^2 + 3;\quad g(x) = 4x$ über $[0; 4]$ **d)** $f(x) = x^3;\quad g(x) = 7x - 6$

b) $f(x) = x^2 + x - 10;\quad g(x) = -x^2 - 3x + 6$ **e)** $f(x) = x^3 - x^2 - 9x + 7;\quad g(x) = x^2 - 4 \cdot x + 1$

c) $f(x) = x^3 - 3x;\quad g(x) = -2x$ über $[-2; 2]$ **f)** $f(x) = x^4 - 7x^2 - 12;\quad g(x) = 2x^3 - 20x$

8.

Skizziere den Graphen der Funktion f_k für $k = 2$ und $k = -2$. Bestimme k so, dass der Graph der Funktion f_k mit der 1. Achse eine Fläche vom Flächeninhalt A einschließt. Für welche k ist die Aufgabenstellung sinnvoll?

a) $f(x) = -\frac{1}{4}x^2 + k;\ A = \frac{64}{3}$

b) $f(x) = kx^2 + 2;\ A = \frac{16}{3}$

c) $f(x) = -\frac{1}{k}x^2 + k;\ A = \frac{4}{3}$

d) $f(x) = kx^3 - 3kx;\ A = 1{,}5$

e) $f(x) = k^2x^2 + 2kx;\ A = 4$

f) $f(x) = x^3 + \frac{2}{k}x^2 + \frac{1}{k^2}x;\ A = 3$

9.

Der Graph der Funktion f mit $f(x) = x^3 + x^2$ schließt mit der Tangente an der Stelle 2 und der 1. Achse eine Fläche ein. Berechne den Flächeninhalt.

10.

Gegeben ist die Funktion f mit $f(x) = -\frac{1}{8}x^3 + \frac{1}{4}x^2 + x$. Berechne den Flächeninhalt der Fläche, die vom Graphen von f und der Tangente an den Graphen in $P(2\,|\,2)$ eingeschlossen wird.

11.

Berechne den Flächeninhalt der Fläche, die der Graph der Funktion f mit $f(x) = x^3 - 6x$ mit der Tangente an den Graphen von f an der Stelle -1 einschließt.

12.

Die Funktion f ist gegeben durch $f(x) = x^3 - 4x + 1$.

a) Zeige mithilfe der Integralrechnung, dass die Tangenten in den Extrempunkten von f mit dem Graphen von f jeweils inhaltsgleiche Flächen einschließen.

b) Begründe *ohne* Rückgriff auf die Integralrechnung, dass eine entsprechende Aussage wie in a) für jede Funktion 3. Grades gilt.
(*Hinweis:* Beachte die Punktsymmetrie des Funktionsgraphen.)

13.

Für $k > 0$ ist die Funktion f_k gegeben durch $f_k(x) = k \cdot (-x^3 + 3x + 4)$. Bestimme k so, dass der Graph von f_k mit der Tangente im Hochpunkt eine Fläche mit dem Flächeninhalt 45 einschließt.

14.

Bestimme die Parallele zur 1. Achse, die mit dem Graphen von $f(x) = x^2$ eine Fläche mit dem Flächeninhalt $\frac{8}{3}\sqrt{2}$ einschließt.

15.

Durch $y = \frac{1}{2}x^2$ $\left[y = -\frac{1}{2}x^2\right]$ ist eine Parabel gegeben.

Um wie viel muss man diese Parabel parallel zur 1. Achse verschieben, damit die Parabel mit den beiden Koordinatenachsen und der durch $x = 3$ gegebenen Parallelen zur 2. Achse eine Fläche vom Flächeninhalt 10,5 einschließt? Fertige eine Skizze zur Aufgabenstellung an.

16.

a) Welche Steigung m muss eine Gerade durch den Koordinatenursprung haben, damit sie mit dem Graphen von f mit $f(x) = x^2$ eine Fläche mit den Flächeninhalt $10\frac{2}{3}$ einschließt?

b) Welche Steigung m muss eine Gerade durch den Koordinatenursprung haben, damit sie mit dem Graphen von f mit $f(x) = x^3$ eine Fläche mit dem Flächeninhalt 8 einschließt?

17.

Bestimme diejenige Ursprungsgerade, die den durch die 1. Achse und durch $y = -x^2 + 6x$ bestimmten Parabelabschnitt in zwei Teilflächen mit gleichem Flächeninhalt zerlegt.

18.

a) Berechne den Flächeninhalt des durch die Parabel $y = -x^2 + 9$ und die 1. Achse bestimmten Parabelabschnittes.

b) Bestimme diejenige Parallele zur 1. Achse, die den Parabelschnitt aus Teilaufgabe a) in zwei inhaltsgleiche Teilflächen zerlegt.

19.

Welche Parallele zur 2. Achse teilt die von der Parabel $y = x^2$, der 1. Achse und der Geraden $x = c$ eingeschlossene Fläche im Verhältnis 3 : 5?

20.

An die Parabel $y = x^2$ werden durch die Punkte $A(a \mid a^2)$ und $B(b \mid b^2)$ Tangenten gelegt. Berechne den Schnittpunkt C der Tangenten und das Verhältnis des Flächeninhalts des durch A und B bestimmten Parabelabschnittes zum Flächeninhalt des Dreiecks ABC.

a) $a = -2{,}5;\ b = 2{,}5$ **b)** $a = 0;\ b = 2$ **c)** $a = -1;\ b = 3$ ▲ **d)** $a, b \in \mathbb{R}$ allgemein

21.

Bestimme $k > 0$ so, dass der Graph der Funktion f mit den positiven Koordinatenachsen im 1. Quadranten eine Fläche mit dem Flächeninhalt A einschließt.

a) $f(x) = -x^2 + kx;\quad A = \frac{9}{16}$ **b)** $f(x) = x^3 - 2kx^2 + k^2x;\quad A = 1\frac{1}{3}$

22.

Eine Parabel 2. Grades hat an der Stelle 0 einen Hochpunkt und schneidet die 1. Achse an der Stelle 2. Mit den positiven Koordinatenachsen schließt die Parabel eine Fläche mit dem Flächeninhalt 32 ein. Bestimme die Parabelgleichung.

23.

Eine zum Koordinatenursprung symmetrische Funktion 3. Grades hat an der Stelle -2 einen Tiefpunkt und schließt mit der 1. Achse eine Fläche mit dem Flächeninhalt 18 ein. Bestimme den Funktionsterm.

24.

Für $k > 0$ ist die Funktion f_k gegeben durch $f_k(x) = -\frac{1}{3}x^3 + kx$. Bestimme k so, dass die Normale im Wendepunkt des Graphen von f_k mit dem Graphen von f_k eine Fläche vom Flächeninhalt 6 einschließt.

25.

Für $k > 0$ ist die Funktion f_k gegeben durch $f_k(x) = \frac{1}{k^2}x^3 - x$.

a) Zeichne den Graphen von f_k für $k = 2$.

b) Berechne den Schnittpunkt P des Graphen von f_k mit dem positiven Teil der 1. Achse.

c) Berechne k so, dass die vom Graphen von f_k, von der Tangenten an den Graphen in P (aus Teilaufgabe b) und von der 2. Achse eingeschlossenen Fläche den Flächeninhalt 4 hat.

26.

Für $k > 0$ ist die Funktion f_k gegeben durch $f_k(x) = kx(x-4)$.

a) Zeichne den Graphen von f_k für $k = \frac{1}{2}$.

b) Bestimme k so, dass die Fläche zwischen der Geraden zu $y = x$ und dem Graphen von f_k einen minimalen Flächeninhalt hat.

27.

a) Bestimme $\int\limits_0^b \sqrt[n]{x}\, dx$, $n \in \mathbb{N}$, $b > 0$.

Skizziere dazu die Graphen der Funktion f mit $f(x) = \sqrt[n]{x}$ und der Funktion g mit $g(x) = x^n$ in einem Koordinatensystem. Wie hängen die Funktionsgraphen zusammen?

Berechne anschließend $\int\limits_0^{\sqrt[n]{b}} x^n\, dx$. Was ergibt sich daraus für $\int\limits_0^b \sqrt[n]{x}\, dx$?

28.

Bestimme $x_1 \in [a; b]$ so, dass $\int\limits_a^b f(x)\, dx = f(x_1)(b-a)$ ist.

a) $a = 0;\ b = 3 \quad f(x) = x^2$

b) $a = 1;\ b = 6; \quad f(x) = x^3$

c) $a = 2;\ b = 4; \quad f(x) = x^2 + 4x + 5$

d) $a = -1;\ b = 3; \quad f(x) = 2x^2 + x - 4$

e) $a = -1;\ b = 3; \quad f(x) = x^3 - 3x^2 + 2x + 3$

f) $a = 1;\ b = 5; \quad f(x) = x^3 - 6x^2 + 7x - 2$

29.

Die rot unterlegten Teile der Schmuckform sollen mit Blattgold belegt werden. Die Linien sind Parabeln oder Kreise. 1 cm^2 Blattgold kostet einschließlich Belegung 7,99 €. Wie teuer wird die Blattgoldarbeit? Lege das Koordinatensystem geeignet fest.

a)

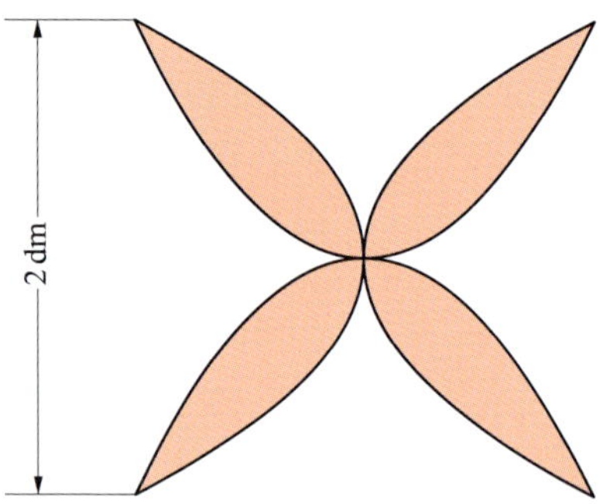

b)

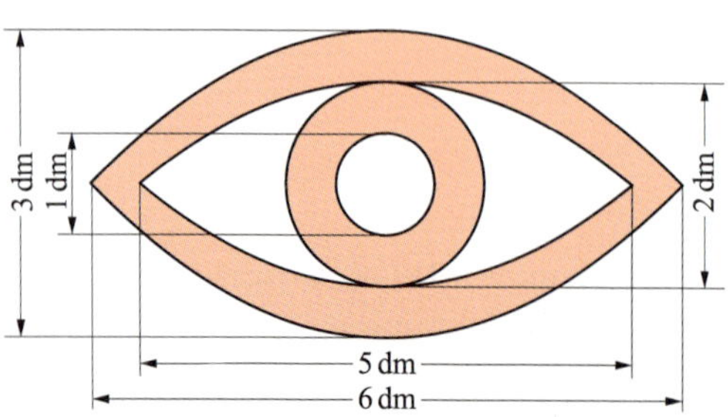

c)

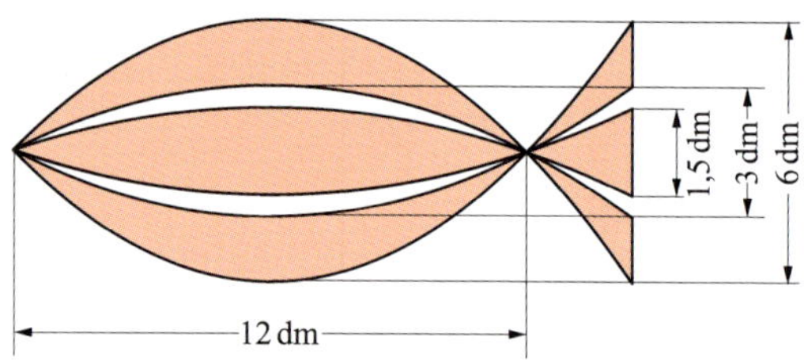

d)

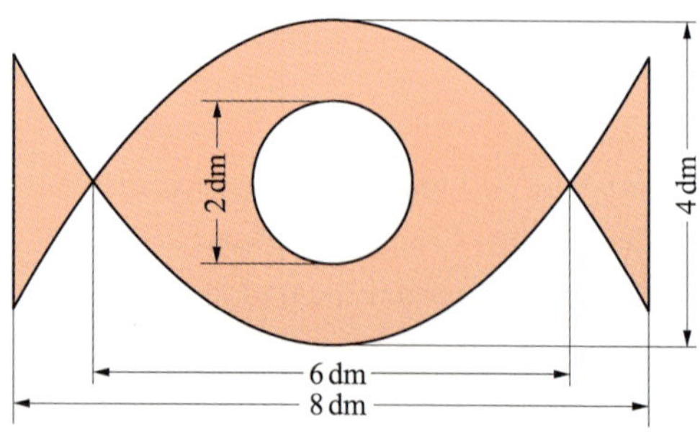

3.2 Der Hauptsatz der Differential- und Integralrechnung und seine Anwendung

Die Berechnung eines Integrals wie z.B. $\int\limits_{-5}^{+10} 3x^{17}\,dx$ oder $\int\limits_{1}^{5} \frac{1}{x^2}\,dx$ als Grenzwert von Ober- bzw. Untersummen ist langwierig und umständlich. Wir suchen daher ein einfacheres Berechnungsverfahren. Dazu benötigen wir offensichtlich mehr Wissen über das Integral $\int\limits_{a}^{b} f(x)\,dx$. Ein Weg hierzu ergibt sich durch das systematische Verändern der im Integral auftretenden unteren Grenze a, der oberen Grenze b und der Integrandenfunktion f.
Bei der Fülle möglicher Integrandenfunktionen erscheint es aussichtslos, die Abhängigkeit des Integrals von der Integrandenfunktion zu untersuchen. Auch wird man bei fester Integrandenfunktion f nicht beide Grenzen gleichzeitig verändern. Wegen $\int\limits_{a}^{b} f = -\int\limits_{b}^{a} f$ genügt es, die untere Grenze festzuhalten und die obere Grenze zu verändern. Wir erhalten eine Funktion $x \mapsto \int\limits_{a}^{x} f$. Sie soll betrachtet und untersucht werden.

3.2.1 Integralfunktion

Aufgabe 1

a) Berechne $\int\limits_{0}^{x} t^2\,dt$. Deute das Ergebnis geometrisch.

b) $\int\limits_{0}^{x} t^2\,dt$ kann als Funktionsterm $I_0(x)$ einer Funktion I_0 aufgefasst werden. Diese Funktion I_0 heißt Integralfunktion von $t \mapsto t^2$ zur unteren Grenze 0. Lege eine Wertetabelle dieser Funktion I_0 an. Wie kann diese Funktion geometrisch beschrieben werden? Zeichne den Graphen dieser Funktion.

c) Gib eine allgemeine Definition der Integralfunktion I_a der Funktion f zur unteren Grenze a an.

d) Gib die Integralfunktion von $x \mapsto 2x^3 - 4$ mit der unteren Grenze 1 an.

Lösung

a) Es gilt: $\int\limits_{0}^{x} t^2\,dt = \frac{x^3}{3} - \frac{0^3}{3} = \frac{x^3}{3}$

$\int\limits_{0}^{x} t^2\,dt$ gibt den Flächeninhalt der Fläche unter dem Graphen der Funktion $t \mapsto t^2$ von 0 bis x an.

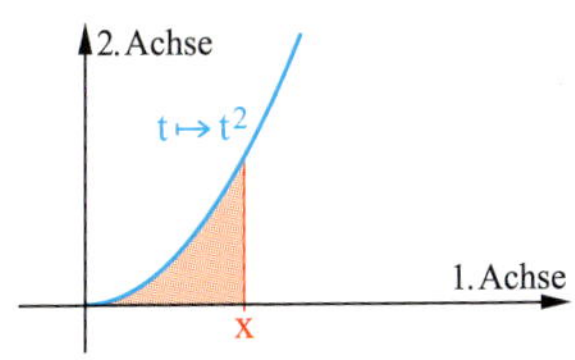

b) Aus der obigen Formel $\int\limits_{0}^{x} t^2\,dt = \frac{x^3}{3}$ kann die folgende Wertetabelle berechnet werden

x	1	2	3	4	5	6	7	8	9	10
$\frac{1}{3}x^3$	$\frac{1}{3}$	$\frac{8}{3}$	9	$\frac{64}{3}$	$\frac{125}{3}$	72	$\frac{343}{3}$	$\frac{512}{3}$	243	$\frac{1\,000}{3}$

Es gilt: $I_0(x) = \frac{1}{3}x^3$

I_0 ist die folgende Funktion:
Stelle x → Flächeninhalt der Fläche unter den Graphen von $t \mapsto t^2$ von 0 bis x

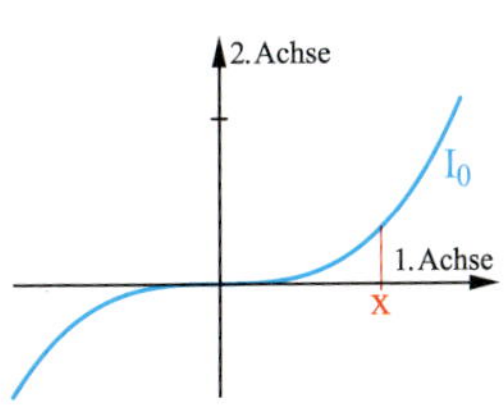

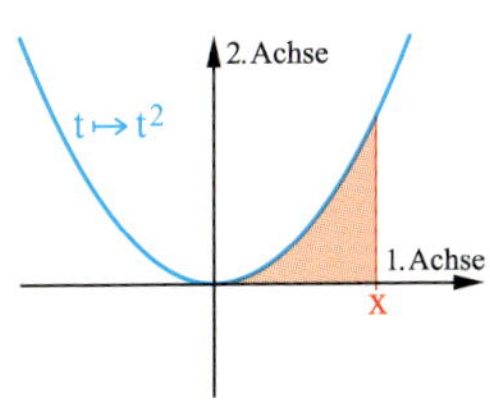

c) Die allgemeine Definition muss das Funktionszeichen f verwenden. Außerdem muss die untere Grenze angegeben werden.

Verwechsle nicht Integralfunktion und Integrandenfunktion!

Definition 3
Gegeben sei die Funktion f. Die Funktion $x \mapsto \int_a^x f$, welche jeder Stelle x den Wert des Integrals $\int_a^x f$ zuordnet, heißt **Integralfunktion** von f mit der unteren Grenze a.
Der Definitionsbereich der Integralfunktion $x \mapsto \int_a^x f$ ist die Menge aller Zahlen x, für die $\int_a^x f$ existiert.

d) Für das Integral $\int_1^b (2x^3 - 4)\,dx$ gilt:
$$\int_1^b (2x^3 - 4)\,dx = 2 \cdot \int_1^b x^3\,dx - 4 \cdot \int_1^b 1\,dx = 2 \cdot \left(\frac{b^4}{4} - \frac{1}{4}\right) - 4 \cdot (b-1) = \frac{1}{2}b^4 - 4b + \frac{7}{2}$$
Die Integralfunktion von $x \mapsto 2x^3 - 4$ mit der unteren Grenze 1 hat also die Zuordnungsvorschrift: $x \mapsto \frac{1}{2}x^4 - 4x + \frac{7}{2}$. Sie ist für alle $x \in \mathbb{R}$ definiert.

Information **(1) Unterschied zwischen Integralfunktion und Integrandenfunktion**

Man verwechsle nicht die Begriffe *Integralfunktion* und *Integrandenfunktion* (vgl. S. 123).
$\int_a^x f$ ist der Term der Integralfunktion; f ist die Integrandenfunktion.

(2) Schreibweisen für die Integralfunktion

Die Schreibweise $\int_a^x x^2\,dx$ bzw. allgemeiner $\int_a^x f(x)\,dx$ kann zu Verwirrung führen, weil x in zweierlei Bedeutung auftritt. Daher haben wir diese Schreibweise in der Definition oben auch nicht verwendet. Es ist dagegen günstig, die Integrationsvariable x umzubenennen und z.B. zu schreiben: $\int_a^x t^2\,dt$ oder $\int_a^x z^2\,dz$ bzw. $\int_a^x f(t)\,dt$ oder $\int_a^x f(z)\,dz$

(3) Abkürzung für die Integralfunktion

Als Abkürzung für die Integralfunktion einer gegebenen Funktion schreiben wir häufig I_a: $I_a(x) = \int_a^x f = \int_a^x f(z)\,dz$

(4) Geometrische Deutung der Integralfunktion

Der Term $\int_a^x f$ der Integralfunktion gibt die Summe der orientierten Flächeninhalte der Flächen zwischen dem Graphen von f und der 1. Achse von der Stelle a aus bis zur Stelle x an. Es ist vielfach günstig, diese geometrische Vorstellung zu verwenden.

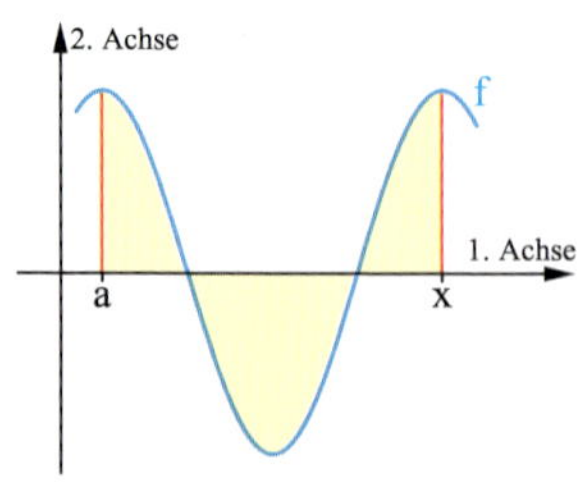

(5) Funktionswerte der Integralfunktion I_a auch für $x \leq a$

Die Integralfunktion $x \mapsto \int_a^x f$ ist nicht nur für $x > a$, sondern auch für $x = a$ und für $x < a$ definiert.
Es gilt stets $I_a(a) = \int_a^a f = 0$ (vgl. Definition 1, Seite 134), d.h. jede Integralfunktion hat an der Stelle a, ihrer unteren Grenze, eine Nullstelle.

Weiterführende Aufgaben

2. *Zur Monotonie gewisser Integralfunktionen*

a) Warum sind folgende Integralfunktionen I_a monoton wachsend?

(1) $I_0(x) = \int_0^x z^2\,dz$ (2) $I_{-5}(x) = \int_{-5}^x z^2\,dz$

b) Warum sind folgende Integralfunktionen I_a monoton fallend?

(1) $I_0(x) = \int_0^x (-z^2)\,dz$ (2) $I_{-7}(x) = \int_{-7}^x (-z^2)\,dz$

3. *Erschließen von Eigenschaften einer Integralfunktion aus dem Graphen der Ausgangsfunktion*

Gegeben ist die Funktion f mit dem nebenstehenden Graphen.

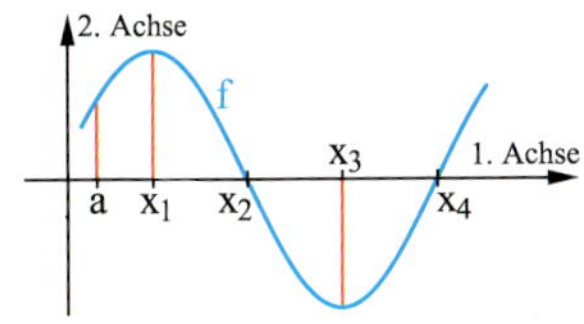

a) Skizziere den Graphen der Integralfunktion I_a mit $I_a(x) = \int_a^x f$.

b) In welchem Intervall ist die Integralfunktion I_a monoton wachsend, in welchem monoton fallend? Begründe.

c) Welche charakteristischen Punkte hat die Integralfunktion an den Stellen x_2 und x_4? Begründe.

d) Welche charakteristischen Punkte hat die Integralfunktion an den Stellen x_1 und x_3? Begründe.

4. *Berechnung einer Integralfunktion*

Gegeben sei die Funktion f mit $f(x) = mx + b$.

Berechne aufgrund der geometrischen Definition des Integrals den Term der Integralfunktion I_a mit $I_a(x) = \int_a^x f$.

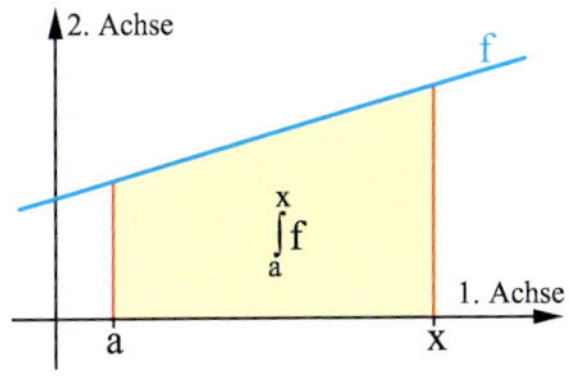

5. *Integralfunktionen derselben Funktion*

Zeige aufgrund der geometrischen Deutung der Integralfunktion:

Zwei Integralfunktionen derselben Funktion f (also mit unterschiedlichen unteren Grenzen) unterscheiden sich um eine additive Konstante. Wie ist diese Konstante geometrisch zu deuten?

Übungsaufgaben

6.

Gegeben sei die Funktion f.

a) $f(t) = 2t$ **c)** $f(t) = -t \cdot (t-2)$ ▲ **e)** $f(t) = \begin{cases} 2 & \text{für } t \le 2 \\ -1 & \text{für } t > 2 \end{cases}$

b) $f(t) = -t + 2$ **d)** $f(t) = \frac{1}{4}t^2 - 2t + 3$ ▲ **f)** $f(t) = \begin{cases} 1 & \text{für } t \le 3 \\ -1 & \text{für } t > 3 \end{cases}$

Gib den Term $\int_1^x f$ der Integralfunktion zu f an, skizziere die Graphen der Integralfunktion $x \mapsto \int_1^x f$ und der Funktion f in demselben Koordinatensystem.

Markiere alle Nullstellen, Extrempunkte und Wendepunkte in den beiden Graphen. Notiere sich entsprechende Punkte in einer Tabelle. Begründe jeweils den Zusammenhang.

7.

Gegeben ist der Graph der Integrandenfunktion f. Skizziere den Graphen der Integralfunktion I_0. Begründe den Verlauf der Integralfunktion.

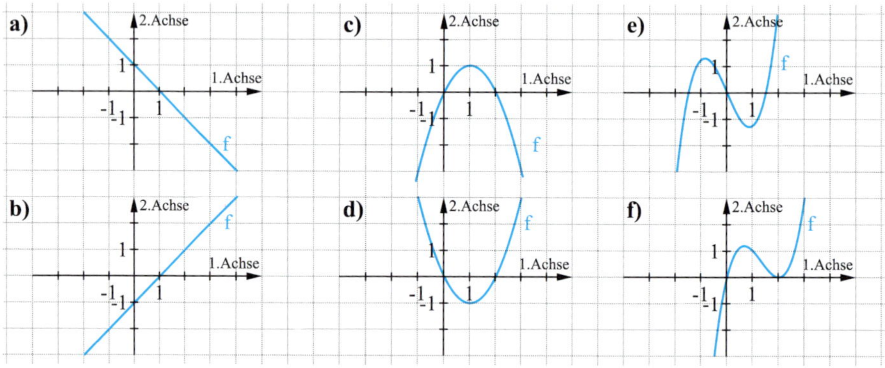

8.

Gegeben ist die Funktion f mit der nebenstehenden Geraden als Graph.

a) Gib die Integralfunktion I_a mit $I_a(x) = \int_a^x f$ an.

b) Welchen charakteristischen Punkt hat die Integralfunktion an der Stelle x_1?

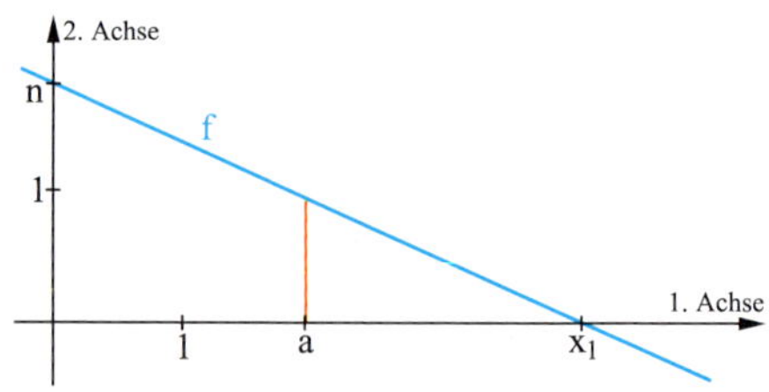

9.

Bestimme zur Funktion f die Integralfunktion I_a mit $I_a(x) = \int_a^x f$. Zeichne die Graphen der Integralfunktionen für die angegebenen Werte von a in ein Koordinatensystem. Was fällt auf ?

a) $f(t) = \frac{1}{2}t + 1; \quad a \in \{-1; 0; 1; 2\}$ **b)** $f(t) = 3t^2 - 3; \quad a \in \left\{-2; 0; \frac{1}{2}; 4\right\}$

10.

Gib zur Funktion f allgemein den Term der Integralfunktion $x \mapsto \int_a^x f$ an.

a) $f(t) = 3$ **b)** $f(t) = -3t + 1$ **c)** $f(t) = 3t^2 - 1$ **d)** $f(t) = 2t^3 + 2t - \frac{1}{2}$

11.

Bestimme eine Funktion f und eine Zahl $a \in \mathbb{R}$ so, dass $\int_a^x f = I_a(x)$ ist.

a) $I_a(x) = x + 5$ **c)** $I_a(x) = x^2 - 9$ **e)** $I_a(x) = x^3 - 1$

b) $I_a(x) = 3x + 2$ **d)** $I_a(x) = \frac{1}{2}x^2 - 2$ **f)** $I_a(x) = x^3 - 9x$

▲ **12.**

Zeige, dass die Funktion I mit $I(x) = x^2 - 2x + 2$ keine Integralfunktion ist.

13.

Gegeben sei die Funktion f mit $f(x) = x^3 - 2x$. Bestimme a so, dass der Graph der Integralfunktion $x \mapsto I_a(x)$ durch den Punkt $P(1 \mid 0)$ verläuft.

3.2.2 Der Hauptsatz der Differential- und Integralrechnung

Wir haben bisher zu einer Funktion f die Integralfunktion $x \mapsto \int_a^x f$ aufgestellt. Das brachte uns zwar noch nicht dem Ziel näher, ein einfaches Verfahren zur Berechnung von Integralen zu entwickeln. Aber vielleicht gelingt es, eine Regel zu finden, mit der man zu einer gegebenen Integrandenfunktion die Integralfunktion bestimmen kann.
Dazu wollen wir zunächst einmal Integralfunktion und Integrandenfunktion miteinander vergleichen.

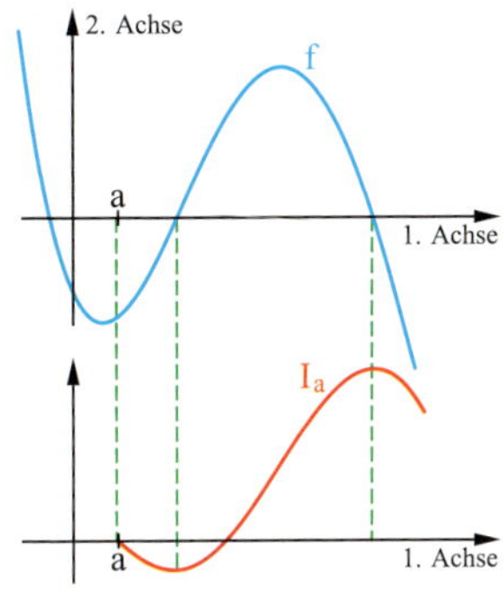

Aufgabe 1 Bestimme die Integralfunktion I_a und vergleiche sie mit der Integrandenfunktion.

(1) $I_0(x) = \int_0^x (3z+4)\,dz$ (2) $I_{-2}(x) = \int_{-2}^x 2z^2\,dz$ (3) $I_1(x) = \int_1^x (7z^3+z)\,dz$

Lösung

(1) $$I_0(x) = \int_0^x (3z+4)\,dz = 3\cdot\int_0^x z\,dz + 4\cdot\int_0^x 1\,dz = 3\cdot\frac{x^2}{2} + 4\cdot x = \frac{3}{2}x^2 + 4x$$

(2) $$I_{-2}(x) = \int_{-2}^x 2z^2\,dz = 2\cdot\int_{-2}^x z^2\,dz = 2\cdot\left(\frac{x^3}{3} - \frac{(-2)^3}{3}\right) = \frac{2}{3}x^3 + \frac{16}{3}$$

(3) $$I_1(x) = \int_1^x (7z^3+z)\,dz = 7\cdot\int_1^x z^3\,dz + \int_1^x z\,dz = 7\cdot\left(\frac{x^4}{4} - \frac{1}{4}\right) + \left(\frac{x^2}{2} - \frac{1}{2}\right) = \frac{7}{4}x^4 + \frac{1}{2}x^2 - \frac{9}{4}$$

Vergleicht man die Integralfunktion jeweils mit der Integrandenfunktion, so fällt auf:
Bildet man die Ableitung der Integralfunktion, so erhält man die Integrandenfunktion.
Es gilt nämlich:

(1) $I_0'(x) = \frac{3}{2}\cdot 2x + 4 = 3x + 4$ (2) $I_{-2}'(x) = \frac{2}{3}\cdot 3x^2 = 2x^2$ (3) $I_1'(x) = \frac{7}{4}\cdot 4x^3 + \frac{1}{2}\cdot x = 7x^3 + x$

Information **(1) Vorläufige Formulierung des Hauptsatzes der Differential- und Integralrechnung**

Der durch den Vergleich der Integralfunktion und der Integrandenfunktion gefundene Zusammenhang gilt allgemein. Es gilt stets:

$I_a'(x) = f(x)$, wobei $I_a(x) = \int_a^x f$ ist.

Da hier der Begriff der Ableitung aus der Differentialrechnung und der des Integrals zueinander in Beziehung gesetzt sind, spricht man auch vom *Hauptsatz der Differential- und Integralrechnung.*

> Bildet man die Ableitung der Integralfunktion I_a mit $I_a(x) = \int_a^x f$, so erhält man die Integrandenfunktion f, d. h. es gilt: $I_a'(x) = f(x)$

Wir haben den Satz nur vorläufig formuliert, da wir bisher keine eventuell noch erforderlichen Voraussetzungen kennen. Solche werden wir bei dem Beweis auf der folgenden Seite erschließen.

(2) Differenzieren macht Integrieren rückgängig

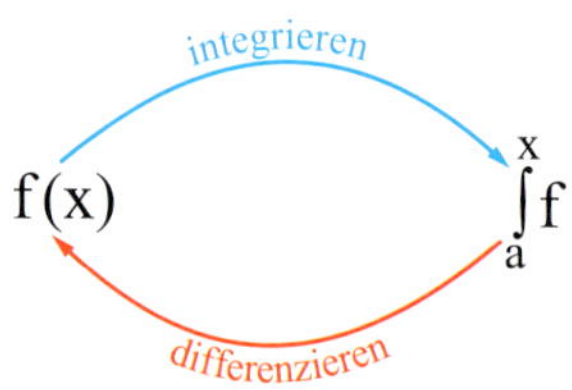

Der Hauptsatz der Differential- und Integralrechnung stellt einen wichtigen Zusammenhang zwischen dem Differenzieren und dem Integrieren her. Integriert man nämlich und differenziert man anschließend: $\left(\int_a^x f\right)'$, so erhält man nach dem Hauptsatz der Differential- und Integralrechnung wieder die Funktion f.

(3) Beweis und endgültige Formulierung des Hauptsatzes

Der Beweis des Hauptsatzes erfolgt unter wesentlicher Verwendung der geometrischen Definition des Integrals (vgl. Seite 123). Zum Beweis des Hauptsatzes muss die Ableitung der Integralfunktion I_a bestimmt werden. Die Ableitung ist jedoch definiert als Grenzwert des Differenzenquotienten.

In unserem Fall:

$$I_a'(x) = \lim_{h \to 0} \frac{I_a(x+h) - I_a(x)}{h}$$

1. Berechnen des Differenzenquotienten

Es ist $I_a(x) = \int_a^x f$. Also folgt:

$$\frac{I_a(x+h) - I_a(x)}{h} = \frac{\int_a^{x+h} f - \int_a^x f}{h}$$

Wie das Bild rechts zeigt, gilt nun:

$$\int_a^{x+h} f - \int_a^x f = \int_a^x f + \int_x^{x+h} f - \int_a^x f = \int_x^{x+h} f$$

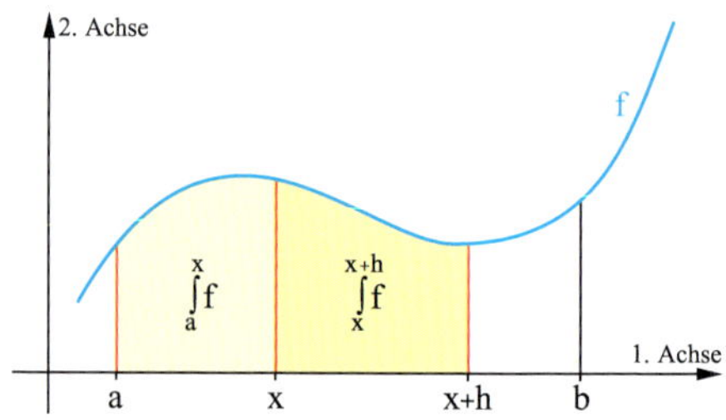

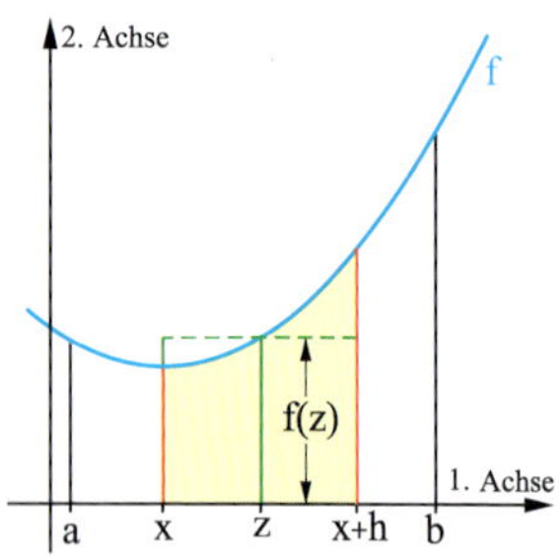

Wir versuchen $\int_x^{x+h} f$ weiter umzuformen. Hat die Funktion f einen *„durchgehenden Graphen"*, so ist das Integral $\int_x^{x+h} f$ so groß wie ein geeignetes Rechteck mit den Seitenlängen f (z) und h. Es gilt also:

$\int_x^{x+h} f = f(z) \cdot h$, wobei z zwischen x und x + h liegt.

Zusammenfassend erhalten wir für den Differenzenquotienten:

$$\frac{I_a(x+h) - I_a(x)}{h} = \frac{f(z) \cdot h}{h} = f(z) \quad \text{für } x \le z \le x + h$$

2. Bestimmen des Grenzwertes des Differenzenquotienten

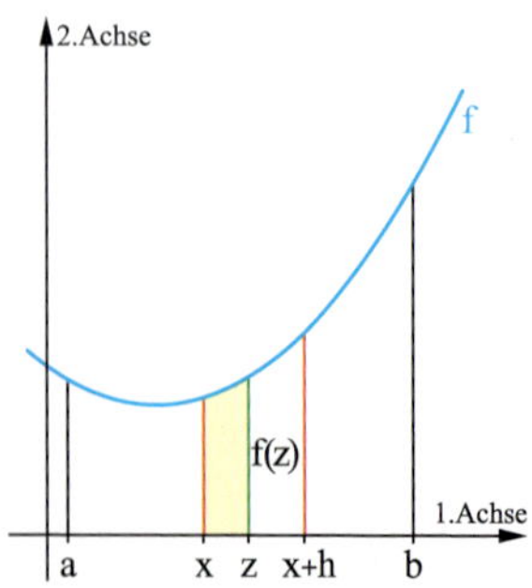

Wir müssen $\lim_{h \to 0} \frac{I_a(x+h) - I_a(x)}{h} = \lim_{h \to 0} f(z)$ berechnen, d.h. wir müssen herausfinden, was aus z und f (z) wird, wenn h gegen 0 strebt. Da $x \le z \le x + h$, wird dann z gegen x streben (siehe Bild links). Was aber geschieht mit f (z) bei einem durchgehenden Graphen?

Wie man aus dem Bild anschaulich sieht, strebt f (z) gegen f (x), falls h gegen 0 strebt, d.h. es gilt: $\lim_{h \to 0} f(z) = f(x)$. Insgesamt erhalten wir:

$$I_a'(x) = \lim_{h \to 0} \frac{I_a(x+h) - I_a(x)}{h} = \lim_{h \to 0} f(z) = f(x)$$

Damit haben wir den Hauptsatz der Differential- und Integralrechnung für solche Funktionen bewiesen, die stetig sind.

(4) Stetigkeit als Voraussetzung im Hauptsatz der Differential- und Integralrechnung

zur Stetigkeit siehe auch Seite 50

Am Ende des Beweises wurde erkannt: Der Hauptsatz gilt, falls $\lim\limits_{h \to 0} f(z) = f(x)$ ist. Tatsächlich wird dabei über die Funktion f – wie schon erwähnt – die zusätzliche Voraussetzung gemacht, dass f an der Stelle x *stetig* ist. Die genaue Formulierung des Hauptsatzes der Differential- und Integralrechnung lautet daher:

Hauptsatz der Differential und Integralrechnung
Ist die Funktion f stetig, so ist die Integralfunktion $x \mapsto \int\limits_a^x f$ differenzierbar und die Ableitung ist gleich der Integrandenfunktion f, d. h. es gilt: $I_a'(x) = f(x)$.

Da eine Integralfunktion einer stetigen Funktion differenzierbar ist, hat ihr Graph keine Spitze.

Weiterführende Aufgabe

2. *Der Hauptsatz am Beispiel einer linearen Integrandenfunktion*
Gegeben sei die Funktion f mit dem nebenstehenden Graphen.

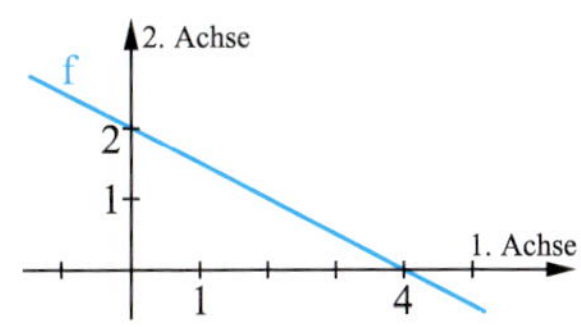

a) Skizziere zu f den Graphen der Integralfunktion I_0.

b) Skizziere dann mithilfe der Steigungen des Graphen von I_0 den Graphen der Ableitungsfunktion I_0'.
Deute das Ergebnis.

Übungsaufgaben

3.
Gegeben ist die Funktion f. Bilde die Integralfunktion I_a mit $I_a(x) = \int\limits_a^x f$ und bestätige anschließend den Hauptsatz der Differential- und Integralrechnung.

a) $f(x) = 2x - 4$ **b)** $f(x) = 2x^2 - \frac{1}{3}$ **c)** $f(x) = \frac{x^3 - 2x}{5}$ **d)** $f(x) = \frac{4 - 3x - x^2}{3}$

4.
Entscheide, ob F eine Integralfunktion sein kann. Gib gegebenenfalls die Integrandenfunktion an.

a) $F(x) = |x|$

b) $F(x) = x \cdot |x|$

c) $F(x) = \begin{cases} x^2 & \text{für } x \le 2 \\ 4(x-1) & \text{für } x > 2 \end{cases}$

d) $F(x) = \begin{cases} x^3 - 1 & \text{für } x < 1 \\ -x^2 + 1 & \text{für } x \ge 1 \end{cases}$

5.
F sei die Integralfunktion von f mit 0 als unterer Grenze. Skizziere zunächst den Graphen von f und anschließend von F. Verwende dazu die geometrische Definition der Integralfunktion.

a) $f(x) = (x^2 - 1) \cdot (x + 2)$ **b)** $f(x) = x^3 - 4x^2 + 4x$ **c)** $f(x) = \sin x$ **d)** $f(x) = \frac{x}{x^2 + 1}$

6.
Gegeben sei die Integralfunktion I_0 mit $I_0(x) = \int\limits_0^x \cos x\,dx$ $\left[\text{mit } I_0(x) = \int\limits_0^x \sin x\,dx\right]$.

Wie ist a zu wählen, damit gilt: $I_a(x) = I_0(x)$ für alle $x \in \mathbb{R}$? Deute das Ergebnis geometrisch.

3.2.3 Stammfunktionen

Unser Ziel ist ein einfacheres Berechnungsverfahren für Integrale zu entwickeln. Dabei haben wir die Entdeckung gemacht, dass die Ableitung der Integralfunktion gleich der Integrandenfunktion ist. Umgekehrt müsste man also zu einer vorgegebenen Integrandenfunktion f eine Integralfunktion I_a mit $I_a(x) = \int_a^x f$ finden, indem man den Prozess des Ableitens in umgekehrter Richtung vollzieht. Sprachlich folgerichtig wird dieser Prozess gelegentlich auch *Aufleiten* genannt. Um weiterzukommen, führen wir zunächst den Begriff der Stammfunktion ein.

$\int_a^x f \xrightarrow{\text{Ableiten}} f(x)$, $f(x) \xrightarrow{\text{Aufleiten}} \int_a^x f$

Definition 4

Eine differenzierbare Funktion F heißt **Stammfunktion** der Funktion f über dem Intervall [a; b] bzw. über dem ganzen Definitionsbereich von f, falls gilt:
$F'(x) = f(x)$ für alle $x \in [a; b]$ bzw. aus dem Definitionsbereich von f.

Nach dieser Definition und dem Hauptsatz der Differential- und Integralrechnung gilt somit: *Jede Integralfunktion ist eine Stammfunktion der Integrandenfunktion, sofern die Integrandenfunktion stetig ist.* Der Prozess des Aufleitens einer Funktion f führt zu einer Stammfunktion der Funktion f.

Aufgabe 1

a) Gib zu der folgenden Funktion f jeweils drei Stammfunktionen F_1, F_2 und F_3 an.
(1) $f(x) = x^2$ (2) $f(x) = x^n$, $n \in \mathbb{N}$ (3) $f(x) = 3x + 4$ (4) $f(x) = e^x$

b) Angenommen, man hat zu der Funktion f schon eine Stammfunktion F gefunden. Wie viele Stammfunktionen kann man dann angeben?

Lösung

a) (1) $f(x) = x^2$

$F_1(x) = \frac{1}{3}x^3$, denn $F_1'(x) = \frac{1}{2} \cdot 3 \cdot x^2 = x^2$;
$F_2(x) = \frac{1}{3}x^3 + \frac{1}{2}$, denn $F_2'(x) = x^2$;
$F_3(x) = \frac{1}{3}x^3 - \sqrt{5}$, denn $F_3'(x) = x^2$.

(2) $f(x) = x^n$; $n \in \mathbb{N}$

$F_1(x) = \frac{1}{n+1}x^{n+1}$, denn $F_1'(x) = \frac{n+1}{n+1} \cdot x^n = x^n$;
$F_2(x) = \frac{1}{n+1}x^{n+1} + \sqrt{15}$, denn $F_2'(x) = x^n$;
$F_3(x) = \frac{1}{n+1}x^{n+1} + 40$, denn $F_3'(x) = x^n$.

(3) $f(x) = 3x + 4$

$F_1(x) = \frac{3}{2}x^2 + 4x$, denn $F_1'(x) = 3x + 4$;
$F_2(x) = \frac{3}{2}x^2 + 4x + \frac{9}{2}$, denn $F_2'(x) = 3x + 4$;
$F_3(x) = \frac{3}{2}x^2 + 4x + 1$, denn $F_3'(x) = 3x + 4$.

(4) $f(x) = e^x$

vgl. S. 32, Satz 15

$F_1(x) = e^x$, denn $F_1'(x) = e^x$;
$F_2(x) = e^x + 3$, denn $F_2'(x) = e^x$;
$F_3(x) = e^x + (-5)$, denn $F_3'(x) = e^x$.

b) Wenn man eine Stammfunktion F zu der Funktion f gefunden hat, so kann man sofort unendlich viele angeben. Man braucht nur zum Funktionsterm F(x) eine beliebige Zahl c zu addieren: F(x) + c, denn diese Zahl wird beim Differenzieren zu 0.

Information

(1) Regeln beim Aufsuchen einer Stammfunktion

Beim Aufsuchen einer Stammfunktion (beim Aufleiten) wendet man die Faktorregel und die Summenregel der Differentialrechnung in umgekehrter Richtung an.
Man bildet also eine Stammfunktion einer Summe (Differenz) gliedweise und lässt beim Aufsuchen einer Stammfunktion einen konstanten Faktor unberücksichtigt.

Wichtig ist noch: *Eine Stammfunktion von* $x \mapsto x^n$ $(n \in \mathbb{N})$ *ist* $x \mapsto \frac{1}{n+1} \cdot x^{n+1}$.

(2) Die Gesamtheit der Stammfunktionen einer Funktion f

Wenn man eine Stammfunktion F von f gefunden hat, dann kann man sofort unendlich viele angeben. Man braucht nur eine beliebige Zahl c zu addieren: $F(x) + c$ und erhält wieder eine Stammfunktion von f. Der Prozess des Aufleitens ist also im Gegensatz zum Ableiten nicht eindeutig bestimmt.
Man kann fragen, ob durch die Addition einer beliebigen Zahl auch jede Stammfunktion von f erreicht werden kann oder ob es noch andere Stammfunktionen von f gibt, die man so nicht erhält. Man kann in der Tat den folgenden Satz beweisen.

Satz 4

Zwei Stammfunktionen F_1 und F_2 von f über demselben Intervall $[a; b]$ unterscheiden sich nur um eine additive Konstante, d. h. es gibt eine Zahl c, sodass für alle $x \in [a; b]$ gilt: $F_1(x) = F_2(x) + c$

Beweis:
Wir bilden die Differenzfunktion D mit $D(x) = F_1(x) - F_2(x)$. Dann gilt für alle $x \in [a; b]$: $D'(x) = F_1'(x) - F_2'(x) = f(x) - f(x) = 0$. Es ist einleuchtend, dass dann $D(x) = c$ ist für alle $x \in [a; b]$. Das besagt auch die Aussage (4) des Monotoniesatzes.
Also folgt für alle $x \in [a; b]$: $F_1(x) - F_2(x) = c$, was zu beweisen war. ■

(3) Tabelle von Stammfunktionen F wichtiger Ausgangsfunktionen f

$F'(x) = f(x)$

f (x)	x	x^2	$\frac{1}{x^2}$	$\frac{1}{\sqrt{x}}$	$\sqrt{x}$	x^k $(k \in \mathbb{R} \setminus \{-1\}$	$\sin x$	$\cos x$	e^x	$\frac{1}{x}$
F (x)	$\frac{1}{2}x^2$	$\frac{1}{3}x^3$	$-\frac{1}{x}$	$2 \cdot \sqrt{x}$	$\frac{2}{3}x \cdot \sqrt{x}$	$\frac{1}{k+1} \cdot x^{k+1}$	$-\cos x$	$\sin x$	e^x	$\ln\|x\|$

(4) Beispiel einer Funktion, die keine Stammfunktion hat

Nicht jede Funktion hat auch eine Stammfunktion.
Ein Beispiel hierfür ist die Heavisidefunktion H mit

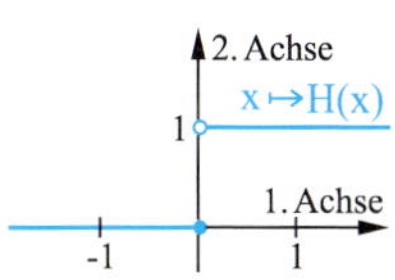

$$H(x) = \begin{cases} 1 & \text{für } x > 0 \\ 0 & \text{für } x \leq 0 \end{cases} \quad x \in [-2; 3]$$

Angenommen, F sei eine Stammfunktion von $x \mapsto H(x)$. Dann gilt
für $x > 0$: $F(x) = x + C_1$;
für $x \leq 0$: $F(x) = C_2 = F(0)$.

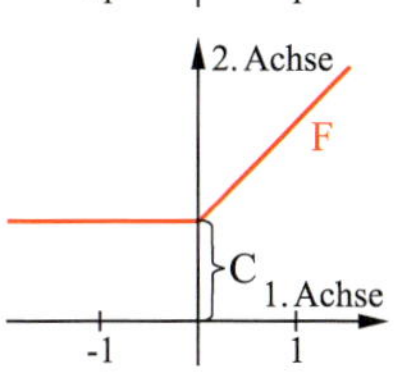

Nun muss aber $C_1 = C_2 = C$ sein, denn sonst wäre F unstetig an der Stelle 0, und F wäre somit an der Stelle 0 nicht differenzierbar (siehe Seite 50). Wir erhalten für die Funktion F einen Graphen der nebenstehenden Gestalt. Die Funktion F ist aber an der Stelle 0 nicht differenzierbar, weil ihr Graph dort eine Spitze hat. Das ist ein Widerspruch, denn jede Stammfunktion muss differenzierbar sein. Die Funktion $x \mapsto H(x)$ kann daher keine Stammfunktion haben.

Satz 5

Nicht jede Funktion hat eine Stammfunktion.
Wenn eine Funktion jedoch eine Stammfunktion hat, dann hat sie auch unendlich viele Stammfunktionen, die sich über einem Intervall ihres Definitionsbereichs nur um eine additive Konstante unterscheiden.

Vergleiche auch Aufgabe 3, Seite 161.

(5) Existenz von Stammfunktionen für stetige Funktionen

Die Funktionen $x \mapsto H(x)$, $x \mapsto \operatorname{sgn} x$ und $x \mapsto \operatorname{INT}(x)$ haben keine Stammfunktion (siehe dazu das Beispiel auf Seite 159 sowie Übungsaufgabe 13). Sie sind an mindestens einer Stelle unstetig.
Ist f im Intervall I definiert und hat f keine Stammfunktion, so muss f an mindestens einer Stelle unstetig sein. Es gilt nämlich:

Satz 6

Ist die Funktion f im Intervall $[c; d]$ stetig, so hat f im Intervall $[c; d]$ eine Stammfunktion.

Beweis:
Die Integralfunktion I_a mit $I_a(x) = \int_a^x f$; $a \in [c; d]$ ist eine Stammfunktion von f. Nach dem Hauptsatz der Differential- und Integralrechnung (Seite 157) gilt nämlich: $I'_a(x) = f(x)$ für alle $x \in [c; d]$.

(6) Das unbestimmte Integral

Die Gesamtheit der Stammfunktionen einer Funktion f wird auch **unbestimmtes Integral** genannt und mit dem Symbol $\int f(x)\,dx$ (ohne Grenzen am Integralzeichen) bezeichnet.
Beispiel: Ist $f(x) = x^2$, so gilt für das unbestimmte Integral von f:
$\int x^2\,dx = \frac{1}{3}x^3 + C \quad \text{mit} \quad C \in \mathbb{R}$
Die beliebige additive Konstante C soll garantieren, dass hier die Gesamtheit der Stammfunktionen von $x \mapsto x^2$ gemeint ist, obgleich die Schreibweise nicht ganz korrekt ist. Wir gebrauchen im Folgenden den Ausdruck unbestimmtes Integral nicht, da er in der mathematischen Literatur auch in anderem Sinne verwendet wird.

Weiterführende Aufgaben

2. *Stammfunktionen, die keine Integralfunktionen sind*
Gegeben ist die Funktion F mit $F(x) = x^2 + 1$. Sie ist eine Stammfunktion von f mit $f(x) = 2x$.
Zeige, dass keine der Integralfunktionen I_a mit $I_a(x) = \int_a^x 2z\,dz$ mit der Funktion F übereinstimmt; d. h. wie man auch die untere Grenze a wählt, es gilt nie $I_a(x) = x^2 + 1$.
Anmerkung: Nach dem Hauptsatz der Differential- und Integralrechnung ist zwar jede Integralfunktion eine Stammfunktion der Integrandenfunktion. Umgekehrt gibt es aber Stammfunktionen der Integrandenfunktion, die keine Integralfunktionen sind, wie dieses Beispiel zeigt.

3. *Stammfunktionen, die sich nicht um eine additive Konstante unterscheiden*

Die Funktion f mit $f(x)=\frac{1}{x^2}$ ist für $x \neq 0$ definiert.

a) Zeige: Stammfunktionen von f sind die Funktionen F_1 und F_2 mit:

$$F_1(x)=\begin{cases}-\frac{1}{x}+2 & \text{für } x>0\\ -\frac{1}{x}+5 & \text{für } x<0\end{cases} \qquad F_2(x)=\begin{cases}-\frac{1}{x}+7 & \text{für } x>0\\ -\frac{1}{x}-3 & \text{für } x<0\end{cases}$$

b) Zeige: Die Gesamtheit der Stammfunktionen F von f lässt sich in der Form

$$F(x)=\begin{cases}-\frac{1}{x}+C_1 & \text{für } x>0\\ -\frac{1}{x}+C_2 & \text{für } x<0\end{cases} \quad \text{mit} \quad C_1, C_2 \in \mathbb{R} \quad \text{schreiben.}$$

c) Wie passt die Aussage von Teilaufgabe b) mit Satz 4 zusammen?

▲ **4.** *Gegenbeispiel zur Umkehrung von Satz 6*

a) Gegeben sei die Funktion F mit $F(x)=\begin{cases}x^2 \cdot \sin\frac{1}{x^4} & \text{für } x \neq 0\\ 0 & \text{für } x=0\end{cases}$

Gib eine Funktion f an, sodass F Stammfunktion von f ist.

b) Bilde die Umkehrung des Satzes 6 (Seite 160). Zeige anhand des Beispiels, dass die Umkehrung nicht gilt.

c) Ist die Funktion f im Intervall $[-1; 1]$ integrierbar, nicht integrierbar oder keines von beiden?

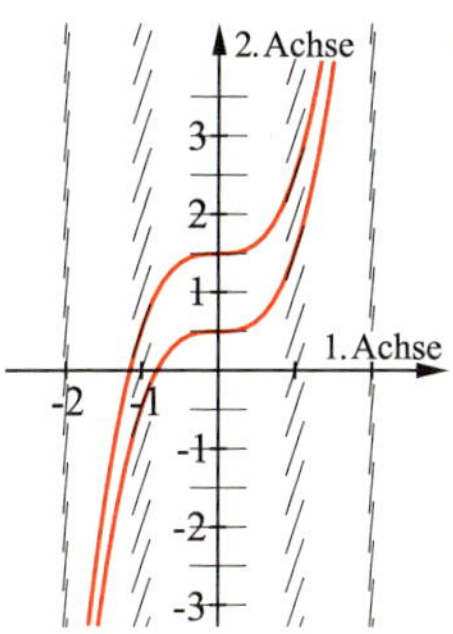

▲ **5.** *Richtungsfeld*

Gesucht sind die Stammfunktionen der Funktion f mit $f(x)=x^2$, d.h. wir suchen alle Funktionen F mit $F'(x)=x^2$. Der Graph jeder dieser Funktionen F hat an der Stelle x die Steigung x^2.

Wir stellen diese Steigung durch ein kurzes Geradenstück im Koordinatensystem dar und erhalten das nebenstehende Bild.

Hierdurch wird das sogenannte *Richtungsfeld* der gesuchten Stammfunktion vorgegeben. Man kann dann leicht die Graphen der Stammfunktionen einzeichnen. Zwei Graphen sind bereits eingezeichnet. Zeichne das Richtungsfeld ab und zeichne weitere Graphen von Stammfunktionen F ein. Kontrolliere, ob sie sich alle um eine additive Konstante unterscheiden.

Übungsaufgaben

6.

Gib zur Funktion f eine Stammfunktion an.

a) $f(x)=-\frac{2}{3}x^5+\frac{x^3}{2}-\frac{5x}{2}+\sqrt{3}$

b) $f(x)=3\cdot\left(2-\frac{1}{2}x^4+\frac{2}{3}x^5\right)$

c) $f(x)=kx^4-\frac{k}{3}x^2+2kx+k^2$

d) $f(x)=\frac{5-6x^4+3x^5}{3}$

e) $f(x)=2x^k-\frac{1}{2}x^{k-1}+3$

f) $f(x)=\frac{2}{x^3}+4$

g) $f(x)=\frac{1}{x^2}+1+x^2$

h) $f(x)=\frac{x^7+1}{x^2}$

i) $f(x)=\frac{1}{\sqrt{x}}-4$

j) $f(x)=\frac{\sqrt{x}-1}{\sqrt{x}}$

k) $f(x)=\sin x-\frac{4}{x}$

l) $f(x)=4x^4-3\cdot\cos x$

m) $f(x)=\sin x+\cos x$

n) $f(x)=2\cdot e^x$

o) $f(x)=e^x+\sin x$

7.
Bestätige durch Bilden der Ableitung die Gültigkeit der Tabelle (Seite 159) von Stammfunktionen F wichtiger Ausgangsfunktionen f.

8.
Gib zur Funktion f eine Stammfunktion an.

a) $f(x) = (2x - 3)^2$ **c)** $f(x) = x^3(x-1)^2$ **e)** $f(x) = \frac{2 - x^2 - 3x^4 + x^5}{x^3}$

b) $f(x) = \left(\frac{1}{2}x^2\right)^k$ **d)** $f(x) = \frac{1}{k}x(x-k)^2$ **f)** $f(x) = \frac{2\sqrt{x^5} - 3}{\sqrt{x}}$

9.
Gib, falls möglich, zur Funktion f eine Stammfunktion an, die *keine* Integralfunktion zu f ist.

a) $f(x) = x$ **c)** $f(x) = 2x + x^2$ **e)** $f(x) = \cos x$ **g)** $f(x) = \frac{1}{\sqrt{x}}$

b) $f(x) = x^3$ **d)** $f(x) = 6x^5 + 2x^3$ **f)** $f(x) = \sin x$ **h)** $f(x) = \sqrt{x}$

10.
Die Funktion f mit $f(x) = \frac{1}{\sqrt{|x|}}$ ist für $x \neq 0$ definiert.

a) Zeige: Die Funktion F mit $F(x) = \begin{cases} 2 \cdot \sqrt{|x|} & \text{für } x > 0 \\ -2 \cdot \sqrt{|x|} & \text{für } x < 0 \end{cases}$ ist eine Stammfunktion von f. Verwende dazu die Tabelle von Stammfunktionen (Seite 159).

b) Die Funktion F_1 mit $F_1(x) = \begin{cases} 2 \cdot \sqrt{|x|} + 5 & \text{für } x > 0 \\ -2 \cdot \sqrt{|x|} + 7 & \text{für } x < 0 \end{cases}$ ist ebenfalls eine Stammfunktion von f.
Zeige dies. Die Funktionen F und F_1 unterscheiden sich (auf ihrem gesamten Definitionsbereich) nicht um eine additive Konstante. Warum liegt kein Widerspruch zu Satz 4 auf Seite 159 vor?

c) Zeige: Die Gesamtheit der Stammfunktion F von f lässt sich in der Form
$f(x) = \begin{cases} 2 \cdot \sqrt{|x|} + C_1 & \text{für } x > 0 \\ -2 \cdot \sqrt{|x|} + C_2 & \text{für } x < 0 \end{cases}$ mit $C_1, C_2 \in \mathbb{R}$ schreiben.

▲ **11.**
Zeichne das Richtungsfeld (siehe Aufgabe 5) und trage die Graphen der Stammfunktionen von f ein. **a)** $f(x) = x$ **b)** $f(x) = 2x - 1$ **c)** $f(x) = 3 - x$

12.
Zeige, dass die Funktion f keine Stammfunktion besitzt.

a) $f(x) = \operatorname{sgn} x$ **b)** $f(x) = \operatorname{INT}(x)$ **c)** $\begin{cases} x & \text{für } x > 0 \\ x + 10 & \text{für } x < 0 \end{cases}$

13.
Welche der Funktionen f haben Stammfunktionen? Gib alle diese Stammfunktionen an. (1) $f(x) = H(x) + 4$ (2) $f(x) = x \cdot H(x)$ (3) $f(x) = \operatorname{sgn} x - 3$ (4) $f(x) = |x|$

14.
Zeige, dass die Funktion $x \mapsto H(x)$ im Intervall $[-1; +1]$ integrierbar ist, obwohl sie keine Stammfunktion hat.

3.2.4 Berechnen von Integralen mithilfe einer Stammfunktion

Unser Ziel bestand darin, ein einfaches Verfahren zu entwickeln, mit dem man Integrale berechnen kann. Auf dem Wege hierzu haben wir herausgefunden:

Die Integralfunktion I_a mit $I_a(x) = \int_a^x f$ ist eine Stammfunktion der Integrandenfunktion f (sofern f stetig ist).
Wir haben auch schon Verfahren kennengelernt, mit denen man zu gewissen Funktionen Stammfunktionen findet.
Wenn wir jetzt noch herausfinden, wie man aus der Gesamtheit der Stammfunktionen diejenige heraussuchen kann, die gleich der gesuchten Integralfunktion ist, haben wir unser Ziel fast erreicht. In der gefundenen Integralfunktion muss man dann nur noch für x die obere Integralgrenze einsetzen und kann so das Integral berechnen.

Aufgabe 1 **a)** Berechne das Integral $\int_{-\pi}^{2\pi} \sin x \, dx$ in folgenden Schritten:

(1) Gib die Gesamtheit der Stammfunktionen von f mit $f(x) = \sin x$ an.

(2) Suche unter diesen diejenigen heraus, welche gleich der Integralfunktion $I_{-\pi}$ mit $I_{-\pi}(x) = \int_{-\pi}^{x} f$ ist.

(3) Setze für x die Integralgrenze 2π ein und berechne das Integral.

b) Verallgemeinere jetzt das in Teilaufgabe a) in den Schritten (1) bis (3) gewonnene Verfahren auf eine beliebige (stetige) Integrandenfunktion f und leite eine Formel für $\int_a^b f$ her.

c) Wende die Formel auf $\int_1^2 \frac{1}{\sqrt{x}} \, dx$ an.

Lösung **a)** (1) Für die Gesamtheit der Stammfunktionen F von f mit $f(x) = \sin x$ gilt:
$F(x) = -\cos x + C$

(2) Unter diesen Stammfunktionen befindet sich auch $I_{-\pi}$ mit $I_{-\pi}(x) = \int_{-\pi}^{x} \sin t \, dt$.
Das C muss so bestimmt werden, dass $I_{-\pi}(x) = \int_{-\pi}^{x} \sin t \, dt = -\cos x + C$.
Nun gilt: $\int_{-\pi}^{-\pi} \sin t \, dt = 0 = -\cos(-\pi) + C$.
Daraus folgt: $C = \cos(-\pi) = -1$
Also gilt für die gesuchte Integralfunktion: $I_{-\pi}(x) = \int_{-\pi}^{x} \sin t \, dt = -\cos x - 1$

(3) $\int_{-\pi}^{2\pi} \sin x \, dx = -\cos 2\pi - 1 = -1 - 1 = -2$

b) Gegeben ist die Integrandenfunktion f.

(1) Ist dann F *irgendeine* Stammfunktion von f, so gilt: Die Gesamtheit der Stammfunktionen von f lässt sich in der Form $F(x) + C$ mit $C \in \mathbb{R}$ schreiben.

(2) Unter diesen Stammfunktionen muss diejenige herausgesucht werden, welche gleich der Integralfunktion ist, d.h. es muss C so bestimmt werden, dass gilt:
$\int_a^x f = F(x) + C$
Nun gilt: $\int_a^a f = 0$
Also folgt: $\int_a^a f = 0 = F(a) + C$
Damit folgt: $C = -F(a)$
Somit erhalten wir: $\int_a^x f = F(x) - F(a)$

(3) Man erhält sofort eine Formel für $\int_a^b f$, indem man x = b setzt:

$$\int_a^b f = F(b) - F(a)$$

Hierbei ist F irgendeine Stammfunktion von f.

c) $\int_1^2 \frac{1}{\sqrt{x}}$ ist zu berechnen.

1. Aufsuchen (irgend)einer Stammfunktion F von $x \mapsto \frac{1}{\sqrt{x}}$

Es gilt z. B. $F(x) = 2\sqrt{x}$, denn $F'(x) = \frac{2}{2\sqrt{x}} = \frac{1}{\sqrt{x}}$.

2. Berechnen des Integrals

$$\int_1^2 \frac{1}{\sqrt{x}}\,dx = 2\cdot\sqrt{2} - 2\cdot\sqrt{1} = 2\cdot(\sqrt{2}-1)$$

Information **(1) Abkürzende Schreibweise für Funktionsdifferenzen**

In der Formel $\int_a^b f = F(b) - F(a)$ tritt rechts vom Gleichheitszeichen die Funktionsdifferenz $F(b) - F(a)$ auf. Für sie schreibt man abkürzend $[F(x)]_a^b$, also:

$[F(x)]_a^b = F(b) - F(a)$

Beispiel: $[3x^5]_2^4 = 3\cdot 4^5 - 3\cdot 2^5$

(2) Formel für die Berechnung eines Integrals

Mithilfe dieser Abkürzung aus (1) lässt sich jetzt folgender Satz formulieren:

Das Ziel, ein einfaches Berechnungsverfahren für Integrale zu gewinnen, ist erreicht.

Satz 7

Ist F irgendeine Stammfunktion der (stetigen) Funktion f, so gilt:

$$\int_a^b f = [F(x)]_a^b = F(b) - F(a)$$

Weiterführende Aufgaben

2. *Unterschiedliche Wege zum Berechnen eines Integrals*

Bei der Berechnung eines Integrals kann man die Integrationsregeln (vgl. Seite 133 ff.) anwenden.

Man kann aber auch sofort zur Integrandenfunktion eine Stammfunktion aufsuchen.

Vergleiche die beiden Wege zur Berechnung von $\int_0^2 (3x^{10} + 4x^5)\,dx$.

(1) $$\int_0^2 (3x^{10} + 4x^5)\,dx = 3\cdot\int_0^2 x^{10}\,dx + 4\cdot\int_0^2 x^5\,dx = 3\cdot\left[\frac{1}{11}x^{11}\right]_0^2 + 4\cdot\left[\frac{1}{6}x^6\right]_0^2$$
$$= 3\cdot\left(\frac{2^{11}}{11} - \frac{0^{11}}{11}\right) + 4\cdot\left(\frac{2^6}{6} - \frac{0^6}{6}\right) = 3\cdot\frac{2048}{11} + 4\cdot\frac{64}{6} = \frac{39680}{66} = 601\frac{7}{33}$$

(2) $$\int_0^2 (3x^{10} + 4x^5)\,dx = \left[\frac{3}{11}x^{11} + \frac{4}{6}x^6\right]_0^2 = \left(\frac{3\cdot 2^{11}}{11} + \frac{4\cdot 2^6}{6}\right) - \left(\frac{3\cdot 0^{11}}{11} + \frac{4\cdot 0^6}{6}\right)$$
$$= \frac{3\cdot 2048}{11} + \frac{4\cdot 64}{6} = 601\frac{7}{33}$$

3. *Beweis der Faktor- und der Summenregel der Integralrechnung*

Man kann die Faktorregel der Integralrechnung $\int_a^b c \cdot u(x)\,dx = c \cdot \int_a^b u(x)\,dx$ (vgl. Seite 133) mithilfe der Integralformel beweisen:

Ist U eine Stammfunktion von u, so gilt $\int_a^b u(x)\,dx = U(b) - U(a)$.

Ferner ist dann $x \mapsto c \cdot U(x)$ eine Stammfunktion von $x \mapsto c \cdot u(x)$, denn es gilt: $(c \cdot U(x))' = c \cdot U'(x) = c \cdot u(x)$. Also gilt:

$\int_a^b c \cdot u(x)\,dx = [c \cdot U(x)]_a^b = c \cdot U(b) - c \cdot U(a) = c \cdot \big(U(b) - U(a)\big) = c \cdot \int_a^b u(x)\,dx$,

was zu beweisen war. ■

Beweise ähnlich die Summenregel $\int_a^b \big(u(x) + v(x)\big)\,dx = \int_a^b u(x)\,dx + \int_a^b v(x)\,dx$.

4. *Integrieren als Umkehrung des Differenzierens*

Bestimme: **a)** $\int_a^x f'$ **b)** $\int_a^b f'$

Erläutere die Aussage: Das Integrieren ist die Umkehrung des Differenzierens.

5. *Bestimmen der Stammfunktion F von f, für die gilt: $F(a) = C$*

a) Zeige die Gültigkeit des folgenden Satzes:

Satz 8

Man erhält diejenige Stammfunktion G von f, die an der Stelle a den Wert C hat, indem man $G(x) = \int_a^x f + C$ bildet.

Anleitung: Es muss zweierlei gezeigt werden:
(1) G ist Stammfunktionen von f. (2) G nimmt an der Stelle a den Wert C an.

b) Gegeben ist die Funktion f mit $f(x) = 4x^2 + 5$. Gib diejenige Stammfunktion von f an, die an der Stelle -4 den Wert 0 [den Wert -12] annimmt.

6. *Bestimmen einer Stammfunktion unter Beachtung der Kettenregel*

a) Gib eine Stammfunktion der Funktion f an.

(1) $f(x) = (0{,}5x + 1)^4$ (2) $f(x) = \frac{-2}{(5x+1)^2}$ (3) $f(x) = \frac{4}{\sqrt{3x-1}}$ (4) $f(x) = \frac{1}{2} \cdot \sin(\pi x)$

b) F sei eine Stammfunktion von f. Gib eine Stammfunktion für $x \mapsto f(mx + b)$ an.

Übungsaufgaben

7.

Berechne die Integrale.

a) $\int_1^2 \left(-\frac{1}{x^2}\right) dx$; $\int_1^3 \frac{1}{x^2}\,dx$; $\int_2^5 \frac{4}{x^2}\,dx$ **b)** $\int_1^4 \frac{1}{2\sqrt{x}}\,dx$; $\int_4^9 \frac{1}{\sqrt{x}}\,dx$; $\int_1^3 \frac{7}{\sqrt{x}}\,dx$

c) $\int_{-\pi}^{\pi} (-\cos x)\,dx$; $\int_0^{\frac{3\pi}{2}} (2 \cdot \sin x)\,dx$; $\int_{-\frac{\pi}{2}}^{\pi} \frac{1-\cos x}{4}\,dx$

d) $\int_1^2 \frac{2-x^2}{x^2}\,dx$; $\int_1^4 \frac{\sqrt{x}-4}{2\sqrt{x}}\,dx$; $\int_{\frac{\pi}{2}}^{\pi} \frac{x^3 - x^2 \cdot \sin x}{x^2}\,dx$

8.
Berechne das Integral.

a) $\int_{-1}^{1} (x^6 + 3x^5 - 2x^4)\,dx$ **d)** $\int_{-2}^{-1} \frac{3 - 2x^2 + 4x^3 - 3x^4}{x^2}\,dx$ **g)** $\int_{1}^{2} \frac{6x^6 + 8x\sqrt{x} - 1}{2x^2}\,dx$

b) $\int_{1}^{3} \frac{1 - 5x^4}{4}\,dx$ **e)** $\int_{1}^{4} \left(\frac{3}{\sqrt{x}} - \frac{1}{2}x^4\right)dx$ **h)** $\int_{-\pi}^{0} (2\sin x + x)\,dx$

c) $\int_{1}^{2} \left(\frac{2}{x^2} - 7 + 5x^4\right)dx$ **f)** $\int_{1}^{4} \frac{2x^3 - 5\sqrt{x}}{x}\,dx$ **i)** $\int_{-2}^{2} \frac{1}{k} x^2 (x - k)^2\,dx$

9.
Berechne den Flächeninhalt der Fläche zwischen dem Graphen von f und der 1. Achse.

a) $f(x) = x^5 + x^3$ **b)** $f(x) = (x^2 - 16) \cdot (x^2 + 3)$ **c)** $f(x) = x^4 - 5x^2 + 4$

10.
Berechne den Flächeninhalt der Flächen zwischen den Graphen von f und g.

a) $f(x) = x^3 - 4x;\quad g(x) = -3x$

b) $f(x) = x^4;\quad g(x) = -x^2 + 2$

c) $f(x) = \frac{9}{x^2};\quad g(x) = 10 - x^2$

d) $f(x) = \sin x;\quad g(x) = \cos x;\quad x \in [0; 2\pi]$

11.
Gesucht ist die Stammfunktion von f, die an der Stelle a den Funktionswert 0 hat.

a) $f(x) = 3x + 4;\quad a = -3$

b) $f(x) = 7x^2 + 2x + 3;\quad a = -1$

c) $f(x) = (x + 1)^2;\quad a = 0$

d) $f(x) = \frac{1}{x^2}\ (x > 0);\quad a = 1$

e) $f(x) = 5x^3 + 2x^2 + 7x + 2;\quad a = 1$

f) $f(x) = \frac{1}{\sqrt{x}}\ (x > 0);\quad a = 1$

g) $f(x) = 2\cos x;\quad a = \frac{\pi}{4}$

h) $f(x) = \sin x + \cos x;\quad a = \frac{\pi}{3}$

12.
Gesucht ist diejenige Stammfunktion von f, die an der Stelle a den Funktionswert c hat.

a) $f(x) = 7x + 5;\quad a = -4;\quad c = 3$

b) $f(x) = 3x^3 + 5x;\quad a = 1;\quad c = 4$

c) $f(x) = \frac{1}{x^2} - x + 3\sqrt{x};\quad a = 1;\quad c = -2$

d) $f(x) = 3 \cdot (x - 4)^2;\quad a = 4;\quad c = -3$

e) $f(x) = x;\quad a = \frac{\pi}{3};\quad c = -1$

f) $f(x) = \cos x - x;\quad a = \pi;\quad c = \pi$

13.
Ermittle eine Stammfunktion und berechne das Integral.

a) $\int_{-1}^{+1} \left(\frac{1}{3}x - 4\right)^3 dx$ **c)** $\int_{-1}^{-4} \frac{1}{(2x - 1)^2}\,dx$ **e)** $\int_{-1}^{0} \frac{5}{(3 - 2x)^2}\,dx$

b) $\int_{+1}^{+2} \frac{1}{(3x + 4)^2}\,dx$ **d)** $\int_{0}^{4} \frac{1}{\sqrt{2x + 1}}\,dx$ **f)** $\int_{0}^{2} \sin\left(\frac{\pi}{2}t - \frac{\pi}{3}\right)dt$

14.
Berechne die Integrale.

a) $\int_{0}^{1} xy^3\,dx;\quad \int_{0}^{1} xy^3\,dy$

b) $\int_{0}^{1} t^2 s\,dt;\quad \int_{0}^{1} t^2 s\,ds$

c) $\int_{-1}^{0} (ax + b)\,dx;\quad \int_{-1}^{0} (ax + b)\,da;\quad \int_{-1}^{0} (ax + b)\,db$

d) $\int_{0}^{\pi} a\cos x\,dx;\quad \int_{0}^{\pi} a\cos x\,dy;\quad \int_{0}^{\pi} a\cos x\,da$

3.3 Uneigentliche Integrale

In der Stochastik spielt die Fläche unter dem Graphen der Funktion f mit $f(x) = e^{-x^2}$ eine Rolle. Diese Fläche reicht »ins Unendliche«, und zwar nach beiden Seiten. Unser Ziel ist, solche Flächen nach Möglichkeit zu berechnen und entsprechend den Integralbegriff zu erweitern.

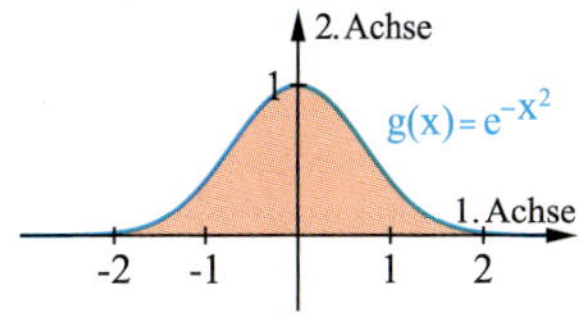

Aufgabe 1 Gegeben sind die Funktionen f und g mit

(1) $f(x) = \frac{1}{\sqrt{x}}$ bzw. (2) $g(x) = \frac{1}{x^2}$.

Versuche, die Fläche unter dem Graphen der Funktion f bzw. g zu berechnen

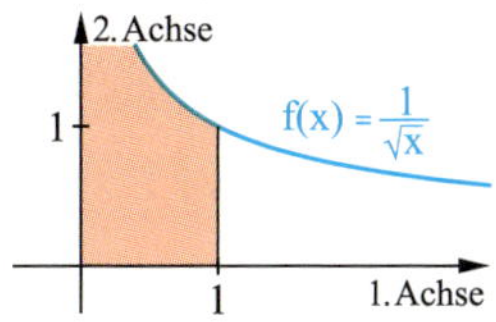

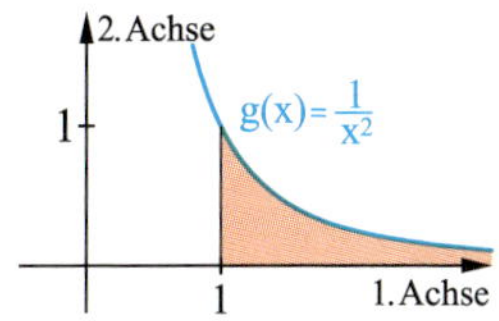

a) über dem Intervall [0; 1]; **b)** über dem Intervall $[1; \infty]$.

Lösung **a)** Beide Flächen „reichen ins Unendliche". Zu ihrer Berechnung kann man die Integrale $\int_0^1 f(x)\,dx$ bzw. $\int_0^1 g(x)\,dx$ nicht verwenden. Beide Integrale sind nämlich nicht definiert, weil f bzw. g nicht im ganzen Intervall [0; 1] definiert sind. Außerdem sind f und g unbeschränkt.

Zur Berechnung der Fläche verspricht folgender Gedanke Aussicht auf Erfolg:

Berechne $\int_a^1 f(x)\,dx$ bzw. $\int_a^1 g(x)\,dx$ (für $0 < a < 1$).

Bestimme den Grenzwert $\lim\limits_{a \to 0} \int_a^1 f(x)\,dx$ bzw. $\lim\limits_{a \to 0} \int_a^1 g(x)\,dx$ $(a > 0)$.

(1) $\int_a^1 f(x)\,dx = \int_a^1 \frac{1}{\sqrt{x}}\,dx = \int_a^1 x^{-\frac{1}{2}}\,dx$

$= \left[2 \cdot \sqrt{x}\right]_a^1 = 2 - 2 \cdot \sqrt{a}$

$\lim\limits_{a \to 0} \int_a^1 f(x)\,dx = \lim\limits_{a \to 0} (2 - 2\sqrt{a}) = 2$

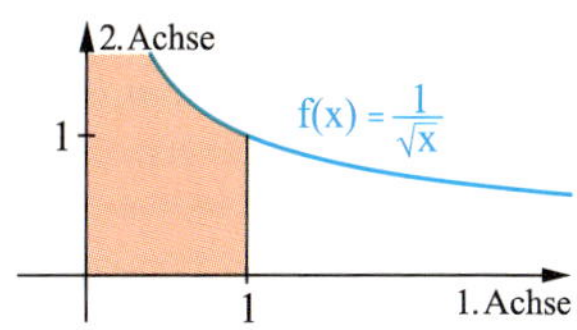

Der Flächeninhalt der Fläche unter dem Graphen der Funktion f mit $f(x) = \frac{1}{\sqrt{x}}$ von 0 bis 1 beträgt 2.

(2) $\int_a^1 g(x)\,dx = \int_a^1 \frac{1}{x^2}\,dx = \int_a^1 x^{-2}\,dx = \left[-\frac{1}{x}\right]_a^1 = \frac{1}{a} - 1$

Der Grenzwert $\lim\limits_{a \to 0} \left(\frac{1}{a} - 1\right)$ existiert nicht.

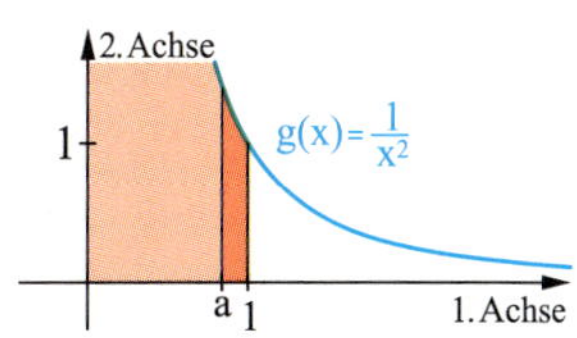

Für $a \to 0$ übersteigt der Flächeninhalt der Fläche unter dem Graphen der Funktion g mit $g(x) = \frac{1}{x^2}$ von a bis 1 jede Schranke.

b) Die beiden zu berechnenden Flächen „reichen ins Unendliche". Wir gehen in ähnlicher Weise vor wie bei der Teilaufgabe a), d.h. wir berechnen zunächst $\int_1^b f(x)\,dx$ bzw. $\int_1^b g(x)\,dx$ und bilden dann den Grenzwert:

$$\lim_{b\to+\infty}\int_1^b f(x)\,dx \quad \text{bzw.} \quad \lim_{b\to+\infty}\int_1^b g(x)\,dx$$

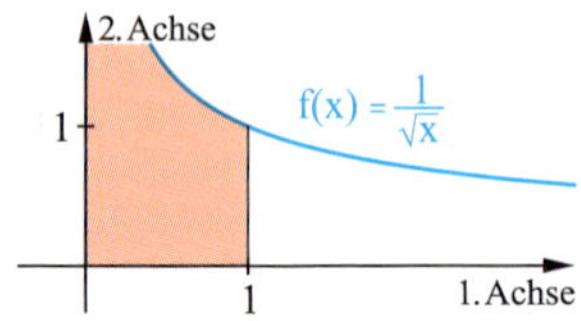

(1) $\int_1^b f(x)\,dx = \left[2\sqrt{x}\right]_1^b = 2\cdot\sqrt{b} - 2$

Der Grenzwert $\lim_{b\to+\infty}\left(2\sqrt{b} - 2\right)$ existiert nicht.

Für $b\to\infty$ übersteigt der Flächeninhalt der Fläche unter dem Graphen der Funktion f mit $f(x) = \frac{1}{\sqrt{x}}$ von 1 bis b jede Schranke.

Die Werte g (x) der Funktion g gehen für $x\to\infty$ so schnell gegen 0, dass der Grenzwert existiert.

(2) $\int_1^b g(x)\,dx = \left[-\frac{1}{x}\right]_1^b = 1 - \frac{1}{b}$

$$\lim_{b\to+\infty}\int_1^b g(x)\,dx = \lim_{b\to+\infty}\left(1 - \frac{1}{b}\right) = 1$$

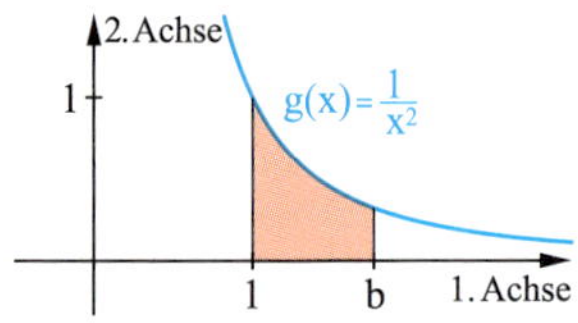

Die Fläche unter dem Graphen der Funktion g mit $g(x) = \frac{1}{x^2}$ von 1 bis $+\infty$ hat den Flächeninhalt 1.

Information *Definition des uneigentlichen Integrals*

Die Beispiele von Aufgabe 1 haben gezeigt, dass Flächen, die „ins Unendliche reichen", einen *endlichen* Flächeninhalt haben können. Hierbei kann einmal der Fall vorliegen, dass das „Intervall ins Unendliche reicht" oder zum anderen, dass die Funktion nicht im ganzen Intervall definiert ist (und dort unbeschränkt ist). Es ist daher naheliegend, den Integralbegriff zu erweitern.

Der Einfachheit halber setzen wir Stetigkeit der Integrandenfunktion f voraus.

Definition 5

(1) Die Funktion f sei stetig für alle $x > a$ bzw. für alle $x < b$. Dann sei:

$$\int_a^{+\infty} f(x)\,dx = \lim_{c\to+\infty}\int_a^c f(x)\,dx \qquad \int_{-\infty}^b f(x)\,dx = \lim_{c\to-\infty}\int_c^b f(x)\,dx$$

(2) Die Funktion f sei stetig für]a; b] bzw. für [a; b[. Dann sei:

$\int_a^b f(x)\,dx = \lim_{c\to a}\int_c^b f(x)\,dx,$ falls f definiert ist für]a; b];

$\int_a^b f(x)\,dx = \lim_{c\to b}\int_a^c f(x)\,dx,$ falls f definiert ist für [a; b[.

Die Integrale links vom Gleichheitszeichen heißen **uneigentliche Integrale**. Existiert der Grenzwert rechts von den Gleichheitszeichen nicht, sagt man: Das uneigentliche Integral existiert nicht.

Weiterführende Aufgaben

2. *Divergenz der harmonischen Reihe*

a) Gegeben sei die Folge $\langle a_n \rangle$ mit $a_n = \int_1^n \frac{1}{t}\,dt$; $n \in \mathbb{N}^*$. Ist die Folge konvergent?

b) Die Folge $s_n = \frac{1}{1} + \frac{1}{2} + \frac{1}{3} + \frac{1}{4} + \ldots + \frac{1}{n}$ heißt harmonische Reihe.

Zeige, dass die harmonische Reihe divergent ist.

Anleitung:

Deute s_n als Obersumme des Integrals $\int_1^{n+1} \frac{1}{t}\,dt$. Verwende $\int_1^{n+1} \frac{1}{t}\,dt \le s_n$.

zum Begriff Obersumme siehe S. 116 und S. 129

3. *Grenze zwischen Existenz und Nichtexistenz des uneigentlichen Integrals*

Für welche positiven Zahlen α existiert das uneigentliche Integral?

a) $\int_1^{+\infty} \frac{1}{t^\alpha}\,dt$ **b)** $\int_0^1 \frac{1}{t^\alpha}\,dt$

Übungsaufgaben

4.

Wie groß ist der Flächeninhalt der Fläche unter dem Graphen der Funktion f über dem angegebenen Intervall?

a) $f(x) = \frac{1}{\sqrt[3]{x}}$; $[0; 1]$ **b)** $f(x) = \frac{1}{\sqrt[n]{x}}$; $[0; 4]$ **c)** $f(x) = \frac{1}{x^3}$; $\left[0; \frac{1}{2}\right]$

5.

Unter welcher Bedingung hat die „ins Unendliche reichende" Fläche unter dem Graphen der Funktion f mit $f(x) = x^n$ $(n \in \mathbb{R}^-)$ im angegebenen Intervall der 1. Achse einen Flächeninhalt? Wie groß ist dieser (1) von 0 bis $b\,(b > 0)$, (2) von a bis $0\,(a < 0)$, (3) von a bis $+\infty$ $(a > 0)$, (4) von $-\infty$ bis $b\,(b < 0)$?

6.

Welche der bis „ins Unendliche reichenden" Flächen haben einen Flächeninhalt, welche haben keinen Flächeninhalt? Wie groß ist der Flächeninhalt, falls er vorhanden ist?

a) Fläche unter dem Graphen der Funktion f von 1 bis $-\infty$ für:

(1) $f(x) = \frac{1}{x^3}$; (2) $f(x) = \frac{1}{x^n}$ $(n \in \mathbb{N}^* \setminus \{1\})$; (3) $f(x) = \frac{1}{\sqrt[3]{x}}$; (4) $f(x) = \frac{1}{\sqrt{x^3}}$

b) Fläche unter dem Graphen der Funktion f von $-\infty$ bis -1 für:

(1) $f(x) = \frac{1}{x^2}$; (2) $f(x) = \frac{1}{x^5}$; (3) $f(x) = \frac{1}{\sqrt[3]{x^2}}$; (4) $f(x) = \frac{1}{\sqrt[3]{x^4}}$

7.

Berechne folgende uneigentliche Integrale. Deute sie auch als Flächeninhalt einer „ins Unendliche reichenden" Fläche.

a) $\int_{-\infty}^{0} e^x\,dx$ **b)** $\int_1^{+\infty} e^{-x}\,dx$ **c)** $\int_0^{+\infty} \frac{1}{(x+1)^2}\,dx$ **d)** $\int_2^3 \frac{1}{\sqrt{x-2}}\,dx$

8.

Welche der folgenden uneigentlichen Integrale existieren nicht?

(1) $\int_2^{+\infty} \frac{1}{\sqrt{x}}\,dx$ (2) $\int_{-\infty}^{-1} \frac{1}{x}\,dx$ (3) $\int_0^1 \frac{1}{x}\,dx$

3.4 Vermischte Übungen

Integralberechnungen

1.
Berechne das Integral.

a) $\int_{-2}^{1}\left(\frac{1}{5}x^4-3x^2+1\right)dx$ **d)** $\int_{1}^{5}(z-3)^2\,dz$ **g)** $\int_{1}^{2}\frac{4s^8-\sqrt{3}s}{6s}\,ds$

b) $\int_{\sqrt{2}}^{2}(6x^5-2x^3+x)\,dx$ **e)** $\int_{-\sqrt{3}}^{\sqrt{3}}(5t^4-5t^7+3t^9)\,dt$ **h)** $\int_{3}^{4}\left(\frac{5}{\sqrt{u}}-\frac{3}{\sqrt{u^2}}\right)du$

c) $\int_{-1}^{1}(z^4+z^3+z^2+z+1)\,dz$ **f)** $\int_{0}^{\sqrt{3}}\left(\sqrt{3}p^3-\sqrt{5}p^2-\sqrt{6}\right)dp$ **i)** $\int_{1}^{4}\left(\frac{\sqrt{2}}{\sqrt{z}}-\frac{3}{(\sqrt{2}z)^2}\right)dz$

2.
a) $\int_{1}^{3}(t-2)^6\,dt$ **d)** $\int_{a}^{b}(6x^8-12x^2+1)\,dx$ **g)** $\int_{1}^{2}\left(x^3-\frac{1}{x^2}\right)dx$

b) $\int_{1}^{2}\left(2-\frac{1}{2}t\right)^3dt$ **e)** $\int_{-1}^{1}(ax^3+bx^2+cx+d)\,dx$ **h)** $\int_{-2}^{0}\left(x^2+\frac{1}{(x+4)^2}\right)dx$

c) $\int_{-2}^{0}(x^2+4x+4)^4\,dx$ **f)** $\int_{1}^{2}\frac{4}{x^2}\,dx$ **i)** $\int_{0}^{2}\frac{x^2+2x+2}{x^2+2x+1}\,dx$

Flächen zwischen Funktionsgraphen, Flächenteilungen

3.
Berechne den Flächeninhalt der Fläche zwischen dem Graphen von f und der 1. Achse.

a) $f(x)=x^4-5x^2+4$ **b)** $f(x)=x^4-3x^3+2x^2$ **c)** $f(x)=\frac{1}{3}x^5-\frac{4}{3}x^3$ **d)** $f(x)=\frac{4x^3-13x^2+9}{x^2}$

4.
Berechne den Flächeninhalt der Fläche zwischen den Graphen von f und g.

a) $f(x)=x^4-x^2$
$g(x)=4x^2-4$

b) $f(x)=x^5-4x^3$
$g(x)=x^4-4x^2$

c) $f(x)=x^4+x^3-3x+2$
$g(x)=x^3+5x^2-3x-2$

d) $f(x)=x^4-x^3$
$g(x)=-x+1$

e) $f(x)=\frac{4}{x^2}$
$g(x)=-x^2+5$

f) $f(x)=-\frac{1}{3}x+\frac{7}{3}$
$g(x)=\frac{2}{\sqrt{x}}$

5.
Zeige, dass die Graphen von f mit $f(x)=4x^3-24x^2+36x$ und g mit $g(x)=x^3-6x^2+12x$ zwei Flächen gleichen Flächeninhalts einschließen.

6.
Gegeben ist die Funktion f mit $f(x)=2x^3-11x^2+20x-12$.

a) Untersuche und zeichne den Graphen von f.

b) Berechne den Flächeninhalt der Fläche zwischen dem Graphen von f und der 1. Achse über dem Intervall $[0;3]$.

7.
Die Funktion f ist gegeben durch $f(t) = t^3 - t$.

a) Welche Integralfunktion I_a zu f mit $a > 0$ verläuft durch den Punkt $P\left(2 \,\middle|\, \frac{9}{4}\right)$?

b) Aus wie vielen Teilflächen besteht die von den Graphen von f und I_a begrenzte Fläche? Zeichne beide Graphen in dasselbe Koordinatensystem.

8.
Gegeben sind die Funktionen f und g mit $f(x) = x^2$ und $g(x) = x \cdot (2 - x)$.
Skizziere die Graphen von f und g in einem Koordinatensystem und bestimme, in welchem Verhältnis der Graph von f die Fläche teilt, die der Graph von g mit der 1. Achse einschließt.

9.
Die Funktion f ist gegeben durch $f(x) = -x^2 + 3x$.
Bestimme $k \in \mathbb{R}$ so, dass die Gerade zu $y = kx$ die Fläche, die der Graph von f mit der 1. Achse einschließt, im Verhältnis 1 : 1 teilt.

10.
Die Funktion f ist gegeben durch $f(x) = \frac{1}{x^2}$.

a) Berechne den Flächeninhalt der Fläche unter dem Graphen von f über dem Intervall [1; 2]. Skizziere.

b) Welche Parallele $x = k$ zur 2. Achse halbiert die in Teilaufgabe a) berechnete Fläche?

c) Welche Parallele $y = k$ zur 1. Achse halbiert die in Teilaufgabe a) berechnete Fläche?

11.
Die Funktion f ist gegeben durch $f(x) = \frac{1}{\sqrt{x}}$, $x > 0$.

a) Berechne den Flächeninhalt unter dem Graphen von f über dem Intervall [1; 4].

b) Welche Parallele zur 2. Achse mit $x = k$ halbiert die in Teilaufgabe a) berechnete Fläche?

c) Welche Parallele zur 1. Achse mit $y = k$ halbiert die in Teilaufgabe a) berechnete Fläche?

12.
Die Funktion f ist gegeben durch $f(x) = \frac{1}{\sqrt{x}}$ und es ist $k \in \mathbb{R}$.

Berechne den Flächeninhalt der von der Geraden zu $y = k$, dem Graphen von f, der Geraden zu $x = 1$ und beiden Koordinatenachsen begrenzte Fläche. Was ergibt sich für $k \to \infty$?

Flächen zwischen Funktionsgraph und Tangente bzw. Sekante

13.
Vom Punkt $P(0 \mid -1)$ sind die Tangenten an den Graphen der Funktion f mit $f(x) = x^2$ gezeichnet.
Berechne den Flächeninhalt der Fläche, die die Tangenten und der Graph einschließen.

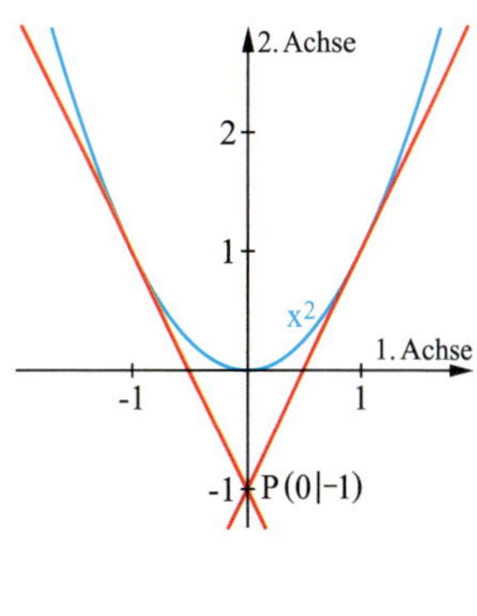

14.
In die Normalparabel mit der Gleichung $y = x^2$ ist eine Sehne mit den Endpunkten $P_1(-1 \mid y_1)$ und $P_2(2 \mid y_2)$ gezeichnet.
Berechne den Flächeninhalt der Fläche, die Parabel und Sehne einschließen.

15.
Gegeben ist der Graph der Funktion f mit $f(x) = \frac{1}{4}x - x^3 + x^5$. An der Stelle 0 ist die Tangente an den Graphen gezeichnet. Wie groß ist die Fläche, die der Graph und die Tangente einschließen?

16.
Die Funktion f ist gegeben durch $f(x) = -x^4 + 8x^2$.

a) Untersuche die Funktion f und zeichne den Graphen.

b) Bestimme den Flächeninhalt der Fläche, die vom Graphen von f und der Tangente an den Graphen von f durch die Hochpunkte eingeschlossen wird.

17.
Die Funktion f ist gegeben durch $f(x) = \frac{1}{4}x^4 - \frac{3}{2}x^2 + \frac{1}{4}$.

a) Untersuche und zeichne den Graphen von f.

b) Berechne den Flächeninhalt der von der Verbindungsgeraden der Tiefpunkte und dem Graphen von f eingeschlossenen Fläche.

c) Die beiden Wendetangenten und die Verbindungsgerade der Wendepunkte bilden ein Dreieck. In welchem Verhältnis teilt der Graph von f die Fläche dieses Dreiecks?

18.
Gegeben ist die Funktion f mit $f(x) = \frac{4 - x^2}{x^2}$. Skizziere den Graphen von f.
Der Graph von f, die 1. Achse und die Gerade zu $y = 3$ schließen eine Fläche ein. Berechne deren Flächeninhalt.

19.

a) Bestimme die Gleichung der Tangente an den Graphen der Funktion f mit $f(x) = \frac{4}{x^2}$ an der Stelle 2.

b) Für $b \geq 3$ sei A_b der Flächeninhalt der im 1. Quadranten vom Graphen von f, der Tangente an der Stelle 2 und der Geraden $x = b$ eingeschlossenen Fläche. Berechne A_b.
Was ergibt sich für $b \to \infty$? Deute dieses Ergebnis am Graphen.

20.
Gegeben sind die Funktionen f und g durch $f(x) = \frac{4}{x^2}$ und $g(x) = -3x^2 + 6x - 1$.

a) Zeichne die Graphen beider Funktionen sowie die Tangente im Hochpunkt von g in dasselbe Koordinatensystem.

b) Berechne die Fläche, die von beiden Funktionsgraphen sowie der Tangente im 1. Quadranten eingeschlossen wird.

Funktionen mit vorgegebenen Eigenschaften

21.
Der Graph einer ganzrationalen Funktion f vom Grad 3 ist symmetrisch zum Koordinatenursprung und schneidet die 1. Achse an der Stelle 1. Außerdem schließt der Graph mit der 1. Achse im 1. Quadranten eine Fläche mit dem Flächeninhalt 12 ein. Bestimme den Funktionsterm f (x).

22.
Welche ganzrationale Funktion 4. Grades hat im Koordinatenursprung einen Sattelpunkt, schneidet die 1. Achse im Punkt $P(2 \mid 0)$ und schließt mit der 1. Achse eine Fläche mit dem Flächeninhalt 8 ein?

23.
Der Graph der Funktion f mit $f(x) = x^4 + ax^3 + bx^2 + cx + d$ hat den Punkt $W(0\,|\,1)$ als Sattelpunkt. Der Flächeninhalt der Fläche, die die Tangente durch diesen Punkt und der Graph von f einschließen, beträgt 5 000. Wie heißt die Funktion?

Funktionenscharen, Extremwertaufgaben

24.
Für $k \in \mathbb{R}$ ist die Funktion f_k gegeben durch $f_k(x) = kx^3 - x$.

a) Zeichne den Graphen von f_k für $k = 3$.

b) Bestimme k so, dass der Graph von f_k mit der 1. Achse im 4. Quadranten eine Fläche mit dem Flächeninhalt $\frac{1}{4}$ einschließt.

25.
Für $k > 0$ ist die Funktion f_k gegeben durch $f_k(x) = x^4 - kx^2$.
Bestimme k so, dass der Graph der Funktion f_k mit der 1. Achse eine Fläche mit dem Flächeninhalt $A = 64\frac{4}{5}$ einschließt.

26.
Für $k > 0$ ist die Funktion f_k gegeben durch $f_k(x) = -\frac{1}{k}x^4 + k$.

a) Zeichne den Graphen von f_k für $k = 4$.

b) Bestimme k so, dass der Flächeninhalt der Fläche zwischen dem Graphen von f_k und der 1. Achse $8\sqrt{5}$ beträgt.

27.
Für $k > 0$ ist die Funktion f_k gegeben durch $f_k(x) = (x^2 - k)^2$.

a) Zeichne den Graphen von f_k für $k = 4$.

b) Wie ist k zu wählen, damit die Fläche zwischen dem Graphen von f_k und der 1. Achse den Flächeninhalt $\frac{10}{3}\sqrt{5}$ hat?

28.
Für $k > 0$ ist die Funktion f_k gegeben durch $f_k(x) = -\frac{1}{k}x^5 + kx^3$.

a) Untersuche und zeichne den Graphen von f_k für $k = 3$.

b) Bestimme k so, dass der Flächeninhalt der Fläche zwischen dem Graphen von f_k und der 1. Achse $\frac{16}{3}$ beträgt.

29.
Für $0 < k < 3$ ist die Funktion f_k gegeben durch $f_k(x) = -x^2 + kx$.
Wie ist k zu wählen, damit die Fläche zwischen dem Graphen von f_k und der 1. Achse zwischen $x = 0$ und $x = 3$ minimal wird?

30.
Für $0 < k < 2$ sind die Funktionen f_k und g_k gegeben durch $f_k(x) = k(x - k)(x + k)$ und $g_k(x) = 4\left(\frac{1}{k}x^2 - k\right)$.

a) Zeichne beide Graphen für $k = 1$.

b) Beide Graphen schließen eine Fläche ein. Berechne deren Flächeninhalt $A(k)$.

c) Für welches k ist der Flächeninhalt maximal? Berechne den maximalen Flächeninhalt.

Aufgaben zu Exponential- und Logarithmusfunktionen

31.
Bestimme eine Stammfunktion von f.

a) $f(x) = e^{2x+1}$
b) $f(x) = 3e^{1-x}$
c) $f(x) = e - e^{4x+2}$
d) $f(x) = \frac{e^x - e^{-x}}{2}$
e) $f(x) = (e^x - e^{-x})^2$
f) $f(x) = \sqrt{e^{3x-4}}$

32.
Berechne das Integral.

a) $\int_{-1}^{1} e^{-x}\,dx$
b) $\int_{0}^{2} (e^{2x} + x)\,dx$
c) $\int_{-2}^{-1} e^{-3x}\,dx$
d) $\int_{-2}^{2} (e^x - e^{-x})\,dx$
e) $\int_{-2}^{1} (e^x + 1)^2\,dx$
f) $\int_{1}^{2} (e^x - e^{-x})^2\,dx$

33.
Bestimme zur Funktion f eine Stammfunktion F.

a) $f(x) = \frac{1}{x} - \frac{1}{x+1}$
b) $f(x) = \frac{2}{x-1} + \frac{1}{(x-1)^2}$
c) $f(x) = \frac{x^3 - 2x^2 + 5x - 2}{x}$
d) $f(x) = \frac{-2x^4 + 3x^3 + x - 2}{x^2}$
e) $f(x) = \frac{x^2 - 3x + 4}{x - 1}$
f) $f(x) = \frac{x^3 - \frac{1}{2}x^2 - 4x + 5}{2x - 2}$

34.
Bestimme zur Funktion f eine Stammfunktion F.

a) $f(x) = \frac{2x}{x^2 + 3}$
b) $f(x) = \frac{x + 1}{x^2 + 2x + 4}$
c) $f(x) = \frac{x}{x^2 + 4}$
d) $f(x) = \frac{e^x}{e^x + 1}$
e) $f(x) = \frac{e^x - e^{-x}}{e^x + e^{-x}}$
f) $f(x) = \frac{e^x + e^{-x}}{e^x - e^{-x}}$

35.
Berechne das Integral.

a) $\int_{-2}^{-1} \frac{1}{x}\,dx$
b) $\int_{1}^{2} \frac{x^2 + 4}{x}\,dx$
c) $\int_{0}^{1} \frac{4}{x - 2}\,dx$
d) $\int_{2}^{3} \frac{2x + 4}{x^2}\,dx$
e) $\int_{-1}^{1} \left(\frac{1}{x-2} + \frac{1}{x+2}\right) dx$
f) $\int_{0}^{\frac{1}{2}} \left(\frac{3}{2x-1} + \frac{1}{1+3x}\right) dx$
g) $\int_{0}^{1} \frac{e^x}{e^x + 2}\,dx$
h) $\int_{0}^{1} \frac{x^2}{x^3 + 1}\,dx$
i) $\int_{0}^{2} \frac{x - 1}{x^2 - 2x + 4}\,dx$

36.
Zeichne die Graphen mittels eines CAS und bestimme die Schnittstellen.
Berechne die von den Graphen von f und g eingeschlossene Fläche.

a) $f(x) = e^x$ $\quad g(x) = (e - 1) \cdot x + 1$
b) $f(x) = e^{1-x}$ $\quad g(x) = (1 - e) \cdot x + e$
c) $f(x) = e^{3-x}$ $\quad g(x) = (1 - e) \cdot x + 3e - 2$
d) $f(x) = 3^x$ $\quad g(x) = 2x^2 + 1$
e) $f(x) = 2^x$ $\quad g(x) = -2x^2 + 8x - 4$
f) $f(x) = -2^{x+1} + 12$ $\quad g(x) = 3x^2 - 18x + 23$
g) $f(x) = 4e^{-x} - 2$ $\quad g(x) = 3 - e^x$
h) $f(x) = e^x - 5$ $\quad g(x) = -6e^{-x}$

37.

a) Bestimme den Flächeninhalt der Fläche, die vom Graph der Funktion f mit $f(x) = e^{-x}$, der Tangente an f in $P(0\,|\,1)$, der 1. Achse und der Geraden zu $x = 5$ [10; 100; u] eingeschlossen wird.

b) Was erhält man für $u \to \infty$?

38.

Gegeben ist die Funktion f mit $f(x) = e^{\frac{1}{2}x}$.

a) Von $O(0\,|\,0)$ aus wird ine Tangente an den Graphen von f gelegt. Bestimme den Berührpunkt und die Tangentengleichung.

b) Der Graph von f, die Tangente aus Teilaufgabe a) und die negative 1. Achse begrenzen eine Fläche. Berechne den Flächeninhalt.
(*Hinweis:* Wähle zunächst als untere Integrationsgrenze $u \in \mathbb{R}$ und ermittle anschließend den Grenzwert für $u \to \infty$.)

39.

Zeige, dass sich die Graphen der Funktionen f mit $f(x) = e^{x+2}$ und g mit $g(x) = 2e - e^{-x}$ an der Stelle -1 berühren. Zeichne die Graphen beider Funktionen und berechne den Flächeninhalt der von den Graphen und der 2. Achse eingeschlossenen Fläche.

Aufgaben für GTR und CAS

40.

Gegeben ist die Funktion f mit $f(x) = \frac{1}{x^2+5}$.

Bestimme mithilfe der Funktionen us(a, b, n) und os(a, b, n) aus Information (2), Seite 50, die Ober- und Untersummen im Intervall $[-4; 0]$. Erstelle eine Tabelle wie rechts abgebildet.

Unter u1 steht die Untersumme, unter u2 die Obersumme und unter u3 die Differenz aus Obersumme und Untersumme.

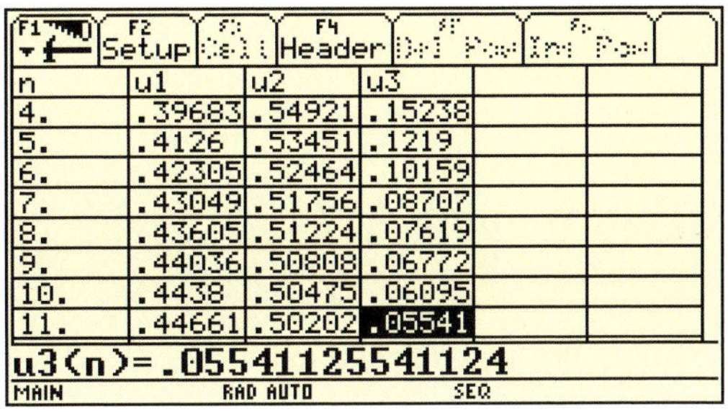

n	u1	u2	u3
4.	.39683	.54921	.15238
5.	.4126	.53451	.1219
6.	.42305	.52464	.10159
7.	.43049	.51756	.08707
8.	.43605	.51224	.07619
9.	.44036	.50808	.06772
10.	.4438	.50475	.06095
11.	.44661	.50202	.05541

u3(n)=.05541125541124

MAIN RAD AUTO SEQ

- Wie verhält sich die Differenz unter u3 für wachsende n? Begründe.
- Ab welchem Wert für n ist die Differenz kleiner als 0,05?
- Gib den Flächeninhalt zwischen dem Graphen von f und der 1. Achse im Intervall $[-4; 0]$ auf zwei Stellen nach dem Komma genau an.
- Wie groß ist der Flächeninhalt zwischen dem Graphen von f und der 1. Achse im Intervall $[0; 4]$?

41.

Rechts wurde der Graph der Funktion f aus Aufgabe 40 mithilfe eines GTR dargestellt. Nach Eingabe des Intervalls $[-4; 0]$ zeichnet der Rechner die Fläche unter dem Graphen von f und berechnet näherungsweise das Integral. Untersuche, welche Möglichkeiten dein GTR hat und überprüfe gegebenenfalls deine Ergebnisse von Aufgabe 35 mithilfe eines GTR.

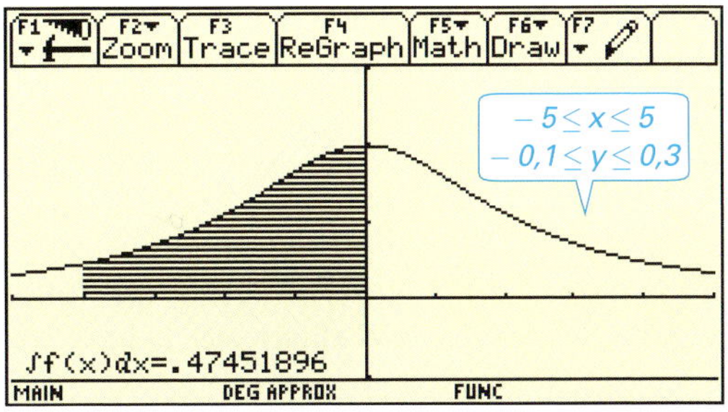

Fragen zum Basiswissen

- Wie lautet die geometrische Definition des Integrals von a bis b der Funktion f ? (Seite 123)
- Wie lautet die analytische Definition des Integrals von a bis b der Funktion f ? (Seite 130)
- Gib ein Beispiel für die Anwendung der Faktorregel für Integrale an. (Seite 133)
- Gib ein Beispiel für die Anwendung der Summenregel für Integrale an. (Seite 133)
- Gib ein Beispiel für die Anwendung der Regel über die Intervalladditivität an. (Seite 134)
- Wie geht man bei der Berechnung des Flächeninhalts vor, wenn der Graph oberhalb und unterhalb der 1. Achse verläuft? Erläutere das am Beispiel der Aufgabe 4. (Seite 139)
- Wie geht man bei der Berechnung des Flächeninhalts vor, wenn die Fläche zwischen zwei Funktionsgraphen liegt? Erläutere das am Beispiel der Aufgabe 3 von S. 177. (Seite 139)
- Was versteht man unter einer Integralfunktion von f mit der unteren Grenze a? (Seite 152)
- Wie lautet der Hauptsatz der Differential- und Integralrechnung? (Seite 157)
- Was versteht man unter einer Stammfunktion der Funktion f ? (Seite 158)
- Die Funktion f kann in verschiedenen Anwendungssituationen gedeutet werden. Interpretiere dafür jeweils die Integralfunktion. f ist die punktuelle Änderungsrate der Temperatur eines sich abkühlenden Tees, f ist die Geschwindigkeit eines Radfahrers, f stellt die Grenzkosten eines Betriebes dar, f ist die Zuflussgeschwindigkeit von Wasser in ein Becken. (Seiten 122, 127, 128)
- Erläutere den Unterschied zwischen Integralfunktion I_a und Stammfunktion F zu einer gegebenen Funktion f. (Seiten 152, 159)
- Was versteht man unter einem uneigentlichen Integral? (Seite 168)
- Wie entscheidest du, dass eine bis „ins Unendlich reichende“ Fläche einen Flächeninhalt besitzt? (Seiten 167, 168)

Klausurtraining A

1.
Bestimme die Integralfunktion I_a zu gegebenem f und a:

a) $f(x) = 6x^6 - 5x^4, \quad a = -1$

b) $f(x) = \begin{cases} e^x & \text{für } -1 \leq x \leq 1 \\ e \cdot x & \text{für } 1 < x \end{cases}, \quad a = -1$

Berechne jeweils ihren Wert an der Stelle $x = 4$.

2.
Gib eine Stammfunktion zu f an.

a) $f(x) = 5x^4 + 8x^3 + 1$

b) Zeige: $x \mapsto \frac{x^4}{4} + x^2 + 1$ ist eine Stammfunktion, aber keine Integralfunktion zu $f(x) = x^3 + 2x$.

c) $f(x) = e^{-2x+5}$

d) $f(x) = \ln(-3x + 8)$

3.
Bestimme für die Funktion $f(x) = \frac{1}{2}x^2 - k$ den Parameter k so, dass gilt: $\int_0^1 f(x)\,dx = \int_1^3 f(x)\,dx$.

4.
Ein Strömungsmessgerät registriert für die Zuflussgeschwindigkeit v den zeitlichen Verlauf. Am Anfang ($t = 0$) des Vorgangs befindet sich kein Wasser im Becken.

a) Es ist der auf Seite 177 abgebildete Verlauf gegeben. Welche Wassermengen befinden sich nach 5, 10, 15, 20, 25 und 30 Minuten im Tank? Gib die zugehörige Volumenfunktion V(t) an.

b) Die Zuflussgeschwindigkeit v ist nun mit $v(t) = 10t^3 - 150t^2 + 500t$ vorgegeben. Bestimme die zugehörige Volumenfunktion $V(t)$.

c) Erläutere den Unterschied zwischen Integralfunktion I_a und Stammfunktion F zu einer gegebenen Funktion f mithilfe dieses Anwendungsbeispiels.

d) Was sagt der Hauptsatz aus? Erläutere dies ebenfalls mithilfe dieses Anwendungsbeispiels. Beweise den Hauptsatz allgemein.

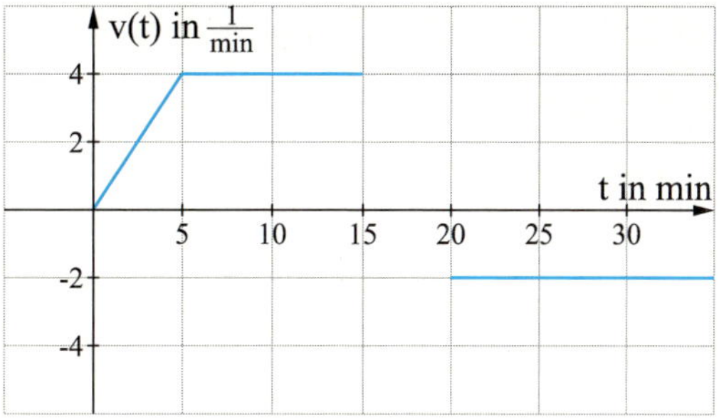

Klausurtraining B

1.
Löse nach x auf.

a) $\int_{-3}^{3} (t^2 - x^2)\,dt = 12$

b) $\int_{1}^{2} 0{,}5t^3\,dt = \int_{1}^{x} 0{,}75t^3\,dt$

2.
Berechne den Flächeninhalt der von f mit der 1. Achse in den angegebenen Grenzen eingeschlossenen Fläche.

a) $f(x) = -\frac{1}{2}x^2 + 2, \quad a = -3, \; b = 5,$

b) $f(x) = -x^2(x+1)(x-1)(x-3), \quad a = 0, \; b = 2.$

3.
Berechne den Inhalt der Fläche, die von den Graphen zu f und g begrenzt wird.

$f(x) = x - x^3, \quad g(x) = -\frac{3}{2}x^2$

4.
Gegeben sind die Parabeln mit $y = -\sqrt{a} \cdot x^2 + \frac{1}{\sqrt{a}} \cdot x$ und $y = \sqrt{a} \cdot x^2 + \sqrt{a} \cdot x \; (a > 0)$.

a) Setze 0,25 für a und zeichne die beiden Parabeln in ein Koordinatensystem. Wie groß ist der Flächeninhalt der von den Parabeln umschlossenen Fläche?

b) Welche Zahl ist für a zu setzen, damit die von den Parabeln umschlossene Fläche minimalen Flächeninhalt hat?
Berechne den minimalen Flächeninhalt.

5.
Gegeben ist die Funktion f mit $f(x) = -5x + 10$.

a) Bestimme $\int_0^b f(x)\,dx$; $b > 0$ durch eine geometrische Überlegung am Graphen von f.

b) Bestimme $\int_0^b f(x)\,dx$; $b > 0$ als Grenzwert von Untersumme $\underline{S}_n$ und Obersumme $\overline{S}_n$. Fertige eine Skizze an für $b = 3$, $n = 6$.

c) Es sei $b = 1$. Wie groß muss n mindestens sein, damit $\overline{S}_n - \underline{S}_n < 0{,}01$? Um wie viel Prozent weicht für dieses n $\underline{S}_n$ dann von $\int_0^1 f(x)\,dx$ ab?

Exkurs

Zur Geschichte der Integralrechnung

Die Grundprobleme der Differential- und der Integralrechnung

Grundproblem der Differentialrechnung ist die Bestimmung der Steigung der Tangente an den Graphen einer Funktion (vgl. 11. Schuljahr).
Grundproblem der Integralrechnung ist die Bestimmung des Flächeninhalts einer krummlinig berandeten Fläche, insbesondere der Fläche unter dem Graphen einer Funktion f zwischen den Stellen a und b (vgl. Seite 144).
Die Geschichte der Integralrechnung ist daher auch die Geschichte der Verfahren zur Bestimmung des Flächeninhalts.

Die Quadratur des Kreises

Um den Flächeninhalt eines Kreises zu bestimmen, haben die Griechen das Problem gestellt, einen Kreis mit Zirkel und Lineal in ein flächeninhaltsgleiches Quadrat zu verwandeln (die Quadratur des Kreises).
Doch erst 1882 konnte der deutsche Mathematiker LINDEMANN (1852 – 1939) zeigen, dass dieses Problem prinzipiell unlösbar ist. LINDEMANN konnte zeigen, dass die Zahl π eine sog. *transzendente Zahl* ist, d. h. π kann nicht eine ganzrationale Gleichung $a_0 + a_1 \cdot x^1 + \ldots + a_n \cdot x^n = 0$ mit $a_0, a_1, \ldots, a_n \in \mathbb{N}$ erfüllen.
Die Redewendung von der Quadratur des Kreises wird seitdem über die Mathematik hinaus, z. B. in der Politik dazu verwendet, eine Aufgabe oder ein Problem als unlösbar hinzustellen.
Schon im Altertum gelang es ARCHIMEDES einen vorgegebenen Kreis mit Zirkel und Lineal annähernd in ein flächeninhaltsgleiches Quadrat zu verwandeln.
Diese Näherungskonstruktion brachte einen angenäherten Wert der Zahl π nämlich $3\frac{1}{7}$.

ARCHIMEDES (287 v. Chr. – 212 v. Chr.)
lebte in Syrakus (Sizilien). Außer einer Näherungskonstruktion für die Quadratur des Kreises bestimmte er die Flächeninhalte an Parabeln und das Volumen einiger Rotationskörper. In der Physik fand er das nach ihm benannte Archimedische Prinzip.

Als die Römer im 2. Punischen Krieg seine Heimatstadt belagerten, war ARCHIMEDES mit seinen Kriegsmaschinen der Kopf des Widerstandes. Bei der Einnahme der Stadt durch die Römer wurde er von römischen Soldaten umgebracht. Er soll einer Überlieferung zufolge diesen noch zugerufen haben: „Störe meine Kreise nicht!“.
Dieser Satz ist später zum Kennzeichen einer Wissenschaft geworden, die sich vom Betrieb des normalen, insbesondere des politischen Lebens abwendet, um sich selbst zu genügen.

JOHANNES KEPLER (1571 – 1630)
wurde 1571 in Weil als Sohn eines Händlers geboren. Seit 1589 studierte er in Tübingen und nahm 1599 die Stellung eines Mathematikprofessors in Graz an.
Nach dem Tode von TYCHO BRAHE wurde dann JOHANNES KEPLER als sein Nachfolger kaiserlicher Mathematiker. Seit 1628 stand er im Dienste von Wallenstein.

KEPLERS Hauptarbeitsgebiete waren Astronomie und Optik.
Er fand z. B. nach äußerst langwierigen Berechnungen die Grundgesetze der Planetenbewegung, die drei nach ihm benannten (Kepler'schen Gesetze). 1611 erfand er das astronomische Fernrohr.
Auf mathematischem Gebiet führte er die anschaulichen „atomistischen“ Betrachtungen der Antike zur Flächen- und Volumenberechnung weiter.
Er berechnete mit infinitesimalen Methoden die Volumina der Körper, die entstehen, wenn Kreise, Ellipsen, Parabeln und Hyperbeln um Achsen rotieren.

Zusammenhang zwischen Differential- und Integralrechnung

Erst im 17. Jahrhundert erzielte man bei der Bestimmung des Flächeninhalts krummlinig berandeter Flächen wesentliche Fortschritte, die über die Erkenntnisse von ARCHIMEDES hinausgingen. Genannt werden müssen die Mathematiker FRANCOIS VICTOR (1540 – 1603). JOHANES KEPLER (1571 – 1630), BUNAVENTURA CAVALIERI (1591 – 1647) und RENÉ DESCARTES (1596 – 1650). Der entscheidende Fortschritt wurde von NEWTON und LEIBNIZ erzielt. Beide entwickelten unabhängig voneinander den Hauptsatz der Differential- und Integralrechnung (Seite 155).
Damit war es möglich, Integrale und den Flächeninhalt von krummlinig berandeten Flächen zu berechnen (Seite 138). Das war eine gewaltige Erleichterung.
Zwischen 1695 und 1700 gab es keinen Band der Acta Eruditorum, einer monatlich in Leipzig erscheinenden mathematischen Zeitschrift, in dem nicht Abhandlungen von LEIBNIZ, der Brüder BERNOULLI, des Marquis DE L'HOSPITAL erschienen, die sich mit Problemen der Differential- und der Integralrechnung befassten.

Das Riemann'sche Integral

Im 19. Jahrhundert bemühte man sich der Integralrechnung eine exakte Grundlegung zu geben. Die erste einwandfreie Definition des Integrals gelang dem deutschen Mathematiker BERNHARD RIEMANN. Ihm zu Ehren wurde der von ihm definierte Integralbegriff *Riemann-Integral* genannt. Auch diesem Buch wird dieser Begriff zugrunde gelegt (vgl. Seite 130).

Das Lebesgue-Integral

Vor etwa 100 Jahren gelang dem französischen Mathematiker HENRY LEBESGUE (1875 – 1941) eine Erweiterung des Flächeninhaltsbegriffs und des *Riemann-Integral-Begriffs.* Man spricht dann vom Lebesgue'schen Maß bzw. Lebesgue'schen Integral.
Die Lebesgue'sche Maß- und Integrationstheorie wird in den Vorlesungen der Universitäten gelehrt. Sie spielt in der Mathematik und in der Physik eine große Rolle

---

JOHANN BERNOULLI (1667 – 1748)

Er arbeitete sich unter Anleitung seines um 13 Jahre älteren Bruders Jakob in die Mathematik ein.
Auf CHR. HUYGENS Empfehlung wurde er 1695 Professor der Mathematik in Groningen.
Nach dem Tode seines Bruders Jakob 1705 lehrte er als dessen Nachfolger in Basel.
JOHANN BERNOULLI beschäftigte sich mit Problemen der Kurvenlänge und wandte die Analysis auf eine Vielzahl physikalischer und technischer Probleme an.
Er schrieb das erste Buch über Integralrechnung.

NICOLAS BOURBAKI

Die Entwicklung der Mathematik und speziell der Analysis in den fünfziger und sechziger Jahren dieses Jahrhunderts ist entscheidend durch das Werk *„Elements de Mathematique“* von NICOLAS BOURBAKI bestimmt worden. Dies ist ein Pseudonym einer sich ständig erneuernden Gruppe französischer Mathematiker, die seit 1939 dieses Werk herausgibt. Die Arbeit daran geht auch heute weiter. Die traditionelle Einteilung der Mathematik in Geometrie, Algebra und Analysis wird von BOURBAKI aufgegeben. Statt dessen werden sog. allgemeine Strukturen betrachtet und dargestellt.

BERNHARD RIEMANN (1826 – 1866)

gab 1854 eine exakte Fassung des Begriffs des Integrals. Nach ihm wird das Integral, das in diesem Buch dargestellt ist, auch *Riemann-Integral* genannt.
RIEMANN hatte in Göttingen studiert und dort bei C. F. GAUSS 1851 promoviert. 1859 wurde er in Göttingen Professor.

4. ANWENDUNGEN DES INTEGRALS – WEITERE INTEGRATIONSVERFAHREN

Inner- und außermathematische Anwendungen des Integralbegriffs

Der Begriff des Integrals wurde in Kapitel 3 ausgehend von dem Problem der Berechnung des Flächeninhalts krummlinig berandeter Flächen aufgebaut. Doch gibt es darüber hinaus vielfältige Anwendungen des Integrals, insbesondere in den *Naturwissenschaften* und den technischen Disziplinen *Maschinenbau, Elektrotechnik* und *Baustatik*. Dieses Kapitel 4 behandelt in den *Abschnitten* 4.1 (Seite 181), 4.2 (Seite 185), 4.3 (Seite 189), 4.4 (Seite 193), 4.6 (Seite 211) sowie im *Blickpunkt* (Seite 226) exemplarisch *außer-* und *innermathematische Anwendungen.*

Berechnungsverfahren für Integrale

Bei den Anwendungen treten auch Integrale mit komplizierten Integrandenfunktionen auf. Es erhebt sich daher die Frage, wie man diese Integrale berechnen kann.
Man kann grundsätzlich zwei *Arten von Verfahren* zur Integralberechnung unterscheiden:

- Verfahren bei denen zu der Integrandenfunktion eine Stammfunktion aufgesucht wird, aus der dann das Integral durch Differenzbildung von Funktionswerten bestimmt werden kann (siehe Unterkapitel 4.5, Seite 199).
- Verfahren, mit denen der Wert des Integrals angenähert, aber beliebig genau berechnet werden kann. Sie heißen *numerische Verfahren* (siehe 4.7, Seite 215).

Integralformeln in Taschenbüchern

Rechts ist ein Ausschnitt einer Seite aus einem *Taschenbuch für Ingenieure* abgebildet. Das Taschenbuch enthält etwa 600 solcher Integralformeln oder Stammfunktionen zu vorgegebenen Funktionen. Diese hohe Zahl macht deutlich, dass Integrale bei der Arbeit des Ingenieurs eine große Rolle spielen und dass es offensichtlich für den Ingenieur hilfreich ist, die Integrale nicht selbst auszurechnen, sondern im Taschenbuch nachzuschauen.

$$\int_0^{\pi/2} \ln \sin x \, dx = \int_0^{\pi/2} \ln \cos x \, dx = -\frac{\pi}{2} \ln 2.$$

$$\int_0^{\pi} \ln \sin x \, dx = -\frac{\pi^2 \ln 2}{2}.$$

$$\int_0^{\pi} \ln (a \pm b \cos x) \, dx = \pi \ln \frac{a + \sqrt{a^2 - b^2}}{2} \quad \text{für } a \geq b.$$

$$\int_0^{\pi} \ln (a^2 - 2ab \cos x + b^2) \, dx = \begin{cases} 2\pi \ln a & (a \geq b > 0), \\ 2\pi \ln b & (b \geq a > 0). \end{cases}$$

Computer-Software zum Ausrechnen von Integralen

Man kann die Integrale auch von einem Computer-Algebra-System berechnen lassen. Verwendet wird dieses weniger von Mathematikern als vielmehr von Ingenieuren, Naturwissenschaftlern und Wirtschaftswissenschaftlern. Mathematiker interessieren sich mehr für Verfahren (Algorithmen), nach denen Integrale berechnet werden. Sie versuchen diese immer wieder zu verbessern.

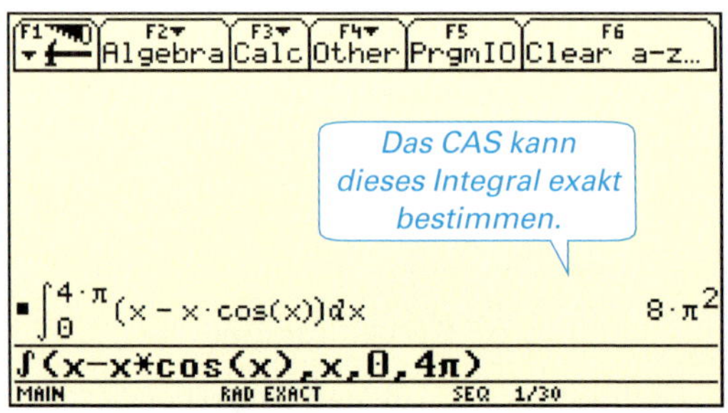

4.1 Physikalische Arbeit

Aufgabe 1 Gefällte Baumstämme können mithilfe von Traktoren aus dem Wald herausgezogen werden. Ein Baumstamm rutscht dabei in Zugrichtung von einer Stelle a zu einer Stelle b.

Wir nehmen an, dass der Traktor eine *konstante Kraft* F auf den Stamm *in Richtung des Weges* der Länge $\Delta s = b - a$ ausübt.

Für diesen Fall gilt für die verrichtete Arbeit:

Arbeit	=	Kraft	·	Weg
W	=	F	·	Δs

Die Arbeit kann als Flächeninhalt der Fläche unter dem Graphen der Funktion *Weglänge* ⟶ *Kraft* über dem Intervall [a; b], nämlich des Rechtecks mit den Seitenlängen F und Δs, gedeutet werden.

a) Ein Segelflugzeug kann sich mit einer Seilwinde in die Höhe ziehen lassen. Auf den ersten Metern wird das Segelflugzeug über den Erdboden gezogen. Bei unterschiedlicher Beschaffenheit des Untergrundes ist die Kraft nicht konstant. Jedoch haben Kraft und Weg dieselbe Richtung. Der Graph der stetigen Funktion *Weglänge* ⟶ *Kraft* ist rechts abgebildet.
Berechne auch hier die Arbeit W, die verrichtet werden muss, um das Flugzeug von a nach b zu ziehen.

Berechnen der verrichteten Arbeit bei nichtkonstanter Kraft.

b) Zum Abschleppen eines Fahrzeugs wird ein elastisches Abschleppseil benutzt. Durch das Anfahren des Abschleppwagens wird das Seil gespannt. Die Kraft zum Spannen des Seils ist nicht konstant, hat aber noch dieselbe Richtung wie der Weg, denn angenähert gilt: Dehnt man das Seil vom entspannten Zustand $(s = 0)$ um die Auslenkung s, so wächst die Kraft $F(s)$ proportional zur Auslenkung s:
$F(s) = D \cdot s$ (D ist die Federkonstante). Der Graph der Funktion *Weglänge* ⟶ *Kraft* ist rechts abgebildet.
Berechne die Spannarbeit W, die der Abschleppwagen verrichten muss, um das Abschleppseil von a nach b zu dehnen.

Hookesches Gesetz

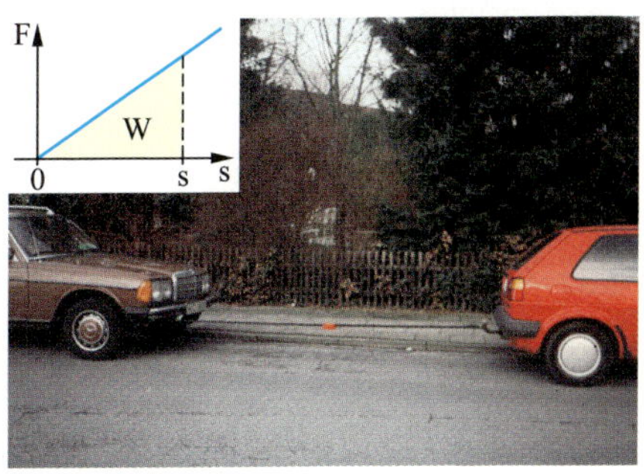

Lösung

a) Wir zerlegen das Intervall [a; b] in kleine Teilintervalle der Länge Δs. Ist Δs hinreichend klein, so kann man die Kraft F in den Teilintervallen hinreichend genau durch konstante Kräfte $F_1, F_2, F_3, \ldots$ annähern. Das ist umso genauer möglich, je kleiner man Δs wählt. Für die zu berechnende Arbeit W gilt (angenähert): $W \approx F_1 \cdot \Delta s + F_2 \cdot \Delta s + \ldots + F_n \cdot \Delta s$

Summe von Produkten

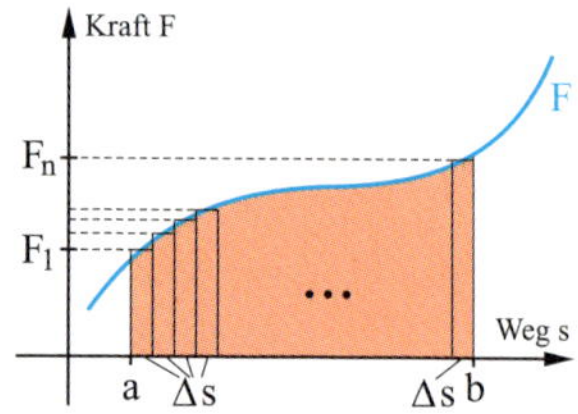

Die Arbeit W wird umso genauer durch die Summe rechts angegeben, je kleiner Δs gewählt wird.
Die Summe kann auch als Flächeninhalt einer Treppenfigur gedeutet werden.
Nun ist der Flächeninhalt unter dem Graphen der Funktion umso genauer gleich dem Flächeninhalt der Treppenfigur, je kleiner Δs gewählt ist.
Daran erkennt man anschaulich: Die gesuchte Arbeit W kann gedeutet werden als Flächeninhalt der Fläche unter dem Graphen von F von a bis b. Nach der geometrischen Definition des Integrals gilt also: $W = \int_a^b F(s)\,ds$

b) Nach dem Ergebnis von Teilaufgabe a) muss der Flächeninhalt der Fläche unter dem Graphen der Funktion *Weglänge* $\longrightarrow$ *Kraft* über dem Intervall [0; s] berechnet werden. Diese Fläche ist ein Dreieck. Daher gilt:
$W = \frac{1}{2} F(s) \cdot s = \frac{1}{2} D \cdot s \cdot s = \frac{1}{2} D s^2$

Information **Physikalische Arbeit als Integral**

Wir können festhalten:

> Wird ein Körper längs des Weges von a nach b durch die (stetige) Kraft F verschoben und stimmen die Richtung der Bewegung und der Kraft überein, so beträgt die verrichtete Arbeit $W = \int_a^b F(s)\,ds$.

Dabei ist es einerlei, wie sich der Körper bewegt, ob er z. B. beschleunigt wird oder wegen Reibung sich mit konstanter Geschwindigkeit bewegt.

Weiterführende Aufgaben

2. *Die Formel Arbeit = Kraft · Weg ist ein Spezialfall der allgemeinen Formel*
Zeige, dass die über das Integral definierte Arbeit bei einer konstanten Kraft die ursprüngliche Formel $W = F \cdot \Delta s$ liefert.

3. *Berechnung der Spannarbeit mithilfe des Integrals*
Berechne mithilfe des Integrals die Arbeit, die verrichtet werden muss, um das Seil in Aufgabe 1 b) von a nach b zu dehnen. Zeige, dass die über das Integral definierte Arbeit das Ergebnis $W = \frac{1}{2} D (b^2 - a^2)$ liefert.

Übungsaufgaben

4.

$F(s) = D \cdot s$

N ist die Krafteinheit Newton

Eine elastische Feder soll das Hookesche Gesetz erfüllen. Sie wird durch eine Kraft von 5 N um 5 cm [um 10 cm; um 1 cm] gedehnt.

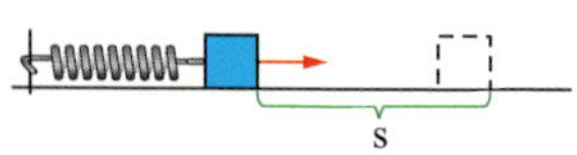

5.

Die Erde übt auf einen Körper aufgrund seiner Masse m eine Gravitationskraft in Richtung des Erdmittelpunktes aus. Ein Körper der Masse $m = 1$ kg befinde sich auf der Erdoberfläche.

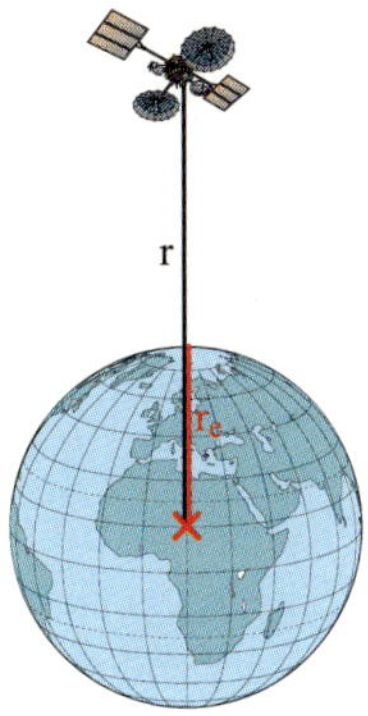

a) In der Nähe der Erdoberfläche ist die Gravitationskraft F_G nahezu konstant und heißt Gewichtskraft:

$F_G = g \cdot m \quad \left(g = 9{,}81\,\frac{m}{s^2}\right)$.

Welche Arbeit ist erforderlich, um den Körper von der Erdoberfläche auf die Höhe h zu heben?

b) In der weiteren Umgebung der Erdoberfläche gilt für die Gravitationskraft F_G das *Gravitationsgesetz von Newton*:

$F_G(r) = G \cdot \frac{m \cdot M}{r^2}$

$\Big(G = 6{,}672 \cdot 10^{-11}\,\frac{m^3}{kg\,s^2}$, $M = \text{Erdmasse} = 5{,}977 \cdot 10^{24}$ kg

r = Abstand des Körpers vom Erdmittelpunkt$\Big)$

(1) Welche Arbeit ist erforderlich, um den Körper in die doppelte [10-fache; 100-fache] Entfernung vom Erdmittelpunkt zu bringen? (Erdradius $= r_E = 6{,}371 \cdot 10^6$ m)

(2) Der Körper wird senkrecht zur Erdoberfläche abgeschossen. Welche Anfangsgeschwindigkeit v muss er haben, damit er in die doppelte Entfernung vom Erdmittelpunkt gelangt?

(3) Der Körper soll in der doppelten Entfernung vom Erdmittelpunkt als Satellit um die Erde kreisen. Welche Arbeit ist dazu aufzuwenden?

(4) Welche Arbeit ist erforderlich, damit der Körper das Gravitationsfeld der Erde verlassen kann?

6.

Nach dem *Gesetz von Coulomb* gilt für die elektrische Kraft F_{el} zwischen zwei punktförmigen Ladungen q und Q:

C ist Maßeinheit Coulomb für die elektrische Ladung.

$$F_{el}(r) = \frac{1}{4\pi\varepsilon_0} \cdot \frac{Q \cdot q}{r^2} \quad \left(\varepsilon_0 = 8{,}8542 \cdot 10^{-12}\,\frac{C}{V\,m}\right)$$

a) Welche Arbeit ist zu verrichten, um die positive Ladung $q = 10^{-6}$ C von einem Abstand von 2 m von der positiven Ladung $Q = 10^{-6}$ C auf einen Abstand von 1 m zu nähern?

b) Wie groß sind zwei gleiche Ladungen, die sich bei 1 dm Abstand mit 0,2 N abstoßen?

Das *Gesetz von Coulomb* wurde von Charles Augustin Coulomb (1736–1806) experimentell gefunden. Zweifellos war dabei das Newtonsche Gravitationsgesetz Vorbild. Dennoch war der Nachweis der Gültigkeit des Gesetzes für die damalige Zeit eine experimentelle Leistung von allerhöchstem Rang. Coulomb verwendete bei dem Nachweis eine sog. Torsionsdrehwaage. Dieser „Waage" liegt die Idee zugrunde, kleinste Kräfte über die Torsion (Verdrillung) feinster Drähte oder Haare zu messen. Coulomb ist einer der Hauptbegründer moderner physikalischer Experimentierkunst.

Nikolaus August Otto, 1832 – 1891

7.

Wir betrachten die Funktionsweise eines Ottomotors, mit dem die mechanische Energie erzeugt wird, die zum Fahrzeugantrieb benötigt wird.
In einem solchen Viertaktmotor wird die benötigte Energie über eine Verbrennung eines Luft-Kraftstoff-Gemisches in einem mit einem Arbeitsgas gefüllten Brennraum erzeugt. Die entstehende Wärmeenergie bringt einen Kolben in Bewegung, der wiederum über eine Schubstange ein Schwungrad antreibt. Aber was passiert in den *vier Takten*?

(1) *Takt 1 ($A \to B$):*
Das Gas wird ohne Wärmeaustausch (adiabatisch) komprimiert, deshalb erhöht sich der Druck.
Hier gilt $p_1 \cdot V_1^{\kappa} = C$ mit $\kappa = \frac{5}{3}$ für einatomige Gase. (Für zweiatomige Gase gilt $\kappa = 1{,}41$.)

κ (gesprochen Kappa), griechischer Buchstabe

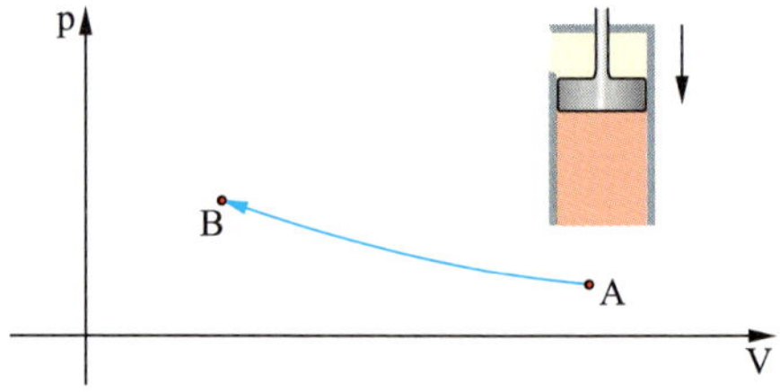

(2) *Takt 2 ($B \to C$):*
Das Luft-Kraftstoff-Gemisch wird gezündet. Da das Volumen konstant bleibt (isochor), erhöht sich der Druck. Das Arbeitsgas nimmt die Energie als Wärmeenergie auf.

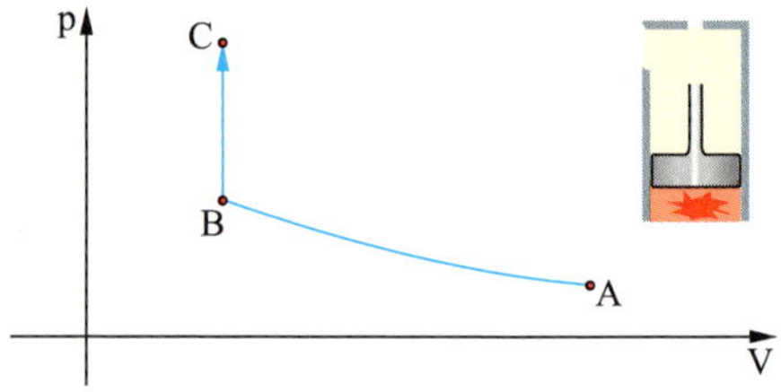

(3) *Takt 3 ($C \to D$):*
Das Gas expandiert ohne Wärmeaustausch (adiabatisch) und gibt dabei mechanische Energie ab. Dieser Takt wird auch Arbeitstakt genannt.
Hier gilt $p(V) = \frac{C}{V^{\kappa}}$.

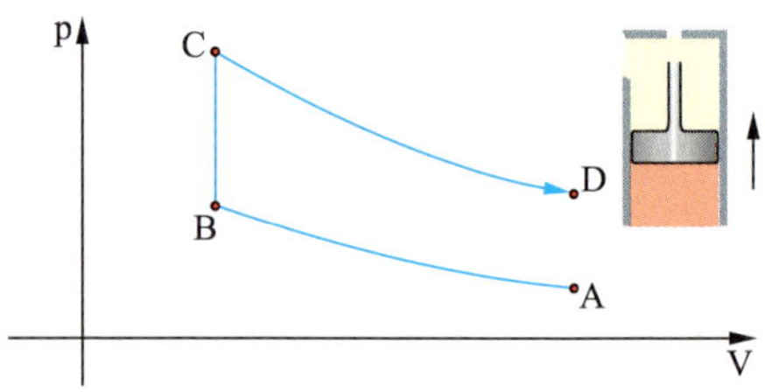

(4) *Takt 4 ($D \to A$):*
Durch das Öffnen des Auslassventils strömt das Gas aus, bis der Atmosphärendruck p_0 herrscht. Anschließend wird das Einlassventil geöffnet und frisches Luft-Kraftstoff-Gemisch angesaugt. Das Arbeitsgas befindet sich wieder im Anfangszustand.

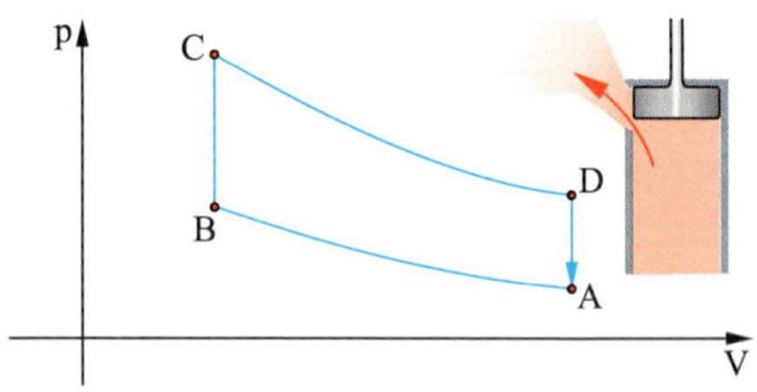

a) Wie groß ist die mechanische Energie E_{CD}? Wie groß ist die mechanische Energie, die abgegeben wird?

b) In der Physik zeigt man: Der Wirkungsgrad η eines idealisierten Viertaktmotors beträgt: $\eta = \frac{\text{abgegebene mechanische Energie}}{\text{zugeführte Wärmeenergie}} = 1 - \left(\frac{V_1}{V_2}\right)^{\kappa - 1}$. Wie verändert sich der Wirkungsgrad eines Viertaktmotors, wenn das Kompressionsverhältnis $\frac{V_2}{V_1}$ von 8 auf 10 steigt ($\kappa = 1{,}4$)?

Kompressionsverhältnis bei	Reale Wirkungsgrade bei
Ottomotoren ≈ 10,	Ottomotoren $\approx 25\,\%$,
Dieselmotoren ≈ 25.	Dieselmotoren $\approx 35\,\%$.

4.2 Volumina von Körpern

Zu einigen Körpern (z. B. Kugel, Pyramide, Kegel) haben wir bereits in der Mittelstufe Volumina berechnet. Wir wollen jetzt weitere Möglichkeiten erarbeiten, Volumina von Körpern zu bestimmen. Dazu beschränken wir uns zunächst auf solche Körper, die dadurch entstehen, dass der Graph zu $y = f(x)$ um die 1. Achse im Koordinatensystem rotiert und auf diese Weise ein rotationssymmetrischer Körper erzeugt wird. (Zur Volumenbestimmung bei nicht rotationssymmetrischen Körpern vgl. S. 226.)

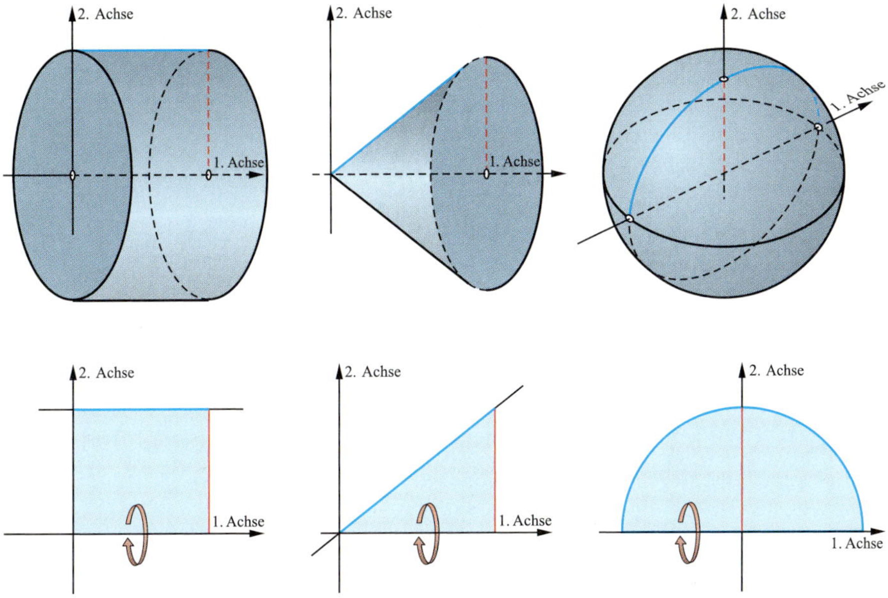

Durch Rotation des Graphen einer konstanten Funktion $x \mapsto c$ um die 1. Achse entsteht ein Zylinder.

Durch Rotation des Graphen der Funktion $x \mapsto mx$ um die 1. Achse entsteht ein Kegel.

Durch Rotation eines Halbkreises, also des Graphen der Funktion $x \mapsto \sqrt{r^2 - x^2}$ um die 1. Achse entsteht eine Kugel.

Realisierung der Rotation mit einer Bohrmaschine.

So erzeugt beispielsweise die Rotation der Geraden zu $y = \frac{1}{2}x$ um die 1. Achse im Intervall $[0; 1]$ einen Kegel mit der Körperhöhe 1 und einer kreisförmigen Grundfläche mit dem Radius $\frac{1}{2}$.

Aufgabe 1 In der Lautsprechertechnik baut man sogenannte Exponentialhörner, die sich durch besondere akustische Eigenschaften und einen hohen Wirkungsgrad auszeichnen.

Ein solches Exponentialhorn hat eine äußere Begrenzung, die durch Rotation der Graphen einer Exponentialfunktion mit $f(x) = k \cdot e^{a \cdot x}$ entstanden ist. Das Horn soll eine Länge von 0,5 m, eine Eingangsöffnung von 0,02 m (Durchmesser) und eine Ausgangsöffnung von 0,2 m haben.

Zur näheren Untersuchung der akustischen Eigenschaften des Horns benötigt man dessen Volumen. Berechne dieses.

Lösung Wir stellen uns vor, dass der äußere Begrenzungsmantel des Horns dadurch entsteht, dass der Graph der Funktion f um die 1. Achse rotiert.

1. Schritt:

Wir teilen das Intervall $[0; b]$ in n gleich lange Teilintervalle mit $0 = x_0 < x_1 < \ldots < x_n = b$.
Durch Teilung des Intervalls entstehen Scheiben. Jede Scheibe wird durch eine möglichst große innere zylindrische Scheibe und eine möglichst kleine äußere Scheibe der Dicke $\Delta x = \frac{b}{n}$ angenähert. Es entstehen ein einbeschriebener und ein umbeschriebener Treppenkörper. Es sei

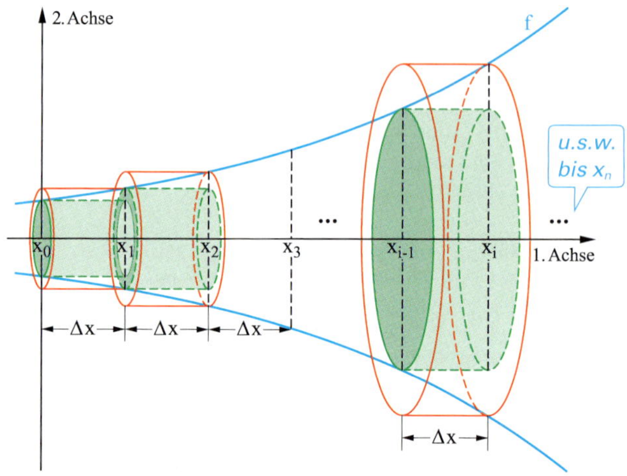

$\underline{S}_n$ das Volumen des einbeschriebenen Treppenkörpers und $\overline{S}_n$ das Volumen des umbeschriebenen Treppenkörpers, jeder aus n zylindrischen Scheiben.

2. Schritt:

Wir berechnen das Volumen $\underline{S}_n$ des einbeschriebenen Treppenkörpers.
Das Volumen der inneren Scheibe über $[x_i; x_{i+q}]$ beträgt $\pi\left(f(x_i)\right)^2 \cdot \Delta x$.
Also gilt für monoton wachsende Funktionen:

$$\underline{S}_n = \pi \cdot \left(f(x_0)\right)^2 \cdot \Delta x + \pi \cdot \left(f(x_1)\right)^2 \cdot \Delta x + \ldots + \pi \cdot \left(f(x_{n-1})\right)^2 \cdot \Delta x = \sum_{i=0}^{n-1} \pi \cdot \left(f(x_i)\right)^2 \cdot \Delta x.$$

Das Volumen des umbeschriebenen Treppenkörpers findet man als

$$\overline{S}_n = \sum_{i=0}^{n-1} \pi \cdot \left(f(x_{i+1})\right)^2 \cdot \Delta x,$$

wobei $\pi \cdot \left(f(x_{i+1})\right)^2 \cdot \Delta x$ das Volumen der äußeren Scheibe über $[x_i; x_{i+1}]$ ist.

3. Schritt:

vgl. Seite 113

Wir lassen n über alle Grenzen wachsen und erhalten für das Volumen V des Rotationskörpers $\underline{S}_n < V < \overline{S}_n$ für alle $n \in \mathbb{N}$ und

$$\lim_{n\to\infty} \sum_{i=0}^{n-1} \pi \cdot \left(f(x_i)\right)^2 \cdot \Delta x = \lim_{n\to\infty} \sum_{i=0}^{n-1} \pi \cdot \left(f(x_{i+1})\right)^2 \cdot \Delta x = \int_0^b \pi \cdot \left(f(x)\right)^2 \cdot dx = V,$$

sofern f in dem Intervall $[0; b]$ integrierbar ist.
In unserem Beispiel müssen nun noch die Parameter im Funktionsterm $f(x) = k \cdot e^{a \cdot x}$ genau bestimmt werden. Der Radius der Eingangsöffnung ist 0,01 m groß. Damit ergibt sich $f(0) = k \cdot e^0 = 0{,}01$, also $k = 0{,}01$. Der Radius der Ausgangsöffnung ist 0,1 m groß und das Horn hat eine Länge von 0,5 m. Damit und mit $k = 0{,}01$ erhalten wir $f(0{,}5) = 0{,}01 \cdot e^{a \cdot 0{,}5} = 0{,}1$, also $e^{a \cdot 0{,}5} = 10$. Daraus ergibt sich $a = \frac{\ln(10)}{0{,}5} = 2 \cdot \ln(10) \approx 4{,}61$.
Mit $f(x) = 0{,}01 \cdot e^{2 \cdot \ln(10) \cdot x}$ erhält man für das gesuchte Volumen:

$$V = \int_0^{0{,}5} \pi \cdot \left(0{,}01\, e^{2 \cdot \ln(10) \cdot x}\right)^2 dx = \pi \cdot 0{,}0001 \cdot \int_0^{0{,}5} e^{4 \cdot \ln(10) \cdot x}\, dx$$

$$= \frac{\pi \cdot 0{,}0001}{4 \cdot \ln(10)} \cdot \left[e^{4 \cdot \ln(10) \cdot x}\right]_0^{0{,}5} = \frac{\pi \cdot 0{,}0001}{4 \cdot \ln(10)} \cdot \left(e^{2 \cdot \ln(10)} - 1\right) = \frac{\pi \cdot 0{,}0099}{4 \cdot \ln(10)} \approx 0{,}00338.$$

Das Horn hat also ein Volumen von etwa 3,4 Liter.

Information Die obige Herleitung gilt entsprechend für die Rotation des Graphen einer Funktion f über einem beliebigen Intervall [a; b]. Man erhält die folgende Formel:

Integralformel für das Volumen eines rotationssymmetrischen Körpers

Die Funktion f sei stetig über dem Intervall [a; b]. Ihr Graph rotiere um die 1. Achse. Dann gilt für das Volumen V des entstehenden Rotationskörpers

$V = \int_a^b \pi \cdot (f(x))^2 \, dx.$

$\pi (f(x))^2$ ist der Flächeninhalt der Querschnittsfläche an der Stelle x.

Weiterführende Aufgaben

2. *Herleitung bekannter Volumenformeln*

a) Auch Kegel, Kegelstumpf und Kugel sind rotationssymmetrisch. Du kennst die Volumenformeln aus der Mittelstufe. Leite sie mithilfe der Integralformel her. Welche Formel findet man für den Kugelabschnitt?

b) *Volumenformel des Zylinders*
Zeige, dass sich die Formel für das Zylindervolumen aus der Volumenformel eines Rotationskörpers gewinnen lässt. Warum liegt ein Zirkelschluss vor, wenn man diese Herleitung als Beweis für die Zylinderformel ansehen würde?

3. *Rotation um die 2. Achse*

Eine Parabel mit $y = \frac{1}{2}x^2$ rotiert um die 2. Achse. Welches Volumen hat der entstehende Rotationskörper über dem Intervall $1 \le y \le 4$. (*Anleitung:* Überführe die Berechnung in eine Integration längs der 2. Achse.) Zeige allgemein $V = \int_{y_0}^{y_1} \pi \cdot (g(y))^2 \, dy$, wobei der Körper durch Rotation des Graphen zu $x = g(y)$ (Umkehrfunktion, vgl. Seite 26 ff.) im Intervall $[y_0; y_1]$ um die 2. Achse entsteht.

Übungsaufgaben

4.
Der Graph zu $f(x) = \sqrt{2 - x^2}$ rotiert um die 1. Achse. Den so entstandenen Rotationskörper kann man sich auch durch Rotation einer Fläche vorstellen. Skizziere die Fläche und berechne das Volumen des Körpers.

5.
Der Graph zu f rotiert um die 1. Achse. Berechne näherungsweise das Volumen des entstehenden Rotationskörpers.

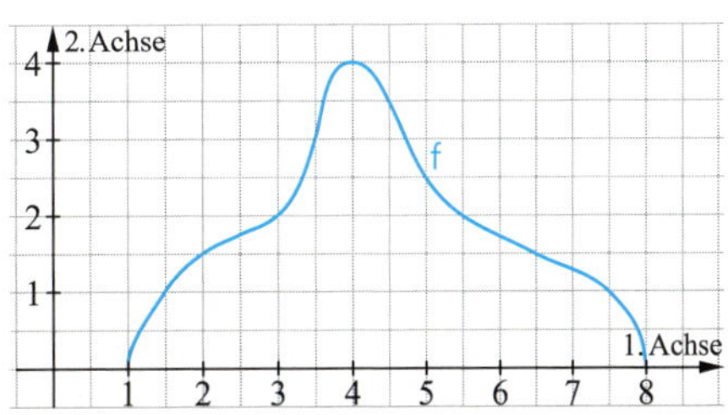

6.
a) Durch Rotation des Graphen zu $f(x) = 9 - x^2$ um die 1. Achse über dem Intervall $[-3; 3]$ entsteht ein Rotationskörper. Berechne sein Volumen.

b) Welche Körper können entstehen, wenn man statt $[-3; 3]$ das Intervall [a; b] beliebig wählt? Unterscheide die Fälle $a = -b$ und a, b beliebig.

7.
Durch Rotation der Graphen zu $f(x) = \sqrt{10x + 40}$ und $g(x) = \sqrt{15x - 75}$ über den Intervallen $[0; 20]$ bzw. $[5; 20]$ um die 1. Achse entsteht ein schalenförmiger Körper. Berechne sein Volumen.

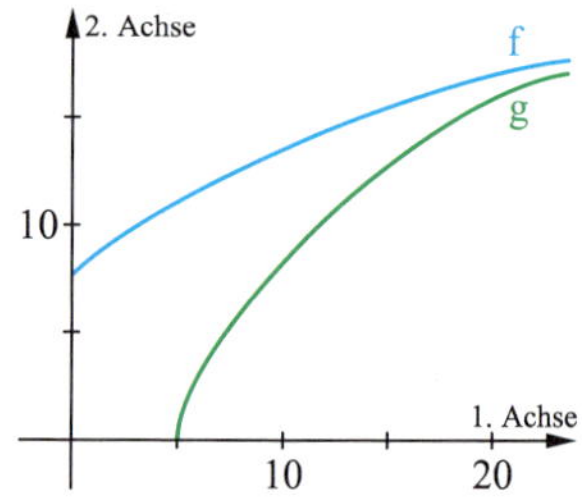

8.
Die vom Graphen zu $f(x) = x^2$ und der Geraden mit $y = 1$ eingeschlossene Fläche rotiere um die 1. Achse. Berechne das Volumen des Rotationskörpers.

9.
Zeichne den Graphen zu $f(x) = \frac{1}{2}\sqrt{25 - x^2}$ und bestimme die Gleichung der Tangente mit dem Berührpunkt $P(3; f(3))$ an den Graphen von f.
Durch Rotation des Graphen von f und der Tangente um die 1. Achse entsteht ein stromlinienförmiger Körper. Berechne sein Volumen.

10.
Der Graph zu f mit $f(x) = x^3 - 3x$ rotiere um die Tangente im Tiefpunkt. Dabei entsteht ein zwiebelförmiger Körper. Berechne sein Volumen.

11.

a) Durch Rotation eines Kreises mit dem Mittelpunkt $M(0 \mid b)$ und dem Radius r mit $b \geq r$ um die 1. Achse entsteht ein Torus (vgl. Abbildung), dessen Volumen zu berechnen ist.
Berechne dazu die Volumina derjenigen Körper, die bei Rotation der oberen bzw. unteren Kreislinie um die 1. Achse entstehen.

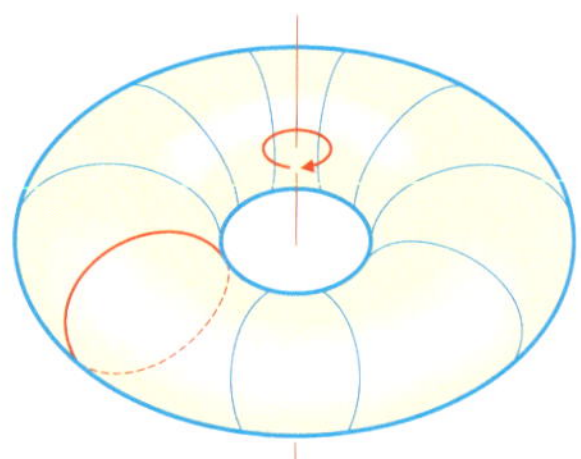

b) Eine Ellipse mit den Halbachsen a und b rotiert in der angegebenen Lage um die 1. Achse.
Berechne das Volumen des entstehenden *Rotationsellipsoids.*
Hinweis: Die Gleichung der Ellipse lautet: $\frac{x^2}{a^2} + \frac{y^2}{b^2} = 1$

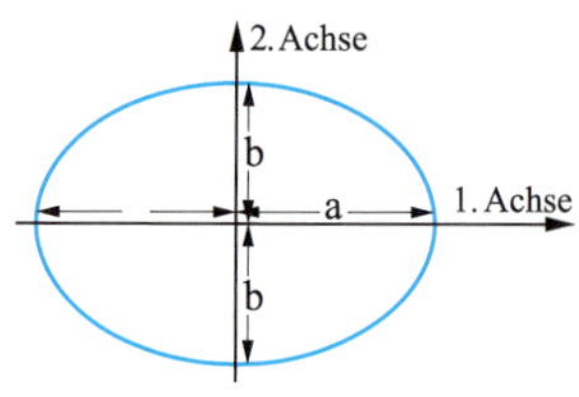

c) Berechne das Volumen der Körper, indem du von einer Rotation eines Graphen um die 2. Achse ausgehst!

GTR **12.**
Ein Wok hat eine Tiefe von 16 cm und hat die Form einer Kugelschicht (vgl. Seite 214). Der Radius der Öffnung beträgt 22 cm, das entspricht dem Radius der dazugehörigen Kugel.
Welches Volumen hat er?

GTR **13.**
Der Graph zu $f(x) = \sin x$ rotiert um die Gerade $g(x) = c$ mit $0 \leq c \leq 1$ für $x \in [0; \pi]$.
Bestimme c so, dass der entstehende Rotationskörper minimales Volumen hat.

4.3 Anwenden des Integrals bei Geschwindigkeit und Beschleunigung

In diesem Unterkapitel beschäftigen wir uns damit, wie man aus der Geschwindigkeit und aus der Beschleunigung auf die zurückgelegte Weglänge schließen kann. Wir wissen bereits aus der Klasse 11, dass die Geschwindigkeit als punktuelle Änderungsrate des Weges bezüglich der Zeit, also durch die Ableitung der Weg-Zeit-Funktion und die Beschleunigung als punktuelle Änderungsrate der Geschwindigkeits-Zeit-Funktion, also durch die Ableitung der Geschwindigkeits-Zeit-Funktion angegeben werden kann.

Aufgabe 1 Ein Autofahrer ist mit einer konstanten Geschwindigkeit von $v_0 = 108\,\frac{km}{h}$ unterwegs. Plötzlich läuft etwa 100 m vor ihm ein Reh über die Straße. Gelingt es ihm noch vor dem Reh anzuhalten, wenn die Bremsverzögerung bei einer Vollbremsung $-7{,}5\,\frac{m}{s^2}$ beträgt?

Lösung Der Anhalteweg setzt sich aus dem *Reaktionsweg* und dem *Bremsweg* zusammen. Wir rechnen beide getrennt voneinander aus:

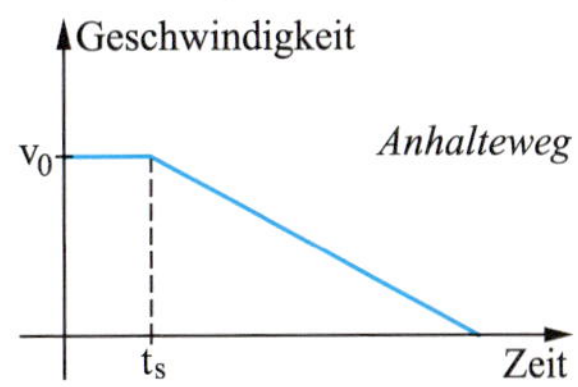

(1) *Reaktionsweg:* Um mit denselben Maßeinheiten zu rechnen, wandeln wir $108\,\frac{km}{h}$ in $30\,\frac{m}{s}$ um.

Wir lassen die Einheiten in der Rechnung weg.

Während einer typischen Reaktionszeit von etwa $t_S = 1$ s („Schrecksekunde") bewegt sich das Fahrzeug mit unveränderter Geschwindigkeit v_0 weiter. Für die in dieser Zeit t_S zurückgelegte Weglänge s gilt: $s = v_0 \cdot t_S$

Sie kann als Flächeninhalt unter dem Graphen der Funktion v gedeutet werden, ist also gleich dem Integral:

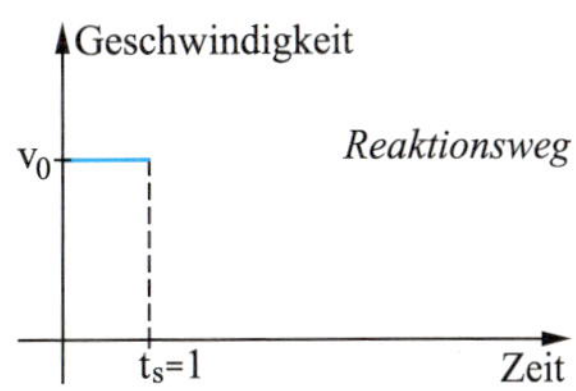

$$s = \int_0^{t_S} v_0\,dt = \int_0^1 30\,dt = 30 \cdot 1 = 30$$

(2) *Bremsweg:* Wenn wir eine konstante Bremsverzögerung von $-7{,}5$ annehmen, dann verringert sich die Geschwindigkeit linear von $v_0 = v(0) = 30$ vom Beginn des Bremsvorgangs $t = 0$ auf $v(t_B) = 0$ zum Ende des Bremsvorgangs $t = t_B$. Die Funktion $v(t)$ lässt sich somit durch einen linearen Funktionsterm beschreiben: $v(t) = v_0 + a \cdot t = 30 + (-7{,}5) \cdot t$

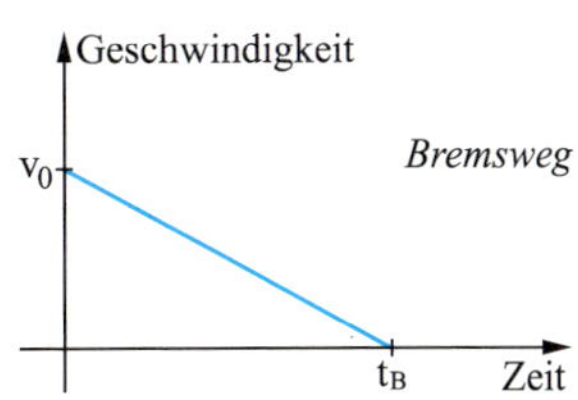

Typische Bremsverzögerungen $\left(\text{in } \frac{m}{s^2}\right)$
Pkw: $-7{,}5$
Fahrrad: $-2{,}5$
Zug: $-1{,}0$

Die Abbremszeit ist die Nullstelle von v:

$v(t_B) = 0$, also $0 = 30 - 7{,}5 \cdot t_B$, und damit gilt $t_B = 4$.

Wir können die gesuchte Weglänge wiederum als Flächeninhalt unter dem Graphen der Funktion v deuten, sie ist also gleich dem Integral:

$$s = \int_0^{t_B} \big(30 + (-7{,}5) \cdot t\big)\,dt = 30 \cdot t_B + \tfrac{1}{2} \cdot (-7{,}5) \cdot t_B^2 = 30 \cdot 4 - 3{,}75 \cdot 4^2 = 60$$

(3) *Anhalteweg:* Das Fahrzeug kommt kurz vor dem Reh zum Stehen, der Anhalteweg beträgt insgesamt 30 m + 60 m = 90 m.

Information Man erkennt anschaulich, dass der im Zeitintervall $[0; t_A]$ zurückgelegte Weg s durch den Flächeninhalt der Fläche unter dem Graphen der Geschwindigkeits-Zeit-Funktion von 0 bis t_A gegeben ist, also gleich dem Integral ist:

$$s = \int_0^{t_A} v(z)\,dz$$

Elementargeometrische Überlegungen führen in Aufgabe 1 auf dasselbe Ergebnis und liefern die aus der Physik bekannten Bewegungsgleichungen:

$s = v \cdot t_A$ für die gleichförmige Bewegung ($v = \text{konstant}$) und
$s = v_0 t_A + \frac{1}{2} \cdot a t_A^2$ für die gleichmäßig beschleunigte Bewegung ($a = \text{konstant}$, $v_0 = v(0\,s)$).

Ist v also konstant, dann entspricht die Weglänge s dem Produkt aus der Geschwindigkeit v und der Zeit t_A, also dem Flächeninhalt des Rechtecks mit den Seitenlängen v und t_A. Ist v nicht konstant, so unterteilen wir das Intervall $[0; t_A]$ in n gleich lange Teilintervalle und geben zu dieser Zerlegung eine Ober- und eine Untersumme an. Sie geben jeweils den Flächeninhalt einer aus Rechtecken bestehenden Treppenfigur an, stellen also jeweils eine Summe von Produkten dar. Nun lassen wir die Anzahl n über alle Grenzen wachsen und bilden den Grenzwert dieser Produktsummen. Gilt für sie $\lim\limits_{n\to\infty} \overline{S}_n = \lim\limits_{n\to\infty} \underline{S}_n$, so erhalten wir das Integral $s = \int_0^{t_A} v(z)\,dz = \lim\limits_{n\to\infty} \overline{S}_n = \lim\limits_{n\to\infty} \underline{S}_n$ als verallgemeinertes Produkt.

Siehe auch Abschnitt 3.1.3, Seite 126

Weiterführende Aufgaben

2. *Bestimmung der Geschwindigkeit mithilfe des Integrals*
Im zweiten Teil der Aufgabe 1 wurde für die Funktion v ein linearer Funktionsterm $v(t) = v_0 + a \cdot t$ gefunden. Zeige, dass man v(t) auch mit dem Integral $v = \int_0^t a(z)\,dz$ berechnen kann.

a bedeutet Beschleunigung.

3. *Weg-Zeit-Funktion bei einer von Null verschiedenen Startzeit*
Zeige: Für die Länge s des im Zeitintervall $[t_0; t_A]$ zurückgelegten Weges s gilt:

$$s = \int_{t_0}^{t_A} v(z)\,dz$$

Erläutere folgende Begründung hierfür: Die Weg-Zeit-Funktion s ist eine Stammfunktion der Geschwindigkeits-Zeit-Funktion v mit v(t). Es gilt also:

$$s(t) = \int_{t_0}^{t} v(z)\,dz + s_0$$

Hierbei ist s_0 der bis zum Zeitpunkt t_0 zurückgelegte Weg $s(t_0)$. Der im Zeitintervall $[t_0; t_A]$ zurückgelegte Weg hat die Länge:

$$s(t_A) - s(t_0) = \int_{t_0}^{t_A} v(z)\,dz + s_0 - s(t_0) = \int_{t_0}^{t_A} v(z)\,dz$$

4. *Weg-Zeit-Funktion mit Anfangsgeschwindigkeit und bereits zurückgelegtem Weg*
Wie lautet die Weg-Zeit-Funktion s mit s(t), wenn zum Zeitpunkt $t = 0$ die Geschwindigkeit v_0 von 0 verschieden und schon die Weglänge s_0 zurückgelegt ist?

Übungsaufgaben

5. *Abstandhalten beim Autofahren*
Ein zweites Fahrzeug fährt mit einem Abstand von 5,5 m (nach gängigen Regeln viel zu dicht) hinter einem anderen Fahrzeug. Dieser Fahrer brüstet sich aber vor seinen Freunden immer wieder mit seiner exzellenten Reaktionszeit und den guten Bremsen seines Autos. Beide Fahrzeuge haben die gleiche Geschwindigkeit von $144\,\frac{\text{km}}{\text{h}}$. Plötzlich läuft ein Reh über die Fahrbahn. Der erste Fahrer bremst nach einer Reaktionszeit von 1 s mit einer Bremsverzögerung von $-7{,}5\,\frac{\text{m}}{\text{s}^2}$. Der Fahrer des zweiten Fahrzeugs sieht das Reh nicht, bemerkt aber, dass die Bremslichter seines Vordermannes aufleuchten. Der Hintermann hat zwar eine geringere Reaktionszeit von 0,6 s, und sein Fahrzeug hat eine bessere Bremsverzögerung von $-9{,}5\,\frac{\text{m}}{\text{s}^2}$. Schafft er es rechtzeitig zum Stehen zu kommen?

a) Berechne die Länge des Bremsweges des Vordermanns und des Hintermanns.

GTR **b)** Stelle die Weg-Zeit-Funktionen $t \mapsto s_V(t)$ des Vordermanns und $t \mapsto s_H(t)$ des Hintermanns mit einem GTR in einem gemeinsamen s-t-Diagramm dar. Dabei soll für den Hintermann $s_H(0) = 0$ und den Vordermann $s_V(0) = 5{,}5$ gelten. (Begründe!)

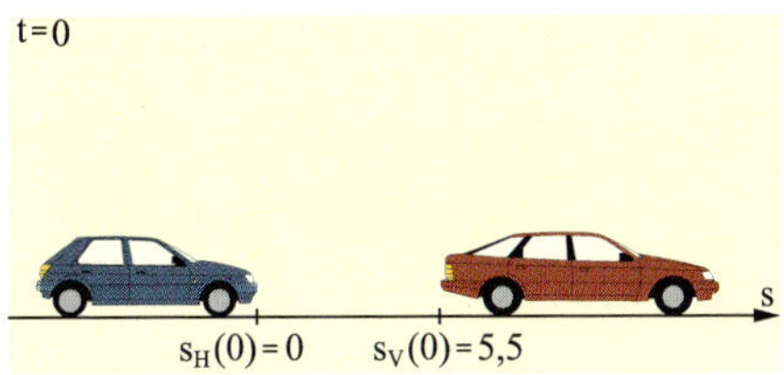

c) Überprüfe deine Beobachtungen rechnerisch.

6.
Zeige: Wenn das Fahrzeug wie in Aufgabe 1 auf die Geschwindigkeit $v(t_B) = 0$ abbremst, vereinfacht sich $s_B(t)$ zu: $s_B(t) = -\frac{1}{2}\frac{v_0^2}{a}$.

7.
Beim freien Fall ist die Beschleunigung g konstant. g ist die Fallbeschleunigung mit $g = 9{,}81\ \text{m} \cdot \text{s}^{-2}$. Zum Zeitpunkt $t = 0$ soll die Geschwindigkeit $v(0) = 0$ sein, und es soll noch kein Weg zurückgelegt sein, also $s(0) = 0$.
Bestimme die Geschwindigkeits-Zeit-Funktion und die Weg-Zeit-Funktion.

8.
Beim senkrechten Wurf nach oben werde für die zurückgelegte Weglänge s eine nach oben zeigende Koordinatenachse verwendet.
Die Beschleunigung a ist konstant mit $a = -g$.
Zum Zeitpunkt $t = 0$ habe der Körper die Abwurfgeschwindigkeit $v(0) = v_0$.

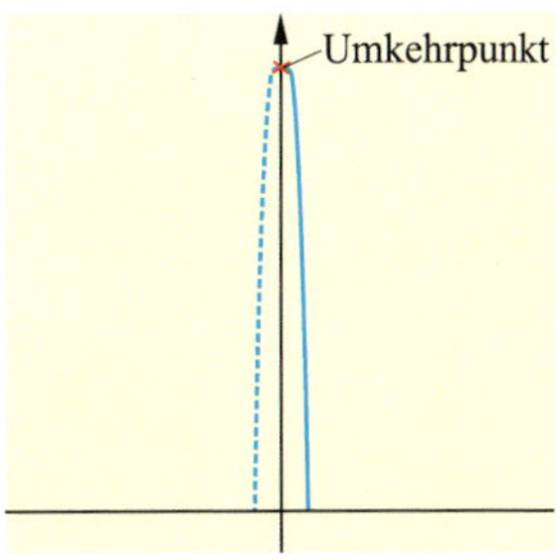

a) Gib die Geschwindigkeits-Zeit-Funktion und die Weg-Zeit-Funktion an.

b) Wann wird der Umkehrpunkt erreicht?

c) Bestimme die Wurfhöhe.

TAB

9. *Überführung eines Lastwagenfahrers?*

Um 14.25 Uhr hat ein Lastwagenfahrer kurz hinter dem Ortsausgangsschild von Hövelhof einen Unfall mit Fahrerflucht begangen. Er ist sehr nahe an einem Fahrradfahrer vorbeigefahren, der daraufhin stürzte, sich aber nur leichte Verletzungen zuzog. Leider hat diesen Unfall niemand beobachtet. Allerdings hat ein Zeuge in der Entfernung von 33 km vom Unfallort um 14.00 Uhr einen Lkw der Firma „Frosttransporte" gesehen. Ob dieses Fahrzeug in Frage kommt, überprüft die Polizei anhand der Tachoscheibe dieses Lkws. Von der Tachoscheibe kann man folgende Werte ablesen:

Zeitpunkt	14.00 Uhr	14.10 Uhr	14.15 Uhr	14.17 Uhr	14.25 Uhr
Geschwindigkeit	$100\,\frac{km}{h}$	$70\,\frac{km}{h}$	$100\,\frac{km}{h}$	$37\,\frac{km}{h}$	$85\,\frac{km}{h}$

Ermittle die zurückgelegte Weglänge näherungsweise, indem du annimmst,

(1) dass der Lkw nach einem jeweiligen Messpunkt mit konstanter Geschwindigkeit bis zum nächsten Messpunkt weitergefahren ist,

(2) dass der Lkw nach einem Messpunkt bis zum nächsten Messpunkt konstant beschleunigt bzw. abbremst.

Kann der Lastwagenfahrer in Frage kommen? Begründe.

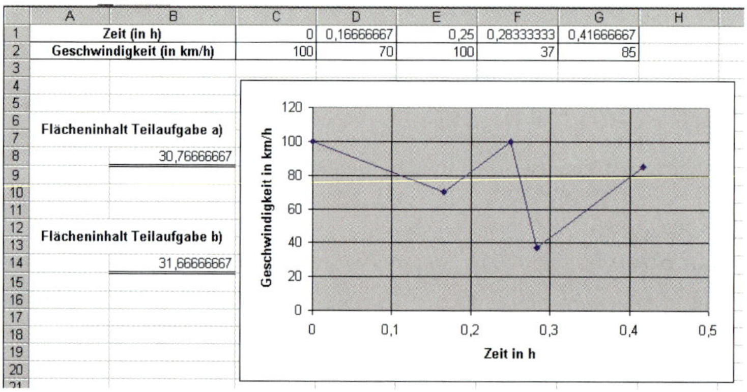

ϑ (gespr. Theta) griech. Buchstabe

10. *Abkühlungsvorgang*

Zum Zeitpunkt $t = 0$ sei die Temperatur eines Kuchens $\vartheta(0) = 200°$ vorhanden. Die momentane Änderung der Temperatur, d. h. die Ableitung der Temperatur-Zeit-Funktion ϑ mit $\vartheta(t)$ soll sein bei einem Abkühlungsvorgang

GTR

(1) konstant gleich c (z. B. $-3°$ pro s) sein;

(2) umgekehrt proportional zu $(2t+3)^2$ sein.

Bestimme jeweils die Funktion ϑ, welche den zeitlichen Verlauf des Abkühlungsvorgangs beschreibt, und zeichne ihre Graphen.

11. *Reaktionsgeschwindigkeit in der Chemie*

Chemische Reaktionen können unterschiedlich schnell ablaufen. Wir betrachten eine, bei der die Reaktionsgeschwindigkeit v nach dem Gesetz $v(t) = k_1 \cdot e^{-k_2 \cdot t}$ $\left[v(t) = \frac{1}{(k_1 + k_2 \cdot t)^2}\right]$ vollständig abnimmt. $m(t)$ sei die Masse der zum Zeitpunkt t vorhandenen Substanz. Zum Zeitpunkt $t = 0$ sei keine Substanz vorhanden. Beachte, dass die Reaktionsgeschwindigkeit gleich der Ableitung der Massenfunktion ist, also $m'(t) = v(t)$. Bestimme die Funktion m mit $m(t)$.

4.4 Mittelwert der Funktionswerte einer Funktion

Einführung Es seien n Zahlen $w_1, w_2, \ldots, w_n$ gegeben. Dann erhält man den Mittelwert μ dieser Zahlen, indem man sie addiert und durch die Anzahl n dividiert:

$\mu = \frac{1}{n} \cdot (w_1 + w_2 + \ldots + w_n)$

Beispiel: In einer Klausur wurden folgende Punktzahlen erzielt:

15, 13, 12, 12, 11, 11, 11, 8, 7, 7

Der Mittelwert (die mittlere Punktzahl) μ beträgt:

$\mu = \frac{1}{10} \cdot (15 + 13 + 12 + 12 + 11 + 11 + 11 + 8 + 7 + 7) = 10{,}7$

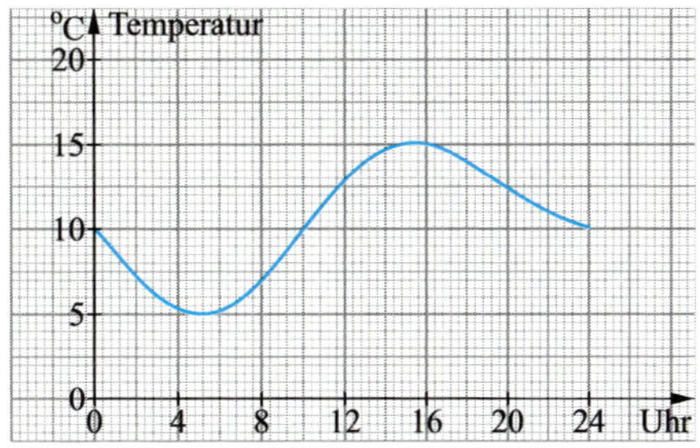

Bei diesem Mittelwert wird von *diskreten* Zahlen (oder Größen) $w_1, w_2, \ldots, w_n$ ausgegangen. Es ist aber auch sinnvoll, z. B. vom Mittelwert einer Temperatur während eines Tages zu sprechen, obgleich die Temperatur nicht einzelne diskrete Werte angenommen hat, sondern sich stetig wie im Bild rechts verändert hat.
Da bei dem Temperatur-Zeit-Diagramm eine über einem Intervall (Zeitintervall) [a; b] definierte Funktion vorliegt, ist unser Ziel, eine *Definition des Mittelwertes für die Funktionswerte einer über einem Intervall definierten Funktion f* zu gewinnen.

Aufgabe 1

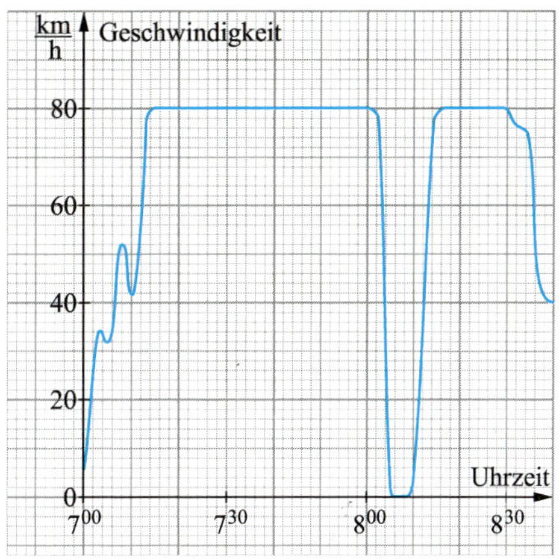

a) Rechts ist das Geschwindigkeits-Zeit-Diagramm eines Lkws abgebildet. Wie kann man sinnvoll die mittlere Geschwindigkeit (Durchschnittsgeschwindigkeit) des Lkws zwischen 7.00 und 8.10 Uhr angeben? Wie groß ist sie?
Die Weglänge, die der Lkw von 7.00 bis 8.10 Uhr zurückgelegt hat, ist der Flächeninhalt der Fläche zwischen dem Graphen der Funktion $t \mapsto v(t)$ und der 1. Achse im Intervall [7.00; 8.10]. Durch Auszählen erhält man etwa 1100 kleine Quadrate. Ein kleines Quadrat hat eine Höhe von $2\,\frac{\text{km}}{\text{h}}$ und eine Breite von 2 Minuten, also $\frac{2}{60}$ h. Damit entspricht ein kleines Quadrat einer Weglänge von $\frac{1}{15}$ km. Der Lkw hat also von 7.00 bis 8.10 Uhr etwa 73 km zurückgelegt.

b) Gegeben sei die Funktion f. Sie sei über dem Intervall [a; b] definiert. Gib im Anschluss an die Lösung der Teilaufgabe a) eine Definition des Mittelwertes der Funktionswerte der Funktion f über [a; b] an.

c) Gib den Mittelwert der Funktionswerte der Funktion f mit $f(x) = x^3$ über dem Intervall [−2; 1] an.
Stelle zuvor eine Vermutung auf, ob der Mittelwert positiv oder negativ ist.

Lösung

a) Die mittlere Geschwindigkeit (Durchschnittsgeschwindigkeit) v ist definiert als Länge Δs des zurückgelegten Weges dividiert durch die dazu benötigte Zeit Δt, kurz: $v = \frac{\Delta s}{\Delta t}$.

Nun gibt der Flächeninhalt unter dem Geschwindigkeits-Zeit-Diagramm die Länge des zurückgelegten Weges an. Diese ist für die Zeit von 7.00 bis 8.10 Uhr etwa 73 km. Die Zeit von 7.00 bis 8.10 beträgt $1\frac{1}{6}$ h.

Die mittlere Geschwindigkeit (Durchschnittsgeschwindigkeit) v des Lkws beträgt also:

$$v = \frac{73\text{ km}}{1\frac{1}{6}\text{ h}} = \frac{73\text{ km}\cdot 6}{7\text{ h}} = \frac{438}{7}\frac{\text{km}}{\text{h}} = 62\frac{4}{7}\frac{\text{km}}{\text{h}} \approx 62{,}6\frac{\text{km}}{\text{h}}$$

Wäre der Lkw von 7.00 bis 8.10 Uhr konstant mit dieser Geschwindigkeit gefahren, so hätte er auch den Weg von 73 km zurückgelegt.

Ergebnis: Die mittlere Geschwindigkeit (Durchschnittsgeschwindigkeit) des Lkws im Zeitintervall [7.00; 8.10] beträgt $62{,}6\frac{\text{km}}{\text{h}}$.

b) Wir orientieren uns an der Lösung von Teilaufgabe a). Zur Bestimmung des dort zu berechnenden Mittelwertes wurde der Flächeninhalt (73 km) der Fläche unter dem Graphen der Funktion über dem Intervall von 7.00 bis 8.10 Uhr durch die Intervalllänge $\left(1\frac{1}{6}\right)$ dividiert. Dem Flächeninhalt entspricht bei einer beliebigen Funktion f das Integral.

Damit erhalten wir:

Definition 1

Die Funktion f sei über dem Intervall [a; b] stetig. Dann versteht man unter dem Mittelwert μ der Funktionswerte dieser Funktion f über dem Intervall [a; b] die Zahl

$$\mu = \frac{1}{b-a}\cdot\int_a^b f \quad (\textit{Mittelwertsformel})$$

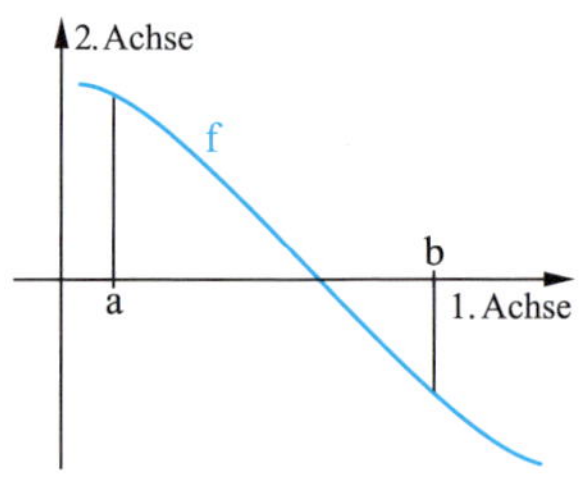

c) Rechts ist der Graph der Funktion f mit $f(x) = x^3$ über dem Intervall $[-2; 1]$ abgebildet. Da der „Anteil" der negativen Funktionswerte größer ist als der der positiven, ist zu vermuten, dass der Mittelwert negativ ist.

Nach der Mittelwertsformel $\mu = \frac{1}{b-a}\cdot\int_a^b f$ erhalten wir:

$$\mu = \frac{1}{1-(-2)}\cdot\int_{-2}^{1} x^3\,dx = \frac{1}{3}\left[\frac{1}{4}x^4\right]_{-2}^{1}$$

$$\mu = \frac{1}{3}\left(\frac{1}{4} - \frac{16}{4}\right)$$

$$\mu = -\frac{5}{4} = -1{,}25$$

Die Vermutung wird also bestätigt.

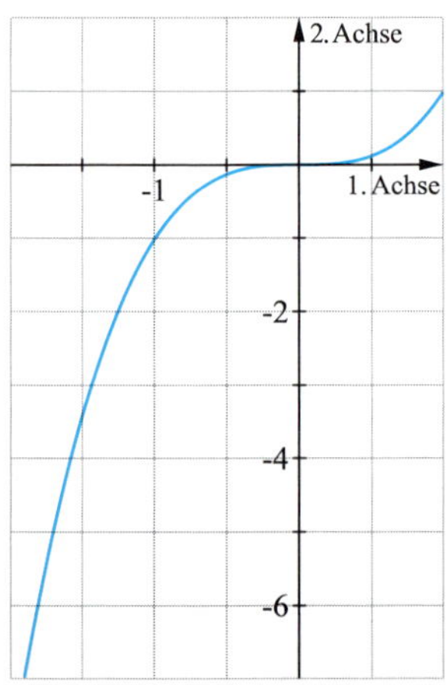

Information **(1) Zusammenhang mit dem Mittelwert von diskreten Werten**

Der Mittelwert der Funktionswerte einer Funktion f über einem Intervall [a; b] ist nicht ohne Bezug zu dem Mittelwert μ von n diskreten Werten $w_1, w_2, \ldots, w_n$. Wir betrachten dazu erneut das Beispiel der Bestimmung der mittleren Geschwindigkeit des Lkws (siehe Teilaufgabe a), Seite 193). Man hätte offensichtlich diese mittlere Geschwindigkeit auch bestimmen können, indem man über das Zeitintervall [7.00; 8.10] gut verteilte Einzelwerte der Geschwindigkeit des Lkws auswählt und von diesen diskreten Werten den Mittelwert bildet. Je mehr solche Werte man auswählt, um so genauer wird dabei der Mittelwert μ angenähert. Um die Werte gut zu verteilen, teilen wir z. B. das Intervall [7.00; 8.10] in 7 Teilintervalle und bestimmen die Geschwindigkeit des Lkw aus dem Geschwindigkeits-Zeit-Diagramm jeweils in der Mitte der 7 Teilintervalle:

Mitte der Teilintervalle	7.05	7.15	7.25	7.35	7.45	7.55	8.05
Geschwindigkeit $\left(\textbf{in } \frac{\textbf{km}}{\textbf{h}}\right)$	32	78	80	80	80	80	0

$$\mu = \frac{1}{7} \cdot (32 + 78 + 80 + 80 + 80 + 80 + 0)\,\frac{\text{km}}{\text{h}} = \frac{430}{7}\,\frac{\text{km}}{\text{h}} \approx 61{,}4\,\frac{\text{km}}{\text{h}}$$

Dieser Wert ist ungefähr gleich dem vorher berechneten Wert $62{,}6\,\frac{\text{km}}{\text{h}}$.

Es gilt allgemein folgender Satz:

Satz 1

Gegeben sei die (integrierbare) Funktion f definiert über dem Intervall [a; b].
Das Intervall [a; b] sei in n gleich lange Teilintervalle zerlegt. $x_1, x_2, \ldots, x_n$ seien die Mitten dieser Teilintervalle und $f(x_1), f(x_2), \ldots, f(x_n)$ die Funktionswerte an diesen Stellen. Dann gilt:
Der Mittelwert μ der Funktionswerte der Funktion f ist ungefähr gleich dem Mittelwert der diskreten Werte $f(x_1), f(x_2), \ldots, f(x_n)$.

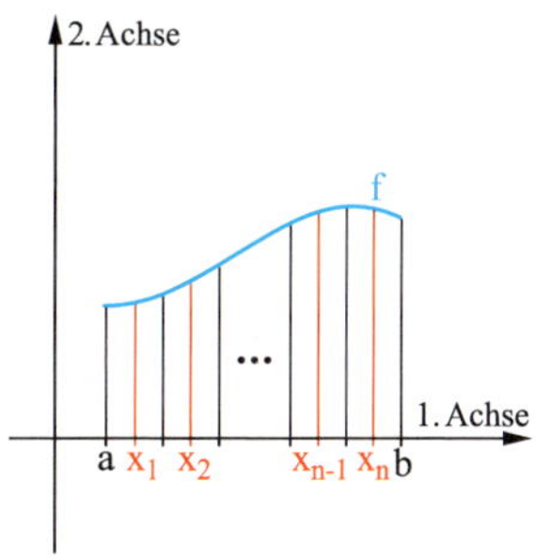

$$\mu = \frac{1}{b-a} \cdot \int_a^b f \approx \frac{1}{n}\left(f(x_1) + f(x_2) + \ldots + f(x_n)\right)$$

Das ist um so genauer der Fall, je größer n ist: $\mu = \lim\limits_{n \to \infty} \frac{1}{n}\left(f(x_1) + f(x_2) + \ldots + f(x_n)\right)$

Beweis:
Die Breite der n Teilintervalle beträgt $\frac{b-a}{n}$. Aus der geometrischen Definition des Integrals folgt:

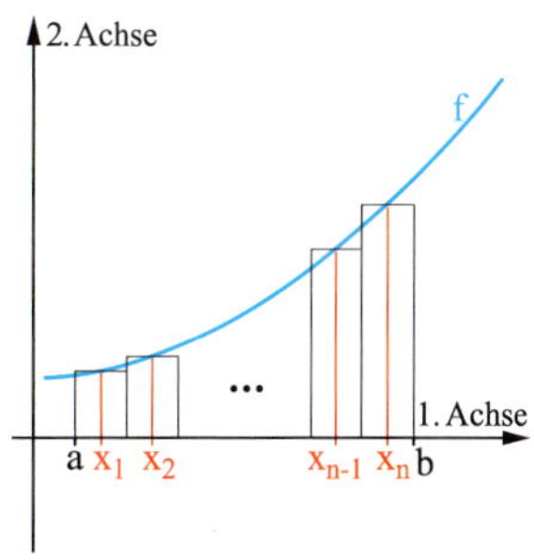

$$\int_a^b f \approx f(x_1) \cdot \frac{b-a}{n} + f(x_2) \cdot \frac{b-a}{n} + \ldots + f(x_n) \cdot \frac{b-a}{n}$$

$$\int_a^b f \approx \frac{b-a}{n} \cdot \left(f(x_1) + f(x_2) + \ldots + f(x_n)\right)$$

Daraus folgt:

$$\mu = \frac{1}{b-a} \cdot \int_a^b f \approx \frac{1}{n}\left(f(x_1) + f(x_2) + \ldots + f(x_n)\right).$$

Dies gilt um so genauer, je größer n ist, d. h. es gilt:

$$\mu = \lim_{n \to \infty} \frac{1}{n}\left(f(x_1) + f(x_2) + \ldots + f(x_n)\right) \quad \blacksquare$$

(2) Geometrische Deutung des Mittelwertes der Funktionswerte einer Funktion

Rechts ist das Stabdiagramm der Punktzahlen der Klausurarbeit (Seite 193) aufgezeichnet. Der Mittelwert μ ist durch eine rote Linie so eingezeichnet, dass die Summe der Streckenlängen oberhalb μ genauso groß wie die Summe der Streckenlänge unterhalb μ ist. Das gilt allgemein. Dazu setzen wir $w_i = \mu + \Delta_i$.

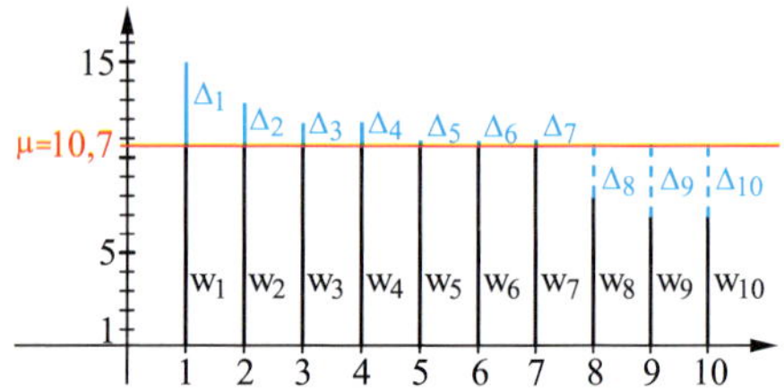

Δ_i ist positiv, falls $w_i > \mu$, und negativ, falls $w_i < \mu$ ist (siehe dazu die Abbildung).
Dann folgt:

$$\mu = \frac{1}{n}(w_1 + w_2 + \ldots + w_n) = \frac{1}{n}(\mu + \Delta_1 + \mu + \Delta_2 + \ldots + \mu + \Delta_n)$$

$$= \frac{1}{n}(n \cdot \mu + \Delta_1 + \Delta_2 + \ldots + \Delta_n) = \mu + \frac{1}{n}(\Delta_1 + \ldots + \Delta_n)$$

Daraus folgt: $\frac{1}{n}(\Delta_1 + \ldots + \Delta_n) = 0$, und da $\frac{1}{n} \neq 0$ ist, folgt: $\Delta_1 + \Delta_2 + \ldots + \Delta_n = 0$.
Das bedeutet aber:
Die Summe der Streckenlängen oberhalb von μ ist genauso groß wie die Summe der Streckenlängen unterhalb von μ. Dieser Sachverhalt rechtfertigt auch den Begriff Mittelwert für μ. Entsprechend gilt:

Satz 2

Der Mittelwert μ der Funktionswerte einer Funktion f über dem Intervall $[a; b]$ ist so als Gerade einzuzeichnen, dass die orientierten Flächeninhalte der Flächen zwischen dieser Geraden und dem Graphen der Funktion oberhalb und unterhalb der Geraden gleich sind.

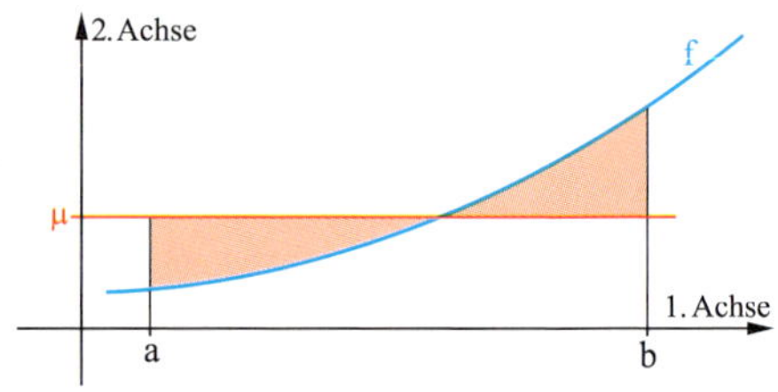

Beweis:
Es gilt: $\mu = \frac{1}{b-a} \cdot \int_a^b f$. Also: $\int_a^b f = \mu \cdot (b-a)$

Das Integral ist also gleich dem Flächeninhalt des Rechtecks mit den Seitenlängen μ und $b - a$. Aus der geometrischen Definition des Integrals ergibt sich daraus die Behauptung.

(3) Mittelwertsatz der Integralrechnung

Der Mittelwert von n diskreten Werten $w_1, w_2, \ldots, w_n$ muss nicht gleich einem dieser Werte sein. Das zeigt schon das Beispiel der Punktzahlen einer Klausur (Seite 188). Der Mittelwert 10,7 ist von jeder der Punktzahlen verschieden. Entsprechend können wir fragen:
Ist der Mittelwert der Funktionswerte einer Funktion f über dem Intervall $[a; b]$ gleich einem der Funktionswerte der Funktion f ?

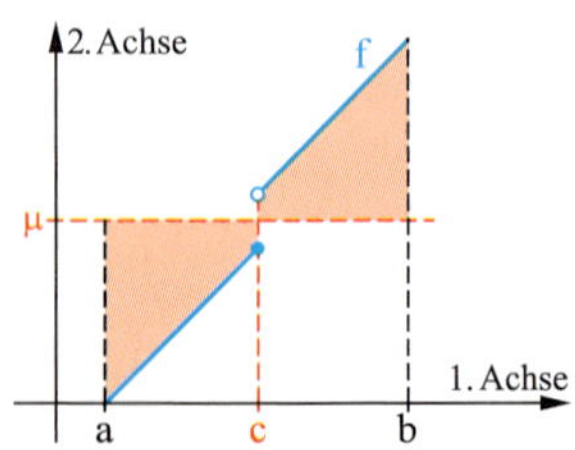

Das muss auch nicht sein, wie das Bild auf S. 196 unten zeigt. Die rot unterlegten Flächen sind gleich groß. μ ist nicht Funktionswert an der Stelle c.
Es gilt: $\mu > f(c)$. Offensichtlich hängt dies damit zusammen, dass die Funktion f an der Stelle c einen Sprung macht, dort also unstetig ist. Für stetige Funktionen gilt in der Tat der folgende Satz. Er heißt der Mittelwertsatz der Integralrechnung.

Mittelwertsatz der Integralrechnung

Die Funktion f sei stetig im Intervall [a; b]
Dann ist der Mittelwert aller Funktionswerte der Funktion f über [a; b] gleich einem Funktionswert der Funktion f im Intervall [a; b], d.h. dann gibt es eine Stelle $c \in [a; b]$, sodass gilt:

$$f(c) = \frac{1}{b-a} \cdot \int_a^b f$$

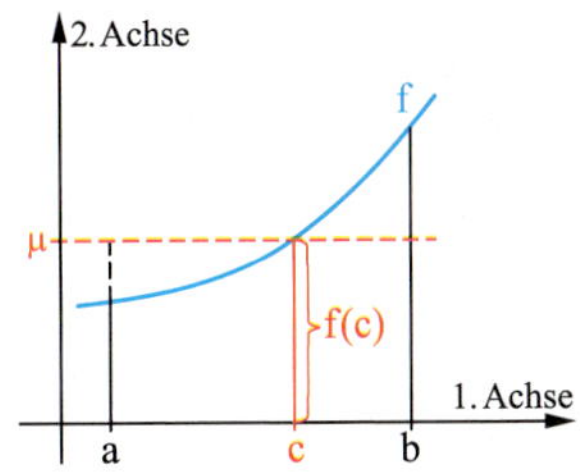

Beweis:
Zeichnet man die zum Mittelwert μ gehörende Gerade ein, so muss diese den Funktionsgraphen von f schneiden, da f stetig ist und somit keinen Sprung macht. ■

(4) Abkürzende Sprechweise

Statt der ausführlichen Sprechweise: „Mittelwert der Funktionswerte einer Funktion f" kann man auch kurz sagen: „Mittelwert der Funktion f".

Weiterführende Aufgaben

2. *Veranschaulichung des Mittelwertsatzes der Integralrechnung für Funktionen, die auch negative Werte haben*
Der Mittelwertsatz der Integralrechnung ist nur für Funktionen mit positiven Funktionswerten veranschaulicht. Wie sieht die Veranschaulichung aus, falls die Funktion auch negative Funktionswerte hat? Erläutere dies am Beispiel der Funktion f mit $f(x) = x^3$ und dem Intervall $[-2; 1]$.

3. *Die Stelle c im Mittelwertsatz der Integralrechnung*

a) Warum muss die Stelle c im Mittelwertsatz der Integralrechnung nicht eindeutig bestimmt sein?

b) Bei welchen Funktionen ist c eindeutig bestimmt?

4. *Der Mittelwertsatz der Differentialrechnung*
Es gibt auch einen *Mittelwertsatz der Differentialrechnung*. Er lautet:

Mittelwertsatz der Differentialrechnung

Ist die Funktion F differenzierbar im Intervall [a; b], so gibt es ein c aus dem Intervall [a; b], sodass gilt: $\frac{F(b) - F(a)}{b-a} = F'(c)$

a) Deute diesen Satz geometrisch.

b) Beweise ihn mithilfe des Mittelwertsatzes der Integralrechnung für den Fall, dass F′ stetig ist.

Übungsaufgaben

5.
Für den freien Fall gilt für die Geschwindigkeit $v = g \cdot t$ (mit $g = 10\,m \cdot s^{-2}$; t in s; v in $m \cdot s^{-1}$). Bestimme den Mittelwert der Geschwindigkeiten (die mittlere Geschwindigkeit) in dem Zeitintervall: **a)** $[0; 2]$ **b)** $[1; 4]$ **c)** $[0; t]$

6.
Bestimme den Mittelwert der Funktionswerte der Funktion f über dem Intervall.

a) $f(x) = 3x^2 + 4$; $[-1; 2]$ **b)** $f(x) = \sin x$; $[0; 2\pi]$ **c)** $f(x) = \frac{1}{x^2}$; $[1; 4]$

7.
a) Gegeben sei die lineare Funktion f mit $f(x) = mx + n$. Zeige:
(1) Der Mittelwert μ der Funktionswerte dieser Funktion über dem Intervall $[a; b]$ ist gleich dem Funktionswert in der Mitte des Intervalls.
(2) Der Mittelwert μ ist gleich dem Mittelwert des größten und des kleinsten Wertes der Funktion f im Intervall $[a; b]$.

b) Die Aussagen (1) und (2) gelten nicht mehr für die Funktion g mit $g(x) = x^2$ und einem Intervall $[a; b]$ mit $0 < a < b$. Ändere die Aussagen (1) und (2) so ab, dass sie für die Funktion g gelten. *Anmerkung:* Das Wort „gleich“ ist zu ersetzen.

8.
Für die astronomische Sonnenscheindauer f(x) (in h) gilt für den Tag Nr. x eines Jahres näherungsweise $f(x) = 4{,}2 \cdot \sin\left(\frac{2\pi}{365} \cdot (x - 81)\right) + 12$.
Das Jahr wird mit 365 Tagen gerechnet. x ist die Anzahl der Tage seit Jahresbeginn.

a) Berechne die mittlere Sonnenscheindauer während eines Jahres.

b) Berechne die Sonnenscheindauer für folgende Tage:
22.1. (22. Tag); 22.2. (53. Tag); 22.3. (81. Tag); 22.4. (112. Tag); 22.5. (142. Tag); 22.6. (173. Tag); 22.7. (202. Tag); 22.8. (234. Tag); 22.9. (265. Tag); 22.10. (295. Tag); 22.11. (326. Tag); 22.12. (356. Tag) und bestimme den Mittelwert dieser diskreten Werte. Vergleiche mit dem Ergebnis von a).

c) Teile das Intervall $[0; 365]$ in 10 gleich große Teilintervalle ein und bestimme die Sonnenscheindauer jeweils für die Mitten der Teilintervalle. Berechne den Mittelwert dieser diskreten Werte. Vergleiche mit den Werten von a) und b).

9.
Für die mittlere Tageslufttemperatur T des Tages mit der Nr. x gilt die Faust-Formel:
$T = 10{,}2 \cdot \sin\left(\frac{2\pi}{365}(x - 113)\right) + 9{,}5$ (T in Grad Celsius; x = Anzahl der Tage seit Jahresbeginn)
Berechne die mittlere Jahrestemperatur

a) mithilfe des Integrals; **b)** durch einteilen des Intervalls $[0; 365]$ in n Teilintervalle.

10.
Bestimme die Stelle c im Mittelwertsatz der Integralrechnung für die Funktion f für das angegebene Intervall. Ist die Stelle c eindeutig bestimmt?

a) $f(x) = x^2$; $[1; 2]$ **b)** $f(x) = x^2$ $[-2; +2]$ **c)** $f(x) = 4 - x^2$; $[-5; 5]$

4.5 Weitere Integrationsregeln

Das Integral über eine *Summe* von Funktionen kann man berechnen, indem man über die einzelnen Summanden integriert. So ist beispielsweise:

$$\int_{-1}^{2} (2x + e^x)\,dx = \int_{-1}^{2} 2x\,dx + \int_{-1}^{2} e^x\,dx$$

Für ein *Produkt* von zwei Funktionen kann man *nicht* entsprechend verfahren.
Gib dazu selbst ein Gegenbeispiel an.

Ist F eine Stammfunktion von f, so ist $\int_a^b f(x)\,dx = F(b) - F(a)$

Aufgrund des Hauptsatzes der Differential- und Integralrechnung können wir Integrale mithilfe von Stammfunktionen des Integranden berechnen. Daher ist es in diesem Zusammenhang nützlich, sich zu erinnern, welche Ableitungsregeln zu einem Produkt von zwei Funktionen führen.

Wir erhalten ein Produkt von Funktionen bei der Anwendung der Produktregel und bei der Anwendung der Kettenregel. Aus diesen beiden Regeln werden wir Verfahren zur Integration über ein *Produkt* von zwei Funktionen gewinnen.
Abschließend wird dargestellt, wie für viele rationale Funktionen, deren Funktionsterm ja ein *Quotient* von zwei Polynomen ist, eine Stammfunktion gefunden werden kann.

4.5.1 Das Verfahren der partiellen Integration

Einführung Das Verfahren der partiellen Integration lässt sich aus der Produktregel der Differentialrechnung entwickeln. Für zwei differenzierbare Funktionen u und v gilt:

$$\left(u(x) \cdot v(x)\right)' = u'(x) \cdot v(x) + u(x) \cdot v'(x)$$

Aus dieser Regel soll nun ein erstes Verfahren zur Integration eines Produktes von zwei Funktionen entwickelt werden, das sogenannte *Verfahren der partiellen Integration.*

Aufgabe 1 **a)** Vereinfache mithilfe der Produktregel die Summe der Integrale

$\int_1^2 5 \cdot e^{2x}\,dx + \int_1^2 (5x+3) \cdot 2e^{2x}\,dx$ und leite hieraus die Gleichung

$\int_1^2 (5x+3) \cdot 2e^{2x}\,dx = \left[(5x+3) \cdot e^{2x}\right]_1^2 - \int_1^2 5 \cdot e^{2x}\,dx$ her.

Berechne mithilfe der gewonnenen Gleichung das Integral $\int_1^2 (5x+3) \cdot 2e^{2x}\,dx$.

b) Leite als Verallgemeinerung der Gleichung aus Teilaufgabe a) die Gleichung

$\int_a^b u(x) \cdot v'(x)\,dx = \left[u(x) \cdot v(x)\right]_a^b - \int_a^b u'(x) \cdot v(x)\,dx$ her.

c) Berechne mithilfe der in Teilaufgabe b) gewonnenen Formel das Integral

$\int_0^{\frac{\pi}{2}} x \cdot \sin x\,dx.$ *Hinweis:* Wähle $u(x) = x$ und $v'(x) = \sin x$.

Produktregel rückwärts anwenden

Lösung **a)** Es ist $\int_1^2 5 \cdot e^{2x}\,dx + \int_1^2 (5x+3) \cdot 2e^{2x}\,dx = \int_1^2 \left((5x+3) \cdot 2e^{2x} + 5 \cdot e^{2x}\right) dx$

$$= \int_1^2 \left((5x+3) \cdot e^{2x}\right)' dx$$

Hauptsatz der Differential- und Integralrechnung

$$= \left[(5x+3) \cdot e^{2x}\right]_1^2$$

Das Integral $\int_1^2 5\cdot e^{2x}\,dx$ lässt sich einfach berechnen:

$\int_1^2 5\cdot e^{2x}\,dx = 5\cdot\left[\frac{1}{2}e^{2x}\right]_1^2 = \frac{5}{2}\cdot e^4 - \frac{5}{2}\cdot e^2$

Wegen $\left[(5x+3)\cdot 2e^{2x}\right]_1^2 = 13e^4 - 8e^2$ ergibt sich damit

$$\int_1^2 (5x+3)\cdot 2e^{2x}\,dx = \left[(5x+3)\cdot e^{2x}\right]_1^2 - \int_1^2 5\cdot e^{2x}\,dx$$
$$= (13e^4 - 8e^2) - \left(\frac{5}{2}\cdot e^4 - \frac{5}{2}\cdot e^2\right) = \frac{21}{2}e^4 - \frac{11}{2}e^2 \approx 532{,}6.$$

b) Es ist $\int_a^b u'(x)\cdot v(x)\,dx + \int_a^b u(x)\cdot v'(x)\,dx = \int_a^b \big(u'(x)\cdot v(x) + u(x)\cdot v'(x)\big)\,dx$
$$= \int_a^b \big(u(x)\cdot v(x)\big)'\,dx$$
$$= \left[u(x)\cdot v(x)\right]_a^b.$$

Subtrahiert man in dieser Gleichungskette das Integral $\int_a^b u'(x)\cdot v(x)\,dx$,

so erhält man: $\int_a^b u(x)\cdot v'(x)\,dx = \left[u(x)\cdot v(x)\right]_a^b - \int_a^b u'(x)\cdot v(x)\,dx$

c) Mit $u(x) = x$ ist $u'(x) = 1$ und mit $v'(x) = \sin x$ ist $v(x) = -\cos x$ eine Stammfunktion.

Damit erhalten wir anhand der Formel

$\int_a^b u(x)\cdot v'(x)\,dx = \left[u(x)\cdot v(x)\right]_a^b - \int_a^b u'(x)\cdot v(x)\,dx$:

$$\int_0^2 x\cdot\sin x\,dx = \left[x\cdot(-\cos x)\right]_0^{\frac{\pi}{2}} - \int_0^{\frac{\pi}{2}} 1\cdot(-\cos x)\,dx$$

Das rechte Integral $\int_0^{\frac{\pi}{2}} 1\cdot(-\cos x)\,dx$ ist einfach zu berechnen. Da die Funktion $x \mapsto -\sin x$ eine Stammfunktion zu $x \mapsto -\cos x$ ist, ergibt sich:

$\int_0^{\frac{\pi}{2}} 1\cdot(-\cos x)\,dx = \left[-\sin x\right]_0^{\frac{\pi}{2}} = -1$

Damit erhält man:

$$\int_0^{\frac{\pi}{2}} x\cdot\sin x\,dx = \left[x\cdot(-\cos x)\right]_0^{\frac{\pi}{2}} - \int_0^{\frac{\pi}{2}} 1\cdot(-\cos x)\,dx$$
$$= 0 - (-1)$$
$$= 1$$

Information

Produktintegration (Partielle Integration)

Ein Produkt zweier Funktionen lässt sich oft mithilfe der Formel

$$\int_a^b u(x)\cdot v'(x)\,dx = \left[u(x)\cdot v(x)\right]_a^b - \int_a^b u'(x)\cdot v(x)\,dx$$

integrieren.

Dabei muss man $u(x)$ und $v'(x)$ so wählen, dass das rechte Integral leicht berechnet werden kann.

partiell: teilweise

Dieses Verfahren zur Integration eines Produkts zweier Funktionen wird **Produktintegration** genannt. Da die Integration mit der Anwendung der Formel allein noch nicht abgeschlossen ist, spricht man auch von **partieller Integration.**

Weiterführende Aufgaben

2. *Unabhängigkeit des Integrationsverfahrens von der speziellen Wahl der Stammfunktion von v'*

Berechne das Integral $\int_0^2 (5x+3)\cdot 2e^{2x}\,dx$, indem du $u(x)=5x+3$ und $v(x)=e^{2x}+c$ mit $c\in\mathbb{R}$ wählst. Vergleiche mit dem Ergebnis aus Teilaufgabe 1 a).

3. *u (x) und v' (x) müssen geeignet gewählt werden*

Versuche das Integral $\int_0^2 (5x+3)\cdot 2e^{2x}\,dx$ aus Teilaufgabe 1 a) zu berechnen, indem du ansetzt: $u(x)=2e^{2x}$ und $v'(x)=5x+3$. Was stellst du fest?

4. *Mehrschrittiges Verfahren der partiellen Integration*

a) Berechne das Integral $\int_1^3 x^2\cdot e^x\,dx$.
Verwende dazu die in Aufgabe 1 gewonnene Formel mehrfach.

b) Berechne $\int_a^b (\cos x)^2\,dx=\int_a^b \cos x\cdot\cos x\,dx$.
Beachte dazu $(\sin x)^2=1-(\cos x)^2$.

5. *„Versteckter" Faktor*

a) Berechne das Integral $\int_1^e \ln x\,dx$. Beachte dazu $\int_1^e \ln x\,dx=\int_1^e \ln x\cdot 1\,dx$.
Gib auch eine Stammfunktion zu $f(x)=\ln x$ an.

Übungsaufgaben

6.
Berechne das Integral und gib eine Stammfunktion zum Integranden an.

a) $\int_1^2 (x-2)\cdot e^x\,dx$ **b)** $\int_{-1}^1 (x+1)\,e^x\,dx$ **c)** $\int_0^5 2x\cdot e^{-x}\,dx$ **d)** $\int_1^4 \ln x\cdot x\,dx$ **e)** $\int_0^\pi x\cdot\cos x\,dx$

7.
Berechne das Integral, indem du das Verfahren der partiellen Integration mehrfach anwendest.

a) $\int_{-1}^2 (x^2+1)\,e^x\,dx$

b) $\int_{-3}^0 (x^2+4x+3)\,e^x\,dx$

c) $\int_{-2}^1 (-6x^2+4)\,e^x\,dx$

d) $\int_{-2}^4 (x^2-x)\cdot e^{-x}\,dx$

e) $\int_0^1 x^3\,e^x\,dx$

f) $\int_1^e x\cdot\ln x\,dx$

g) $\int_1^2 \frac{\ln x}{x^2}\,dx$

h) $\int_{-\frac{\pi}{2}}^{\frac{\pi}{2}} x^2\cdot\cos x\,dx$

i) $\int_a^b \sin x\cdot e^x\,dx$

8.

a) Berechne $\int_0^{\frac{\pi}{2}} (\sin x)^2\,dx$ mittels partieller Integration.

b) Bestimme $\int_0^{\frac{\pi}{2}} (\sin x)^2\,dx$ mithilfe von Symmetrieüberlegungen zum Funktionsgraphen.

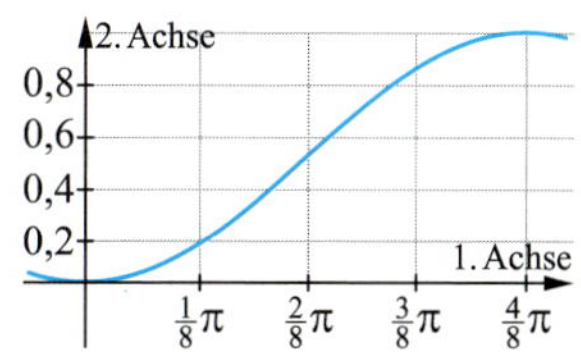

9.

Ermittle eine Stammfunktion F zu f.

a) $f(x) = x\,e^{-2x}$

b) $f(x) = (2x - 1) \cdot e^x$

c) $f(x) = x \cdot (x - 1)^4$

d) $f(x) = (2x + 5) \cdot (x + 2)^8$

e) $f(x) = x \cdot \cos x$

f) $f(x) = x^2 \cdot e^{-x}$

g) $f(x) = (x^2 - 3x + 4)\,e^x$

h) $f(x) = x^3 \cdot e^{2x}$

i) $f(x) = x^2 \cdot \ln x$

j) $f(x) = \frac{x}{2}\sqrt{8 - x}$

Beispiel:
$f(x) = x\,e^{2x}$
$= \left(x\,e^{2x} + 1 \cdot \frac{1}{2}e^{2x}\right) - \frac{1}{2}e^{2x}$
$= \left(x \cdot \frac{1}{2}e^{x}\right)' - \frac{1}{2}e^{2x}$, also
$F(x) = \frac{1}{2}x\,e^{2x} - \frac{1}{4}e^{2x} = \left(\frac{1}{2}x - \frac{1}{4}\right)e^{2x}$

10.

Berechne den Flächeninhalt der Fläche, die der Graph der Funktion f mit $f(x) = (x^2 - 4) \cdot e^x$ zwischen den Nullstellen mit der 1. Achse einschließt.

CAS **11.**

Berechne den Flächeninhalt der Fläche, welche die Graphen der Funktionen f und g einschließen. Ein CAS kann dir beim Auffinden der Schnittstellen behilflich sein.

a) $f(x) = x;\quad g(x) = x \cdot e^{x-2}$

b) $f(x) = e \cdot x;\quad g(x) = x^2 \cdot e^x$

12.

Es ist $f(x) = x^2 \cdot e^{-x}$.

a) Untersuche die Funktion f und zeichne den Graphen von f.

b) Berechne für $a > 0$ den Flächeninhalt der Fläche, die der Graph von f mit der 1. Achse in den Grenzen 0 und a einschließt. Was ergibt sich für $a \to \infty$?

13.

Es ist $f(x) = x \cdot e^x$. Berechne den Flächeninhalt der Fläche, die der Graph von f, dessen Tangente im Tiefpunkt und die 2. Achse einschließen.

14.

Berechne den Flächeninhalt der Fläche, die der Graph der Funktion f mit $f(x) = (3 - x) \cdot \ln x$ mit der 1. Achse einschließt.

15.

Für Funktionen f, deren Funktionsterm ein Produkt eines Polynoms mit einer Exponentialfunktion ist, lässt sich auch leicht durch einen Koeffizientenvergleich eine Stammfunktion F bestimmen:

a) Es ist $f(x) = (3x^2 + 10x + 3)\,e^x$. Wähle $F(x) = (a x^2 + b x + c)\,e^x$ und bestimme $F'(x)$. Vergleiche die Funktionsterme $f(x)$ und $F'(x)$, ermittle dabei die Werte für a, b, c.

b) Ermittle nach dem gleichen Verfahren eine Stammfunktion zu $f(x) = x^5 e^{-x}$.

CAS **16.**

Bestimme eine Stammfunktion zu f mit $f(x) = x\sqrt{2x + 3}\,dx$ mithilfe der Formel aus der Information auf Seite 200.
Setze dazu $u(x) = x$ und $v'(x) = \sqrt{2x + 3}$.
Vergleiche das Ergebnis mit dem Ergebnis im CAS-Fenster.

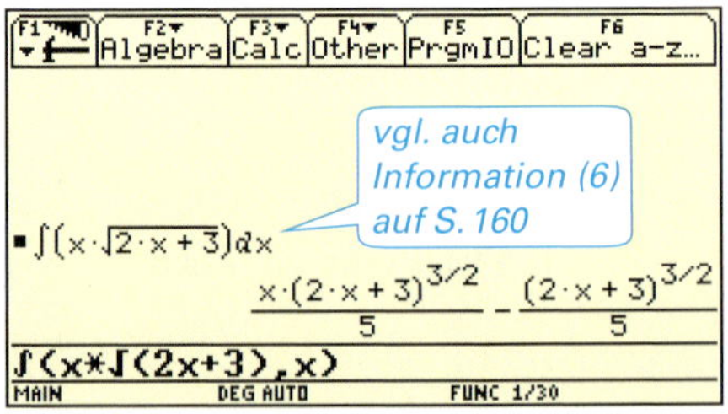

4.5.2 Das Substitutionsverfahren

Ähnlich wie aus der Produktregel kann man auch aus der Kettenregel ein weiteres Integrationsverfahren herleiten.
Die Kettenregel gibt an, wie man die Ableitung der Verkettung zweier Funktionen u und v berechnen kann:
Ist $f(x) = u(v(x))$, so ist $f'(x) = v'(x) \cdot u'(v(x))$.

Aufgabe 1 **a)** Die Funktion H ist gegeben. Bestimme mithilfe der Kettenregel die Ableitung H′.
(1) $H(x) = (4x \cdot 3)^9$ (2) $H(x) = (x^2 + 3x + 1)^4$ (3) $H(x) = e^{x^3} = e^{(x^3)}$

Zur Reihenfolge der Berechnung vgl. S. 41

b) Bestimme jeweils eine Funktion H mit $H'(x) = h(x)$.
(1) $h(x) = 2x \cdot 6(x^2 + 3)^5$
(2) $h(x) = (3x^2 + 2) \cdot 9(x^3 + 2x - 4)^8$
(3) $h(x) = -2x \cdot e^{-x^2}$

c) Berechne $\int_1^2 6x \cdot 5(3x^2 - 1)^4\,dx$ und verallgemeinere das Rechenverfahren.

Lösung **a)** (1) $H'(x) = \underbrace{4}_{\text{innere Ableitung}} \cdot \overbrace{9(4x - 3)^8}^{\text{äußere Ableitung}}$
(2) $H'(x) = (2x + 3) \cdot 4(x^2 + 3x + 1)^3$
(3) $H'(x) = 3x^2 \cdot e^{x^3}$

b) Die Funktion h lässt sich jeweils als das Produkt einer inneren Ableitung mit einer äußeren Ableitung verstehen:

(1) $h(x) = \underbrace{2x}_{\text{innere Ableitung}} \cdot \overbrace{6(x^2 + 3)^5}^{\text{äußere Ableitung}} = ((x^2 + 3)^6)'$, also $H(x) = (x^2 + 3)^6$
(2) $h(x) = (3x^2 + 2) \cdot 9(x^3 + 2x - 4)^8 = ((x^3 + 2x - 4)^9)'$, also $H(x) = (x^3 + 2x - 4)^9$
(3) $h(x) = -2x \cdot e^{-x^2} = (e^{-x^2})'$, also $H(x) = e^{-x^2}$

c) Wie in Teilaufgabe b) lässt sich auch hier die Integrandenfunktion als das Produkt einer inneren Ableitung mit einer äußeren Ableitung verstehen:

$$h(x) = \underbrace{6x}_{\text{innere Ableitung}} \cdot \overbrace{5(3x^2 - 1)^4}^{\text{äußere Ableitung}} = ((3x^2 - 1)^5)', \text{ also } H(x) = (3x^2 - 1)^5$$

Damit erhält man:

$$\int_1^2 6x \cdot 5(3x^2 - 1)^4\,dx = \left[(3x^2 - 1)^5\right]_1^2 = 161\,019$$

Man kann dieses Beispiel dahin gehend verallgemeinern, dass das Integral für eine Integrandenfunktion zu bestimmen ist, die sich als Produkt einer inneren Ableitung mit einer äußeren Ableitung auffassen lässt.

$$\int_a^b \underbrace{v'(x)}_{\text{innere Ableitung}} \cdot \overbrace{u'(v(x))}^{\text{äußere Ableitung}}\,dx = \int_a^b (u(v(x)))'\,dx$$
$$= \left[u(v(x))\right]_a^b$$
$$= u(v(b)) - u(v(a)) = \left[u(v)\right]_{v(a)}^{v(b)}$$

Integration durch Substitution

Eine Funktion h mit $h(x) = v'(x) \cdot u'(v(x))$ hat die Funktion H mit $H(x) = u(v(x))$ als eine Stammfunktion.

Daher gilt: $\int_a^b v'(x) \cdot u'(v(x))\,dx = \left[u(v(x))\right]_a^b$

Da $\left[u(v(x))\right]_a^b = \left[u(z)\right]_{v(a)}^{v(b)} = \int_{v(a)}^{v(b)} u'(z)\,dz$ ist, können wir auch schreiben:

$$\int_a^b v'(x) \cdot u'(v(x))\,dx = \int_{v(a)}^{v(b)} u'(z)\,dz$$

Da die innere Funktion v mit dem Funktionsterm v(x) hier durch die Variable z substituiert wurde, nennt man dieses Verfahren auch *Integration durch Substitution.*

Weiterführende Aufgaben

vgl. auch Aufgabe 6 auf S. 165

2. *Lineare Substitution als Spezialfall der allgemeinen Substitution*
Wenn die innere Funktion beim Integranden eine lineare Funktion ist, dann spricht man auch von *linearer Substitution*. Stelle dazu eine Formel auf.

3. *Logarithmische Integration*

$(\ln x)' = \frac{1}{x}$

a) Es ist $F(x) = \ln(x^2 + 3x + 4)$. Bestimme $F'(x)$.

b) Es ist $f(x) = \frac{2x+1}{x^2+x+5} = (2x+1) \cdot \frac{1}{x^2+x+5}$. Gib eine Stammfunktion zu f an.

Übungsaufgaben

4.
Gib eine Stammfunktion zu f mit $f(x) = x \cdot (x^2+3)^6$ an.
Hinweis: Ermittle zunächst eine Stammfunktion zu g mit $g(x) = 2x \cdot 7(x^2+3)^6$.

5.
Berechne das Integral und gib eine Stammfunktion zum Integranden an.

a) $\int_{-1}^{1} (2x+1) \cdot 4(x^2+x+2)^3\,dx$

b) $\int_0^2 6x^2 \cdot 3(2x^3-8)^2\,dx$

c) $\int_{-2}^{1} 10x(x^2-4)^4\,dx$

d) $\int_{-1}^{0} (-2x) \cdot e^{-x^2}\,dx$

e) $\int_1^3 -\frac{e^{\frac{1}{x}}}{x^2}\,dx$

f) $\int_1^2 \frac{1}{x} \cdot 3(\ln x)^2\,dx$

g) $\int_{-1}^{1} \frac{2x}{x^2+1}\,dx$

h) $\int_0^{\sqrt{\pi}} 2x\cos(x^2)\,dx$

i) $\int_{-\frac{\pi}{2}}^{\frac{\pi}{2}} 3\cos x \cdot (\sin x)^3\,dx$

6.
Berechne das Integral und gib eine Stammfunktion zum Integranden an.

a) $\int_0^1 x(x^2+3)^4\,dx$

b) $\int_1^2 x^2(x^3-1)^2\,dx$

c) $\int_{-2}^{0} (x+1)(x^2+2x+2)^3\,dx$

d) $\int_1^4 x\sqrt{x^2-1}\,dx$

e) $\int_{-1}^{2} xe^{x^2}\,dx$

f) $\int_0^1 (x-1)e^{x^2-2}\,dx$

g) $\int_{\frac{\pi}{2}}^{2\pi} \sin x \cdot \cos x\,dx$

h) $\int_{-\pi}^{0} \cos x(\sin x)^3\,dx$

i) $\int_0^1 \sin x\, e^{\cos x}\,dx$

CAS **7.**

Ermittle eine Stammfunktion F zu f. Überprüfe dein Ergebnis mit einem CAS.

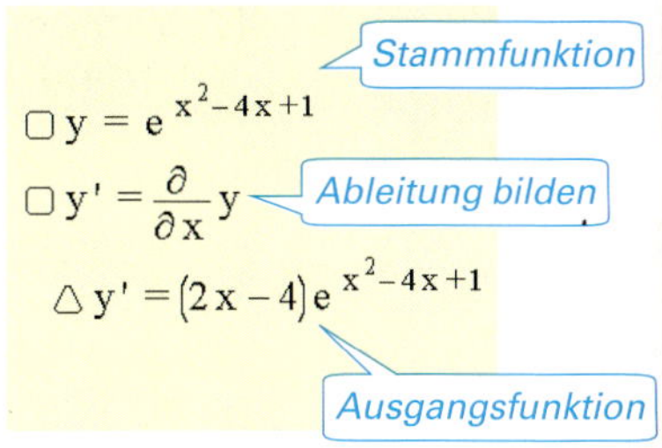

a) $f(x) = 15(3x+4)^5$

b) $f(x) = 10x(x^2+1)^4$

c) $f(x) = 24(4x-1)^5$

d) $f(x) = x(3-x^2)^7$

e) $f(x) = x^2(x^3-2)^5$

f) $f(x) = 2x \cdot e^{x^2}$

g) $f(x) = -4e^{2-4x}$

h) $f(x) = \frac{e^{\frac{1}{x}}}{x^2}$

i) $f(x) = x^2 e^{x^3}$

j) $f(x) = (x+1)e^{x^2+2x}$

k) $f(x) = 4 \cdot \cos(4x)$

l) $f(x) = -2x \cdot \frac{1}{(1+x^2)^2}$

Logarithmische Integration

8.

a) $\int_0^1 \frac{2x}{1+x^2}\,dx$ **b)** $\int_{-1}^0 \frac{e^x}{1+e^x}\,dx$ **c)** $\int_1^2 \frac{x^2}{x^3+1}\,dx$ **d)** $\int_0^{\frac{\pi}{4}} \frac{\sin x}{\cos x}\,dx$ **e)** $\int_{-1}^1 \frac{e^x-e^{-x}}{e^x+e^{-x}}\,dx$

Vermischte Übungen

9.

Berechne den Flächeninhalt der Fläche, die der Graph der Funktion f mit $f(x) = (3-x) \cdot \ln x$ mit der 1. Achse einschließt.

10.

Es ist $f(x) = e \cdot x$ und $g(x) = x e^{x^2}$. Berechne die Schnittpunkte der Graphen von f und g sowie den Flächeninhalt der Fläche, die die Graphen von f und g einschließen.

11.

Es ist $f(x) = x e^{-x^2}$.

a) Untersuche die Funktion f und zeichne den Graphen von f.

b) Berechne den Flächeninhalt der Fläche, die der Graph von f mit der Tangente im Hochpunkt und mit der 2. Achse einschließt.

c) Berechne für $k > 0$ den Flächeninhalt der Fläche, die der Graph von f mit der 1. Achse in den Grenzen 0 und k einschließt. Was erhält man für $k \to \infty$?

12.

Für $k \geq 0$ ist $f_k(x) = \frac{x}{x^2+k^2}$.

a) Bestimme die Extrempunkte des Graphen von f_k. Skizziere den Graphen f_1.

b) Zeige, dass der Flächeninhalt der Fläche, die der Graph von f_k mit der 1. Achse im 1. Quadranten zwischen der Stelle $x = 0$ und der Extremstelle von f_k einschließt von k unabhängig ist.

13.

Gegeben ist die Funktion f mit $f(x) = \frac{\ln x}{x}$; $x > 0$.

a) Berechne den Flächeninhalt der Fläche unter dem Graphen von f zwischen der Nullstelle und der Extremstelle von f.

b) Bestimme $k \in]0; 1[$ so, dass die Fläche zwischen dem Graphen von f und der 1. Achse über dem Intervall $[k; 1]$ den in Teilaufgabe a) berechneten Flächeninhalt hat.

4.5.3 Integration rationaler Funktionen mithilfe der Partialbruchzerlegung

Wie bei der Integration eines Produktes kann man i.a. auch *nicht* über einen Quotienten von zwei Funktionen integrieren, indem man Zähler und Nenner integriert. Mache dir das anhand eines möglichst einfachen Gegenbeispiels klar.
Quotienten ganzrationaler Funktionen werden übersichtlicher, wenn man sie als Summe einfacher gebrochenrationaler Funktionen darstellt.

So ist z.B. $f(x) = \frac{3x-3}{x^2-x-2} = \frac{1}{x-2} + \frac{2}{x+1}$.

Die Zerlegung des Funktionsterms in diese „Teilbrüche“ ermöglicht nicht nur einen schnellen Überblick über den Graphen durch Überlagerung der Teilgraphen, sondern vereinfacht auch die Integration über den Integranden $\frac{3x-3}{x^2-x-2}$ auf eine Integration über die einfacheren Integranden $\frac{2}{x+1}$ und $\frac{1}{x-2}$.

Aufgabe 1

a) Zeige, dass gilt $\frac{3x-3}{(x-2)(x+1)} = \frac{1}{x-2} + \frac{2}{x+1}$, und berechne damit $\int\limits_0^1 \frac{3x-3}{(x-2)(x+1)}\,dx$.

b) Bestimme $A, B \in \mathbb{R}$ so, dass $\frac{3x+4}{(x-1)(x+2)} = \frac{A}{x-1} + \frac{B}{x+2}$ ist.
Berechne dann $\int\limits_2^3 \frac{3x+4}{x^2+x-2}\,dx$.

c) Bestimme eine Stammfunktion zu f mit $f(x) = \frac{x^3+x^2-3x+2}{x^2-4}$.

Wir rechnen von rechts nach links.

Lösung

a) Es ist $\frac{1}{x-2} + \frac{2}{x+1} = \frac{x+1}{(x-2)(x+1)} + \frac{2x-4}{(x-2)(x+1)} = \frac{3x-3}{(x-2)(x+1)}$. Damit folgt:

$$\int\limits_0^1 \frac{3x-3}{(x-2)(x+1)}\,dx = \int\limits_0^1 \frac{1}{x-2} + \frac{2}{x+1}\,dx = \int\limits_0^1 \frac{1}{x-2}\,dx + \int\limits_0^1 \frac{2}{x+1}\,dx$$
$$= \big[\ln|x-2|\big]_0^1 + \big[2\cdot\ln|x+1|\big]_0^1 = \ln 1 - \ln 2 + 2\cdot\ln 2 - 2\cdot\ln 1 = \ln 2$$

b) Es ist $\frac{3x+4}{(x-1)(x+2)} = \frac{A}{x-1} + \frac{B}{x+2} = \frac{(A+B)x+(2A-B)}{(x-1)(x+2)}$,
also $3x+4 = (A+B)x + (2A-B)$.

Die Koeffizienten von x sind 3 bzw. (A + B).

Durch *Koeffizientenvergleich* erhält man das lineare Gleichungssystem mit den Variablen A und B.

$$\left|\begin{array}{r} A+B=3 \\ 2A-B=4 \end{array}\right|$$

Das absolute Glied ist 4 bzw. (2A − B).

Hieraus ergibt sich $A = \frac{7}{3}$ und $B = \frac{2}{3}$.

Man erhält: $\int\limits_2^3 \frac{3x+4}{x^2+x-2}\,dx = \int\limits_2^3 \frac{3x+4}{(x-1)(x+2)}\,dx = \frac{7}{3}\int\limits_2^3 \frac{1}{x-1}\,dx + \frac{2}{3}\int\limits_2^3 \frac{1}{x+2}\,dx$

$$= \big[\tfrac{7}{3}\ln|x-1| + \tfrac{2}{3}\ln|x+2|\big]_2^3 = \frac{\ln 200}{3} \approx 1{,}76610$$

c) Mithilfe der Polynomdivision erhält man zunächst $\frac{x^3+x^2-3x+2}{x^2-4} = x+1+\frac{x+6}{x^2-4}$.

Mit dem Ansatz $\frac{x+6}{x^2-4} = \frac{A}{x-2} + \frac{B}{x+2}$ ergibt sich das lineare Gleichungssystem $\left|\begin{array}{r} A+\ \ B=1 \\ 2A-2B=6 \end{array}\right|$, also $A = 2$ und $B = -1$.

Es folgt $f(x) = \frac{x^3+x^2-3x+2}{x^2-4} = x+1+\frac{2}{x-2} - \frac{1}{x+2}$ und eine Stammfunktion ist durch $F(x) = \frac{1}{2}x^2 + x + 2\ln|x-2| - \ln|x+2|$ gegeben.

Integration durch Partialbruchzerlegung

Man kann viele Integrale über gebrochenrationale Funktionen berechnen, indem man den Funktionsterm in eine Summe einfacherer gebrochenrationaler Terme zerlegt.

Die dabei benutzte Zerlegung, z. B. $\frac{3x+4}{x^2+x-2} = \frac{\frac{7}{3}}{x-1} + \frac{\frac{2}{3}}{x+2}$, wird **Partialbruchzerlegung** genannt.

Die Brüche $\frac{\frac{7}{3}}{x-1}$ und $\frac{\frac{2}{3}}{x+2}$ heißen **Partialbrüche**.

Weiterführende Aufgaben

2. *Quadratischer Faktor im Nenner*

a) Zerlege den Funktionsterm $f(x) = \frac{3x-2}{(x-1)(x-2)^2}$ gemäß dem Ansatz

$\frac{3x-2}{(x-1)(x-2)^2} = \frac{A}{x-1} + \frac{B}{x-2} + \frac{C}{(x-2)^2}$ und ermittle eine Stammfunktion von f.

b) Begründe, dass der Ansatz $\frac{A}{x-1} + \frac{B}{(x-2)^2}$ nicht zum Ziel führt.

▲ **3.** *Unzerlegbarer Faktor 2. Grades im Nenner*

a) Zerlege den Funktionsterm $f(x) = \frac{2}{(x-1)(x^2+1)}$ gemäß dem Ansatz

$\frac{2}{(x-1)(x^2+1)} = \frac{A}{x-1} + \frac{Bx}{x^2+1} + \frac{C}{x^2+1}$ und ermittle eine Stammfunktion von f.

Verwende $(\arctan x)' = \frac{1}{x^2+1}$ siehe Seite 265

b) Begründe, dass der Ansatz $\frac{2}{(x-1)(x^2+1)} = \frac{A}{x-1} + \frac{B}{x^2+1}$ nicht zum Ziel führt.

4. *Alternative zum Verfahren des Koeffizientenvergleichs*

Verwende das folgende Verfahren zur Bestimmung von A und B in Teilaufgabe 1 b):

Leite aus dem Ansatz $\frac{3x+4}{(x-1)(x+2)} = \frac{A}{x-1} + \frac{B}{x+2}$ die Gleichung

$3x+4 = A(x+2) + B(x-1)$ her, setze $x = 1$ bzw. $x = -2$ ein und ermittle hieraus A bzw. B.

Warum ist das Verfahren zulässig?

Übungen

5.

Bestimme eine Stammfunktion zu f.

a) $f(x) = \frac{3x+2}{x(x+1)}$ **c)** $f(x) = \frac{4}{x^2-1}$ **e)** $f(x) = \frac{2x+3{,}1}{10x^2+3x-1}$

b) $f(x) = \frac{x+8}{(x-2)(x+3)}$ **d)** $f(x) = \frac{x+8}{3(1-x)(x+2)}$ **f)** $f(x) = \frac{k}{x^2-k^2}$

6.

Bestimme eine Stammfunktion zu f.

a) $f(x) = \frac{x-2}{(x-1)^2}$ **c)** $f(x) = \frac{3x-1}{x^2}$ **e)** $f(x) = \frac{x^2-7x+12}{x(x-2)^2}$

b) $f(x) = \frac{3x+4}{x^2+4x+4}$ **d)** $f(x) = \frac{x+1}{x^2-10x+25}$ **f)** $f(x) = \frac{x^2-2x-1}{x^4-2x^2+1}$

7.

Bestimme eine Stammfunktion zu f.

a) $f(x)=\frac{x^2-1}{x(x^2+1)}$

b) $f(x)=\frac{x^2+x+6}{(x-1)(x^2+3)}$

c) $f(x)=\frac{x^2-1}{x^3+x^2+x}$

d) $f(x)=\frac{1}{x^3+x}$

e) $f(x)=\frac{3x^3-5x^2+6x-1}{(x-2)^2(x^2+1)}$

f) $f(x)=\frac{x^3-2x}{(x^2+1)(x^2+4)}$

8.

Bestimme eine Stammfunktion zu f.

a) $f(x)=\frac{x^3-3x^2+5x-4}{x^2-3x+2}$

b) $f(x)=\frac{x^4+x^3-3x-1}{x^2+x}$

c) $f(x)=\frac{x^3-2x-2}{x^2+x-2}$

d) $f(x)=\frac{x^3+3x}{x^2+1}$

e) $f(x)=\frac{x^4-2x^3+4x^2-8x-4}{x^3+4x}$

f) $f(x)=\frac{2x^4-8x^3+9x^2-5}{(x-2)(x-1)^2}$

4.5.4 Vermischte Übungen

(1) Bei jeder gebrochenrationalen Funktion lässt sich der Nenner des Funktionsterms als Produkt linearer oder quadratischer Terme darstellen.
Daher kann man mit dem beschriebenen Verfahren der Partialbruchzerlegung prinzipiell jedes Integral über eine gebrochenrationale Funktion berechnen. Allerdings kann der Rechenaufwand bei hohem Nennergrad erheblich sein.

(2) Bei nicht-gebrochenrationalen Funktionen gehört häufig viel Glück dazu, wenn man mithilfe der Verfahren der Substitution oder der partiellen Integration eine Stammfunktion finden will. Unter Umständen muss man dabei beide Verfahren verbinden oder ein Verfahren wiederholt anwenden, z. B. bei $f(x)=\sqrt{1-x^2}$.

(3) Es gibt Funktionen, z. B. f mit $f(x)=\frac{e^x}{x}$, die zwar nach dem Hauptsatz eine Stammfunktion besitzen, die sich aber nicht mittels der Grundfunktionen $x \mapsto x^r$, $r \in \mathbb{R}$, $x \mapsto \sin x$, $x \mapsto \cos x$, $x \mapsto e^x$, $x \mapsto \ln x$ und den Rechenoperationen $+, -, \cdot$ und : explizit angeben lässt. Eine solche Funktion heißt nicht elementar integrierbar. Integrale über solche Funktionen lassen sich aber mit numerischen Verfahren (näherungsweise) bestimmen.

vgl. Seite 215

1.

Ermittle eine Stammfunktion F zu f.

a) $f(x)=x\cdot e^{x^2}$

b) $f(x)=x^2e^{-x^3}$

c) $f(t)=a\sin(\omega t)$

d) $f(x)=(1-4x)^3$

e) $f(x)=\frac{1}{(1-x)^2}$

f) $f(x)=\frac{1}{\sqrt{2-3x}}$

g) $f(x)=\frac{x}{\sqrt{x^2-1}}$

h) $f(x)=\frac{x^2}{(x^3-1)^2}$

i) $f(x)=\frac{x+\frac{1}{2}}{\sqrt{x^2+x}}$

j) $f(x)=\frac{x}{(1-x^2)^3}$

k) $f(x)=\frac{1}{x\cdot(\ln x)^3}$

l) $f(x)=\frac{1}{\sqrt{x^2}\cdot\ln x}$

2.

Ermittle eine Stammfunktion F zu f.

a) $f(x)=\frac{1}{x+3}$

b) $f(x)=\frac{x^2+x}{x^3+1{,}5x^2+1}$

c) $f(x)=\frac{x^2}{x^3-1}$

d) $f(x)=\frac{e^{-x}}{1+e^{-x}}$

e) $f(x)=\frac{e^x-e^{-z}}{e^x+e^{-y}}$

f) $f(x)=\frac{1}{x\cdot\ln x}$

g) $f(x)=\frac{1}{1-e^{-x}}$

h) $f(x)=\frac{1}{1+e^{-kz}}$

3.
Ermittle eine Stammfunktion F zu f.

a) $f(x)=\frac{1}{(x-4)(x+1)}$ **b)** $f(x)=\frac{3x}{x^2+x-2}$ **c)** $f(x)=\frac{x^2-2x+2}{x^3+2x^2+x+2}$ **d)** $f(x)=\frac{7-3x}{(x-1)^2(x+3)}$

4.
Bestimme eine Stammfunktion F zur Integrandenfunktion, und berechne das Integral.

a) $\int_{-1}^{0}(x-2)\cdot e^x\,dx$ **b)** $\int_{1}^{2}(3-x)e^{2-x}\,dx$ **c)** $\int_{0}^{1}x^2\cdot e^{-x}\,dx$ **d)** $\int_{1}^{e}(\ln x)^2\,dx$

5.
Berechne das Integral.

a) $\int_{0}^{1}3x^2(x^3+1)^2\,dx$ **e)** $\int_{e^{-2}}^{e^{-1}}\frac{1}{x\cdot(\ln x)^2}\,dx$ **i)** $\int_{-1}^{0}\frac{x^4-3x^3+2x^2-x+3}{x^3-x^2+x-1}\,dx$ **m)** $\int_{0}^{1}\frac{x^3}{x^2+1}\,dx$

b) $\int_{-1}^{0}\frac{-x}{x+1}\,dx$ **f)** $\int_{1}^{2}\frac{5}{x^2-x-6}\,dx$ **j)** $\int_{e}^{e^2}\frac{1}{x\cdot\ln x}\,dx$ **n)** $\int_{2}^{3}\frac{x^3-3x}{x^2-1}\,dx$

c) $\int_{0}^{1}\frac{x^2}{(x^3+1)^2}\,dx$ **g)** $\int_{-3}^{-2}\frac{2x-1}{x^2-x-1}\,dx$ **k)** $\int_{0}^{\ln 2}\frac{e^x}{e^x+1}\,dx$ **o)** $\int_{0}^{1}\frac{x^3+5x^2-5}{x+5}\,dx$

d) $\int_{0}^{\ln 3}\frac{e^{-x}}{(1+e^{-x})^2}\,dx$ **h)** $\int_{1}^{2}\frac{x+1}{x^3+2x^2}\,dx$ **l)** $\int_{0}^{3}\frac{2x}{\sqrt{x^2+1}}\,dx$ **p)** $\int_{2}^{3}\frac{x^5-x+1}{x^4-1}\,dx$

6.
Bestimme eine Stammfunktion von f.

a) $f(x)=e^x\cdot\sin x$ **b)** $f(x)=e^x\cdot\cos x$ **c)** $f(x)=e^{-x}\cdot\sin x$ **d)** $f(x)=e^{-x}\cdot\cos x$

7.
a) Zeige, dass folgende Rekursionsformel gilt: $\int_a^b x^n\cdot\sin x\,dx=[-x^n\cos x]_a^b+n\cdot\int_a^b x^{n-1}\cos x\,dx$

b) Stelle entsprechende Regeln für $\int_a^b x^n\cdot\cos x\,dx$; $\int_a^b x^n\cdot e^x\,dx$; $\int_a^b x^n\cdot\ln x\,dx$; $\int_a^b(\ln x)^n\,dx$ auf. Bei welcher der vier Funktionen lassen sich die Integrale auch direkt angeben?

c) Gib jeweils eine Stammfunktion zu den Integrandenfunktionen aus den Teilaufgaben a) und b) für den Fall $n=3$ an.

8.
Berechne den Flächeninhalt der Fläche zwischen dem Graphen von f und der 1. Achse.

a) $f(x)=(x^2-1)\,e^{-x}$ **b)** $f(x)=(x-2)\cdot\ln x$ **c)** $f(x)=\frac{x^3-4x}{x^2+1}$ **d)** $f(x)=\frac{1-x^2}{x^2-9}$

9.
Berechne den Flächeninhalt der von dem Graphen von f und der Geraden g eingeschlossenen Fläche.

a) $f(x)=\frac{x^3}{x^2-9}$; $g(x)=-\frac{4}{5}x$ **b)** $f(x)=x\cdot e^{x+2}$; $g(x)=x$ **c)** $f(x)=x\cdot e^{1-x}$; $g(x)=x$

10.
Gegeben ist die Funktion f mit $f(x)=\frac{(x-1)^2}{x^2+1}$. Berechne den Flächeninhalt der Fläche, die der Graph von f mit der 1. Achse zwischen den Extremstellen von f einschließt.

11.
Gegeben ist die Funktion f mit $f(x)=x^2\cdot e^{2-x}$. Berechne den Flächeninhalt der Fläche, die der Graph von f, die Tangente im Hochpunkt und die 2. Achse einschließen.

12.
Gegeben ist die Funktion f mit $f(x) = \ln x$. Berechne den Flächeninhalt der vom Graphen von f, der 1. Achse und der Tangente im Punkt $P(e \mid 1)$ eingeschlossenen Fläche.

13.
Gegeben ist die Funktion f mit $f(x) = \frac{x}{x^2+1}$.

a) Zeichne den Graphen von f und berechne den Flächeninhalt der Fläche unter dem Graphen zwischen den Wendestellen.

b) Berechne den Flächeninhalt der Fläche, die der Graph von f, die Tangente im Hochpunkt [Wendepunkt im 1. Quadranten] und die 2. Achse einschließen.

14.
Gegeben ist die Funktion f mit $f(x) = 5x \cdot e^{-\frac{1}{2}x^2}$.

a) Untersuche f und zeichne den Graphen.

b) Berechne den Flächeninhalt der Fläche unter dem Graphen von f zwischen den Wendestellen.

c) Berechne $\int_0^k f(x)\,dx$ für $k > 0$. Was ergibt sich für $k \to \infty$?

15.
Gegeben ist die Funktion f mit $f(x) = x \cdot e^{-x}$. Die Fläche zwischen dem Graphen von f und der 1. Achse soll zwischen $x = 0$ und der Wendestelle von f um die 1. Achse rotieren. Berechne das Volumen des Rotationskörpers.

16.
Gegeben sei $f(x) = e^x \cdot g(x)$ mit $g(x) = ax^2 + bx + c$.

a) Zeige, dass die Funktion F mit $F(x) = e^x\big(g(x) - g'(x) + g''(x)\big)$ eine Stammfunktion von f ist.

b) Bestimme eine Stammfunktion für $f(x) = e^{-x} \cdot g(x)$.

c) Wie lässt sich das Ergebnis auf beliebige ganzrationale Funktionen g vom Grad n verallgemeinern?

▲ **17.**

a) Zeige: $\int_a^b (\sin x)^k\,dx = \left[-\frac{1}{k}\cos x \cdot (\sin x)^{k-1}\right]_a^b + \frac{k-1}{k}\int_a^b (\sin x)^{k-2}\,dx$

b) Leite eine entsprechende Rekursionsgleichung für $\int_a^b (\cos x)^k\,dx$ her.

c) Setze $k = 2n$ bzw. $k = 2n+1$ und zeige durch vollständige Induktion, dass für alle $n \in \mathbb{N}$ gilt:

(1) $\int_0^{\frac{\pi}{2}} (\sin x)^{2n}\,dx = \frac{(2n-1)\cdot(2n-3)\cdot \ldots \cdot 1}{2n\cdot(2n-2)\cdot \ldots \cdot 2}\cdot\frac{\pi}{2}$ (2) $\int_0^{\frac{\pi}{2}} (\sin x)^{2n+1}\,dx = \frac{2n\cdot(2n-2)\cdot \ldots \cdot 2}{(2n+1)\cdot(2n-1)\cdot \ldots \cdot 3}$

d) Beachte, dass im Intervall $\left[0; \frac{\pi}{2}\right]$ gilt $(\sin x)^{2n+1} \le (\sin x)^{2n} \le (\sin x)^{2n-1}$ und zeige mittels der Teilaufgaben c) (1) und c) (2):

(3) $1 \le (2n+1)\left[\frac{(2n-1)\cdot(2n-3)\cdot \ldots \cdot 1}{2n\cdot(2n-2)\cdot \ldots \cdot 2}\right]^2 \cdot \frac{\pi}{2} \le \frac{2n+1}{2n}$

e) Begründe mittels der Teilaufgabe d): $\lim\limits_{n\to\infty} \frac{(2n)^2\cdot(2n-2)^2\cdot \ldots \cdot 2^2}{(2n-1)^2\cdot(2n-3)^2\cdot \ldots \cdot 1^2\cdot(2n+1)} = \frac{\pi}{2}$

Bemerkung: Diese Darstellung für $\frac{\pi}{2}$ heißt nach dem englischen Mathematiker JOHN WALLIS (1616–1703) *Wallissches Produkt.*

4.6 Bogenlänge – Größe der Mantelfläche

Unserer natürlichen Vorstellung nach haben auch krummlinige Kurven eine Länge. Die einzige Kurve, deren Länge wir bisher berechnen können, ist die des Kreisbogens. Unser Ziel ist, eine allgemeine Formel für die Länge einer Kurve herzuleiten, wobei die Kurve selbst als Graph einer Funktion f vorgegeben ist.

Aufgabe 1

a) Gegeben ist die Funktion f und ihr Graph über dem Intervall [a; b]. Gesucht ist die Länge l dieses Graphen (kurz *Bogenlänge* l). Welche Voraussetzungen macht man zweckmäßigerweise über die Funktion f ?

b) Eine durchhängende Kette kann man durch den Graphen der Funktion f mit $f(x) = \frac{1}{2}(e^x + e^{-x})$ beschreiben. Bestimme die Länge der *Kettenlinie* über dem Intervall [– b; b].

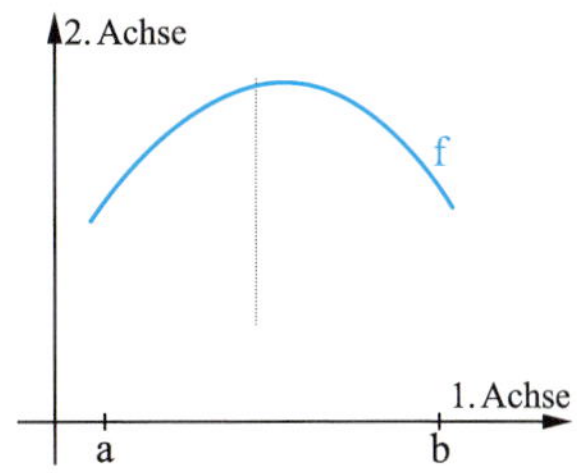

Lösung

a) (1) Annäherung des Bogens durch Sehnen

Wir gehen von einer äquidistanten Zerlegung Z des Intervalls [a; b] aus:

Z: $a = x_0, x_1, x_2, \ldots, x_{i-1}, x_i, \ldots, x_n = b$

Über jedem Teilintervall der Zerlegung Z gibt es eine Sehne, deren Länge ungefähr gleich der Länge des Bogens ist. Die Gesamtsehnenlänge s mit

$s = |\overline{P_0 P_1}| + |\overline{P_1 P_2}| + \ldots + |\overline{P_{i-1} P_i}| + \ldots + |\overline{P_{n-1} P_n}|$

ist ein Näherungswert für die gesuchte Bogenlänge l.

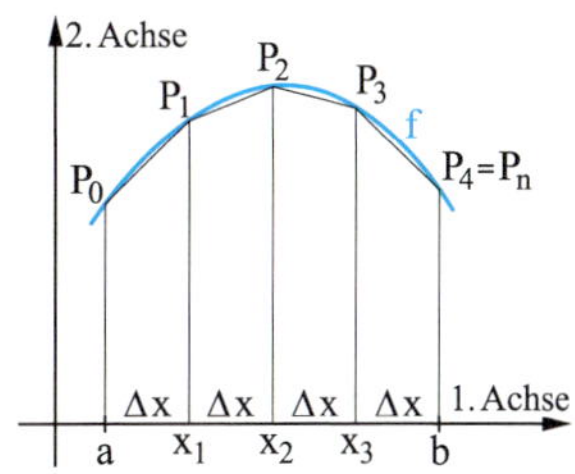

(2) Berechnung der Länge $|\overline{P_{i-1} P_i}|$ einer einzelnen Sehne

Wir betrachten die Sehne $\overline{P_{i-1} P_i}$ über dem Teilintervall $[x_{i-i}; x_i]$. Nach dem Satz des Pythagoras gilt:

$$|\overline{P_{i-1} P_i}| = \sqrt{(x_i - x_{i-1})^2 + (f(x_i) - f(x_{i-1}))^2}$$

$$= \sqrt{1 + \left(\frac{f(x_i) - f(x_{i-1})}{x_i - x_{i-1}}\right)^2} \cdot (x_i - x_{i-1})$$

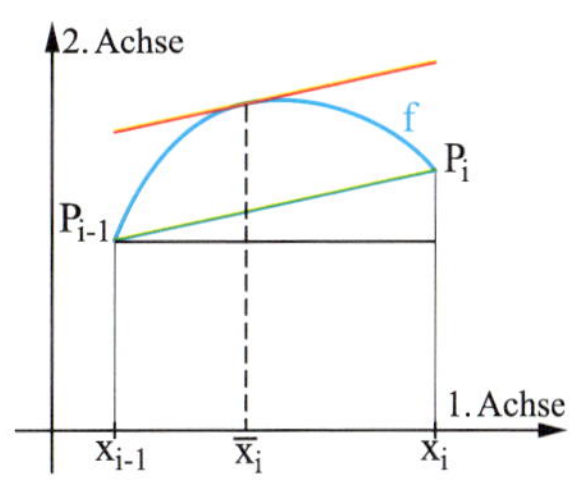

Nun ist $\frac{f(x_i) - f(x_{i-1})}{x_i - x_{i-1}}$ die Steigung der Sehne $\overline{P_{i-1} P_i}$ und damit gleich der Steigung $f'(\bar{x}_i)$ einer zur Sehne $\overline{P_i P_{i-1}}$ parallelen Tangente. Wir erhalten

$|\overline{P_{i-1} P_i}| = \sqrt{1 + (f'(\bar{x}_i))^2} \cdot (x_i - x_{i-1}) = \sqrt{1 + (f'(\bar{x}_i))^2} \cdot \Delta x.$

Vergleiche auch Mitelwertsatz der Differentialrechnung S. 197, Aufgabe 4.

(3) Formel für die Bogenlänge l

Für die Bogenlänge l erhält man somit angenähert:

$$l \approx \sqrt{1 + (f'(\bar{x}_1))^2} \cdot \Delta x + \sqrt{1 + (f'(\bar{x}_2))^2} \cdot \Delta x + \ldots + \sqrt{1 + (f'(\bar{x}_n))^2} \cdot \Delta x$$

Der Ausdruck rechts ist aber auch angenähert der Flächeninhalt der Fläche unter dem Graphen der Funktion g mit $g(x) = \sqrt{1 + (f'(x))^2}$ über [a; b] und damit umso genauer gleich $\int_a^b g$, je kleiner die Δx sind. Es folgt: $l = \int_a^b g = \int_a^b \sqrt{1 + (f'(x))^2}\, dx$

Formel für die Bogenlänge

Die Funktion f sei differenzierbar im Intervall [a; b], und die Ableitung f′ sei dort noch stetig.
Dann gilt für die Länge l des Graphen von f über [a; b] (diese Länge nennt man *Bogenlänge*):

$$l = \int_a^b \sqrt{1 + (f'(x))^2}\, dx$$

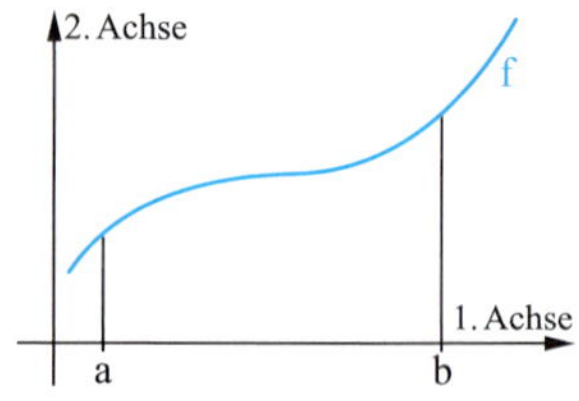

b) Der Graph ist symmetrisch zur zweiten Achse. Daher berechnen wir nur die Bogenlänge von 0 bis b. Nun ist $f'(x) = \frac{1}{2}(e^x - e^{-x})$, und es folgt:

$$\sqrt{1 + (f'(x))^2} = \sqrt{1 + \tfrac{1}{4}(e^x - e^{-x})^2}$$
$$= \sqrt{\tfrac{1}{4}(4 + e^{2x} - 2 + e^{-2x})}$$
$$= \tfrac{1}{2} \cdot \sqrt{(e^x + e^{-x})^2}$$
$$= \tfrac{1}{2} \cdot (e^x + e^{-x})$$

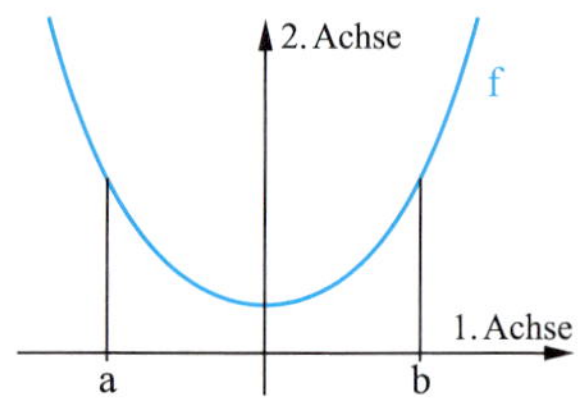

Wir erhalten:

$$l = \int_0^b \sqrt{1 + (f'(x))^2}\, dx = \tfrac{1}{2} \cdot \int_0^b (e^x + e^{-x})\, dx$$
$$= \tfrac{1}{2}\left(\int_0^b e^x\, dx + \int_0^b e^{-x}\, dx\right) = \tfrac{1}{2} \cdot \left([e^x]_0^b + [(-e^{-x})]_0^b\right) = \tfrac{1}{2}(e^b - e^{-b})$$

Die gesuchte Bogenlänge der Kettenlinie von $-b$ bis $+b$ beträgt: $e^b - e^{-b}$

Information **(1) Zum Begriff Kettenlinie**

Hängt man eine Kette (oder ein Seil) an den Punkten A und B auf, so nimmt die Kette unter dem Einfluß des Eigengewichts die Form einer Kettenlinie an. Man kann beweisen, dass allgemein die Gleichung eine Kettenlinie lautet: $y = \frac{a}{2} \cdot \left(e^{\frac{x}{a}} + e^{-\frac{x}{a}}\right)$.

Hierbei ist der Parameter a mit $a > 0$ durch die mechanischen Bedingungen bestimmt. In der Aufgabe oben wurde die spezielle Kettenlinie mit dem Parameter $a = 1$ betrachtet.

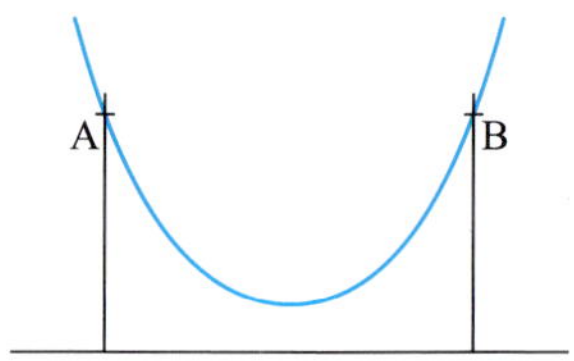

(2) Kritischer Rückblick auf die Herleitung der Formel für die Bogenlänge

In den Überlegungen zur Herleitung der Formel wurde als selbstverständlich vorausgesetzt, dass die betrachtete Kurve auch eine Länge hat. Dies ist ganz natürlich, weil ein zu einer Kurve gelegter Faden auch eine Länge hat, die man messen kann. Es wurde außerdem der Anschauung entnommen, dass die Länge des Sehnenzuges eine Annäherung der Bogenlänge ist, und dass dies umso genauer der Fall ist, je kleiner Δx ist. Tatsächlich muss man, um auch in Grenzfällen mathematisch korrekt schließen zu können, die Bogenlänge definieren. Man definiert sie als die *kleinste* obere Schranke der Längen der einbeschriebenen Sehnenzüge. Setzt man diese Definition voraus, so kann man die obige Formel für die Bogenlänge ohne Rückgriff auf die Anschauung beweisen.

Weiterführende Aufgaben

1. *Mantel von Rotationskörpern*
Der Graph der Funktion f rotiere um die 1. Achse. Dadurch entsteht ein Rotationskörper (Bilder, siehe z. B. Seite 185 oben).
Dann gilt:

Satz 3
Ist die Ableitung f′ der Funktion f im Intervall [a; b] stetig, so gilt für die Größe M des Mantels des Rotationskörpers über dem Intervall [a; b]:

$$M = 2\pi \int_a^b f(x) \cdot \sqrt{1 + (f'(x))^2}\, dx$$

Zeige die Gültigkeit der Formel für die Größe des Mantels. Gehe dabei ähnlich vor wie bei der Herleitung der Formel für die Bogenlänge *l*.
Beachte, dass bei der Rotation der Sehnen um die 1. Achse Kegelstümpfe entstehen. Verwendet werden muss auch die Formel $M = \pi \cdot (r_1 + r_2) \cdot s$ für die Größe des Mantels eines Kegelstumpfes.

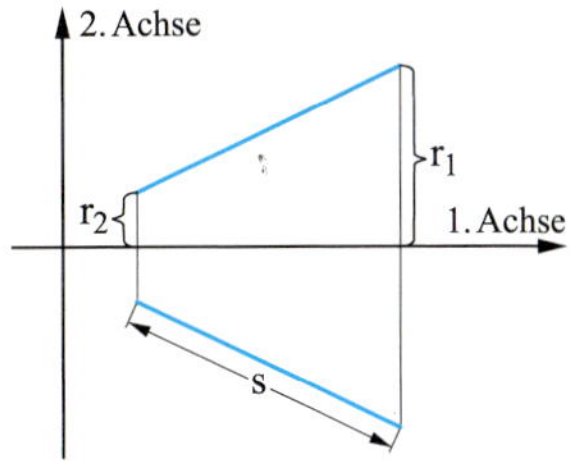

▲ **2.** *Elliptisches Integral*
Die Gleichung einer Ellipse lautet: $\frac{x^2}{a^2} + \frac{y^2}{b^2} = 1$.
Schreibe eine Formel für den Umfang der Ellipse auf und forme das Integral in eine einfache Form um.
Das Integral heißt *elliptisches Integral*, weil es den Umfang der Ellipse angibt. Die Integrandenfunktion ist nicht elementar integrierbar (vgl. Seite 208, Kasten zu den Integrationsverfahren (3)).

Übungsaufgaben

Bogenlänge

3.
Zeige, dass die Formel für die Bogenlänge als Spezialfall auch die Formel
$l = \sqrt{(y_2 - y_1)^2 + (x_2 - x_1)^2}$
für die Länge einer Strecke enthält.

4.
Berechne die Länge des Bogens der *Neilschen Parabel* mit $y^2 = x^3$ über dem Intervall [a; b].

5.
Berechne die Länge des Bogens
a) der allgemeinen Kettenlinie mit der Gleichung $y = \frac{a}{2} \cdot \left(e^{\frac{x}{a}} + e^{-\frac{x}{a}}\right)$ über dem Intervall [− b; b].
b) eines Halbkreises mit dem Radius r.

6.

Berechne die Länge des Graphen der Funktion f über ein Intervall [a; b].

a) $f(x) = \frac{1}{4}x^2 - \ln\sqrt{x}$; $[4; 9]$

b) $f(x) = \frac{x^4 + 3}{6x}$; $[1; 2]$

c) $f(x) = \frac{1}{3}(x - 3) \cdot \sqrt{x}$; $[4; 9]$

d) $f(x) = \ln\sqrt{\sin x \cdot \cos x}$; $\left[\frac{\pi}{6}; \frac{\pi}{3}\right]$

7.

Berechne die Länge des Graphen der Funktion f über dem Intervall [a; b].

a) $f(x) = \ln(x^2 - 1)$; $[\sqrt{2}; 1 + \sqrt{2}]$ Verwende: $\frac{x^2+1}{x^2-1} = 1 + \frac{1}{x-1} - \frac{1}{x+1}$

b) $f(x) = \ln \sin x$; $\left[\frac{\pi}{4}; \frac{\pi}{2}\right]$ Verwende: $\sin x = 2 \cdot \sin\frac{x}{2} \cdot \cos\frac{x}{2}$; $\tan\frac{x}{2} = z$.

Mantel von Rotationskörpern

8.

Die Parabel mit der Gleichung $y^2 = 2px$ rotiere um die erste Achse. Bestimme die Größe des Mantels des entstehenden *Paraboloids.*

9.

Der Kreis mit der Gleichung $y^2 + x^2 = r^2$ rotiere um die erste Achse. Berechne:

a) die Größe der Oberfläche der entstehenden Kugel;

b) die Größe der Mantelfläche der *Kugelschicht* über dem Intervall $[x_1; x_2]$;

c) die Größe der *Kugelkappe* von der Höhe h.

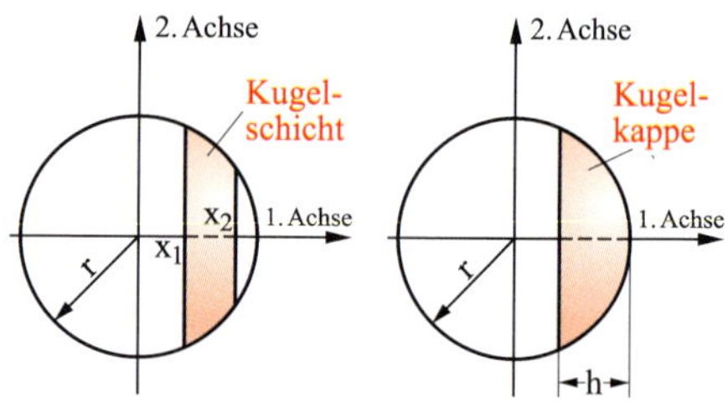

10.

Die Kettenlinie mit der Gleichung $y = \frac{1}{2}(e^x + e^{-x})$ erzeugt bei Rotation um die erste Achse einen Körper, der *Katenoid* heißt.

Wie groß ist dessen Mantel über dem Intervall $[-1; 1]$.

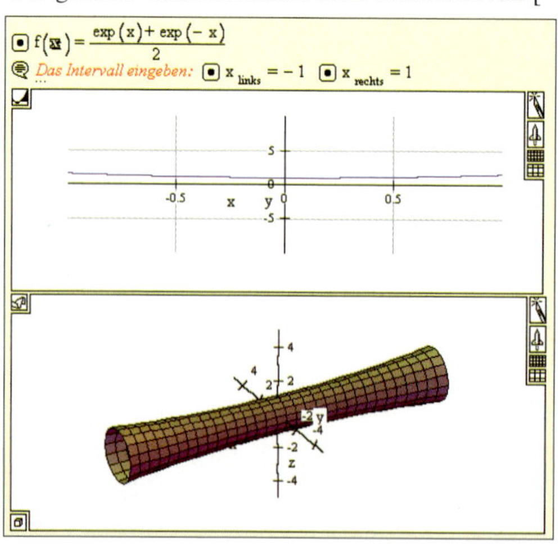

Gezeichnet mit der Software EdM-interaktiv.
Eingabe: $\frac{\exp(x) + \exp(-x)}{2}$

4.7 Numerische Verfahren der Integration

In diesem Abschnitt sollen einfache Verfahren erarbeitet werden, mit denen die numerischen Werte von Integralen beliebig genau bestimmt werden können.

4.7.1 Das Rechteckverfahren

Das Integral $\int_1^2 \frac{e^x}{x}\,dx$ soll berechnet werden. Es gelingt jedoch nicht, eine Stammfunktion F der Funktion f mit $f(x)=\frac{e^x}{x}$ ohne Integralzeichen mithilfe der uns bekannten Funktionen anzugeben. Man sagt: f mit $f(x)=\frac{e^x}{x}$ ist *nicht* elementar integrierbar. Versucht man eine Stammfunktion mithilfe eines CAS zu bestimmen, so bestätigt dessen Antwort die oben gemachte Aussage. Dagegen gibt das CAS für das Integral $\int_1^2 \frac{e^x}{x}$ einen numerischen Wert an. Dabei wurde im Eingabefeld nInt( ) eingegeben. Das CAS ermittelt im zweiten Fall mit den festen Integrationsgrenzen einen Näherungswert für das bestimmte Integral. Für einen Benutzer des CAS ist nicht immer leicht zu entscheiden, ob die vom CAS angegebene Zahl ein Näherungswert ist. Das Umschalten zum näherungsweisen Bestimmen von Integralwerten erfolgt in vielen CAS automatisch. In diesem Abschnitt soll uns aber interessieren, wie ein solches System einen Näherungswert für ein bestimmtes Integral ermitteln kann. Bestimme daher das Integral $\int_1^2 \frac{e^x}{x}\,dx$ näherungsweise.

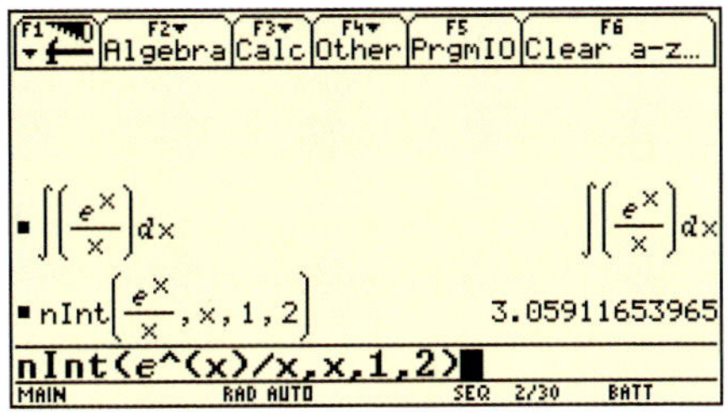

nInt bedeutet numerische Integration

Aufgabe 1 **a)** Schätze den Wert des Integrals $\int_1^2 \frac{e^x}{x}\,dx$ nach unten und nach oben ab. Betrachte dazu geeignete Untersummen $\underline{S}_n$ und Obersummen $\overline{S}_n$; berechne $\underline{S}_n$ und $\overline{S}_n$ für n = 10, 20, 50, 100.

b) Vielleicht erhält man bessere Näherungswerte für $\int_1^2 \frac{e^x}{x}\,dx$, wenn man statt der Funktionswerte an den Rändern der Teilintervalle die Funktionswerte in der Mitte der Teilintervalle als Höhen für die Rechtecke wählt.
Bestimme Näherungswerte für das Integral bei einer Zerlegung in n = 10, 20, 50, 100, 200, 500, 1 000 Teilintervalle.

Lösung **a)** (1) *Abschätzen des Integrals durch Untersummen*

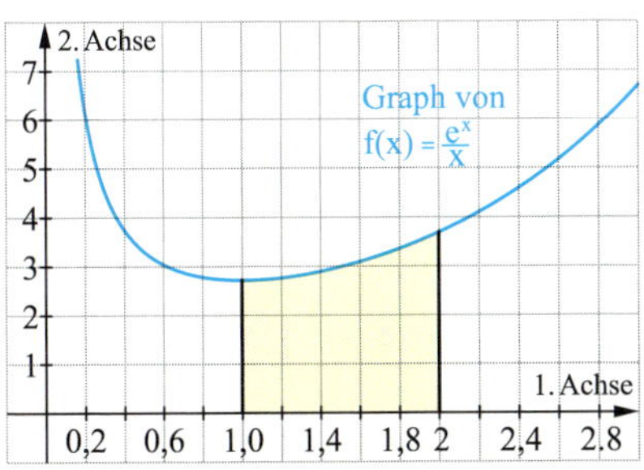

Auf dem betrachteten Intervall [1; 2] ist der Graph zu $f(x)=\frac{e^x}{x}$ streng monoton steigend, da $f'(x)=\frac{x-1}{x^2}\cdot e^x>0$ für $x>1$.
Also lässt sich der Wert des Integrals nach unten durch die Flächeninhalte von Rechtecken abschätzen, deren Höhe jeweils durch den Funktionswert am linken Rand der Teilintervalle bestimmt ist.

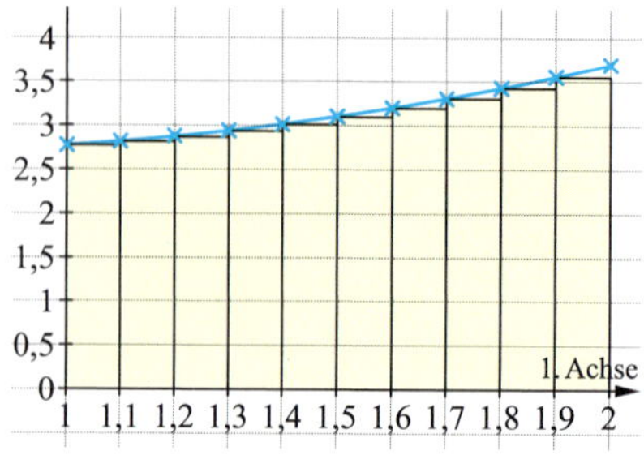

Untere Treppenfigur (n = 10)

Es ist

$\underline{S}_{10} = \frac{2-1}{10} \cdot \big(f(1) + f(1{,}1) + \ldots + f(1{,}9)\big)$
$= 3{,}011843$

(*6stellige Genauigkeit*)

Mithilfe einer Tabellenkalkulation berechnen wir:

$\underline{S}_{20} = 3{,}035095$; $\underline{S}_{50} = 3{,}049416$; $\underline{S}_{100} = 3{,}054251$

Die nachfolgende Excel-Tabelle zeigt eine Möglichkeit zur Berechnung des Flächeninhalts der unteren Treppenfigur für 10 Teilintervalle.

	A	B	C
1	Untere Intervallgrenze a		1
2	Obere Intervallgrenze b		2
3	Anzahl der Intervalle n		10
4			
5	**i**	**untere Grenze ci**	**f(ci)**
6		**des Teilintervalls**	
7	1	1	2,71828183
8	2	1,1	2,73106002
9	3	1,2	2,7667641
10	4	1,3	2,8225359
11	5	1,4	2,8965714
12	6	1,5	2,98779271
13	7	1,6	3,09564527
14	8	1,7	3,21996905
15	9	1,8	3,36091526
16	10	1,9	3,51889181
17	**Flächeninhalt der unteren**		
18	**Treppenfigur**		3,01184274

Lasse die Zellen B10 bis B16 ausfüllen.

Eingabe: C1:a C2:b C3:n

Formeln:
B7: =\$C\$1 + (\$C\$2 – \$C\$1)/C3*(A7 – 1)
B8: =\$C\$1 + (\$C\$2 – \$C\$1)/C3*(A8 – 1)
B9: =\$C\$1 + (\$C\$2 – \$C\$1)/C3*(A9 – 1)

C7: =EXP(B7)/B7
C8: =EXP(B8)/B8
C9: =EXP(B9)/B9

Lasse die Zellen C10 bis C16 ausfüllen.

Näherungswert:
C18: =(C2 – C1)/C3*SUMME(C7:C16)

(2) *Abschätzen des Integrals durch Obersummen*

Der Wert des Integrals lässt sich nach oben durch die Flächeninhalte von Rechtecken abschätzen, deren Höhe jeweils durch den rechten Rand der Teilintervalle bestimmt ist.

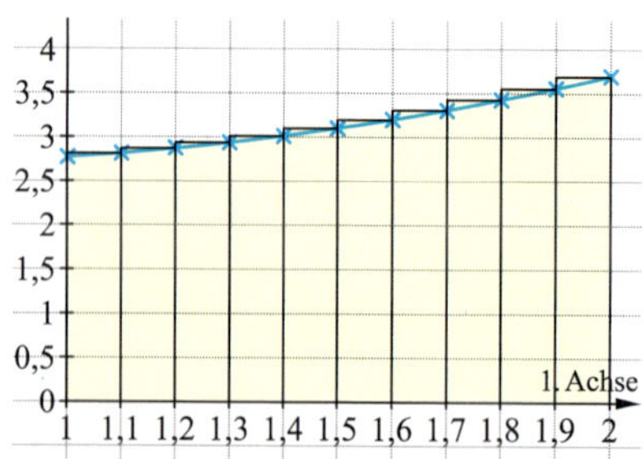

Obere Treppenfigur

$\overline{S}_{10} = \frac{1}{10} \cdot \big(f(1{,}1) + f(1{,}2) + \ldots + f(2)\big)$
$= 3{,}109467$

Mithilfe einer Tabellenkalkulation berechnen wir ebenso:

$\overline{S}_{20} = 3{,}083907$; $\overline{S}_{50} = 3{,}068941$; $\overline{S}_{100} = 3{,}064013$

Insgesamt finden wir also: $3{,}054251 \leq \int\limits_1^2 \frac{e^x}{x}\,dx \leq 3{,}064013$

b)

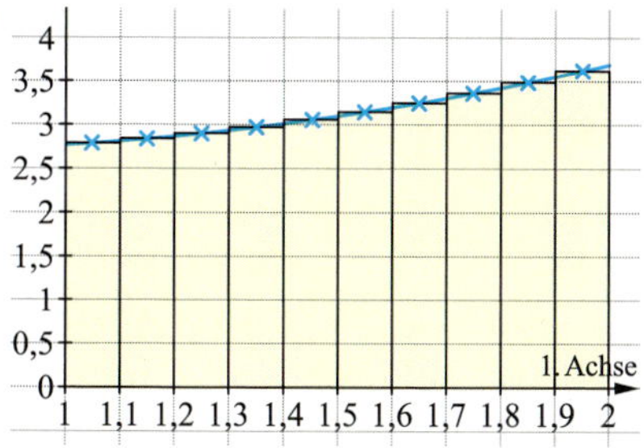

Man erhält folgende Näherungswerte:

$R_{10} = 3{,}058348$
$R_{20} = 3{,}058924$
$R_{50} = 3{,}059086$
$R_{100} = 3{,}059109$

Mithilfe einer Tabellenkalkulation berechnen wir: $\underline{R}_{200} = 3{,}059115$;
$\underline{R}_{500} = 3{,}0591162$; $\underline{R}_{1000} = 3{,}0511646$

Information Das Verfahren, Integrale näherungsweise durch Flächeninhalte von Rechtecken zu bestimmen, deren Höhe durch die Funktionswerte in der Mitte von Teilintervallen gegeben ist, heißt *Rechteckverfahren*. Wenn der Graph der betrachteten Funktion auf den Teilintervallen monoton steigt oder fällt, liegt der berechnete Näherungswert R_n offensichtlich zwischen Untersumme $\underline{S}_n$ und Obersumme $\overline{S}_n$.
Allgemein gilt folgende Berechnungsformel:

Rechteckverfahren

$$\int_a^b f(x)\,dx \approx \frac{b-a}{n} \cdot [f(c_1) + f(c_2) + \ldots + f(c_n)] = R_n$$

wobei $c_1 = a + \frac{b-a}{2n}$, $\quad c_2 = c_1 + \frac{b-a}{n}, \ldots \quad c_n = c_{n-1} + \frac{b-a}{n}$

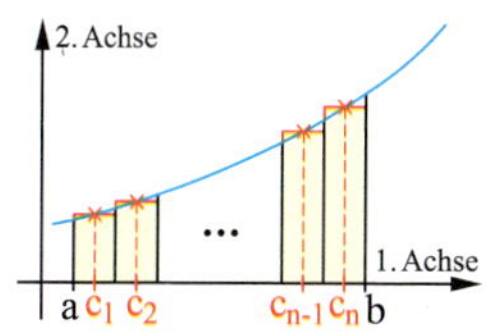

Weiterführende Aufgabe

2. *Fehlerbestimmung*
Eine Stammfunktion zur Funktion f mit $f(x) = x \cdot e^x$ kann man mithilfe der Produktintegration (vgl. S. 199 ff.) ermitteln. Bestimme $\int_1^2 f$ und vergleiche den exakten Wert mit dem Näherungswert, der durch das Rechteckverfahren bestimmt wird. Gib für $n = 10$, 20, 50 (100, 200, 500, 1 000) den prozentualen Fehler an.

Übungsaufgaben

3.
Bestimme $\int_a^b f$ und vergleiche den genauen Wert mit dem durch das Rechteckverfahren bestimmten Wert. Gib für $n = 10, 20, 50$ auch den prozentualen Fehler an.

a) $f(x) = x^3$; $\quad a = 0$; $b = 2$

b) $f(x) = \sin x$; $\quad a = 0$; $b = \frac{\pi}{2}$

c) $f(x) = \frac{1}{x^3}$; $\quad a = 1$; $b = 2$

d) $f(x) = \sqrt{x}$; $\quad a = 0$; $b = 1$

4.
Bestimme $\int_a^b f$ näherungsweise mithilfe des Rechteckverfahrens ($n = 10, 20, 50$).

a) $f(x) = \frac{e^x}{x^3}$; $\quad a = 1$; $b = 2$

b) $f(x) = \frac{\sin x}{x}$; $\quad a = \frac{\pi}{4}$; $b = \frac{\pi}{2}$

c) $f(x) = e^{-x^2}$; $\quad a = 0$; $b = 1$

d) $f(x) = \sqrt{x^3 + 1}$; $\quad a = 0$; $b = 2$

4.7.2 Das Trapezsummenverfahren

Aufgabe 1 Anstelle der Rechtecke wie beim Rechteckverfahren kann man auch Trapeze verwenden, um Flächeninhalte näherungsweise zu bestimmen.

a) Bestimme näherungsweise das Integral $\int_a^b f(x)\,dx$. Betrachte dazu die lineare Funktion p, deren Graph durch die Punkte $A\big(a\,|\,f(a)\big)$ und $B\big(b\,|\,f(b)\big)$ verläuft, d.h. bestimme $\int_a^b p$.

b) Man erhält einen genaueren Näherungswert für $\int_a^b f(x)\,dx$, wenn man das Intervall $[a;\,b]$ in viele Teilintervalle zerlegt und für jedes Teilintervall eine lineare Funktion wie in Teilaufgabe a) sucht.
Stelle für eine Formel für n Teilintervalle auf.

c) Bestimme mithilfe einer Tabellenkalkulation Näherungswerte für $\int_1^2 \frac{e^x}{x}\,dx$ (n = 10, 20, 50, 100, 200, 500, 1000).

Lösung **a)** Die Gleichung der Geraden durch A und B lautet in der Zwei-Punkte-Form:

$$y - f(a) = \frac{f(b) - f(a)}{b - a}(x - a), \text{ aufgelöst nach y:}$$

$$y = \frac{f(b) - f(a)}{b - a}(x - a) + f(a) \text{ d.h. es gilt:}$$

$$p(x) = \frac{f(b) - f(a)}{b - a}(x - a) + f(a)$$

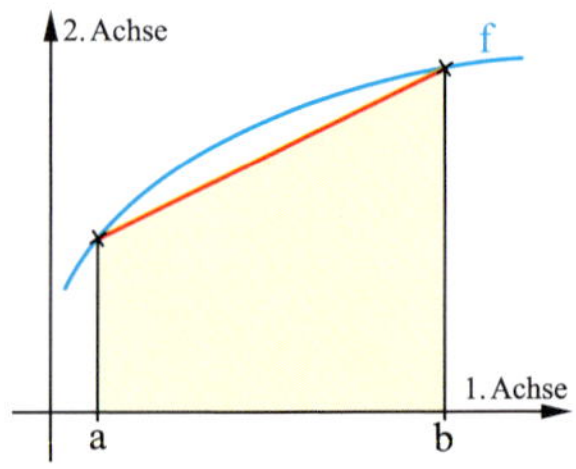

Es folgt:

$$\begin{aligned}\int_a^b f(x)\,dx \approx \int_a^b p(x)\,dx &= \frac{f(b) - f(a)}{b - a} \cdot \int_a^b (x - a)\,dx + f(a)\int_a^b 1\,dx\\
&= \frac{f(b) - f(a)}{b - a} \cdot \left[\frac{1}{2}x^2 - ax\right]_a^b + f(a) \cdot [x]_a^b\\
&= \frac{f(b) - f(a)}{b - a} \cdot \left(\frac{1}{2}(b^2 - a^2) - a \cdot (b - a)\right) + f(a) \cdot (b - a)\\
&= \big(f(b) - f(a)\big) \cdot \left(\frac{1}{2}(b + a) - a\right) + f(a) \cdot (b - a)\\
&= \big(f(b) - f(a)\big) \cdot \left(\frac{1}{2}b - \frac{1}{2}a\right) + f(a) \cdot (b - a)\\
&= \frac{1}{2}\big(f(b) - f(a)\big) \cdot (b - a) + f(a) \cdot (b - a)\\
&= \frac{b - a}{2} \cdot \big(f(b) - f(a) + 2f(a)\big) = \frac{b - a}{2} \cdot \big(f(b) + f(a)\big)\end{aligned}$$

also: $$\boxed{\int_a^b f(x)\,dx \approx (b - a) \cdot \frac{f(a) + f(b)}{2}}$$

Dies ist die sogenannte (einfache) *Trapezformel.* Sie erhält ihren Namen von dem Trapez zwischen dem Graphen der linearen Funktion p und dem Intervall $[a;\,b]$.
Die Formel kann auch elementar hergeleitet werden:

$$\begin{aligned}\text{Flächeninhalt des Trapezes} &= \text{Breite} \cdot \text{Länge der Mittellinie}\\
&= (b - a) \cdot \frac{f(a) + f(b)}{2}\end{aligned}$$

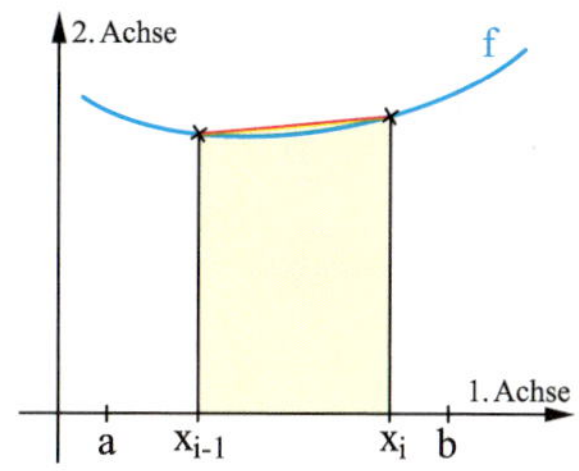

b) Wir teilen das Intervall [a; b] in n gleich breite Teilintervalle der Breite $\frac{b-a}{2}$. Für das Teilintervall $[x_{i-1}; x_i]$ gilt dann nach der Trapezformel:

$$\int_{x_{i-1}}^{x_i} f(x)\,dx \approx \frac{x_i - x_{i-1}}{2}\big(f(x_i) + f(x_{i-1})\big)$$

Da $x_i - x_{i-1} = \frac{b-a}{n}$, folgt:

$$\int_{x_{i-1}}^{x_i} f(x)\,dx \approx \frac{b-a}{2n}\big(f(x_i) + f(x_{i-1})\big)$$

Somit gilt:

$$\int_a^b f(x)\,dx = \int_a^{x_1} f(x)\,dx + \int_{x_1}^{x_2} f(x)\,dx + \int_{x_2}^{x_3} f(x)\,dx + \ldots + \int_{x_{n-1}}^{b} f(x)\,dx$$

$$\approx \frac{b-a}{2n} \cdot \big(f(a) + f(x_1) + f(x_1) + f(x_2) + f(x_2) + \ldots$$

$$+ f(x_{n-1}) + f(x_{n-1}) + f(b)\big)$$

Trapezsummenregel

$$\int_a^b f(x)\,dx \approx \frac{b-a}{2 \cdot n} \cdot \big(f(a) + 2f(x_1) + 2f(x_2) + \ldots + 2f(x_{n-1}) + f(b)\big) = T_n$$

c) Die nachfolgende Excel-Tabelle zeigt eine Möglichkeit zur Bestimmung eines Näherungswertes mithilfe der Trapezsummenregel für 10 Teilintervalle.

	C	D	E	F	G	H
1	obere Grenze	2	Anzahl der Intervalle	10		
2						Trapezverfahren
3			Fläche	3,06065505		
4						
5	Mitte des Teilintervalls	obere Grenze des Teilintervalls	Mittelwert der Funktionswerte	Flächenmaßzahl des Trapezes	kumulierte Flächenmaßzahlen	
6	1,05	1,1	2,72467093	0,27246709	0,27246709	0
7	1,15	1,2	2,74891206	0,27489121	0,54735830	0
8	1,25	1,3	2,79465000	0,27946500	0,82682330	0
9	1,35	1,4	2,85955365	0,28595537	1,11277866	0
10	1,45	1,5	2,94218206	0,29421821	1,40699687	0
11	1,55	1,6	3,04171899	0,30417190	1,71116877	0
12	1,65	1,7	3,15780716	0,31578072	2,02694948	0
13	1,75	1,8	3,29044216	0,32904422	2,35599370	0
14	1,85	1,9	3,43990353	0,34399035	2,69998405	0
15	1,95	2,0	3,60670993	0,36067099	3,06065505	3,06065505

also $T_{10} = 3{,}060655$. Weiter erhalten wir

$T_{20} = 3{,}059501$ $T_{100} = 3{,}059132$ $T_{500} = 3{,}0591172$

$T_{50} = 3{,}059178$ $T_{200} = 3{,}059120$ $T_{1000} = 3{,}05911669$

Weiterführende Aufgaben

▲ **2.** *Geeignete Voraussetzungen für die Integrandenfunktion*

Überprüfe anhand geeigneter Beispiele, welche Eigenschaft für den Graphen von f gelten muss, damit die Folge der T_n mit n = 2, 4, 8, 16, 32, … monoton steigend [fallend] ist.

3. *Verwenden von Tangententrapezen*
Das Trapezsummenverfahren benutzt Trapeze, die man als Sekantentrapeze bezeichnen könnte. Statt der Sekanten zwischen den Randpunkten eines Teilintervalls könnte man auch Tangententrapeze betrachten: Die Tangenten in der Mitte der Teilintervalle geben näherungsweise den Verlauf der Graphen im Teilintervall wieder. Begründe, warum diese Idee der Tangententrapeze nicht zu einem „neuen" Verfahren führt.

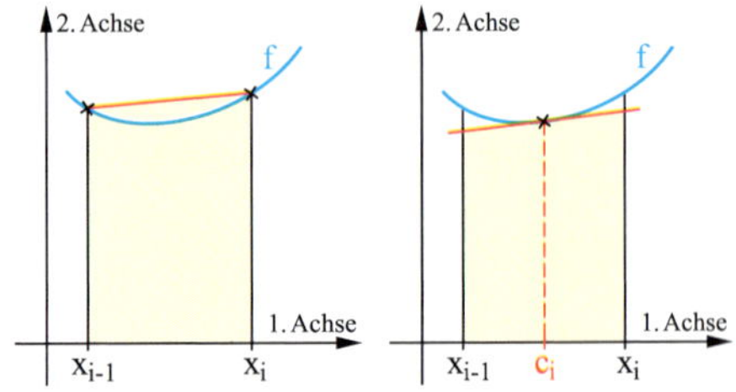

Übungsaufgaben

4.
Bestimme näherungsweise den Flächeninhalt unter dem Graphen von f im Intervall [a; b] mithilfe der (einfachen) Trapezformel.

a) $f(x)=\frac{1}{1+x^2}$; $a=0$; $b=0{,}5$

b) $f(x)=\ln x$; $a=1$; $b=e$

c) $f(x)=\sqrt{x}$; $a=3$; $b=4$

d) $f(x)=\sqrt{1-x^2}$; $a=0$; $b=\frac{1}{2}$

e) $f(x)=\frac{1}{x}$; $a=8$; $b=9$

f) $f(x)=e^{-x^2}$; $a=1$; $b=2$

5.
Löse mithilfe der Trapezsummenformel Übungsaufgabe 3 und 4 von Seite 212.

6.
Ein Feld wird auf 3 Seiten durch geradlinige Wege und auf einer Seite durch einen Bach begrenzt. Im Abstand von 10 m wird die Breite des Feldes zum Bach gemessen. Bestimme näherungsweise die Fläche des Feldes nach der Trapezsummen-Methode.

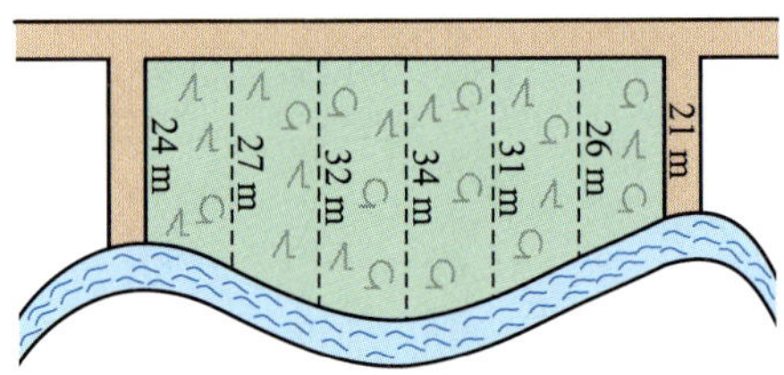

7.
Ein Fluss hat an einem Tag die in der Tabelle festgehaltenen Pegelstände (in m).

0 h	4 h	8 h	12 h	16 h	20 h	24 h
3,82	3,84	3,99	4,15	4,12	4,01	4,05

Bestimme den mittleren Pegelstand nach der Trapezsummen-Methode. Vergleiche diesen Wert mit dem arithmetischen Mittel.
Hinweis: Unter dem Mittelwert der Funktion f im Intervall [a; b] versteht man die Zahl $\mu=\frac{1}{b-a}\int_a^b f$ (vgl. S. 194). Deute μ als Seitenlänge eines bestimmten Rechtecks.

8.
a) Stelle den nebenstehenden Temperaturverlauf grafisch dar.

0 h	4 h	8 h	12 h	16 h	20 h	24 h
8,2°	6,5°	7,4°	11,6°	14,3°	13,0°	9,1°

b) Bestimme die mittlere Temperatur nach der Trapezsummen-Methode. Vergleiche diesen Wert mit dem arithmetischen Mittel.

4.7.3 Die SIMPSONsche Regel

Aufgabe 1 **a)** Statt durch die Randpunkte eines Teilintervalls den Graphen einer linearen Funktion zu legen (vgl. Aufgabe 1 auf Seite 218), kann man auch den Graphen einer quadratischen Funktion durch drei hintereinander liegende Punkte legen; dabei soll der mittlere Punkt in der Mitte des Teilintervalls liegen.

Ziel ist die Verbesserung des Näherungsverfahrens

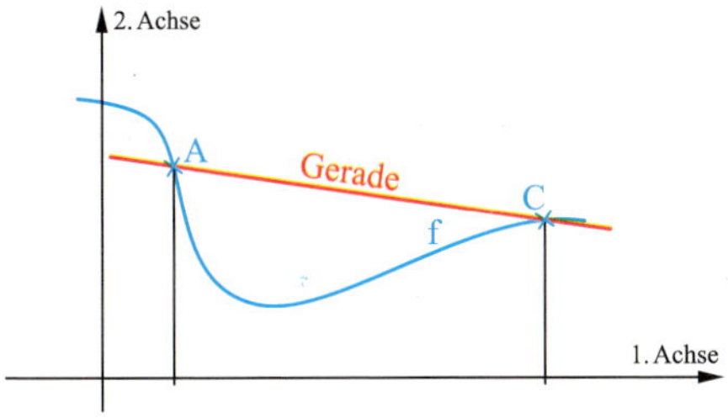

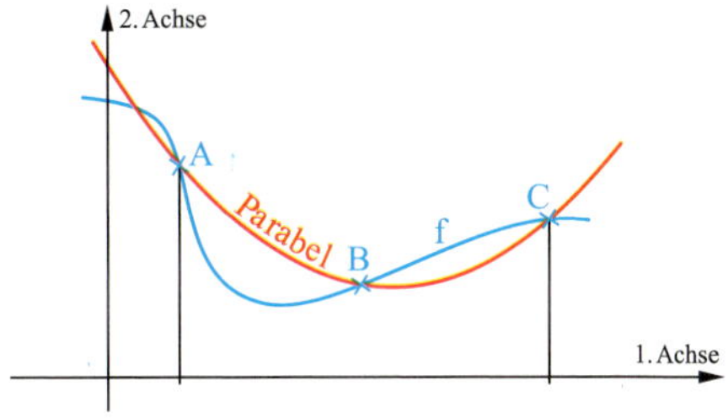

Näherungsidee:
Gerade durch A, C

Näherungsidee:
Parabel durch A, B, C

Zeige: $\int\limits_a^b f(x)\,dx \approx \frac{b-a}{6} \cdot \left[f(a) + 4f\left(\frac{a+b}{2}\right) + f(b)\right]$

Anleitung:
Gesucht ist eine Parabel, die durch die Punkte $A(a\,|\,f(a))$, $B\left(\frac{a+b}{2}\,\middle|\,f\left(\frac{a+b}{2}\right)\right)$ und $C(b\,|\,f(b))$ verläuft. Die Koordinaten dieser Punkte müssen also die quadratische Gleichung $\alpha x^2 + \beta x + \gamma = f(x)$ erfüllen.
Stelle das zugehörige Gleichungssystem auf. Mithilfe dieser Gleichung lässt sich der Term von $\int\limits_a^b (\alpha x^2 + \beta x + \gamma)\,dx$ vereinfachen.

b) Verallgemeinere die Näherungsformel aus Teilaufgabe a), indem die betrachtete Fläche in $n = 2m$ Streifen der Breite $\frac{b-a}{n}$ unterteilt wird. Zeige:

n ist eine gerade Zahl

$$\int\limits_a^b f(x)\,dx \approx \frac{b-a}{3n} \cdot [f(a) + 4f(x_1) + 2f(x_2) + 4f(x_3) + \ldots + 2f(x_{n-2}) + 4f(x_{n-1}) + f(b)]$$

SIMPSONsche Regel nach Thomas SIMPSON (1710 – 1761)

c) Bestimme mithilfe einer Tabellenkalkulation Näherungswerte für $\int\limits_1^2 \frac{e^x}{x}\,dx$ ($n = 10, 20, 50, 100, 200, 500, 1\,000$).

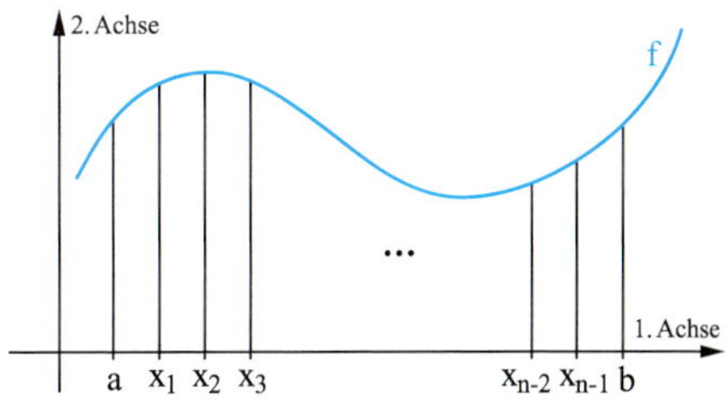

Lösung **a)** Da die Punkte A, B, C auf dem Graphen von f liegen, erfüllen sie das Gleichungssystem

$$\left|\begin{aligned} a^2\alpha \;+\; a\beta + \gamma &= f(a) \\ \left(\frac{a+b}{2}\right)^2\alpha + \frac{a+b}{2}\beta + \gamma &= f\left(\frac{a+b}{2}\right) \\ b^2\alpha \;+\; b\beta + \gamma &= f(b) \end{aligned}\right|$$

Für das Integral $\int_a^b (\alpha x^2 + \beta x + \gamma)\,dx$ gilt:

$$\int_a^b (\alpha x^2 + \beta x + \gamma)\,dx = \alpha \cdot \frac{b^3 - a^3}{3} + \beta \cdot \frac{b^2 - a^2}{2} + \gamma \cdot (b - a)$$

$$= \alpha \cdot \frac{(b-a)\,(b^2 + ab + a^2)}{3} + \beta\,\frac{(b-a)\,(b+a)}{2} + \gamma \cdot (b - a)$$

$$= \frac{b-a}{6} \cdot [2\alpha(b^2 + ab + a^2) + 3\beta(b+a) + 6\gamma] \qquad (*)$$

Multipliziert man die mittlere Gleichung des Gleichungssystems mit 4, so lautet diese:

$$(a^2 + 2ab + b^2)\alpha + (2a + 2b)\beta + 4\gamma = 4f\left(\frac{a+b}{2}\right)$$

Addiert man hierzu die erste und die zweite Gleichung des Gleichungssystems, so erhält man:

$$(2a^2 + 2ab + 2b^2)\alpha + (3a + 3b)\beta + 6\gamma = f(a) + 4f\left(\frac{a+b}{2}\right) + f(b)$$

d. h. links genau den Term in Gleichung $(*)$.
Also gilt:

$$\int_a^b f(x)\,dx \approx \frac{b-a}{6} \cdot \left[f(a) + 4f\left(\frac{a+b}{2}\right) + f(b)\right]$$

b) Analog zu Teilaufgabe a) berechnet man die Flächeninhalte für je zwei Streifen

$$\frac{x_2 - a}{6} \cdot [f(a) + 4f(x_1) + f(x_2)]$$
$$+ \frac{x_4 - x_2}{6} \cdot [f(x_2) + 4f(x_3) + f(x_4)] + \ldots + \frac{b - x_{n-2}}{6} \cdot [f(x_{n-2}) + 4f(x_{n-1}) + f(b)]$$

Alle Streifen haben die Breite $\frac{b-a}{3n}$. Hieraus ergibt sich die Simpsonsche Formel.

c) Für 5 Doppelstreifen $(n = 10)$ erhalten wir mithilfe eines Tabellenkalkulationsprogramms die untere Tabelle und schließlich die folgenden Werte: $P_{10} = 3{,}059120$, $P_{20} = 3{,}0591168$, $P_{50} = 3{,}05911655$, $P_{100} = 3{,}05911654$, $P_{200} = 3{,}05911654\ldots$

	A	B	C	D	E	F	G	H	I	J
1	untere Grenze	1	obere Grenze	2	Anzahl der Intervalle	10				
2										SIMPSON
3	Intervallbreite	0,1					Fläche	3,05911676		
4										
5	Nummer des Doppel-streifens	untere Grenze des Teilintervalls	Mitte des Teilintervalls	obere Grenze des Teilintervalls	Funktionswert am linken Rand	Funktionswert in der Mitte	Funktionswert am rechten Rand	Flächenmaß-zahl eines Doppelstreifens	kumulierte Flächen-maßzahlen	
6	1	1,0	1,05	1,1	2,71828183	2,72157249	2,73106002	0,27226053	0,27226053	0
7	2	1,1	1,15	1,2	2,73106002	2,74625470	2,76676410	0,27471405	0,54697458	0
8	3	1,2	1,25	1,3	2,76676410	2,79227437	2,82253590	0,27930662	0,82628120	0
9	4	1,3	1,35	1,4	2,82253590	2,85735224	2,89657140	0,28580860	1,11208981	0
10	5	1,4	1,45	1,5	2,89657140	2,94007898	2,98779271	0,29407800	1,40616781	0
11	6	1,5	1,55	1,6	2,98779271	3,03965818	3,09564527	0,30403451	1,71020232	0
12	7	1,6	1,65	1,7	3,09564527	3,15574535	3,21996905	0,31564326	2,02584558	0
13	8	1,7	1,75	1,8	3,21996905	3,28834439	3,36091526	0,32890436	2,35474995	0
14	9	1,8	1,85	1,9	3,36091526	3,43774028	3,51889181	0,34384614	2,69859608	0
15	10	1,9	1,95	2,0	3,51889181	3,60445517	3,69452805	0,36052068	3,05911676	3,05911676

Weiterführende Aufgaben

2. *Eine andere Herleitung der Simpsonschen Regel*
Vom französischen Mathematiker Jean-Victor Poncelet (1788–1876) stammt eine andere Idee zur Herleitung der Simpsonschen Formel.
Zunächst wird das betrachtete Intervall [a; b] in drei gleich große Teilintervalle zerlegt und hierauf das Trapezsummenverfahren angewandt.

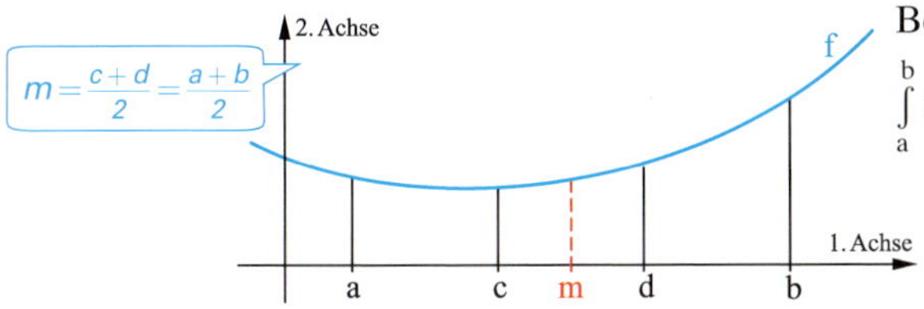

Begründe:

$$\int_a^b f(x)\,dx \approx \frac{b-a}{6}\left[f(a) + 4\cdot\frac{f(c)+f(d)}{2} + f(b)\right]$$
$$\approx \frac{b-a}{6}\left[f(a) + 4\cdot f\left(\frac{a+b}{2}\right) + f(b)\right]$$

CAS **3.** *Herleitung der Simpsonschen Regel mit einem CAS*

vgl. auch Blickpunkt S. 108

Leite die Simpson-Regel mit einem CAS her.
Anleitung: Definiere $a\cdot x^2 + b\cdot x + c \rightarrow p(x)$ und löse das Gleichungssystem $f(x_0) = p(x_0)$ und $f(x_0+h) = p(x_0+h)$ und $f(x_0+2h) = p(x_0+2h)$ nach a, b, c auf. Ersetze a, b und c durch die erhaltenen Lösungen und integriere $p(x)$ von x_0 bis $x_0 + 2h$.

4. *Genaue Werte mithilfe der Simpsonschen Regel*
Für welche Funktionen liefert die Simpsonsche Regel genaue Werte?

Übungsaufgaben

TAB **5.**
Berechne näherungsweise mithilfe der Simpsonschen Methode (n = 10, 20, 50, 100, 200, 500, 1 000)

a) $\int_1^2 \frac{e^x}{x^3}\,dx$ **c)** $\int_{\frac{\pi}{4}}^{\frac{\pi}{2}} \frac{\sin x}{x}\,dx$ **e)** $\int_0^2 \sqrt{1+x^3}\,dx$

b) $\int_0^2 e^{-x^2}\,dx$ **d)** $\int_0^1 \sin(x^2)\,dx$ **f)** $\int_0^{\frac{1}{2}} \sqrt{1-x^2}\,dx$

6.
Es soll näherungsweise $\int_1^2 \frac{e^x}{x}\,dx$ berechnet werden. Bestimme dazu die Koeffizienten der quadratischen Funktion $q(x) = \alpha x^2 + \beta x + \gamma$, die durch die Punkte $A(1\,|\,e)$, $B\left(1{,}5\,\middle|\,\frac{e^{1{,}5}}{1{,}5}\right)$ und $B\left(2\,\middle|\,\frac{e^2}{2}\right)$ verläuft. Berechne $\int_1^2 q(x)\,dx$.

▲ **7.**
Eine weitere Methode der numerischen Integration benutzt die Näherungspolynome gemäß Kapitel 7, Seite 314.

a) Zeige: $1 - x^2 + \frac{x^4}{2!} - \frac{x^6}{3!} + \frac{x^8}{4!}$ ist ein Näherungspolynom 8. Grades für $f(x) = e^{-x^2}$ an der Stelle 0.

b) Berechne damit näherungsweise $\int_0^1 e^{-x^2}\,dx$.

c) Berechne zum Vergleich das Integral aus Teilaufgabe b) mithilfe der Simpsonschen Methode.

4.7.4 Numerische Berechnung von Bogenlängen

Im Abschnitt 4.6, Seite 212 wurde eine Formel zur Berechnung von Bogenlängen, d.h. der Länge von Kurvenstücken des Graphen einer Funktion f, angegeben:

$$l = \int_a^b \sqrt{1 + (f'(x))^2}\, dx$$

Häufig stößt man bei der Berechnung des Integrals auf das Problem, keinen einfachen Term für eine Stammfunktion von $\sqrt{1 + (f'(x))^2}$ zu finden.
Auch hier empfiehlt sich ein numerisches Verfahren, das elementar die Länge von Kurvenstücken bestimmt.

Aufgabe 1 Bestimme die Bogenlänge der Normalparabel $y = x^2$ im Intervall $[0; 1]$. Zerlege dazu das Bogenstück in $n = 10$ Stücke und berechne die Gesamtlänge des Streckenzuges $\overline{P_0P_1}, \overline{P_1P_2}, \overline{P_2P_3}, \ldots \overline{P_9P_{10}}$.

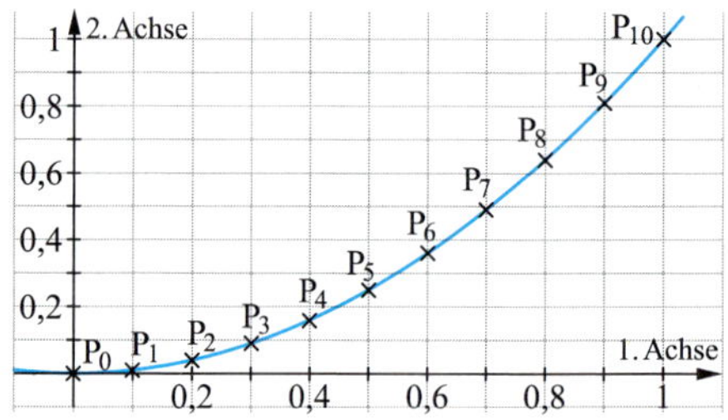

Lösung Wir berechnen die Länge eines Streckenstücks mithilfe des Satzes von PYTHAGORAS

$$|P_{i-1}P_i| = \sqrt{(y_i - y_{i-1})^2 + (x_i - x_{i-1})^2}$$
$$= \sqrt{(x_i^2 - x_{i-1}^2)^2 + (x_i - x_{i-1})^2}$$

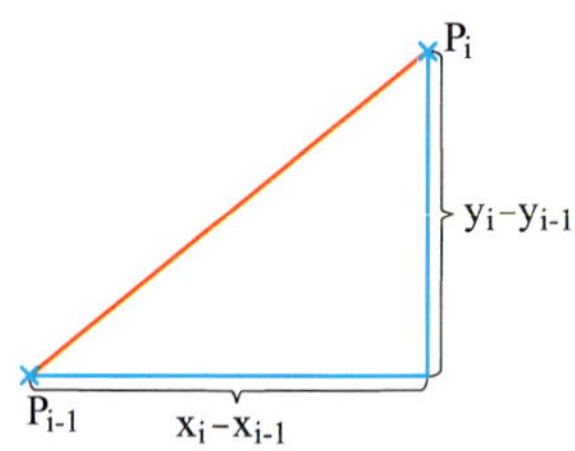

Mithilfe einer Tabellenkalkulation ergibt sich:

	A	B	C	D
1	Untere Intervallgrenze a		0	
2	Obere Intervallgrenze b		1	
3	Anzahl der Intervalle n		10	
4				
5–6	**i**	**xi**	**f(xi)**	**Länge des Streckenstücks**
7	0	0	0	
8	1	0,1	0,01	0,100498756
9	2	0,2	0,04	0,104403065
10	3	0,3	0,09	0,111803399
11	4	0,4	0,16	0,122065556
12	5	0,5	0,25	0,13453624
13	6	0,6	0,36	0,148660687
14	7	0,7	0,49	0,164012195
15	8	0,8	0,64	0,180277564
16	9	0,9	0,81	0,197230829
17	10	1	1	0,214709106
18				
19	**Näherungswert**			1,478197397

D19: =SUMME(D8:D17)

Die Bogenlänge beträgt ungefähr 1,478 Längeneinheiten.

Übungsaufgaben

2.

a) Vergrößere in Aufgabe 1 die Anzahl der Teilintervalle $(n = 20, 50, 100)$.

b) Die Bogenlängen der Graphen zu $f(x) = x^2$ und $g(x) = \sqrt{x}$ über dem Intervall $[0; 1]$ sind gleich groß. Begründe, warum sich beim numerischen Verfahren unterschiedliche Näherungswerte ergeben.

CAS **c)** Ein CAS gibt an:

$$\int_0^1 \sqrt{1-(2x)^2}\,dx = \left[\tfrac{1}{4}\ln\left(2x+\sqrt{1+4x^2}\right)+\tfrac{1}{2}x\sqrt{1+4x^2}\right]_0^1$$

Bestimme zum Vergleich den exakten Wert der Bogenlänge.

3.

Bestimme näherungsweise die Bogenlänge des Graphen der Funktion f über dem Intervall $[a; b]$.

a) $f(x) = \left(\sqrt{x}\right)^3$, $a = 0$, $b = 1$

b) $f(x) = \frac{1}{2}(e^x + e^{-x})$, $a = 0$, $b = 1$

c) $f(x) = \ln x$, $a = 1$, $b = 2\sqrt{2}$

d) $f(x) = \sin x$, $a = 0$, $b = \frac{\pi}{2}$

e) $f(x) = \sqrt[3]{2x^2}$, $a = 1$, $b = 2$

f) $f(x) = \ln(\cos x)$, $a = \frac{\pi}{6}$, $b = \frac{\pi}{4}$

4. *Projekt*

Bildet in Eurem Kurs verschiedene Arbeitsgruppen. Die Gruppen sollen mithilfe unterschiedlicher CAS-Programme die Berechnung der Bogenlänge, der Mantelfläche und die Darstellung des Rotationskörpers realisieren. Vergleicht dazu das abgebildete Beispiel.

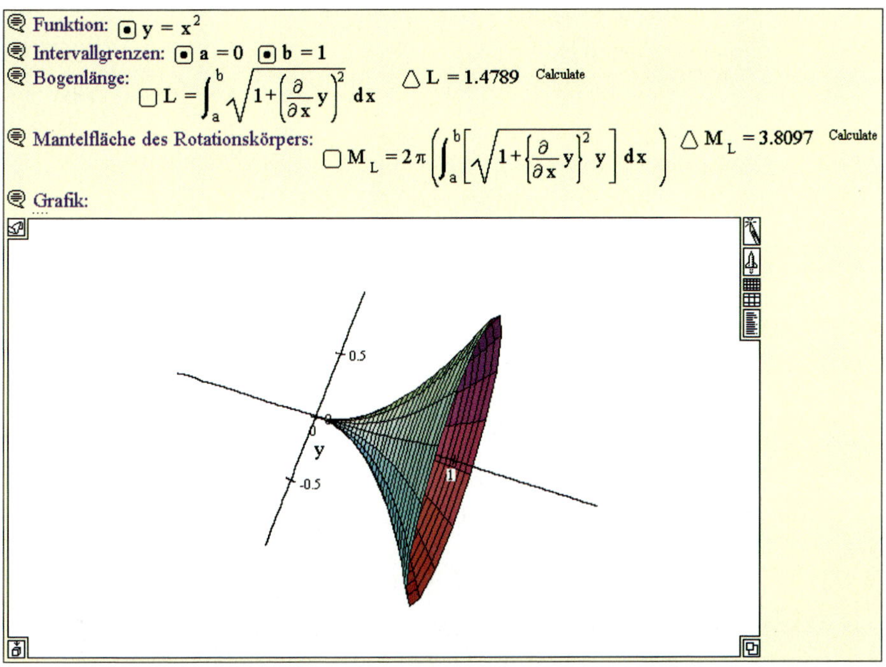

Blickpunkt

Volumenbestimmung bei nicht rotationssymmetrischen Körpern

Die „Salami-Taktik"

Der im Unterkapitel 4.2 dargestellte Ansatz zur Bestimmung von Rauminhalten rotationssymmetrischer Körper lässt sich dahingehend verallgemeinern, dass man nicht rotationssymmetrische Körper in beliebig geformte Scheiben längs der 1. Achse (d.h. parallel zu der durch die 1. und 2. Achse gegebenen Ebene) zerlegt („Salami-Taktik").

Wir betrachten die stetige Funktion Q, die zu jedem $x \in [a; b]$ den Inhalt $Q(x)$ der bei Zerlegen in Scheiben entstehenden Querschnittsflächen angibt.
Wir zerlegen das Intervall $[a; b]$ in n Teilintervalle $[x_i; x_{i+1}]$ für $i = 0 \ldots (n-1)$. Die Zahl $\underline{x}_i$ aus dem Intervall $[x_i; x_{i+1}]$ sei die Stelle, an der $Q(x)$ im Intervall $[x_i; x_{i+1}]$ minimal wird. Die Zahl $\overline{x}_i$ aus dem Intervall $[x_i; x_{i+1}]$ sei die Stelle, an der $Q(x)$ im Intervall $[x_i; x_{i+1}]$ maximal wird.
Dann gilt $\sum_{i=0}^{n-1} Q(\underline{x}_i)(x_{i+1} - x_i) \le V \le \sum_{i=0}^{n-1} Q(\overline{x}_i)(x_{i+1} - x_i)$ für das Volumen V des Körpers. Entsprechend den Überlegungen im Unterkapitel 4.2 gilt:

$$V = \lim_{n\to\infty} \sum_{i=0}^{n-1} Q(\underline{x}_i)(x_{i+1} - x_i) = \lim_{n\to\infty} \sum_{i=0}^{n-1} Q(\overline{x}_i)(x_{i+1} - x_i) = \int_a^b Q(x)\,dx$$

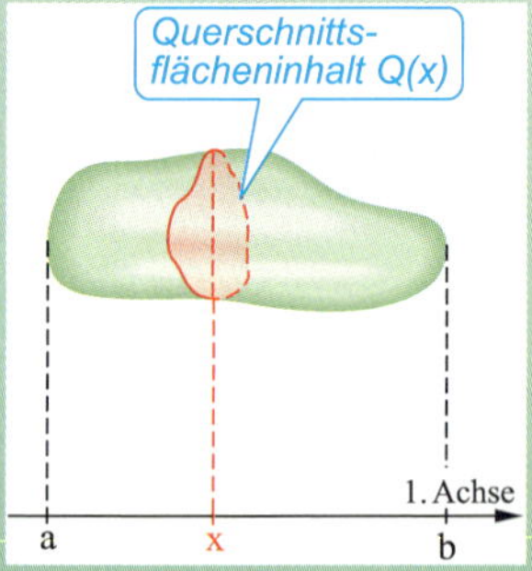

Integralformel für den Rauminhalt von Körpern mit bekannter Querschnittsfunktion Q (x)

Die Flächeninhaltsfunktion Q der Querschnittsflächen eines Körpers sei im Intervall $[a; b]$ stetig. Dann gilt für das Volumen V des Körpers über dem Intervall $[a; b]$:

$$V = \int_a^b Q(x)\,dx$$

Bonaventura Cavalieri
(1598 – 1647)

Cavalieri, ein Schüler Galileis, entdeckte: Liegen zwei Flächen so über dem gleichen Intervall der x-Achse, dass sie an jeder Stelle gleich lange senkrechte Schnitte haben, dann haben die Flächen den gleichen Flächeninhalt.
Wegen dieser Entdeckung erhielt Cavalieri 1629 eine Professur für Mathematik an der Universität von Bologna.
Die räumliche Version dieses Satzes wurde von Cavalieri nie bewiesen, später lebende Mathematiker gaben ihr jedoch seinen Namen.

Bonaventura Cavalieri

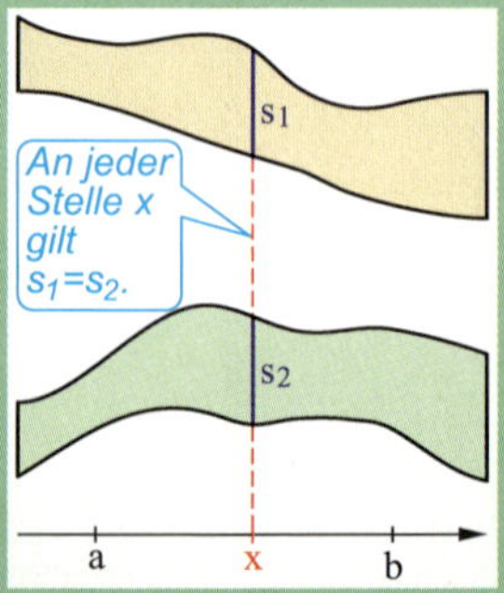

1.
Zeige mithilfe dieser Integralformel:

Satz des Cavalieri:
Liegen zwei Körper zwischen zueinander parallelen Ebenen $\mathbb{E}_1$ und $\mathbb{E}_2$ und werden sie von jeder dritten zu $\mathbb{E}_1$ und zu $\mathbb{E}_2$ parallelen Ebene $\mathbb{E}_3$ in flächeninhaltsgleichen Flächen geschnitten, so haben die Körper das gleiche Volumen.

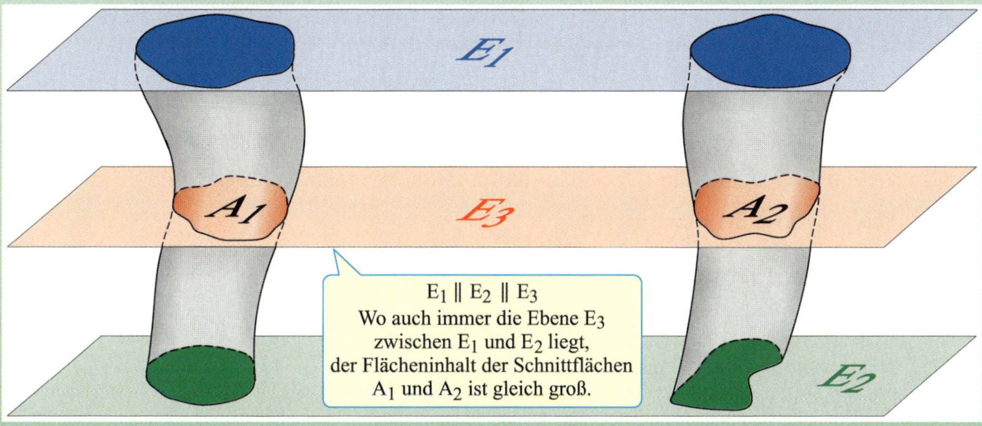

2.
Welche Volumenformel gilt für dreiseitige bzw. vierseitige Pyramiden der Höhe h?
Was gilt allgemein für n-seitige Pyramiden bzw. für Kreiskegel der Höhe h?
Was ändert sich, wenn man die Spitze der Pyramiden bzw. Kegel parallel zur Grundfläche verschiebt, sodass schiefe Pyramiden bzw. Kegel entstehen?

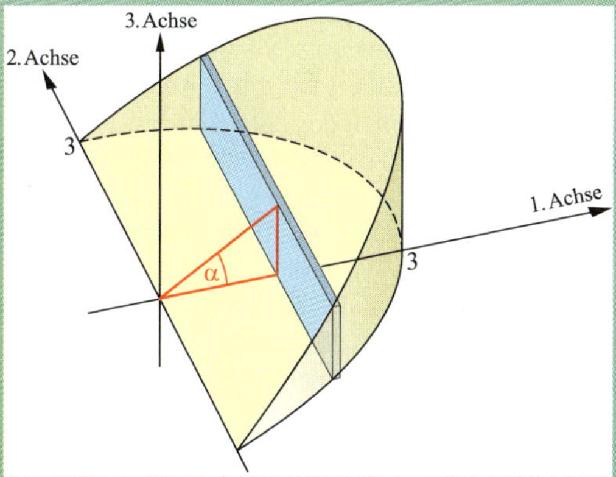

3.
Ein Keil ist ein Zylinderschnitt, der durch die halbe Zylindergrundfläche sowie die um 45° geneigte Schnittfläche begrenzt ist. Welches Volumen hat der Keil?

4.
Ein Exponentialhorn eines Lautsprechers mit quadratischem Querschnitt ist seitlich durch Flächen begrenzt, deren Schnittlinien mit den durch 1. und 2. bzw. 1. und 3. Achse gegebenen Ebenen der Gleichung $y = 0{,}02\,e^x$ gehorchen.
Welches Volumen hat das Horn?

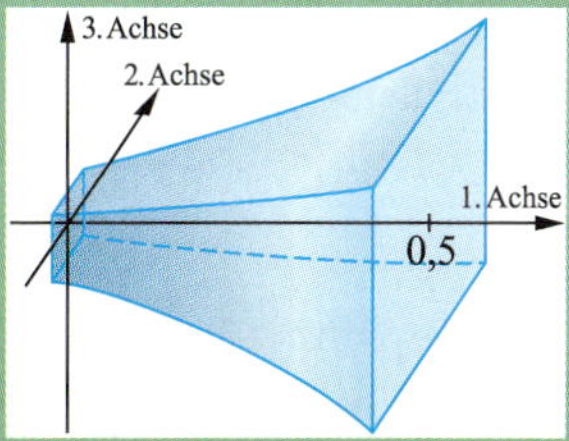

4.8 Vermischte Übungen

1.
Es ist $n! = 1 \cdot 2 \cdot 3 \cdot \ldots \cdot n$ für $n \in \mathbb{N}$. Zeige:

a) $\int_0^{+\infty} e^{-x} x^n \, dx = n!$ **b)** $\int_0^1 \left(\ln \frac{1}{x}\right)^n dx = n!$

2.
Definiere das uneigentliche Integral $\int_{-\infty}^{+\infty} f(x)\, dx$. Berechne dann:

(1) $\int_{-\infty}^{+\infty} e^{-|x|} dx$ (2) $\int_{-\infty}^{+\infty} \frac{1}{(1+|x|)^2} dx$

3.
Die folgenden Integrale werden in der Stochastik im Zusammenhang mit der Normalverteilung gebraucht. Vorausgesetzt sei die Kenntnis von $\int_{-\infty}^{+\infty} e^{-x^2} dx = \sqrt{\pi}$.

Berechne: (1) $\int_{-\infty}^{+\infty} x e^{-x^2} dx$ (2) $\int_{-\infty}^{+\infty} x^2 e^{-x^2} dx$ (3) $\int_{-\infty}^{+\infty} e^{-k^2 x^2} dx$ mit $k > 0$

4.
Eine zur 2. Achse symmetrische Parabel verläuft durch die Punkte $P_1(2\,|\,4)$ und $P_2(0\,|\,2)$.
Berechne das Volumen des Rotationskörpers, der bei der Rotation der Parabel über $[-2; 2]$ um die 1. Achse entsteht.

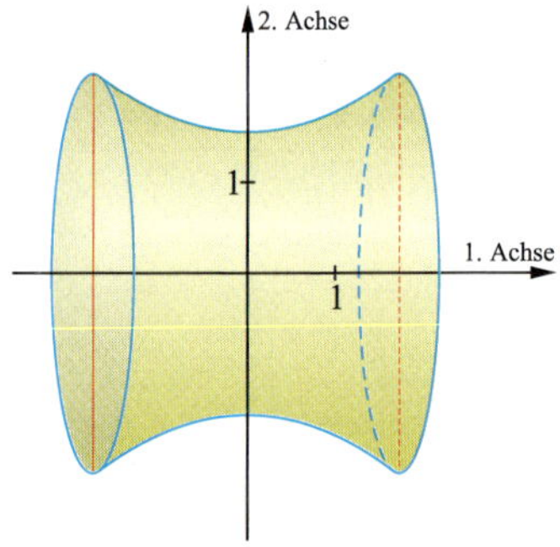

5.
Die von den Graphen zu $y = -x + 6$ und $y = -2x^2 + 4x + 6$ eingeschlossene Fläche rotiert um die 1. Achse.
Berechne das Volumen des entstehenden Körpers.

6.
Ein drehsymmetrisches Staubecken hat eine Parabel mit der Gleichung $y = a x^2$ als Berandung des Querschnitts. Beim Wasserstand 5 m hat die Wasseroberfläche einen Durchmesser von 20 m.
Welches Volumen hat das Becken beim höchsten Wasserstand 8 m?

7.
Die Funktion f ist gegeben durch $f(x) = x \cdot \sqrt{x+3}$.
Die Fläche zwischen dem Graphen von f und der 1. Achse rotiere zwischen $x = -3$ und $x = 2$ um die 1. Achse. Berechne das Volumen des Rotationskörpers.

8.
Die Funktionen f und g sind gegeben durch $f(x) = \frac{1}{4}x^2$ und $g(x) = 2\sqrt{x}$. Berechne den Flächeninhalt der von den Graphen von f und g eingeschlossenen Fläche. Welches Volumen hat der Rotationskörper der bei der Rotation dieser Fläche um die 1. Achse entsteht?

9.
Leite die Formel $V = \frac{1}{3}\pi h^2 (3r - h)$ für das Volumen eines Kugelabschnitts mit der Höhe h und dem Radius r her. Berechne dazu das entsprechende Rotationsvolumen zur Kreisfunktion $x \mapsto \sqrt{r^2 - x^2}$.

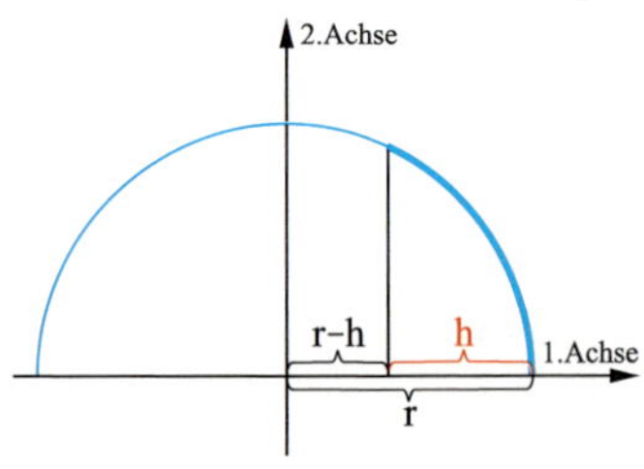

10.
Im elektrischen Feld der punktförmig gedachten elektrischen Ladung Q_1 (einem sogenannten Coulombfeld) wirkt auf eine weitere punktförmig gedachte Ladung Q_2 die Kraft F mit $F = \frac{1}{4\pi \cdot \varepsilon_0} \frac{Q_1 \cdot Q_2}{r_2}$.
Hierbei ist r die Entfernung der beiden Ladungen und ε_0 die elektrische Feldkonstante. Berechne die Energie, die erforderlich ist, um die Ladung Q_2 von der Entfernung r_1 aus dem Coulombfeld der Ladung Q_1 zu entfernen.

11.
Der Graph der Funktion f rotiere um die 1. Achse. Berechne das Volumen des „ins Unendliche" reichenden Rotationskörpers.

a) $f(x) = e^{-x}; \quad x > 0$ **b)** $f(x) = \frac{1}{x}; \quad x > 1$ **c)** $f(x) = \frac{1}{\sqrt[4]{x}}; \quad 0 < x \le 1$

12.
Das Foto zeigt eine im Betrieb befindliche Abformung der altägyptischen Wasseruhr von ca. 1400 v. Chr. Diese Wasseruhr ist im Museum für Astronomie und Technikgeschichte in der Kasseler Orangerie zu besichtigen. Das Gefäß ist rotationssymmetrisch zur z-Achse mit der Begrenzungsfunktion $x = f(z)$. $V(t)$ bzw. $h(t)$ geben das Wasservolumen bzw. die Wasserhöhe im auslaufenden Gefäß zur Zeit t an. Die Bodenöffnung habe den Querschnittsflächeninhalt A.

a) Zeige: $V'(t) = \pi \cdot f(h(t))^2 \cdot h'(t)$

b) Es gilt für die zeitliche Änderungsrate $V'(t)$ des Volumens das Gesetz von Evangelista Torricelli (1608–1647, Mitarbeiter von Galilei): $V'(t) = -k \cdot A \cdot \sqrt{h(t)}$. Wie muss man $f(z)$ wählen, damit die Wasserhöhe h(t) linear mit der Zeit abnimmt?

13.
Ein Queue (Stoßstab beim Billard) ist typischerweise 58 Inches lang. Sein Durchmesser geht auf der gesamten Länge von $1\frac{3}{8}$ Inches auf $\frac{9}{16}$ Inches zurück. Welche Masse hat es, wenn man seine Dichte mit $1{,}1\,\frac{\text{kg}}{\text{dm}^3}$ (Holzstab mit Metallkern) annimmt?

14.
Die kubische Parabel mit $f(x) = x \cdot (x-1)^2$, $x \in [0; 1]$ rotiert um die 2. Achse. Der Rotationskörper ist weiterhin durch die ebenfalls um die 2. Achse rotierende 1. Achse begrenzt.
Berechne das Volumen.

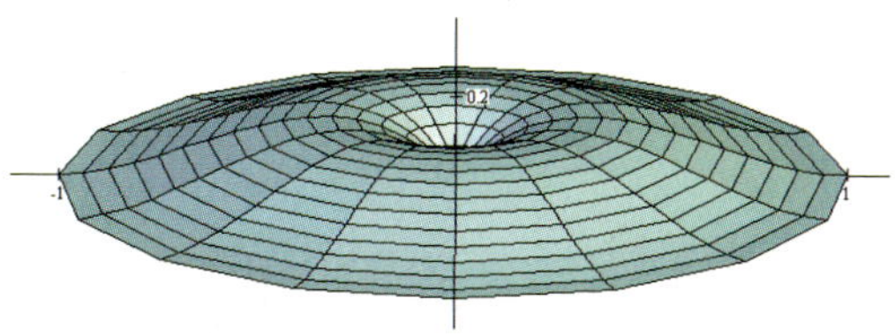

15.
Zwei Holzkugeln mit unterschiedlichen Durchmessern werden mit unterschiedlichen Stärken durchbohrt.
Man erhält dabei Perlen gleicher Höhe.
Vergleiche die Volumina!

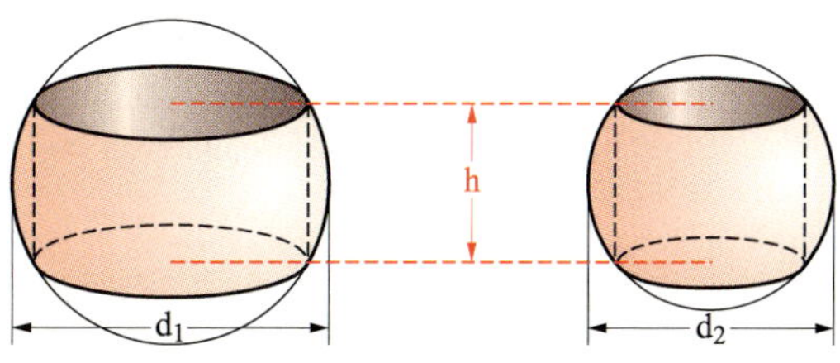

16.

In dem nebenstehenden Zylinder herrscht unter dem Kolben ein Druck von $p_1 = 10$ bar. Der Kolben wird nun aus seiner Befestigung gelöst und rutscht langsam nach oben, weil sich das Gas ausdehnt. Unter dem Kolben nimmt der Druck ab, der Druckverlauf wird in Abhängigkeit von der Position des Kolbens registriert:

s in m	0,2	0,25	0,3	0,35	0,4	0,45	0,5
p in bar	10	7,1	5,6	4,5	3,8	3,3	2,9

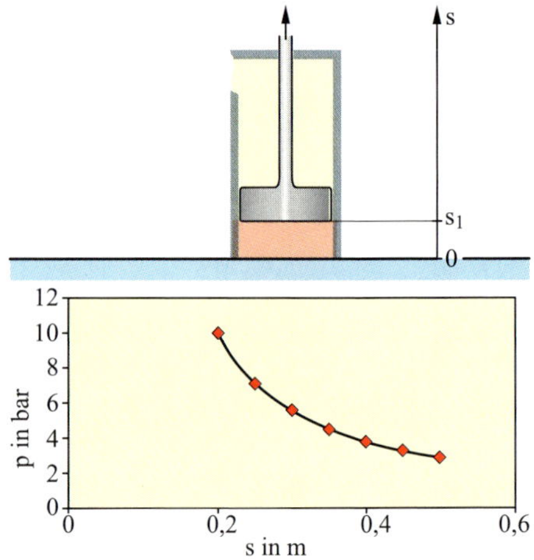

Um die Kraft zu bestimmen, muss man die angegebenen Druckwerte über $F = p \cdot A$ umrechnen. Die Kolbenfläche A errechnet sich aus dem Durchmesser des Kolbens ($d = 5$ cm). Das Volumen ist durch $V = A \cdot s$ gegeben.

Bestimme näherungsweise die Arbeit, die der Druck bei der Ausdehnung von $s = 0{,}2$ m bis $s = 0{,}5$ m verrichtet. Du kannst dazu entweder das F-s-Diagramm oder das p-V-Diagramm benutzen. (Warum?)

GTR **17.**

Bei einem Baumstamm mit der Länge 10 m wurden die Stammumfänge in Abhängigkeit von der Länge gemessen. Bestimme einen Näherungswert für das Volumen des Stammes.

x (in m)	0	1	2	3	4	5	6	7	8	9	10
Durchmesser (in m)	2,99	2,86	2,84	2,77	2,70	2,72	2,58	2,62	2,55	2,50	2,45

CAS **18.**

Untersuche, ob es Funktionen gibt, die bei Rotation ihres Graphen um die 1. Achse unendlich lange Körper mit endlichem Volumen liefern.

19. *Ausflussgeschwindigkeit*

Ein Flüssigkeitsbehälter wird durch ein Ventil entleert. Wir wissen nur, dass sich zum Zeitpunkt $t = 1$ Flüssigkeit der Masse m_0 in dem Behälter befindet. $m(t)$ gibt die Masse an, die sich zum Zeitpunkt t im Behälter befindet. Die momentane Ausflussgeschwindigkeit ist durch m' mit $m'(t) = c \cdot t^2$ gegeben. Bestimme die Funktion m mit $m(t)$.

CAS **20.**

Man weiß aus der Physik, dass sich eine in einem Zylinder rotierende Flüssigkeit mit parabolischer Mantelfläche aufstellt. Kann man aus den Angaben in der Grafik die Gleichung der begrenzenden Parabel bestimmen, wenn man weiß, dass ein Liter Wasser im Gefäß ist?

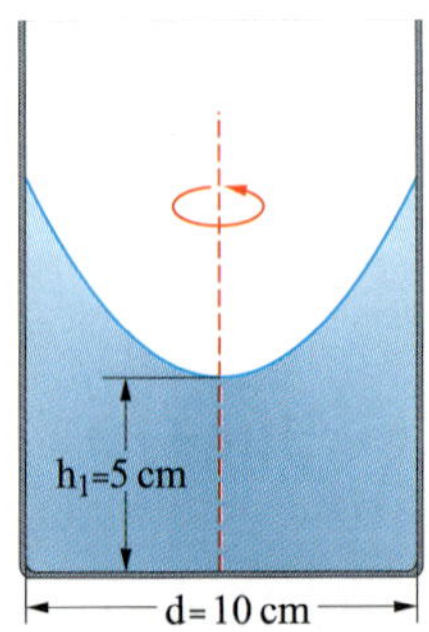

CAS **21.** *Projekt*

Bildet in Eurem Kurs verschiedene Arbeitsgruppen. Die Gruppen sollen mithilfe unterschiedlicher CAS-Programme die Darstellung von Rotationskörpern und die Berechnung der Volumina realisieren (vgl. auch Aufgabe 4 von S. 225).

Fragen zum Basiswissen

- Erkläre an einem Beispiel, wie man physikalische Arbeit mithilfe eines Integrals berechnen kann. (Seiten 181 und 182)
- Leite die Formel zur Berechnung des Volumen eines Rotationskörpers bei Rotation um die 1. Achse her. (Seiten 185 bis 187)
- Wie bestimmt man den Mittelwert der Funktionswerte einer stetigen Funktion f über einem Intervall [a; b]? (Seite 194)
- Erkläre an einem Beispiel das Verfahren der partiellen Integration. (Seite 200)
- Erkläre den Zusammenhang zwischen dem Substitutionsverfahren und der Kettenregel. (Seite 204)
- Erkläre an einem Beispiel das Verfahren Integration rationaler Funktionen mithilfe der Partialbruchzerlegung. (Seite 207)
- Leite die Formel zur Berechnung der Bogenlänge einer über dem Intervall [a; b] differenzierbaren Funktion her. (Seiten 211 und 212)
- Was versteht man unter numerischer Integration?
  In welchen Zusammenhängen finden numerische Verfahren der Integration Anwendung? (Seiten 215 bis 222)

Klausurtraining A

1.
Gegeben ist die Funktion f mit

$$f(x) = \frac{12 \cdot x^5 - 975 \cdot x^4 + 26\,000 \cdot x^3 - 225\,000 \cdot x^2 + 7\,125\,000}{518\,750}.$$

a) Zeige, dass f genau an den Stellen 0, 10, 25 und 30 Extrempunkte besitzt. Zeichne den Graphen für $-5 \le x \le 31$ in ein Koordinatensystem.

Verwende für die Rechnungen ein CAS!

b) Den Graphen der Funktion f kann man in den Grenzen 0 und 25 als Randfunktion eines zur 1. Achsen rotationssymmetrischen Pokals interpretieren.
Berechne den Durchmesser der Öffnung (Stelle 25) sowie das Volumen des Pokals.

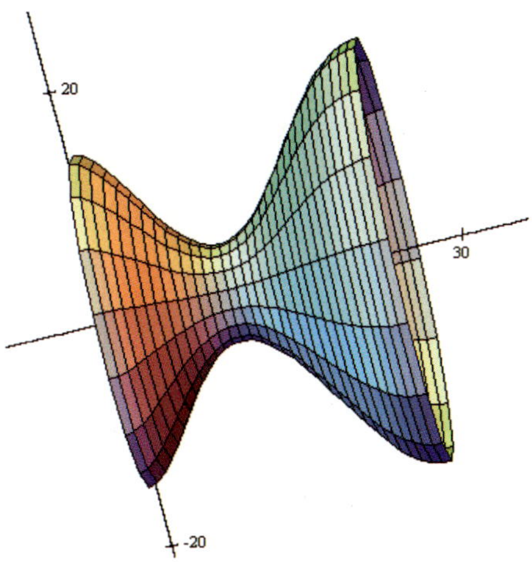

2.

a) Für eine besondere Feder gelte das Kraftgesetz $F = D x^3$. Berechne die Arbeit, um die Feder von der Auslenkung a bis zur Auslenkung b zu dehnen. Welche Arbeit muss man aufwenden, um die Auslenkung zu verdoppeln?

b) Die Gravitationskraft zwischen zwei Massen m_1 und m_2 mit dem Abstand r der Mittelpunkte voneinander beträgt $F(r) = G \cdot \frac{m_1\,m_2}{r^2}$ mit $G \approx 6{,}672 \cdot 10^{-11}\,\frac{m^3}{kg\,s^2}$. Welche Arbeit muss verrichtet werden, um den Abstand um Δr zu erhöhen?

3.

a) (1) Ein Körper bewegt sich mit der Geschwindigkeit $v(t) = t^3$, $t \in [0; 10]$. Berechne die mittlere Geschwindigkeit.
Zu welchem Zeitpunkt sind mittlere Geschwindigkeit und Momentangeschwindigkeit gleich?

(2) Berechne die mittlere Geschwindigkeit eines Fahrzeugs aus dem nebenstehenden Geschwindigkeit-Zeit-Diagramm.

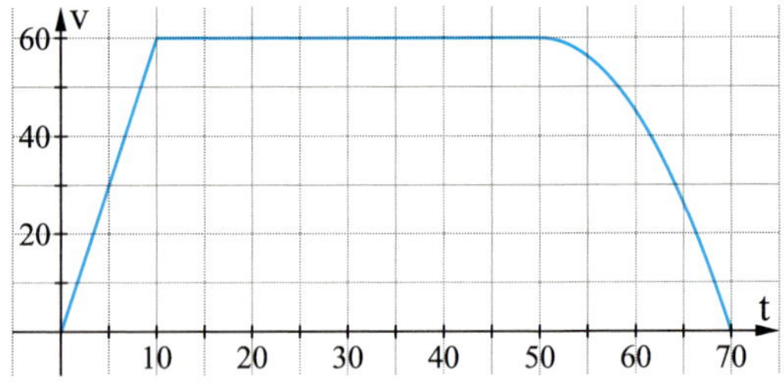

Beachte: Die Teilgraphen sind Graphen ganzrationaler Funktionen vom Grad kleiner gleich 2.

b) Begründe, dass der Mittelwertsatz der Integralrechnung ein Spezialfall des folgenden Satzes ist:
Sind die Funktionen f und g im Intervall [a; b] stetig und wechselt g im Intervall [a; b] das Vorzeichen nicht, so gilt:

$\int_a^b f(x) \cdot g(x)\,dx = f(c) \cdot \int_a^b g(x)\,dx$ mit einer Zahl $c \in\,]a; b[$.

Dieser Satz heißt *erweiterter Mittelwertsatz der Integralrechnung.*

c) (1) Zeige mithilfe des erweiterten Mittelwertsatzes der Integralrechnung die folgende Abschätzung: $\int_0^1 x^{20} \sin x\,dx \leq \frac{1}{21}$

(2) Schätze entsprechend ab: $\int_0^1 \frac{x^5}{1+x^2}\,dx$. Gib zwei Abschätzungen an. Welche ist besser?
Berechne auch den exakten Wert!

4.

Berechne die folgenden Integrale.

a) $\int_{-1}^{1} (x-2)e^{-x}\,dx$; $\int_0^2 (x^2-1)e^{2x}\,dx$; $\int_0^{\pi} (\sin x)^2\,dx$

b) $\int_0^1 (2x-7)^8\,dx$; $\int_{-2}^{2} x\sqrt{x^2+4}\,dx$; $\int_0^1 (x^3+x)e^{x^2}\,dx$

c) $\int_2^3 \frac{1}{x^2-1}\,dx$; $\int_{-1}^{1} \frac{x^4-x^3-7x^2+16x-7}{x^2+x-6}\,dx$; $\int_0^1 \frac{x^3+2x^2+3x+1}{(x+1)^2}$

Klausurtraining B

1.

Ein bestimmtes Wasserglas lässt sich als Rotationskörper von zwei ganzrationalen Funktionen f und g mit dem Grad 4 auffassen. Vergleiche dazu die nebenstehende Abbildung.

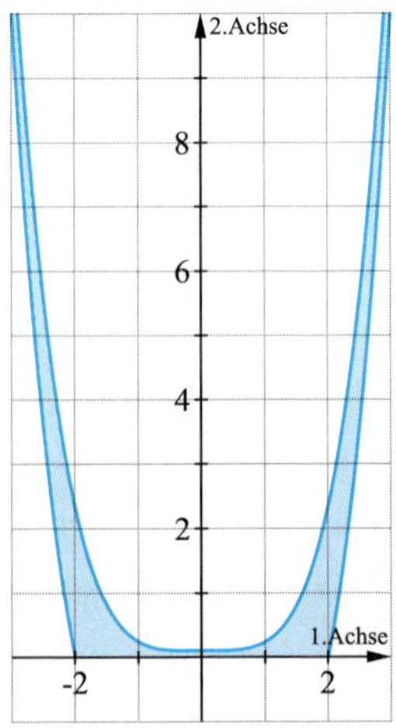

Die Höhe des Glases beträgt 10 cm, der Durchmesser der Grundfläche 4 cm, der Durchmesser der oberen Öffnung 5,8 cm und die Stärke des oberen Randes 1 mm. Die minimale Stärke des Glas am Boden beträgt ebenfalls 1 mm.

a) Bestimme möglichst einfache Funktionsterme für f und g.

b) Berechne das Fassungsvermögen.

c) Wie schwer ist das Glas, wenn als spezifische Dichte von Glas $2{,}5\,\frac{g}{cm^3}$ angenommen wird?

2.

Eine zylinderförmige Tonne mit dem Radius $r = 0{,}5$ m und der Höhe $h = 1{,}5$ m ist bis zum oberen Rand mit Wasser gefüllt. Welche Arbeit muss verrichtet werden, wenn die Tonne vollständig über den oberen Rand leer gepumpt werden soll?

Hinweis: Stelle dir die Tonne in n kleine Zylinderschichten der Höhe $\frac{h}{n}$ unterteilt vor und berechne jeweils die Arbeit, die erforderlich ist, um diese Zylinderschichten bis an den Rand der Tonne anzuheben. Nimm als Gewichtskraft des Wassers 10^4 N an.

3.

Ein Luftgewehrgeschoss wird mit der Geschwindigkeit $v = 100\,\frac{m}{s}$ parallel zum Erdboden abgeschossen.

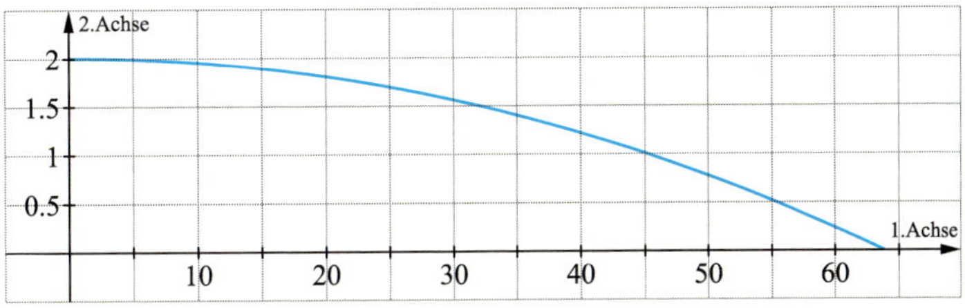

a) Zeige, dass die Flugbahn auf dem Graphen der Funktion f mit $f(x) = 2 - \frac{g}{20\,000}\,x^2$ liegt. Dabei soll $g \approx 9{,}81\,\frac{m}{s^2}$ die Erdbeschleunigung sein und der Luftwiderstand soll vernachlässigt werden.

b) Zeige, dass für die Funktion h mit $h(x) = \sqrt{1 + x^2}$ eine Stammfunktion gegeben ist durch $H(x) = \frac{1}{2}\left(\ln\left(\sqrt{1 + x^2} + x\right) + x\sqrt{1 + x^2}\right)$.

c) Berechne die Länge der Flugbahn des Geschosses.

4.

Berechne einen Näherungswert für π über das Integral $\int_0^1 \sqrt{1 - x^2}\,dx$.

a) Verwende die Keplersche Fassregel.

b) Verwende die Regel von Simpson. Erkläre und verwende in diesem Zusammenhang den folgenden Abdruck eines Computerprogramms.

#1: $\sqrt{(1 - x^2)}$

#2: $\frac{1}{3}\cdot\frac{1 - 0}{2\cdot m}\cdot\left((1 + 0) + 4\cdot\sum_{i=0}^{m-1}\sqrt{\left(1 - \left((2\cdot i + 1)\cdot\frac{1}{2\cdot m}\right)^2\right)} + 2\cdot\sum_{i=1}^{m-1}\sqrt{\left(1 - \left((2\cdot i)\cdot\frac{1}{2\cdot m}\right)^2\right)}\right)$

#3: $\frac{1}{3}\cdot\frac{1 - 0}{2\cdot 5}\cdot\left((1 + 0) + 4\cdot\sum_{i=0}^{5-1}\sqrt{\left(1 - \left((2\cdot i + 1)\cdot\frac{1}{2\cdot 5}\right)^2\right)} + 2\cdot\sum_{i=1}^{5-1}\sqrt{\left(1 - \left((2\cdot i)\cdot\frac{1}{2\cdot 5}\right)^2\right)}\right)$

#4: 0.7817520396

#5: $\frac{1}{3}\cdot\frac{1 - 0}{2\cdot 50}\cdot\left((1 + 0) + 4\cdot\sum_{i=0}^{50-1}\sqrt{\left(1 - \left((2\cdot i + 1)\cdot\frac{1}{2\cdot 50}\right)^2\right)} + 2\cdot\sum_{i=1}^{50-1}\sqrt{\left(1 - \left((2\cdot i)\cdot\frac{1}{2\cdot 50}\right)^2\right)}\right)$

#6: 0.7852833013

#7: $\int_0^1 \sqrt{(1 - x^2)}\,dx$

#8: $\frac{\pi}{4}$

#9: 0.7853981667

Exkurs

Messen als zentrale Idee

1. *Messen im täglichen Leben*

Unser tägliches Leben ist ohne Messen nicht mehr vorstellbar. Gemessen werden Größenwerte, und zwar vor allem der Größen: Länge, Flächeninhalt, Volumen, Zeitdauer, Masse (Gewicht) und Geld.

2. *Messen in Naturwissenschaft und Technik*

In Naturwissenschaft und Technik spielen neben den Größen des täglichen Lebens noch weitere Größen eine Rolle. Erwähnt seien: *Winkel, Beschleunigung, Kraft, Energie, Leistung, elektrische Spannung, elektrische Ladung, elektrische Feldstärke, magnetische Feldintensität* usw. Für jede dieser Größen gibt es ein Messverfahren.

3. *Messen in der Mathematik, insbesondere im Mathematikunterricht*

In der Schulmathematik werden auch die Größen des täglichen Lebens betrachtet. Dabei spielt insbesondere die Frage eine Rolle, wie man den jeweiligen Größenbegriff auf immer umfangreichere Träger erweitern kann.
Für die Größe Flächeninhalt ist diese Erweiterung auf Seite 144 beschrieben. Bei der Größe **Volumen** werden in der Sekundarstufe I als Träger zunächst Würfel, Quader, Prismen sodann Zylinder, Pyramiden sowie Kegel und Kugeln betrachtet. Im 12. Schuljahr kommen beliebige Rotationskörper hinzu (siehe Seite 185).
Größen sind spezielle Merkmale. Kennzeichnend für Größen ist, dass die Größenwerte (Merkmalsausprägungen) multiplikativ verglichen d.h. in Verhältnis gesetzt werden können. Das nennt man **Messen (im engeren Sinne).**
Der multiplikative Vergleich kann durch ein Verhältnis (Quotient) beschrieben werden und ist durch ein Messverfahren definiert. Dieses gehört zum Begriffsinhalt der Größe.

Wie bei jedem Merkmal muss man die Träger einer Größe von den Größenwerten unterscheiden.

Größe	**Träger**
Länge	Strecken, Kurven
Flächeninhalt	Flächen
Volumen	Körper
Masse	Körper
Zeitdauer	Vorgänge
Geld	Mengen von Münzen und Geldscheinen

Die Strecke ist 2,5 m lang bedeutet: Sie ist 2,5-mal so lang wie eine Strecke von 1 m Länge.

4. *Erste Erweiterung des Messens: Additives Vergleichen*

Es gibt auch Merkmale, für welche der additive Vergleich der Ausprägungen kennzeichnend ist. Solche Merkmale heißen *Intervallmerkmale.* Der Unterschied der Merkmalsausprägung ist ein Größenwert (einer so genannten Differenzgröße).
Ein Beispiel hierfür ist das Merkmal *Intelligenzquotient* (IQ), dessen Werte Zahlen sind. Man kann hier *nicht* sagen: Ein Mensch mit dem IQ = 150 ist doppelt so intelligent wie ein Mensch mit dem IQ = 75.

Intelligenzquotient (IQ)
Durch den Intelligenzquotienten (IQ) wird die Intelligenz gemessen, soweit diese durch einen Intelligenztest ermittelt werden kann. Der IQ wird häufig nach folgendem Verfahren bestimmt: Zunächst wird die Anzahl N der richtigen Testaufgaben des Intelligenztests ermittelt. Mithilfe einer Formel $IQ = a \cdot N + b$ wird dann der IQ ausgerechnet. Die Zahlen a und b der Formel sind testabhängig. Sie werden in empirischen Erhebungen i. a. so ermittelt, dass folgendes erfüllt ist:

IQ	über 140	120 – 140	110 – 120	90 – 110	unter 90
Bevölkerungsanteil	1,5 %	11 %	18 %	48 %	21,5 %

Dadurch erreicht man eine Normierung aller Intelligenztests mit 100 als IQ für durchschnittliche Intelligenz.

Wohl kann man sagen: Der Unterschied in der Intelligenz zwischen den IQ's 130 und 110 ist doppelt so groß wie der Unterschied in der Intelligenz zwischen den IQ's 100 und 90.
Weitere Beispiele intervallskalierter Merkmale enthält die Tabelle auf dieser Seite.
Größen (verhältnisskalierte Merkmale) und Intervallmerkmale bilden zusammen die quantitativen Merkmale. Bei beiden Merkmalsarten ist die Berechnung des arithmetischen Mittels und der mittleren quadratischen Abweichung sachlich sinnvoll, d.h. beide Begriffe besitzen bei diesen Merkmalsarten Anwendungsrelevanz (engl. meaning fullness).

Intervall-Merkmal	**Träger**	**Differenzgröße**
Höhenlage	Punkte im Gelände	Länge
Zeitpunkt	Momentanereignisse	Zeitdauer
elektrischer Potentialzustand	Punkte im Raum oder an einem Leiter	elektrische Spannung
Energieniveau	angeregte Atome	elektrische Spannung

Ordinalmerkmal	**Träger**	**Merkmalswerte**
Beaufort-Windstärke	Luftströmungen	1, 2, ..., 12
Mohs-Härte	Oberflächen von Mineralien	1, 2, ..., 10
Bewertungsnote	Prüfungsleistungen	sehr gut, gut, ...
Mercalli-Erdbebenstärken	Erdbeben	I, ..., XII

5. Zweite Erweiterung des Messens: Qualitatives Vergleichen bei Rangmerkmalen

Rangmerkmale heißen auch Ordinalmerkmale, weil für sie in natürlicher Weise eine Ordnungsrelation erklärt ist (siehe Tabelle).
Die Verwendung von Zahlen besagt nicht, dass Unterschiede (Differenzen) oder gar Verhältnisse (Quotienten) zwischen den Merkmalswerten anwendungsrelevant (meaningfull) sind. Statt des arithmetischen Mittels sollte hier der Median als Mittelwert verwendet werden. Bei einer gegebenen Datenmenge $x_1 \leq x_2 \leq \ldots \leq x_n$ bezeichnet man denjenigen Wert $\tilde{x}$ als Median (Zentralwert), für den gilt: $\tilde{x} = x_{\frac{n+1}{2}}$ bei ungeraden n bzw. $\tilde{x} = \frac{1}{2} \cdot \left(x_{\frac{n}{2}} + x_{\frac{n}{2}+1}\right)$ bei geraden n.

Beaufort-Windstärke

0 Windstille, Rauch steigt gerade empor
1 Leiser Zug; Windrichtung nur durch Rauch erkennbar
2 Leichter Wind, Wind im Gesicht fühlbar, Blätter säuseln
3 Schwacher Wind; Blätter und dünne Zweige bewegen sich
4 Mäßiger Wind, bewegt Zweige und dünne Äste; hebt Staub
5 Frischer Wind; kleine Bäume beginnen zu schwanken
6 Starker Wind; Pfeifen an Drahtleitungen
7 Starker (steifer) Wind; fühlbare Hemmung beim Gehen
8 Stürmischer Wind; bricht Zweige von den Bäumen, erschwert das Gehen
9 Sturm; kleinere Schäden an Häusern und Dächern
10 Schwerer Sturm; entwurzelt Bäume, bedeutende Schäden
11 Orkanartiger Sturm; verbreitet schwere Verwüstungen
12 Orkan; schwerste Verwüstungen

Zusammenfassung

Messen im engsten Sinne ist multiplikatives Vergleichen von Trägern und Werten bei Größen (verhältnisskalierten Merkmalen).

Messen in 1. Erweiterung ist additives Vergleichen bei intervallskalierten Merkmalen.

Messen in 2. Erweiterung ist qualitatives Vergleichen und Bewerten durch Zahlen bei Ordinalmerkmalen (Rangmerkmalen).

5. WEITERE FUNKTIONSTYPEN

Ein Extremwertproblem aus der Segelflugpraxis

Segelflugzeuge benötigen für weite Flüge die Thermik. Bei Erwärmung des Erdbodens durch die Sonne entstehen lokale Aufwindgebiete, von den Segelfliegern *Bärte* genannt.
Segelflugzeuge gewinnen Höhe, indem sie in den Bärten kreisen.
Zwischen zwei Bärten fliegen sie im Gleitflug. Dabei verlieren sie an Höhe, und zwar um so mehr, je schneller sie fliegen. Fliegt ein Segelflieger sehr schnell, so kommt er weit unten beim nächsten Bart an. Er benötigt dann eventuell sehr lange, um wieder nach oben zu kommen. Fliegt er sehr langsam, so kommt er zwar nicht so tief beim nächsten Bart an, doch eventuell hat er sehr viel Zeit für den Flug zwischen den Bärten benötigt.
Bei einem Segelflugwettbewerb kommt es also darauf an, die günstigste Geschwindigkeit zu finden, eine Extremwertaufgabe, die wir lösen wollen.

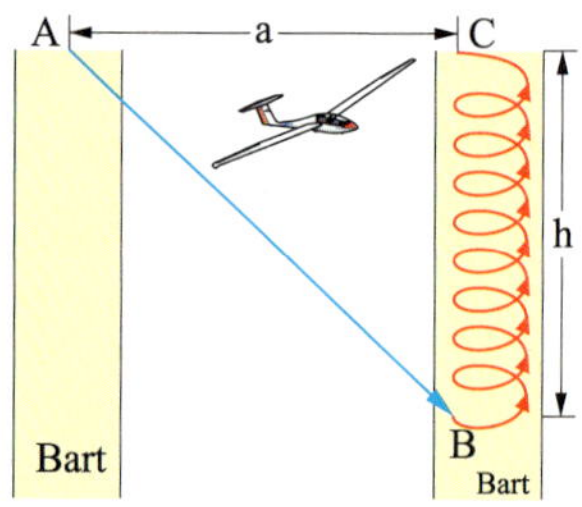

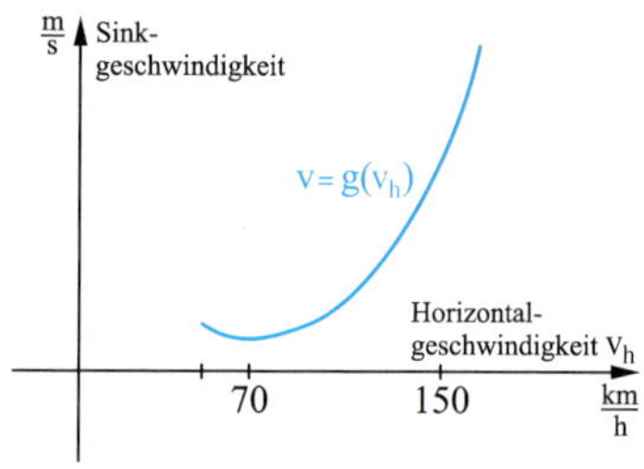

Aufstellen der Gleichung $t = f(v_h)$ für die Funktion *Horizontalgeschwindigkeit v_h* → benötigte Zeit t

Den funktionalen Zusammenhang zwischen der Sinkgeschwindigkeit v des Flugzeuges und seiner Horizontalgeschwindigkeit v_h gibt die sogenannte Polare mit der Gleichung $v = g(v_h)$ an (siehe den Graphen oben rechts). Die Steiggeschwindigkeit in den Bärten werde mit v_{St} bezeichnet. t_{AB} sei die Zeit, die der Segelflieger benötigt, um von A nach B zu kommen, t_{BC} die Zeit, um von B nach C zu gelangen. Die Entfernung a zwischen zwei Bärten wird als groß gegenüber der Steighöhe h angesehen.

Dann gilt: $t_{AB} = \frac{a}{v_h}$; $t_{BC} = \frac{h}{v_{St}}$.

Gesamtzeit: $t = t_{AB} + t_{BC} = \frac{a}{v_h} + \frac{h}{v_{St}}$.

Nun gilt: $g(v_h) = \frac{h}{t_{AB}}$, also $h = g(v_h) \cdot t_{AB} = \frac{g(v_h) \cdot a}{v_h}$.

Somit gilt: $t = f(v_h) = \frac{a}{v_h} + \frac{g(v_h) \cdot a}{v_{St} \cdot v_h}$.

Das ist die gesuchte Funktionsgleichung. Sie stellt eine *rationale Funktion* dar. (Siehe Seite 237)
Die günstigste Geschwindigkeit liegt an der Stelle vor, an der die Funktion f ein Minimum hat.
Mit der Funktion f haben wir einen neuen Funktionstyp kennengelernt, den der „rationalen Funktion“. Dieser Funktionstyp und der der „trigonometrischen Funktion“ sollen in diesem Kapitel untersucht werden.
Zur Lösung des Problems vgl. Aufgabe 25 auf S. 246.

Weitere interessante Hinweise zur Theorie des Segelflugs kann man z. B. auf folgender Internetseite finden: http://www.segelflug.de/vereine/lichtenfels/theorie.html

5.1 Rationale Funktionen

5.1.1 Grundeigenschaften rationaler Funktionen und Aufbau rationaler Funktionen aus einfachen Grundtypen

Einführung

(1) Begriff der rationalen Funktion

Ein Polynom ist ein Term der Form $a_n x^n + a_{n-1} x^{n-1} + \ldots + a_1 x + a_0$ mit $n \in \mathbb{N}$ und $a_0, a_1, \ldots, a_n \in \mathbb{R}$ und $a_n \neq 0$.

Beispiele für rationale Funktionen sind:

$f(x) = \frac{x^2+2}{2x}$, $f(x) = \frac{1}{x^2+1}$, $f(x) = \frac{2x^3+11x^2+12x-10}{x^2+6x+9}$.

Zähler und Nenner von rationalen Funktionen sind Polynome.

> Eine Funktion, deren Funktionsterm als Bruch (Quotient) $\frac{p(x)}{q(x)}$ von zwei Polynomen $p(x)$ und $q(x)$ geschrieben werden kann, heißt **rationale Funktion**[1].

Einfache rationale Funktionen sind gegeben durch $f(x) = \frac{1}{x}$, $f(x) = \frac{1}{x^2}$, $f(x) = \frac{1}{x^3}$, ...
Diese Funktionen sind uns bereits als Potenzfunktionen mit negativem Exponent, $f(x) = x^{-n}$, $n \in \mathbb{N}$, bekannt.
Wie z.B. die ganzrationale Funktion f mit $f(x) = x^2 + x - 4 = \frac{x^2+x-4}{1}$ ist *jede* ganzrationale Funktion auch eine gebrochenrationale Funktion. Wir wollen uns im Folgenden jedoch nur mit rationalen Funktionen beschäftigen, die nicht ganzrational sind.

(2) Definitionsbereich

Anders als die ganzrationalen Funktionen sind gebrochenrationale Funktionen nicht immer auf ganz $\mathbb{R}$ definiert. Für x können keine Zahlen in den Funktionsterm $f(x) = \frac{p(x)}{q(x)}$ einer gebrochenrationalen Funktion eingesetzt werden, für die der Nenner null wird. Die Funktion f hat an diesen Stellen **Definitionslücken.**

So haben z.B. die Funktionen f mit $f(x) = \frac{1}{x}$ oder $f(x) = \frac{1}{x^2}$ an der Stelle 0 eine Definitionslücke. Die Funktion f mit $f(x) = \frac{5}{x^2 - 3x + 2}$ hat Definitionslücken an den Stellen 1 und 2, es ist also $\mathbb{D} = \mathbb{R} \setminus \{1; 2\}$.
Es gibt aber auch rationale Funktionen, die keine Definitionslücke haben und auf ganz $\mathbb{R}$ definiert sind. Der einfachste Grundtyp einer rationalen Funktion *ohne* Definitionslücke ist die Funktion f mit $f(x) = \frac{1}{x^2+1}$, denn $x^2 + 1 > 0$ für alle $x \in \mathbb{R}$.

(3) Verhalten an den Definitionslücken

Bei einigen rationalen Funktionen lässt sich die Definitionslücke schließen. Dazu das folgende Beispiel:
Die Funktion f mit $f(x) = \frac{x^2-1}{x-1}$ hat zwar an der Stelle 1 eine Definitionslücke.

Beachte: $x^2 - 1 = (x+1) \cdot (x-1)$

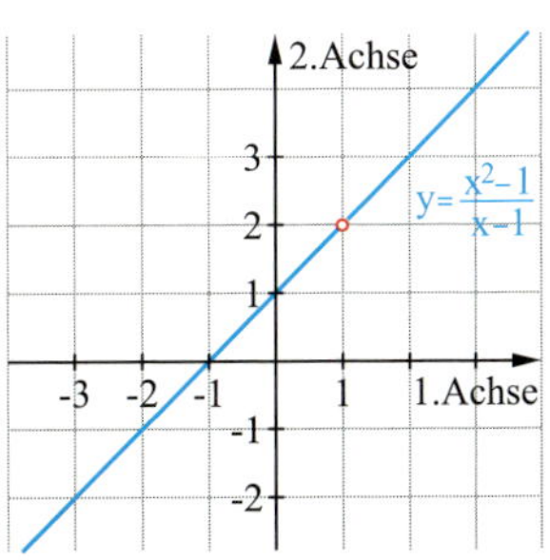

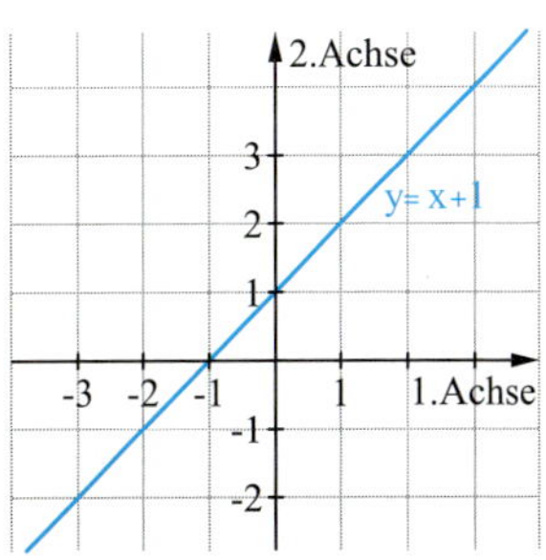

[1] Oft nennt man eine rationale Funktion auch eine *gebrochen*rationale Funktion, um sie von einer ganzrationalen Funktion zu unterscheiden.

Da aber $\frac{x^2-1}{x-1} = x+1$ für alle $x \neq 1$ ist, stimmt der Graph der Funktion f bis auf die Lücke an der Stelle 1 mit dem Graphen zu $y = x+1$ überein.
Die Funktion zu $y = x+1$ ist aber auf ganz $\mathbb{R}$, also insbesondere auch für $x = 1$ definiert. An der Stelle 1 liegt daher eine so genannte **hebbare Definitionslücke** der Funktion f mit $f(x) = \frac{x^2-1}{x-1}$ vor. Ist eine Definitionslücke *nicht* hebbar, so gilt:
Strebt x gegen die Definitionslücke, so strebt f(x) gegen $+\infty$ oder gegen $-\infty$.
Man überzeugt sich hiervon beispielsweise sofort für die Potenzfunktion zu $y = \frac{1}{x}$ durch Einsetzen einer Folge von Werten für x. Wählt man als Beispiel für eine Grundfolge, die gegen die Definitionslücke 0 strebt, etwa die Grundfolge $\langle x_n \rangle$ mit $x_n = \frac{1}{10^n}$ bzw. die Grundfolge $\langle x_n \rangle$ mit $x_n = -\frac{1}{10^n}$, so ergibt sich $f(x_n) \to +\infty$ bzw. $f(x_n) \to -\infty$:

Annäherung von links									*Annäherung von rechts*			
x	-1	$-0{,}1$	$-0{,}01$	$\rightarrow$	0		0	$\leftarrow$	0,01	0,1	1	x
$\frac{1}{x}$	-1	-10	-100	$\rightarrow$	$-\infty$		$+\infty$	$\leftarrow$	100	10	1	$\frac{1}{x}$

Für $x \to 0$ schmiegt sich der Graph zu $y = \frac{1}{x}$ der Geraden zu $x = 0$ immer mehr an. Man nennt die Gerade zu $x = 0$ auch **Polgerade** der Funktion f mit $f(x) = \frac{1}{x}$.
Man sagt:
Die Funktion hat an der Stelle 0 einen **Pol mit Vorzeichenwechsel.**

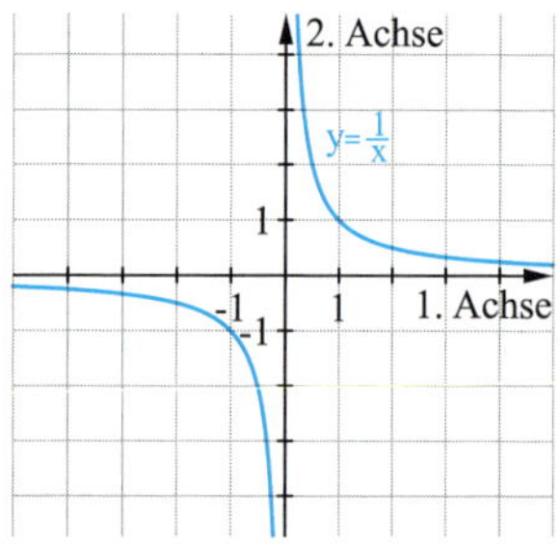

Pol mit Vorzeiche wechsel: Unterschiedliche Vorzeichen der Funktionswerte l und rechts vom P

*Die Graphen zu $y=\frac{1}{x}$, $y=\frac{1}{x^3}$, ... haben an der Stelle 0 einen **Pol mit Vorzeichenwechsel.***

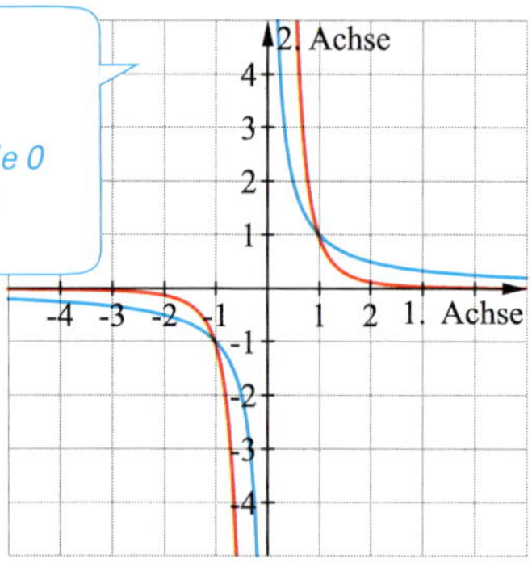

*Die Graphen zu $y=\frac{1}{x^2}$, $y=\frac{1}{x^4}$, ... haben an der Stelle 0 einen **Pol ohne Vorzeichenwechsel.***

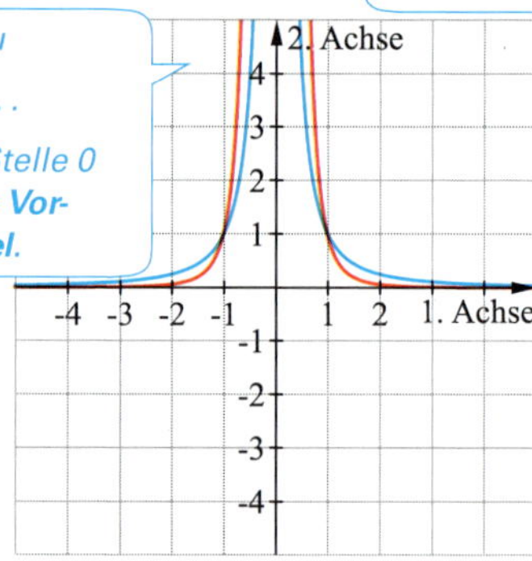

Aufgabe 1 *Verhalten rationaler Funktionen für $x \to \infty$ bzw. für $x \to -\infty$*

a) Untersuche die Funktion f mit $f(x) = \frac{1}{x^2+1}$ auf Definitionsbereich, Symmetrie, Monotonie und Extrempunkte ohne die Ableitung zu bestimmen.
Untersuche das Verhalten von f(x) für $x \to \infty$ und für $x \to -\infty$ und zeichne den Graphen von f.

b) Begründe, dass f mit $f(x) = x + \frac{2}{x}$ eine rationale Funktion ist, und untersuche das Verhalten von f(x) für $x \to \infty$ bzw. für $x \to -\infty$.
Was bedeutet dieses Verhalten für den Graphen von f?

Lösung **a)** *Definitionsbereich:* Welche Zahl man auch immer für x wählt, nie kann der Nenner x^2+1 von f(x) gleich 0 werden. Der Definitionsbereich von f ist also $\mathbb{R}$.

Symmetrie: Es ist $f(-x)=\frac{1}{(-x)^2+1}=\frac{1}{x^2+1}=f(x)$, daher ist der Funktionsgraph symmetrisch zur 2. Achse.

Monotonie: Die Funktion mit $y=x^2+1$ fällt für $x\leq 0$ streng monoton und wächst für $x\geq 0$ streng monoton.
Daher steigt der Graph zu $f(x)=\frac{1}{x^2+1}$ für $x\leq 0$ streng monoton und fällt für $x\geq 0$ streng monoton.

Extrempunkte: Da die Funktion f für $x\leq 0$ streng monoton wächst und für $x\geq 0$ streng monoton fällt, ist der Punkt $P(0|1)$ Hochpunkt und einziger Extrempunkt des Funktionsgraphen.

Verhalten für $x\to\infty$ bzw. für $x\to-\infty$:

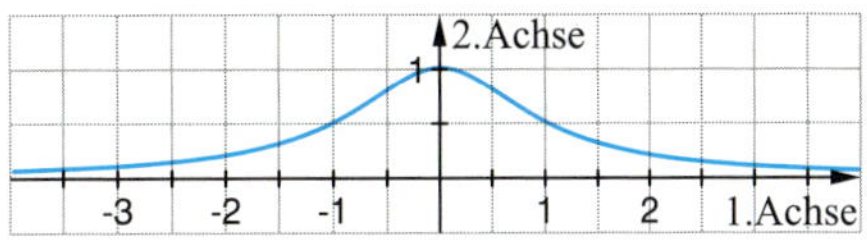

Für $x\to\infty$ strebt $\frac{1}{x^2+1}$ gegen 0, weil der Nenner über alle Grenzen wächst.
Für $x\to-\infty$ strebt $\frac{1}{x^2+1}$ ebenfalls gegen 0, weil der Nenner über alle Grenzen wächst.
Man sagt: Die 1. Achse ist **Asymptote** des Funktionsgraphen für $x\to-\infty$ und für $x\to\infty$.

b) Wegen $f(x)=x+\frac{2}{x}=\frac{x^2+2}{x}$ ist f(x) als Bruch von zwei Polynomen darstellbar, die Funktion f ist also eine rationale Funktion.
Um einen Einblick in das Verhalten von f(x) für große x zu bekommen, setzen wir große Zahlen für x ein:

x	10	100	1000	10000	10^6
$x+\frac{2}{x}$	1,2	100,02	1000,002	10000,0002	$10^6+2\cdot 10^{-6}\approx 10^6$

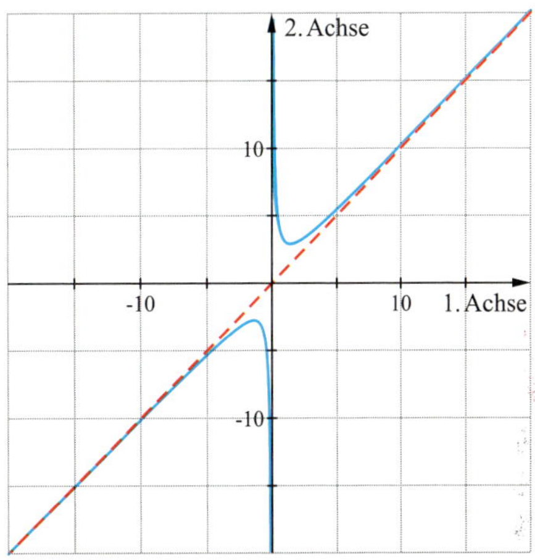

Für große Werte von x unterscheidet sich der Wert von f(x) immer weniger vom Wert von x. Das bedeutet:
Für $x\to\infty$ kommt der Graph von f der Geraden zu $y=x$ beliebig nahe. Die Funktion zu $y=x$ ist eine (lineare) **Näherungsfunktion** für die Funktion f.

Vergleiche dazu auch Kapitel 7.

Man sagt auch: Die Gerade zu $y=x$ ist **Asymptote** des Graphen von f für $x\to\infty$.

Asymptote: griechisch: nicht zusammenfallend

Entsprechend erhält man:
Für $x\to-\infty$ kommt der Graph von f der Geraden zu $y=x$ beliebig nahe. Die Gerade zu $y=x$ ist Asymptote des Graphen von f für $x\to-\infty$.

Information **Eigenschaften rationaler Funktionen**

Bei einer rationalen Funktion f sind folgende Besonderheiten zu beachten:

(1) Es *können* **Definitionslücken** vorliegen:
An den Stellen, an denen das Polynom im Nenner null wird, ist die Funktion nicht definiert. Es gibt zwei mögliche Fälle:

(a) Entweder ist die Definitionslücke eine **hebbare Lücke**

oder

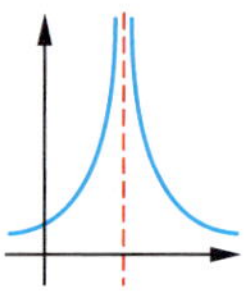

(b) der Graph schmiegt sich immer mehr einer Parallelen zur 2. Achse an.
Diese Gerade wird **Polgerade** genannt.
Streben die Funktionswerte bei Annäherung von x an die Polstelle unabhängig davon, von welcher Seite sich x der Polstelle annähert, stets gegen $+\infty$ [oder stets gegen $-\infty$], so liegt ein **Pol ohne Vorzeichenwechsel** vor.
Anderenfalls liegt ein **Pol mit Vorzeichenwechsel** vor.

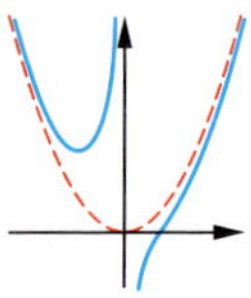

(2) Der Graph von f schmiegt sich für $x \to +\infty$ und für $x \to -\infty$ dem Graphen einer **Näherungsfunktion** g an.
Die Funktionswerte von f kommen den Funktionswerten von g beliebig nahe, falls x gegen $+\infty$ oder $-\infty$ strebt: $f(x) - g(x) \to 0$ für $x \to +\infty$ und für $x \to -\infty$.
Ist die Näherungsfunktion g linear, so nennt man ihren Graph **Asymptote** von f.
Oft wird eine Polgerade ebenfalls Asymptote genannt.

Aufgabe 2 *Aufbau rationaler Funktionen aus einfachen Grundtypen*

Einfache Grundtypen sind: $y=\frac{1}{x}$, $y=\frac{1}{x^2}$, $y=\frac{1}{x^2+1}$

Es sollen aus einfachen Grundtypen für rationale Funktionen durch geometrische Überlegungen die Graphen weiterer rationaler Funktionen hergeleitet werden.

Erschließe und skizziere von dem Graphen zu $y=\frac{1}{x}$ bzw. $y=\frac{1}{x^2}$ ausgehend durch geometrische Überlegungen (wie z.B. Verschiebung, Spiegelung, Streckung eines Funktionsgraphen) die Graphen der folgenden Funktionen.
Gib auch Polstellen und Asymptoten an.

(1) $f(x) = -\frac{1}{x} + 3$ (2) $f(x) = \frac{2}{(x-1)^2}$ (3) $f(x) = \frac{x^2+2}{2x}$

Lösung (1) $f(x) = -\frac{1}{x} + 3$

Spiegelt man den Graphen von $y=\frac{1}{x}$ an der 1. Achse, so erhält man den Graphen von $y=-\frac{1}{x}$.

Verschiebt man anschließend den Graphen von $y=-\frac{1}{x}$ um $+3$ in Richtung der 2. Achse, so erhält man den Graphen zu $y=-\frac{1}{x}+3$.

Daraus ergeben sich folgende Eigenschaften:

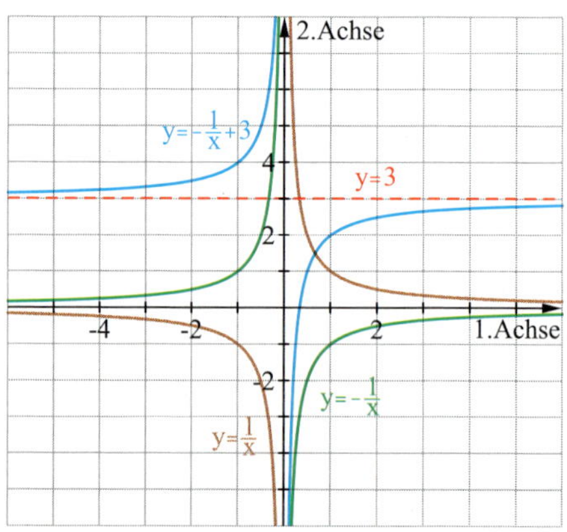

Der Graph hat an der Stelle 0 einen Pol mit Vorzeichenwechsel. Die Gerade zu $y=3$ ist Asymptote des Funktionsgraphen.

(2) $f(x)=\frac{2}{(x-1)^2}$

Streckt man den Graphen von $y=\frac{1}{x^2}$ von der 1. Achse aus parallel zur 2. Achse mit dem Faktor 2, so erhält man den Graphen von $y=\frac{2}{x^2}$.

Verschiebt man anschließend den Graphen von $y=\frac{2}{x^2}$ um +1 in Richtung der 1. Achse, so erhält man den Graphen zu $y=\frac{2}{(x-1)^2}$.

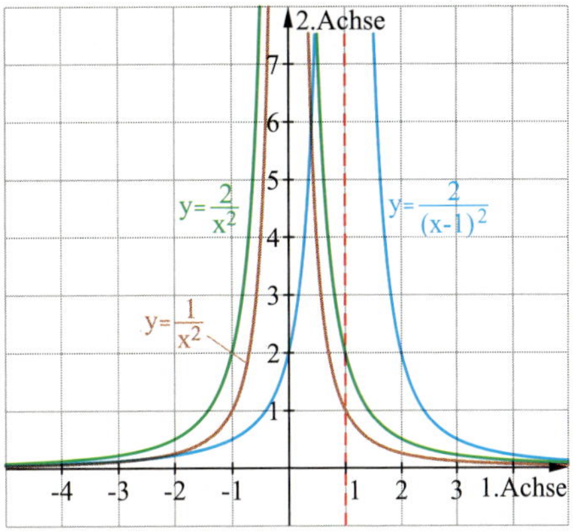

Daraus ergeben sich folgende Eigenschaften:

Der Graph hat an der Stelle 1 einen Pol ohne Vorzeichenwechsel. Die Gerade zu $y=0$ ist Asymptote des Funktionsgraphen.

(3) $f(x)=\frac{x^2+2}{2x}$

Wir formen zunächst um: $\frac{x^2+2}{2x}=\frac{1}{2}x+\frac{1}{x}$.

Damit kann man aus den Graphen zu $y=\frac{1}{2}x$ und $y=\frac{1}{x}$ den Graphen zu $y=\frac{x^2+2}{2x}$ erhalten, indem man die Funktionswerte stellenweise addiert (**Überlagerung** der Graphen von $y=\frac{1}{2}x$ und $y=\frac{1}{x}$).

Daraus ergeben sich folgende Eigenschaften: Der Graph hat an der Stelle 0 einen Pol mit Vorzeichenwechsel. Die Gerade zu $y=\frac{1}{2}x$ ist schräge Asymptote des Funktionsgraphen.

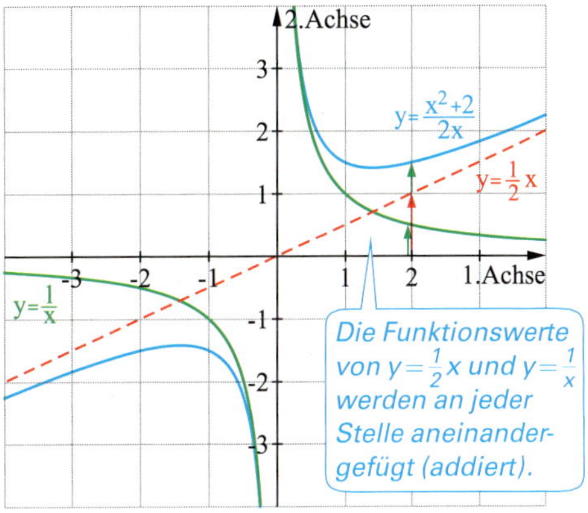

Weiterführende Aufgaben

Überprüfe die Ergebnisse mit einem GTR oder CAS

3. *Rationale Funktionen mit vorgegebenen Eigenschaften bestimmen*

Gib eine rationale Funktion mit den gegebenen Eigenschaften an.

a) Die Funktion hat an der Stelle 3 einen Pol ohne Vorzeichenwechsel und die Gerade zu $y=2$ ist Asymptote.

b) An der Stelle 0 ist ein Pol mit Vorzeichenwechsel und die Gerade zu $y=-x+1$ ist Asymptote.

c) Die Gerade zu $y=2x$ ist Asymptote und an der Stelle -1 ist ein Pol ohne Vorzeichenwechsel.

d) Die Gerade zu $y=-x$ ist Asymptote und der Funktionsgraph hat *keinen* Pol.

4. *Nichtlineare Näherungsfunktion*

Zeige, dass für $x\to\infty$ und für $x\to-\infty$ der Graph zu $f(x)=\frac{x^3+1}{x}$ der Parabel zu $y=x^2$ beliebig nahe kommt.

5. *Zerlegung des Funktionsterms mittels Polynomdivision*

Erschließe von einem geeigneten Grundtyp ausgehend durch geometrische Überlegung und durch Überlagerung von Funktionsgraphen die Graphen folgender Funktionen. Führe zunächst eine Polynomdivision durch.

(1) $f(x)=\frac{x^2-4x+5}{x-1}$

(2) $f(x)=\frac{2x^3+11x^2+12x-10}{x^2+6x+9}$

$$\frac{x^2-4x+5}{x-1}=(x^2-4x+5):(x-1)=x-3+\frac{2}{x-1}$$

Nebenrechnung:

$$(x^2-4x+5):(x-1)=x-3+\frac{2}{x-1}$$

$$\begin{array}{l} x^2-x \\ \hline -3x+5 \\ -3x+3 \\ \hline \quad 2 \end{array}$$

So kann man auch die Asymptote bestimmen

6. *Streckung in Richtung der 1. Achse*

Der Graph zu $y=\frac{1}{x^2+1}$ (im Bild rot) wird von der 2. Achse aus parallel zur 1. Achse mit dem Faktor 2 gestreckt.

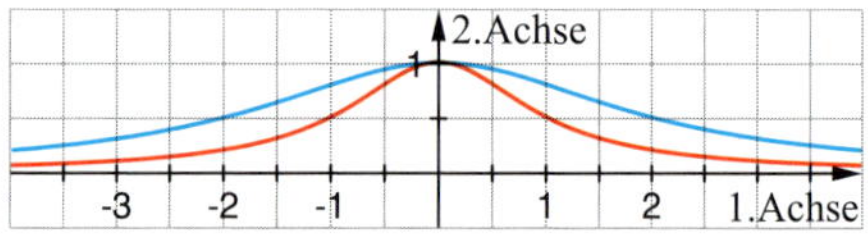

Begründe, dass das Bild der Graph zu $y=\frac{1}{\left(\frac{x}{2}\right)^2+1}$ ist (im Bild blau).

Wie geht der Graph der Funktion f mit $f(x)=\frac{1}{(3x)^2+1}$ $\left[f(x)=\frac{25}{x^2+25};\ f(x)=\frac{1}{x^2+16}\right]$ aus dem Graphen zu $y=\frac{1}{x^2+1}$ hervor?

7. *Kehrwert eines Funktionsterms*

a) Skizziere in *einem* Koordinatensystem die Graphen zu $f(x)=x^2-4$ und zu $g(x)=\frac{1}{x^2-4}$.

Erläutere den Zusammenhang zwischen den Nullstellen von f und den Polstellen von g, zwischen dem Monotonieverhalten von f und dem Monotonieverhalten von g sowie zwischen dem Verhalten für $x\to+\infty$ bzw. $x\to-\infty$ für f und g.

b) Skizziere den Graphen von f mit $f(x)=\frac{1}{x^3-1}$ $\left[f(x)=\frac{1}{x^2(x-1)};\ f(x)=\frac{1}{x^4-x^2}\right]$.

8. *Produkt von zwei Funktionstermen*

Zeichne die Graphen der Funktionen zu $y=x$ und zu $y=\frac{1}{x^2+1}$ und leite hieraus den Verlauf des Funktionsgraphen zu $f(x)=\frac{x}{x^2+1}=x\cdot\frac{1}{x^2+1}$ her.

GTR Überprüfe die Überlegungen mithilfe eines grafikfähigen Taschenrechners.

Übungsaufgaben

9.

Bestimme die Polstellen der Funktion f und gib an, ob es sich um einen Pol mit Vorzeichenwechsel oder um einen Pol ohne Vorzeichenwechsel handelt.

a) $f(x)=\frac{1}{x(x-1)}$ **b)** $f(x)=\frac{x}{x^2+2x+1}$ **c)** $f(x)=\frac{x+3}{x^3+5x^2}$ **d)** $f(x)=\frac{1}{(x-1)^4(x-3)^5}$

10.

Gib jeweils die Definitionslücke der Funktion an und prüfe, ob es sich um eine hebbare Lücke oder um einen Pol mit oder ohne Vorzeichenwechsel handelt.

a) $f(x)=\frac{x}{x+1}$ **d)** $f(x)=\frac{x^3+x}{x^2}$ **g)** $f(x)=\frac{x^2-6x+9}{x-3}$ **j)** $f(x)=\frac{x^2-4}{x^4-16}$

b) $f(x)=\frac{x^2+1}{x-1}$ **e)** $f(x)=\frac{x^2+2x}{x+2}$ **h)** $f(x)=\frac{x^2+3x-10}{x^2-5x-6}$ **k)** $f(x)=\frac{x^4-16}{x^4+16}$

c) $f(x)=\frac{x^2-4}{x-2}$ **f)** $f(x)=\frac{x^5-x^3}{x^6}$ **i)** $f(x)=\frac{x}{x^2-4x-4}$ **l)** $f(x)=\frac{x^3+2x^2-x-2}{x^3-2x^2-x+2}$

11.

Gib die Polstellen und die Asymptote der Funktion f an.

a) $f(x)=\frac{2}{x-3}+4$

b) $f(x)=\frac{x-4}{x^2}-5$

c) $f(x)=2x+\frac{x^2+2}{x+2}$

d) $f(x)=\frac{1}{x^2-10x+25}$

e) $f(x)=\frac{2x+3}{x(x+1)}+\frac{x}{2}$

f) $f(x)=\frac{1-x}{(x-2)(x+1)}$

g) $f(x)=\frac{x+\frac{1}{2}}{x^2-4x+3}+\sqrt{2}$

h) $f(x)=\frac{4x}{x^2+5}+x-1$

GTR **12.**

Gib eine einfache rationale Funktion f mit den angegebenen Eigenschaften an. Prüfe anschließend deine Lösung, indem du jeweils den Funktionsgraphen und die Asymptote mithilfe eines grafikfähigen Rechners zeichnest.

a) An der Stelle 1 liegt ein Pol mit Vorzeichenwechsel vor und die Gerade zu $y=0$ ist Asymptote.

b) An der Stelle -3 liegt ein Pol ohne Vorzeichenwechsel vor und die Gerade zu $y=-2$ ist Asymptote.

c) An der Stelle 0 liegt ein Pol ohne Vorzeichenwechsel vor und die Gerade zu $y=-x$ ist Asymptote.

d) An der Stelle -3 liegt ein Pol ohne Vorzeichenwechsel vor und die Gerade zu $y=2x$ ist Asymptote.

e) Die Gerade zu $y=2$ ist Asymptote, und der Graph hat keinen Pol.

f) f ist für alle $x\in\mathbb{R}$ definiert und hat die Gerade zu $y=-2$ als Asymptote.

g) f ist für alle $x\in\mathbb{R}$ definiert und hat an der Stelle 0 einen Tiefpunkt.

h) f ist für alle $x\in\mathbb{R}$ definiert und hat an der Stelle 1 einen Hochpunkt.

i) f hat an der Stelle 0 und an der Stelle 2 einen Pol.

13.

a) Wir betrachten die Funktion f mit $f(x)=\frac{1}{(x-3)^n}$.

Begründe: Ist n gerade, so hat f an der Stelle 3 einen Pol *ohne* Vorzeichenwechsel. Ist n ungerade, so hat f an der Stelle 3 einen Pol *mit* Vorzeichenwechsel.

b) Verallgemeinere das Ergebnis aus Teilaufgabe a) für eine rationale Funktion f der Form $f(x)=\frac{1}{(x-x_1)^{n_1}\cdot(x-x_2)^{n_2}\cdot\ldots\cdot(x-x_m)^{n_m}}$.

14.
Gegeben ist eine Folge von Funktionen $f_1, f_2, f_3, f_4, \dots$ mit

$$f_1(x)=\frac{1}{1+x},\quad f_2(x)=\frac{1}{1+\frac{1}{1+x}},\quad f_3(x)=\frac{1}{1+\frac{1}{1+\frac{1}{1+x}}},\quad f_4(x)=\frac{1}{1+\frac{1}{1+\frac{1}{1+\frac{1}{1+x}}}},\ \dots$$

CAS **a)** Gib $f_5(x)$ und $f_6(x)$ an.

b) Bestimme – ggf. mithilfe eines CAS – für jeden Funktionsterm $f_1(x), f_2(x), \dots, f_6(x)$ alle Definitionslücken und zeige, dass jeweils alle Definitionslücken bis auf eine hebbar sind.

▲ **c)** Es sei x_1 die Polstelle von f_1, x_2 die Polstelle von f_2, usw. Schreibe $x_1, x_2, x_3, x_4, x_5, x_6$ als Brüche und versuche, eine Gesetzmäßigkeit zu entdecken. Überprüfe deine Vermutung, indem du die Polstellen von f_7 und f_8 berechnest.

▲ **d)** Prüfe, ob die Folge $x_1, x_2, x_3, x_4, x_5, \dots$ gegen einen Grenzwert strebt.

CAS **15.**
Zerlege durch Polynomdivision, überprüfe mit einem CAS.

a) $\dfrac{2x^2+6x+1}{x+3}$

b) $\dfrac{x^3-4x^2+4x+1}{x-1}$

c) $\dfrac{2x^3-4x^2+2x-7}{x^2+1}$

d) $\dfrac{2x^3+3x^2-5x+1}{x^2+x+2}$

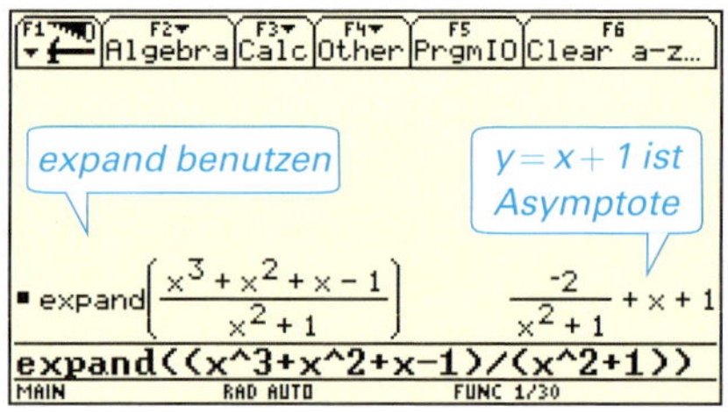

16.
Bestimme die Asymptote von f. Für welche Werte von x unterscheidet sich der Funktionswert betragsmäßig um weniger als 0,1 vom Wert der Asymptote?

a) $f(x)=\dfrac{x}{x^2-1}$ **b)** $f(x)=\dfrac{x^2}{x^2+2x}$ **c)** $f(x)=\dfrac{x^2+3}{x+1}$ **d)** $f(x)=\dfrac{x^2-4x+5}{x-2}$

17.
Skizziere den Graphen der Funktion f unter Berücksichtigung der Polstellen und Asymptoten. Berücksichtige gegebenenfalls auch die Nullstellen.

a) $f(x)=\dfrac{2}{x-3}$

b) $f(x)=\dfrac{1}{(x-1)^2}$

c) $f(x)=\dfrac{-1}{x^2+2x+1}+2$

d) $f(x)=\dfrac{x-1}{x}$

e) $f(x)=\dfrac{3x+2}{x}$

f) $f(x)=\dfrac{x+2}{x+1}$

g) $f(x)=\dfrac{x}{x-3}$

h) $f(x)=\dfrac{x^2+1}{x}$

i) $f(x)=\dfrac{x^3-1}{x^2}$

j) $f(x)=\dfrac{1}{(x-2)^2+1}$

k) $f(x)=\dfrac{x^2+4x+5}{(x+2)^2}$

l) $f(x)=\dfrac{-2}{x^2+4x-5}$

18. *Erschließung einzelner Funktionsgraphen aus dem Graphen zu f mit $f(x)=\frac{1}{x^2+1}$*
Erschließe von dem Graphen zu f ausgehend durch geometrische Überlegung und gegebenenfalls durch Überlagerung von Funktionsgraphen die Graphen zu folgenden Funktionen: (1) $g(x)=\dfrac{2}{(x+1)^2+1}$ (2) $g(x)=\dfrac{-1}{x^2-2x+2}$ (3) $g(x)=\dfrac{x^3+x+1}{x^2+1}$

19. *Nichtlineare Näherungsfunktionen*

Bestimme die ganzrationale Näherungsfunktion. Nähert sich der Funktionsgraph von f für $x \to +\infty$ bzw. für $x \to -\infty$ dem Graphen der Näherungsfunktion von oben oder von unten an?

a) $f(x) = \frac{x^2 - x - 1}{x - 1}$ **d)** $f(x) = \frac{x^3 + x^2 - 4x + 2}{x}$ **g)** $f(x) = \frac{x^3 - 7x^2 + 13x - 10}{x - 5}$

b) $f(x) = \frac{2x^2 - 11x + 14}{x - 3}$ **e)** $f(x) = \frac{-x - 2x^2 + 2}{x + 2}$ **h)** $f(x) = \frac{x^5 + 2x^3}{x^2 + 1}$

c) $f(x) = \frac{x^2 - 5x + 10}{x - 2}$ **f)** $f(x) = \frac{x^4 + x^2 + x}{x^2 + 1}$ **i)** $f(x) = \frac{x^3 - x^2 - x + 1}{x^2 + x + 1}$

20.

Skizziere den Graphen der Funktion f mithilfe von Überlagerungen.

a) $f(x) = \frac{x + 3}{2x}$ **d)** $f(x) = \frac{x^2 - 1}{x}$ **g)** $f(x) = \frac{2x^2 - 4x}{x - 1}$

b) $f(x) = \frac{2 + x^2}{x}$ **e)** $f(x) = x^2 - \frac{1}{x^2}$ **h)** $f(x) = x - \frac{1}{x^2 + 1}$

c) $f(x) = \frac{x^2 - x + 1}{x}$ **f)** $f(x) = \frac{x^2 - 5x + 1}{x - 5}$ **i)** $f(x) = \frac{x^3 + 2x + 2}{x^2 + 2}$

GTR **21.**

Zeichne mithilfe eines grafikfähigen Taschenrechners den Graphen der Funktion f. Skaliere die Achsen so, dass ein sinnvolles Bild erscheint.

a) $f(x) = \frac{1}{x^2 + 1000}$ **b)** $f(x) = \frac{x}{x - 1000}$ **c)** $f(x) = \frac{1}{(x^2 + 1000)(x - 1)}$

GTR **22.**

Gib einen möglichen Funktionsterm für f an. Prüfe deine Lösung mittels eines grafikfähigen Rechners.

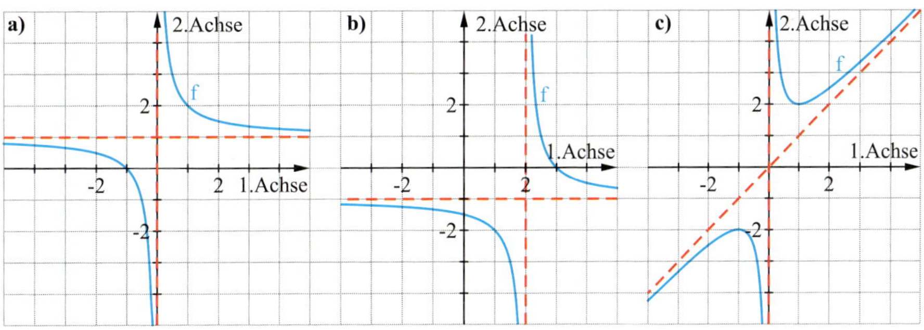

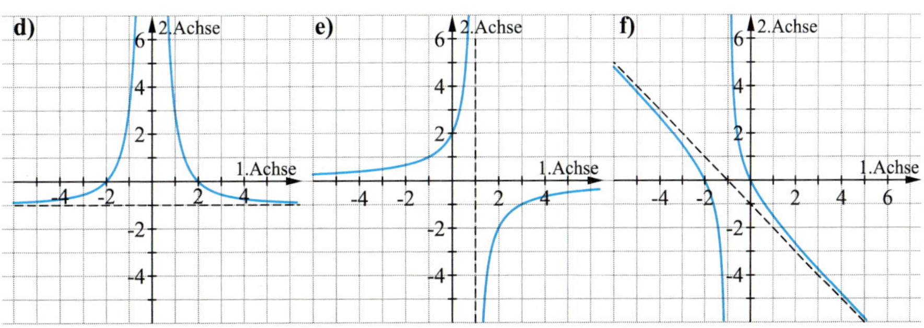

23.
Vergleiche die entstehenden Funktionsgraphen. Gib jeweils auch den Funktionsterm der entstehenden Funktion an.

(1) Verschiebe den Graphen zu $y=\frac{1}{x}$ um $+2$ in Richtung der 2. Achse und strecke anschließend mit dem Faktor -1 von der 1. Achse aus parallel zur 2. Achse.

(2) Strecke den Graphen zu $y=\frac{1}{x}$ mit dem Faktor -1 von der 1. Achse aus parallel zur 2. Achse und verschiebe anschließend um $+2$ in Richtung der 2. Achse.

GTR **24.**

a) Zeichne mithilfe eines grafikfähigen Rechners jeweils die Graphen zu $f_1(x)=x-2$ und $f_2(x)=\frac{1}{x-2}$, $g_1(x)=x^2-1$ und $g_2(x)=\frac{1}{x^2-1}$, $h_1(x)=x^3-x$ und $h_2(x)=\frac{1}{x^3-x}$, $r_1(x)=x^4+x^2+1$ und $r_2(x)=\frac{1}{x^4+x^2+1}$.

Welcher rechnerische Zusammenhang besteht jeweils zwischen den Funktionstermen $f_1(x)$ und $f_2(x)$, $g_1(x)$ und $g_2(x)$, $h_1(x)$ und $h_2(x)$, $r_1(x)$ und $r_2(x)$? Welche Aussagen kann man hieraus im Vergleich der Funktionsgraphen f_1 und f_2, g_1 und g_2, h_1 und h_2, r_1 und r_2 gewinnen?

b) Skizziere aufgrund der Überlegungen in Teilaufgabe a) ohne Zuhilfenahme eines Rechners die Graphen der Funktionen zu $s_1(x)=x^3-3x$ und $s_2(x)=\frac{1}{x^3-3x}$ $\left[s_1(x)=x^3-3x+2 \text{ und } s_2(x)=\frac{1}{x^3-3x+2}\right]$.

25. *Extremwertproblem aus der Segelflugpraxis*

Zwischen der Sinkgeschwindigkeit v und der Horizontalgeschwindigkeit v_h eines Segelflugzeuges bestehe folgender funktionaler Zusammenhang:

vgl. das Einführungsbeispiel von Seite 236

$v=g(v_h)=6{,}25\cdot 10^{-4}\cdot(v_h-70)^2+0{,}75$; v_h gemessen in $\frac{\text{km}}{\text{h}}$ und v in $\frac{\text{m}}{\text{s}}$.

Für die Steiggeschwindigkeit v_{St} gelte $v_{St}=3\,\frac{\text{m}}{\text{s}}$. Der Abstand zwischen zwei Bärten werde (allgemein) mit a bezeichnet.

a) Bestimme die Funktionsgleichung $t=f(v_h)$, die den Zusammenhang angibt zwischen der Horizontalgeschwindigkeit v_h und der Zeit t, die das Flugzeug benötigt, um vom oberen Ende eines Aufwindes (Punkt A) zum oberen Ende des nächsten Aufwindes (Punkt C) zu gelangen.

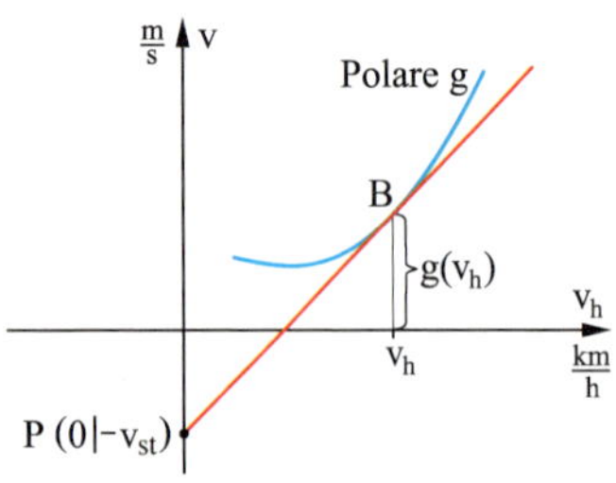

b) Bestimme v_h so, dass die benötigte Zeit t minimal wird. Warum ist das Ergebnis unabhängig von a?

c) Weise durch Rechnung nach, dass die Tangente durch den Punkt $P(0\,|-v_{St})$ an den Graphen der Funktion g den Berührpunkt $B\left(v_h\,|\,g(v_h)\right)$ hat. Bestimme dazu die Gleichung der Tangente an den Graphen von g mit dem Berührpunkt B und bestimme anschließend den Schnittpunkt der Tangente mit der 2. Achse.

d) Zeige *allgemein:* Man erhält die günstigste Geschwindigkeit, indem man vom Punkt $P(0\,|-v_{St})$ die Tangente an die Polare zeichnet. Die Stelle, an welcher der Berührpunkt liegt, ist die günstigste Geschwindigkeit v_h.

Hinweis: Leite aus der Bedingung $f'(v_h)=0$ die Gleichung
$g'(v_h)=\frac{g(v_h)+v_{St}}{v_h}=\frac{g(v_h)-(v_{St})}{v_h-0}$ her und interpretiere diese Gleichung geometrisch.

5.1.2 Untersuchung rationaler Funktionen

Die genaue Lage der Extrem- und Wendepunkte rationaler Funktionen lässt sich im Allgemeinen nur mithilfe der Differentialrechnung bestimmen.

Aufgabe 1 Bestimme den Definitionsbereich der Funktion f mit $f(x) = \frac{x^3}{x^2-1}$. Untersuche f auf
(1) Symmetrie,
(2) Verhalten für $x \to \infty$ und für $x \to -\infty$,
(3) Verhalten der Funktionswerte in der Nähe der Definitionslücken,
(4) gemeinsame Punkte von Funktionsgraph und Koordinatenachsen,
(5) durch die Vorzeichenbereiche, die Polgeraden und die Asymptote festgelegte Bereiche, in denen der Graph von f verläuft,
(6) Extrempunkte,
(7) Wendepunkte,
(8) Wertemenge.
Zeichne den Graphen von f.

Diese Bereiche nennt man ***Verlaufsfelder.***

Lösung Die Funktion ist nicht definiert an den Stellen, an denen das Nennerpolynom $x^2 - 1$ Null ist.
Da die Gleichung $x^2 - 1 = 0$ die Lösungen -1 und 1 hat, ist $\mathbb{R}\setminus\{-1; 1\}$ der Definitionsbereich von f.

(1) Symmetrie

Es ist $f(-x) = \frac{(-x)^3}{(-x)^2-1}$
$= -\frac{x^3}{x^2-1} = -f(x)$.

Achtung:
Symmetrischer Funktionsgraph, wobei das Polynom im Nenner nur gerade Potenzen und das Polynom im Zähler nur ungerade Potenzen hat.

Der Graph von f ist symmetrisch zum Koordinatenursprung.

(2) Verhalten für $x \to +\infty$ und für $x \to -\infty$

Mittels der Polynomdivision vereinfachen wir den Funktionsterm f (x) zunächst so, dass der Grad des Polynoms im Zähler kleiner als der Grad des Polynoms im Nenner ist:

$f(x) = \frac{x^3}{x^2-1} = x^3 : (x^2-1) = x + \frac{x}{x^2-1}$

Für $x \to +\infty$ gilt $\frac{1}{x} \to 0$.

Zähler und Nenner durch die höchste Potenz von x dividieren.

Damit folgt $\frac{x}{x^2-1} = \frac{\frac{1}{x}}{1-\frac{1}{x^2}} \to \frac{0}{1-0^2} = 0$.

Das bedeutet $f(x) - x \to 0$. Der Graph von f kommt für $x \to +\infty$ der Geraden zu $y = x$ beliebig nahe.
Für $x \to -\infty$ gilt entsprechend: $f(x) - x = \frac{x}{x^2-1} = \frac{\frac{1}{x}}{1-\frac{1}{x^2}} \to 0$.

Der Graph von f kommt also auch für $x \to -\infty$ der Geraden zu $y = x$ beliebig nahe.
Die Gerade zu $y = x$ ist Asymptote für $x \to +\infty$ und für $x \to -\infty$.

Da der Term $\frac{x}{x^2-1}$ für $x > 1$ positiv ist, nähert sich der Graph von f für $x \to +\infty$ der Asymptote von oben an. Entsprechend nähert sich der Graph von f für $x \to -\infty$ der Asymptote von unten an.

(3) Verhalten der Funktionswerte in der Nähe der Definitionslücken

(a) Stelle 1:

Wenn x von rechts gegen 1 strebt, d.h. $x \to 1$, $x > 1$, dann strebt der Zähler des Funktionsterms $\frac{x^3}{x^2-1}$ gegen 1 und der Nenner gegen 0.

Da wegen $x > 1$ der Nenner $x^2 - 1$ dabei stets größer als Null ist, folgt

$f(x) = \frac{x^3}{x^2-1} \to +\infty$.

Wenn x von links gegen 1 strebt, d.h. $x \to 1$ mit $x < 1$, dann strebt der Zähler des Funktionsterms $\frac{x^3}{x^2-1}$ ebenfalls gegen 1 und der Nenner gegen 0. Dabei ist der Nenner kleiner als 0, sobald $x > -1$ wird.

Es folgt $f(x) = \frac{x^3}{x^2-1} \to -\infty$.

An der Stelle 1 liegt ein Pol mit Vorzeichenwechsel vor.

(b) Stelle −1:

Wegen der Symmetrie des Funktionsgraphen liegt an der Stelle −1 ebenfalls ein Pol mit Vorzeichenwechsel vor.

Für $x \to -1$ mit $x < -1$, gilt $f(x) \to -\infty$. Für $x \to -1$ mit $x > -1$, gilt $f(x) \to +\infty$.

(4) Schnittpunkte mit den Koordinatenachsen

(a) Schnittpunkte mit der 1. Achse:

Für die Schnittpunkte mit der 1. Achse gilt $f(x) = 0$. Es ist $f(x) = 0$ genau dann, wenn das Zählerpolynom gleich 0 ist, d.h. wenn $x^3 = 0$ und damit $x = 0$ ist. Nur an der Stelle 0 schneidet der Funktionsgraph die 1. Achse.

(b) Schnittpunkte mit der 2. Achse:

Der Funktionsgraph schneidet für $x = 0$ die 2. Achse. Es ist $f(0) = 0$. Der Punkt $O(0 \mid 0)$ ist Schnittpunkt des Funktionsgraphen mit beiden Achsen. Weitere Schnittpunkte existieren nicht.

(5) Bereiche, in denen der Funktionsgraph verläuft

Bevor wir im Folgenden die Extrem- und Wendepunkte bestimmen, können wir schon jetzt Verlaufsfelder des Funktionsgraphen angeben. Eine rationale Funktion kann an ihren Nullstellen und Polstellen das Vorzeichen ihrer Funktionswerte wechseln. Für f ergeben sich folgende Vorzeichenbereiche:

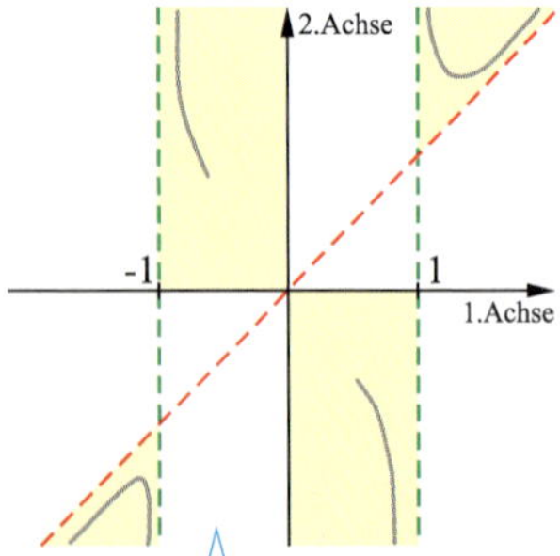

So etwa muss der Graph aussehen. Aber wo genau sind die Extrempunkte, wo die Wendepunkte?

Bereich	$]-\infty; -1[$	$]-1; 0[$	$]0; 1[$	$]1; +\infty[$
Vorzeichen von f(x)	−	+	−	+

Beziehen wir in diese Überlegungen die Asymptote $y = x$ ein, so können wir die *Verlaufsfelder* noch genauer angeben:

Bereich	$]-\infty; -1[$	$]-1; 0[$	$]0; 1[$	$]1; +\infty[$
Graph zu f(x)	unterhalb der Asymptote $y = x$	oberhalb der 1. Achse	unterhalb der 1. Achse	oberhalb der Asymptote $y = x$

(6) Extrempunkte

Bestimmen möglicher Extremstellen:

An den Extremstellen muss die erste Ableitung 0 sein.
Mittels der Quotientenregel erhalten wir:

Quotientenregel: $\left(\frac{u}{v}\right)' = \frac{u'v - uv'}{v^2}$

$f'(x) = \frac{3x^2 \cdot (x^2-1) - x^3 \cdot 2x}{(x^2-1)^2} = \frac{x^4 - 3x^2}{(x^2-1)^2} = 0$, genau dann wenn der Zähler 0 ist.

Die Gleichung $\frac{x^4 - 3x^2}{(x^2-1)^2} = 0$ hat die Lösungen 0, $\sqrt{3}$, $-\sqrt{3}$.

Daher können höchstens an diesen Stellen Extrempunkte liegen.

Entscheiden, ob Hoch- oder Tiefpunkte vorliegen:

(a) Stelle $\sqrt{3}$*:*

Die Stelle $\sqrt{3} \approx 1{,}7$ liegt rechts von der Polstelle 1.
Strebt x von $\sqrt{3}$ aus gegen die Polstelle, so strebt f(x) gegen $+\infty$.
Strebt x (von $\sqrt{3}$ aus) gegen ∞, so strebt f(x) ebenfalls gegen $+\infty$.
Daher muß an der Stelle $\sqrt{3}$ ein (relativer) Tiefpunkt liegen.

Das folgt auch aus $f'(\sqrt{3}) = 0$ und $f''(\sqrt{3}) = \frac{3 \cdot \sqrt{3}}{2} > 0$.

Es ist $f(\sqrt{3}) = \frac{3 \cdot \sqrt{3}}{2} \approx 2{,}6$.

Der Punkt $T\left(\sqrt{3} \,\middle|\, \frac{3 \cdot \sqrt{3}}{2}\right) \approx (1{,}7 \mid 2{,}6)$ ist (relativer) Tiefpunkt des Funktionsgraphen.

(b) Stelle $-\sqrt{3}$*:*

Wegen der Punktsymmetrie des Funktionsgraphen zum Koordinatenursprung folgt:
Der Punkt $H\left(-\sqrt{3} \,\middle|\, -\frac{3 \cdot \sqrt{3}}{2}\right) \approx (-1{,}7 \mid -2{,}6)$ ist (relativer) Hochpunkt des Funktionsgraphen.

(c) Stelle 0:

Der Funktionsgraph wechselt an der Stelle 0 vom 2. Quadranten in den 4. Quadranten. Daher kann an der Stelle 0 *kein* Extrempunkt liegen.

Andere mögliche Begründungen:

Der Koordinatenursprung ist Symmetriepunkt der Punktsymmetrie des Funktionsgraphen. Ein solcher Symmetriepunkt kann kein Extrempunkt sein. Daher kann an der Stelle 0 *kein* Extrempunkt liegen. *Oder:*

Die Stelle 0 liegt genau zwischen den Polstellen -1 und 1. Es gibt keine weitere Stelle zwischen den beiden Polen, an der die Steigung von f Null ist.

Strebt x von 0 aus gegen die Polstelle 1, so strebt f(x) gegen $-\infty$. Strebt x von 0 aus gegen die Polstelle -1, so strebt f(x) gegen $+\infty$.

Daher kann an der Stelle 0 *kein* Extrempunkt liegen.

(7) Wendepunkte

Bestimmen möglicher Wendestellen:

An den Wendestellen muss die zweite Ableitung 0 sein.

Mittels der Quotientenregel erhalten wir: $f''(x) = \frac{2x^3 + 6x}{(x^2-1)^3}$.

Die Gleichung $\frac{2x^3 + 6x}{(x^2-1)^3} = 0$ hat nur die Lösung 0. Daher kann höchstens an der Stelle 0 ein Wendepunkt liegen.

Entscheiden, ob ein Wendepunkt vorliegt:

Da $O(0 \mid 0)$ Symmetriepunkt des Funktionsgraphen ist, wechselt der Funktionsgraph an der Stelle 0 tatsächlich sein Krümmungsverhalten (Übergang von Linkskrümmung in Rechtskrümmung).

O (0 | 0) ist der einzige Wendepunkt von f.

Das folgt auch aus $f''(0) = 0$ und $f'''(0) = -6 \neq 0$.

Wegen $f'(0) = 0$ gilt sogar: O (0 | 0) ist Sattelpunkt von f.

(8) Wertebereich

Aus den vorangegangenen Untersuchungen ergibt sich $W = \mathbb{R}$.

(9) Funktionsgraph

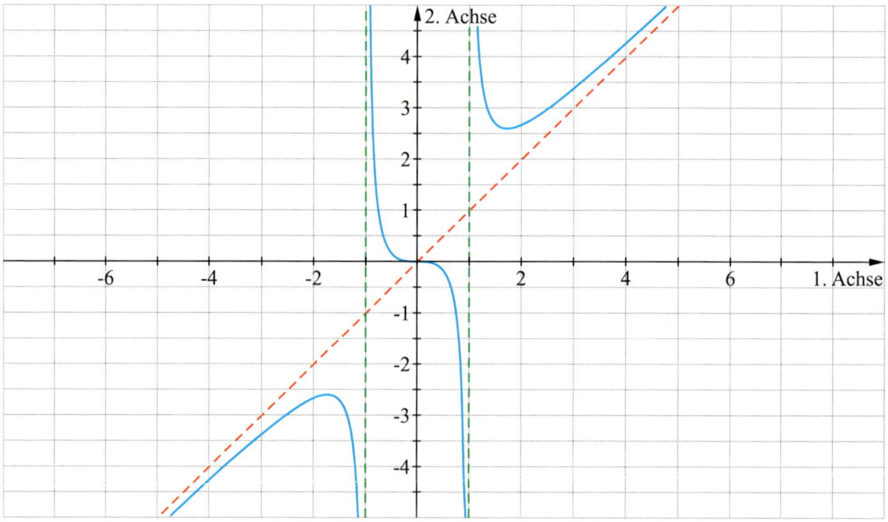

Weiterführende Aufgaben

2. *Funktionenscharen und Ortslinien*

Für $k \in \mathbb{R}$ mit $k > 0$, ist $f_k(x) = \frac{2x^2 - 3kx + 2k^2}{x}$, $x \neq 0$.

a) Untersuche den Graphen von f_k auf Definitionsbereich, Nullstellen, Extrempunkte und Wendepunkte.
Zeichne die Graphen von f_k für $k = 0{,}5$ bzw. $k = 1$ in ein Koordinatensystem.

b) Begründe, dass die Gerade zu $y = x$ *Ortslinie* für die Tiefpunkte aller Funktionsgraphen f_k ist, d. h. dass die Tiefpunkte aller Funktionsgraphen auf der Geraden zu $y = x$ liegen. Auf welcher Ortslinie liegen die Hochpunkte aller Graphen zu f_k?

3. *Symmetrie bezüglich eines Punktes bzw. bezüglich einer Parallelen zur 2. Achse*

a) Gegeben sind eine Funktion f und ein Punkt S (a | b).
Begründe mithilfe einer Skizze: Gilt für beliebige h mit $a + h$, $a - h \in \mathbb{D}_f$ stets $f(a + h) - b = b - f(a - h)$, so ist der Graph von f punktsymmetrisch zum Punkt S.

b) Formuliere und begründe ein entsprechendes Kriterium für Achsensymmertrie.

c) Oft kann man aus der Lage der Polstellen und der Asymptoten Vermutungen über die Symmetrie des Funktionsgraphen gewinnen.
Stelle eine Vermutung über die Symmetrie des Graphen von f auf und überprüfe sie anhand der oben entwickelten Kriterien:

(1) $f(x) = \frac{1}{(x-1)(x-3)} + 2$ (2) $f(x) = \frac{3x^2 - 12x + 13}{x^2 - 4x + 4}$

Übungsaufgaben

4. *Funktionsuntersuchungen*

Untersuche den Graphen von f auf Symmetrie, Nullstellen, Polstellen und Asymptoten.

a) $f(x)=\frac{1}{x^2-1}$ **b)** $f(x)=\frac{x}{x^2-1}$ **c)** $f(x)=\frac{x^2}{x^2-1}$ **d)** $f(x)=\frac{x^3}{x^2-4}$ **e)** $f(x)=\frac{x^3-x}{x^2+4}$ **f)** $f(x)=\frac{x^4}{2x^2+3}+5$ **g)** $f(x)=\frac{x^3}{x^2-9}-\frac{1}{8}$ **h)** $f(x)=\frac{x^2-2x+1}{x^2-1}$

5.

Zerlege zunächst den Funktionsterm und bilde dann die 1. und die 2. Ableitung.

a) $f(x)=\frac{4x^2-3x+4}{x+2}$ **b)** $f(x)=\frac{x^2+4x-4}{x-1}$ **c)** $f(x)=\frac{2x^4-3x+1}{x+1}$ **d)** $f(x)=\frac{x^3-2x^2+3x-4}{x^2+x-3}$

$$f(x)=\frac{x^3-2x^2+3}{x-3}$$
$$=x^2+x+3+\frac{12}{x-3}$$
$$f'(x)=2x+1-\frac{12}{(x-3)^2}$$
$$f''(x)=2+\frac{24}{(x-3)^3}$$

6.

Untersuche den Graphen von f. Skizziere den Graphen.

Einige Funktionsterme lassen sich einfacher ableiten, wenn sie bereits zerlegt sind.

a) $f(x)=\frac{x}{x^2-4}$ **b)** $f(x)=\frac{x^2+4}{x}$ **c)** $f(x)=\frac{x^3}{x^2+1}$ **d)** $f(x)=\frac{2x^2-9x-9}{x-1}$

e) $f(x)=\frac{1}{x^2-4x+3}$ **f)** $f(x)=\frac{x+1}{x^2+2x}$ **g)** $f(x)=\frac{1}{x^3-2x^2}$ **h)** $f(x)=\frac{1}{x^3-4x}$

i) $f(x)=\frac{x^2}{x^2-1}$ **j)** $f(x)=\frac{x^3+1}{x}$ **k)** $f(x)=\frac{x^4-1}{x^2}$ **l)** $f(x)=\frac{x^4+x^2+1}{x^2+1}$

7.

Ein Computerprogramm zeichnet für die Funktion f mit $f(x)=\frac{x^3}{10\cdot x^2+29\cdot x-3}$ den nebenstehenden Graphen.

Untersuche, ob der Funktionsgraph korrekt dargestellt wird.

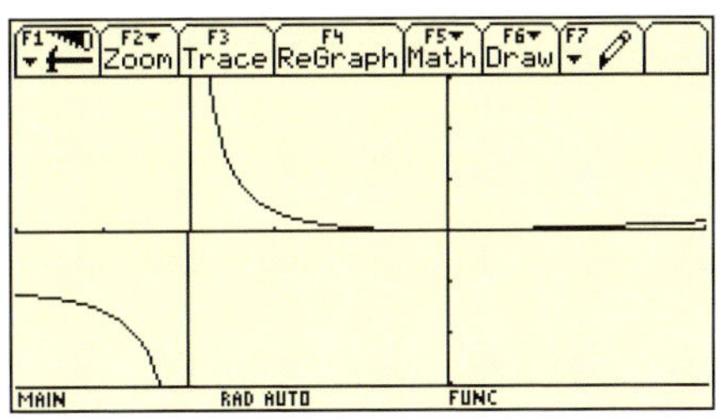

CAS ▲ **8.**

Taschenrechnerhersteller verwenden spezielle Approximationen, um die bekannten schulrelevanten Grundfunktionen in ihren Rechnersystemen zu implementieren. Die Approximationen basieren auf mathematischen Konzepten, die im Rahmen dieses Buches nicht hergeleitet werden (vgl. dazu Blickpunkt S. 328).

Zur Approximation der Funktionen f_1 und f_2 mit $f_1(x)=2^x$ und $f_2(x)=\log_2(x)$ kann man die Funktionen g_1 und g_2 verwenden, wobei

$g_1(x)=\frac{x^2+px+q}{x^2-px+q}$ mit $p=8{,}6615894$ und $q=24{,}9920639$ und

$g_2(x)=-\frac{1}{2}+p\cdot u(x)+q\left(u(x)\right)^3+r\cdot\left(u(x)\right)^5$ mit $u(x)=\frac{x-\frac{1}{2}\sqrt{2}}{x+\frac{1}{2}\sqrt{2}}$ und

$p=2{,}8853912903$, $q=0{,}9614706323$ und $r=0{,}5989786496$

Untersuche die Approximationsfunktionen g_1 und g_2.

In welchen Bereichen eignen sie sich zur Approximation für f_1 bzw f_2?

9.

a) Eine Funktion f mit $f(x)=\frac{ax^2+bx+c}{x-2}$ habe $H(0|2)$ als Hochpunkt und eine Asymptote, die zur Geraden mit $y=x$ parallel ist.
Bestimme $f(x)$ und untersuche den Funktionsgraphen.

b) Eine Funktion f mit $f(x)=\frac{ax^2+bx}{(x-c)^2}$ hat an der Stelle 2 einen Pol und den Punkt $(-1|-1)$ als Extrempunkt. Bestimme $f(x)$ und untersuche den Graphen.

Symmetrie

10.
Zeige, dass der Funktionsgraph symmetrisch ist.

a) $f(x)=\frac{x^2-5x+2}{x^2-6x+5}$, $S(3|1)$

b) $f(x)=\frac{x^2-4x+4}{x-1}$, $S(1|-2)$

c) $f(x)=\frac{4x^2-8x+3}{x^2-2x+1}$, Gerade zu $x=1$

d) $f(x)=\frac{x^2+4x+2}{x^2+4x+3}$, Gerade zu $x=-2$

11.
Du kannst ein CAS einsetzen.

Überlege dir anhand der Lage von Polstelle und Näherungsfunktion, welche Symmetrieeigenschaft der Funktionsgraph haben könnte. Überprüfe deine Vermutung.

a) $f(x)=\frac{2\cdot x^2-4\cdot x+3}{x-1}$

b) $f(x)=\frac{x^4+4\cdot x^3+6\cdot x^2+4x}{x^2+2x+1}$

Funktionenscharen

12.
vgl. auch Blickpunkt Seite 108

Für $k\in\mathbb{R}$ ist $f_k(x)=\frac{1}{x-1}-\frac{1}{x-k}$.

a) Bestimme den Definitionsbereich von f_k und untersuche den Graphen von f_k.
Skizziere die Graphen von f_k für $k=0;\ 1;\ 2$ in *ein* Koordinatensystem.

b) Zeige, dass die Extrempunkte von f_k auf dem Graphen zu $y=\frac{2}{x-1}$ liegen.

13.
Diese Aufgabe setzt die Kenntnis der Logarithmusfunktion voraus.

Für $k\in\mathbb{R}$, $k>0$, ist $f_k(x)=\frac{(x-k)\,(x-2k)}{x^2}$, $x\neq 0$.

a) Untersuche den Graphen von f_k in Abhängigkeit von k.
Zeichne die Graphen von f_k für $k=0{,}5$ bzw. $k=1$ in dasselbe Koordinatensystem.

b) Berechne den Inhalt der Fläche, die der Graph von f_k mit der 1. Achse einschließt.

CAS **14.**
Gegeben ist die Funktionenschar f_k mit $f_k(x)=\frac{x^2-k}{x^2+k}+x$ mit $k>0$.
Untersuche mithilfe eines Rechners die Graphen der Funktionenschar f_k:

a) Zeige, dass sich alle Funktionsgraphen im Punkt $P(0|-1)$ berühren.

b) Zeige, dass die Funktion f_k für $k=\frac{27}{16}$ genau einen Sattelpunkt und keine Extrempunkte besitzt.
Untersuche die Graphen der Funktionenschar f_k auf Extrempunkte. Unterscheide dabei die Fälle $k<\frac{27}{16}$ und $k>\frac{27}{16}$. Zeichne die Graphen von f_k für $k=\frac{1}{2};\ \frac{27}{16};\ 3$.

c) Zeige, dass die Extrempunkte aller Funktionen f_k der Funktionenschar auf den Graphen der Funktionen g_1 mit $g_1(x)=x+\sqrt{x+1}$ und g_2 mit $g_2(x)=x-\sqrt{x+1}$ liegen. Zeichne die Graphen von g_1 und g_2. Was fällt auf?

▲ **15.**

Gegeben ist eine Funktionenschar f_k, $k \in \mathbb{R}$. Dargestellt sind die Funktionsgraphen $f_{-2}, f_{-1}, f_0, f_1, f_2$. Gib einen möglichen Funktionsterm f_k an.

a)

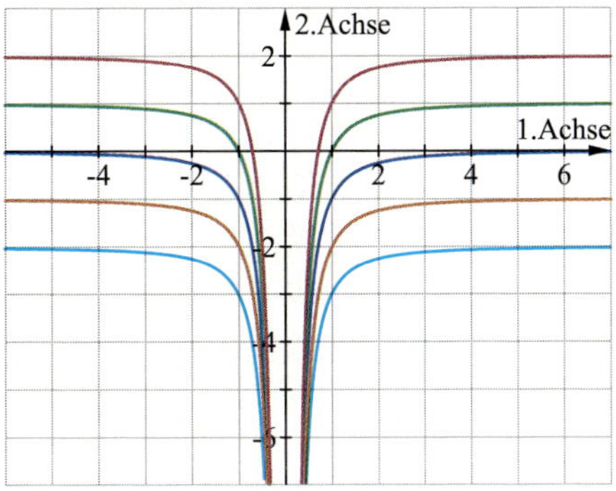

c)

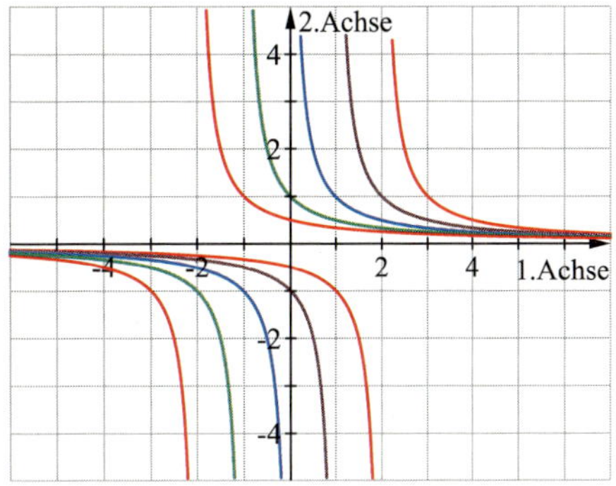

b)

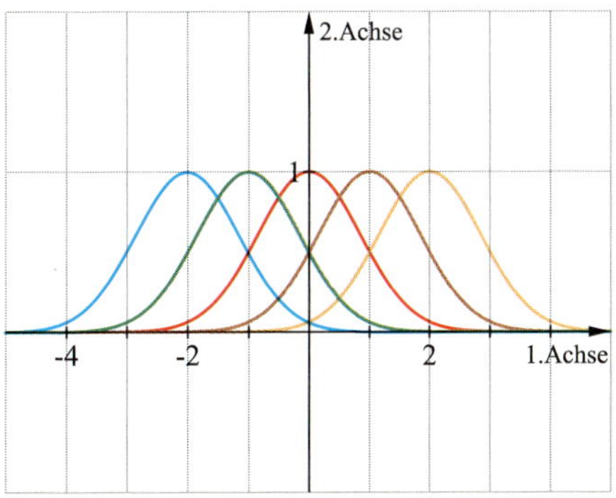

d)

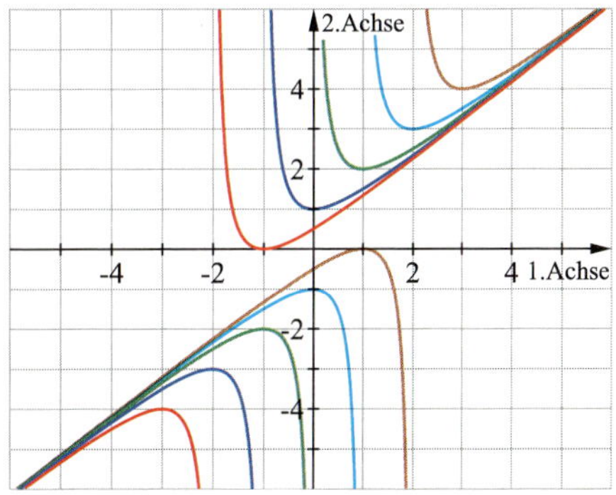

▲ **16.**

Welche Funktionenschar f_k, $k \in \mathbb{R}$, ergibt die nebenstehende dreidimensionale Darstellung? Vergleiche dazu auch Aufgabe 3 von Seite 103 zur Darstellung von Funktionenscharen als Flächen im 3-dimensionalen Raum.

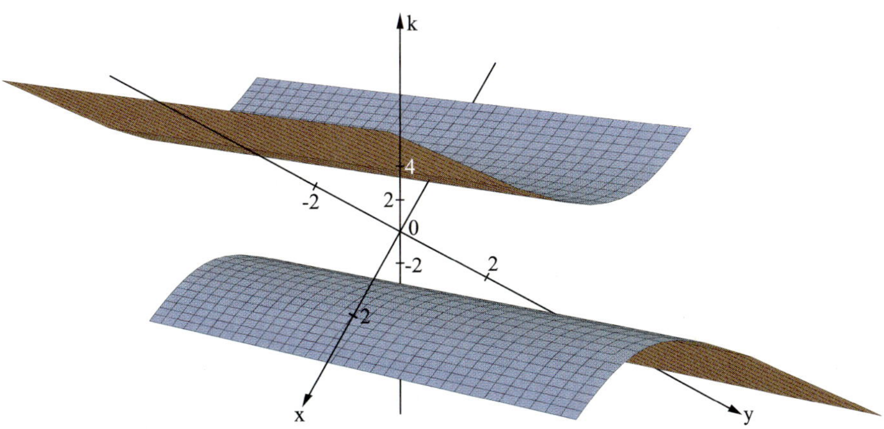

Aufgaben aus der Wirtschaft

17.

Eine Kaufhauskette kauft einen bestimmten Taschenrechner zu einem Bezugspreis von 25 €. Marktbeobachtungen haben folgenden funktionalen Zusammenhang zwischen dem Verkaufspreis p (in €) und der monatlichen Verkaufszahl N (in Stück) ergeben: $N = \frac{5 \cdot 10^6}{p^2} - 3000$.

a) Skizziere den Graphen der Funktion $p \mapsto N$ und gib an, welcher Bereich ökonomisch sinnvoll ist.

b) G(p) bezeichne den monatlichen Gewinn, der erwartet wird, wenn der Taschenrechner zum Preis von p € angeboten wird.
Berechne näherungsweise, für welchen Wert von p der Gewinn maximal wird.
Wie groß ist der maximale Gewinn?

c) Wenn das Unternehmen beim Hersteller pro Monat mindestens 3 000 Taschenrechner abnimmt, senkt dieser den Bezugspreis auf 20 € pro Stück.
Soll das Unternehmen das Angebot unter dem Gesichtspunkt einer Gewinnmaximierung annehmen?

18.

Ein Unternehmen verkauft ein bestimmtes Mofa im Alleinvertrieb. Aufgrund der bisherigen Verkaufserfahrungen wird folgender Zusammenhang zwischen der Anzahl der pro Monat verkauften Stückzahl N und dem Stückpreis p in € angenommen: $N = \frac{2{,}5 \cdot 10^{12}}{p^3} - 1300$ (Preis-Absatz-Funktion).
Die Herstellungs- und Vertriebskosten betragen pro Fahrzeug 650 €.
Der Erlös ist das Produkt aus dem Stückpreis und der Gesamtverkaufsmenge. Der Gewinn ist die Differenz zwischen Erlös und Kosten.

a) Bestimme näherungsweise den Preis p, für den das Unternehmen einen maximalen Gewinn erzielt.

b) Das Unternehmen überlegt, den Bekanntheitsgrad des Mofas durch eine einmonatige Werbekampagne zu erhöhen.
Die Kosten für diese Werbekampagne würden 150 000 € betragen und als neue Preis-Absatz-Funktion wäre $N = \frac{3{,}0 \cdot 10^{12}}{p^3} - 1350$ zu erwarten.
Lohnt sich die Werbekampagne unter dem Aspekt der Gewinnmaximierung?

5.2 Trigonometrische Funktionen

5.2.1 Funktionsuntersuchungen bei trigonometrischen Funktionen

In der Umwelt gibt es viele natürliche und auch technische Vorgänge, die periodisch verlaufen. Diese Vorgänge wiederholen sich ständig. Gleiche Zustände (z.B. maximale Auslenkung) treten in regelmäßigen zeitlichen oder räumlichen Abständen auf. Es sind meistens Schwingungsvorgänge, wie z.B. die Bewegung einer Schaukel, einer Stimmgabel oder einer Feder (Abb. 1). Auch eine Spule, die sich in einem homogenen Magnetfeld mit konstanter Winkelgeschwindigkeit dreht, erzeugt eine solche periodische Veränderung der elektrischen Spannung, die man mit einem Kathodenoszillographen sichtbar machen kann (Abb. 2).

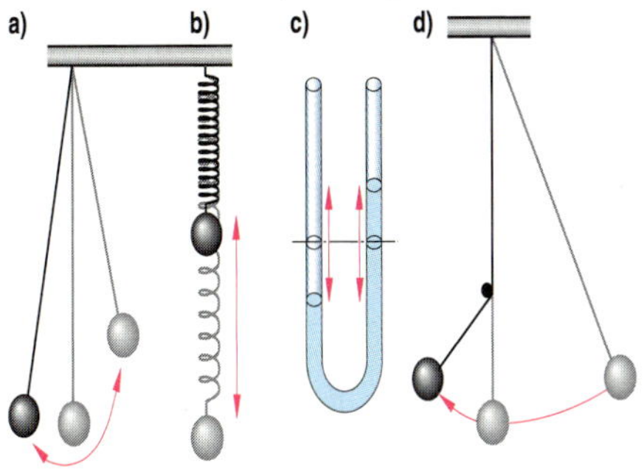

Abb. 1: Beispiele für typische Schwingungsvorgänge

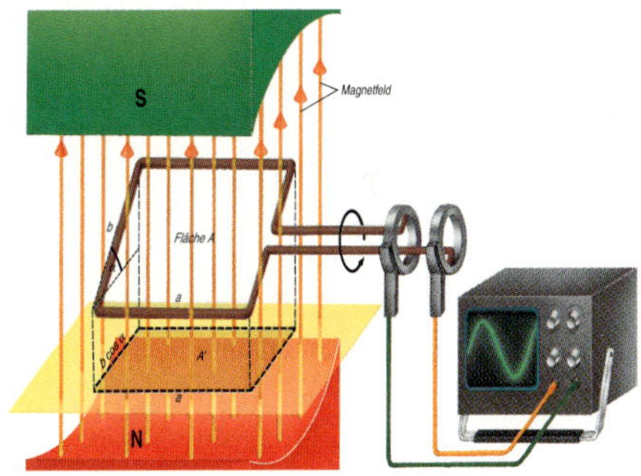

Abb. 2: Wechselstromerzeugung

Die Vorgänge sind durch charakteristische Merkmale gekennzeichnet, (1) sie sind periodisch (d.h. ein bestimmter Bewegungszustand tritt in gleichen Zeitabständen wieder auf) und (2) die Bewegung besitzt zwei Umkehrpunkte, die räumlich und zeitlich zur Ruhelage symmetrisch liegen (diese sind die Punkte maximaler Auslenkung). Die meisten dieser periodischen Vorgänge lassen sich daher durch eine Sinus- oder eine Kosinusfunktion beschreiben.

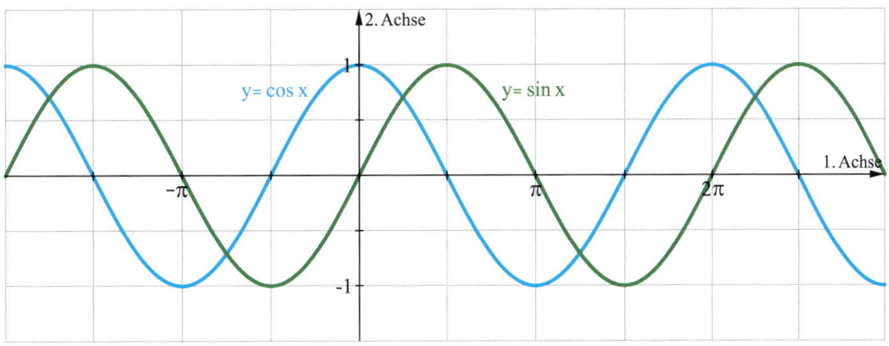

Abb. 3: Periodische Vorgänge lassen sich auch durch diese Graphen oder deren Überlagerung beschreiben.

In vielen Fällen treten bei einem Bewegungsvorgang allerdings mehrere Schwingungen gleichzeitig auf, es kommt dann zu einer Überlagerung der verschiedenen Schwingungen. Beispiele für solche Überlagerungen sind z.B. Klavier- oder Flötentöne, die durch die Überlagerung des Grundtons und der Obertöne entstehen. Diese kann man mit einem Mikrofon aufzeichnen und dann mit einem Kathodenoszillographen sichtbar machen (Abb. 4 auf der nächsten Seite). Auch diese Schwingungsvorgänge lassen sich meist durch Sinus- und Kosinusfunktionen bzw. deren Überlagerung beschreiben.

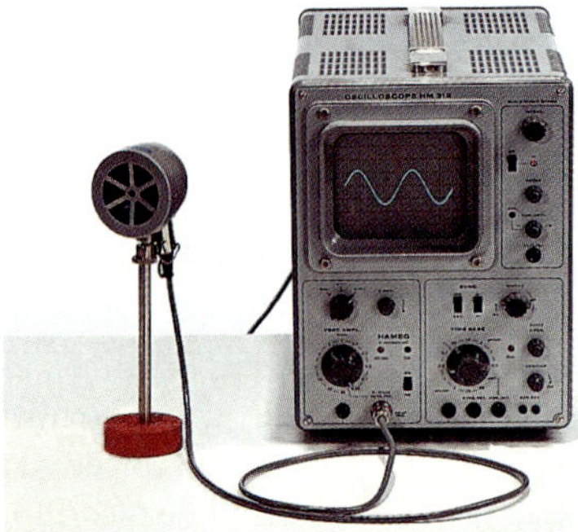

Abb. 4: Versuchsaufbau zur Aufzeichnung von Klangbildern

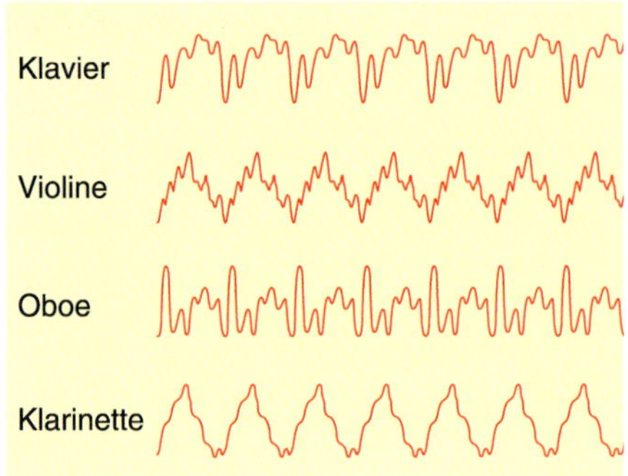

Abb. 5: Klangbilder verschiedener Instrumente bei gleicher Tonhöhe

Durch Addition der y-Werte von Grundton und Obertönen in einem Zeitpunkt t_0 entsteht der y-Wert des Klangbildes. Unser Ziel ist es nun, die Überlagerung von solchen Bewegungsvorgängen mathematisch durch Sinus- oder Kosinusfunktionen zu beschreiben.

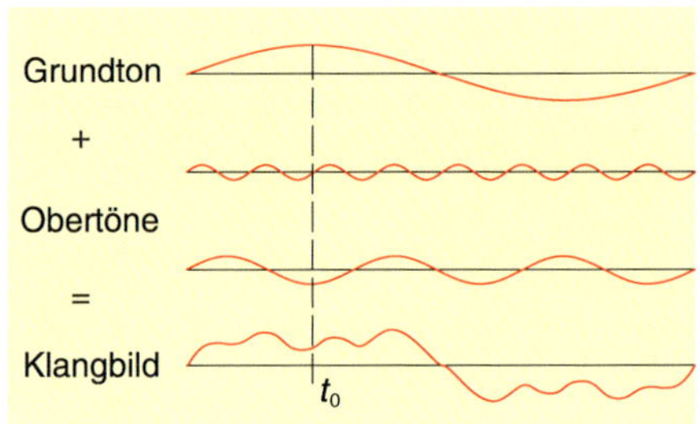

Aufgabe 1 Untersuche den Graphen der Funktion f mit $f(x) = 2\cos x - \sin 2x$ auf:

(1) Symmetrie zur 2. Achse und zum Ursprung,
(2) Periodizität,
(3) Gemeinsame Punkte von Graph und Koordinatenachsen,
(4) Relative Extrempunkte,
(5) Wendepunkte;
(6) Übertrage die Überlegungen von (1) bis (5) auf den gesamten Definitionsbereich $\mathbb{R}$ und bestimme den Wertebereich. Zeichne den Graphen der Funktion f.

Beschränke die Untersuchung in (1) bis (5) auf ein geeignetes Intervall

Lösung

(1) Symmetrie des Graphen von f zum Ursprung bzw. zur 2. Achse

Es ist $f(-x) = 2\cos(-x) - \sin(-2x) = 2\cos x + \sin 2x \neq f(x)$
also keine Symmetrie zur 2. Achse.
Es ist $-f(-x) = -2\cos x - \sin 2x \neq f(x)$
also keine Punktsymmetrie zum Ursprung.

Es gilt:
$\cos(-x) = \cos x$
$\sin(-x) = -\sin x$

(2) Periodizität

Die Graphen zu sin x und cos x haben die Periode 2π (siehe Abb. 3). Auch der Graph $2 \cdot \cos x$ besitzt die Periode 2π, da der Faktor 2 lediglich eine Streckung des Graphen entlang der zweiten Achse bewirkt, aber keine Änderung der Periode zur Folge hat. Bei $\sin(2x)$ bewirkt der Faktor 2 eine Stauchung des Graphen entlang der 1. Achse. Daher schneidet der Graph zu $y = \sin(2x)$ zwischen 0 und 2π die 1. Achse bei $x = \frac{\pi}{2}$, $x = \pi$ und $x = \frac{3}{2}\pi$, im Gegensatz zum Graphen von sin x, der nur einmal bei $x = \pi$ die 1. Achse schneidet. Also besitzt der Graph zu sin 2x die Periode π. Die Funktion f hat somit die Periode 2π. Daher genügt es, wenn wir die Funktion f nur in einem Intervall der Länge 2π untersuchen, also z. B. im Intervall $[0; 2\pi]$.

(3) Gemeinsame Punkte mit den Koordinatenachsen im Intervall [0; 2π]

1. Achse: Die Nullstellen sind die Lösungen der Gleichung $f(x)=0$.

$2\cos x - \sin 2x = 0$
$2\cos x - 2\sin x \cdot \cos x = 0$
$2\cos x \cdot (1-\sin x) = 0$
$\cos x \cdot (1-\sin x) = 0$

Es gilt: $\sin 2x = 2\sin x \cdot \cos x$
$\cos 2x = \cos^2 - \sin^2 x$

1. Fall: 1. Faktor ist Null:

$\cos x = 0$
$x=\frac{\pi}{2}$ oder $x=\frac{3}{2}\pi$

2. Fall: 2. Faktor ist Null:

$1-\sin x = 0$
$\sin x = 1$
$x=\frac{\pi}{2}$

Im Intervall [0; 2π] hat f also die Nullstellen $\frac{\pi}{2}$ und $\frac{3}{2}\pi$.

2. Achse: $f(0)=2\cos(0)-\sin(0)=2$

Schnittpunkt mit der 2. Achse $P(0\,|\,2)$

(4) Relative Extrempunkte im Intervall [0; 2π]

$f'(x) = -2\sin x - 2\cos 2x$
$f''(x) = -2\cos x + 4\sin 2x$

Kettenregel beachten

Die Extremstellen von f sind unter den Nullstellen von f′ zu finden, also $f'(x)=0$:

$-2\sin x - 2\cos 2x = 0$
$\sin x + \cos 2x = 0$
$\sin x + \cos^2 x - \sin^2 x = 0$
$\sin x + 1 - \sin^2 x - \sin^2 x = 0$
$\sin x + 1 - 2\sin^2 x = 0$
$\sin x + 1 - 2(\sin x)^2 = 0$

Additionstheorem anwenden: $\cos 2x = \cos^2 - \sin^2 x$

Es gilt: $\sin^2 x + \cos^2 x = 1$

Lösung durch eine geeignete Substitution z. B. $\sin x = u$ bzw. $\cos x = u$

Setze $\sin x = u$.
Wir erhalten eine quadratische Gleichung für u:

$u + 1 - 2u^2 = 0 \quad |:(-2)$
$u^2 - \frac{1}{2}u - \frac{1}{2} = 0$

Diese hat die Lösungen $u_1 = 1$ oder $u_2 = -\frac{1}{2}$.
Also

$\sin x = 1$ *oder* $\sin x = -\frac{1}{2}$

$x=\frac{\pi}{2}$ *oder* $x=\frac{7}{6}\pi$ oder $x=\frac{11}{6}\pi$.

Im Intervall [0; 2π] hat f′ also die Nullstellen $\frac{\pi}{2}$, $\frac{7}{6}\pi$, $\frac{11}{6}\pi$. Höchstens diese Stellen können Extremstellen sein.
Für diese Stellen verwenden wir das hinreichende Kriterium mittels der 2. Ableitung.

$f''(x) = -2\cos x + 4\sin(2x)$

Es ist $f'\left(\frac{1}{2}\pi\right)=0$ und $f''\left(\frac{1}{2}\pi\right)=0$, also ist keine Entscheidung mit diesem Kriterium möglich. Vielleicht liegt an der Stelle $\frac{\pi}{2}$ ein Sattelpunkt vor.

Wegen $f'\left(\frac{7}{6}\pi\right)=0$ und $f''\left(\frac{7}{6}\pi\right)=3\sqrt{3}>0$ besitzt der Graph von f an der Stelle $\frac{7}{6}\pi$ einen Tiefpunkt: $T\left(\frac{7}{6}\pi\,\middle|\,-\frac{3}{2}\sqrt{3}\right)$.

Wegen $f'\left(\frac{11}{6}\pi\right)=0$ und $f''\left(\frac{11}{6}\pi\right)=-3\sqrt{3}<0$ besitzt der Graph von f an der Stelle $\frac{11}{6}\pi$ einen Hochpunkt: $H\left(\frac{11}{6}\pi\,\middle|\,\frac{3}{2}\sqrt{3}\right)$.

(5) Wendepunkte im Intervall [0; 2π]

Die Wendestellen von f sind unter den Nullstellen von f″ zu finden, also $f''(x) = 0$.

$$f''(x) = -2\cos x + 4\sin 2x$$
$$-2\cos x + 4\sin 2x = 0$$

Additionstheorem anwenden: $\sin 2x = 2\sin x \cdot \cos x$

$$-2\cos x + 4 \cdot 2\sin x \cdot \cos x = 0$$

$-2\cos x$ Ausklammern

$$-2\cos x \cdot (1 - 4\sin x) = 0 \qquad | : (-2)$$
$$\cos x \cdot (1 - 4\sin x) = 0$$

also

1. Fall: 1. Faktor ist Null

$$\cos x = 0$$
$$x = \frac{\pi}{2} \quad \text{oder} \quad x = \frac{3}{2}\pi$$

. . .

2. Fall: 2. Faktor ist Null

$$1 - 4\sin x = 0$$
$$\sin x = \frac{1}{4}$$
$$x = 0{,}2526\ \ldots \quad \text{oder} \quad x = 2{,}8889$$

Im Intervall [0; 2π] hat f″ also die Nullstellen $\frac{\pi}{2}$, 0,2527..., 2,889..., $\frac{3}{2}\pi$.
Höchstens diese Stellen können Wendestellen sein. Für diese Stellen verwenden wir das hinreichende Kriterium mittels der 3. Ableitung.

$f'''(x) = 2\sin x + 8\cos 2x$

Wegen $f''\left(\frac{\pi}{2}\right) = 0$ und $f'''\left(\frac{\pi}{2}\right) = -6 \neq 0$ ist $\frac{\pi}{2}$ eine Wendestelle des Graphen.
Da zusätzlich $f'\left(\frac{\pi}{2}\right) = 0$, ist $S_1\left(\frac{1}{2}\pi \,\middle|\, 0\right)$ ein Wendepunkt mit waagerechter Tangente, also ein Sattelpunkt.
Wegen $f''(0{,}2527) = 0$ und $f'''(0{,}2527) \neq 0$, ist auch $W_1(0{,}2527 \mid 1{,}452)$ ein Wendepunkt.
Wegen $f''(2{,}8889) = 0$ und $f'''(2{,}8889) \neq 0$, ist auch $W_2(2{,}8889 \mid -1{,}452)$ ein Wendepunkt.
Wegen $f''\left(\frac{3}{2}\pi\right) = 0$ und $f'''\left(\frac{3}{2}\pi\right) \neq 0$, ist $W_3\left(\frac{3}{2}\pi \,\middle|\, 0\right)$ ein Wendepunkt.

(6) Betrachten der Funktion f mit ℝ als Definitionsbereich, Wertebereich, Graph

Wegen der Periodizität kann man außerhalb des Intervalls [0; 2π], also für $x \in \mathbb{R}$, weitere Nullstellen, Extrem- und Wendepunkte angeben:
Für $k \in \mathbb{Z}$ gilt:

Nullstellen: $x = \frac{1}{2}\pi + k\pi$, also $N\left(\frac{1}{2}\pi + k\pi \,\middle|\, 0\right)$

Tiefpunkte: $T\left(\frac{7}{6}\pi + 2k\pi \,\middle|\, -\frac{3}{2}\sqrt{3}\right)$

Hochpunkte: $H\left(\frac{11}{6}\pi + 2k\pi \,\middle|\, \frac{3}{2}\sqrt{3}\right)$

Wendepunkte: $S_1\left(\frac{1}{2}\pi + 2k\pi \,\middle|\, 0\right)$ (S_1 sind Sattelpunkte)
$W_1(0{,}2527 + 2k\pi \mid 1{,}452)$
$W_2(2{,}8889 + 2k\pi \mid -1{,}452)$
$W_3\left(\frac{3}{2}\pi + 2k\pi \,\middle|\, 0\right)$

Wertebereich

Da $H\left(\frac{11}{6}\pi + 2k\pi \,\middle|\, \frac{3}{2}\sqrt{3}\right)$ die absoluten Hochpunkte des Graphen und $T\left(\frac{7}{6}\pi + 2k\pi \,\middle|\, -\frac{3}{2}\sqrt{3}\right)$ die absoluten Tiefpunkte des Graphen sind, gilt:

$W = \left[-\frac{3}{2}\sqrt{3} \,\middle|\, \frac{3}{2}\sqrt{3}\right]$

Graph der Funktion f

Man kann den Funktionsgraphen zu f auch durch Überlagerung der einzelnen Funktionsgraphen, nämlich dem Graphen zu $2 \cdot \cos x$ bzw. $\sin 2x$ zeichnen.

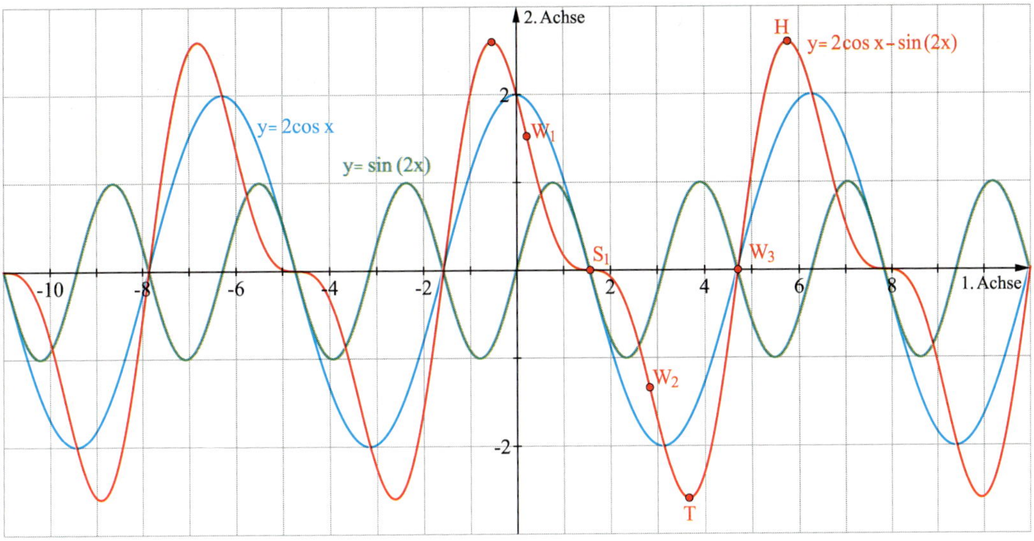

Weiterführende Aufgaben

2. *Weitere Symmetriebetrachtungen*
Beweise, dass für die Funktion f aus Aufgabe 1 gilt:
$f\left(x+\frac{\pi}{2}\right)=f\left(x-\frac{\pi}{2}\right)$.
Was bedeutet diese Aussage für den Graphen von f ?

3. *Flächenberechnung unter Ausnutzung von Symmetrien und Periodizität*
Berechne die Fläche unter dem Graphen von f unter Verwendung der Symmetrieeigenschaften:

a) $f(x)=\sin(2x)$ im Intervall $[0\,|\,2\pi]$

b) $f(x)=2\cos x-\sin 2x$ im Intervall $\left[0;\frac{11}{6}\pi\right]$

Übungen

4. *Ableitungen*
Bestimme für die Funktion f den Definitionsbereich und berechne die 1. und 2. Ableitung. Vereinfache den entstehenden Funktionsterm mithilfe der Additionstheoreme.

CAS **a)** $f(x)=4x^2\sin 2x$ **c)** $f(x)=\frac{\cos x}{x+1}$ **e)** $f(x)=\frac{(2x^2+1)\cos x}{1+\sin x}$

b) $f(x)=3\sin^2 x+4\cos^2 x$ **d)** $f(x)=\frac{1-\cos x}{1+\sin x}$ **f)** $f(x)=\frac{x\tan^2 x}{1+\tan x}$

5. *Kurvendiskussionen*
Untersuche den Graphen der gegebenen Funktion f.

a) $f(x)=2\sin x-\sin 2x$ **c)** $f(x)=\sin x\cdot\cos 2x$ **e)** $f(x)=x^2\cos(x^2-1)$

b) $f(x)=\sin x+\cos 2x$ **d)** $f(x)=\frac{\cos^3 x}{1-\sin x}$ **f)** $f(x)=\frac{1-\tan^2 x}{1+\tan^2 x}$

6. *Funktionsgraphen zeichnen*

Skizziere den Graphen der gegebenen Funktion f wie im Beispiel. Gib dann die Periodizität, Nullstellen, Extrem- und Wendepunkte ohne weitere Rechnung an.

a) $f(x)=\frac{3}{2}\sin\left(x+\frac{\pi}{6}\right)$

b) $f(x)=-2\cos\left(x-\frac{3}{2}\pi\right)$

c) $f(x)=-\frac{1}{2}\sin\left(2x-\frac{\pi}{3}\right)$

d) $f(x)=\sqrt{3}\cos\left(0{,}5x+\frac{\pi}{4}\right)$

e) $f(x)=2\sin\left(2x+\frac{\pi}{3}\right)+1$

f) $f(x)=-\frac{1}{2}\cos\left(\frac{1}{2}x-\frac{\pi}{6}\right)+2$

g) $f(x)=-\frac{1}{2}\sin\left(\frac{1}{4}x-\frac{\pi}{4}\right)-2$

h) $f(x)=3\cos(3x+\pi)-4$

Beispiel: $f(x)=-1{,}5\sin\left(x-\frac{\pi}{4}\right)+1$

Der Graph dieser Funktion f ergibt sich, indem man den Funktionsterm sin x schrittweise verändert und diese Veränderung am Graphen berücksichtigt:

$\sin\left(x-\frac{\pi}{4}\right)$: Verschiebung des Graphen von sin x um $\frac{\pi}{4}$ entlang der 1. Achse nach rechts (blau)

$1{,}5\sin\left(x-\frac{\pi}{4}\right)$: Streckung des (blauen) Graphen um 1,5 entlang der 2. Achse (grün)

$-1{,}5\sin\left(x-\frac{\pi}{4}\right)$: Spiegelung des (grünen) Graphen an der ersten Achse (hellgrün)

$-1{,}5\sin\left(x-\frac{\pi}{4}\right)+1$: Verschiebung des (hellgrünen) Graphen um 1 nach oben entlang der zweiten Achse (rot).

Will man Nullstellen, Extrem- und Wendepunkte bestimmen, so führt man die gleichen Änderungen, wie oben beschrieben für diese Stellen und Punkte durch.

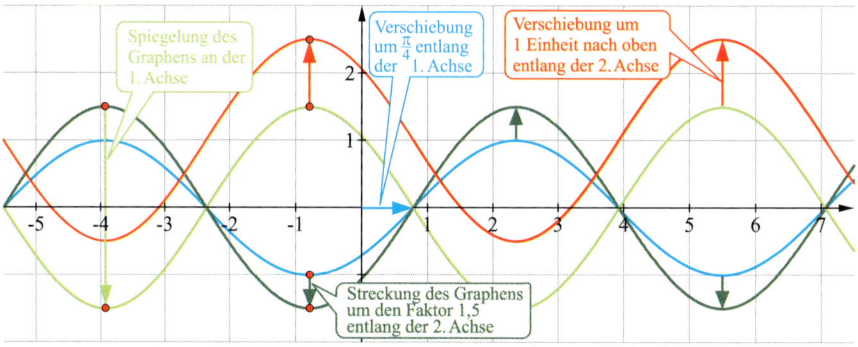

7. *Funktionsgraphen durch Überlagerung zeichnen*

Skizziere den Graphen der Funktion f durch Überlagerung der Einzelfunktionen im Intervall $[-2\pi; 2\pi]$. Gib dann jeweils die Periode und die Nullstellen an.

a) $f(x)=\cos x-2\sin 2x$

b) $f(x)=2\cos x+4\sin 0{,}5x$

c) $f(x)=-\cos x+\tan x$

Beachte den Verlauf des Graphen zu $y=\tan x$

d) $f(x)=3\sin x-2\tan x$

e) $f(x)=-0{,}25\cos 2x-0{,}5\sin 2x$

f) $f(x)=-1{,}5\sin 2x+0{,}5\cos\left(x-\frac{\pi}{4}\right)$

8. *Steckbriefaufgaben*

Bestimme sämtliche Funktionen f der Form $f(x)=a\cdot\sin x+b\cdot\cos x$, deren Graphen

(1) im Punkt $P(\pi\,|\,1)$ eine zur Gerade mit $y=2x$ parallele Tangente haben,

(2) an der Stelle $\frac{\pi}{4}$ ein Extremum haben und die 2. Achse in $P(0\,|\,-1)$ schneiden.

Zeichne jeweils den Graphen.

9.

Gegeben ist die Funktion f mit $f(x) = \cos x \cdot (1 + \sin x)$.

a) Untersuche die Funktion f wie in Aufgabe 1.

b) Zeichne den Graphen zu f im Intervall $[-2\pi; 2\pi]$.

c) Zeige, dass sich f auch durch $f(x) = \frac{1}{2}\sin 2x + \cos x$ darstellen lässt.

d) Zeichne den Graphen zu f mit $f(x) = \frac{1}{2}\sin 2x + \cos x$ durch Addition der Graphen der beiden Summanden von f.

10.

Gegeben sind die Funktionen f und g mit $f(x) = \sin x + \frac{1}{3}x^3$ und $g(x) = \sin x - \frac{1}{3}x^3$.

GTR **a)** Zeige, dass der Graph zu f und der Graph zu g punktsymmetrisch zum Ursprung sind.

b) Skizziere den Graphen zu f und den Graphen g jeweils durch Addition der beiden Summanden von f bzw. g.

c) Zeige, dass aus der Punktsymmetrie des Graphen zu f und der Punktsymmetrie des Graphen zu g die Achsensymmetrie des Graphen zu f' und des Graphen von g' folgt.

Untersuchung einer Funktionenschar

11.

Gegeben sei die Funktionenschar f_t mit $f_t(x) = t \cdot \cos x - t \cdot \sin x$, mit $t \in \mathbb{R}$.

a) Zeichne die Graphen zu f_t mit $t = 0{,}5;\ 1;\ 2$, wobei $x \in \left[\frac{1}{4}\pi; \frac{5}{4}\pi\right]$.

GTR **b)** Zeige, dass die Lage der Nullstellen, Extrem- und Wendestellen von t unabhängig ist.
Bestimme die Nullstellen, Extrem- und Wendepunkte.

c) Gegeben sei ein Kreis K mit
K: $(x - a)^2 + (y - b)^2 = \frac{\pi^2}{4}$.
Für welchen Wert von t umschreibt der Kreis K den Graphen zu f_t? Gib den Mittelpunkt des Kreises an.

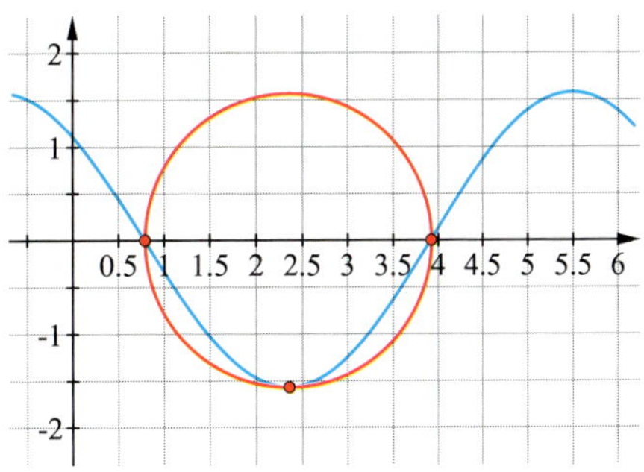

12.

Gegeben sei die Funktionenschar f_t mit $f_t(x) = t^2 \cdot \sin x + (t^2 - 1) \cdot \cos x$ mit $t \neq 0$.

a) Untersuche die Funktionen f_t für $x \in \mathbb{R}$.

b) Zeichne den Graphen von f_t für $t = 1;\ 2;\ -0{,}5$ jeweils im Intervall $[-2\pi; 2\pi]$.

c) Zeige, dass sich der Funktionsterm von f_2 auch als $a \cdot \sin(x + b)$ darstellen lässt. Bestimme a und b.

d) Zeige unter Verwendung der Additionstheoreme, dass allgemein gilt:
$t^2 \sin x + (t^2 - 1)\cos x = a \cdot \sin(x + b)$ mit $a = \sqrt{t^4 + (t^2 - 1)^2}$ und
$\tan b = \frac{t - 1}{t^2} = 1 - \frac{1}{t^2}$, mit $t \neq 0$.

e) Zeige allgemein, dass sich jede Funktion der Form $x \mapsto a_1 \cdot \sin x + a_2 \cdot \cos x$ durch $x \mapsto a \cdot \sin(x + b)$ mit $a = \sqrt{a_1^2 + a_2^2}$ und $\tan b = \frac{a_2}{a_1}$ mit $a_1 \neq 0$ darstellen lässt.

13.
Aus drei Brettern der Breite b soll eine Rinne hergestellt werden. Wie muss der Neigungswinkel x gewählt werden, damit der Querschnitt der Rinne maximal wird? Wie groß ist dieser maximale Querschnitt?
Anleitung: Drücke a und h durch x aus. Beachte die Additionstheoreme.

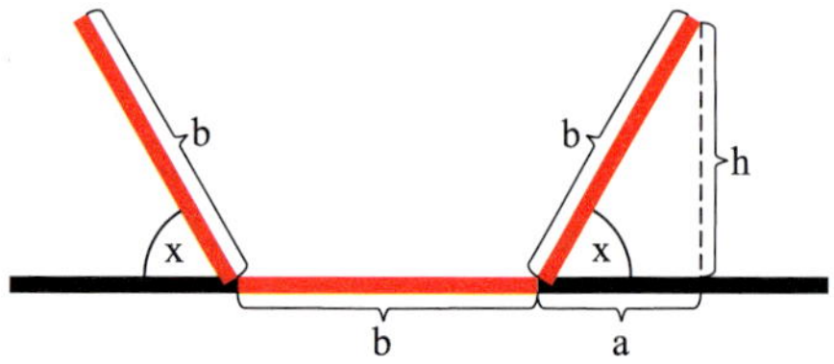

14. *Der Zweitaktmotor*
Ein Zweitaktmotor besteht u.a. aus einer Schwungmasse, die über eine Pleuelstange mit dem Kolben verbunden ist. Die Pleuelstange ist in ihrem Endpunkt A mit der Schwungmasse verbunden, die mit konstanter Winkelgeschwindigkeit auf einer Kreisbahn geführt wird. Durch diese Drehbewegung wird der Kolben im Punkt B im Zylinder entlang der 2. Achse auf und ab bewegt.

GTR **a)** Zeige, dass sich die Bewegung des Kolbens in y-Richtung beschreiben lässt durch $y(\alpha) = r \cdot \cos\alpha + \sqrt{l^2 - r^2 \cdot \sin^2\alpha}$.

b) Zeichne die Graphen zu $y(\alpha)$ für $r = 10$, 20, 25, 30 cm in ein Koordinatensystem und gib Eigenschaften an.

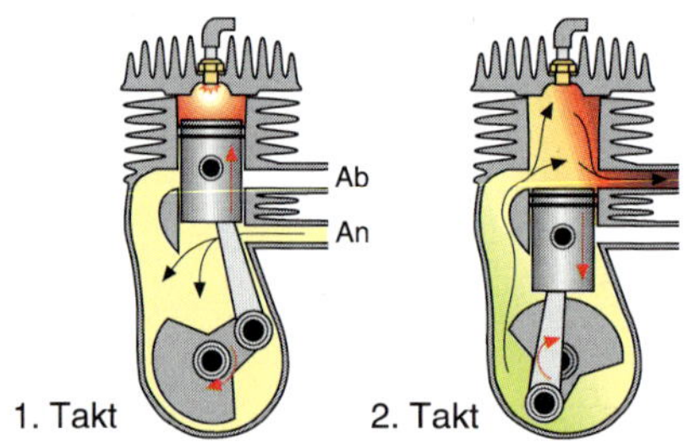

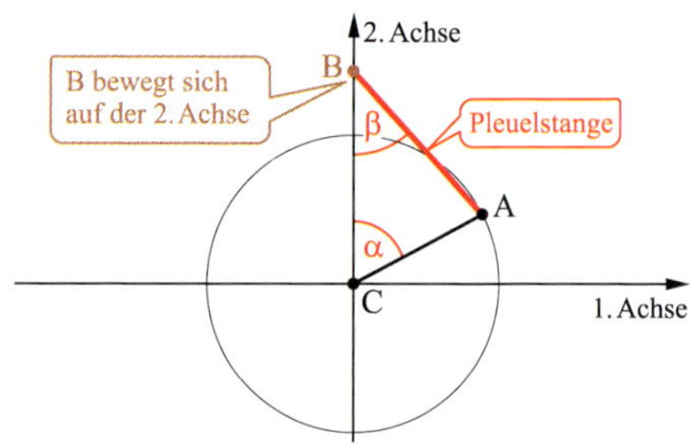

Wurfbewegungen

15.
Beim schrägen Wurf mit dem Abwurfwinkel φ (in Grad (degree)) und der Abwurfgeschwindigkeit v_0 (in $\frac{m}{s}$) bewegt sich ein Körper auf einer Bahn, die näherungsweise durch $y(\varphi) = x \tan\varphi - \frac{g}{2 \cdot v_0^2 \cdot \cos^2\varphi} x^2$ beschrieben wird, wobei x und y in m gemessen werden.
(Der Luftwiderstand bleibt dabei unberücksichtigt.)

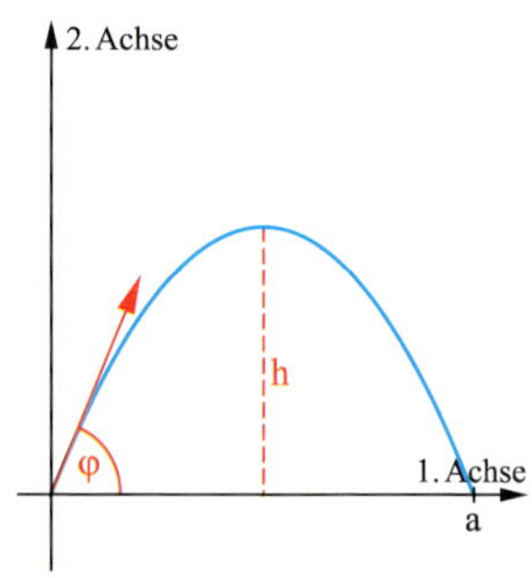

GTR **a)** Zeichne für verschiedene Winkel φ die Bahnkurven.

b) Berechne die Wurfweite a (in m), d.h. die Stelle, an der der Körper wieder aufschlägt.

c) Für welchen Abwurfwinkel φ ist die Wurfweite maximal? Wie groß ist dann die maximale Wurfweite?

d) Ein Kugelstoßer stößt eine Kugel aus 1,8 m Höhe unter einem Winkel von 40° zur Horizontalen und erreicht eine Weite von 20,4 m. Mit welcher Anfangsgeschwindigkeit hat er die Kugel gestoßen? Welche maximale Höhe erreicht seine Kugel?

GTR **16.**
Ein Wurfgeschoss wird von einer Klippe der Höhe h mit der Geschwindigkeit v_0 unter einem Tiefenwinkel φ nach unten abgeschossen.

a) Ermittle allgemein die Bahngleichung des Wurfgeschosses.

b) Zeichne für verschiedene v_0 und φ (für eine Klippenhöhe h = 100 m) die Graphen der Bahngleichung.

c) Bestimme jeweils mit der solve-Funktion die maximale Wurfweite.

CAS **17.** *Katakaustik eines Armreifens*
Legt man einen Armreifen auf den Tisch, so kann man bei Lichteinfall eine merkwürdige Beobachtung machen. Scheinbar den Gesetzen der Optik widersprechend werden die nahezu parallel einfallenden Strahlen nicht alle auf einen Brennpunkt fokussiert, sondern auf eine Brennpunktlinie, der sogenannten *Katakaustik* (Foto). Diese Brennpunktlinie entsteht durch die Schnittpunkte der reflektierten Strahlen. Die Abbildung neben dem Foto zeigt einen einfallenden Strahl $\overline{PQ}$, der im Punkt Q in Richtung S nach dem Reflexionsgesetz reflektiert wird. Ziel ist es, diese Brennpunktlinie durch eine Funktionsgleichung darzustellen.

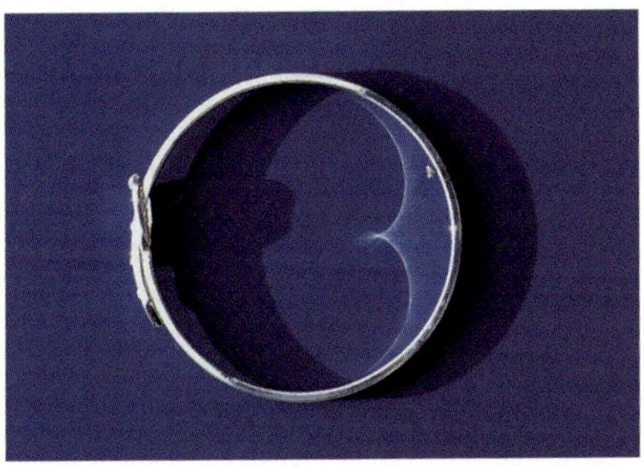

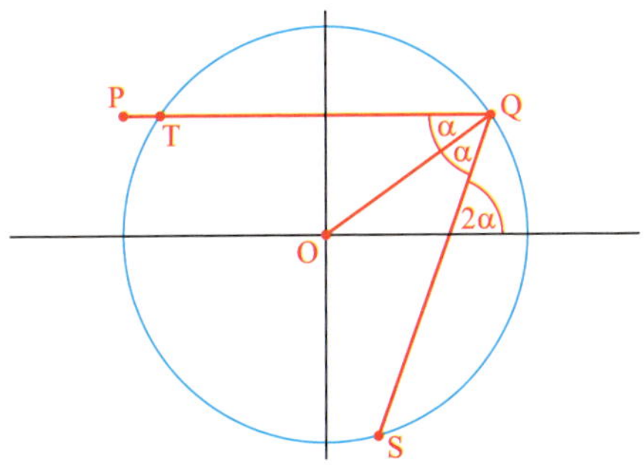

a) Zeige, dass für die Punkte P, T und Q gilt: $P(-r \mid r \sin\alpha)$, $T(r\cos\alpha \mid r\sin\alpha)$, $Q(r\cos\alpha \mid r\sin\alpha)$. Gib auch die Koordinaten von S an.

b) Zeige, dass der von P ausgehende und in Q reflektierte Strahl die Gleichung $\frac{y - r\sin\alpha}{x - r\cos\alpha} = \tan(2\alpha)$ erfüllt. Gib eine Funktion an, welche die Abhängigkeit der Größe y von den Größen x und α beschreibt.

GTR **c)** Zeichne den Graphen zu $y = f(x, \alpha)$ für r = 5 cm und verschiedene α in ein Koordinatensystem. Wähle dabei dicht beieinander liegende Werte für α (z.B. $\alpha = 30°$, $\alpha = 35°$, $\alpha = 40°$).

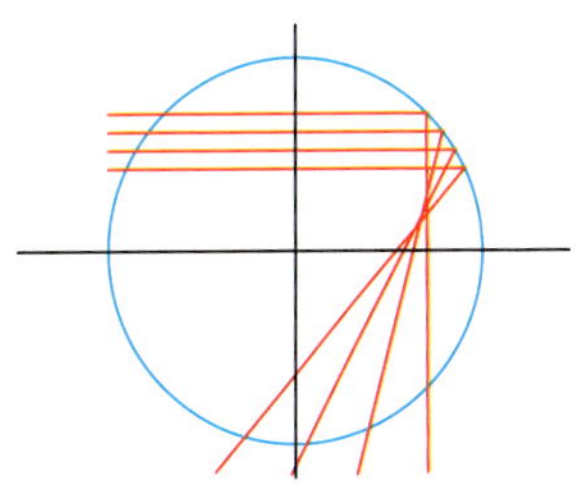

d) Berechne den Schnittpunkt zweier dicht benachbarter Lichtstrahlen mit den Einfallswinkeln $\alpha_1 = \alpha$ und $\alpha_2 = \alpha + h$.

e) Zeige, dass für den Schnittpunkt dieser Strahlen für $h \to 0$ gilt:

$$x(\alpha) = \frac{3r\cos\alpha - r\cos(3\alpha)}{4} \quad \text{und} \quad y(\alpha) = \frac{3\sin(3\alpha) - \sin(5\alpha) - 4\sin\alpha}{8\cos(2\alpha)}$$

f) Vereinfache mithilfe der Additionstheoreme zu $y(\alpha) = \frac{3r\sin\alpha - r\sin(3\alpha)}{4}$.
Zeichne die Graphen zu $x(\alpha)$ und $y(\alpha)$ für r = 5 cm.

5.2.2 Anwendungen trigonometrischer Funktionen bei Schwingungsvorgängen

Aufgabe 1 An das freie Ende einer frei schwingenden Blattfeder wird ein kleiner Spiegel befestigt. Die Blattfeder wird nun um 5 cm ausgelenkt und losgelassen. Die Zeitmessung beginnt, wenn die Blattfeder das erste Mal durch ihre Ruhelage schwingt. Mit einem hellen Lichtbündel wird der Schwingungsvorgang über einen Drehspiegel auf einen Schirm abgebildet. Man beobachtet eine sinusförmige Kurve, deren Amplitude abnimmt. Die Blattfeder führt also eine gedämpfte Schwingung aus.

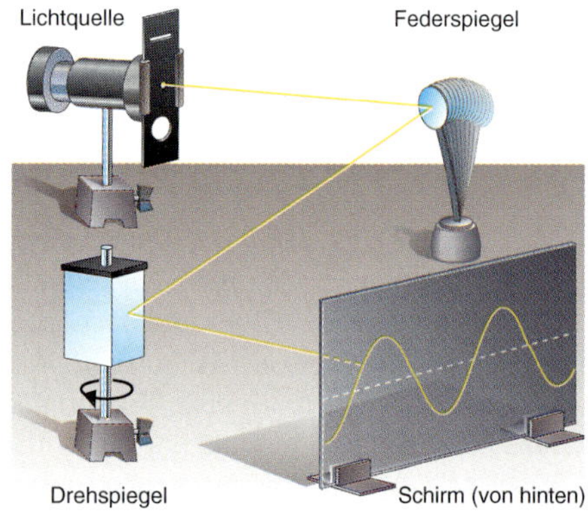

Eine solche Schwingung lässt sich mathematisch modellieren. Dazu verwendet man folgende Größen: y_0 als Amplitude der Schwingung (Das ist die größte Auslenkung einer Schwingung.), ω als Winkelgeschwindigkeit und T als Perioden- oder Schwingungsdauer.

Die Schwingungsdauer T ist die Zeitdauer zwischen zwei aufeinanderfolgenden gleichen Schwingungszuständen, in denen der schwingende Körper einen bestimmten Punkt seiner Bahn wieder in gleicher Richtung durchläuft. Die Periodendauer ist daher auch der Quotient aus der Zeit t für n Schwingungen und der Anzahl n dieser Schwingungen.

Die Bewegung einer *ungedämpften* Schwingung lässt sich allgemein durch $y(t) = y_0 \cdot \sin\left(\frac{2\pi}{T}\,t\right)$ beschreiben. Man schreibt auch $y = y_0 \cdot \sin \omega t$ mit $\omega = \frac{2\pi}{T}$.

Die Abbildung unten zeigt den aufgezeichneten Schwingungsverlauf der *gedämpften* Schwingung der Blattfeder.

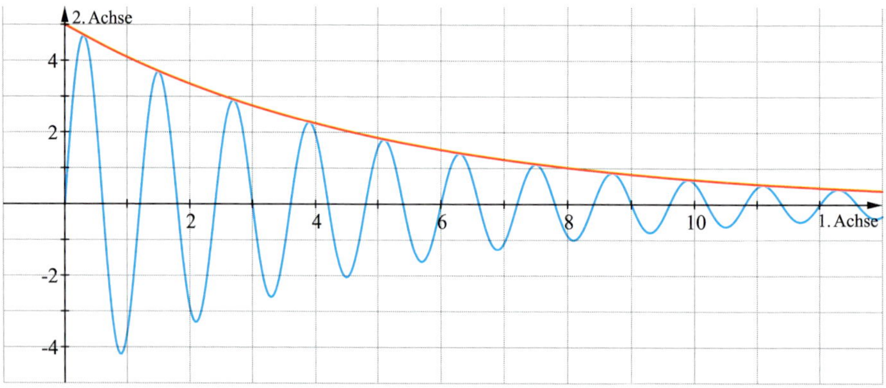

a) Aus der Abbildung vermuten wir: Die maximalen Werte einer gedämpften Schwingung liegen auf dem Graphen einer Exponentialfunktion. Gib eine mögliche Exponentialfunktion zur Beschreibung des Amplitudenwerts (roter Graph) an.
Wie könnte damit, bis auf Konstanten, eine mögliche Funktionsgleichung zur Beschreibung des Schwingungsvorganges lauten?

b) Lies aus der Schwingungskurve die positiven Amplituden ab. Zeichne die Logarithmenwerte der Amplituden in Abhängigkeit von der Zeit t in ein Koordinatensystem ein. Wie lässt sich damit aus dem Graphen der Exponent der Exponentialfunktion bestimmen?
Der in diesem Exponenten $k \cdot t$ auftretende Faktor heißt in der Physik auch der *Dämpfungsfaktor* der Schwingung.

c) Zu welchen Zeitpunkten befindet sich die Blattfeder in der Nulllage (d.h. wann ist $y(t) = 0$)? Bestimme die Schwingungsdauer und die Winkelgeschwindigkeit.

d) Gib nun die vollständige Funktionsgleichung für die Schwingung der Blattfeder an.

e) Um wie viel Prozent nimmt die Auslenkung zwischen zwei maximalen Amplituden ab?

f) Gib einen Term für die Momentangeschwindigkeit $v(t)$ der Blattfeder an.
Die Momentangeschwindigkeit $v(t)$ ist die punktuelle Änderungsrate der Weglänge bezüglich der Zeit. Wann wird sie gleich Null?

g) Wie verhält sich die Blattfeder, falls $t \to \infty$ strebt?

Lösung

a) Ein möglicher Funktionsterm für die positiven Amplituden lautet $5 \cdot e^{-kt}$.
Damit lautet ein möglicher Term für die gedämpfte Schwingung: $5 \cdot e^{-kt} \cdot \sin(\omega t)$, wobei der Faktor e^{-kt} für die Dämpfung verantwortlich ist und $\sin(\omega t)$ für den periodischen Verlauf des Graphen.

b) Aus der Zeichnung entnehmen wir:

t-Wert der Amplitude	y-Wert der Amplitude	ln y
0,29	4,7	1,55
1,49	3,7	1,31
2,69	2,9	1,06
3,89	2,3	0,83

In der Grafik unten sieht man, dass die Punkte auf einer Geraden liegen. Das bedeutet, dass die Amplitude mit der Zeit *exponentiell* abnimmt. Wir ermitteln aus der Zeichnung die Gleichung der Geraden zu $g(t) = -0{,}2 \cdot t + 1{,}6$. Da dies der Logarithmus der Amplituden ist, gilt: $y(t) = e^{g(t)} = e^{-0{,}2 \cdot t + 1{,}6} = e^{-0{,}2 \cdot t} \cdot e^{1{,}6}$.
Daher ist der Exponent, d.h. der Dämpfungsfaktor $k = -0{,}2$.
Da die Blattfeder zu Beginn um 5 cm ausgelenkt wurde, ist die maximale Amplitude $y_0 = 5$ cm. Die Schwingungsgleichung lautet $y(t) = 5e^{-0{,}2t} \cdot \sin(\omega t)$.

Dies nennt man auch eine halblogarithmische Darstellung. Sie wird häufig in der Physik verwendet.

c) Da $e^{-0{,}2t} > 0$ für alle t, gilt $y(t) = 0$ falls $\sin(\omega t) = 0$.

Beachte: $\sin(k\pi) = 0$ für $k \in \mathbb{Z}$

Nach jeder halben Schwingung geht die Feder durch die Nulllage. Am Graphen lesen wir z.B. ab: $y(0) = 0$ und $y(3) = 0$. Zwischen $t = 0\,s$ und $t = 3\,s$ liegen genau 2,5 Schwingungen. Daraus können wir die Schwingungsdauer T und damit die Winkelgeschwindigkeit ω bestimmen:

Also: $T = \frac{2{,}5}{3} = \frac{6}{5}$

Die Schwingungsdauer beträgt also $\frac{6}{5}$ s. Da die Feder während einer vollen Schwingung jeweils zweimal durch die Nulllage geht, schwingt die Blattfeder also nach jeweils $\frac{3}{5}$ s durch die Nulllage.

d) Da $\omega = \frac{2\pi}{T}$ ist, gilt $\omega = \frac{2\pi}{\frac{6}{5}} = \frac{5}{3}\pi$

Die Schwingungsgleichung lautet also $y(t) = 5e^{-0{,}2t} \cdot \sin\left(\frac{5}{3}\pi t\right)$, wobei die Zeitmessung beim ersten Erreichen der Ruhelage beginnt.

e) Wir wissen, dass $y(t) = 5e^{-0{,}2t} \cdot \sin\left(\frac{5}{3}\pi t\right)$ ist. Damit ist $5e^{-0{,}2t}$ für die Abnahme der Amplitude verantwortlich. Die Abnahme ist also bestimmt durch die Differenz d zweier aufeinander folgender Amplituden:

$d = 5e^{-0{,}2t_1} \cdot \sin(\omega t_1) - 5e^{-0{,}2t_2} \cdot \sin(\omega t_2)$.

Da für die maximale Auslenkung gilt $\sin(\omega t) = 1$, ist $d = 5e^{-0{,}2t_1} - 5e^{-0{,}2t_2}$.

Da die maximalen Auslenkungen auch mit der Periode $\frac{3}{5}k$ Sekunden auftreten, gilt

$d = 5e^{-0{,}2t_1} - 5e^{-0{,}2t_1 + \frac{3}{5}} = 5e^{-0{,}2t_1} \cdot \left(1 - e^{\frac{3}{5}}\right) = -0{,}822 \cdot 5e^{-0{,}2t_1}$

D.h. $\frac{d}{y(t_1)} = \frac{0{,}822 \cdot 5e^{-0{,}2t_1}}{5e^{-0{,}2t_1}} = 0{,}822$, also geht die Amplitude alle $\frac{3}{5}$ s auf 82,2% des vorigen Wertes zurück.

f) Die Geschwindigkeit eines Bewegungsvorganges ist die 1. Ableitung der Bewegungsgleichung nach der Zeit

$y'(t) = 5e^{-0{,}2t} \cdot \frac{5}{3}\pi \cdot \cos\left(\frac{5}{3}\pi t\right) + 5 \cdot (-0{,}2) \cdot e^{-0{,}2t} \cdot \sin\left(\frac{5}{3}\pi t\right)$.

$y'(t) = 5e^{-0{,}2t} \cdot \left(\frac{5}{3}\pi \cos\left(\frac{5}{3}\pi t\right) - 0{,}2\sin\left(\frac{5}{3}\pi t\right)\right)$

Denke an die Produkt- und Kettenregel!

Die Geschwindigkeit ist Null, wenn $y'(t) = 0$.

Da $5e^{-0{,}2t} > 0$, gilt also $\frac{5}{3}\pi \cos\left(\frac{5}{3}\pi t\right) - 0{,}2\sin\left(\frac{5}{3}\pi t\right) = 0$

$\frac{5}{3}\pi \cos\left(\frac{5}{3}\pi t\right) = 0{,}2\sin\left(\frac{5}{3}\pi t\right)$

$\frac{25}{3}\pi \cos\left(\frac{5}{3}\pi t\right) = \sin\left(\frac{5}{3}\pi t\right)$

$\frac{25}{3}\pi = \tan\left(\frac{5}{3}\pi t\right)$

Beachte, dass $\frac{\sin x}{\cos x} = \tan x$

Es gilt $\tan x = \frac{25}{3}\pi$, für $x_1 = 1{,}476$ also $t_1 \approx 0{,}2927$.

Nach einer weiteren halben Schwingungsdauer erreicht die Blattfeder ihre maximale Auslenkung in der anderen Richtung, also zum Zeitpunkt $t_2 = t_1 + \frac{T}{2}$. Die maximalen Werte werden nach $t_k = t_1 + k \cdot \frac{T}{2} = 0{,}2927 + k \cdot \frac{3}{5}$, $k \in \mathbb{Z}$, erreicht.

$t_1 \approx 0{,}2927\,s$, $t_2 \approx 0{,}8927\,s$, $t_3 \approx 1{,}4927\,s$, $t_4 \approx 2{,}0927\,s$, $t_5 \approx 2{,}6927\,s$ usw. Es sind genau die Zeitpunkte, wenn die Blattfeder ihre jeweils maximale Auslenkung erreicht hat und ihre Bewegungsrichtung umkehrt.

g) Falls $t \to \infty$, gilt $e^{-0{,}2t} \to 0$ und $\sin(\omega t)$ schwankt zwischen -1 und 1. Das bedeutet: Mit wachsendem t nimmt die Schwingung immer mehr ab, der Körper nähert sich seiner Ruhelage.

Weiterführende Aufgabe

2. *Zusammenhang zwischen Null- und Extremstellen bei einer gedämpften Schwingung*

Gegeben ist die Funktion f mit $f(x) = 5 \cdot e^{-0{,}2t} \cdot \sin\left(\frac{5}{3}\pi t\right)$ (vgl. Aufgabe 1).

a) Begründe, weshalb die Extremstellen von f nicht genau in der Mitte zwischen zwei Nullstellen liegen, sondern ein wenig links davon.

b) Berechne die Wendestellen von f. Begründe, weshalb diese Stellen ein wenig links von den Nullstellen von f liegen.

c) Begründe, dass die Funktion f nicht periodisch ist.

Übungsaufgaben

3. *Weitere Überlegungen zur gedämpften Schwingung der Blattfeder*

a) Was ändert sich in den Überlegungen und Rechnungen von Aufgabe 1, wenn der Dämpfungsfaktor $k = 0{,}5$ ($k = 0{,}1$) ist?

b) Was ändert sich in den Überlegungen und Rechnungen von Aufgabe 1, wenn die Schwingungsdauer $T = 2\,s$ $\left(T = \frac{1}{2}\,s\right)$ beträgt?

c) Was ändert sich an den Überlegungen zu Aufgabe 1, wenn die Schwingungsgleichung $y = 2e^{-0{,}1t} \cdot \sin\left(\frac{5}{3}\pi t + \frac{\pi}{2}\right)$ lautet?
Was bedeutet das anschaulich für unseren Schwingungsvorgang?

4. *Schwingung eines Federpendels*

Die ungedämpfte Schwingung eines Körpers am Federpendel werde durch die Funktion f mit $f(t) = a\sin(\omega t + b)$ mit $t \in \mathbb{R}_0^+$ beschrieben ($a, \omega \in \mathbb{R}^+, b \in \mathbb{R}$).

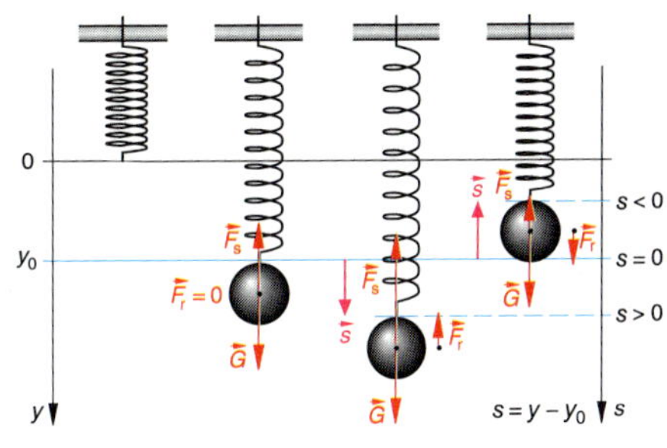

a) Deute die Werte von a und $\frac{2\pi}{\omega}$.

b) Berechne die Geschwindigkeit $f'(t)$ und die Beschleunigung $f''(t)$.

c) Begründe:
Die Beschleunigung $f''(t)$ ist proportional zur Auslenkung $f(t)$.

d) Wie lautet somit die Differentialgleichung, der die Funktion f genügt?

e) Zeichne für $a = 2$, $\omega = \frac{\pi}{2}$ und $b = \frac{\pi}{2}$ die Graphen von f, f′ und f″ für $t \in [0; 6]$.

5.

Die Sinusschwingung eines Körpers habe die Amplitude $a = 30$ (in cm) und die Schwingungsdauer $T = 2$ (in s). Zur Zeit $t = 0$ sei die Auslenkung s maximal.

a) Stelle die Schwingungsgleichung $s = f(t)$ auf.

b) Berechne Geschwindigkeit und Beschleunigung beim Nulldurchgang.

c) Berechne Geschwindigkeit und Beschleunigung in 15 cm Abstand beiderseits der Nulllage.

6. *Schwingung eines Fadenpendels*

Ein Körper schwinge an einem Fadenpendel der Länge l (gemessen in m). Bei kleinen Auslenkungen werde diese Schwingung durch $y = 0{,}2\sin\left(\frac{\pi}{\sqrt{l}}\,t - 0{,}5\,\pi\right)$ beschrieben. Dabei ist t die Zeit (in s) und y die Auslenkung (Länge des Kreisbogens in m).

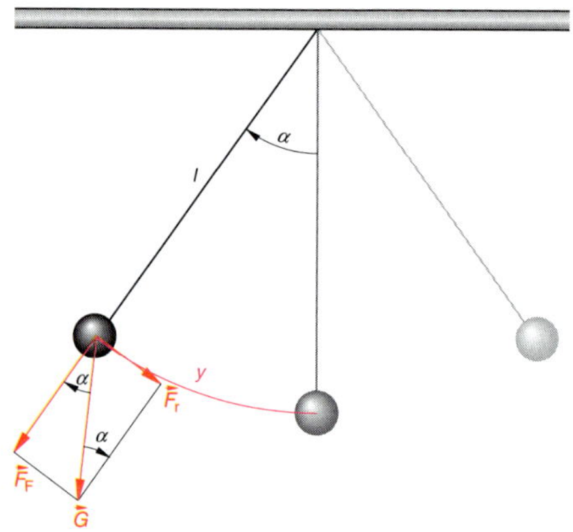

a) Berechne Amplitude und Schwingungsdauer.

b) Zeichne für $l = 1$ den Graphen von der Funktion $f\colon t \mapsto y$ im Intervall $[0; 4]$.

c) Berechne die Geschwindigkeit $f'(t)$ und die Beschleunigung $f''(t)$.

d) Wann und wo sind Geschwindigkeit bzw. Beschleunigung vom Betrag her maximal?

7. *Der elektromagnetische Schwingkreis*

Ein elektromagnetischer Schwingkreis besteht aus einem Kondensator und einer Spule. In einem solchen Schwingkreis ist der zeitliche Verlauf der Spannung am Kondensator eine Sinusschwingung. Deshalb gilt für die Spannung $U(t) = U_0 \sin\left(\frac{1}{\sqrt{LC}}\,t\right)$ (U in Volt, t in Sekunden), wobei $U = 0\,V$ für $t = 0\,s$ und U_0 der maximale Spannungswert ist. Es sei $C = 2 \cdot 10^{-6}\,F$ und $L = 10^{-2}\,H$.

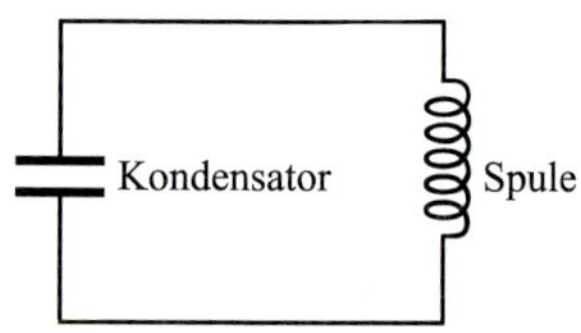

C die Kapazität des Kondensators (gemessen in Farad) und L die Induktivität der Spule (gemessen in Henry)

a) Stelle die Funktion $t \mapsto U$ im Intervall $[0; 10^{-3}]$ grafisch dar.

b) Berechne die Schwingungsdauer T (in s). Drücke allgemein T durch C und L aus.

c) Für die Stromstärke $I = g(t)$ (gemessen in Ampère) gilt $g(t) = -C\,f'(t)$. Berechne I sowohl allgemein als auch speziell für die gegebenen Werte von C und L.

d) Gegeben sei in einem anderen elektrischen Schwingkreis die Stromstärke $I = I_0 \cos\left(\frac{1}{\sqrt{LC}}\,t\right)$. Berechne hieraus die Spannung.

8. *Gedämpfte Schwingungsvorgänge*

Die gedämpte Schwingung eines Körpers (vgl. Aufgabe 1) werde beschrieben durch $f(t) = c \cdot e^{-kt} \cdot \sin(\omega t)$, wobei $c = 4$, $k = 0{,}1$ und $\omega = \pi$ gilt ($t \geq 0$ in Sekunden, f(t) in dm). Man kann gedämpfte Schwingungen auch durch $g(t) = \frac{a}{t+b}\sin(\omega t)$ beschreiben.

a) Eine Schwingung werde durch $g(t) = \frac{10}{t+4}\sin(\pi t)$ beschrieben.

(1) Untersuche die Funktion g auf Nullstellen und Extremstellen. Zeichne den Graphen von g in $[0; 17]$. Wie verhält sich g für $t \to \infty$?

(2) Interpretiere alle Resultate aus (1) inhaltlich.

(3) Vergleiche die Funktion g mit der Funktion f. Was fällt dir auf?

CAS **b)** Zeichne den Graphen der Differenzfunktion aus f(t) und g(t) in ein Koordinatensystem. Interpretiere dein Ergebnis.

c) Verwende die Ergebnisse aus a) und b) und bestimme eine Zahl a so, dass sich die Funktion f näherungsweise auch durch $h(t) = \frac{a}{t+4}\sin(\pi t)$ beschreiben lässt.

5.2.3 Die Arkusfunktionen und ihre Eigenschaften

Einführung **(1) Umkehrbarkeit der Sinusfunktion durch Einschränken des Definitionsbereiches**

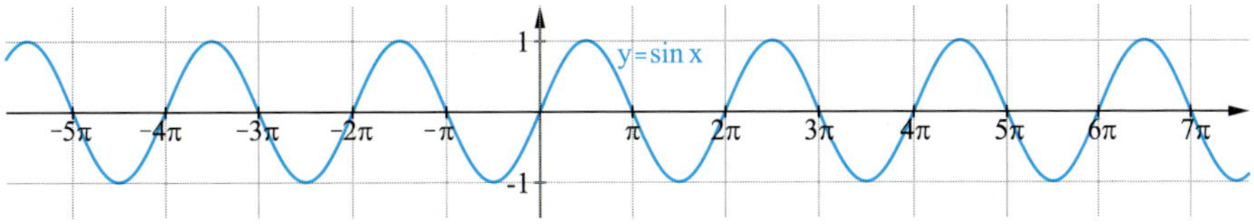

Betrachtet man die Sinusfunktion auf ℝ als Definitionsbereich (siehe Abb.), so kann man einem Funktionswert (z. B. $y = 1$) beliebig viele x-Werte $\left(\frac{\pi}{2}, 2{,}5\,\pi, 4{,}5\,\pi, \ldots\right)$ zuordnen. Damit ist die Zuordnung $x \mapsto \sin x$ auf ℝ nicht umkehrbar. Wenn wir die Sinusfunktion umkehren wollen, müssen wir den Definitionsbereich einschränken.

Abb. 2 zeigt eine mögliche Einschränkung von $\sin x$ auf das Intervall $\left[-\frac{\pi}{2}; \frac{\pi}{2}\right]$, über dem die Sinusfunktion umkehrbar ist.

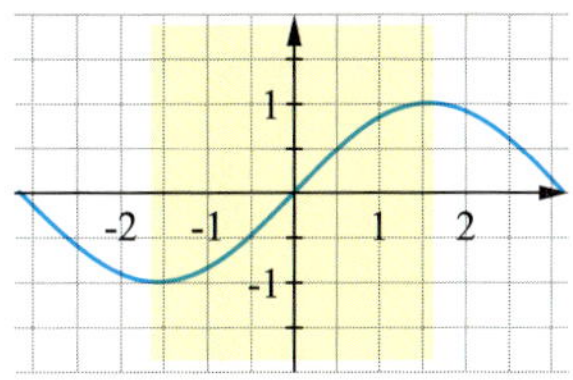

Gib weitere Intervalle an, auf denen die Sinusfunktion umkehrbar ist. Weitere mögliche Intervalle sind:
$\left[\frac{\pi}{2}; \frac{3\pi}{2}\right], \left[-\frac{3\pi}{2}; -\frac{\pi}{2}\right], \left[\frac{3\pi}{2}; \frac{5\pi}{2}\right] \ldots$

(2) Übliche Einschränkung auf das Intervall $\left[-\frac{\pi}{2}; \frac{\pi}{2}\right]$

Es ist üblich, die Sinusfunktion zum Zwecke der Umkehrung auf das Intervall $\left[-\frac{\pi}{2}; \frac{\pi}{2}\right]$ einzuschränken. Diese so eingeschränkte Funktion ist umkehrbar und ihre zugehörige Umkehrfunktion heißt $x \mapsto \arcsin x$.

Definition 1: Arkussinus-Funktion

Die zu $x \mapsto \sin x$, $x \in \left[-\frac{\pi}{2}; \frac{\pi}{2}\right]$ gehörige Umkehrfunktion heißt Arkussinus x.

Es gilt:

$y = \arcsin x$ genau dann, wenn $x = \sin y$

für $y \in \left[-\frac{\pi}{2}; \frac{\pi}{2}\right]$ und $x \in [-1, 1]$.

Die Funktion $x \mapsto \arcsin x$ hat den Definitionsbereich $[-1; 1]$ und den Wertebereich $\left[-\frac{\pi}{2}; \frac{\pi}{2}\right]$.

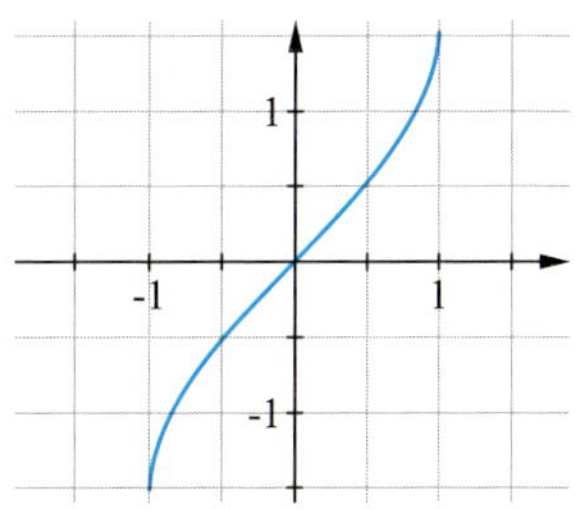

Man erhält den Graphen der Funktion $x \mapsto \arcsin x$, indem man den Graphen der Sinusfunktion an der Hauptwinkelhalbierenden spiegelt.

Da $x \mapsto \sin x$ den Wertebereich $W = [-1 \mid 1]$ hat, ist demnach der Definitionsbereich für $x \mapsto \arcsin x$ $D = [-1 \mid 1]$.

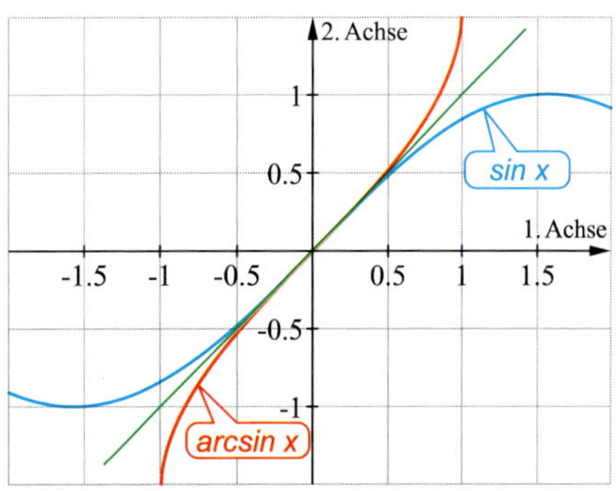

(3) Die Ableitung der Arkussinus-Funktion

Wir wissen:
Für $-\frac{\pi}{2} < x < \frac{\pi}{2}$ und $-1 < y - < 1$ ist die Funktion f mit $f(x) = \sin x$ differenzierbar und $f'(x) \neq 0$.
Daher ist auch ihre Umkehrfunktion $\bar{f}$ differenzierbar und wir erhalten nach Satz 26 auf S. 57

$\bar{f}'(f(x)) = \frac{1}{f'(x)}$ für $-1 < y - < 1$.

Damit ist

$$(\arcsin x)' = \frac{1}{(\sin y)'} = \frac{1}{\cos y} = \frac{1}{\sqrt{1 - \sin^2 y}} = \frac{1}{\sqrt{1 - x^2}}$$

Hierbei sei $y = \arcsin x$ und $x = \sin y$.

Satz 1

Für die Ableitung der Arkussinus-Funktion gilt:

$\arcsin' x = \frac{1}{\sqrt{1 - x^2}}$ für $-1 < x < 1$.

Aufgabe 1

a) Bestimme geeignete Intervalle, auf denen die Kosinusfunktion umkehrbar ist.

b) Die Umkehrfunktion der Kosinusfunktion heißt Arkuskosinus mit dem Term arccos x.
Definiere diese Funktion. Zeichne auch deren Graphen.

c) Bestimme die Ableitung der Umkehrfunktion und deren Definitionsbereich.

Lösung

a) Am Graphen der Kosinusfunktion erkennt man, dass die Kosinusfunktion z. B. auf den Intervallen $[0; \pi]$, $[\pi; 2\pi]$, $[-\pi; 0]$ usw. umkehrbar ist.

Definition 2: Arkuskosinus-Funktion

Die zu $x \mapsto \cos x$, $x \in [0; \pi]$ gehörende Umkehrfunktion heißt Arkuskosinus.

Es gilt: $y = \arccos x$ genau dann, wenn $x = \cos y$ für $y \in [0; \pi]$ und $x \in [-1, 1]$.

Die Funktion $x \mapsto \arccos x$ hat den Definitionsbereich $[-1; 1]$ und den Wertebereich $\left[-\frac{\pi}{2}; \frac{\pi}{2}\right]$.

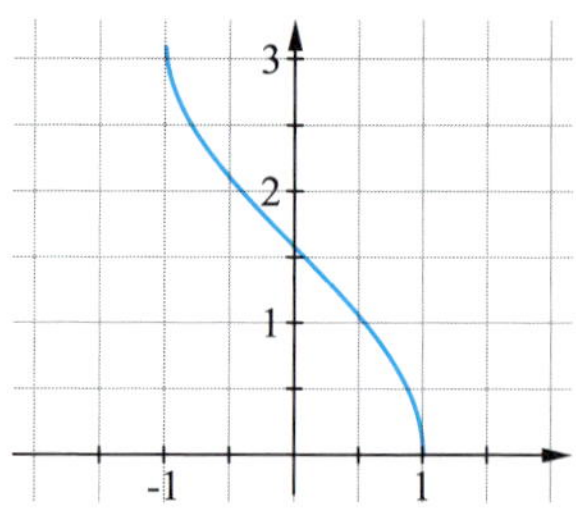

c) $(\arccos x)' = \frac{1}{(\cos y)'} = \frac{1}{-\sin y} = -\frac{1}{\sqrt{1 - \cos^2 y}} = -\frac{1}{\sqrt{1 - x^2}}$

Der Definitionsbereich der Ableitungsfunktion ist $]-1; 1[$
Es gilt der folgende Satz:

Satz 2

Für die Ableitung der Arkuskosinus-Funktion gilt:

$\arccos' x = \frac{-1}{\sqrt{1 - x^2}}$ für $-1 < x < 1$.

Weiterführende Aufgaben

2. *Umkehrung der Tangensfunktion*
Beweise den folgenden Satz:

> **Satz 3**
> Die Tangensfunktion ist auf $\left]-\frac{\pi}{2}; \frac{\pi}{2}\right[$ umkehrbar. Die zugehörige Umkehrfunktion heißt Arkustangens-Funktion mit dem Term arctan x. Für die Ableitung der Arkustangens-Funktion gilt: $\arctan' x = \frac{1}{1+x^2}$ für $x \in \mathbb{R}$.

3. *Eigenschaften der Arkustangens-Funktion*
Stelle alle Eigenschaften der Arkustangens-Funktion zusammen und zeichne den Graphen.

Aufgabe 4 *Kurvendiskussion einer Arkusfunktion*

a) Untersuche den Graphen der Funktion f mit $f(x) = \arctan(x^4 - 6x^2 + 8)$ auf
(1) maximalen Definitionsbereich
(2) Symmetrie zur 2. Achse und zum Ursprung
(3) gemeinsame Punkte von Graph und Koordinatenachsen
(4) Extrempunkte
(5) Wertebereich

b) Begründe, dass der Graph zu f Wendepunkte besitzt und gib ihre Anzahl und die Intervalle an, in denen sie liegen.

c) Skizziere den Graphen der Funktion f.

Lösung **a)** **1. Definitionsbereich**
Da die Werte für $x^4 - 6x^2 + 8$ alle in $\mathbb{R}$ liegen, gilt auch $D_f = \mathbb{R}$.

2. Symmetrie des Graphen von f zum Ursprung bzw. zur 2. Achse
Es ist $f(-x) = \arctan((-x)^4 - 6(-x)^2 + 8) = \arctan(x^4 - 6x^2 + 8) = f(x)$.
Der Graph ist achsensymmetrisch zur 2. Achse.

3. Gemeinsame Punkte mit den Koordinatenachsen
1. Achse: $\arctan(x^4 - 6x^2 + 8) = 0$, falls $x^4 - 6x^2 + 8 = 0$
Wir setzen $z = x^2$ und erhalten die quadratische Gleichung
$z^2 - 6z + 8 = 0$
Diese hat die Lösungen $z = 2$ oder $z = 4$
Also hat $x^4 - 6x^2 + 8 = 0$ die Lösungen
$x = 2$ oder $x = -2$ oder $x = \sqrt{2}$ oder $x = -\sqrt{2}$. Es gibt also 4 Nullstellen.
Schnitt mit der 2. Achse: $f(0) = \arctan(8) \approx 1{,}45$, also $P(0 \mid 1{,}45)$.

4. Relative Extrempunkte
Die Extremstellen von f sind unter den Nullstellen von f′ zu finden: also $f'(x) = 0$

Vergiss die innere Ableitung nicht!

$f'(x) = \frac{1}{1+(x^4 - 6x^2 + 8)^2} \cdot (4x^3 - 12x)$ also $f'(x) = \frac{4x^3 - 12x}{1+(x^4 - 6x^2 + 8)^2}$

$4x^3 - 12x = 0$
$4x(x^2 - 3) = 0$

Die Nullstellen von f′ sind die Nullstellen des Zählers

Man braucht nur den Zähler der Extremstellen zu betrachten, da der Nenner stets positiv ist

Mögliche Extremstellen sind $x = 0$ oder $x = \sqrt{3}$ oder $x = -\sqrt{3}$.
Für diese Stellen verwenden wir das Vorzeichenwechselkriterium der 1. Ableitung, da es sehr aufwendig ist, die zweite Ableitung zu bestimmen.

$x < -\sqrt{3}$	$x = -\sqrt{3}$	$-\sqrt{3} < x < 0$	$x = 0$	$0 < x < \sqrt{3}$	$x = \sqrt{3}$	$x > \sqrt{3}$
$f'(x) < 0$	$f'(x) = 0$	$f'(x) > 0$	$f'(x) = 0$	$f'(x) < 0$	$f'(x) = 0$	$f'(x) > 0$
Monoton fallend	Steigung = 0	Monoton wachsend	Steigung = 0	Monoton fallend	Steigung = 0	Monoton wachsend

Auf Grund des Vorzeichenwechsels der 1. Ableitung wissen wir nun:
An der Stelle $x = -\sqrt{3}$ besitzt der Graph einen Tiefpunkt $T\left(-\sqrt{3} \mid -\frac{\pi}{4}\right)$.
An der Stelle $x = 0$ besitzt der Graph einen Hochpunkt $H(0 \mid 1{,}45)$.
An der Stelle $x = \sqrt{3}$ besitzt der Graph einen Tiefpunkt $T\left(\sqrt{3} \mid -\frac{\pi}{4}\right)$.

5. Wertebereich

Betrachten wir zunächst das Verhalten der inneren Funktion, falls x gegen $+\infty$ bzw. $-\infty$ strebt.
Für $x \to \infty$ gilt $(x^4 - 6x^2 + 8) \to \infty$
Für $x \to -\infty$ gilt $(x^4 - 6x^2 + 8) \to \infty$ (wegen der Symmetrie)
also $\lim\limits_{|x| \to \infty}$ lim $\arctan(x^4 - 6x^2 + 8) = \frac{\pi}{2}$
Der Graph besitzt eine waagerechte Asymptote mit der Gleichung $y = \frac{\pi}{2}$.
Wegen des Grenzwertverhaltens muss der kleinste y-Wert, der vorkommt, an den Stellen $x = \sqrt{3}$ bzw. $x = -\sqrt{3}$ (vgl. Tiefpunkte) liegen. Damit sind diese relativen Minima zugleich auch absolute.

b) Da die Funktion f stetig ist und 3 Extrempunkte besitzt, muss f zwei Wendepunkte zwischen den Extrempunkten haben. Zudem nähert sich der Graph für betragsmäßig große x asymptotisch an $y = \frac{\pi}{2}$ an. Er muss also nach den beiden Minima sein Krümmungsverhalten erneut ändern. Also besitzt die Funktion f vier Wendepunkte.

1. Wendepunkt liegt im Intervall $]-\infty;\ \sqrt{3}]$
2. Wendepunkt liegt im Intervall $]-\sqrt{3};\ 0]$
3. Wendepunkt liegt im Intervall $]0;\ \sqrt{3}]$
4. Wendepunkt liegt im Intervall $]\sqrt{3};\ \infty[$

c) Skizze des Graphen

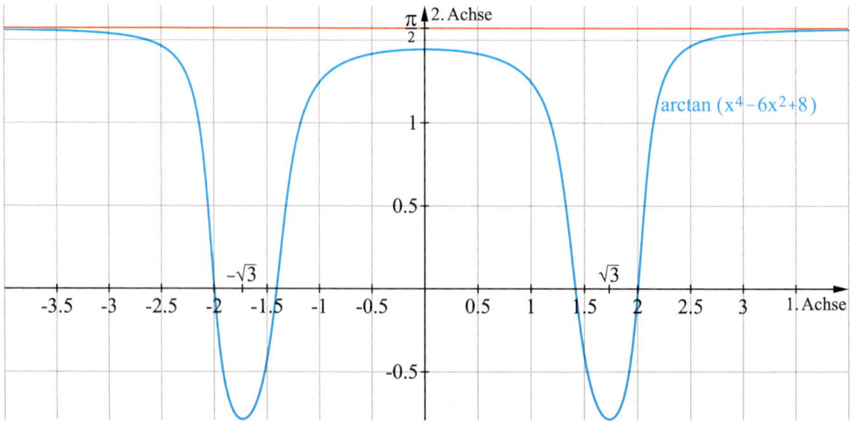

Übungsaufgaben

5.
Bestimme:

a) $\arcsin(-1)$ **c)** $\arctan(2)$ **e)** $\arcsin(-0{,}75)$ **g)** $\arctan(5)$
b) $\arccos(0{,}5)$ **d)** $\arctan(-4)$ **f)** $\arccos(-0{,}25)$ **h)** $\arctan(-10)$

6.
Bestimme x so, dass

a) $\arcsin x = \frac{\pi}{8}$ **c)** $\arccos x = -\frac{1}{2}$ **e)** $\arctan(x^2 - 1) = 1$
b) $\arcsin x = \frac{1}{4}$ **d)** $\arctan x = \frac{1}{2}$ **f)** $\arcsin(x+1) = \sin\left(\frac{\pi}{8}\right)$

7.
Bestimme den maximalen Definitionsbereich von f und berechne die 1. Ableitung. Bestimme auch den Definitionsbereich von f′.

a) $f(x) = \arcsin x^2$ **d)** $f(x) = \arccos \frac{x+1}{x-1}$ **g)** $f(x) = \arcsin(2x) \cdot \arccos(x-1)$
b) $f(x) = \arctan(4x+2)$ **e)** $f(x) = \arcsin \frac{1-x^2}{1+x^2}$ **h)** $f(x) = \frac{\arcsin(x+2)}{\arccos(x+2)}$
c) $f(x) = \arcsin \sqrt{1-x^2}$ **f)** $f(x) = \arctan \frac{x}{\sqrt{1-x^2}}$ **i)** $f(x) = \left(\arcsin(x^2-1)\right)^2$

8.
Bestimme die 1. Ableitung von f mit $f(x) = \arccos(\sin x)$ für $x \in [0; \pi]$. Untersuche, ob f für alle $x \in [0; \pi]$ differenzierbar ist.

9.
Berechne:

a) $\int_0^{0,5} \frac{1}{\sqrt{1-x^2}}\,dx$ **b)** $\int_{-0,5}^{0} \frac{-1}{\sqrt{1-x^2}}\,dx$ **c)** $\int_0^2 \frac{1}{4+x^2}\,dx$

10.
Zeige:

a) $\arcsin x + \arccos x = \frac{\pi}{2}$ für $x \in [-1; 1]$
b) $2\left(\arctan \frac{1}{x} + \arctan x\right) = \pi \quad x \in \mathbb{R}^+$
c) $\arctan x + \arctan(x^2) = \arctan \frac{x+x^2}{1-x^3}$ mit $x^3 < 1$

Kurvendiskussionen

11.
a) Untersuche die Funktion f mit $f(x) = \frac{2x}{\sqrt{1+4x^2}}$
b) Welche Eigenschaften von f lassen sich auf $x \mapsto \arcsin(f(x))$ übertragen?

12.
Untersuche die folgenden Funktionen

a) $f(x) = \frac{1}{2}x - 2\arctan \frac{1}{2}x$ **c)** $f(x) = \arctan(x^2 - 5x + 6)$
b) $f(x) = \arcsin \frac{4x}{x^2+1}$ **d)** $f(x) = \arcsin t \cdot \frac{x^2-1}{x^2+t}\ t \in \mathbb{R}^+$

CAS **13.** *Funktionenscharen*

Gegeben seien die Funktionsscharen f_a und g_a mit

$f_a(x) = \frac{a^2 - x^2}{a^2 + x^2}$ bzw. $g_a(x) = \arccos \frac{a^2 - x^2}{a^2 + x^2}$, wobei $a \in \mathbb{R}$

a) Untersuche die Graphen zu $f_a(x)$ auf maximalen Definitionsbereich, Symmetrie zur 2. Achse oder zum Ursprung, Nullstellen, Extrempunkte und Wertebereich.

b) Welche Eigenschaften der Graphen zu f_a lassen sich auf die zu g_a übertragen?

c) Begründe, ob die Graphen von f_a und g_a Wendepunkte besitzen. Bestimme ggf. die Anzahl der Wendepunkte.

d) Skizziere für $a = 1, 2$ und $0{,}5$ die Graphen zu f_a und g_a.

e) Zeige, dass sich für $a = 1$ der Funktionsterm zu f_1 darstellen lässt durch

$$f_1(x) = \begin{cases} 2\arctan x + \frac{\pi}{2} & \text{für } x \geq 0 \\ 2\arctan \frac{1}{2} - \frac{\pi}{2} & \text{für } x < 0 \end{cases}$$

Anwendungen zu den Arcusfunktionen

14.

Ein Ballon verlässt den Boden ca. 125 m von einem Beobachter entfernt und steigt mit einer konstanten Geschwindigkeit von $50\,\frac{\text{m}}{\text{min}}$ auf. Der Beobachter verfolgt den Ballon mit seinen Augen. Dabei ändert sich der Beobachtungswinkel φ.

a) Bestimme die Änderungsrate des Winkels φ, also die Winkelgeschwindigkeit, wenn der Ballon eine Höhe von 400 m erreicht hat.

b) Zeichne den Graphen der Winkelgeschwindigkeit.

15.

In Siena steht am Rande des Piazza del Campo der Palazzo Publico (d. h. das Rathaus), der von einem Turm, dem Torre del Mangia, überragt wird.

Ein Tourist befindet sich 250 m vom Turm entfernt und geht dann mit einer Geschwindigkeit von $1{,}25\,\frac{\text{m}}{\text{s}}$ auf Turm und Palast zu. Er betrachtet während des Ganges nur den Teil des Turmes, der über den Palast hinausragt (Sehwinkel: $\sphericalangle ABC$).

Der Turm ist bei A 125 m, der Palast ist bei C 30 m hoch.

a) (1) Wie lang dauert der Gang?

(2) Begründe, dass es genau eine Entfernung vom Turm gibt, bei welcher der Sehwinkel optimal ist. Wie groß ist diese Entfernung und wann wird sie von dem Touristen erreicht?

b) Was ändert sich an der Lösung von Teilaufgabe a), wenn der Tourist nicht nur den überragenden Teil des Turms, sondern den ganzen Turm in den Blick nimmt? (Sehwinkel $\sphericalangle ABD$)

Sind diese Idealisierungen zu rechtfertigen?

Anmerkung: Man löse die Aufgabe unter folgenden *Idealisierungen:*

(1) Die Größe des Touristen werde vernachlässigt.

(2) Der Tourist bewegt sich horizontal auf gleicher Höhe mit dem Fuß des Turmes.

5.3 Vermischte Übungen

5.3.1 Rationale Funktionen

1.

Entscheide, ob der Satz wahr oder falsch ist.

(1) Wenn der Grad des Zählers einer rationalen Funktion gleich dem Grad des Nenners ist, dann hat der Graph keine Asymptote.

(2) Es gibt rationale Funktionen, deren Graph punktsymmetrisch zum Koordinatenursprung ist.

(3) Es gibt rationale Funktionen, deren Graph symmetrisch bezüglich der 2. Achse ist.

(4) Es gibt keine rationale Funktion, deren Graph punktsymmetrisch bezüglich des Punktes $P(2\,|\,2)$ ist.

2.

Gib eine rationale Funktion f an,

a) die für alle $x \in \mathbb{R}$ definiert ist;

b) die für $x = 1$ nicht definiert ist;

c) für deren Graph die Gerade mit der Gleichung $x = 7$ Asymptote ist;

d) für deren Graph die Gerade mit der Gleichung $y = 2x + 1$ Asymptote ist;

e) für deren Graph die Geraden mit den Gleichungen $y = -x + 1$ und $x = 4$ Asymptoten sind;

f) die für alle $x \in \mathbb{R}$ definiert ist und für deren Graph die Gerade mit der Gleichung $y = 6$ Asymptote ist;

g) die an der Stelle $x = 4$ eine hebbare Definitionslücke hat;

h) die an der Stelle $x = -3$ einen Pol ohne Vorzeichenwechsel hat, sonst aber überall definiert ist.

3.

Gib einen möglichen Funktionsterm f(x) an.

a)

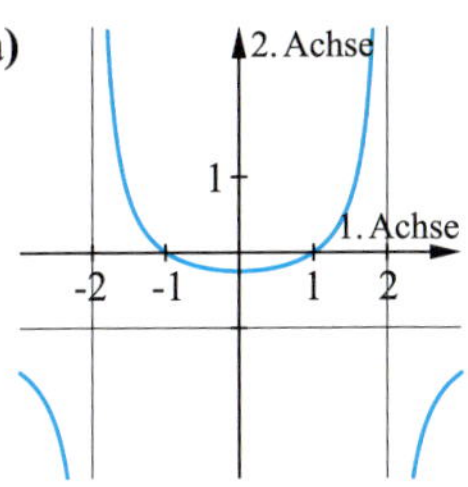

b)

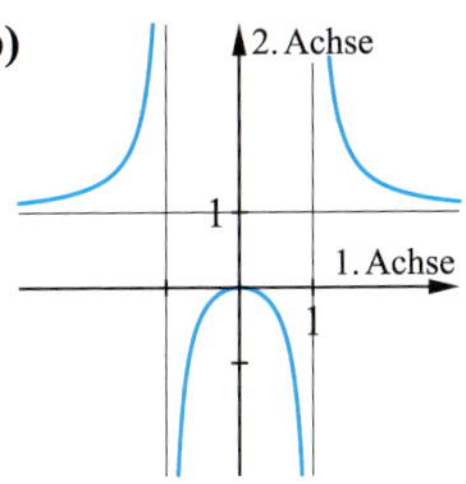

c)

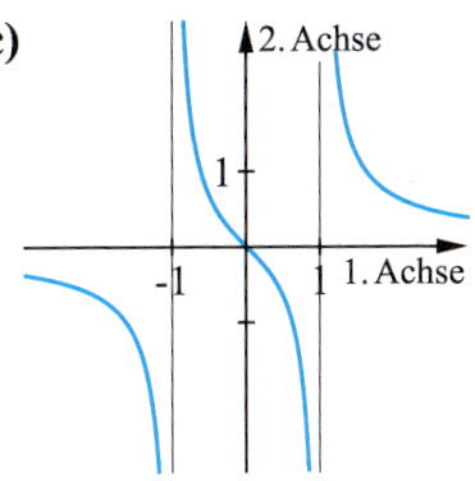

d)

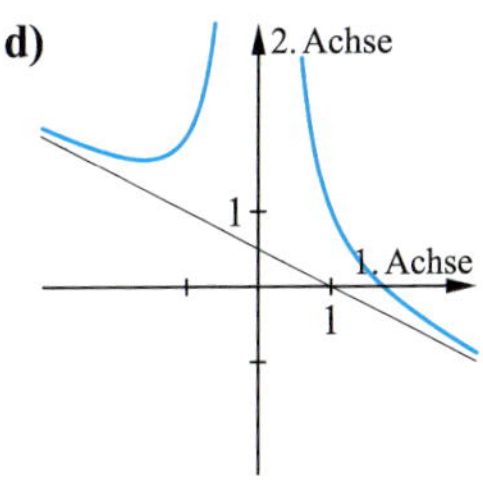

4.

Skizziere durch Überlagerung von Funktionsgraphen.

a) $f(x) = \frac{1}{x} + x^3$ **b)** $f(x) = x^2 - \frac{1}{x^2}$ **c)** $f(x) = \frac{2}{x^2+1} - \frac{1}{x^2}$ **d)** $f(x) = \frac{1}{x+1} - \frac{1}{x-1}$

5.

a) Gegeben ist die Funktion f mit $f(x) = \frac{ax^2 + b}{x^2 + 2}$. Bestimme $a, b \in \mathbb{R}$ so, dass der Graph von f den Punkt $W(1\,|\,3)$ als Wendepunkt hat. Wie geht der Graph von f aus dem Graphen zu $y = \frac{1}{x^2+2}$ hervor?

b) Gegeben ist die Funktion f mit $f(x) = \frac{x^3 + ax + b}{x}$. Bestimme $a, b \in \mathbb{R}$ so, dass der Graph von f an der Stelle 2 einen relativen Tiefpunkt hat und durch den Punkt $W(-2\,|\,-4)$ verläuft.
Untersuche den Graphen von f.

6.
Zeige, dass der Graph der Funktion f punkt- bzw. achsensymmetrisch ist.

a) $f(x)=\frac{x-1}{x^2-2x}$; $S(1\,|\,0)$ **b)** $f(x)=\frac{x^2+3x+3}{x+1}$; $S(-1\,|\,1)$ **c)** $f(x)=\frac{x^2-4x}{x^2-4x+4}$; $x=2$

7.
Wie sind a, b, c, d zu wählen, damit die Funktion f mit $f(x)=\frac{ax^2+b}{(x+c)(x+d)}$ die Asymptoten $x=1$, $x=-2$ und $y=2$ und keine Nullstellen hat?

8.
Wie sind a, b, c, d zu wählen, damit die Funktion f mit $f(x)=\frac{ax^2+b}{(x+c)(x+d)}$ die Asymptoten $x=2$ und $y=3$ hat, der Graph von f symmetrisch zur 2. Achse verläuft und die Nullstelle $x=1$ hat?

9.
Wie sind a, b, c, d zu wählen, damit die Funktion f mit $f(x)=\frac{ax-b}{(x-c)(x-d)}$ den nebenstehenden Graphen hat?

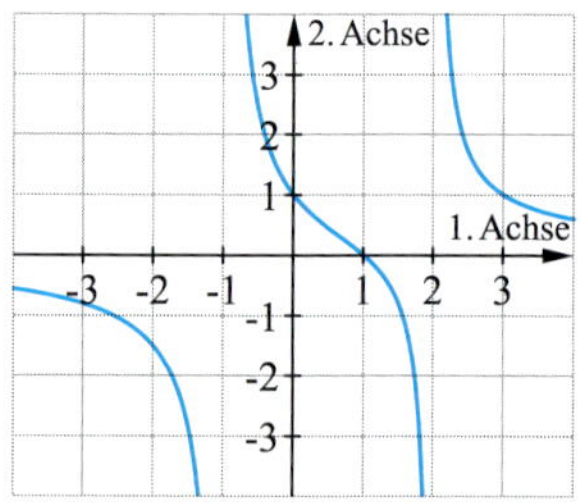

10.
Wie sind a und b zu wählen, damit die Funktion f mit $f(x)=\frac{x^2+bx}{x-a}$ die Asymptoten $x=-2$ und $y=x+1$ hat?

11.
Bestimme $a, b \in \mathbb{R}$ so, dass der Graph der Funktion f mit $f(x)=\frac{a}{x^2+b}$ den Punkt $W(1\,|\,1)$ als Wendepunkt hat.

12.
Bestimme $a, b \in \mathbb{R}$ so, dass die Funktion f mit $f(x)=\frac{x-a}{x^2+b}$ die Extremstellen -3 und $+2$ hat.

13.
Bestimme $a, b \in \mathbb{R}$ so, dass die Funktion f mit $f(x)=\frac{x^3+a}{x^2+b}$ an der Stelle 1 eine Polstelle und an der Stelle 2 ein Extremum hat. Untersuche den Graphen von f.

14.
Es sei f eine gebrochenrationale Funktion mit einer Näherungsfunktion g. Begründe oder widerlege:

a) Ist der Graph von f symmetrisch zum Ursprung [zur 2. Achse], so ist auch der Graph von g symmetrisch zum Ursprung [zur 2. Achse].

b) Ist der Graph von g symmetrisch zum Ursprung [zur 2. Achse], so ist auch der Graph von f symmetrisch zum Ursprung [zur 2. Achse].

Funktionsuntersuchungen

15.
Untersuche den Graphen von f. Fertige eine Zeichnung an.

a) $f(x)=\frac{x^3+4x}{2x^2-10}$ **c)** $f(x)=\frac{x^3-2x^2+4x-2}{(x-1)^2}$ **e)** $f(x)=\frac{1}{(x+1)^2}+\frac{1}{8(x+3)^2}$

b) $f(x)=\frac{2x^3-16{,}8x}{3x^2-27}$ **d)** $f(x)=\frac{2x^3+x^2-8x+5}{x^2-4}$ **f)** $f(x)=\frac{-3x^4+10x^3+21x^2-8}{x^2}$

16.
Prüfe, ob der nebenstehende Funktionsgraph zum Funktionsterm $f(x) = \frac{x^3 - 4x^2 + 5x - 1}{2x - x^2}$ gehören könnte.

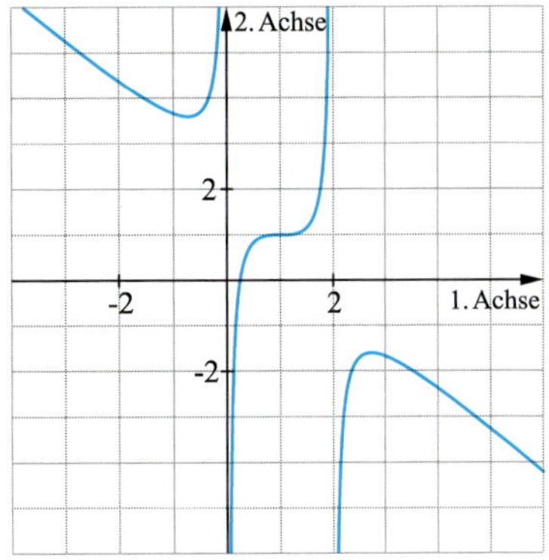

17.
Untersuche den Graphen von f. Fertige eine Zeichnung an.

a) $f(x) = \frac{e^x - 2}{1 + e^x}$

b) $f(x) = \frac{e^x + e^{-x}}{e^x - e^{-x}}$

c) $f(x) = \frac{\ln x}{x}$

d) $f(x) = \frac{x}{\ln x}$

Flächen- und Volumenberechnungen

Die Aufgaben setzen teilweise die Kenntnis der Logarithmusfunktion voraus.

18.
Gegeben ist die Funktion f mit $f(x) = \frac{x^2 + 1}{x - 1}$.

a) Untersuche die Funktion und skizziere ihren Graphen.

b) Berechne den Flächeninhalt der vom Graphen von f, der 2. Achse und der Tangente im Punkt $P(-1\,|\,-1)$ begrenzten Fläche.

19.

a) Gegeben ist die Funktion f mit $f(x) = \frac{1}{x} - \frac{1}{x-4}$. Berechne den Flächeninhalt der Fläche, die von der Geraden mit $y = \frac{4}{3}$ und dem Graphen von f eingeschlossen wird.

b) Gegeben sind die Funktionen f und g mit $f(x) = \frac{1 - \frac{1}{2}x}{x}$ und $g(x) = a - bx^2$.

(1) Ermittle a, b so, dass f und g sich an der Stelle 1 berühren. Bestimme die Gleichung der gemeinsamen Tangente t. Skizziere die Graphen und die Tangente in ein Koordinatensystem.

(2) Berechne den Flächeninhalt des von beiden Graphen und der 1. Achse eingeschlossenen Flächenstücks.

20.
Gegeben ist die Funktion f mit $f(x) = \frac{10x}{x^2 + 1}$.

a) Berechne den Flächeninhalt der vom Graphen von f und der Verbindungsgeraden der Extrempunkte eingeschlossenen Fläche.

b) Berechne den Flächeninhalt der vom Graphen von f und der Verbindungsgeraden der Wendepunkte eingeschlossenen Fläche.

21.
Gegeben ist die Funktion f mit $f(x) = \frac{2x - 3}{x - 2}$.

a) Berechne das Volumen des Rotationskörpers, der entsteht, wenn die Fläche zwischen Graph und Koordinatenachsen um die 1. Achse rotiert.

b) Welches Volumen ergibt sich, wenn die Fläche aus Teilaufgabe a) um die 2. Achse rotiert?

Funktionen mit Parametern, Funktionenscharen, Ortslinien

22.
Gegeben ist für $k > 0$ die Funktion f_k mit $f_k(x) = \frac{k}{x^2 + 3}$. Bestimme k so, dass das Dreieck mit den beiden Wendepunkten des Graphen von f_k und dem Ursprung als Eckpunkte gleichseitig ist.

23.
Gegeben ist für $k > 0$ die Funktion f_k mit $f_k(x) = \frac{1}{x^2 + k^2}$.
Bestimme k so, dass das Dreieck mit den beiden Wendepunkten des Graphen von f_k und dem Ursprung als Eckpunkte den Flächeninhalt $\frac{1}{2}\sqrt{3}$ hat.

24.
Gegeben ist für $k > 0$ die Funktion f_k mit $f_k(x) = \frac{2x}{x^2 + k^2}$.
Zeige, dass die Extrempunkte des Graphen von f_k auf der Hyperbel zu $y = \frac{1}{x}$ liegen.

25.
Gegeben ist für $k > 0$ die Funktion f_k mit $f_k(x) = \frac{4x}{x^2 + k^2}$.
Auf welcher Kurve liegen die Wendepunkte der Graphen der Funktionenschar f_k?

26.
Gegeben ist für $k \neq 0$ die Funktionenschar der Graphen f_k mit $f_k(x) = \frac{kx}{x^2 + k^2}$.

a) Zeige, dass für jedes k der Graph von f_k genau drei Wendepunkte hat.

b) Auf welcher Kurve liegen die Wendepunkte der Graphen der Funktionenschar f_k?

27.
a) Untersuche die Funktionenschar f_k mit $f_k(x) = \frac{x^2 - k}{x - 1}$, $k \in \mathbb{R}$.
Zeichne die Funktionsgraphen für $k = \frac{1}{4}$, $k = 1$ und $k = 4$.

b) Bestimme den Inhalt der Fläche, die der Graph von f_k für $k = \frac{1}{4}$ mit der 1. Achse einschließt.

28.
Gegeben ist eine Funktionenschar f_k mit $k \in \mathbb{R}$. Dargestellt sind die Funktionsgraphen f_{-2}, f_{-1}, f_0, f_1, f_2. Gib einen möglichen Funktionsterm $f_k(x)$ an.

a)

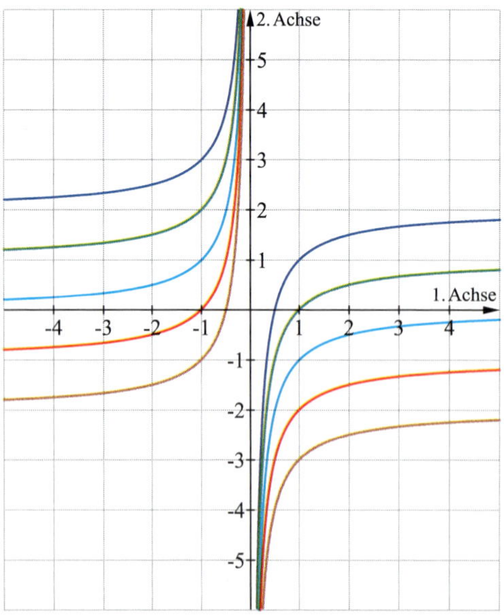

b)

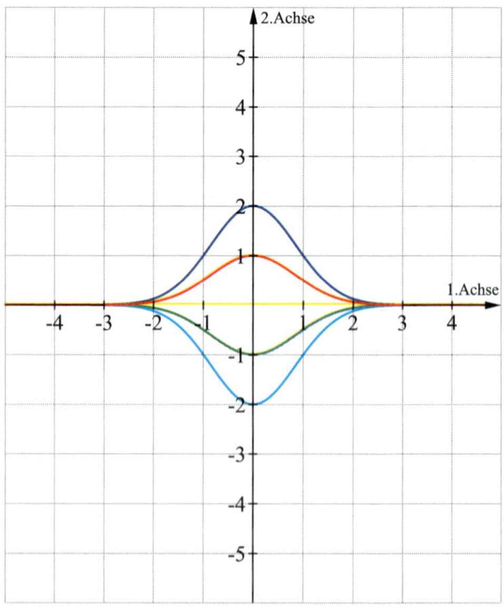

29.

Für $k > 0$ ist die Funktionenschar f_k gegeben durch $f_k(x) = \frac{x-k}{x^2}$.

a) Untersuche die Funktionenschar f_k.

b) Zeige, dass die Hochpunkte [Wendepunkte] aller Graphen von f_k auf einer Hyperbel, d.h. auf dem Graphen einer Funktion $x \mapsto \frac{c}{x}$ mit $c \in \mathbb{R}$ liegen.

c) Bestimme für $u > k$ den Flächeninhalt der vom Graphen von f_k der 1. Achse und der Geraden mit $x = u$ eingeschlossenen Fläche.

30.

Gegeben ist die Funktionenschar f_k mit $f_k(x) = \frac{x}{(x+k)^2}$, $k \neq 0$.

a) Skizziere die Graphen von f_1 und f_2.

b) Zeige, dass die Graphen von f_k genau einen Extrem- und genau einen Wendepunkt haben.

c) Auf welcher Kurve liegen die Extrem- bzw. Wendepunkte der Graphen von f_k?

31.

Untersuche die Graphen der Funktionenschar f_k auf Extrem- und Wendepunkte. Gib gegebenenfalls die zugehörigen Graphen (Ortslinien) an, auf denen diese liegen.

a) $f_k(x) = \frac{x^2}{(x+k)^2}$

b) $f_k(x) = \frac{x^3}{(x+k)^2}$

32.

Gegeben ist $f(x) = \frac{ax+b}{x^2-1}$ mit $a, b > 0$.

a) Bestimme a und b so, dass der Graph von f den Extrempunkt $E(-2 \mid -1)$ hat.

b) Untersuche und zeichne die in Teilaufgabe a) gefundene Funktion.

c) Welche Bedingung müssen a und b erfüllen, damit f kein [genau ein] Extremum hat? Gib eine entsprechende Funktion an und zeichne den Graphen.

33.

a) Bestimme $k \in \mathbb{R}$ so, dass die Funktion f mit $f(x) = \frac{24x+k}{x^3}$ an der Stelle 2 ein Extremum hat. Untersuche die Funktion für dieses k und zeichne ihren Graphen.

b) Berechne den Flächeninhalt der vom Graphen von f und der 1. Achse und der Geraden $x = 3$ eingeschlossenen Fläche.

c) Es sei $k = -32$. Von allen Rechtecken im 1. Quadranten mit zwei Seiten auf den Koordinatenachsen und einem Eckpunkt auf dem Graphen von f ist dasjenige minimalen Flächeninhalts zu bestimmen.

d) Bestimme die Ortslinie der Extrempunkte aller Funktionen f_k mit $f_k(x) = \frac{24x+k}{x^3}$.

34.

Die Funktion f ist gegeben durch $f(x) = \frac{x^3+5x+6}{x^2}$, $x \neq 0$.

a) Untersuche die Funktion f und zeichne den Graphen.

b) Berechne den Inhalt der Fläche, die vom Graphen von f, der Geraden zu $y = x$ und der 1. Achse im 3. Quadranten begrenzt wird.

c) Zeige, dass jeder Graph der Funktionenschar f_k mit $f_k(x) = \frac{x^3+5x+k}{x^2}$, $k > 0$, genau einen Wendepunkt hat. Begründe, dass der Wendepunkt für $k = \left(\frac{5}{3}\right)^{1,5}$ sogar ein Sattelpunkt ist.

35.
Die Funktion f ist gegeben durch $f(x)=\frac{x^3-3x^2+4}{x}$.

a) Untersuche den Graphen von f.

b) Zeige, dass die Gerade g mit $y=4{,}75x-14$ den Graphen von f an der Stelle 4 berührt, und berechne den Flächeninhalt der Fläche, die von dem Graphen von f, der Geraden g und der 1. Achse im 1. Quadranten begrenzt wird.

c) Für $k \in \mathbb{R}$ ist die Funktionenschar f_k gegeben durch $f_k(x)=\frac{x^3+3kx^2-4k^3}{x}$.
Zeige, dass der Graph einer jeden Funktion f_k, die 1. Achse an der Stelle $x=-2k$ berührt, und bestimme alle weiteren Nullstellen.

d) Berechne die Wendepunkte aller Graphen von f_k (aus Teilaufgabe c), und zeige, dass sie auf einer Parabel liegen.

36. *van der Waals'sche Gasgleichung*
Das Verhalten realer Gase lässt sich innerhalb bestimmter Bereiche durch die sogenannte van der Waals-Gleichung beschreiben: $RT=\left(p+\frac{a}{V^2}\right)(V-b)$. Dabei gibt p den äußeren Druck in kPa und T die Temperatur in K an, V bezeichnet das Molvolumen in $\frac{l}{\text{mol}}$ und $R\approx 8{,}3\ \text{kPa}\ l\ \text{K}^{-1}\ \text{mol}^{-1}$ die Gaskonstante. a und b sind gasabhängige Konstante und haben beispielsweise für CO_2 die Werte $a\approx 360\ \text{kPa}\ l^2\ \text{mol}^{-2}$ und $b\approx 4{,}3\cdot 10^{-2}\ l\ \text{mol}^{-1}$.

a) Untersuche die Funktionenschar, die den Gasdruck p für CO_2 in Abhängigkeit vom Volumen V angibt für die Parameter T mit $273{,}15\ \text{K}\le T\le 300\ \text{K}$.

b) Bestimme eine Ortslinie für die Extrempunkte aller Funktionsgraphen.

c) Für welche Werte von T hat der zugehörige Funktionsgraph keinen Extrempunkt?

Extremwertaufgaben

37.
Das Produkt zweier positiver Zahlen sei 72. Bestimme die Zahlen so, dass ihre Summe minimal wird.

38.

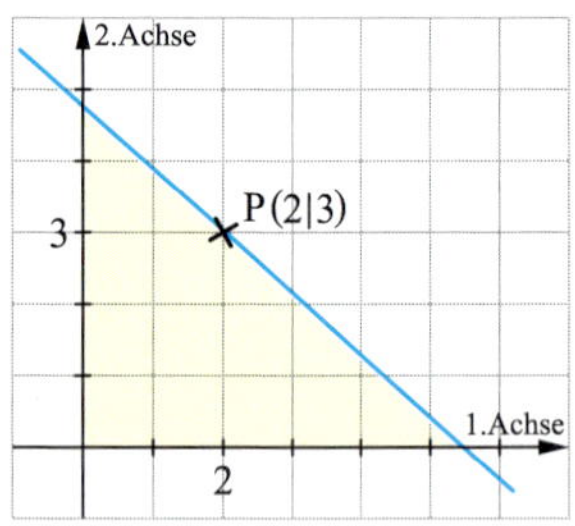

a) Durch den Punkt P(2|3) [P(a|b)] ist eine Gerade so zu legen, dass das von dieser Geraden und den positiven Koordinatenachsen gebildete Dreieck minimalen Flächeninhalt hat.

b) Durch den Punkt P(2|3) [P(a|b)] ist eine Gerade so zu legen, dass die Hypotenuse des von der Geraden mit dem positiven Teil der Koordinatenachsen gebildeten Dreiecks minimale Länge hat.
Anleitung: Bestimme die Extrema der Funktion z^2, falls z die Zielfunktion bezeichnet.

39.
Einem Quadrat mit der Seitenlänge 1 wird ein gleichschenkliges Dreieck umbeschrieben. Eine Seite des Quadrats soll auf der Basis des Dreiecks liegen. Der Flächeninhalt des Dreiecks soll möglichst klein werden. Wie ist die Höhe des Dreiecks zu wählen?

40.

a) Welcher Kegel mit der Oberflächengröße 50 [Oberflächengröße O] hat maximales Volumen?

b) Welcher Zylinder hat bei gegebenem Volumen eine möglichst kleine Oberfläche?

c) Welcher oben offene Zylinder hat bei gegebenem Volumen eine möglichst kleine Oberfläche?

41.
Ein Rundbogenfenster besteht aus einem Rechteck mit aufgesetztem Halbkreis. Wie sind die Maße dieses Rechtecks zu wählen, damit bei gegebenem Flächeninhalt der gesamten Figur ihr Umfang möglichst klein wird?

42.
Ein Kessel besteht aus einer Halbkugel mit aufgesetztem Zylindermantel. Wie sind seine Maße zu wählen, damit er mit [ohne] Deckel bei gegebenem Volumen eine minimale Oberfläche hat?

43.
Gegeben ist die Funktion f mit $f(x) = 5\,\frac{1-x}{1+x^2}$. Der Graph von f schließt mit den beiden Koordinatenachsen ein Flächenstück ein. Diesem soll ein Rechteck mit achsenparallelen Seiten so einbeschrieben werden, dass sein Flächeninhalt maximal wird.

44.
Gegeben ist die Funktion f mit $f(x) = \frac{x^2-1}{x^2+1}$.
Zeichne den Graphen von f einschließlich der Asymptote. Welches Rechteck mit achsenparallelen Seiten, das zwischen der Asymptote und dem Graphen von f liegt, hat maximalen Flächeninhalt?

45.
Gegeben ist die Funktion f mit $f(x) = \frac{x^2-1}{x^2}$. Welches gleichschenklige Dreieck ABC mit der achsenparallelen Basis $\overline{AB}$, mit C(0 | 2) und A und B auf dem Graphen von f hat minimalen Flächeninhalt?

46.
a) Welche Punkte des Graphen der Funktion f mit $f(x) = \frac{4}{x^2}$ haben vom Koordinatenursprung O(0 | 0) extremalen Abstand?
b) Zeige, dass die Verbindungslinie dieser Punkte mit dem Koordinatenursprung jeweils orthogonal zur Tangente ist, die in diesen Punkten an den Graphen der Funktion gezeichnet werden kann.

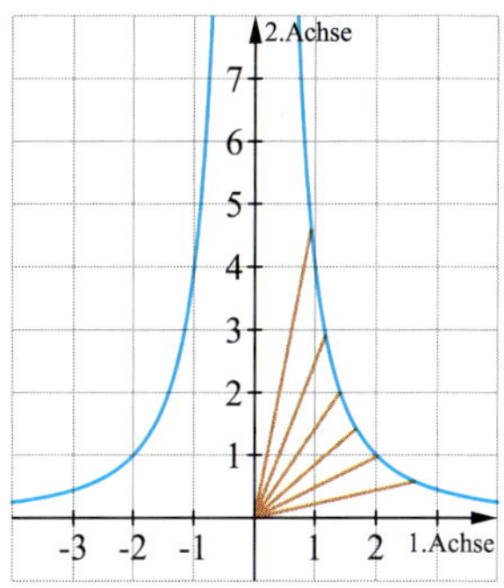

47.
Welcher Punkt des Graphen der Funktion f mit $f(x) = \frac{x^2-1}{x}$ hat vom Koordinatenursprung O(0 | 0) den kleinsten Abstand?

48.
Einem Halbkreis mit dem Radius 1 soll ein gleichschenkliges Dreieck umbeschrieben werden.
Der Durchmesser des Halbkreises soll dabei auf der Basis des Dreiecks liegen.
Wie ist die Höhe des Dreiecks zu wählen, damit
a) der Flächeninhalt des Dreiecks möglichst klein wird;
b) die Länge eines Dreiecksschenkels möglichst klein wird?

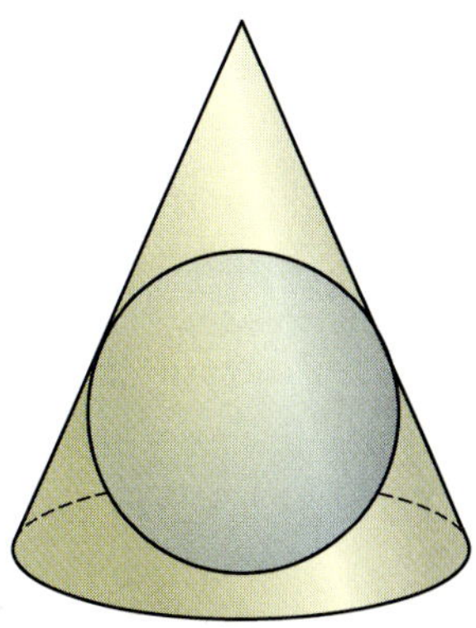

49.
Einer Kugel mit gegebenem Radius r soll ein gerader Kreiskegel mit möglichst kleinem Volumen umbeschrieben werden.

5.3.2 Trigonometrische Funktionen und Arcusfunktionen

1.
Gegeben ist die Funktion f mit $f(x) = \tan x - \frac{2}{\pi}x$.

a) Zeige, dass der Graph die 1. Achse an der Stelle $\frac{\pi}{4}$ schneidet.

b) Untersuche den Graphen der Funktion f auf Periodizität, Symmetrie, Nullstellen, Extrem- und Wendepunkte.

c) Zeichne den Graphen zu f im Intervall $\left[-\frac{\pi}{2}; \frac{\pi}{2}\right]$.

d) Berechne den Flächeninhalt A_f der Fläche, die der Graph zu f und die x-Achse innerhalb der Nullstellen im Intervall $\left[-\frac{\pi}{2}; \frac{\pi}{2}\right]$ einschließen.
Zeige, dass für die Funktion g mit $g(x) = \tan x$ gilt: $g'(x) - \left(g(x)\right)^2 = 1$

2.
Gegeben ist die Funktion f mit $f(x) = \cos x + 0{,}5 \cdot \cos(2x)$.

a) Untersuche den Graphen der Funktion f auf Periodizität, Symmetrie, Nullstellen, Extrem- und Wendepunkte.

b) Skizziere auf Grund der Ergebnisse aus Teilaufgabe a) den Graphen.

c) Bestimme eine Stammfunktion F zu f.

d) Berechne den Flächeninhalt A_f der Fläche, die der Graph zu f und die x-Achse innerhalb der Nullstellen im Intervall $[-\pi; \pi]$ einschließen.

e) Zeichne den Graphen zu f durch Addition der beiden Summanden des Funktionsterms. Erläutere daran einen Zusammenhang zwischen dem Flächeninhalt A_f und dem entsprechenden Flächeninhalt unter der Kurve zu $f(x) = \cos x$.

f) Der Funktionsterm zu f lässt sich auch darstellen durch $f(x) = (\cos x + 0{,}5)^2 - 0{,}75$. Zeige, dass diese Darstellung mit dem gegebenen Funktionsterm übereinstimmt. Diese Darstellung erinnert an die Scheitelform einer Parabel. Auch an dieser Darstellung kann man einen „Scheitelpunkt" und die Nullstellen im Intervall $[-\pi; \pi]$ sehr schnell ablesen. Begründe, warum.

3.
Gegeben sei die Funktion f mit $f(x) = \sin x + 0{,}5(x - \pi)$ mit $x \in [0; 2\pi]$.

a) Untersuche den Graphen von f auf Symmetrie, Extrempunkte und Wendepunkte.

b) Begründe, dass der Graph im Intervall $[0; 2\pi]$ drei Schnittpunkte mit der 1. Achse besitzen muss.

c) Bestimme die Gleichung der Tangente im Punkt $P(\pi \mid 0)$ und die Gleichung der Geraden k, die im Punkt P orthogonal auf der Tangente steht.

d) Die Gerade k schneidet die Koordinatenachsen so, dass ein rechtwinkliges Dreieck entsteht, das durch den Graphen von f in zwei Teilflächen zerlegt wird. Bestimme das Verhältnis der Teilflächen.

4.

a) Bestimme diejenige Funktion f mit $f(x) = a + b \cdot \sin x + c \cdot \cos 2x$, deren Graph durch den Punkt $P\left(-\frac{\pi}{2} \middle| -1\right)$ geht, die 2. Achse bei 2 schneidet und an der Stelle π die Steigung 4 hat.

b) Untersuche die Funktion f für $a = 3$, $b = -4$ und $c = -1$ (Nullstellen, Extrem- und Wendepunkte).

c) Skizziere den Graphen von f im Intervall $[-2\pi; 3\pi]$.

d) Skizziere unter Verwendung der Ergebnisse aus Teilaufgabe b) und c) den Graphen zu f′ in das gleiche Koordinatensystem. Begründe dein Vorgehen.

e) Gegeben sei die Funktionenschar g_a mit $g_a(x) = a + a \cdot \sin x$ und $x \in \left[-\frac{\pi}{2}; \frac{3}{2}\pi\right]$. Berechne den Inhalt der Fläche, den der Graph mit der x-Achse im angegebenen Intervall einschließt.

4.
Gegeben ist die Funktionenschar f_a mit $f_a(x) = \arcsin \frac{2x}{\sqrt{a + x^2}}$.

a) Bestimme den maximalen Definitionsbereich von f_a.

b) Untersuche die Graphen der Funktionenschar f_a in Abhängigkeit von a auf Symmetrie, Nullstellen, Extrem- und Wendepunkte.

c) Bestimme die Ortskurve der Hochpunkte.

d) Skizziere aufgrund der Ergebnisse aus Teilaufgabe b) den Graphen für $a = 1$.

5.
Gegeben ist die Funktionenschar f_k mit $f_k(x) = k\left(1 + \sin(kx)\right)$, $k > 0$.

a) Zeichne den Graphen von f_2. Wie ergibt sich dieser aus dem Graphen der Sinusfunktion?

b) Begründe, dass gilt: $f_k(x) \geq 0$ für alle $x \in \mathbb{R}$.
Ermittle die Hoch- und Wendepunkte der Graphen der Funktionenschar. Auf welcher Kurve liegen die Hochpunkte der Schar im 1. Quadranten mit der jeweils kleinsten 1. Koordinate? Zeichne die Kurve (Ortslinie).

c) Die Graphen der Funktionenschar schließen mit der 1. Achse Flächenstücke ein. Zeige, dass deren Flächeninhalte unabhängig von k stets gleich groß sind.

d) Für welches k geht die Normale im 1. Wendepunkt des Graphen von f_k im 1. Quadranten mit positiver 1. Koordinate durch den Ursprung? Diese Normale, die zugehörige Wendetangente und die 2. Achse schließen ein Dreieck ein. Berechne dessen Flächeninhalt.

e) Es sei f_{k^*} definiert durch $f_{k^*}(x) = f_{-k}(x)$, $k > 0$. Welcher Zusammenhang besteht zwischen den Graphen von f_k und f_{k^*}?

6.
Gegeben sind die Funktionenscharen f_k mit $f_k(x) = kx + \sin\left(\frac{x}{k}\right)$ und g_k mit $g_k(x) = kx^2 + \sin\left(\frac{x}{k}\right)$, wobei $k > 0$.

a) Untersuche die Funktion $f_{\frac{1}{2}}$ auf Symmetrie, Null-, Extrem- und Wendestellen. Zeichne den Graphen von $f_{\frac{1}{2}}$ im Intervall $[-\pi; \pi]$.

b) Zeichne den Graphen von $g_{\frac{1}{2}}$ durch Überlagerung zweier Funktionsgraphen. Welche Aussage kann man ohne Berechnung über Anzahl und Lage der Nullstellen und der Extrempunkte machen?

c) Welche Punkte haben die Graphen von f_k und g_k gemeinsam?
Zeige: Die Graphen von f_k und g_k können sich im Ursprung nicht orthogonal schneiden und können im Ursprung keine gemeinsame Tangente haben.

d) Berechne den Flächeninhalt der von den Graphen von f_k und g_k eingeschlossenen Fläche.
Für welche k beträgt der Flächeninhalt 1?

e) Auf welcher Kurve liegen die Wendepunkte der Funktionenschar f_k mit betragsmäßig kleinster 1. Koordinate im 1. Quadranten? Zeichne die Kurve.

f) Für welche $k \in \mathbb{R}$ haben die Graphen der Funktionenschar f_k Extrempunkte?
Welcher Sonderfall ergibt sich für $k = 1$?

7.
Gegeben ist die Funktionenschar f_k mit $f_k(x) = (k^2+1)\sin\left(k \cdot \frac{\pi}{2}x\right)$ und $k > 0$.

a) Zeichne die Graphen von f_1 und f_2 in ein Koordinatensystem. Notiere charakteristische Punkte der beiden Graphen.
Wie ergeben sich die beiden Graphen aus dem Graphen der Sinusfunktion?

b) Unter welchen Winkeln schneiden sich die Graphen von f_1 und f_2 in den gemeinsamen Schnittpunkten mit der 1. Achse?

c) Die Graphen der Funktionen f_k schließen mit der 1. Achse Flächenstücke ein.
(1) Für welches k haben diese Flächenstücke einen minimalen Flächeninhalt?
(2) Die Flächenstücke rotieren um die 1. Achse. Für welches k haben die Volumina der Rotationskörper einen minimalen Wert?

d) Bestimme die Funktion g, auf deren Graphen die Hochpunkte der Funktionenschar mit betragsmäßig kleinster 1. Koordinate im 1. Quadranten liegen.

8. *Überlagerung von Schwingungen*
Zwei Blattfedern, deren Frequenzen durch Anbringen von Klammern verändert werden können, werden parallel schwingend aufgestellt. Ein Lichtstrahl zeichnet über einen Drehspiegel das zeitliche „Nacheinander" als ein räumliches „Nacheinander" auf.

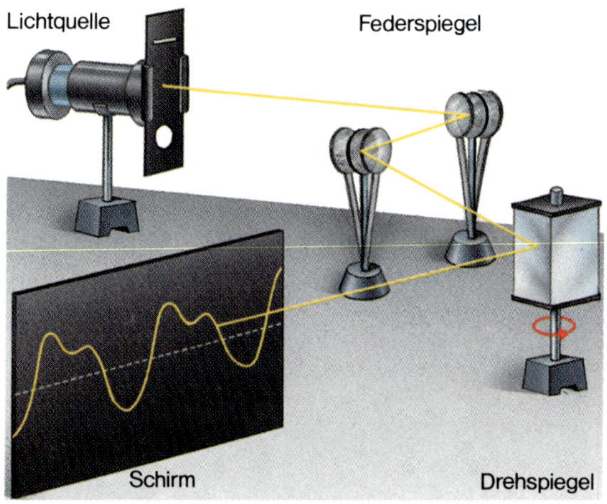

a) Zeige, dass sich die Überlagerung zweier ungedämpfter Schwingungen mit den Schwingungsgleichungen $y_1(t) = y_0 \sin \omega_1 t$ und $y_2(t) = y_0 \sin \omega_2 t$ beschreiben lässt durch die Schwingungsgleichung

$$y(t) = 2y_0 \cos \frac{\omega_1 - \omega_2}{2} t \cdot \sin \frac{\omega_1 + \omega_2}{2} t.$$

b) Was bedeutet es für den Schwingungsvorgang, wenn sich ω_1 und ω_2 nur wenig voneinander unterscheiden?

c) Zeichne y(t) für $y_0 = 3$, $T_1 = 0{,}5$ s und $T_2 = 0{,}75$ s. Beachte, dass $\omega = \frac{2\pi}{T}$ ist.

d) Zwei Blattfedern werden zum gleichen Zeitpunkt um 4 cm phasengleich ausgelenkt und beschreiben eine gedämpfte Schwingung mit $k = 0{,}4$. Gib die Gleichung der Überlagerungsschwingung an und untersuche sie wie in Aufgabe 1.

e) Die Schwingung der zweiten Blattfeder beginnt um $\frac{\pi}{3}$ phasenverschoben zur ersten Blattfeder. Beide werden um 4 cm ausgelenkt und sollen eine ungedämpfte Schwingung beschreiben.
Gib die Gleichung der Überlagerungsschwingung an und untersuche sie wie in Aufgabe 1.

9.
Ein Helikopter startet 250 m von einem Beobachter entfernt und steigt dann senkrecht mit einer Geschwindigkeit von $5\,\frac{m}{s}$ nach oben.
Wie groß ist die Änderungsrate des Sehwinkels des Beobachters, wenn der Helikopter eine Höhe von 200 m über dem Boden erreicht hat?

Exkurs

Die mathematische Kultur

1. Mathematik als Bestandteil der menschlichen Kultur

Kultur ist die spezifische Lebensform des Menschen, die ihn von anderen lebenden Organismen unterscheidet. Zur Kultur des Menschen gehören seine Sprache, die moralischen Normen und Verhaltensmuster, die sozialen Organisationen, Rollen und Spielregeln, die Ordnungen und Systeme des Rechts, der Politik und der Pädagogik, die Arbeits- und Wirtschaftsformen, die Technik, die schönen Künste wie Literatur, Theater, bildende Kunst, Musik, die Wissenschaften, die geselligen Selbstdarstellungen wie Spiel, Sport, Feste, Feiern und die religiösen Lehren und Kulte. In der Kultur verwirklicht der Mensch sein Leben.
Zur Kultur gehört auch die Mathematik. Das ist seit alters her so. Schon im klassischen Griechenland lag sie hoch entwickelt vor. Sie ist neben der Philosophie die älteste Wissenschaft. Oft wird sie auch wegen ihrer unerhörten Klarkeit und Strenge die Königin der Wissenschaften genannt.
Kultur ist nichts Statisches. Kultur wird zwar tradiert, aber auch vollzogen und entwickelt, so auch die Mathematik. Wie aber stellt sich mathematische Kultur dar?

2. Esoterik und Liebhabertum

Mathematische Kultur vollzieht sich gegenüber der Öffentlichkeit weitgehend im Verborgenen. Man sagt, Mathematik sei eine esoterische Wissenschaft, nur für Eingeweihte nachvollziehbar und von der Öffentlichkeit weitgehend unbeachtet, ganz im Gegensatz zur Literatur, zum Theater, zur bildenden Kunst, zur Musik, welche z. B. im Feuilleton der Zeitungen auch eine öffentliche Beachtung erfahren. Die spärlichen Versuche, so etwas wie eine Öffentlichkeit der mathematischen Kultur zu etablieren, haben sich kaum durchgesetzt.
Dennoch durchdringt die Mathematik viele Bereiche der Kultur. Die Technik und die meisten Wissenschaften sind auf sie angewiesen. Aber dies alles geschieht mehr oder weniger im Verborgenen.
Es sind ganz normale Menschen, die sie betreiben, extrovertierte und introvertierte, aber eins haben sie alle gemeinsam: eine gewisse emotionale Beziehung zum Gegenstand der Mathematik, eine positive Einstellung.
Ohne Liebhabertum sollte man sich nicht für ein Studium der Mathematik entscheiden.
Das muss nicht so weit wie bei dem Dichter NOVALIS gehen, der im romantischen Gefühl des Überschwangs den Ausspruch tat: „Reine Mathematik ist Religion, alle göttlichen Gesandten müssten Mathematiker sein.“ Die emotionale Bindung an die Mathematik kann sich in nüchternen Verhaltensmustern äußern.
Wie aber vollzieht sich die mathematische Kultur im Einzelnen?

3. Die scientific communities der Mathematiker

Es gibt verschiedene Ebenen, auf denen sich die mathematische Kultur gegenwärtig vollzieht.
Die höchste Ebene ist bei den Universitäten und Forschungseinrichtungen institutionell angesiedelt. Es sind jeweils zahlenmäßig meist kleine Gruppen von Mathematikern, Professoren, Doktoranden, Diplomanden und Studenten, die sich einem speziellen mathematischen Teilgebiet zugewandt haben, auf welchem sie Mathematik treiben und forschen. Sie stehen mit entsprechend arbeitenden Gruppen in der ganzen Welt in Verbindung. Es sind keine meditativen Gruppen, sondern solche mit ausgesprochenem Konkurrenz- und Leistungsdenken. Dennoch bilden sich in ihnen auch Freundschaften, die nicht selten ein Leben lang halten. Was zählt, sind neue mathematische Erkenntnisse, neue Lehrsätze, neue Verfahren, neue Schlussketten logischen Schließens. Raffinierte Argumente in den zwingenden Beweisen werden bewundert. Das sind die *Forschungsparadigmen*, die Leitbilder für diese scientific communities, wie sie auch von Wissenschaftssoziologen genannt werden.

Die verwendeten Hilfsmittel sind gering, meist genügen Schreibzeug und Papier. Neuerdings kommt der Computer hinzu.
Kommunikationsformen sind der Vortrag mit Diskussion, das Zweiergespräch und der Austausch von Arbeiten, die in wissenschaftlichen Zeitschriften publiziert werden, von denen es gegenwärtig ca. 2000 gibt.
Doktorarbeiten müssen gemäß diesen Forschungsparadigmen neue mathematische Ergebnisse enthalten. Entsprechend selten ist die Verleihung des Doktortitels in der Mathematik. Fachleute schätzen, dass dennoch auf der Welt pro Jahr ca. 200000 neue mathematische Erkenntnisse gewonnen werden, weitaus die meisten unter ihnen ohne jeglichen Bezug zu Anwendungen, gewonnen nur um der Ehre des menschlichen Geistes willen, wie es der deutsche Mathematiker Carl Gustav JACOBI (1804–1851) und nach ihm andere wie der berühmte David HILBERT (1862–1943) ausgedrückt haben. Freilich weiß man nie, ob sie nicht später doch einmal für die Anwendungen wichtig sein werden.
Die eigentliche geistige Leistung ist individuell und vollzieht sich gewissermaßen einsam:

- Mentales Nachvollziehen und Verarbeiten von Beweisen, Schlussketten und Verfahren, die von anderen Mathematikern der scientific communities stammen
- Lokales und globales Systematisieren der Beispiele
- Aufstellen von Vermutungen aufgrund von Beispielen und Analogdenken
- Selbstständiger Gebrauch der so erworbenen Kompetenzen zum Beweis der Vermutungen.

4. Die mathematische Kultur in Anwendungsbereichen

Eine weitere Ebene, auf der sich mathematische Kultur vollzieht, ist die in den *Anwendungsbereichen.*
In den letzten Jahren haben sich die außermathematischen Gebiete, in denen die Mathematik gebraucht wird, stark ausgeweitet.
Es gibt Schätzungen, wonach in etwa $\frac{2}{3}$ aller Studien Mathematik wesentlicher Bestandteil ist.
Selbstverständlich gehören dazu die klassischen Disziplinen wie Physik, Astronomie, Maschinenbau, Elektrotechnik und Bauingenieurwesen sowie Geodäsie.
Aber auch in Chemie, Biologie und Landwirtschaft sowie in der Medizin sind mathematische Methoden im Vordringen.
Sogar in der *Psychologie* und in der Soziologie kommt man heute nicht ohne statistische Verfahren aus. Ja, es gibt sogar eine *mathematische Psychologie*, die sich u.a. mit dem Messen psychologischer Gegebenheiten oder der Analyse des Anschauungsraumes beschäftigt.
In den *Wirtschaftswissenschaften* gibt es spezielle Lehrstühle für Wirtschaftsmathematik.
Aber nicht nur im akademischen Bereich beobachten wir ein Vordringen der Mathematik. In vielen Ausbildungsgängen für Facharbeiterberufe wird der verständige Umgang mit Formeln erwartet und verlangt.
So kann man heute von einer immer stärkeren Mathematisierung aller Lebensbereiche sprechen.
Der in vielen Bereichen erforderliche Umgang mit Mathematik vollzieht sich freilich nur in einer Teilkultur des Gesamtphänomens Mathematik und ist nicht vergleichbar mit den Paradigmen der scientific communities der Mathematiker, von denen die Rede war.
In dieser Teilkultur gelten je nach Disziplin unterschiedliche Paradigmen, die verschiedenen Niveaustufen angehören können, vom höchsten Niveau der Erfindung neuer mathematischer Ansätze und Methoden zur Lösung der Probleme bis hin zur rein schematischen, mathematisch unverstandenen Anwendung von Verfahren auf unterstem Niveau.

5. Die mathematische Kultur auf der Ebene der Lehrer und Schüler

Vom Lehrer, der Mathematik als Fach studiert hat, kann nicht erwartet werden, dass er neben seinen pädagogischen Aufgaben sich noch an der mathematischen Forschung, wie sie an Universitäten und Forschungsinstituten betrieben wird, beteiligt.
Seine Teilhabe am Vollzug mathematischer Kultur geschieht in anderer Weise.

Jedes Unterrichtsgespräch mit Schülerinnen und Schülern über Mathematik, das Bereitstellen und Erfinden von mathematischen Problemen und Aufgaben für Schülerinnen und Schüler und deren vorherige eigene Lösung darf nicht nur als pädagogischer Akt, sondern muss auch als Vollzug mathematischer Kultur gesehen werden.
Darüber hinaus gibt es für den Lehrer viele Möglichkeiten der Kommunikation über mathematische Inhalte wie Tagungen oder Publikationen in Zeitschriften, die vorzugsweise auf Schulmathematik spezialisiert sind.
Jedes Lernen von Mathematik ist auch ein Vollziehen von Mathematik, und umgekehrt hinterlässt jedes Tun von Mathematik auch Spuren, ist also auch ein Lernen von Mathematik.
Das gilt auch für die Schülerinnen und Schüler, selbst wenn ihnen dies bei dem psychologischen Druck vor Klassenarbeiten und Prüfungen und einem möglicherweise nur geringen Interesse an mathematischen Themen und Aufgaben nicht bewusst sein mag.

Der Bundeswettbewerb Mathematik

Auch gibt es anspruchsvolleres mathematisches Tun von Schülerinnen und Schülern, in Mathematikzirkeln etwa oder als Teilnehmer am jährlichen *Bundeswettbewerb Mathematik*, bei dem die Lösung von Aufgaben aus dem Gebiet der Schulmathematik verlangt wird. Diese Aufgaben werden an die Schulen verschickt und vom Mathematiklehrer an die Schüler weitergeleitet. Die besten Schülerinnen und Schüler erhalten freies Studium durch die Aufnahme in die Studienstiftung des deutschen Volkes. Zur Information siehe die Homepage: *http://www.bundeswettbewerb-mathematik.de.* Von dort können auch Lösungen heruntergeladen werden.

Die Internationale Mathematik-Olympiade

Noch anspruchsvoller ist die Teilnahme an den *Internationalen Mathematik-Olympiaden (IMO)* für Schülerinnen und Schüler, zu denen jedes Land bis zu 6 Teilnehmern entsenden kann. Die letzte Mathematik-Olympiade auf deutschem Boden fand 1989 in Braunschweig statt. Die bundesrepublikanische Mannschaft belegte in einem Feld von 50 Ländern hinter China, Rumänien, der (ehemaligen) UdSSR, der (ehemaligen) DDR, den USA, der Tschechoslowakei und Bulgarien den 8. Platz.
Die Mannschaft der Bundesrepublik wird jeweils aus den besten Teilnehmern des Bundeswettbewerbs Mathematik gebildet und vorher in besonderen Trainingslagern auf die Olympiade vorbereitet.
Die 42. IMO fand vom 1. bis 14. Juli 2001 in Washington D.C. in den USA statt. 473 mathematikbegeisterte Schülerinnen und Schüler aus 83 Ländern nahmen an diesem Wettbewerb teil. Die deutsche Mannschaft belegte den 14. Platz.
Leider hat die deutsche Mannschaft bei den letzten Mathematik-Olympiaden nicht mehr so gut wie in Braunschweig abgeschnitten. Führende Nationen sind China, Russland, USA, Bulgarien, Südkorea, Kasachstan und Indien.

Jugend forscht

Auch bei *Jugend forscht* gibt es die Möglichkeit, sich mit einer mathematischen Arbeit zu beteiligen. Bei dieser Aktion sind neue mathematische Ergebnisse und deren Beweis – wie bei den scientific communities der Mathematiker – verlangt, wenn auch in einem weit bescheideneren Rahmen.
Merkwürdigerweise ist die Zahl der Teilnehmer für Mathematik sehr gering (im Gegensatz übrigens zu Informatik) und das, obgleich die Höchstleistungen in der mathematischen Forschung häufig wenig später im Lebensalter zwischen 22 und 35 erzielt werden und ebensolche Leistungen im höheren Alter selten sind.
Offensichtlich bietet die Schulmathematik weniger Möglichkeiten, in kreativer Weise Neues zu entdecken, als Gebiete, die erst im späteren Studium behandelt werden können.

6. Die Ebene der so genannten Unterhaltungsmathematik

Zur so genannten Unterhaltungsmathematik zählen Probleme und logische Finessen, die durch scharfsinniges Überlegen und Kombinieren gelöst werden können. Man findet solche Probleme gelegentlich in Zeitungen und Zeitschriften. Die Lösung solcher Aufgaben verlangt typisch mathematische Aktivitäten.

Fragen zum Basiswissen – Rationale Funktionen

- Was versteht man unter einer rationalen Funktion? (Seite 231)
- Welche Besonderheiten können rationale Funktionen aufweisen? (Seite 234)
- Was versteht man unter einer Asymptote? (Seiten 233, 234)

Klausurtraining A – Rationale Funktionen

1.
Skizziere den Graphen von f. Zeichne auch gegebenenfalls die Asymptoten und die Polgeraden ein.

a) $f(x)=\frac{x^2-1}{x}$ **b)** $f(x)=\frac{1}{x+1}+\frac{1}{x-1}$ **c)** $f(x)=\frac{x^3-4x^2+5x-1}{x-2}$

2.
Gib einen möglichen Funktionsterm f(x) für den dargestellten Funktionsgraphen an.

a)

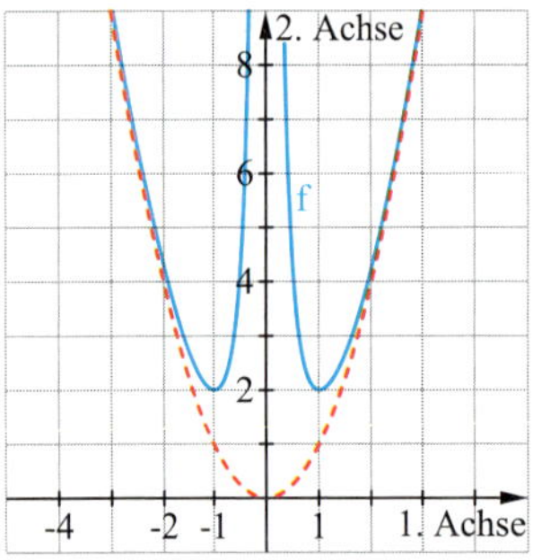

b)

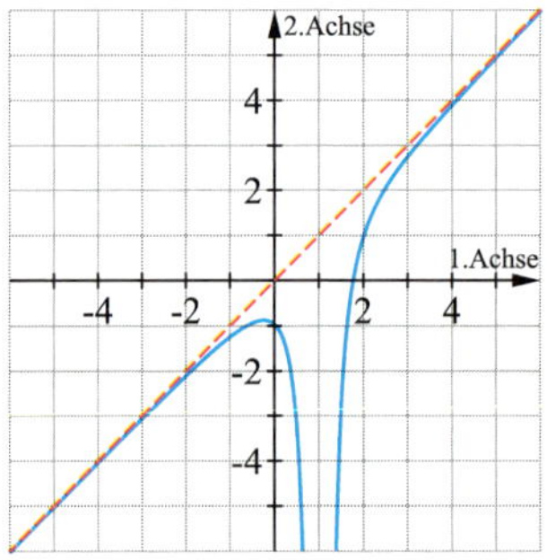

3.
Gib eine rationale Funktion f mit den geforderten Eigenschaften an:

a) f hat an den Stellen -3 und 3 jeweils einen Pol mit Vorzeichenwechsel und die Gerade zu $y=-2$ ist Asymptote.

b) f hat keinen Pol und die Gerade zu $y=-x+4$ als Asymptote.

4.
Es ist $f(x)=\frac{x^3-2x}{x^2-3}$.

Bestimme den Definitionsbereich von f, und zerlege f(x) mittels Polynomdivision.
Untersuche den Graphen von f auf Symmetrie, Verhalten an den Definitionslücken, Nullstellen, Extrempunkte, Wendepunkte und asymptotisches Verhalten.
Zeichne den Graphen von f für $-5 \leq x \leq 5$ (1 Einheit = 1 cm).

5.

a) Für $k>0$ ist $f_k(x)=\frac{(x-k)(kx-1)}{kx}$ gegeben.
Untersuche die Funktionenschar f_k auf Nullstellen, Extremstellen und Wendepunkte. Zeichne die Graphen von f_1 und f_2 in ein Koordinatensystem.

b) Berechne den Flächeninhalt der Fläche, die der Graph von f_k zwischen den Nullstellen mit der 1. Achse einschließt. Prüfe, ob es ein k gibt, für das der Flächeninhalt extremal wird?

Fragen zum Basiswissen

- Nenne Intervalle, auf denen die Sinusfunktion (bzw. die Kosinusfunktion, bzw. die Tangensfunktion) umkehrbar ist. (Seiten 263 bis 265)
- Wie lautet der Definitionsbereich und der Wertebereich der Arkussinus-Funktion? (Seite 263)
- Wie lautet der Definitionsbereich und der Wertebereich der Arkuskosinus-Funktion? (Seite 263)
- Wie lautet der Definitionsbereich und der Wertebereich der Arkustangens-Funktion? (Seite 263)
- Bestimme die Ableitungen der Arkussinus-Funktion, der Arkuskosinus-Funktion und der der Arkustangens-Funktion. (Seiten 264, 265)
- Nenne Anwendungsbeispiele für die trigonometrischen Funktionen und für die Arkusfunktionen. (Seiten 256 bis 262 und Seiten 268, 278)

Klausurtraining B – Trigonometrische- und Arkusfunktionen

1.
Gegeben seien die Funktionen f und g mit $f(x) = \sin x$ und $g(x) = \sin(3x)$.

a) Zeichne die Graphen von f und g in ein Koordinatensystem und zeichne den Graphen von h mit $h(x) = f(x) + g(x)$ durch Überlagerung der beiden Funktionsgraphen für $x \in [-\pi; 2\pi]$.

b) Untersuche h auf Symmetrie und Periodizität.

c) Berechne die Lage der Null- und Extremstellen von h. Gib die Art der Extrempunkte an. (Tipp: Forme die auftretenden Funktionsterme mittels der Additionstheoreme geeignet um.)

d) Der Graph von h schließt mit der 1. Achse Flächenstücke ein. Berechne deren Flächeninhalt.

e) Berechne das Volumen des Rotationskörpers, der bei Rotation eines dieser Flächenstücke um die 1. Achse entsteht.

f) Betrachte die Funktionenschar g_k mit $g(x) = \frac{1}{k}\sin(3x)$, $k > 0$. Die Normalen in den Wendepunkten des Graphen von g_k schließen mit dem Graphen von g_k Flächenstücke ein. Für welches k haben diese minimalen Flächeninhalt?

2.
Gegeben ist die Funktionenschar g_a mit $g_a(x) = \frac{x}{\sqrt{a^2 - x^2}}$.

a) Untersuche die Graphen der Funktionen g_a auf maximalen Definitionsbereich, Verhalten am Rande des Definitionsbereiches, Symmetrie, Nullstellen und Extremstellen.

b) Begründe, dass der Wendepunkt im Koordinatenursprung liegen muss.

c) Bestimme die Gleichung der Wendetangenten.

d) Skizziere aufgrund der Ergebnisse aus Teilaufgabe a) den Graphen für $a = 2$.

e) Bestimme eine Stammfunktion F zu f.

f) Welche Ergebnisse aus Teilaufgabe a) lassen sich auf die Funktionenschar f_a mit $f_a(x) = \arcsin \frac{x}{\sqrt{a^2 - x^2}}$ übertragen? Gib zu f_a auch den maximalen Definitionsbereich, Verhalten am Rande des Definitionsbereiches, Symmetrie, Nullstellen und Extremstellen an.

g) Betrachtet wird nun die Schar der Integralfunktionen: $F_k\colon x \mapsto \int_k^x f_4(t)\,dt$

Gib für die Integralfunktion F_1 ohne Berechnung des Integrals den maximalen Definitionsbereich, Symmetrie, Nullstellen und Extremstellen an.

6. DIFFERENTIALGLEICHUNGEN

(1) Diskretes Modell mithilfe von Folgen bei einer Anwendungsaufgabe

Beim radioaktiven Zerfall kann man z. B. den täglichen Bestand an Masse durch eine Folge angeben. Der Graph, der den Vorgang beschreibt, besteht aus isolierten Punkten (siehe das Beispiel rechts). Das Anwendungsproblem wurde diskret gelöst; es wurde *diskretisiert*.

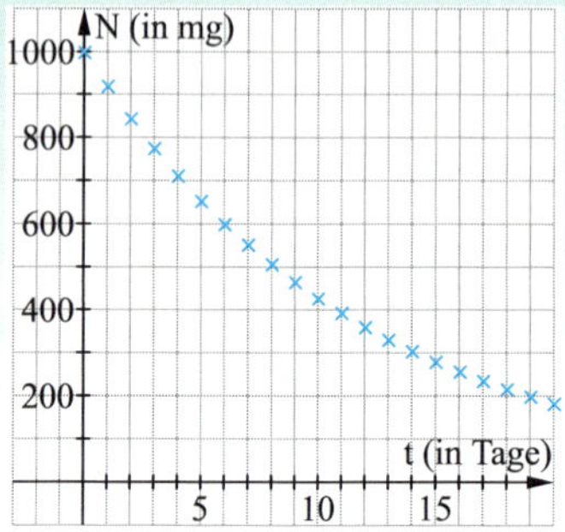

Bei einem diskreten Modell (diskreten Lösungsansatz) verwendet man Folgen. Der diskrete Lösungsansatz hat durch den immer häufigeren Einsatz des Computers an Bedeutung gewonnen.

(2) Kontinuierliches Modell mithilfe einer Differentialgleichung

Viele Vorgänge laufen kontinuierlich in der Zeit ab. Mathematik, Natur-, Technik- und Wirtschaftswissenschaften verwenden daher auch nichtdiskrete, *kontinuierliche Modelle*.
Beispiel: Beim radioaktiven Zerfall ist die Zerfallsgeschwindigkeit proportional zur jeweils vorhandenen Masse $N(t)$, d.h. es gilt: $N'(t) = -\lambda \cdot N(t)$ (vgl. Seiten 62 und 303). In dieser Gleichung für die gesuchte Funktion $t \mapsto N(t)$ tritt auch die Ableitung $N'(t)$ auf. Eine solche Gleichung heißt *Differentialgleichung*.

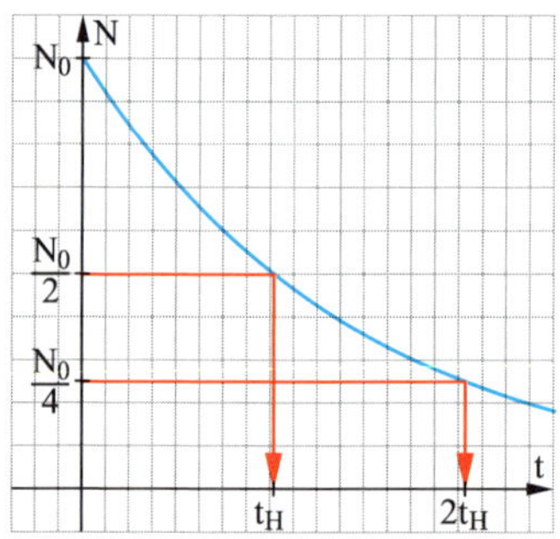

Bei einem kontinuierlichen Modell (kontinuierlichen Lösungsansatz) verwendet man vorzugsweise Differentialgleichungen.

(3) Idealisierung diskreter Gegebenheiten

Es gibt andererseits aber auch Modelle, bei denen eigentlich diskret ablaufende Vorgänge zu einem kontinuierlichen Vorgang idealisiert werden.
Beispiel: Die zeitliche Entwicklung eines Fischbestandes soll durch eine Funktion $f: t \mapsto N(t)$ beschrieben werden. $N(t)$ ist eine Anzahl und nimmt nur diskrete Werte an. Man idealisiert jedoch den Vorgang insofern, als man die Funktion f als differenzierbar annimmt. Unter der Voraussetzung, dass die Wachstumsrate $f'(t)$ zum momentanen Bestand $f(t)$ und zur Differenz $G - f(t)$ zwischen einer oberen Grenze G für den Bestand und dem momentanen Bestand $f(t)$ proportional ist (logistischer Ansatz, vgl. Seiten 301/302), kann man dann die Differentialgleichung $f'(t) = c \cdot f(t) \cdot (G - f(t))$ ansetzen und die Lösungsfunktionen f bestimmen.

(4) Diskretisieren zwecks numerischer Lösung einer Differentialgleichung

Manchmal ist es nicht möglich, die Lösungsfunktionen einer Differentialgleichung exakt anzugeben. Man kann in diesen Fällen jedoch eine numerische Lösung in Form einer Wertetabelle, also im Prinzip eine Folge, angeben. Dazu durchschreitet man ein Intervall mit einer Schrittweite h (z. B. $h = 0{,}1$) und bestimmt angenähert aufgrund der Differentialgleichung die Funktionswerte einer Lösungsfunktion an diskreten Stellen (vgl. Seite 298), d. h. man diskretisiert das kontinuierliche Modell (den kontinuierlichen Lösungsansatz).
Solche numerischen Verfahren haben mit der zunehmenden Verwendung von Computern eine wachsende Bedeutung erhalten.

6.1. Differentialgleichung und Kurvenschar

6.1.1. Begriff der Differentialgleichung – Separation der Variablen

Aufgabe 1 Gesucht sind Funktionen f, deren Graphen im 1. Quadranten verlaufen, für die gilt: Zeichnet man an der Stelle x die Tangente an den Graphen einer solchen Funktion, so schneidet diese Tangente die 1. Achse in der Stelle $\frac{x}{2}$, d.h. die Tangente teilt die Strecke von 0 bis x in zwei gleich lange Teile.

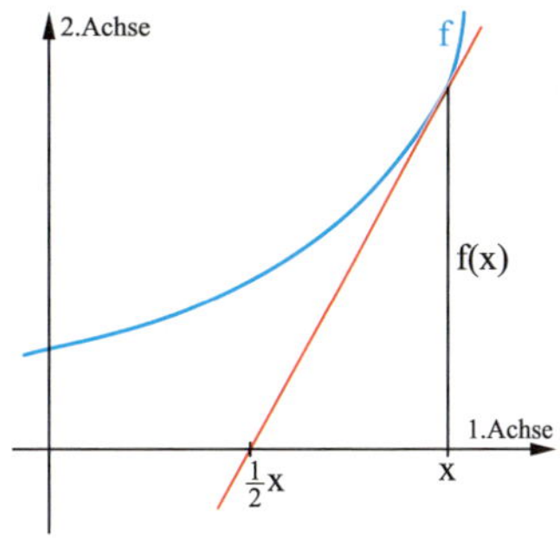

a) Stelle für die gesuchten Funktionen eine Gleichung auf.

b) Entscheide, ob folgende Funktionen f_1, f_2, f_3, f_4 mit
(1) $f_1(x) = x^3$, (2) $f_2(x) = 5x^2$, (3) $f_3(x) = x^2 + x$, (4) $f_4(x) = 9x^2$
die gestellte Bedingung und damit auch die Gleichung erfüllen.

Lösung **a)** $f'(x)$ gibt die Steigung der Tangente an der Stelle x an. Aus dem Steigungsdreieck QRP für die Tangente erhalten wir also:

$$f'(x) = \frac{f(x)}{|QR|} = \frac{f(x)}{\frac{x}{2}} = \frac{2f(x)}{x},$$

wobei $x > 0$ und $f(x) > 0$, weil der Graph von f im 1. Quadranten verlaufen soll.
Alle gesuchten Funktionen f müssen die folgende Gleichung erfüllen:

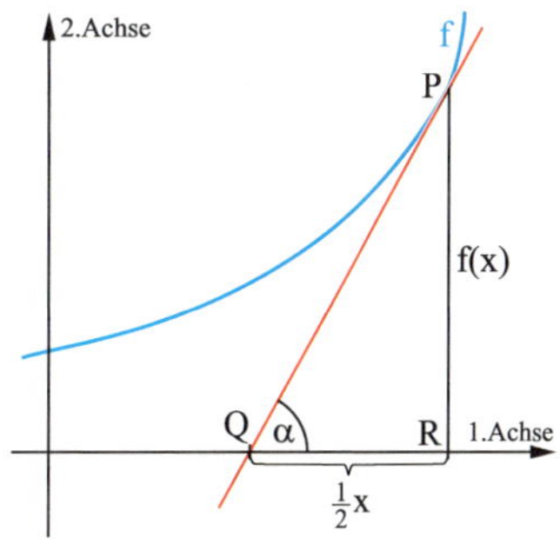

$$f'(x) = \frac{2 \cdot f(x)}{x} \quad \text{mit} \quad x > 0 \quad \text{und} \quad f(x) > 0$$

b) Probe, ob die Funktionen die Gleichung erfüllen.

(1) $f_1(x) = x^3$; $f_1'(x) = 3x^2$

$f_1'(x)$	$\stackrel{?}{=} \frac{2 \cdot f_1(x)}{x}$; $x > 0$
LS: $3x^2$	RS: $\frac{2 \cdot x^3}{x} = 2x^2$

Die Funktion f_1 erfüllt nicht die Gleichung.

LS heißt linke Seite, RS heißt rechte Seite der Gleichung.

(2) $f_2(x) = 5x^2$; $f_2'(x) = 10x$

$f_2'(x)$	$\stackrel{?}{=} \frac{2 \cdot f_2(x)}{x}$; $x > 0$
LS: $10x$	RS: $\frac{2 \cdot 5x^2}{x} = 10x$

Die Funktion f_2 erfüllt die Gleichung.

(3) $f_3(x) = x^2 + x$; $f_3'(x) = 2x + 1$

$f_3'(x)$	$\stackrel{?}{=} \frac{2 \cdot f_3(x)}{x}$; $x > 0$
LS: $2x + 1$	RS: $\frac{2 \cdot (x^2 + x)}{x} = 2x + 2$

Die Funktion f_3 erfüllt nicht die Gleichung.

(4) $f_4(x) = 9x^2$; $f_4'(x) = 18x$

$f_4'(x)$	$\stackrel{?}{=} \frac{2 \cdot f_4(x)}{x}$; $x > 0$
LS: $18x$	RS: $\frac{2 \cdot 9x^2}{x} = 18x$

Die Funktion f_4 erfüllt die Gleichung.

einschränkende Bedingung für die Lösung

Definitionsbereich

Information **(1) Begriff der Differentialgleichung**

Die Aufgabe oben führte auf die Gleichung $f'(x) = \frac{2 \cdot f(x)}{x}$ mit $f(x) > 0$ und $x \in \mathbb{R}^+$.
Dies ist eine Gleichung für Funktionen f, in der auch die Ableitung f′ vorkommt. Solche Gleichungen heißen *Differentialgleichungen*.

Definition 1

Eine Gleichung, in der die erste oder eine höhere Ableitung einer Funktion vorkommt, heißt **Differentialgleichung**.
In einer Differentialgleichung kann auch die Funktion selbst oder die Variable vorkommen.

Beispiele für Differentialgleichungen

(1) $f'(x) = f(x)$ mit $x \in \mathbb{R}$

(2) $f''(x) = -f(x)$ mit $x \in \mathbb{R}$

(3) $f'(x) = x^2$ mit $x > 0$

(4) $f''(x) = f'(x) + x$ mit $x > 0$

Bei einer Differentialgleichung muss der *Definitionsbereich* für die gesuchten Funktionen angegeben werden, z. B. $x \in \mathbb{R}^+$ (bzw. $x > 0$).
Wenn eine solche Angabe unterbleibt, ist der größtmögliche Definitionsbereich gemeint. Außerdem kann noch eine *einschränkende Bedingung* (oben z. B. $f(x) > 0$) für die gesuchten Funktionen der Differentialgleichung hinzukommen.

(2) Unterschied zwischen einer Gleichung für Zahlen und einer Differentialgleichung

Differentialgleichungen muss man von Gleichungen für Zahlen unterscheiden. Die Gleichung $x^2 + 2x - 48 = 0$ ist z. B. eine Gleichung für Zahlen, d. h. Grundmenge ist die Menge $\mathbb{R}$ der reellen Zahlen. Bei einer Differentialgleichung ist die Menge der (entsprechend oft) differenzierbaren Funktionen als Grundmenge zu nehmen.
Auch bei Gleichungen für Zahlen kann eine *einschränkende Bedingung* für die Lösungen hinzukommen, z. B. bei der Gleichung $x^2 + 2x - 48 = 0$ die Bedingung $x > 0$.

(3) Lösung und Lösungsmenge einer Differentialgleichung

Bei Gleichungen für Zahlen sind einzelne Zahlen Lösungen. Die Zahlen 6 und −8 sind z. B. Lösungen der Gleichung $x^2 + 2x - 48 = 0$. Sie erfüllen die Gleichung (d. h. nach Einsetzen entsteht eine wahre Aussage).
Lösungen einer Differentialgleichung sind demgegenüber Funktionen.

Definition 2

Eine Funktion, welche eine Differentialgleichung erfüllt, heißt (spezielle) **Lösung der Differentialgleichung**.

Beispiele: Die Funktionen f_2 mit $f_2(x) = 5x^2$ und f_4 mit $f_4(x) = 9x^2$ sind Lösungen der Differentialgleichung: $f'(x) = \frac{2 \cdot f(x)}{x}$; $x > 0$ (siehe dazu Lösungsteil b) von Aufgabe 1).
Man kann alle Lösungsfunktionen einer Differentialgleichung zu einer Menge zusammenfassen. Diese Menge ist dann die **Lösungsmenge der Differentialgleichung**.
Bisher wissen wir noch nicht, ob die Funktionen f_2 und f_4 die gesamte Lösungsmenge der Differentialgleichung $f'(x) = \frac{2 \cdot f(x)}{x}$ ausmachen, oder ob noch weitere Funktionen Lösungen sind.

(4) Das Verfahren der Separation (Trennung) der Variablen zur Bestimmung der Lösungsmenge einer Differentialgleichung

Man kann manchmal alle Lösungen einer Differentialgleichung bestimmen, indem man $f(x)$ und $f'(x)$ auf die linke Seite der Differentialgleichung bringt sowie alle Glieder mit x, x^2, ... auf die rechte und dann für beide Seiten eine Stammfunktion bestimmt.

Beispiel: Gegeben sei die Differentialgleichung $f'(x)=\frac{2f(x)}{x}$ mit $x>0$ und $f(x)>0$.

Hierbei sollen zur Vereinfachung also nur die Lösungen für $x>0$ gesucht werden.
Außerdem sollen nur die positiven Lösungen $f(x)>0$ gesucht werden.
Beides ist in Kurzform hinter der Differentialgleichung notiert.

$f'(x)=\frac{2f(x)}{x} \quad | : f(x)$

$\frac{f'(x)}{f(x)}=\frac{2}{x}$ *Jetzt sind f(x) und f'(x) von den Gliedern mit x getrennt.*

Eine Stammfunktion der linken Seite ist die Funktion $x \mapsto \ln f(x)$, eine Stammfunktion der rechten Seite ist $x \mapsto 2 \cdot \ln x$.
(Man beachte: $x>0$; $f(x)>0$)

siehe Seite 155 Satz 4

Beide Stammfunktionen unterscheiden sich höchstens um eine additive Konstante k:
$\ln f(x) = 2\ln x + k$ (für $x>0$ mit $k \in \mathbb{R}$)
Daraus folgt:
$e^{\ln f(x)} = e^{2\ln x + k} = e^k \cdot (e^{\ln x})^2$
$f(x) = c \cdot x^2$ mit $c = e^k \in \mathbb{R}^+$
Wir erhalten also:

Probe: $f(x)=c\cdot x^2$; $f'(x)=2cx$
Da $c>0$, ist $f(x)>0$

$f'(x)$	$\stackrel{?}{=} \frac{2f(x)}{x}$; $x>0$
LS: $2cx$	RS: $\frac{2\cdot c x^2}{x}$ $=2cx$

Alle Lösungen der Differentialgleichung $f'(x)=\frac{2f(x)}{x}$ mit $x>0$ und $f(x)>0$ lassen sich in der Form $f(x)=c\cdot x^2$ mit $c\in\mathbb{R}^+$ schreiben.

Das Verfahren der Separation (Trennung) der Variablen kann man bei vielen (aber leider nicht bei allen) Differentialgleichungen anwenden.
Man begreift diese Namensgebung, wenn man y anstelle von $f(x)$ und y' anstelle von $f'(x)$ schreibt. Dann lautet die Differentialgleichung des Beispiels oben:

$y'=\frac{2y}{x}$ mit $x>0$ und $y>0$.

Im nächsten Lösungsschritt erhält man $\frac{y'}{y}=\frac{2}{x}$. Die Variablen y und x sind durch das Gleichheitszeichen getrennt.

(5) Die zu einer Differentialgleichung gehörende Kurvenschar

Alle Lösungen der Differentialgleichung $f'(x)=\frac{2\cdot f(x)}{x}$ mit $x>0$ und $f(x)>0$ lassen sich in der Form $f(x)=c\cdot x^2$ (mit $c\in\mathbb{R}^+$) schreiben. Sie bilden also eine Funktionenschar mit dem Parameter c (mit $c\in\mathbb{R}^+$).
Die Graphen dieser Funktionenschar sind Halbparabeln ohne Scheitelpunkt (wegen $x>0$). Sie bilden eine Kurvenschar, welche man als Veranschaulichung der Lösungsmenge ansehen kann.

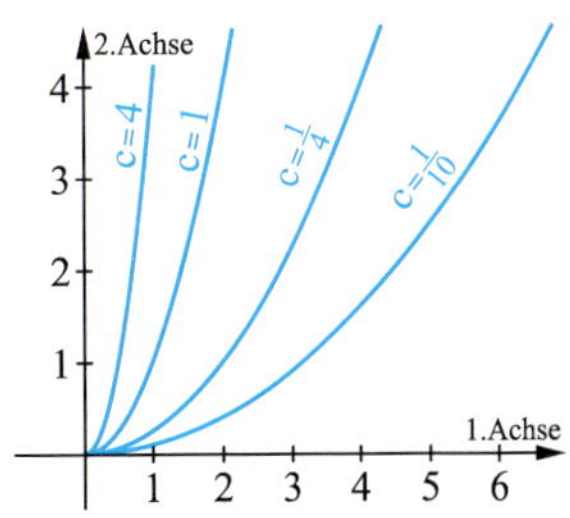

(6) Richtungsfeld einer Differentialgleichung

Wir betrachten die Differentialgleichung $f'(x) = -\frac{x}{f(x)}$ mit $f(x) \neq 0$. Da $y = f(x)$, schreiben wir $f'(x) = -\frac{x}{y}$. Wir fassen nun $(x \mid y)$ als Koordinaten von Punkten der Ebene auf. Dann kann man die Gleichung $f'(x) = -\frac{x}{y}$ so deuten:

Jedem Punkt $P(x \mid y)$ der Ebene ist eine Steigung $f'(x) = -\frac{x}{y}$ zugeordnet.

Beispiel: Dem Punkt $P(2 \mid 1)$ ist die Steigung $f'(2) = -\frac{2}{1} = -2$ zugeordnet. Man kann die Steigung durch ein kurzes Geradenstück (einem Strich) andeuten (siehe rechts). Denkt man sich bei jedem Punkt der Ebene einen solchen Strich gezeichnet, so erhält man das

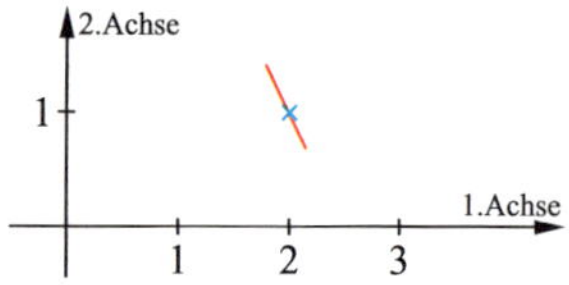

Richtungsfeld der Differentialgleichung $f'(x) = -\frac{x}{f(x)}$. Jeder Strich des Richtungsfeldes gibt die Richtung an, in welcher der Graph einer Lösungsfunktion verläuft.

Versuche diesen Graphen näherungsweise zu zeichnen.

Man kann das Richtungsfeld auch mithilfe eines GTR oder CAS darstellen. Die folgenden Fenster zeigen, wie man dies beim TI-92 durch ein Programm realisieren kann. Nach Aufruf des Programms **rtgfeld ( )** gibt man durch Kommas getrennt den Term $f(x, y)$ der Differentialgleichung der Form $y' = f(x, y)$ ein, dann die benutzten Variablen, dann die Grenzen für den Fensterausschnitt.

In neuen Rechnergenerationen sind solche Programme mitunter als Sonderfunktionen enthalten.

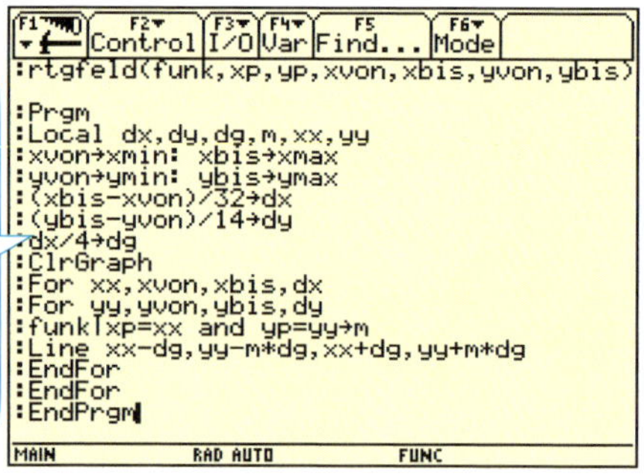

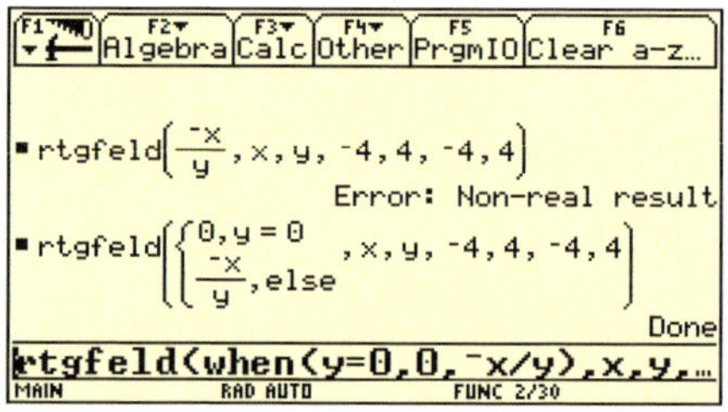

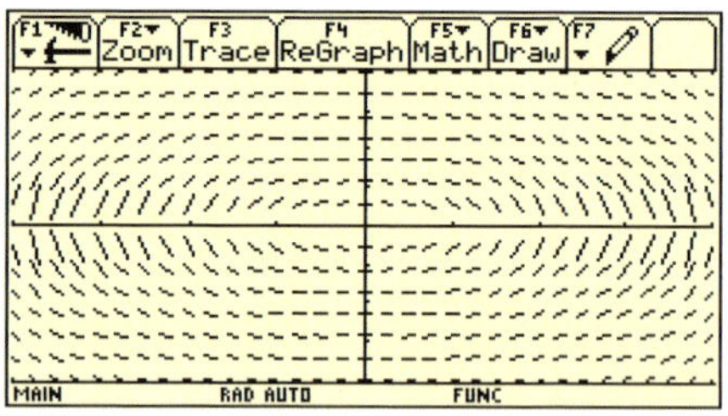

Rechts wurde das Richtungsfeld für die Differentialgleichung der Form $y' = \frac{-x}{y}$ im Bereich $-4 \leq x \leq 4$ und $-4 \leq y \leq 4$ gezeichnet. Die Bedingung $y \neq 0$ wurde dadurch umgangen, dass der Funktionsterm abschnittsweise definiert wurde.

Weiterführende Aufgaben

2. *Verändern des Definitionsbereichs und der einschränkenden Bedingung*

Bestimme durch Separation (Trennung) der Variablen alle Lösungen der Differentialgleichung $f'(x) = \frac{2f(x)}{x}$. Hierbei seien folgende Vorgaben über den Definitionsbereich der Differentialgleichung bzw. die einschränkende Bedingung gemacht

a) $x > 0$; $f(x) < 0$ **b)** $x < 0$; $f(x) > 0$ **c)** $x < 0$; $f(x) < 0$

3. *Von der Kurvenschar zur Differentialgleichung*

Die Lösungsmenge einer Differentialgleichung wird durch eine Kurvenschar grafisch dargestellt. Jetzt soll umgekehrt zu einer vorgegebenen Kurvenschar die zugehörige Differentialgleichung bestimmt werden. Gegeben sei die Funktionenschar f_c mit $f_c(x) = (x-c)^2$ mit dem Parameter $c \in \mathbb{R}$. Durch Differentiation erhält man $f_c'(x) = 2(x-c)$.

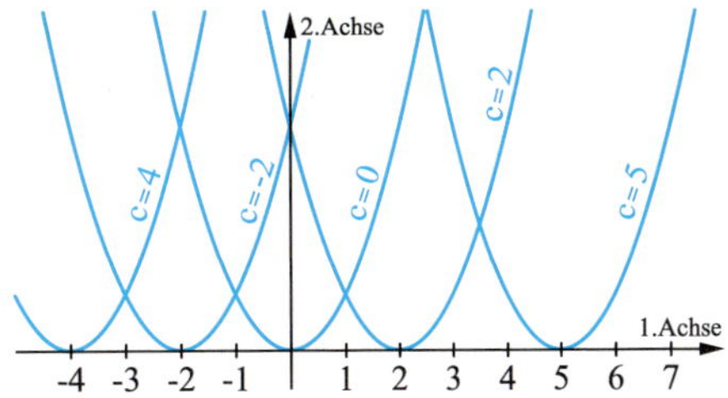

a) Eliminiere aus den Gleichungen für $f_c(x)$ und $f_c'(x)$ den Parameter c. Was für eine Gleichung erhält man?
Welche Beziehung besteht zwischen der Funktionenschar und der Gleichung?

b) Zeige, dass die Funktion g mit $g(x) = 0$ für alle $x \in \mathbb{R}$ die erhaltene Gleichung erfüllt. Gehört g zu der Funktionenschar f_c?

Gegeben sei eine Funktionenschar f_c durch einen Funktionsterm $f_c(x)$ mit dem Parameter c. Gelingt es, den Parameter c aus den Gleichungen für $f_c(x)$ und $f_c'(x)$ zu eliminieren, so erhält man eine Differentialgleichung der Funktionenschar f_c.
Jede Funktion von f_c erfüllt die Differentialgleichung. Es kann aber auch Funktionen außerhalb von f_c geben, welche die Differentialgleichung erfüllen.

Übungsaufgaben

4.

In der nebenstehenden Tabelle sind Differentialgleichungen und jeweils eine spezielle Lösung angegeben. Überprüfe dies durch eine Probe.

Differentialgleichung	spezielle Lösung
$f'(x) = x + f(x);\quad x \in \mathbb{R}$	$g(x) = e^x - x - 1$
$f''(x) = -f(x);\quad x \in \mathbb{R}$	$g(x) = \sin x$
$f'(x) = \frac{(f(x))^2}{x^2};\quad x \neq 1;\ x \neq 0$	$g(x) = \frac{x}{1-x}$
$f'(x) = \frac{f(x)}{x};\quad x \neq 0$	$g(x) = \frac{3}{2}x^2 + x$

5.

Zeige, dass die Funktion g mit $g(x) = 0$ für alle $x \in \mathbb{R}\setminus\{0\}$ eine spezielle Lösung der Differentialgleichung $f'(x) = \frac{2 \cdot f(x)}{x}$ $(x \neq 0)$ ist.

6.

Bestimme durch Separation die Lösungsmenge der Differentialgleichung.

a) $f(x) = x \cdot f'(x);\ x > 0;\ f(x) > 0$

b) $f(x) = -x\,f'(x);\ x > 0;\ f(x) > 0$

7.

Bestimme die Lösungsmenge der Differentialgleichung.

a) $f'(x) \cdot (f(x))^2 = x;\ x \in \mathbb{R};\ f(x) > 0$

b) $f'(x) \cdot (f(x))^4 = \sin x;\ x \in \mathbb{R};\ f(x) > 0$

c) $f'(x) \cdot \sqrt{f(x)} = x^2;\ x \in \mathbb{R};\ f(x) > 0$

d) $f'(x) \cdot x^2 + f(x) \cdot 2x = x;\ x \in \mathbb{R}\setminus\{0\}$

e) $f(x) \cdot e^x + f'(x) \cdot e^x = -e^{-x};\ x \in \mathbb{R}$

f) $f'(x) \cdot \sqrt{x} + f(x) \cdot \frac{1}{2\sqrt{x}} = \cos x;\ x > 0$

g) $\frac{f'(x) \cdot e^x - f(x) \cdot e^x}{e^{2x}} = x;\ x \in \mathbb{R}$

h) $\ln f'(x) = x;\ x \in \mathbb{R};\ f'(x) > 0$

8.

Bestimme die Lösungsmenge mit dem Verfahren der Separation.

a) $f'(x) = \frac{x}{(f(x))^3}$; $x \in \mathbb{R}$; $f(x) > 0$

b) $x - f(x) \cdot f'(x) = 0$; $x \in \mathbb{R}$; $f(x) > 0$

c) $f(x) + x \cdot f'(x) = 0$; $x > 0$; $f(x) > 0$

d) $x \cdot f'(x) - f(x) = 3$; $x > 0$; $f(x) > 0$

e) $f'(x) \cdot f(x) - x^2 = 3$; $x > 0$; $f(x) > 0$

f) $f'(x) = (f(x))^2 \cdot x$; $x \in \mathbb{R}$

g) $f'(x) - x^2 (f(x))^3 = 0$; $x \in \mathbb{R}$

h) $x f(x) - f'(x) = 0$; $x \in \mathbb{R}$; $f(x) < 0$

9.

Bestimme alle Funktionen f, für die gilt:
Die Tangente an den Graphen von f an der Stelle x

a) schneidet die 1. Achse an der Stelle (1) $x - 1$; (2) $x - c$; (3) $x + c$; (4) $-x$, wobei $c > 0$.

b) schneidet die 2. Achse im Punkt $P\left(0 \mid \frac{f(x)}{2}\right)$ $\left[\text{Punkt } P(0 \mid 2 \cdot f(x))\right]$;

c) verläuft durch den Punkt $P(1 \mid 0)$ $\left[P(-1 \mid 0);\ P(0 \mid 1);\ P(0 \mid -1)\right]$.

10.

Bestimme alle Funktionen f mit $f(x) > 0$, für die gilt:
Die Normale des Graphen von f an der Stelle x

Die Normale ist zur Tangente an der Stelle x orthogonal.

a) verläuft durch den Punkt $O(0 \mid 0)$;

b) schneidet die 1. Achse an der Stelle $x + c$ [Stelle $x - c$] mit $c > 0$;

c) schneidet die 2. Achse im Punkt $P(0 \mid f(x) + c)$ mit $c > 0$.

11.

Bestimme alle Funktionen f mit $f(x) > 0$, für die gilt:
Die Steigung der Tangente an der Stelle x ist gleich:

a) x **b)** $\frac{1}{x}$ **c)** $\frac{1}{f(x)}$ **d)** x^n mit $n \neq -1$

▲ **12.**

Bestimme alle Funktionen f mit $f(x) > 0$, für die gilt:

a) Die Subtangente hat stets die gleiche Länge.

b) Die Subnormale hat stets die gleiche Länge.

c) Subtangente und Subnormale haben die gleiche Länge.

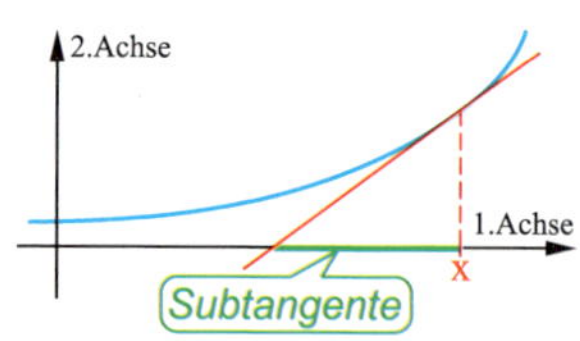

Hinweis:
Die Subtangente einer Stelle x ist die Strecke vom Schnittpunkt der Tangente mit der 1. Achse bis zum Punkt $P(x \mid 0)$. (Die Subtangente ist also die sogenannte „Projektion" des Tangentenabschnitts auf die 1. Achse.)
Entsprechend ist die Subnormale definiert.

13.

Zeige: Ist die Funktion $x \mapsto g(x)$ eine spezielle Lösung der Differentialgleichung $f'(x) = f(x)$ mit $x \in \mathbb{R}$, dann sind alle Funktionen $x \mapsto c \cdot g(x)$ mit $c \in \mathbb{R}$ Lösungen der Differentialgleichung.

14.

a) Überprüfe durch eine Probe, dass jede Funktion der Funktionenschar f_c der Aufgabe 3 (Seite 295) die Differentialgleichung $4 \cdot f(x) = (f'(x))^2$, $x \in \mathbb{R}$ erfüllt.

b) Zeige, dass die Funktion h mit $h(x) = \begin{cases} x^2 & \text{für } x \leq 0 \\ 0 & \text{für } x > 0 \end{cases}$ die Differentialgleichung erfüllt. Gehört h zu f_c?

c) Suche weitere Funktionen, welche die Differentialgleichung erfüllen, aber nicht zu f_c gehören.

15.

Bestimme die Differentialgleichung für

a) die Schar der Parabeln, deren Symmetrieachsen zur zweiten Achse parallel verlaufen und deren Scheitel auf der Geraden mit $y = x$ liegen;

b) die Schar der Halbkreise mit $f(x) = \sqrt{r^2 - x^2}$, wobei $-r \leq x \leq +r$;

c) die Schar der Geraden, die durch den Punkt $P(0\,|\,1)$ verlaufen und von der 2. Achse verschieden sind;

d) die Schar aller parallelen Geraden mit der Steigung -2.

16.

a) Gegeben ist eine Funktionenschar f_c. Skizziere die Graphen einiger Funktionen der Funktionenschar, sodass ein Überblick entsteht. Stelle eine Differentialgleichung für die Funktionenschar auf.

(1) $f_c(x) = (x + c)^3$; $x \in \mathbb{R}$
(2) $f_c(x) = cx$; $x \in \mathbb{R}$
(3) $f_c(x) = e^{c - x^2}$; $x \in \mathbb{R}$
(4) $f_c(x) = c \cdot e^x$; $x \in \mathbb{R}$
(5) $f_c(x) = x + c$; $x \in \mathbb{R}$
(6) $f_c(x) = e^{cx}$; $x \in \mathbb{R}$

b) Suche Funktionen, welche nicht zu f_c gehören, aber dennoch die zu f_c gehörige Differentialgleichung erfüllen.
Anleitung: Stelle die Funktionenschar (näherungsweise) zeichnerisch dar. Bestimme aus der Anschauung, ob es eine einhüllende Kurve gibt. Die Funktion der *Einhüllenden* ist eine solche gesuchte Funktion.

▲ **17.**

Gegeben sei die Funktionenschar $f_{a,b}$ mit zwei Parametern a und b, wobei $a \in \mathbb{R}$ und $b \in \mathbb{R}$. Bilde die erste und zweite Ableitung, eliminiere dann die beiden Parameter a und b und bestimme die zugehörige Differentialgleichung.
Zeige, dass die Funktionen der Funktionenschar die Differentialgleichung erfüllen.

a) $f_{a,b}(x) = a \cos x + b \sin x$

b) $f_{a,b}(x) = a\, e^{bx}$

GTR **18.**

Zeichne das Richtungsfeld der Differentialgleichung und trage näherungsweise die Graphen einiger Lösungsfunktionen in das Richtungsfeld ein.
Kann man eine Vermutung aufstellen? Bestimme anschließend die Lösungsmenge der Differentialgleichung und vergleiche das Ergebnis mit der Vermutung.

a) $f'(x) = 2\frac{f(x)}{x}$, $x \neq 0$, $f(x) \neq 0$

b) $f'(x) = \frac{f(x)}{x}$, $x \neq 0$, $f(x) \neq 0$

c) $f'(x) = 2x\, f(x)$, $f(x) \neq 0$

d) $f'(x) = f(x)$, $f(x) \neq 0$

e) $f'(x) = 2x$

6.1.2 Numerische Lösung einer Differentialgleichung

Nicht jede Differentialgleichung kann man „exakt“ lösen, d.h. durch Bilden von Stammfunktionen die gesuchte Lösungsmenge bestimmen. Doch kann man spezielle Lösungen numerisch berechnen.

Aufgabe 1 Wir betrachten eine Differentialgleichung, in der nur die erste (und keine höhere) Ableitung auftritt. Bekannt sei ferner ein Punkt $P_k(x_k \mid f(x_k))$ des Graphen der speziellen Lösung.

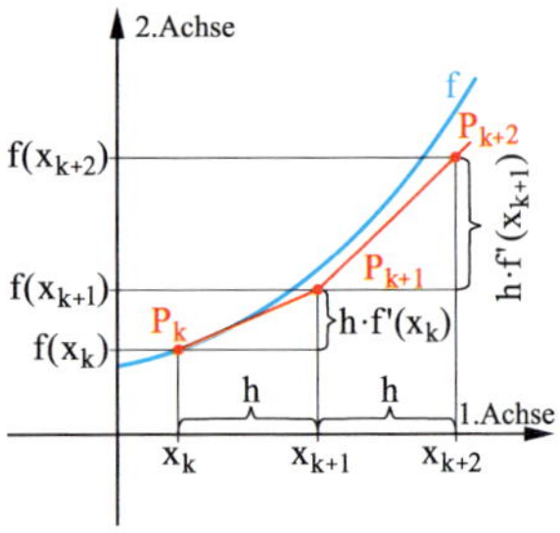

Dann ergeben sich die Werte des nächsten Punktes $P_{k+1}(x_{k+1} \mid f(x_{k+1}))$ näherungsweise dadurch, dass man den Graphen der Funktion durch die Tangente ersetzt. Wir erhalten:

$x_{k+1} = x_k + h$

$f(x_{k+1}) = f(x_k) + h\, f'(x_k)$

wobei h die *Schrittweite* ist.

Das Verfahren hier heißt auch ***Euler-Verfahren***

Dabei kann $f'(x_k)$ mithilfe der Differentialgleichung aus dem Wertepaar $(x_k \mid f(x_k))$ berechnet werden. Dieses Verfahren setzt man dann entsprechend fort. Hierfür kann ein Taschenrechner oder ein Computer eingesetzt werden.

Für kleine Schritte h liefert dieses Verfahren eine gute Näherung.

Gegeben sei nun die Differentialgleichung, die nicht unmittelbar durch Separation der Variablen gelöst werden kann: $f'(x) = x + f(x)$.

Bestimme nach diesem Verfahren die spezielle Lösung im Intervall [1; 1,5], die durch den Punkt P(1 | 1) verläuft. Die Schrittweite h soll 0,1 betragen.

Zeichne den Graphen.

Lösung

k	x_k	$f(x_k)$	Differentialgleichung $f'(x_k) = x_k + f(x_k)$	Näherung für f $f(x_{k+1}) = f(x_k) + h \cdot f'(x_k)$
1	1	1	2	1,2
2	1,1	1,2	2,3	1,43
3	1,2	1,43	2,63	1,693
4	1,3	1,693	2,993	1,9923
5	1,4	1,9923	3,3923	2,33153
6	1,5	2,33153	3,83153	2,714683

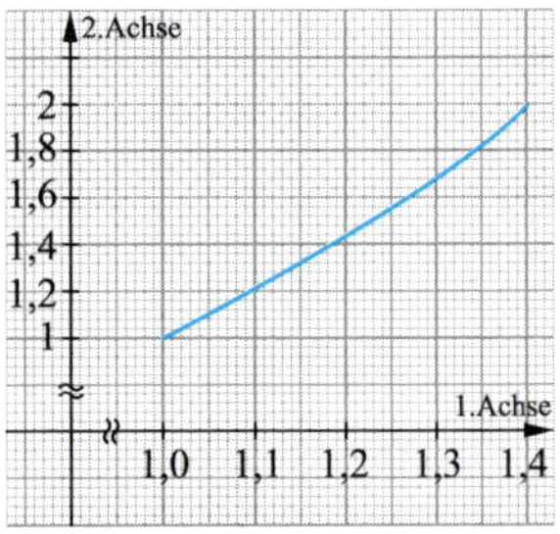

Die spezielle Lösung der Differentialgleichung ist durch eine Wertetabelle (Spalten für x_k und $f(x_k)$) gegeben. Allerdings stehen in der Tabelle nur Näherungswerte.

Information **(1) Das Anfangswertproblem der Theorie der Differentialgleichungen**

Die mathematische Theorie der Differentialgleichungen beschäftigt sich mit Verfahren zur Bestimmung der Lösungsmenge einer Differentialgleichung und den damit im Zusammenhang stehenden Problemen. Als *Anfangswertproblem* wird dabei die Frage bezeichnet, ob es zu einer Differentialgleichung $f'(x) = g(x, f(x))$ eine Lösungsfunktion gibt, die an einer bestimmten Stelle a (meist am Anfangspunkt eines Intervalls) einen vorgegebenen Funktionswert $b\,(= f(a))$ hat, und wie diese Funktion heißt. Bei dem hier betrachteten numerischen Verfahren haben wir ein solches Anfangswertproblem angenähert gelöst. Hier war $a = 1$ und $b = 1$.

TAB **(2) Tabellenkalkulation als Hilfsmittel**

Die Tabelle in der Lösung von Aufgabe 1 kann man auch mithilfe einer Tabellenkalkulation berechnen.

Eingabe:

B3 = B2 + 0,1
C3 = E2
D3 = B3 + C3
E3 = C3 + 0,1*C3

	A	B	C	D	E
1	k	xk	f(xk)	f'(xk)	f(x(k+1))
2	1	1	1	2	1,2
3	2	1,1	1,2	2,3	1,43
4	3	1,2	1,43	2,63	1,693
5	4	1,3	1,693	2,993	1,9923
6	5	1,4	1,9923	3,3923	2,33153
7	6	1,5	2,33153	3,83153	2,714683

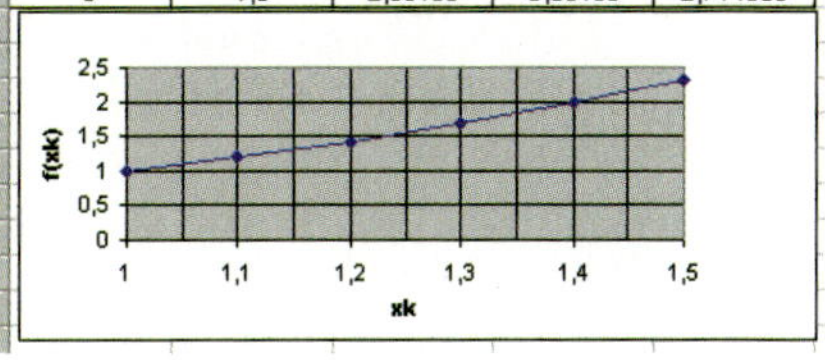

Weiterführende Aufgabe

2. *Exakte Bestimmung der Lösungsmenge der Differentialgleichung $f'(x) = x + f(x)$*

Die Differentialgleichung $f'(x) = x + f(x)$; $x \in \mathbb{R}$ ist in Aufgabe 1 numerisch gelöst worden. Sie lässt sich nicht unmittelbar durch Separation der Variablen lösen.

a) Man kann allerdings die Lösungen bestimmen, wenn man auf beiden Seiten die Ableitung bildet. Führe dies durch und vergleiche die genauen Werte mit denen der Tabelle oben.

b) Eine andere Lösungsmöglichkeit ist folgende: Man führt die Transformation $g(x) = x + f(x)$ durch und bestimmt so die Lösungen der Differentialgleichung. Führe dies durch.

Übungsaufgaben

3.

Bestimme numerisch die spezielle Lösung der Differentialgleichung $f'(x) = \frac{f(x)}{x}$ mit $f(2) = -1$ im Intervall $[2; 3]$ mit $h = 0{,}1$.

Versuche dann, durch Raten eine exakte spezielle Lösung zu finden; prüfe dies durch eine Probe.

TAB **4.**

Löse numerisch mit der Schrittweite $h = 0{,}1$ und der Intervalllänge 1. Bestimme danach die Lösung exakt mit dem Verfahren der Separation und vergleiche die exakten und die angenäherten Werte.

a) $f'(x) = 1 - f(x)$ mit $f(0) = 0$

b) $f'(x) + 1 = f(x)$ mit $f(0) = 2$

c) $f'(x) = \frac{1}{3}\big(f(x) - 1\big)$ mit $f(1) = 2$

d) $f'(x) = \frac{f(x) - 1}{2}$ mit $f(0) = 2$

TAB **5.**

Löse numerisch mit der Schrittweite $h = 0{,}1$ und der Intervalllänge 1.

a) $f'(x) = \frac{f(x)}{2 - f(x)}$ mit $f(0) = 1$

b) $f'(x) = \frac{3 + f(x)}{f(x)}$ mit $f(0) = 2$

c) $f'(x) = \sin f(x)$ mit $f(0) = 1$

d) $f'(x) = \big(f(x)\big)^2 + f(x) + x$ mit $f(1) = 2$

e) $f'(x) = \frac{1}{(f(x))^2 + 1}$ mit $f(0) = 3$

f) $f'(x) = f(x)$ mit $f(0) = 1$

6.2 Differentialgleichungen für Wachstums- und Abnahmeprozesse

Aufgabe 1 **Beschränktes Wachstum**

Keine Population kann unbeschränkt wachsen. Futterknappheit, Raumnot, zu wenig Unterschlupfmöglichkeiten, schlechte physische Bedingungen usw. setzen dem Wachstum Grenzen. Es sei G $(G>0)$ eine feste obere Grenze für die Größe $f(t)$ einer Population. Dann nähert sich $f(t)$ mit zunehmender Zeit dem Wert G immer mehr. Das besagt, dass die Wachstumsrate $f'(t)$ gegen Null strebt, wenn $(G-f(t))$ immer kleiner wird. Eine naheliegende mathematische Formulierung eines Modells für das beschränkte Wachstum ist daher gegeben durch:
$f'(t)$ proportional zu $(G-f(t))$, d.h. $f'(t)=r\cdot(G-f(t))$ mit $0<r<1$, $G>f(t)$.
Bestimme die Lösungsmenge der Differentialgleichung $f'(t)=r\cdot(G-f(t))$ mit $r\in\mathbb{R}^+$ und $G>f(t)$.

Lösung Das Verfahren der Separation der Variablen liefert:

$$f'(t)=r\cdot(G-f(t))$$
$$\frac{f'(t)}{G-f(t)}=r$$
$$-\ln(G-f(t))=rx+C_1$$
$$\ln(G-f(t))=-rx+C_2 \quad (\text{mit } C_2=-C_1)$$
$$G-f(t)=e^{-rx+C_2}$$
$$G-f(t)=e^{-rx}\cdot e^{C_2}$$
$$G-f(t)=C\cdot e^{-rx} \quad (\text{mit } C=e^{C_2}>0)$$
$$f(t)=G-C\cdot e^{-rx}$$

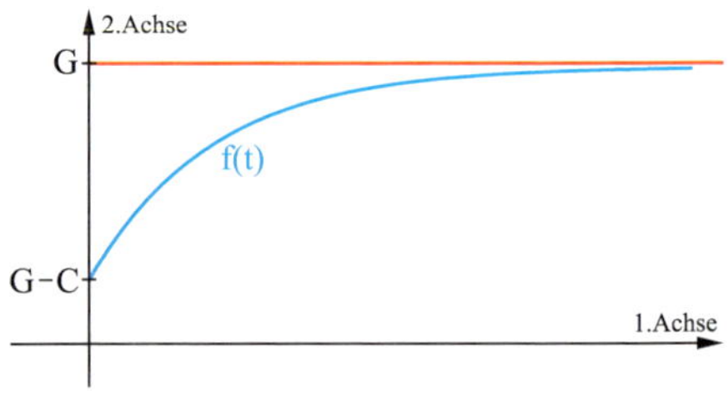

$f(t)$ nähert sich exponentiell der Grenze G.

Information **(1) Kontinuierliche und diskrete Modelle**

Die Lösungen einer Differentialgleichung sind Funktionen, welche auf einem kontinuierlichen Stück der reellen Achse wie z.B. einem Intervall definiert sind. Der in der Lösung von Aufgabe 1 angegebene Graph gehört zu einer Funktion, die für alle $t\geq 0$ definiert ist. Beschreibt man ein Modell durch eine Differentialgleichung, so wird dieses Modell *kontinuierlich* genannt.

Zum Modellbegriff siehe auch Seite 312.

Zu einem diskreten Modell gelangt man, indem man eine Einteilung des Vorgangs in gleich lange Zeitabschnitte (z.B. in Monate, Tage, Stunden, usw.) vornimmt. Gesucht ist dann eine Folge $\langle a_n\rangle$, wobei a_n die Größe der Population des n-ten Zeitabschnitts angibt. An die Stelle der Differentialgleichung tritt beim diskreten Modell eine Rekursionsgleichung für die Folge. Im Falle des beschränkten Wachstums lautet diese Rekursionsgleichung $a_{n+1}=a_n+r\cdot(G-a_n)$ mit $0<r<1$, denn die Differenz $a_{n+1}-a_n$ der Populationsgrößen benachbarter Zeitabschnitte ist proportional zur Differenz $G-a_n$.
Die Bedingung $0<r<1$ wird deswegen vorausgesetzt, damit die Differenz immer kleiner wird.

(2) Verschiedene Modelle für Wachstumsprozesse

Hier eine Auswahl solcher Modelle.

Es gibt entsprechende Modelle für Abnahmeprozesse siehe Aufgabe 20 auf Seite 305.

(2.1) Exponentielles Wachstum

Die Wachstumsrate ist dem Bestand proportional

Differentialgleichung: $f'(x) = k \cdot f(x)$ mit $k > 0$

Lösungsmenge: $f(x) = C \cdot e^{kx}$

siehe Seite 64, sowie Aufgabe 3

Rekursionsgleichung: $a_{n+1} = k \cdot a_n$

Allgemeines Glied: $a_n = a_1 \cdot k^{n-1}$

geometrische Folge

(2.2) Lineares Wachstum

Die Wachstumsrate $f'(x)$ ist konstant:

Differentialgleichung: $f'(x) = k$ mit $k > 0$

Lösungsmenge: $f(x) = k \cdot x + C$

siehe Aufgabe 4

Rekursionsgleichung: $a_{n+1} = a_n + k$

Allgemeines Glied: $a_n = a_1 + (n-1) \cdot k$

arithmetische Folge, siehe Aufgabe 7

(2.3) Überlagerung von exponentiellem und linearem Wachstum

Differentialgleichung: $f'(x) = q \cdot f(x) + r \quad (q > 0,\ r > 0)$

Lösungsmenge: siehe Aufgabe 5a)

Rekursionsgleichung: $a_{n+1} = q \cdot a_n + r$

Allgemeines Glied: $a_n = a_1 \cdot q^{n-1} + r \cdot \frac{q^{n-1} - 1}{q - 1}$

siehe Aufgabe 8

(2.4) Begrenztes Wachstum (siehe Aufgabe 1)

Die Wachstumsrate ist proportional der Differenz zwischen der Grenze G und dem Bestand $f(x)$.

Differentialgleichung: $f'(x) = r \cdot (G - f(x))$

Lösungsmenge: $f(x) = G - C \cdot e^{-rx}$

Rekursionsgleichung: $a_{n+1} = a_n + r \cdot (G - a_n) \quad (0 < r < 1)$

Allgemeines Glied: $a_n = a_1 \cdot (1-r)^{n-1} - G \cdot (1-r)^{n-1} + G$

Das begrenzte Wachstum ist ein Spezialfall der Überlagerung eines exponentiellen und eines linearen Prozesses.

(2.5) Logistisches Wachstum

Das logistische Wachstum kann als eine Kombination von exponentiellem und begrenztem Wachstum aufgefasst werden.

Differentialgleichung: $f'(x) = r \cdot f(x) \cdot (G - f(x))$

Lösungsmenge: siehe Aufgabe 6

Rekursionsgleichung: $a_{n+1} = a_n + r \cdot a_n \cdot (G - a_n)$ mit $0 < r < \frac{1}{G}$

Die Angabe des allgemeinen Gliedes ist schwierig und wird hier übersprungen.

Hinweis:
Mithilfe der Differentialgleichung wird jeweils ein *kontinuierliches Modell* beschrieben. Die Rekursionsgleichung beschreibt ein *diskretes Modell.*

Weiterführende Aufgaben

TAB **2.** *Tabellenkalkulation zur numerischen Lösung von $f'(t) = k \cdot f(t)$*
Löse numerisch mithilfe von Tabellenkalkulation die Differentialgleichung $f'(t) = k \cdot f(t)$ mit der Anfangsbedingung $f(0) = c$. Die Werte für k und c sowie die Schrittweite h sollen eingegeben werden.

3. *Lösen von $f'(x) = k \cdot f(x)$ mithilfe der Separation der Variablen*
Bestimme alle Lösungen der Differentialgleichung $f'(x) = k \cdot f(x)$ des exponentiellen Wachstums $(k > 0)$ bzw. der exponentiellen Abnahme $(k < 0)$ mithilfe der Separation der Variablen. (Siehe Information 2.1.)

4. *Lösungsmenge der Differentialgleichung des linearen Wachstums*
siehe Information 2.2
Die Differentialgleichung des linearen Wachstums lautet $f'(x) = b$ $(b > 0)$. Gib alle Lösungen an.

5. *Lösungsmenge der Differentialgleichung für die Überlagerung eines exponentiellen und eines linearen Prozesses*
siehe Information 2.3
Die Differentialgleichung der Überlagerung eines exponentiellen und eines linearen Prozesses lautet: $f'(x) = a \cdot f(x) + b$ mit $a \in \mathbb{R}\setminus\{0\}, b \in \mathbb{R}$

a) Zeige: Die Lösungsmenge dieser Differentialgleichung ist im Falle $f(x) > \frac{b}{a}$ die Menge aller Funktionen mit $f(x) = k \cdot e^{ax} - \frac{b}{a}$ mit $k \in \mathbb{R}$.
Wie lautet das Ergebnis im Fall $f(x) < \frac{b}{a}$?
Anleitung: Forme um: $f'(x) = a \cdot f(x) + b = a \cdot \left(f(x) + \frac{b}{a}\right)$

b) Warum ist die Differentialgleichung des exponentiellen Wachstums ein Sonderfall der obigen Differentialgleichung?

siehe Information 2.4
c) Übertrage das Ergebnis von Teilaufgabe a) auf die *Differentialgleichung des beschränkten Wachstums.*

6. *Differentialgleichung für das logistische Wachstum*
siehe Information 2.5
a) Gib alle Lösungen der logistischen Differentialgleichung $f'(t) = r \cdot f(t) \cdot \left(G - f(t)\right)$ mit $t \in \mathbb{R}$ an.
Anleitung: *1. Weg:* Separiere die Variablen und wende Partialbruchzerlegung an.
2. Weg: Setze $g(x) = \frac{1}{f(x)}$ und bestimme die zugehörige Differentialgleichung.

b) Bestimme die spezielle Lösung, für die gilt: $f(0) = 50$ mit $r = 10^{-5}\,\text{Tag}^{-1}$ und $G = 5000$.

7. *Arithmetische Folge*
siehe Information 2.2
Definition: Eine Folge $\langle a_n \rangle$ heißt arithmetisch, falls für sie die folgende Rekursionsgleichung gilt: $a_{n+1} = a_n + r$

a) Rechts sind die Glieder einer solchen Folge berechnet. Setze die Rechnung bis a_8 fort.

b) Gib das allgemeine Glied a_n an.

c) Gib Beispiele arithmetischer Folgen an.

Anfangsglied

a_1	a_1	
a_2	$a_1 + r$	$+r$
a_3	$a_1 + 2r$	$+r$
a_4	$a_1 + 3r$	$+r$

8. *Allgemeines Glied der Folge bei Überlagerung eines exponentiellen und eines linearen Prozesses*

siehe Information 2.3

Die Rekursionsgleichung der Folge bei Überlagerung eines exponentiellen und eines linearen Prozesses lautet: $a_{n+1} = a_n \cdot q + r$

a) Rechts sind die Glieder einer solchen Folge berechnet. Setze die Rechnung bis a_8 fort. Wie lautet a_n?

▲ **b)** Zeige: Rechts in der Spalte steht die Summe einer geometrischen Folge und einer geometrischen Reihe.

Anfangsglied

a_1	a_1	
a_2	$a_1 \cdot q + r$	$\cdot q + r$
a_3	$a_1 \cdot q^2 + r \cdot q + r$	$\cdot q + r$
a_4	$a_1 \cdot q^3 + r \cdot q^2 + r \cdot q + r$	$\cdot q + r$

Anleitung: Polynomdivision bei $(q^{n-1} - 1) : (q - 1)$

c) Zeige: Für das allgemeine Glied a_n gilt: $a_n = a_1 \cdot q^{n-1} + r \cdot \frac{q^{n-1} - 1}{q - 1}$

Übungsaufgaben

9. *Geburtenprozess*

N sei die (zeitabhängige) Anzahl der Individuen einer Tierpopulation. N kann nur ganzzahlige Werte annehmen. Die Funktion $t \mapsto N(t)$ soll zu einer stetigen und differenzierbaren Funktion $t \mapsto f(t)$ erweitert werden.

Nimm an, dass die Geburtenrate $N'(t)$ proportional der Anzahl der jeweils vorhandenen Individuen ist, also: $N'(t) = \lambda N(t)$; $t \in \mathbb{R}$.

a) N_0 bezeichnet die Größe der Population zur Zeit $t = 0$.
Gib die zugehörige spezielle Lösung der Differentialgleichung an.

b) Mache die Annahme, dass zum Zeitpunkt 0 s in der Bakterienkolonie 100 Bakterien vorhanden sind und dass sich jedes Bakterium irgendwann innerhalb einer halben Stunde einmal teilt. Wie viele Bakterien sind nach 24 Stunden vorhanden?
Anmerkung: Dieses Modell eines Geburtenprozesses erweist sich als realistisch bei einer großen Population, die unter idealen Bedingungen wächst.

10. *Radioaktiver Zerfall* (vgl. auch Seite 62)

Ein radioaktives Präparat enthalte nur eine Sorte von Atomen. Aus der Erfahrung weiß man, dass die Anzahl der in einer bestimmten Zeit zerfallenen Atome proportional ist zur Anzahl $N(t)$ der jeweils noch vorhandenen Atome.

Da durch die Anzahl der zerfallenen Atome die Anzahl der noch vorhandenen Atome verringert wird, gilt: $N'(t) = -\lambda N(t)$ mit $\lambda \in \mathbb{R}^+$; $t \in \mathbb{R}$.

a) Bestimme alle Lösungen der Differentialgleichung.

b) Es sei N_0 die Anzahl der zur Zeit $t = 0$ vorhandenen Atome. Bestimme die spezielle Lösung.

c) Bestimme den Zusammenhang zwischen der Zerfallskonstanten λ und der Halbwertszeit T_H, d.h. der Zeit, nach der nur noch die Hälfte der Atome, verglichen mit der Ausgangszahl N_0, vorhanden ist.

▲ **11.** *Geburten- und Einwanderungsprozess*

Es gelten dieselben Bedingungen wie in Aufgabe 9. Zusätzlich wird eine Einwanderung von Individuen mit konstanter Rate zugelassen.

a) Stelle eine Differentialgleichung auf.

b) Zur Zeit $t = 0$ sei die Anzahl N_0. Gib die zugehörige spezielle Lösung an.

12. *Geburten und Sterbeprozess*

Betrachte eine Tierpopulation unter den Bedingungen wie in Aufgabe 9. Erweitere das Modell und berücksichtige für Individuen das Sterben. Die Änderung $N'(t)$ der Populationsgröße $N(t)$ ist bedingt durch die Geburtenrate $B'(t)$ (engl. *b*irth) und die Sterberate $D'(t)$ (engl. *d*eath):

$N'(t) = B'(t) - D'(t)$, dabei sei $B'(t) = \lambda N(t)$ und $D'(t) = \mu N(t)$. Betrachte die Funktionen N, B und D als stetige, differenzierbare Funktionen, obwohl dies nur eine Idealisierung sein kann.

a) Zeige: Die zugehörige spezielle Lösung der Differentialgleichung ist $N(t) = N_0 \cdot e^{(\lambda - \mu)t}$.

b) Erläutere das Verhalten der Population für $\lambda > \mu$, $\lambda = \mu$, $\lambda < \mu$.

c) 10 Mäuse gelangen zufällig in einen Getreidespeicher, in dem sich vorher noch keine Mäuse befanden. Für den Geburtssterbeprozess dieser Population soll gelten: $\lambda - \mu = 0{,}025\ \text{Tag}^{-1}$. Bestimme die Anzahl der Mäuse, die nach einem Jahr in dem Getreidespeicher sind.

▲ **13.** *Ionisierende Wirkung von Strahlung auf lebendes Gewebe*

Radioaktive Strahlung kann hochpolymere Moleküle wie Proteine und Nukleinsäuren irreversibel verändern; Bindungen zwischen Ketten können entstehen oder zerstört werden. Es sei n_0 die ursprüngliche Anzahl unbeschädigter Moleküle einer speziellen chemischen Verbindung, die in einer Zelle vorhanden sind und von denen man annimmt, dass sie gegen Strahlung anfällig sind. D sei die Stärke der ionisierenden Strahlung, die eine Einheitsfläche des Gewebes durchdringt. Es sei $n(D)$ die Anzahl der unbeschädigten Moleküle nach der Bestrahlung $(n < n_0)$.

Beachte: Statt der Zeit wird hier die Dosis als Variable gewählt.

Mache eine Modellannahme. Stelle danach die Differentialgleichung auf. Gib die spezielle Lösung an, die zu der *Anfangsbedingung* gehört.

▲ **14.** *Isotopenindikator*

In den Blutkreislauf wird eine bestimmte Tracerdosis radioaktiven Iods ^{131}I eingespritzt. Q_0 sei die ursprüngliche Masse Iods zur Zeit $t = 0$ und $Q = f(t)$ sei die Masse, die zum Zeitpunkt t im Blut zurückgeblieben ist. Ein Teil des Iods verlässt das Blut und tritt in den Urin ein. Ein anderer Teil des Iods gelangt in die Schilddrüse. Schließlich gibt es einen Verlust durch radioaktiven Zerfall. Es ist eine plausible Modellannahme, dass die jeweiligen Änderungsraten proportional zu $f(t)$ sind.

a) Stelle die Differentialgleichung auf und gib die zugehörige spezielle Lösung an.

b) Erläutere an der Lösung: Die Iodkonzentration im Blut nimmt exponentiell ab. Dieses einfache Gesetz gilt, obwohl das Iod das Blut mit unterschiedlichen Raten über verschiedene Wege verlässt.

15. *Absorption von Strahlen*

Dringt eine Strahlung der Intensität I_0 in ein Medium ein, so wird die Strahlung durch Absorption immer geringer. Wir nehmen an, die Änderung $I'(x)$ der Strahlung in der Eindringtiefe x sei der Strahlungsintensität $I(x)$ proportional. Berechne die Strahlungsintensität $I(x)$.

16. *Newtonsches Abkühlungsgesetz*
Ein Körper sei wärmer als seine Umgebung. Seine Temperatur ϑ ist eine Funktion der Zeit $\vartheta = f(t)$. Die Abkühlungsrate $f'(t)$ ist proportional der Differenz von Temperatur ϑ des Körpers und Umgebungstemperatur ϑ_s.

a) Stelle die Differentialgleichung auf. Gib die spezielle Lösung für die Anfangstemperatur ϑ_0 an.

b) Ein Körper kühle sich in 10 Minuten von 400 °C auf 300 °C ab, wobei die Lufttemperatur 20 °C ist. Wann hat der Körper sich auf 50 °C abgekühlt?

17.

a) In einem See, der maximal 400 Fische ernähren kann, werden 20 Fische ausgesetzt. Die Vergrößerung der Anzahl pro Jahr wird durch den Faktor $r = 0{,}1$ beschrieben.
Wie viele Fische sind nach 1, 2, 3, ..., 10 Jahren in dem See?
Bestimme die Lösung durch ein numerisches Näherungsverfahren.

b) Bestimme die Anzahl der Fische in dem See mithilfe der exakten Lösung. Vergleiche mit der numerisch gewonnenen Lösung.

18.
Ein Teich kann nöchstens 1000 Fischen Lebensraum geben. Am Anfang sind nur 10 Fische in dem Teich. Diese vermehren sich so, dass die Wachstumsrate 10 % des Unterschiedes zwischen 1000 und dem betreffenden Fischbestand beträgt. Die Einheit auf der Zeitachse ist das Jahr.

a) Gib die Funktion an, die den Fischbestand beschreibt.

b) Nach wie vielen Jahren sind 990 Fische zu erwarten?

19.
Das Wachstum von Pflanzen kann man mit dem Modell des begrenzten Wachstums beschreiben. Eine Pflanze sei 10 cm groß. Sie kann höchstens 20 m groß werden. Die Wachstumsrate sei 4 % des Unterschiedes zwischen 20 m und der jeweiligen Größe. Einheit auf der Zeitachse ist das Jahr.

a) Gib die Funktion an, die die Größe der Pflanze beschreibt.

b) Nach wie vielen Jahren hat die Pflanze eine Größe von mehr als 17 m erreicht?

20.
Übertrage die in Information (2) von Seite 301 für Wachstumsprozesse durchgeführten Überlegungen auf Abnahmeprozesse.

a) Stelle die zugehörigen Differentialgleichungen auf und bestimme die Lösungsmenge (kontinuierliches Modell).

b) Stelle die zugehörigen Rekursionsgleichungen auf (diskretes Modell).

6.3 Differentialgleichungen für Schwingungsvorgänge

Einführung **Aufstellen einer Differentialgleichung für einen Schwingungsvorgang**

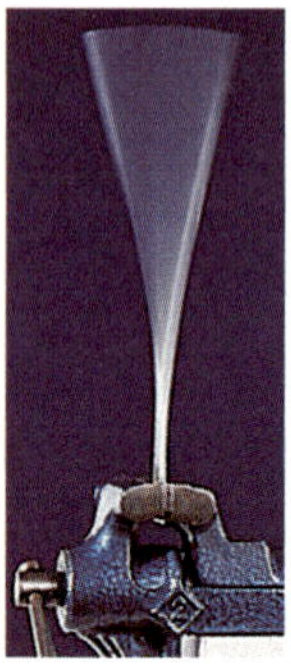

Schwingungen gibt es in großer Zahl in der Umwelt.
Wir betrachten hier nur die Schwingung einer Feder, gewissermaßen als Modell für eine beliebige Schwingung. Nach Auslenkung aus der Ruhelage führt der Wagen eine Schwingung aus.

Unser Ziel ist die Bestimmung der Weg-Zeit-Funktion $s = f(t)$ für die Schwingung einer Feder. Dazu stellen wir für die gesuchte Weg-Zeit-Funktion zunächst eine Differentialgleichung auf.

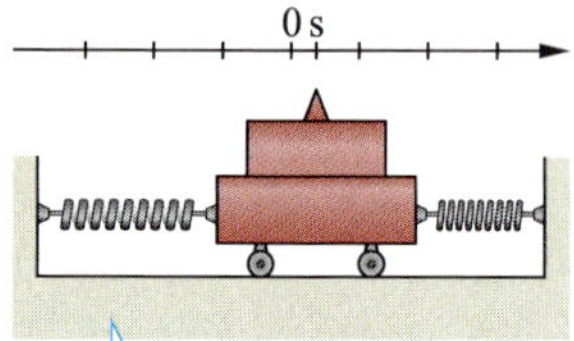

Dies ist ein einfaches Modell für eine Federschwingung.

Wir verwenden dazu eine Koordinatenachse, deren Nullpunkt mit der Ruhelage des Körpers zusammenfällt.
Wird eine Feder aus der Ruhelage ausgelenkt, so ist nach dem Hookeschen Gesetz die zurückziehende Kraft F proportional zur Auslenkung s, d. h. es gilt:
$F = -D \cdot s = -D \cdot f(t)$, wobei D die Federkonstante mit $D > 0$ ist.
Das Minuszeichen erklärt sich so: Die Kraft hat eine entgegengesetzte Richtung zur Auslenkung. Nach dem Grundgesetz der Mechanik gilt ferner:
$F = m a = m \cdot f''(t)$ wobei m die Masse und a die Beschleunigung des Körpers angibt.
Die Weg-Zeit-Funktion muss also die folgende Differentialgleichung erfüllen:
$m \cdot f'' = -D \cdot f$
Meist formt man diese Differentialgleichung um:
$m \cdot f''(t) + D \cdot f(t) = 0$
$f''(t) + \frac{D}{m} \cdot f(t) = 0$
$f''(t) + \omega^2 \cdot f(t) = 0$ mit $\omega = \sqrt{\frac{D}{m}}$

Aufgabe 1

a) Zeige, dass folgende Funktionen spezielle Lösungen der Differentialgleichung $f''(t) + \omega^2 f(t) = 0$ sind: (1) $t \mapsto \sin \omega t$; (2) $t \mapsto \cos \omega t$

b) Zeige: Wenn g und h Lösungen der Differentialgleichung $f''(t) + \omega^2 f(t) = 0$ sind, so ist auch $a \cdot g + b \cdot h$ mit $a \in \mathbb{R}$ und $b \in \mathbb{R}$ eine Lösung der Differentialgleichung.

c) Aus Teilaufgabe a) kennen wir zwei spezielle Lösungen. Was folgt daher aus der Lösung von Teilaufgabe b)?

Lösung

a) Wir bilden die Ableitungen und setzen ein:
(1) $f(t) = \sin \omega t$; $f'(t) = \omega \cdot \cos \omega t$; $f''(t) = -\omega^2 \cdot \sin \omega t$
Also: $f''(t) + \omega^2 f(t) = -\omega^2 \sin \omega t + \omega^2 \sin \omega t = 0$
(2) $f(t) = \cos \omega t$; $f'(t) = -\omega \sin \omega t$; $f''(t) = -\omega^2 \cos \omega t$
Also: $f''(t) + \omega^2 f(t) = -\omega^2 \cos \omega t + \omega^2 \cos \omega t = 0$

> Die Funktionen g und h mit $g(t) = \sin \omega t$ und $h(t) = \cos \omega t$ sind spezielle Lösungen der Differentialgleichung $f''(t) + \omega^2 \cdot f(t) = 0$.

b) Es gilt $g''(t) + \omega^2 g(t) = 0$ und $h''(t) + \omega^2 h(t) = 0$. Somit folgt:

$$\begin{aligned}
&\left(a \cdot g(t) + b \cdot h(t)\right)'' + \omega^2\left(a \cdot g(t) + b \cdot h(t)\right) \\
&\quad = a \cdot g''(t) + b \cdot h''(t) + \omega^2 \cdot a \cdot g(t) + \omega^2 \cdot b \cdot h(t) \\
&\quad = a\left(g''(t) + \omega^2 \cdot g(t)\right) + b\left(h''(t) + \omega^2 \cdot h(t)\right) \\
&\quad = a \cdot 0 + b \cdot 0 = 0
\end{aligned}$$

Satz 1

Wenn g und h Lösungen der Differentialgleichung $f''(t) + \omega^2 f(t) = 0$ sind, so ist auch $a \cdot g + b \cdot h$ mit $a \in \mathbb{R}$ und $b \in \mathbb{R}$ eine Lösung der Differentialgleichung.

c) Weil $t \mapsto \sin \omega t$ und $t \mapsto \cos \omega t$ spezielle Lösungen sind, ist auch jede Funktion f der Funktionenschar mit $f(t) = a \cdot \sin \omega t + b \cdot \cos \omega t$ eine Lösung der Differentialgleichung $f''(t) + \omega^2 f(t) = 0$. Also:

Satz 2

Die Funktionen f mit $f(t) = a \cdot \sin \omega t + b \cdot \cos \omega t$, wobei $a \in \mathbb{R}$ und $b \in \mathbb{R}$, sind Lösungen der Differentialgleichung $f''(t) + \omega^2 f(t) = 0$.

Information **(1) Die Lösungsmenge der Differentialgleichung $f''(t) + \omega^2 \cdot f(t) = 0$**

Man kann sogar beweisen, dass die Differentialgleichung $f''(t) + \omega^2 \cdot f(t) = 0$ keine anderen als die in Satz 2 angegebenen Lösungen hat.

Satz 3

Die Lösungsmenge der Differentialgleichung $f''(t) + \omega^2 \cdot f(t) = 0$ ist die Menge der Funktionen f mit $f(t) = a \cdot \sin \omega t + b \cdot \cos \omega t$, wobei $a \in \mathbb{R}$ und $b \in \mathbb{R}$.

▲ *Beweis:* Zu zeigen ist noch, dass sich alle Lösungen der Differentialgleichung in der Form $a \cdot \sin \omega t + b \cdot \cos \omega t$ schreiben lassen. Die Umkehrung hiervon, nämlich, dass jede Funktion $t \mapsto a \cdot \sin \omega t + b \cdot \cos \omega t$ eine Lösung der Differentialgleichung ist, wurde in der Aufgabe 1 oben gezeigt. Wir nehmen an, dass h irgendeine Lösung der Differentialgleichung ist.

1. Beweisschritt: Wir zeigen: Auch die Funktion g mit $g(t) = h(t) - (a \cdot \sin \omega t + b \cdot \cos \omega t)$ mit beliebigem $a \in \mathbb{R}$, und $b \in \mathbb{R}$ ist eine Lösung der Differentialgleichung.

Es gilt:

$$\begin{aligned}
g'(t) &= h'(t) - (a\omega \cos \omega t - b \cdot \omega \sin \omega t)\\
g''(t) &= h''(t) - (-a \cdot \omega^2 \sin \omega t - b \cdot \omega^2 \cos \omega t)\\
&= h''(t) + \omega^2 (a \cdot \sin \omega t + b \cdot \cos \omega t)\\
g''(t) + \omega^2 g(t) &= h''(t) + \omega^2 (a \cdot \sin \omega t + b \cdot \cos \omega t) + \omega^2 \big(h(t) - (a \sin \omega t + b \cos \omega t)\big)\\
&= h''(t) + \omega^2 h(t) = 0 \quad \text{(weil h eine Lösung der Differentialgleichung ist)}
\end{aligned}$$

2. Beweisschritt: Wir zeigen: Ist $a = \frac{h'(0)}{\omega}$ und $b = h(0)$, so folgt: $g(0) = 0$ und $g'(0) = 0$.

Es gilt:

$$g(0) = h(0) - \big(a \cdot \sin(\omega \cdot 0) + b \cdot \cos(\omega \cdot 0)\big) = h(0) - \big(a \cdot 0 + h(0) \cdot 1\big) = 0$$

$$g'(0) = h'(0) - \big(a \cdot \omega \cdot \cos(\omega 0) - b\omega \sin(\omega 0)\big) = h'(0) - \left(\omega \cdot \frac{h'(0)}{\omega} \cdot 1 - b \cdot \omega \cdot 0\right) = 0$$

3. Beweisschritt: Wir zeigen: Falls $a = \frac{h'(0)}{\omega}$ und $b = h(0)$, dann gilt für alle $t \in \mathbb{R}$: $g(t) = 0$

Dazu berechnen wir die Ableitung der Funktion k mit $k(t) = \big(g'(t)\big)^2 + \omega^2 \cdot \big(g(t)\big)^2$.

$$\begin{aligned}
k'(t) &= 2 \cdot g'(t) \cdot g''(t) + \omega^2 \cdot 2g(t) \cdot g'(t)\\
&= 2g'(t) \cdot \big(g''(t) + \omega^2 g(t)\big) = 2g'(t) \cdot 0 = 0 \quad \big(\text{nach Beweisschritt (1)}\big)
\end{aligned}$$

Daraus folgt, dass $k(t) = \text{const}$ ist für alle $t \in \mathbb{R}$. Da $g(0) = 0$ und $g'(0) = 0$ $\big(\text{nach (2)}\big)$, folgt $k(t) = 0$.

4. Beweisschritt: Wir zeigen: Jede beliebige Lösung h lässt sich in der Form $a \cdot \sin \omega t + b \cdot \cos \omega t$ schreiben.

Nach (3) ist $k(t) = 0$ für alle $t \in \mathbb{R}$. Da $k(t)$ eine Summe von zwei quadratischen Termen ist, die niemals negativ sein können, folgt:

$(g'(t))^2 = 0$, also $g'(t) = 0$ und $(g(t))^2 = 0$, also $g(t) = 0$

Weil $g(t) = 0$, folgt aus $g(t) = h(t) - (a \cdot \sin \omega t + b \cdot \cos \omega t)$, dass gilt:

$h(t) = a \cdot \sin \omega t + b \cdot \cos \omega t \quad \text{mit } a = \frac{h'(0)}{\omega}$ und $b = h(0)$ ■

(2) Differentialgleichungen 2. Ordnung

In der Differentialgleichung $f''(t) + \omega^2 \cdot f(t) = 0$ tritt die 2. Ableitung von f auf. Solche Differentialgleichungen heißen *Differentialgleichungen 2. Ordnung.* Allgemein gibt der Grad der höchsten Ableitung, die in einer Differentialgleichung auftritt, die Ordnung der Differentialgleichung an.

(3) Differentialgleichung einer gedämpften Schwingung

Durch $f''(t) + \omega^2 \cdot f(t) = 0$ wird die Gleichung einer ungedämpften Schwingung mit zeitlich konstanter Amplitude beschrieben. Wegen der Reibungskraft nimmt bei einem schwingenden Körper, dem von außen keine Energie zugeführt wird, die Amplitude ständig ab. Die Reibungskraft ist häufig proportional zur Geschwindigkeit $v = f'(t)$ des Körpers, sodass die Differentialgleichung einer *gedämpften* Schwingung die Form

$f''(t) + k \cdot f'(t) + \omega^2 \cdot f(t) = 0$

annimmt. Lösungen dieser Gleichung haben z. B. die Form

$f(t) = e^{-at} \cdot \cos(bt)$ (vgl. Seiten 264, 265)

Auf eine ausführliche Behandlung der *Differentialgleichung einer gedämpften Schwingung* soll hier verzichtet werden.

Weiterführende Aufgaben

2. *Differentialgleichung für verschiedene physikalische Vorgänge*

Eine Schwingung ist ein physikalischer Vorgang. Auch für andere physikalische Vorgänge kann man Differentialgleichungen aufstellen.

Stelle eine Differentialgleichung auf für die Weg-Zeit-Funktion

a) für den freien Fall; **b)** für den senkrechten Wurf;

c) für den Fall aus dem Weltall auf die Erde (unter Berücksichtigung der Änderung der Erdanziehungskraft mit dem Abstand);

d) für den Fall, dass die Reibung proportional zur Geschwindigkeit ist.

3. *Andere Schreibweise für die Lösungen der Differentialgleichung der ungedämpften Schwingung*

a) Gegeben sei die Funktionenschar $f_{A,\varphi}$ mit $f_{A,\varphi}(t) = A \cdot \sin(\omega t + \varphi)$, wobei $0 \leq \varphi < 2\pi$.
Zeige, dass die zugehörige Differentialgleichung lautet: $f''(x) + \omega^2 \cdot f(x) = 0$.

b) Zeige, dass sich jede Funktion g mit $g(t) = A \cdot \sin(\omega t + \varphi)$ in der Form $g(t) = a \cdot \sin \omega t + b \cdot \cos \omega t$ schreiben lässt und umgekehrt.
Bestimme a und b bzw. A und φ. Was folgt daraus für die Lösungsmenge der Differentialgleichung?

c) Betrachte ähnlich die Funktionenschar mit $f_{B,\varphi}(t) = B \cdot \cos(\omega t + \varphi)$ mit $B \in \mathbb{R}$ und $0 \leq \varphi < 2\pi$.

Übungsaufgaben

4.
Bei einer ungedämpften Schwingung seien zum Zeitpunkt $t = 0$ die Auslenkung s_0 und die Geschwindigkeit v_0 gegeben. Bestimme unter den Lösungen $a \sin \omega t + b \cos \omega t$ diejenige Lösung, welche diesen Anfangsbedingungen genügt.

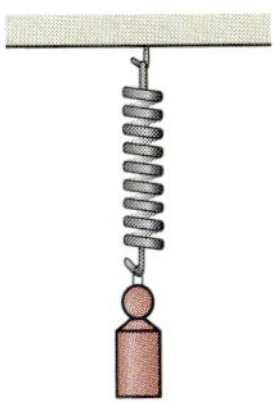

5.
Ein Körper führt an einer Feder eine Schwingung aus. Gegeben sind die Masse $m = 0{,}1$ kg des Körpers, die Federkonstante $D = 15\,\frac{N}{m}$ und die maximale Auslenkung $A = 0{,}1$ m, die zum Zeitpunkt 0 s erfolgt.

a) Bestimme die Weg-Zeit-Funktion, die Geschwindigkeit-Zeit-Funktion und die Schwingungsdauer T.

b) Mit welcher Geschwindigkeit geht der Körper durch die Ruhelage?

6.
Ein Körper an einer Feder werde dadurch in eine Schwingung versetzt, dass ihm in seiner Ruhelage zum Zeitpunkt 0 s durch einen Stoß eine Anfangsgeschwindigkeit $v_0 = 0{,}3\,\frac{m}{s}$ erteilt wird. Die Masse des Körpers sei $m = 0{,}2$ kg, die Federkonstante $D = 20\,\frac{N}{m}$.

a) Gib die Weg-Zeit-Funktion und die Geschwindigkeit-Zeit-Funktion an.

b) Bestimme die Amplitude (maximale Auslenkung) der Schwingung.

▲ **7.** *Elektrischer Schwingkreis*
Ein Kondensator wird auf eine konstante Spannung U_0 aufgeladen. Dann wird die Verbindung zur Stromquelle gelöst und der Kondensator mit einer Spule verbunden. Da ein geschlossener Stromkreis vorliegt, gilt $U_C + U_{Sp} = 0$, wobei U_C die Spannung am Kondensator und U_{Sp} die Spannung an der Spule ist.
Dabei ist U_C eine Funktion der Zeit: $U_C = f(t)$.

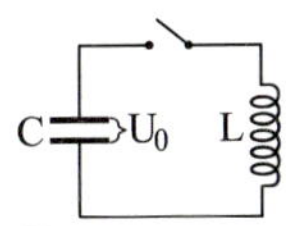

C = Kapazität des Kondensators
L = Induktivität der Spule

Weiterhin gilt: $U_C = \frac{1}{C} \cdot Q(t)$ und $U_{Sp} = L \cdot I'(t)$,
wobei Q die Ladung des Kondensators und I die Stromstärke ist.
Setze diese Beziehungen in die Bedingung für den geschlossenen Stromkreis ein. Berücksichtige $Q'(T) = I(t)$. Leite daraus eine Differentialgleichung her und bestimme eine spezielle Lösung der Differentialgleichung $\left(I(0) = 0,\ U(0) = U_0\right)$.

8.
Fasse die Erde als eine homogene Kugel auf und nimm an, dass durch den Mittelpunkt ein Schacht getrieben sei. In den Schacht falle von der Erdoberfläche aus reibungsfrei ein Körper. Untersuche die Bewegung des Körpers.
Anleitung: Die Anziehung auf den Körper ist dem Teil der Erdmasse proportional, der sich in einer konzentrischen Kugel bis zur jeweiligen Lage erstreckt.

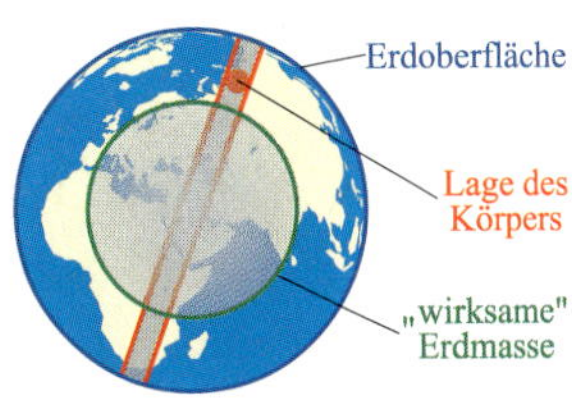

6.4 Vermischte Übungen

1.
Bestimme durch Separation die Lösungsmenge der Differentialgleichung.

a) $f'(x) = f(x)^2 \cdot x^2,\ f(x) > 0$
b) $f'(x) = \frac{x}{f(x)},\ f(x) > 0$
c) $f'(x) - x \cdot e^{f(x)} = 0,\ f(x) > 0$
d) $f'(x) + \sin x \cdot f(x) = 0,\ f(x) > 0$
e) $f'(x) \cdot x + f(x) = 0,\ f(x) > 0$
f) $f'(x) \cdot f(x) + f(x)^2 = 0,\ f(x) > 0$

2.
Bestimme die Lösungsmenge der Differentialgleichung.

a) $f'(x) \cdot x - f(x) = x^2 \cdot e^x,\ f(x) > 0$
b) $x \cdot f'(x) - f(x) + (x+1)e^{-x} = 0,\ f(x) > 0$
c) $f'(x) \cdot \sin x + f(x) \cdot \cos x = e^x,\ f(x) > 0$
d) $f'(x) \cdot \sqrt{x} + \frac{f(x)}{2\sqrt{x}} = e^x,\ f(x) > 0$

CAS **3.**
Gegeben ist die Differentialgleichung $f'(x) - f(x) = x$. Zeichne (mithilfe eines CAS) ein Richtungsfeld. Zeige, dass die Funktionen $f_c\colon x \mapsto c e^x - x - 1,\ c \in \mathbb{R}$ Lösungen der Differentialgleichung sind. Zeichne die Graphen von f_c für $c = -1; 0; 1$ in das Richtungsfeld ein.

4.
Gegeben ist die Differentialgleichung $e^x + f(x) - f'(x) = 0$. Zeichne (mithilfe eines CAS) ein Richtungsfeld. Zeige, dass die Funktionen $f_c\colon x \mapsto (x - c) \cdot e^x,\ c \in \mathbb{R}$ Lösungen der Differentialgleichung sind. Zeichne die Graphen von f_c für $c = -2; 0; 2$ in das Richtungsfeld ein.

5.
Gegeben das Anfangswertproblem $f'(x) = f(x) + x^2,\ f(0) = 1$.

a) Bestimme numerisch eine Lösung.

b) Zeige, dass f mit $f(x) = 3 \cdot e^x - x^2 - 2x - 2$ eine exakte Lösung ist und vergleiche die exakten und die angenäherten Werte. Bestimme alle Lösungen der Differentialgleichung $f'(x) = f(x) + x^2$.

c) Zeige, dass Differentialgleichung $f'(x) = f(x) + x^n,\ n \in \mathbb{N}$, von den Funktionen f_c mit $f_c(x) = e^x\left(\int x^n e^{-x}\,dx - c\right)$ und $c \in \mathbb{R}$ gelöst wird.

6. *Freier Fall mit Luftwiderstand*
Für den freien Fall eines Körpers mit Luftwiderstand gilt für die Geschwindigkeit-Zeit-Funktion $t \mapsto v(t)$ die Differentialgleichung $m \cdot g - c \cdot (v(t))^2 = m \cdot v'(t)$. Hierbei ist m die Masse des Körpers, g die Erdbeschleunigung $g = 9{,}8\ \mathrm{ms}^{-2}$ und c eine vom Körper abhängige Konstante.

a) Löse die Differentialgleichung numerisch für folgende Beispiele:
(1) $m = 1\ \mathrm{kg},\ c = 1\ \frac{\mathrm{kg}}{\mathrm{m}}$ (2) $m = 1\ \mathrm{kg},\ c = 0{,}5\ \frac{\mathrm{kg}}{\mathrm{m}}$ (3) $m = 3\ \mathrm{kg},\ c = 1\ \frac{\mathrm{kg}}{\mathrm{m}}$ (4) $m = 0{,}5\ \mathrm{kg},\ c = 1\ \frac{\mathrm{kg}}{\mathrm{m}}$
Wann hat der Körper praktisch eine konstante Geschwindigkeit erreicht? Verwende 0,1 s als Schrittweite. Beachte auch: Zum Zeitpunkt $t = 0$ hat der Körper die Geschwindigkeit 0.

b) Löse die Differentialgleichung durch Separation der Variablen. Dabei muss verwendet werden: $\operatorname{arctanh}' x = \frac{1}{1 - x^2}$ oder Partialbruchzerlegung.

c) Wie groß ist die praktisch konstante Endgeschwindigkeit des Körpers?

d) Erfahrungsgemäß hat ein Fallschirmspringer vor Öffnen des Fallschirms die Endgeschwindigkeit $55\ \frac{\mathrm{m}}{\mathrm{s}}\ \left(= 200\ \frac{\mathrm{km}}{\mathrm{h}}\right)$ erreicht. Wie groß ist die Widerstandskonstante c für einen solchen Fallschirmspringer? ($m = 75\ \mathrm{kg}$). Nach wie vielen Sekunden ist diese Endgeschwindigkeit praktisch erreicht?

7. *Autokatalytischer Prozess*
Autokatalytische Prozesse in der Chemie sind dadurch gekennzeichnet, dass die im chemischen Prozess umgewandelte Substanz auf diesen Prozess wiederum katalytisch wirkt. Die Konzentration der zum Zeitpunkt t vorhandenen Substanz sei mit f (t) bezeichnet.
Dann ist für einen kleinen Zeitraum h die Veränderung der Konzentration $f(t+h) - f(t)$ positiv proportional zu f (t) und zu $a_0 - f(t)$, wobei a_0 die anfängliche Konzentration bezeichnet, sowie zu h:
$f(t+h) - f(t) = c \cdot f(t) \cdot \big(a_0 - f(t)\big) \cdot h$.

a) Mache diese Proportionalitäten plausibel.

b) Leite aus der angegebenen Gleichung die Differentialgleichung $f'(t) = c \cdot f(t) \cdot \big(a_0 - f(t)\big)$ her und löse die Differentialgleichung.

8. *Weber-Fechnersches Gesetz*
Das Weber-Fechnersche Gesetz besagt, dass das subjektive Empfinden f (x) eines Reizzustandes (z. B. Lärm, Helligkeit) logarithmisch von der physikalischen Messgröße x abhängt: $f(x) = c \cdot \frac{\ln x}{\ln x_0}$, $x \geq x_0$.
Dabei bezeichnet x_0 den Schwellenwert des Reizes, d. h. diejenige Intensität, für die $f(x_0) = 0$ und $f(x) > 0$ für $x > x_0$ ist. Dieses Gesetz gilt näherungsweise in den Mittelbereichen fast aller Sinnesgebiete.
Leite diesen Zusammenhang aus der Gleichung $f(x+h) - f(x) = c \cdot \frac{(x+h) - x}{x}$, für $x \geq x_0$, mit $c \in \mathbb{R}$ her. Interpretiere die angegebene Differenzengleichung aus der Alltagserfahrung.

9.
Eine Population wachse exponentiell mit der Geburtenrate $c_1 > 0$ und der Sterberate $c_2 > 0$. Die Anzahl der Individuen zum Zeitpunkt $t = 0$ sei n_0.

a) Gib eine Differentialgleichung an, die den Wachstumsprozess beschreibt, und bestimme die Lösung f. Nach wie vielen Jahren hat sich die Anzahl der Individuen verdoppelt, falls $c_1 > c_2$ 'St?

b) Für $t \geq 0$ gebe $g: t \mapsto g(t)$ die Anzahl *aller* Geburten im Zeitintervall [0; t] an. Bestimme g (t).

10.
a) Zeige dass die Funktion h mit $h(t) = \frac{20}{2 - e^{0{,}1\,t}}$ Lösung des Anfangswertproblems $h'(t) = 0{,}01\, h(t) \cdot \big(h(t) - 10\big)$ mit $h(0) = 20$ ist. Berechne die Polstelle t_0 der Funktion h und fertige mithilfe von Monotoniebetrachtungen eine Skizze des Graphen von h an.

b) Man kann die Funktion h im Intervall $[0; t_0[$ als Wachstumsfunktion auffassen. Vergleiche den durch h beschriebenen Wachstumsprozess mit dem durch die Funktion f_1 mit $f_1(t) = 20\, e^{0{,}1\,t}$ beschriebenen Wachstumsprozess durch Betrachtung der jeweiligen spezifischen Wachstumsraten.

11.
^{234}U zerfällt mit der Halbwertszeit $24{,}4 \cdot 10^4$ Jahre in das Element ^{230}Th. Dieses Element ^{230}Th zerfällt seinerseits mit der Halbwertszeit $7{,}7 \cdot 10^4$ Jahre in ^{226}Ra. $f_1(t)$ sei die Anzahl der ^{234}U-Atome zum Zeitpunkt t, $f_2(t)$ sei die Anzahl der ^{230}Th-Atome zum Zeitpunkt t.

a) Bestimme die Zerfallskonstante α_1 von ^{234}U und α_2 von ^{230}Th.

b) Gib $f_1(t)$ an, falls der Anfangsbestand an ^{234}U-Atomen n_0 ist.

c) Gib eine Differentialgleichung für die Funktion f_2 an.
Beachte, dass beim Zerfall von ^{234}U-Atomen jeweils ^{230}Th-Atome neu entstehen, während ^{230}Th-Atome mit der in Teilaufgabe a) ermittelten Zerfallskonstanten wieder zerfallen.

d) Weise nach, dass $f_2(t) = \frac{\alpha_1}{\alpha_2 - \alpha_1} \cdot n_0 (e^{-\alpha_1 t} - e^{-\alpha_2 t})$ die Differentialgleichung aus Teilaufgabe c) zum Anfangswert $f_2(0) = 0$ löst.

Exkurs

Mathematisches Modellieren

1. Die Anwendung der Mathematik auf die real existierende Wirklichkeit

Die Mathematik wird in vielfältiger Weise auf die Wirklichkeit angewandt.
Das geschieht im täglichen Leben, wenn wir z. B. beim Einkaufen die Kosten überschlagen.
Das geschieht in klassischer Weise in der *Physik*, der *Elektrotechnik*, dem *Maschinenbau* und der *Baustatik*. Unsere Technik und ihre Zuverlässigkeit ist ohne mathematische Anwendungen undenkbar.
Im 20. Jahrhundert ist die Mathematik in immer mehr wissenschaftliche Disziplinen oder Teile dieser Disziplinen eingedrungen: Biologie, Chemie, Psychologie, Betriebswirtschaftslehre, Volkswirtschaftslehre, Linguistik, Medizin, Soziologie, Pädagogik. Wenn man diese Wissenschaften studieren möchte, muss man – je nach Schwerpunktbildung – auch bereit sein, mathematische Studien einzubeziehen.

2. Mathematisches Modellieren als geistige Tätigkeit beim Anwenden von Mathematik

Wichtiger Bestandteil des Anwendens von Mathematik auf die real existierende Wirklichkeit ist das *mathematische Modellieren.*
Diese Tätigkeit ist durchaus vergleichbar mit der eines Designers, der aus formbarem Ton ein besonders schönes Exemplar (Modell) eines Haushaltsgerätes oder technischen Gerätes gestaltet (modelliert).
Mathematik ist nicht unmittelbar auf die Wirklichkeit anwendbar, sondern nur auf dem Wege über das Bilden von Modellen der Wirklichkeit
Dieses *Bilden von Modellen*[1] *der real existierenden Wirklichkeit zum Zwecke der Anwendung der Mathematik heißt mathematisches Modellieren.* Doch was sind Modelle?

[1] Modell lat.: Maß, Form, Gestalt

3. Der Begriff des Modells

Der Modellbegriff taucht in vielen Zusammenhängen auf. Wir betrachten hier nur den Begriff des Modells bezüglich der Anwendung der Mathematik auf die Wirklichkeit.

Modelle sind gedankliche Konstrukte[2], welche in die real existierende Wirklichkeit hineininterpretiert, hineingesehen werden

Diese Konstrukte werden durch zwei verschiedene, aber eng zusammenhängende geistige Tätigkeiten gebildet:

- durch die *Tätigkeit des Abstrahierens*, bei der von Eigenschaften in der Wirklichkeit abgesehen wird; Eigenschaften, von denen man weiß oder nur annimmt, dass sie für die Problemlösung unwesentlich sind,
- Durch die *Tätigkeit des Idealisierens*, bei welcher Eigenschaften in der Wirklichkeit angenommen bzw. zur Wirklichkeit hinzugefügt werden; Eigenschaften von denen man weiß oder auch nur annimmt, dass sie für die Problemlösung wesentlich sind.

Beide geistige Tätigkeiten *Abstrahieren und Idealisieren* machen das mathematische Modellieren aus. Sie hängen eng zusammen. Deswegen spricht man auch von *idealisierender Abstraktion.*

4. Beispiele für Modelle

4.1 Der Massenpunkt als Modell
Häufig denkt man sich einen Körper nur als Punkt, der sich auf einer bestimmten Kurve bewegt. Man abstrahiert also von der Ausdehnung des Körpers und denkt sich idealisiert die Masse in einem Punkt, dem Massenpunkt als idealisiertem Abstraktum. So wird der Ball in Aufgabe 37, Seite 100 als Punkt idealisiert. Seine Flugbahn wird folglich als Parabel gedacht.
Als Folgerung kann man z. B. die maximale Wurfweite berechnen und das erhaltene Ergebnis mit dem tatsächlich durchgeführten Wurf vergleichen.

[2] von lat. construere: bauen, aufbauen, bilden, formen, gestalten, konstruieren

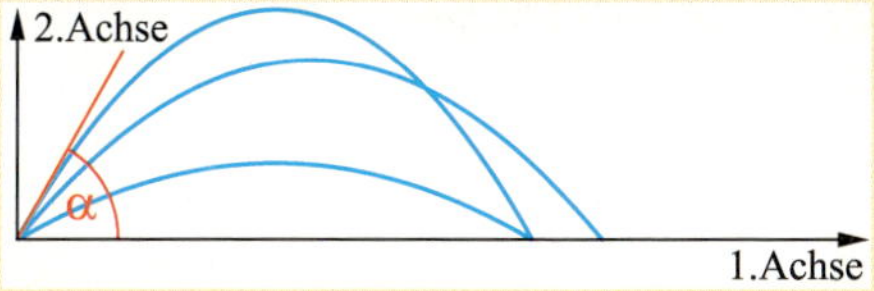

4.2 Geraden als Modelle

Dieses Modell liegt bei den Lichtstrahlen vor. Beim real existierenden Licht gibt es keine einzelnen Lichtstrahlen. Diese sind idealisierende Abstraktionen. Macht man zusätzlich bei dem Modell die Annahme, dass die Länge des Lichtweges bzw. die Zeit zum Durchlaufen des Lichtweges minimal sein soll, so kann man daraus das Reflexionsgesetz und das Brechungsgesetz folgern (siehe Seite 100, Aufgabe 39).

Reflexionsgesetz:

$\alpha = \beta$

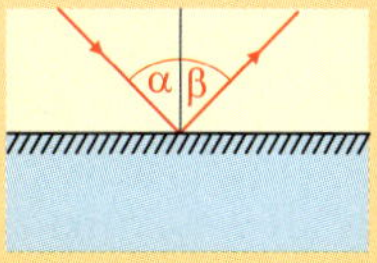

Brechungsgesetz:

$\frac{\sin\alpha}{\sin\beta} = \frac{v_1}{v_2}$

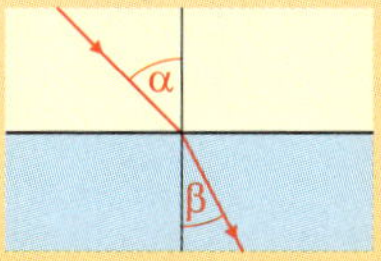

Beide Gesetze kann man empirisch überprüfen. Auch den Kurs eines Flugzeuges denkt man sich als eine Gerade.
Kanten von Bauwerken werden als Geradenstücke angenommen.

4.3 Geometrische Körper als Modelle

In Aufgabe 8 von Seite 96 soll aus einem Baumstamm mit kreisförmigem Querschnitt und gegebenem Durchmesser d ein Balken so geschnitten werden, dass seine Tragfähigkeit maximal wird.

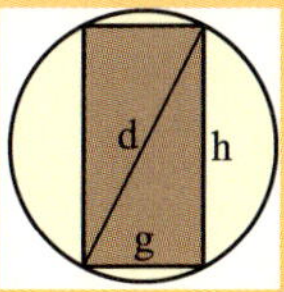

Hier wird die idealisierende Abstraktion vorgenommen, dass der Baumstamm ein Zylinder und der Balken ein Quader ist. Zusätzlich macht man die Annahme, dass die Tragfähigkeit zu g und zum Quadrat von h proportional ist.
In diesem Modell folgert man mathematisch als Lösung der Aufgabe, dass man $g = \frac{d}{3}\sqrt{3}$ und $h = \frac{d}{3}\sqrt{6}$ wählen muss.

4.4 Modelle in der Stochastik

Das zu einem stochastischen Sachverhalt gehörende komplexe System von Ergebnismenge, Wahrscheinlichkeitsfunktion, Zufallsgröße ist ein stochastisches Modell.

4.5 Komplexe Modelle

Ein komplexes Modell liefert das Beispiel aus der Segelflugpraxis Seite 236. Die idealisierende Abstraktion besteht darin, dass die Aufwindgebiete (Bärte) als Zylinder angesehen werden. Annahmen sind hier, dass die Entfernung a zwischen zwei Bärten als groß gegenüber der Steigungshöhe h anzusehen ist und dass die Steiggeschwindigkeit v_{St} in allen Bärten gleich ist. Man kann daraus die günstigste Geschwindigkeit c für das Segelflugzeug bestimmen und dieses Ergebnis bei Wettbewerben testen.

4.6 Das expandierende Weltmodell

Die Hypothese von der Ausdehnung des Weltalls geht davon aus, dass sich das Weltall, also die dreidimensionale Sphäre ausdehnt. Daraus ließ sich dann die Rotverschiebung von Spektrallinien folgern, die wiederum experimentell bestätigt werden kann.

4.7 Vorgänge als Modelle

Auch die linearen und exponentiellen Wachstums- bzw. Abnahmevorgänge und deren Überlagerung sowie das begrenzte und das logistische Wachstum sind Modelle für real existierende Vorgänge (Seiten 6ff sowie Seiten 301/302).

5. Schritte beim Anwenden der Mathematik auf die real existierende Wirklichkeit

In einem ersten Schritt wird durch idealisierende Abstraktion und zusätzliche mathematische Annahmen ein mathematisches Modell M_1 gebildet. Aus diesem Modell wird durch logische Folgerung ein Ergebnis E_1 gewonnen, welches wieder mit der Wirklichkeit verglichen und überprüft wird. Ist diese Überprüfung zufriedenstellend, so ist das Modell erfolgreich gewesen. Kommt man bei der Überprüfung zu keinem zufriedenstellenden Ergebnis, so wird das Modell M_1 völlig verworfen oder es wird verbessert zu einem Modell M_2. Aus diesem werden wieder Folgerungen E_2 gezogen, die mit der Wirklichkeit verglichen werden.
So kann man fortfahren und zu immer besseren Modellen gelangen.

7. APPROXIMATION VON FUNKTIONEN

Bestimmung von Funktionswerten mithilfe sogenannter Tafeln

Die Berechnung von Funktionswerten – z. B. für die rationale Funktion f mit $f(x) = \frac{3x^2 - x + 5}{x^3}$ – erfolgt unmittelbar nur mit den vier Grundoperationen $+$, $-$, $\cdot$ sowie $:$. Wie kann man aber beispielsweise $\sqrt{319}$ oder auch $\sin(4{,}2°)$ bestimmen? Natürlich mit einem Taschenrechner!

Solche technischen Hilfsmittel hat man in der Schule erst seit etwa 1978/79 zur Verfügung. Ein Rechner, der solche Funktionswerte berechnen konnte, kostete damals ungefähr 2 700 DM. Bereits zwei Jahre später konnten auch erste bezahlbare Rechner in Schulen eingesetzt werden.
Vor dieser Zeit benutzte man in der Schule „Tafeln“, in denen solche Funktionswerte aufgelistet waren. Der rechts abgebildete Ausschnitt aus einem sogenannten „Tafelwerk“ stammt aus dem Jahr 1969.

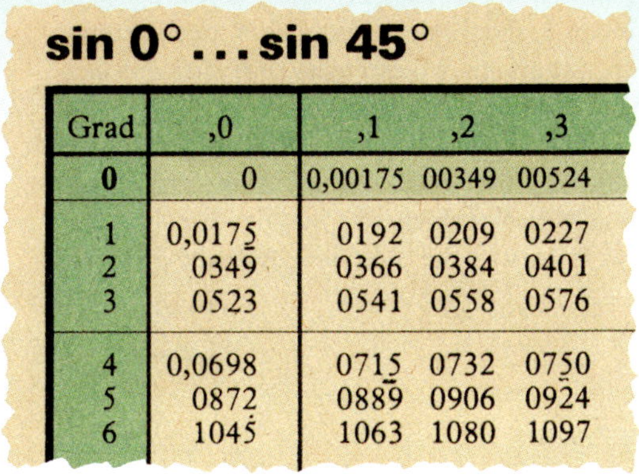

sin 0° ... sin 45°

Grad	,0	,1	,2	,3
0	0	0,00175	00349	00524
1	0,0175	0192	0209	0227
2	0349	0366	0384	0401
3	0523	0541	0558	0576
4	0,0698	0715	0732	0750
5	0872	0889	0906	0924
6	1045	1063	1080	1097

Approximation von Funktionen

Wie wurden die Funktionswerte in den „Tafeln“ berechnet?
Auch diese Funktionswerte wurden nur mithilfe der vier Grundoperationen bestimmt. Man berechnet solche Werte näherungsweise. Dazu werden die Funktionen häufig durch Polynome angenähert, man sagt **approximiert** (von lat. approximare: herankommen, sich nähern). Die Abbildung rechts zeigt unendliche Reihenentwicklungen für Funktionen aus einer Formelsammlung für Techniker und Ingenieure aus dem Jahr 1974.
Wir werden in diesem Kapitel lernen, wie man zu Näherungspolynomen und Reihenentwicklungen kommt.

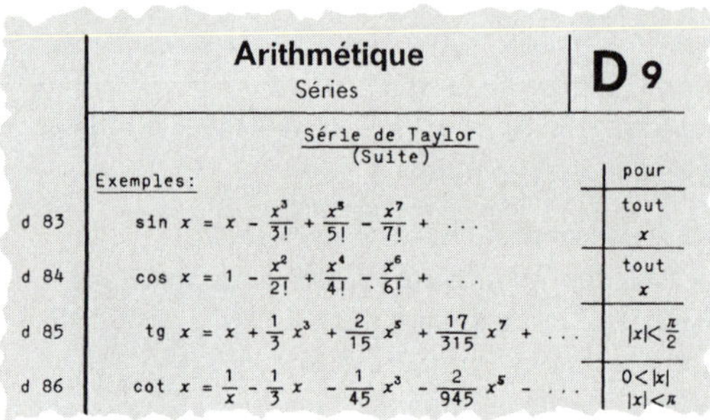

Arithmétique — Séries — **D 9**

Série de Taylor (Suite)

Exemples:

		pour
d 83	$\sin x = x - \frac{x^3}{3!} + \frac{x^5}{5!} - \frac{x^7}{7!} + \ldots$	tout x
d 84	$\cos x = 1 - \frac{x^2}{2!} + \frac{x^4}{4!} - \frac{x^6}{6!} + \ldots$	tout x
d 85	$\operatorname{tg} x = x + \frac{1}{3}x^3 + \frac{2}{15}x^5 + \frac{17}{315}x^7 + \ldots$	$\lvert x\rvert < \frac{\pi}{2}$
d 86	$\cot x = \frac{1}{x} - \frac{1}{3}x - \frac{1}{45}x^3 - \frac{2}{945}x^5 - \ldots$	$0 < \lvert x\rvert$, $\lvert x\rvert < \pi$

Approximation von Funktionswerten durch Taschenrechner und Computer

Auch in Rechnern erfolgt die Bestimmung von Funktionswerten nur mittels der vier Grundoperationen. Die oben beschriebenen Näherungsverfahren sind in Taschenrechnern und Computern fest implementiert und werden aktiviert, wenn man z. B. $\sqrt{319}$ oder auch $\sin(4{,}2°)$ eingibt (vgl. dazu auch den Blickpunkt auf den Seiten 328 und 329).
In der heutigen Zeit unterscheiden Taschenrechner mit Computer-Algebra-Systemen zwischen exaktem Rechnen und näherungsweisem Rechnen. Man muss auf solchen Rechnern zuvor den gewünschten Modus auswählen. Unten links wurde die quadratische Gleichung im Modus EXACT gelöst und unten rechts im Modus APPROXIMATE. Manche Rechner verfügen außerdem noch über einen AUTO-Modus, dabei entscheidet der Rechner in Abhängigkeit von der Eingabe, ob er ein Näherungsverfahren benutzt oder exakt mit algebraischen Ausdrücken arbeitet. Bei Eingabe einer Zahl mit Komma wird automatisch ein Näherungsverfahren benutzt.

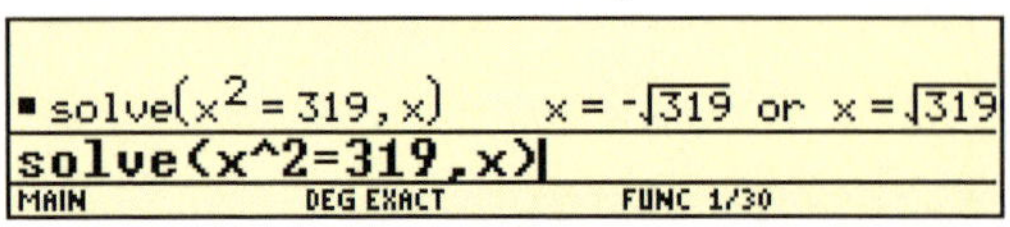

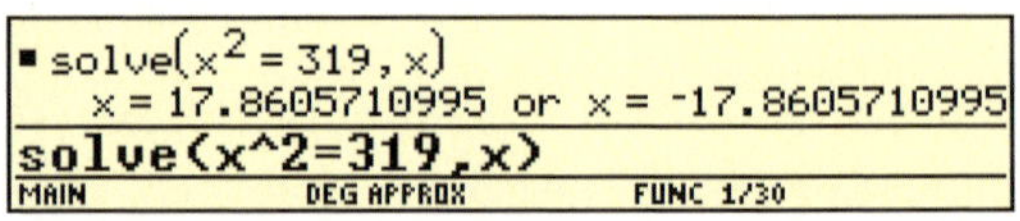

7.1 Polynominterpolation

Einführung Von der Sinus-Funktion kennen wir bereits aus der Mittelstufe bestimmte exakte Werte wie z. B.

$\sin(45^\circ) = \sin\left(\frac{\pi}{4}\right) = \frac{1}{2} \cdot \sqrt{2}$,

$\sin(60^\circ) = \sin\left(\frac{\pi}{3}\right) = \frac{1}{2} \cdot \sqrt{3}$.

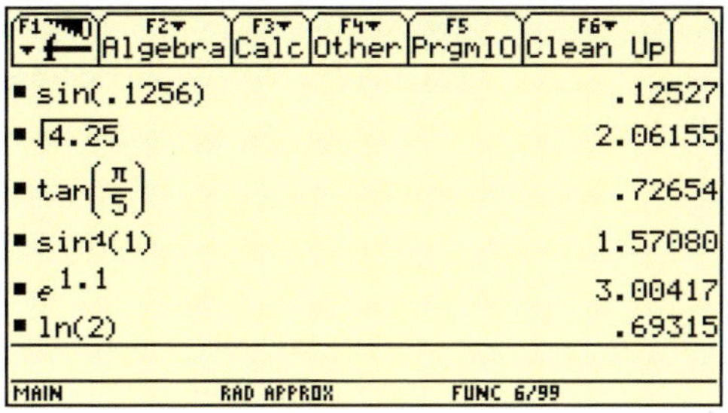

Man gewinnt diese Werte durch geometrische Überlegungen. Möchte man Sinus-Werte an beliebigen Stellen ermitteln, so kann man versuchen, die Sinus-Funktion durch eine ganzrationale Funktion (Polynomfunktion) zu *approximieren* (anzunähern). Das abgebildete Rechnerfenster zeigt Approximationen verschiedener Funktionswerte an. Im Abschnitt 7.1 lernen wir die *Polynominterpolation* als spezielle Art der Approximation kennen.

Interpolare lat. zurechtstutzen, zurichten; inter lat. zwischen; polare lat. glätten

Aufgabe 1 *Bestimmen einer Polynomfunktion als Approximation der Sinus-Funktion*

Von der Sinus-Funktion kennt man die Wertetabelle

x	0	$\frac{\pi}{4}$	$\frac{\pi}{2}$
sin x	0	$\frac{1}{2}\sqrt{2}$	1

Bogenmaß

Die Terme $P_n(x)$ von Polynomfunktionen sind wie folgt aufgebaut:

$P_n(x) = a_n \cdot x^n + a_{n-1} \cdot x^{n-1} + \ldots + a_1 x + a_0$

Die Zahl n ($n \in \mathbb{N}$) heißt der Grad der Polynomfunktion,

die $a_i \in \mathbb{R}$ heißen Koeffizienten.

Beispiel: $P_4(x) = -\frac{1}{4}x^4 + x^3 - 1.4$

ist eine Polynomfunktion vierten Grades.

a) Welches quadratische Polynom P_2 mit $P_2(x) = a_2 \cdot x^2 + a_1 \cdot x + a_0$ liefert dieselbe Wertetabelle?

b) Approximiere mithilfe des Ergebnisses von Teilaufgabe a) $\sin\left(\frac{\pi}{6}\right)$, $\sin\left(\frac{\pi}{3}\right)$, $\sin(\pi)$. Bewerte die Resultate.

Lösung

a) (1) *Aufstellen eines linearen Gleichungssystems für die Koeffizienten von $P_2(x)$*

Es muss gelten: $P_2(0) = 0$; $P_2 = \left(\frac{\pi}{4}\right) = \frac{1}{2}\sqrt{2}$; $P_3\left(\frac{\pi}{2}\right) = 1$.

Also ist mit $P_2(x) = a_2 \cdot x^2 + a_1 \cdot x + a_0$:

$$\left| \begin{array}{l} a_2 \cdot 0^2 + a_1 \cdot 0 + a_0 = 0 \\ a_2 \cdot \left(\frac{\pi}{4}\right)^2 + a_1 \cdot \left(\frac{\pi}{4}\right) + a_0 = \frac{1}{2}\sqrt{2} \\ a_2 \cdot \left(\frac{\pi}{2}\right)^2 + a_1 \cdot \left(\frac{\pi}{2}\right) + a_0 = 1 \end{array} \right|$$

Statt lineares Gleichungssystem schreiben wir kurz LGS

(2) *Lösung des LGS*

Mittels eines Lösungsverfahrens für LGS (z. B. dem Gauss-Algorithmus) oder mithilfe eines CAS erhält man:

$a_0 = 0$; $\quad a_1 = \frac{4\sqrt{2} - 2}{\pi}$; $\quad a_2 = \frac{8(1 - \sqrt{2})}{\pi^2}$

Also: $P_2(x) = \frac{8(1-\sqrt{2})}{\pi^2} \cdot x^2 + \frac{4\sqrt{2} - 2}{\pi} \cdot x \approx \sin(x)$

Also ungefähr: $P_2(x) = 1{,}16401\,x^2 - 0{,}33575\,x$

b) (1) $P_2\left(\frac{\pi}{6}\right) = \frac{4\sqrt{2}-1}{9} \approx 0.5174 \approx \sin\frac{\pi}{6}$
(exakter Wert: 0,5)

(2) $P_2\left(\frac{\pi}{3}\right) = \frac{4\sqrt{2}+2}{9} \approx 0.8508 \approx \sin\frac{\pi}{3}$
(exakter Wert: $\frac{1}{2}\sqrt{3} \approx 0{,}8660$)

(3) $P_2(\pi) = 6 - 4\sqrt{2} \approx 0.3432$
$\not\approx \sin\pi = 0$

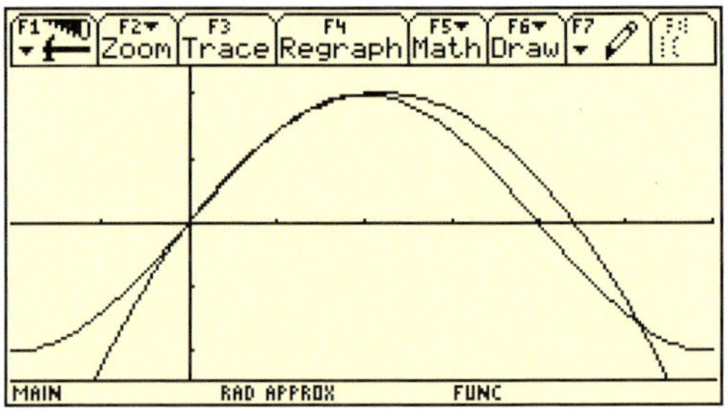

Während man die Näherungen in (1) und (2) in vielen Fällen als hinreichend akzeptieren kann, ist die in (3) gewonnene Näherung unbrauchbar. Das Bild der Funktionsgraphen in $P_2(x)$ und $\sin(x)$ gibt einen Überblick über die Güte der Approximation.

Information **(1) Präzisierung des Interpolationsproblems**

Bei dem in Aufgabe 1 a) dargestellten Verfahren bestimmt man zu den mittels einer Wertetabelle gegebenen *„Stützpunkten"* $(x_i \mid y_i)$ eine ganzrationale Funktion (Polynomfunktion). Man spricht von *Polynominterpolation*.

Die Stützpunkte erfüllen die Funktionsbedingung!

Interpolationsproblem

Zu $(n+1)$ gegebenen *Stützpunkten* $(x_i \mid y_i)$ mit paarweise verschiedenen *Stützstellen* x_i und den zugehörigen *Stützwerten* y_i ist eine Polynomfunktion möglichst niedrigen Grades zu bestimmen, deren Graph sämtliche Stützpunkte trifft. Es soll also gelten: $P(x_i) = y_i$ für $i = 0, 1, \dots, n$. $P(x)$ heißt **Interpolationspolynom**.

(2) Lösung des Interpolationsproblems

Zur Bestimmung des Interpolationspolynoms zu $(n+1)$ Stützpunkten $(x_i \mid y_i)$ gibt es verschiedene Verfahren, wobei wir hier nur den Weg über die Lösung eines linearen Gleichungssystems gehen werden. Man kann nachweisen, dass man zu $(n+1)$ gegebenen Stützpunkten mit paarweise verschiedenen Stützstellen stets ein Interpolationspolynom $P_n(x)$ höchstens vom Grad n findet. Zum Beispiel können drei Stützpunkte höchstens eine quadratische Parabel festlegen, oder auch nur auf einer Geraden liegen. Weiterhin gilt:

Satz 1: Eindeutigkeit des Interpolationspolynom

Die Lösung $P(x)$ des Interpolationsproblems zu den Stützpunkten $(x_i \mid y_i)$ mit $i = 0, 1, \dots, n$ ist eindeutig bestimmt.

vgl. auch Anhang S. 349 ff.

Beweis (indirekt): Wir nehmen an, es gäbe mindestens 2 verschiedene Polynome $P(x)$ und $Q(x)$ (beide vom Grade n), die das Interpolationsproblem lösen. Dann ist $P(x_i) = Q(x_i) = y_i$ für alle $i = 0, \dots, n$.
Damit wäre $P(x) - Q(x) = R(x)$ ebenfalls ein Polynom, welches auch höchstens den Grad n hat. Wegen $R(x_i) = P(x_i) - Q(x_i) = y_i - y_i = 0$ für $i = 0, \dots, n$ hätte dieses Polynom $R(x)$ jedoch $(n+1)$ Nullstellen. Aus der Klasse 11 wissen aber wir bereits, dass ein Polynom n-ten Grades höchstens n Nullstellen haben kann. Somit liegt hier ein Widerspruch zur Annahme vor. $P(x)$ und $Q(x)$ müssten also identisch sein, d. h. das Interpolationspolynom ist eindeutig bestimmt. ∎

Übungsaufgaben

2.
Approximiere die Sinus-Funktion mittels Polynominterpolation über den Stützstellen $x_0 = 0$, $x_1 = \frac{\pi}{6}$, $x_2 = \frac{\pi}{2}$.

3.
Approximiere die Funktion f mit $f(x) = e^x$ für $x \in [0; 1]$ durch ein quadratisches Polynom. Untersuche die Brauchbarkeit der Approximation.

GTR **4.**
In dem Auszug einer Zeitungsmeldung aus dem Jahr 1983 wird berichtet, wie sich die 1934 am Edersee in Nordhessen ausgesetzten Waschbären vermehrt haben. $W(t)$ sei die Anzahl der Waschbären in Jahr t. Es soll abgeschätzt werden, wie sich die Anzahl $W(t)$ der Waschbären bis heute entwickelt haben könnte.

Waschbär schon fast ein Haustier

Plagegeist taucht besonders in Harleshausen immer wieder auf

Eigentlich hat er hierzulande nichts zu suchen. Zu finden ist er mittlerweile aber überall: Der Waschbär. Der Einwanderer aus Nordamerika, zu den Kleinbären gehörend, hat längst die bundesdeutschen Wälder, aber auch Vorgärten erobert. Denn nicht nur mancher Bauer, sondern auch die Bewohner der Randbezirke der Städte haben schon längst gemerkt: Der Schreck der Hühnerställe und Obstgärten ist schon fast zu einem Haustier geworden. Auch in Kassel. Besonders in Harleshausen taucht der Plagegeist immer wieder auf.
Nordhessen ist sozusagen die Waschbär-Hochburg der Republik. Kein Wunder wurden doch Anno 1934 in Vöhl am Edersee zwei Waschbärpärchen erstmals ausgesetzt. Zu Studienzwecken mit Genehmigung des preußischen Jagdamtes. Doch als Forschungsobjekte wollten sich die beiden Pärchen wohl nur ungern missbrauchen lassen. Sie verschwanden – bis Jahre später ihre Nachkommen zu Hunderten, ja Tausenden auftauchten. 1954, so ist in einer Broschüre des Deutschen Jagdschutzverbandes nachzulesen, gab es die ersten Beschwerden über Schäden in den Hausgärten, verursacht von Waschbären.
1977 zählte man in den Regierungsbezirken Kassel, Darmstadt, in Nordrhein-Westfalen, Rheinland-Pfalz und Niedersachsen etwa 40000 dieser putzigen Allesfresser. Man schätzt, dass sich alle drei Jahre die Zahl der Waschbären verdoppelt. Demnach mussten sich nunmehr mehrere hunderttausend Waschbären in der Bundesrepublik wohlfühlen.
Denn schlecht geht es dem kleinen Bären mit dem durchaus begehrten Fell bestimmt nicht. Bei der Nahrungssuche zum Beispiel hat er keine Probleme. Ob Obst, Mais, Hafer, Eicheln oder Bucheckern, ob kleine Hasen, junge Fasane, Hühner und Singvögel – dem Waschbär schmeckt, was ihm vor das Maul rennt.
Natürliche Feinde hat er nicht. Bleiben nur die Jäger, die sich nach Kräften bemühen, dass die Waschbärplage nicht überhand nimmt. In Hessen unterliegt der Waschbär keinerlei Schonzeiten. 1180 wurden im vorigen Jahr im Regierungsbezirk Kassel von den Jägern zur Strecke gebracht.

a) Interpoliere $W(t)$ linear, d.h. durch ein Polynom 1. Grades. Wie viele Waschbären müssten demnach im Jahr 2000 vorhanden gewesen sein?

b) Welche Aussage im Text spricht dagegen, $W(t)$ durch ein Polynom zu interpolieren?

c) Finde anhand der Aussagen des Textes eine geeignete Exponentialfunktion, die $W(t)$ passend beschreibt. Welche Schwierigkeiten treten dabei auf?

5.
Das Bevölkerungswachstum der USA ist durch folgende Tabelle gegeben:

Jahr	1970	1980	1990
Bevölkerung (in Tausend)	203302	226542	249633

Schätze ab, wie viele Einwohner es in den Jahren 1975, 1985 und 1995 gab. Was kann man über die Bevölkerung in den Jahren 1880 bzw. 5200 aussagen?

7.2 TAYLOR-Polynome und TAYLOR-Entwicklung

7.2.1 TAYLOR-Polynome

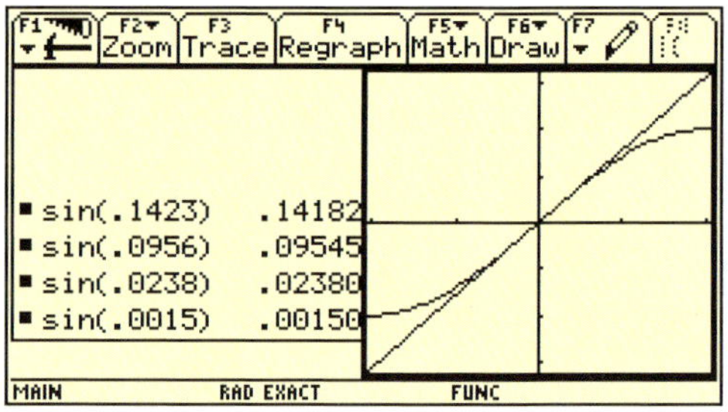

Bestimmt man mithilfe des Taschenrechners Werte der Sinus-Funktion für Argumente $x \approx 0$, so stellt man fest, dass die Sinus-Werte nur wenig von den Argumenten abweichen. Warum ist das so?
Den Grenzwert $\lim\limits_{x \to 0} \frac{\sin x}{x} = 1$ kennen wir bereits aus der Klasse 11. Für $x \approx 0$ muss daher $\sin x \approx x$ gelten. Offensichtlich approximiert die Funktion f mit $f(x) = x$ die Sinus-Funktion in der Nähe von 0 an der Sinus-Funktion ganz gut.

Lineare Approximation ist eine Approximation durch ein Polynom 1. Grades, d. h. eine lineare Funktion.

Dabei gilt: $\sin(0) = f(0) = 0$ und $\sin'(0) = f'(0) = 1$.
Es handelt sich hier also um eine **lineare** Approximation der Sinus-Funktion in einer Umgebung von $x_0 = 0$, die an der Stelle $x_0 = 0$ sowohl im Funktionswert als auch im Wert der Ableitung mit der Sinus-Funktion übereinstimmt.
Wir wollen herausfinden, ob diese Approximationsidee verbessert und sogar verallgemeinert werden kann.

Aufgabe 1 *TAYLOR-Polynome zur e-Funktion*

Betrachte die e-Funktion. Gibt es eine Polynomfunktion T_n vom Grade 1, 2 oder 3, die mit $f(x) = e^x$ an der Stelle $x_0 = 0$ im Funktionswert und im Wert der Ableitungen übereinstimmt?

Brook TAYLOR, engl. Mathematiker 1685–1731, der die nach ihm benannten Polynome einführte.

Lösung (1) *Approximation durch Polynome 1. Grades*

$T_1(x) = a_1 x + a_0;\quad T_1'(x) = a_1$

$f(0) = e^0 = 1;\quad f'(0) = e^0 = 1$

LGS: lineares Gleichungssystem

Man erhält das LGS $\left| \begin{array}{l} a_1 \cdot 0 + a_0 = 1 \\ a_1 \qquad\quad\; = 1 \end{array} \right|$,

also $a_0 = a_1 = 1$ und folglich $T_1(x) = x + 1$.

(2) *Approximation durch Polynome 2. Grades*

$T_2(x) = a_2 x^2 + a_1 x + a_0;\quad T_2'(x) = 2a_2 x + a_1;\quad T_2''(x) = 2x_2$

$f(0) = e^0 = 1;\quad f'(0) = e^0 = 1;\quad f''(0) = e^0 = 1$

Man erhält das LGS $\left| \begin{array}{l} a_2 \cdot 0^2 + a_1 \cdot 0 + a_0 = 1 \\ 2a_2 \cdot 0 + a_1 \qquad\; = 1 \\ 2a_2 \qquad\qquad\qquad = 1 \end{array} \right|$,

also $a_0 = 1;\quad a_1 = 1;\quad a_2 = \frac{1}{2}$ und folglich: $T_2(x) = \frac{1}{2}x^2 + x + 1$

(3) *Approximation durch Polynome 3. Grades*

$T_3(x)=a_3x^3+a_2x^2+a_1x+a_0;$

$T_3'(x)=3a_3x^2+2a_2x+a_1;$

$T_3''(x)=6a_3x+2a_2;$

$T_3'''(x)=6a_3;$

$f(0)=f'(0)=f''(0)=f'''(0)=e^0=1$

Man erhält das LGS

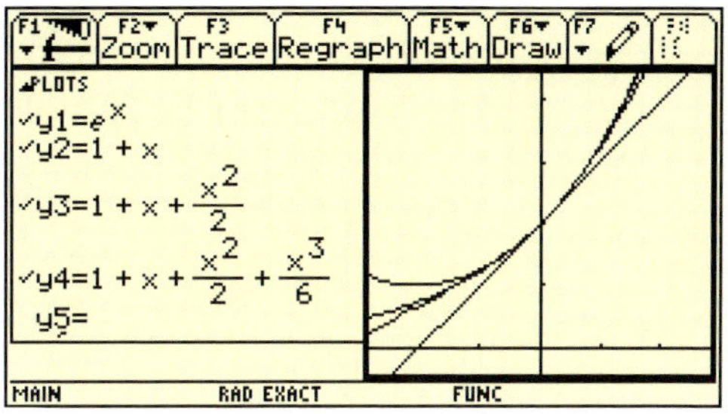

$$\left|\begin{array}{ll} a_3\cdot 0^3+\ \ a_2\cdot 0^2+a_1\cdot 0+a_0 & =1\\ 3a_3\cdot 0^3+2a_2\cdot 0\ +a_1 & =1\\ 6a_3\cdot 0\ +2a_2 & =1\\ 6a_3 & =1 \end{array}\right|,$$

also $a_0=1$; $a_1=1$; $a_2=\frac{1}{2}$; $a_3=\frac{1}{6}$ und somit: $T_3(x)=\frac{1}{6}x^3+\frac{1}{2}x^2+x+1$

Aufgabe 2 *Verallgemeinerung des Verfahrens auf eine beliebige Funktion f*

Gegeben sei eine beliebige Funktion f.

a) Bestimme Polynomfunktionen T_1, T_2 und T_3 ersten, zweiten bzw. dritten Grades, die mit f an der Stelle 0 in der 1. Ableitung, der 1. und 2. Ableitung bzw. der 1., 2. und 3. Ableitung übereinstimmen.

b) Welche Voraussetzungen muss f erfüllen?

c) Wie lauten die Näherungspolynome $T_n(x)$ n-ten Grades?

Lösung

a) (1) Es ist $T_1(x)=a_1\cdot x+a_0$ und es gilt: $T_1(0)=f(0)$ sowie $T_1'(0)=f'(0)$

Also: $T_1(0)=a_1\cdot 0+a_0=f(0)$, $\quad a_0=f(0)$ und

$T_1'(0)=a_1=f'(0)$

D.h. $T_1(x)=f'(0)\cdot x+f(0)$

(2) $T_2(x)=a_2\cdot x^2+a_1\cdot x+a_0$ und $T_2(0)=f(0)$, $T_2'(0)=f'(0)$, $T_2''(0)=f''(0)$

Also: $T_2(0)=a_0=f(0)$; $T_2'(0)=2a_2\cdot 0+a_1=f'(0)$, $\quad a_1=f'(0)$;

$T_2''(0)=2a_2=f''(0)$, $\quad a_2=\frac{1}{2}f''(0)$

D.h. $T_2(x)=\frac{1}{2}f''(0)\cdot x^2+f'(0)\cdot x+f(0)$

(3) $T_3(x)=a_3\cdot x^3+a_2\cdot x^2+a_1\cdot x+a_0$ und

$T_3(0)=f(0)$, $T_3'(0)=f'(0)$, $T_3''(0)=f''(0)$, $T_3'''(0)=f'''(0)$

Also: $T_3(0)=a_0=f(0)$; $T_3'(0)=3a_3\cdot 0^2+2a_2\cdot 0+a_1=f'(0)$, $\quad a_1=f'(0)$;

$T_3''(0)=6a_3\cdot 0+2a_2=f''(0)$; $T_3'''(0)=6a_3=f'''(0)$, $\quad a_3=\frac{1}{2}f'''(0)$

D.h. $T_3(x)=\frac{1}{6}\cdot f'''(0)\cdot x^3+\frac{1}{2}f''(0)\cdot x^2+f'(0)\cdot x+f(0)$

b) Die Funktion f muss an der Stelle 0 definiert sein und $f'(0)$, $f''(0)$ und $f'''(0)$ müssen existieren.

c) Durch Fortführung des Verfahrens für $n=4, 5, 6$, usw. erkennt man, dass $a_4=\frac{1}{24}\cdot f^{(IV)}(0)$; $a_5=\frac{1}{120}\cdot f^{(V)}(0)$; bzw. $a_6=\frac{1}{720}\cdot f^{(VI)}(0)$ sind bzw. allgemein: $a_i=\frac{f^{(i)}(0)}{1\cdot 2\cdot 3\cdot\ldots\cdot i}$ mit $i=1, 2, 3, \ldots, n$ sowie $a_0=f(0)$

Information **1. TAYLOR-Polynom n-ten Grades zur Funktion f**

T_n heißt TAYLOR-Polynom n-ten Grades zur Funktion f an der Stelle $x_0 = 0$

Satz 2

Die Funktion f sei im Intervall $]-c; c[$ definiert. Sie sei an der Stelle 0 n-mal differenzierbar.
Die ganzrationale Funktion T_n mit $T_n(x) = a_0 + a_1 \cdot x + a_2 \cdot x^2 + \ldots + a_n \cdot x^n$ erfülle die Approximationsbedingungen:

$f(0) = T_n(0); \quad f'(0) = T'_n(0); \quad f^{(n)}(0) = T_n^{(n)}(0);$

Dann folgt für die Koeffizienten a_i von T_n:

$a_i = \frac{f^{(i)}(0)}{1 \cdot 2 \cdot 3 \cdot \ldots \cdot i}$ mit $i = 1, 2, 3, \ldots, n$ sowie $a_0 = f(0)$.

Der Beweis des Satzes 2 kann mittels vollständiger Induktion (vgl. Anhang Seite 345) erfolgen (siehe dazu Aufgabe 8).

2. Definition von n! und Schreibweise des TAYLOR-Polynoms $T_n(x)$ mit n!

Bei den Formeln für die Koeffizienten der Näherungsfunktion T_n treten im Nenner Produkte auf:
$1 \cdot 2$; $1 \cdot 2 \cdot 3$; $1 \cdot 2 \cdot 3 \cdot 4 \cdot \ldots$; $1 \cdot 2 \cdot 3 \cdot 4 \cdot \ldots \cdot i$.
Diese Produkte kürzt man ab:

$1 \cdot 2 = 2!$ (gelesen: *2 Fakultät*)
$1 \cdot 2 \cdot 3 = 3!$ (gelesen: *3 Fakultät*)
$1 \cdot 2 \cdot 3 \cdot 4! = 4$ (gelesen: *4 Fakultät*)
$1 \cdot 2 \cdot 3 \cdot \ldots \cdot n = n!$ (gelesen: *n Fakultät*)

Man definiert zusätzlich $0! = 1$ und $1! = 1$, sowie $f^{(0)}(0) = f(0)$, dann lassen sich die Koeffizienten der Näherungsfunktion T_n einheitlich so darstellen:

$a_i = \frac{f^{(i)}(0)}{i!}$ mit $i = 0, 1, 2, \ldots, n$.

Das TAYLOR-Polynom $T_n(x)$ zur Funktion f an der Stelle $x_0 = 0$ kann man mit dieser vereinfachten Schreibweise wie folgt schreiben:

$$T_n(x) = \frac{f(0)}{0!} + \frac{f'(0)}{1!} \cdot x^1 + \frac{f''(0)}{2!} \cdot x^2 + \ldots + \frac{f^{(n)}(0)}{n!} \cdot x^n$$

(3) n! wächst stärker als jede Potenz $|x|^n$

In der folgenden Tabelle sind 2^n und n! mit wachsendem n eingetragen

n	1	2	3	4	5	6	7	8	9	10	...
2^n	2	4	8	16	32	64	128	256	512	1024	...
n!	1	2	6	24	120	720	5040	40320	362880	3628800	...

Siehe auch Aufgabe 9b

Zunächst wächst 2^n stärker als n!, nämlich bis $n = 3$. Danach wächst n! bedeutend schneller als 2^n. Ähnliches gilt für beliebige Potenzen $|x|^n$.
Wir vermuten daher:

Satz 3

$\lim_{n \to \infty} \frac{|x|^n}{n!} = 0$ für jedes $x \in \mathbb{R}$

Beweis: Es gilt:

$$\frac{|x|^n}{n!} = \frac{|x|^{n_0}}{n_0!} \cdot \frac{|x|}{n_0+1} \cdot \frac{|x|}{n_0+2} \cdot \ldots \cdot \frac{|x|}{n}$$

Hierbei sei n_0 eine feste Zahl und so gewählt, dass $n_0 > 2 \cdot |x|$ ist.

Dann ist $|x| < \frac{n_0}{2}$, und es gilt:

$$\frac{|x|^n}{n!} \le \frac{|x|^{n_0}}{n_0!} \cdot \frac{n_0}{2 \cdot (n_0+1)} \cdot \frac{n_0}{2 \cdot (n_0+2)} \cdot \ldots \cdot \frac{n_0}{2 \cdot (n_0+n-n_0)} \le \frac{|x|^{n_0}}{n_0!} \cdot \left(\frac{1}{2}\right)^{n-n_0},$$

denn $\frac{n_0}{n_0+1} < 1, \quad \frac{n_0}{n_0+2} < 1, \ldots$

Da die Folge $\left\langle \left(\frac{1}{2}\right)^{n-n_0} \right\rangle$ gegen 0 konvergiert, folgt: $\lim\limits_{n\to\infty} \frac{|x|^n}{n!} = 0.$

Weiterführende Aufgaben

3. *Approximation in einer Umgebung von x_0*

Statt einer Näherungsfunktion in einer Umgebung von 0 kann man auch eine Näherungsfunktion an einer beliebigen Stelle x_0 angeben. Führe die entsprechenden Überlegungen für Näherungsfunktionen ersten, zweiten, dritten, … Grades durch.

Hinweis: Setze:

$T_{1,x_0}(x) = a_0 + a_1 \cdot (x - x_0)$,
$T_{2,x_0}(x) = a_0 + a_1 \cdot (x - x_0) + a_2 \cdot (x - x_0)^2$,
$T_{3,x_0}(x) = a_0 + a_1 \cdot (x - x_0) + a_2 \cdot (x - x_2)^2 + a_3 \cdot (x - x_0)^3$, u.s.w.

a) Wie lauten die Koeffizienten a_i der Näherungsfunktion T_{n,x_0}?

b) Notiere vollständig die Näherungsfunktion T_{n,x_0} und beweise den folgenden Satz:

Satz 4

Die Funktion f sei im Intervall $]x_0 - c, x_0 + c[$ definiert und an der Stelle x_0 n-mal differenzierbar. Die ganzrationale Funktion T_{n,x_0} mit
$T_{n,x_0}(x) = a_0 + a_1(x - x_0) + a_2(x - x_0)^2 + \ldots + a_n(x - x_n)^n$ erfülle die Approximationsbedingungen $f(x_0) = T_{n,x_0}(x_0), \quad f'(x_0) = T'_{n,x_0}(x_0), \quad f''(x_0) = T'_{n,x_0}(x_0), \ldots$

Dann gilt für die Koeffizienten a_i von T_{n,x_0}: $\quad a_i = \frac{f^{(i)}(x_0)}{i!} \quad i = 0, \ldots, n$

Übungsaufgaben

4.

Bestimme das lineare und quadratische TAYLOR-Polynom für die gegebene Funktion f an der Stelle $x_0 = 0$:

a) $f(x) = \sin(x)$

b) $f(x) = \frac{1}{1+x}$

c) $f(x) = \sqrt{1+x}$

d) $f(x) = \cos x$

e) $f(x) = \ln(1+x)$

f) $f(x) = \frac{1}{1+x^2}$

g) $f(x) = x^2 + 2x + 1$

h) $f(x) = x^3 + 3x^2 + 3x + 1$

Stelle jeweils die Graphen zu f und zu den TAYLOR-Polynomen $T_1(x)$ und $T_2(x)$ dar.

5.
Gegeben ist die Polynomfunktion 3. Grades mit $f(x) = b_0 + b_1 \cdot x + b_2 x^2 + b_3 x^3$.
Wie lautet der TAYLOR-Polynom 3. Grades zu dieser Funktion an der Stelle $x_0 = 0$?
Verallgemeinere das Ergebnis für Polynomfunktionen n-ten Grades.

6.
Bestimme die konstanten, linearen, quadratischen und kubischen TAYLOR-Polynome zur Funktion f an der Stelle x_0.

linear: 1. Grades
quadratisch: 2. Grades
kubisch: 3. Grades

a) $f(x) = \ln(x), \quad x_0 = 1$
b) $f(x) = \cos(x), \quad x_0 = \frac{\pi}{2}$
c) $f(x) = e^x, \quad x_0 = e$
d) $f(x) = \sqrt{x}, \quad x_0 = 1$

7.
Bestimme die TAYLOR-Polynome 1., 2. und 3. Grades zu f mit $f(x) = \frac{1}{x}$ an der Stelle $x_0 = 1$. Was lässt sich über die Güte der Approximation für $x = 3$ aussagen?

Vergleiche dazu auch im Anhang Seite 345.

8.
Beweise Satz 2 von Seite 320 durch vollständige Induktion.

9.
a) Es gilt z. B. $15! = 1307674368000$. Auf wie viele Nullen enden 20!, 37!, 99!, und n!?
b) Zeige in einer Tabelle, dass n! stärker wächst als 2^n, 10^n und 100^n. Wächst n! auch stärker als n^n?
c) Zeige: Die Folge $\langle n! \rangle$ hat die Rekursionsgleichung $a_{n+1} = a_n \cdot (n+1)$.

10.
Gegeben sei die Funktion f. Sie sei an der Stelle 0 zweimal differenzierbar und habe dort einen Wendepunkt.
Warum approximiert die Wendetangente an der Stelle 0 den Graphen der Funktion besonders gut. Bestimme dazu die Taylorpolynome $T_1(x)$ und $T_2(x)$.

7.2.2 Die TAYLOR-Entwicklung

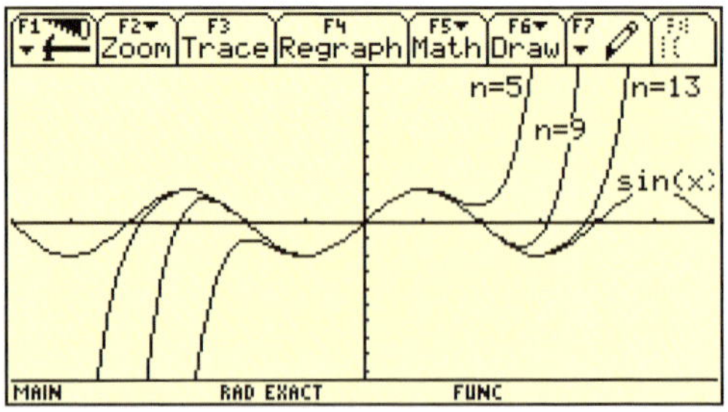

Das Bild zeigt die Graphen der TAYLOR-Polynome T_5, T_9, T_{13} zu f mit $f(x) = \sin x$ an der Stelle $x = 0$. Allgemein lässt sich sagen, dass TAYLOR-Polynome $T_n(x)$ eine n-mal differenzierbare Funktion f in einer Umgebung einer Stelle x_0, an der f definiert ist, approximieren. Von besonderem Interesse ist nun die Frage, wie gut diese Approximation für verschiedene n ist, d. h. welchen Fehler $R_n(x) = f(x) - T_n(x)$ man macht.
Man nennt $R_n(x)$ das Restglied einer TAYLOR-Entwicklung von f an der Stelle x_0.
Die TAYLOR-Entwicklung n-Grades einer Funktion f setzt sich also zusammen aus dem TAYLOR-Polynom n-ten Grades und dem Restglied: $f(x) = T_n(x) + R_n(x)$.

Aufgabe 1 Betrachte f mit $f(x) = e^x$ und $x_0 = 0$.

a) Bestimme $T_0(x)$ und zeige, dass $R_0(x) = \int_0^x e^t\,dt$.

b) Bestimme $T_1(x)$ und zeige, dass $R_1(x) = \int_0^x (x-t)e^t\,dt$.

c) Begründe, dass $R_n(x) = \frac{1}{n!}\int_0^x (x-t)^n \cdot e^t\,dt$.

d) Wie lautet die TAYLOR-Entwicklung der Funktion f mit $f(x) = e^x$ an der Stelle $x = 0$?

Lösung

a) $T_0(x) = \frac{f(0)}{0!} = e^0 = 1;\quad R_0(x) = f(x) - T_0(x) = e^x - 1 = e^x - e^0 = \int_0^x e^t\,dt.$

b) $T_1(x) = \frac{f(0)}{0!} + \frac{f'(0)}{1!}x = e^0 + e^0 x = 1 + x;$

$R_1(x) = f(x) - T_1(x) = e^x - (1+x) = e^x - e^0 - x$

$= \int_0^x e^t\,dt - x = (t-x)\cdot e^t \Big|_0^x - \int_0^x (t-x)\cdot e^t \cdot dt - x$

$= x - \int_0^x (t-x)\cdot e^t\,dx - x = \int_0^x (t-x)\cdot e^t\,dt.$

Zur Produktintegration siehe Seite 200.

Wobei in $\int_0^x e^t \cdot dt = \int_0^x 1\cdot e^t\,dt$ mittels Produktintegration mit $u'(t) = 1$, $u(t) = t - x$ und $v(t) = e^t = v'(t)$ umgeformt wurde.

c) Durch fortgesetzte partielle Integration des jeweils letzten Restgliedes wird einerseits das nächsthöhere Glied der im TAYLOR-Polynom $\frac{x^2}{2!}, \frac{x^3}{3!}$ usw. sowie andererseits ein neues Restglied $\frac{1}{2}\int_0^x (x-t)^2 e^t\,dt$, $\frac{1}{6}\int_0^x (x-t)^3 e^t\,dt$ und allgemein $\frac{1}{n!}\int_0^x (x-t)^n \cdot e^t\,dt$ gewonnen.

Partielle Integration ist dasselbe wie Produktintegration.

d) Die TAYLOR-Entwicklung von f mit $f(x) = e^x$ an der Stelle $x = 0$ lautet:

$$e^x = 1 + \frac{x^1}{1!} + \frac{x^2}{2!} + \frac{x^3}{3!} + \ldots + \frac{x^n}{n!} + R_n(x)$$

$$\text{mit } R_n(x) = \frac{1}{n!}\cdot\int_0^x (x-t)^n \cdot e^t\,dt$$

Weiterführende Aufgaben

2. *Die TAYLOR-Entwicklung einer Funktion f an der Stelle $x_0 = 0$*

Zeige ähnlich wie in Aufgabe 1 durch schrittweises Vorgehen bzw. vollständige Induktion (vgl. Anhang S. 345).

Satz 5

Ist die Funktion f an der Stelle $x_0 = 0$ $(n+1)$-mal differenzierbar und die Ableitung $f^{(n+1)}$ in einer Umgebung von 0 stetig, so gilt in einer Umgebung von 0

$$f(x) = f(0) + \frac{f'(0)}{1!}\cdot x + \frac{f''(0)}{2!}\cdot x^2 + \ldots + \frac{f^{(n)}(0)}{n!}\cdot x^n + R_n(x)$$

$$\text{mit } R_n(x) = \frac{1}{n!}\cdot\int_0^x (x-t)^n \cdot f^{(n+1)}(t)\,dt$$

Taylorentwicklung von f

3. *Die TAYLOR-Entwicklung einer Funktion f an einer beliebigen Stelle x_0*
Zeige ähnlich wie in Aufgabe 1 bzw. 2

Satz 6

Ist die Funktion f an der Stelle $x_0\,(n+1)$ mal differenzierbar und ist $f^{(n+1)}$ in einer Umgebung von x_0 stetig, so gilt in dieser Umgebung

$$f(x) = f(x_0) + \frac{f'(x_0)}{1!}(x-x_0) + \frac{f''(x_0)}{2!}(x-x_0)^2 + \ldots + \frac{f^n(x_0)}{n!}(x-x_0)^n + R_n(x)$$

mit $R_n(x) = \frac{1}{n!} \cdot \int\limits_0^x (x-t)^n \cdot f^{(n+1)}(t)\,dt$

McLaurin, engl. Mathematiker

Die TAYLOR-Entwicklung der Funktion f zu einer beliebigen Stelle x_0 wird auch *McLaurin-Entwicklung* genannt.

Information **(1) $\lim\limits_{n\to\infty} R_n(x) = 0$ für die TAYLOR-Entwicklung der Funktion $x \mapsto e^x$**

Für das Restglied der Taylorentwicklung der Funktion f mit $f(x) = e^x$ gilt:

vgl. Seite 323

$R_n(x) = \frac{1}{n!} \cdot \int\limits_0^x (x-t)^n \cdot e^t\,dt.$

Wir schätzen $|R_n(x)| = \left| \int\limits_0^x \frac{(x-t)^n}{n!} \cdot e^t\,dt \right|$ ab. Nun gilt:

$\int\limits_a^b f(x)\,dx \le \int\limits_a^b |f(x)|\,dx \le M \cdot (b-a)$ wobei $|f(x)| \le M$ für alle $x \in [a; b]$

Das macht man sich leicht an den folgenden Bildern klar, indem man das Integral als orientierten Flächeninhalt deutet:

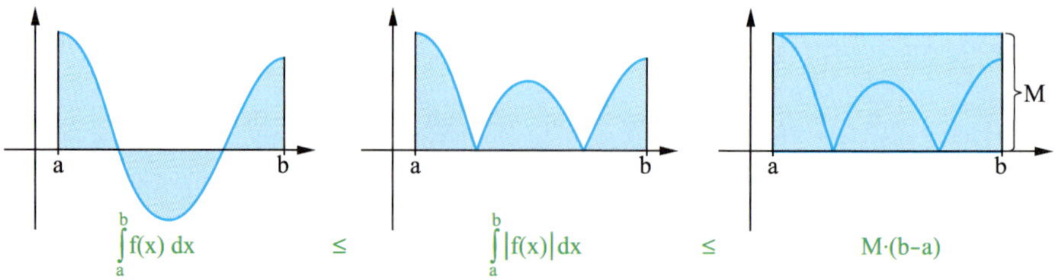

Also folgt: $R_n(x) \le \int\limits_0^x \left| \frac{(x-t)^n}{n!} e^t \right| dt.$

siehe Aufgabe 16

Nun gilt: $|a \cdot b| = |a| \cdot |b|$ und $|a^n| = |a|^n$ für alle $a, b \in \mathbb{R}$, $n \in \mathbb{N}^*$

Also folgt: $|R_n(x)| \le \int\limits_0^x \frac{|x-t|^n}{n!} \cdot |e^t|\,dt.$

Nun ist $|x-t| \le |x|$ $\quad |e^t| \le e^{|x|}$, weil e^x monoton wachsend ist.

Also folgt: $|R_n(x)| \le \frac{1}{n!} \cdot |x|^n \cdot e^{|x|} \cdot (|x| - 0) = \frac{1}{n!} \cdot |x|^{n+1} \cdot e^{|x|}$

Nun gilt: $\lim\limits_{n\to\infty} \frac{|x|^{n+1}}{n!} = 0$. Siehe Seite 320, Satz 3. Also folgt:

$\lim\limits_{n\to\infty} |R_n(x)| = 0$, also auch $\lim\limits_{n\to\infty} R_n(x) = 0$.

Wenn der Betrag der Glieder einer Folge gegen 0 konvergiert, dann konvergiert auch die Folge gegen 0.

Wir erhalten:

Satz 7

Das Restglied $R_n(x)$ der TAYLOR-Entwicklung der Funktion f mit $f(x) = e^x$ konvergiert für $n \to \infty$ gegen 0.

(2) Unendliche Reihenentwicklungen von Funktionen

Das Restglied der TAYLOR-Entwicklung der e-Funktion $x \mapsto e^x$ konvergiert gegen 0. Daher schreibt man die TAYLOR-Entwicklung auch als unendliche Reihe (auch genannt: TAYLOR-Reihe):

$$e^x = \frac{1}{0!} + \frac{x}{1!} + \frac{x^2}{2!} + \frac{x^3}{3!} + \frac{x^4}{4!} + \ldots = \sum_{i=0}^{\infty} \frac{x^i}{i!}$$

Als Spezialfall erhält man für $x = 1$ eine Reihe für die Zahl e

$$e = 1 + \frac{1}{1!} + \frac{1}{2!} + \frac{1}{3!} + \frac{1}{4!} + \ldots = \sum_{i=0}^{\infty} \frac{1}{i!}$$

Mit dieser Reihe kann man die Zahl e näherungsweise berechnen.

Siehe Aufgabe 17

Auch für die TAYLOR-Entwicklung der Sinusfunktion und der Kosinusfunktion konvergiert das Restglied gegen 0. Daher kann man auch bei diesen Funktionen die Taylorentwicklung als unendliche Reihe schreiben. Es gilt für alle $x \in \mathbb{R}$:

$$\sin x = \frac{x}{1!} + \frac{x^3}{3!} + \frac{x^5}{5!} - \frac{x^7}{7!} + - \ldots = \sum_{i=0}^{\infty} (-1)^{i+1} \cdot \frac{x^{2i-1}}{(2i-1)!}$$

$$\cos x = 1 - \frac{x^2}{2!} + \frac{x^4}{4!} - \frac{x^6}{6!} + - \ldots = \sum_{i=0}^{\infty} (-1)^i \cdot \frac{x^{2i}}{(2i)!}$$

(3) Zur Definition der trigonometrischen Funktionen und der e-Funktion

Die trigonometrischen Funktionen $x \mapsto \sin x$ und $x \mapsto \cos x$ werden im Schulunterricht geometrisch am rechtwinkligen Dreieck bzw. am Einheitskreis definiert.

Man kann $x \mapsto \sin x$ und $x \mapsto \cos x$ auch durch die unendlichen TAYLOR-Entwicklungen definieren. Diese Definition ist geometriefrei. Allerdings müssen dann aus dieser Definition alle Eigenschaften des Sinus und des Kosinus hergeleitet werden. Solche Eigenschaften sind z.B.: Alle Funktionswerte liegen zwischen -1 und $+1$. Beide Funktionen haben die Periode 2π. Beide Funktionen sind differenzierbar mit $\sin' x = \cos x$ und $\cos' x = -\sin x$. Nullstellen liegen bei 0, π und 2π bzw. bei $\frac{\pi}{2}$ und $\frac{3}{2}\pi$ vor; usw.

Im mathematischen Hochschulstudium wird gelegentlich so verfahren.

Ähnliches gilt für die e-Funktion $x \mapsto e^x$. Man kann sie durch die unendliche TAYLOR-Reihe definieren.

Auch das geschieht gelegentlich im mathematischen Hochschulstudium.

Übungsaufgaben

4.

Wie lautet der TAYLOR-Entwicklung an der Stelle $x_0 = 1$ für:

a) (1) $n = 5$ (2) $n = 2$ (3) $n = 1$

b) Wie lautet die TAYLOR-Entwicklung für den Spezialfall $n = 0$?

c) Zeige, dass für $n = 0$ gilt $R_0(x) = \int_{x_0=1}^{x} f'(t)\,dt$.

5.
Beweise die Formel für die TAYLOR-Entwicklung von e^x (siehe Ende der Lösung von Aufgabe 1 d) mithilfe vollständiger Induktion.

6.
a) Gib die TAYLOR-Entwicklung der Sinusfunktion an der Stelle $x_0 = \pi$ an. Notiere dabei die Glieder bis zum Glied $n = 9$.

b) Zeige, dass das Restglied bei der TAYLOR-Entwicklung der Sinusfunktion gegen 0 konvergiert. Beachte dabei, dass gilt: $|\sin x| \leq 1$ für alle $x \in \mathbb{R}$ und $|\cos x| \leq 1$ für alle $x \in \mathbb{R}$.

c) Berechne mithilfe der Reihe folgende Werte. (1) $\sin(200°)$ (2) $\sin(140°)$. Beachte die Gradmaße müssen zunächst in Bogenmaß umgerechnet werden.

d) Verfahre entsprechend mit der Kosinusfunktion $x_0 = \pi$. (Notiere 8 Glieder).

7.
Gib die TAYLOR-Entwicklung der Funktion f an der Stelle $x_0 = 0$ an.
Was lässt sich jeweils über das Restglied $R_n(x)$ aussagen?

a) $f(x) = e^{-x}$ **c)** $f(x) = \sin x^2$ **e)** $f(x) = a^x \quad (a > 1)$

b) $f(x) = \sin(-x)$ **d)** $f(x) = \cos(-x)$ **f)** $f(x) = a^{-x}$

GTR **8.**
Stelle die in Aufgabe 7 gegebenen Funktionen f, ihre TAYLOR-Polynome $T_n(x)$ sowie die Restglieder $R_n(x)$ bis $n = 5$ graphisch dar.

9.
Bilde gliedweise die Ableitung der TAYLOR-Entwicklung der Funktion f. Welche Funktion wird durch die neue Reihe dargestellt?

a) $f(x) = e^x$ **b)** $f(x) = \sin x$ **c)** $f(x) = \cos x$ **d)** $f(x) = e^{-x}$

10.
a) Zeige, dass für das Restglied $R_n(x)$ für die TAYLOR-Entwicklung von $f(x) = e^x$ an der Stelle $x_0 = 0$ gilt: (Anleitung: Für $0 \leq t \leq x$ gilt: $1 \leq e^t \leq e^x$)

$$\frac{x^{n+1}}{(n+1)!} \leq \frac{1}{n!}\int_0^x (x-t)^n \cdot e^t \, dt \leq e^x \frac{x^{n+1}}{(n+1)!}$$

b) Zeige, dass sich das Restglied $R_n(x)$ einer beliebigen $(n+1)$-mal differenzierbaren Funktion f an der Stelle $x_0 = 0$ durch die folgende Ungleichung abschätzen lässt.

$$\underline{k}\,\frac{x^{n+1}}{(n+1)!} \leq R_n(x) \leq \overline{k}\,\frac{x^{n+1}}{(n+1)!}$$

Dabei ist $\underline{k}$ der minimale und $\overline{k}$ der maximale Wert für $f^{(n+1)}(t)$ für $t \in [0; x]$.

c) Zeige, dass das Restglied $R_n(x)$ an der TAYLOR-Entwicklung von e^x an der Stelle x_0 für $n \to \infty$ beliebig klein wird; d. h. $\lim\limits_{n \to \infty} R_n(x) = 0$.

11.
a) Wie lautet die Summenformel für die geometrische Reihe $\sum\limits_{i=0}^{\infty} x^i$?

b) Was erhält man damit für $\int_0^x \frac{1}{1-t}\,dt = -\ln(1-x)^{i=0}$?

12.
Für das Restglied der TAYLOR-Entwicklung einer beliebigen $(n+1)$ mal differenzierbaren Funktion f an der Stelle x_0 gilt: $R_n(x) = \frac{f^{(n+1)}(\bar{x})}{(n+1)!}(x - x_0)^{n+1}$; $\bar{x} \in]x_0; x[$

a) Zeige, dass sich $R_n(x)$ durch die Ungleichung $\underline{k}\frac{x^{n+1}}{(n+1)!} \le R_n(x) \le \overline{k}\frac{x^{n+1}}{(n+1)!}$ abschätzen lässt. Dabei ist $\underline{k}$ der minimale und $\overline{k}$ der maximale Wert für $f^{(n+1)}(t)$ für $t \in [0; x]$.

b) Zeige, dass das Restglied $R_n(x)$ in der TAYLOR-Entwicklung von e^x an der Stelle x_0 für $n \to \infty$ beliebig klein wird; d.h. $\lim\limits_{n\to\infty} R_n(x) = 0$.

c) Zeige, dass $R_n(x) = -\int\limits_0^x \frac{t^{h+1}}{1-t}\,dt$ und begründe, dass $\lim\limits_{n\to\infty} R_n(x) = 0$; $-1 < x < 1$.

d) Entwickle $\ln(1-x)$ in eine TAYLOR-Reihe an der Stelle 0.

e) Ersetze in der Entwicklung für $\ln(1+x)$ die Variable x durch $(x-1)$. Was erhält man?

13.
a) Gib die TAYLOR-Entwicklung der Funktion f mit $f(x) = (1+x)^k$ für $k \in \mathbb{R}$ an der Stelle 0 an. Setze dabei voraus, dass das Restglied für $-1 < x < +1$ gegen 0 konvergiert. Verwende als Abkürzung die sog. Binominalkoeffizienten:

$$\binom{k}{n} = \frac{k \cdot (k-1) \cdot (k-2) \cdot \ldots \cdot (k-(n-1))}{1 \cdot 2 \cdot 3 \cdot \ldots \cdot n};$$

Beispiele: $\binom{7}{4} = \frac{6 \cdot 5 \cdot 4 \cdot 3}{1 \cdot 2 \cdot 3 \cdot 4} = 15$; $\binom{0{,}5}{3} = \frac{0{,}5 \cdot (-0{,}5) \cdot (-1{,}5)}{1 \cdot 2 \cdot 3}$.

b) Berechne $(1+x)^2$ einmal mithilfe einer binomischen Formel und zum anderen mithilfe der in a) gewonnenen TAYLOR-Entwicklung. Was fällt auf?

c) Berechne $(1+x)^3$ $[((1+x)^4; (1+x)^5)]$ mithilfe des Pascal'schen Dreiecks und mithilfe der TAYLOR-Entwicklung in a). Was fällt auf?

d) Gib die TAYLOR-Entwicklung folgender Funktionen f an:

(1) $f(x) = \sqrt{1+x}$ (2) $f(x) = \frac{1}{\sqrt{1+x}}$ (3) $f(x) = \frac{1}{1+x}$ (4) $f(x) = \frac{1}{(1-x)^2}$

e) Gib die TAYLOR-Entwicklung von $x \mapsto (1-x)^k$ mit $k \in \mathbb{R}$ an.

14.
Gib die TAYLOR-Entwicklung der Funktion $x \mapsto \frac{1}{1-x}$ an. Zeige, dass das Restglied $R_n(x)$ für jedes $x \in]-1; 1[$ gegen 0 konvergiert. Berechne dazu das Restglied direkt.

a) Integriere die Reihe von $x \mapsto \frac{1}{1-x^2}$ gliedweise von 0 bis x. Was ergibt sich?

b) Man setze $x = 1$ und stelle eine Reihe für $\frac{\pi}{4}$ auf.

CAS **15.**
Berechne auf 3 Nachkommastellen genau Näherungswerte zu:

a) e **b)** ln 2 **c)** $\sin\left(\frac{3}{7}\pi\right)$ **d)** $2^{\sqrt{2}}$

16.
a) Zeige, dass für alle $a, b \in \mathbb{R}$ gilt: $|a| \cdot |b| = |a \cdot b|$.

b) Warum folgt daraus: $|a^n| = |a|^n$ für $a \in \mathbb{R}$; $n \in \mathbb{N}^*$.

Blickpunkt

Funktionswertbestimmung von Standardfunktionen eines Taschenrechners

Noch bis Mitte der siebziger Jahre waren Rechenschieber und Tafelwerke für mathematische Standardfunktionen selbstverständliche Hilfsmittel im Mathematikunterricht bis zum Abitur. Heute sind technisch-wissenschaftliche TR unverzichtbar und GTR und CAS werden sicher bald Standardhilfsmittel in der Schule sein. Während die im Kapitel 7 vorgestellten Approximationsverfahren schon seit etwa zwei- bis dreihundert Jahren bekannt sind, hat gerade der Aufschwung der Rechtentechnik seit der Mitte des 20. Jahrhunderts Mathematiker veranlasst, neue Verfahren zur Berechnung von Standardfunktionen zu suchen. Im Folgenden soll exemplarisch an einigen Beispielen gezeigt werden, wie die Berechnung von Standardfunktionen sowohl mit alten als auch mit neuen Verfahren im Rechner realisiert werden kann.

1. *Exponentialfunktionen und Logarithmusfunktionen*

a) Approximiere e^x mittels TAYLOR-Entwicklung $(n=5)$ für $x \in [0, 1]$.

b) Gib eine Approximation für e^x mit $x \in \mathbb{R}$ mithilfe von Teilaufgabe a) und der Beziehung $e^x = e^{[x]} \cdot e^{x-[x]}$ an. *Beachte:* $[x]$ ist die größte ganze Zahl, die kleiner oder gleich x ist.
Beispiele: $[3,4]=3$; $[-7,6]=-8$; $[2]=2$

c) Es gilt für $0 \le x \le 0{,}25$: $2^x \approx \frac{x^2+px+q}{x^2-px+q}$ mit $p=8{,}6615894$ und $q=24{,}9920639$ (vgl. auch S. 251 Aufg. 8). Wie lässt sich die Approximation für $x \in \mathbb{R}$ erweitern? Verwende: $2^x = 2^{[x]} \cdot 2^{x-[x]}$

d) Durch das Struktogramm rechts ist ein Algorithmus festgelegt. Dabei bedeutet z.B. $Z+P \to Z$, dass die Variable Z mit dem Wert $Z+P$ belegt wird. Schreibe die Werte für die Variablen X, Z, J und P in den ersten 5 Schritten in einer Tabelle (z.B. für $x=2{,}4$) auf.

Eingabe X, ε
Solange wie P > ε
$Z+P \to Z$; $J+1 \to J$; $P/J * X \to P$
Ausgabe Z

Welche Entwicklung für Z erhält man? (Vgl. auch S. 237, Aufgabe 14.)

e) Gib unter Verwendung der Approximation $\log_2 x \approx -\frac{1}{2} + a_1 \cdot n + a_3 \cdot n^3 + a_5 \cdot n^5$ mit $n = \frac{x - \frac{1}{2}\sqrt{2}}{x + \frac{1}{2}\sqrt{2}}$ und $a_1 = 2{,}8853912903$, $a_3 = 0{,}9614706323$, $a_5 = 0{,}5989786496$, $\frac{1}{2} \le x \le 1$ eine Approximationsfunktion für ln x an. (Vgl. S. 251 Aufgabe 8.) Verwende dabei, dass $\ln x = \ln 2 \cdot \log_2 x$ (vgl. S. 23, Satz 8) und $\log_2 x = k + \log_2 \frac{x}{2^k}$, wobei $\frac{1}{2} \le \frac{x}{2^k} \le 1$.

2. *Trigonometrische Funktionen und Arkusfunktionen*
1959 wurde das CORDIC-Verfahren entwickelt (COordinate Rotation Digital Computer). Es soll hier am Beispiel der Tangens-Berechnung vorgestellt werden.

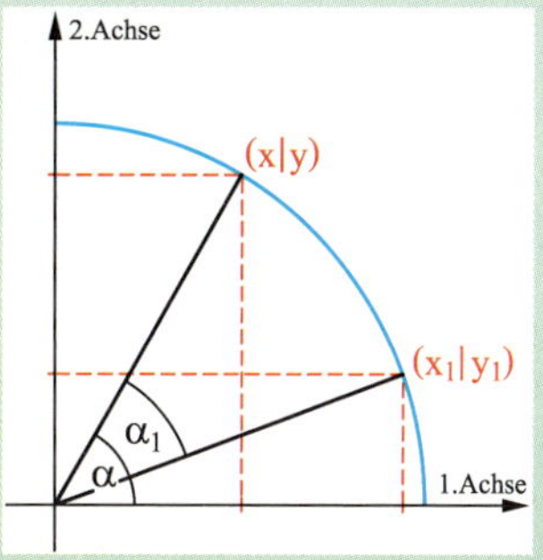

a) Rotation verweist auf Drehung am Einheitskreis.
(1) Zeige, dass die Drehung von $(x\,|\,y)$ auf $(x_1\,|\,y_1)$ durch folgende Gleichungen beschrieben wird:
$x_1 = x \cdot \cos\alpha_1 + y \cdot \sin\alpha_1$ und $y_1 = y \cdot \cos\alpha_1 - y \cdot \sin\alpha_1$
(2) Zeige weiter:
$x_1 \cdot \frac{1}{\cos\alpha_1} = x + \tan\alpha_1 \cdot y$ und $y_1 \cdot \frac{1}{\cos\alpha_1} = y - \tan\alpha_1 \cdot y$

b) Die Tabelle rechts enthält die Werte von arctan x für $x = 10^0, 10^{-2}, \ldots, 10^{-14}$ mit 14 Nachkommastellen.
Die Kenntnis der Tabellenwerte sind Voraussetzung des CORDIC-Verfahrens. Sie müssen mithilfe eines anderen Verfahrens, welches auch langsam sein kann, zuvor berechnet worden sein. Die Idee des CORDIC-Verfahrens besteht darin, den gegebenen Winkel α, für den tan α berechnet werden soll, sukzessive in die in der Tabelle notierten Teilwinkel zu zerlegen. Die Tabellenwerte müssen dabei gespeichert sein.

Index	n	arctan 10^{-n}
1	0	0,78539816339745
2	1	0,09966865249116
3	2	0,00999966668667
4	3	0,00099999966667
5	4	0,00009999999967
6	5	0,00001000000000
7	6	0,00000100000000
8	7	0,00000010000000
9	8	0,00000001000000
10	9	0,00000000100000
11	10	0,00000000010000
12	11	0,00000000001000
13	12	0,00000000000100
14	13	0,00000000000010
15	14	0,00000000000001

(1) Zeige, dass sich aus Teilaufgabe a) (2) folgendes ergibt:
$x_{neu} = x_{alt} + \tan(\arctan 10^{-k}) \cdot y_{alt} = x_{alt} + 10^{-k} \cdot y_{alt}$
$y_{neu} = y_{alt} - \tan(\arctan 10^{-k}) \cdot x_{alt} = y_{alt} - 10^{-k} \cdot y_{alt}$
Beachte dabei $\cos\alpha \approx 1$ für $\alpha \approx 0$.
(2) Der endgültige Algorithmus zur Berechnung von $\tan\alpha = \frac{y}{x}$ wird durch das Struktugramm unten links beschrieben.
Erläutere den Algorithmus. Die Vertauschung von + und − in den beiden letzten Iterationszeilen ist dadurch bedingt, dass durch das Verfahren der Winkel α von 0 bis zum eingegebenen Wert aufgebaut wird. Die Schnelligkeit des Verfahrens ist u. a. darin begründet, dass die verwendete Multiplikation mit 10^{-k} einer Stellenverschiebung entspricht.
(3) Programmiere den Algorithmus für den Taschenrechner bzw. für den PC. Speichere dazu die Werte für arctan 10^{-k} in einer Liste bzw. in einem Feld ab.

c) Das Struktogramm unten rechts beschreibt den Algorithmus zur Berechnung von arctan α.
(1) Erläutere den Algorithmus. (2) Programmiere den Algorithmus für den TR bzw. PC.

d) Man kann beweisen, dass $g(x) = \frac{p_0 + p_1 x^2}{q_0 + q_1 x^2 + x^4}$ mit $p_0 = q_0 = 12{,}6599861$, $p_1 = 6{,}3691887$ und $q_1 = 10{,}5891113$ für $|x| < \tan\frac{\pi}{8}$ eine gute Näherung für $f(x) = \arctan x$ ist. Untersuche die Näherungsfunktion g. Begründe mithilfe des Additionstheorems für den Tangens, dass gilt: $\arctan x = \frac{\pi}{4} + \arctan\frac{x-1}{x+1}$ und zeige, dass die Einschränkung $|x| < \tan\frac{\pi}{8}$ überflüssig wird.

```
Eingabe α;  0 → K;  0 → X;  1 → Y
Wiederhole solange bis α > 10^(-14)
    Wiederhole solange α < arctan 10^(-K)
        K + 1 → K
    α – arctan 10^(-K) → α
    X → temp
    X – 10^(-K) * Y → X
    Y + 10^(-K) * temp → Y
Ausgabe Y/X
```

```
Eingabe Y;  0 → K;  0 → α;  1 → X
Wiederhole solange bis Y > 10^(-K)
    Wiederhole solange Y < 10^(-K) * X
        K + 1 → K
    α – arctan 10^(-K) → α
    X → temp
    X – 10^(-K) * Y → X
    Y + 10^(-K) * temp → Y
Ausgabe α
```

8. AUFGABEN ZUR VORBEREITUNG AUF DIE ABITURPRÜFUNG

8.1 Ganzrationale Funktionen

1.
Gegeben ist die Funktion f mit $f(x)=\frac{5}{6}x^3-\frac{10}{3}x^2+3x$.

a) Untersuche den Graphen von f auf Achsenschnittpunkte, Extrempunkte und Wendepunkte und zeichne den Funktionsgraphen.

b) Vom Ursprung aus werde eine Tangente an den Graphen von f gelegt. Bestimme eine Gleichung der Tangente. Gib auch die Koordinaten des Berührpunktes an.
Zeige, dass die Tangente den Graphen von f in $O(0\,|\,0)$ orthogonal schneidet und bestimme den Flächeninhalt der Fläche, die die Tangente mit dem Graphen von f einschließt.
$\left(\textit{Teillösung}\colon\ y=-\frac{1}{3}x\right)$

c) Bestimme unter allen Dreiecken, die innerhalb der Fläche, die die Tangente mit dem Graphen von f einschließt liegen, dasjenige mit dem größten Flächeninhalt.

d) Untersuche, für welche Zahlen $k\in\mathbb{R}$ die Gleichung $\frac{5}{6}x^3-\frac{10}{3}x^2+3x+k=0$ keine Lösung hat.

2.
Gegeben ist die Funktion f mit $f(x)=\frac{1}{20}x^5-\frac{1}{3}x^3$.

a) Begründe, dass der Funktionsgraph symmetrisch zum Koordinatenursprung $O(0\,|\,0)$ ist und untersuche den Funktionsgraphen.
Zeichne den Graphen der Funktion für $-3\le x\le 3$.

b) Bestimme $k\in\mathbb{R}$ so, dass die Gerade zu $y=kx$ den Graphen von f berührt, und berechne den Flächeninhalt der von dieser Geraden und vom Graphen von f eingeschlossenen Fläche.

c) Für $k\in\mathbb{R}$ und $k\neq 0$ ist $f_k(x)=\frac{1}{k}x^5-\frac{k}{60}x^3$.
Zeige, dass die Funktion f auf Teilaufgabe a) zur Funktionenschar f_k gehört.
Zeige, dass je zwei Funktionsgraphen f_k zueinander symmetrisch sind.

d) Untersuche f_k aus Teilaufgabe c) in Abhängigkeit von k auf Extrempunkte und bestimme die Ortslinien für die Extrempunkte aller Funktionen f_k.

e) Begründe, dass unabhängig von k jede Funktion f_k aus Teilaufgabe c) stets mindestens einen Wendepunkt hat
(1) mithilfe der Differentialrechnung,
(2) ohne auf die Differentialrechnung zurückzugreifen.

3.
Für $k\in\mathbb{R}$ und $k\neq 0$, ist $f_k(x)=\frac{1}{k^2}\left((k+1)x^2-x^4\right)$.

a) Untersuche die Funktionen f_k in Abhängigkeit von k. Bestimme die Ortslinien für die Extrempunkte und für die Wendepunkte aller Funktionen f_k.
Zeichne die Graphen von f_k für $k=-1;\,0;\,1$ in *ein* Koordinatensystem.

b) Für welchen Wert von k mit $k>0$ wird der Flächeninhalt, den der Graph von f_k mit der 1. Achse einschließt, minimal? Bestimme den minimalen Flächeninhalt.

c) Zeige, dass der Graph zu $y=\frac{x^2}{4(x^2-1)}$ die Graphen aller Funktionen f_k berührt. Zeichne diesen Graphen in das Koordinatensystem aus Teilaufgabe a).

4.
Gegeben ist die Funktion f mit $f(x)=\frac{1}{4}x^3-3x^2+9x$.

a) Untersuche den Graphen von f auf Schnittpunkte mit den Koordinatenachsen, Extrempunkte und Wendepunkte. Zeichne den Graphen für $0 \le x \le 8$.

b) Lässt man den Graphen von f im Intervall [1; 5] um die 1. Achse rotieren, so entsteht ein vasenförmiger Rotationskörper. Berechne das Volumen der Vase (1 LE = 1 cm).
Berechne mithilfe eines geeigneten Näherungsverfahrens auf zwei Nachkommastellen genau, wie hoch das Wasser in der Vase stehen muss, damit die Vase zu $\frac{3}{4}$ gefüllt ist.

c) Für $k \in \mathbb{R}$ ist $f_k(x)=\frac{1}{4}x^3-\frac{3}{8}(k+6)x^2+\frac{9}{2}kx+\left(27-\frac{27}{2}k\right)$.
Zeige, dass die Funktion f mit $f(x)=\frac{1}{4}x^3-3x^2+9x$ zu dieser Funktionenschar f_k gehört.
Zeige ferner, dass alle Funktionsgraphen durch den Punkt $P(6\,|\,0)$ verlaufen und dass sie dort einen Extrempunkt haben, falls $k \neq 6$ ist.

d) Zeige, dass f_k an der Stelle k einen weiteren Extrempunkt hat, falls $k \neq 6$ ist. Zeige weiter, dass alle Punkte $(k\,|\,f_k(k))$ auf dem Graphen einer ganzrationalen Funktion 3. Grades liegen.

5.
Die Graphen einer Funktionenschar f_k $(k>0)$ ganzrationaler Funktionen 3. Grades haben im Wendepunkt $W_k(k\,|\,0)$ die Steigung $-k$ und laufen alle durch den Ursprung.

a) Zeige, dass die Funktionenschar f_k den Funktionsterm $f_k(x)=\frac{1}{k}x^3-3x^2+2kx$ besitzt.
Untersuche und zeichne den Graphen von f_3.

b) Bestimme einen Punkt $P \neq O(0\,|\,0)$ des Graphen von f_3 so, dass die Tangente in diesem Punkt an den Graphen durch den Ursprung geht. Ermittle die Gleichung dieser Tangente und zeichne sie in das Koordinatensystem aus Teilaufgabe a) ein.

c) Die Wendetangente des Graphen von f_k bildet mit beiden Koordinatenachsen ein Dreieck.
Zeige, dass der Graph von f_k dieses Dreieck unabhängig von k stets halbiert.

d) Es sei weiterhin die Funktionenschar g_k mit $g_k(x)=\frac{1}{k-1}x(x-k)(x-2k)$, $k>1$, gegeben.
(1) Was haben die beiden Funktionenscharen f_k und g_k gemeinsam?
Zeichne mittels des Vergleichs den Graphen von g_3 in das Koordinatensystem.
(2) Für welches k hat die Wendetangente des Graphen zu g_k maximale Steigung?
(3) Für welches k schließen die Graphen von f_k und g_k Flächen minimalen Flächeninhalts ein?

8.2 Exponentialfunktionen – Logarithmusfunktionen

Exponentialfunktionen

1.
Die Funktion f ist gegeben durch $f(x)=(x^2+2x)\cdot e^{-x}$, $x \in \mathbb{R}$.

a) Untersuche den Graphen von f auf Nullstellen, Extrempunkte, Wendepunkte und Verhalten für betragsgroße x. Zeichne den Funktionsgraphen für $-2{,}5 \le x \le 5$.

b) Zeige, dass der Graph von f und die 1. Achse zwei Flächen gleichen Flächeninhalts einschließen.

c) Für $k \in \mathbb{R}$ ist die Funktionenschar f_k gegeben durch $f_k(x)=(x^2+2x+k)\cdot e^{-x}$, $x \in \mathbb{R}$.
Zeige: f_k besitzt genau dann Extrema, wenn $k<2$ ist.

d) Zeige, dass für $k<2$ sowohl die Hochpunkte als auch die Tiefpunkte aller Graphen zu f_k aus Teilaufgabe c) auf dem Graphen *einer* Funktion g liegen. Bestimme $g(x)$.

2.

Gegeben ist die Funktion f mit $f(x) = (x^2 + 3x + 3) \cdot e^{-x}$.

a) Untersuche den Graphen von f auf Achsenschnittpunkte, Extrempunkte, Wendepunkte und Verhalten für $x \to +\infty$ bzw. $x \to -\infty$.
Zeichne den Graphen von f sowie die Asymptote für $-2 \le x \le 6$ (1. Achse: 1 Einheit $\hat{=}$ 1 cm, 2. Achse: 1 Einheit $\hat{=}$ 1 cm). (*Teilergebnis*: $f'(x) = (-x^2 - x) \cdot e^{-x}$)

b) Der Graph von f begrenzt mit den Koordinatenachsen im 1. Quadranten ein Flächenstück. Berechne den Flächeninhalt dieser Fläche.

c) Die Funktion f gehört zur Funktionenschar f_k mit $f_k(x) = (x^2 + kx + k) \cdot e^{-x}$, $k \in \mathbb{R}$. Untersuche die Graphen von f_k in Abhängigkeit von $k \in \mathbb{R}$ auf Extrempunkte.

d) Bestimme eine Ortslinie für die Extrempunkte aller Funktionen f_k.

3.

Gegeben ist die Funktion f mit $f(x) = (x^2 + 3x + 2) \cdot e^{-x}$, $x \in \mathbb{R}$.

a) Untersuche die Funktion f und zeichne den Graphen von f für $-2{,}5 \le x \le 6$.

b) Bestimme $k \in \mathbb{R}$ so, dass der Graph der Funktion g mit $g(x) = k \cdot e^{-x}$ den Graphen von f berührt. Gib die Koordinaten des Berührpunktes $B(x_0 \,|\, f(x_0))$ an und zeichne den Graphen von g in das Koordinatensystem aus Teilaufgabe a) ein.

c) Die Graphen von f und g schließen für $x \ge x_0$ ein unbeschränktes Gebiet ein. Berechne den Flächeninhalt.

4.

Es ist $f(x) = (x^3 + 2x^2) \cdot e^x$ mit $x \in \mathbb{R}$.

a) Untersuche den Graphen von f auf Achsenschnittpunkte, Extrempunkte, Wendepunkte und Verhalten für $x \to \infty$ bzw. $x \to -\infty$. Zeichne den Graphen von f für $-8 \le x \le 0{,}5$ (1. Achse: 1 Einheit $\hat{=}$ 1 cm, 2. Achse: 1 Einheit $\hat{=}$ 5 cm).

b) Bestimme den Flächeninhalt der Fläche, die der Graph von f für $x \le 0$ mit der 1. Achse einschließt.

c) Für $k \in \mathbb{R}$ sei $f_k(x) = (x^3 + kx^2) \cdot e^x$.
Bestimme die gemeinsamen Schnittpunkte der Graphen aller Funktionen f_k mit $k \in \mathbb{R}$, und untersuche den Graphen von f_k an der Stelle 0 in Abhängigkeit von $k \in \mathbb{R}$.

d) Bestimme $k \in \mathbb{R}$ so, dass der Graph von f_k mit der 1. Achse zwei Flächen mit gleichem Flächeninhalt einschließt.

5.

a) Untersuche den Graphen der Funktion f mit $f(x) = \frac{1}{4}(-x^3 + 3x + 2) \cdot e^{-x+1}$ auf Achsenschnittpunkte, Extrempunkte und asymptotisches Verhalten. Begründe, dass f genau drei Wendestellen besitzt, und berechne die Wendestellen mittels des Newtonschen Näherungsverfahrens auf eine Nachkommastelle genau. Zeichne den Graphen von f für $-1{,}5 \le x \le 8$.

b) Zeige, dass der Graph von f mit der 1. Achse zwei Flächen gleichen Flächeninhalts einschließt, und bestimme den Flächeninhalt der insgesamt mit der 1. Achse eingeschlossenen Fläche.

c) Zeige, dass f zur Funktionenschar f_k mit $f_k(x) = (kx^3 - 3kx + 2k + 1) \cdot e^{-x+1}$ und $k \in \mathbb{R}$ gehört und dass die Graphen aller Funktionen f_k die Gerade zu $y = x$ an der Stelle 1 senkrecht schneiden.

d) Zeige, dass $f_k''(1) > 0$ genau dann gilt, wenn $k > -\frac{1}{6}$ ist, und folgere mittels des Ergebnisses aus Teilaufgabe c), dass für $k > -\frac{1}{6}$ der Punkt $P(1 \,|\, 1)$ ein Punkt des Funktionsgraphen von f_k mit lokal minimaler Entfernung zum Koordinatenursprung $O(0 \,|\, 0)$ ist.

6.

Gegeben ist die Funktion f mit $f(x) = (3 - x^2) \cdot e^{-x}$.

a) Untersuche den Graphen von f auf Achsenschnittpunkte, Extrempunkte, Wendepunkte und asymptotisches Verhalten. Zeichne den Funktionsgraphen für $-2 \le x \le 7$.

b) Der Graph von f begrenzt im 4. Quadranten mit der 1. Achse eine Fläche. Berechne ihren Inhalt.

c) Für $k \in \mathbb{R}$ ist die Funktionenschar f_k gegeben durch $f_k(x) = (3 - x^2) \cdot e^{k \cdot x}$.
Zeige, dass es genau 3 Punkte gibt, durch die *alle* Funktionsgraphen zu f_k verlaufen.
Bestimme außerdem die Ortslinie der Extrempunkte aller Graphen zu f_k mit $k \in \mathbb{R}$.

d) Untersuche den Graphen der Funktion g mit $g(x) = (3 - x^2)\, e^{\frac{-2x^2}{x^2 - 3}}$ und $|x| \neq \sqrt{3}$ auf Extrempunkte und das Verhalten an den Rändern des Definitionsbereiches. Zeichne den Graphen von g für $-5 \le x \le 5$ in das Koordinatensystem aus Teilaufgabe a). Berücksichtige dabei (ohne Beweis), dass für $|x| < \sqrt{3}$ gilt: $g''(x) > 0$ und dass für $|x| > \sqrt{3}$ gilt: $g''(x) < 0$.

7.

Gegeben ist die Funktionenschar f_a mit $f_a(x) = \left(x - \frac{1}{a}\right) e^{3 - a \cdot x}$ und $a \in \mathbb{R}^+$.

Teilergebnis: $f_a''(x) = (a^2 x - 3a) \cdot e^{3 - a \cdot x}$

a) Untersuche f_a in Abhängigkeit von a auf Achsenschnittpunkte, Extrempunkte und Wendepunkte. Zeichne den Graphen von f_1 für $0 \le x \le 7$ (1. Achse: 1 Einheit $\mathrel{\hat=}$ 1 cm, 2. Achse 1 Einheit $\mathrel{\hat=}$ 1 cm).

b) Zeige: Alle Graphen f_a schneiden die 1. Achse unter dem gleichen Winkel α. Berechne α!

c) Ermittle den Funktionsterm der Funktion, auf der die Extrempunkte aller Funktionen f_a liegen.

d) Berechne den Flächeninhalt der Fläche, die der Graph von f_1 und die 1. Achse rechts von der Nullstelle von f_1 begrenzen.

8.

Es ist $f(x) = (x^3 - 4x^2 + 4x)\, e^x$.

a) Untersuche den Graphen von f auf Achsenschnittpunkte, Extrempunkte, Wendepunkte und asymptotisches Verhalten. Zeichne den Graphen von f für $-8 \le x \le 2{,}5$ (1 LE $\mathrel{\hat=}$ 1 cm).

b) Welchen Flächeninhalt hat die Fläche, die der Graph von f mit der 1. Achse im 3. Quadranten einschließt?

c) Bestimme für $a \in \mathbb{R}$ eine Gleichung der Tangente durch den Punkt $(a \mid f(a))$ an den Graphen von f. Für welche Werte von a wird der Achsenabschnitt der Geraden auf der 2. Achse maximal?

d) Für $k \in \mathbb{R}$ ist $f_k(x) = (x^3 - 4x^2 + 4x)\, e^{kx}$. Untersuche f_k in Abhängigkeit von $k \in \mathbb{R}$ auf Extrempunkte und zeige, dass die Hochpunkte aller Funktionen f_k auf dem Graphen der Funktion g mit $g(x) = (x^3 - 4x^2 + 4)\, e^{-3 - \frac{4}{x-2}}$ liegen. Untersuche das Verhalten der Funktion g für $x \to 2$.

9.

Die Funktion f ist gegeben durch $f(x) = (x - x^2) \cdot e^x$.

a) Untersuche den Graphen von f auf Achsenschnittpunkte, Extrempunkte, Wendepunkte und asymptotisches Verhalten. Zeichne den Graphen von f für $-5 \le x \le 1{,}5$.

b) Welchen Flächeninhalt schließt der Graph von f mit der 1. Achse im 1. Quadranten ein?

c) Für $k \in \mathbb{R}$ sei die Funktionenschar f_k gegeben durch $f_k(x) = (k \cdot x - x^2) \cdot e^x$.
Für welche $k \in \mathbb{R}$ besitzt der Graph von f_k Extrempunkte? Bestimme die Ortslinie der Extrempunkte aller f_k. Zeige, dass keine Funktion f_k an der Stelle -1 ein Extremum besitzt.
Hinweis: Die Parabel zu $y = -x^2 + (k - 2) \cdot x + k$ wechselt an ihren Nullstellen das Vorzeichen.

d) Bestimme die Extrempunkte des Graphen zu $g(x) = \frac{x^2}{x+1}\, e^x$ und zeichne den Graphen von g in das Koordinatensystem aus Teilaufgabe a).

10.
Gegeben ist die Funktion f mit $f(x) = -\frac{x^2 - 4x + 4}{4x^2} e^x$ mit $x \neq 0$.

a) Untersuche die Funktion f und zeichne den Graphen von f.

b) Bestimme $k \in \mathbb{R}$ so, dass der Graph der Funktion g mit $g(x) = \frac{3}{4} e^x - k$ den Graphen von f berührt.
Zeichne den Graphen von g in das Koordinatensystem aus Teilaufgabe a). Bestimme den Flächeninhalt der von beiden Graphen und der 1. Achse eingeschlossenen Fläche.

c) Für $k \in \mathbb{R}$ sei $f_k(x) = -\frac{x^2 - 4x + 4}{4x^2} e^{kx}$ mit $x \neq 0$.
Untersuche f_k auf Extrema und bestimme eine Funktion h so, dass die Extrempunkte aller Graphen der Funktionenschar f_k mit $k \in \mathbb{R}$ auf dem Graphen der Funktion h liegen.
Untersuche das Verhalten von h in der Nähe der Definitionslücken.

11.
Gegeben ist die Funktion f mit $f(x) = \sin(\pi x) \cdot e^{-x}$.

a) Untersuche f und zeichne den Graphen von f für $-2 \leq x \leq 4$.

b) Berechne das Volumen des Körpers, der bei Rotation des Graphen von f um die 1. Achse im Intervall [0; 1] entsteht.

c) Für $k \in \mathbb{R}$ sei die Funktionenschar f_k gegeben durch $f_k(x) = \sin(\pi x) \cdot e^{-kx}$. Bestimme k so, dass der Flächeninhalt der Fläche, die der Graph von f_k über dem Intervall [0; 1] mit der 1. Achse einschließt, zwei mal so groß ist wie der Flächeninhalt der Fläche, die der Graph von f_k über dem Intervall [1; 2] mit der 1. Achse einschließt. (*Ergebnis:* $k = \ln 2$)

d) Begründe auf zwei Arten (durch Integration bzw. geometrisch), dass die Flächeninhalte der Flächen, die der Graph von f_k mit $k = \ln 2$ jeweils zwischen drei benachbarten Nullstellen von f_k mit der 1. Achse einschließt, im Verhältnis 2 : 1 stehen.

12.
Gegeben sind Funktionen f_k durch $f_k(t) = k \cdot \left(1 - \frac{1}{e^t}\right)$.

a) Untersuche allgemein die Funktionen f_k.

b) Entwickle den Graphen von f_k aus dem Graphen der Funktion g mit $g(t) = e^{-t}$.

c) Für welche t ist der Abstand eines Graphenpunktes von der Asymptote geringer als 10^{-3}?

d) Der Graph von f_k schneidet die 1. Achse. Die Tangente im Schnittpunkt, die Asymptote des Graphen von f_k und der Graph von f_k bilden eine Fläche. Definiere und berechne ihren Flächeninhalt.

e) Die im Aufgabenteil c) gegebene Tangente schneidet die Asymptote in einem Punkt A; die Gerade mit der Gleichung $t = a$ schneidet diese im Punkt B und den Graphen von f_k im Punkt C_a. Gibt es eine Zahl a, sodass der Flächeninhalt des Dreiecks ABC_a möglichst groß ist?

f) Für welche Werte von k können die Funktionen f_k in Abhängigkeit von der Zeit t einen Wachstumsprozess beschreiben? *Hinweis:* Beachte die Monotonie der Funktion.
Für welche k ist der Bestand zur Zeit $t = 1$ größer als 100000 Einheiten? Nach welcher Zeit hat sich dieser Bestand um 60 % vergrößert? Warum hängt diese Zeit nicht von k ab?

Teilergebnis:
$g(t) = 100 \cdot e^{2 \cdot (e^{0,5t} - 1)}$

13.

a) Ein Wachstumsprozess kann durch die Differentialgleichung $g'(t) = e^{0,5t} \cdot g(t)$ beschrieben werden.
Bestimme $g(t)$, falls $g(0) = 100$ ist. Zeichne den Graphen von g für $-1,5 \leq t \leq 1,5$.
(1. Achse: 1 Einheit $\hat{=}$ 5 cm; 2. Achse: 100 Einheiten $\hat{=}$ 1 cm.)

b) Es sei $t \in \mathbb{R}$ ein beliebiger Zeitpunkt. Bestimme d so, dass sich die Größe der Population im Zeitraum $[t; t+d]$ verdoppelt. Zeige, dass für $t \to \infty$ die Verdoppelungszeit d gegen 0 strebt.

c) Zeige, dass die Funktion h mit $h(t) = \frac{100}{2 - e^{0,5t}}$ eine Lösung der Differentialgleichung $h'(t) = \frac{e^{0,5t}}{4 - 2e^{0,5t}} \cdot h(t)$ ist.
Bestimme die Polstelle t_0 von h und zeige, dass h für $t < t_0$ monoton steigt.
Zeichne den Graphen von h für $-1,5 \le t \le t_0$ in das Koordinatensystem aus Teilaufgabe a).

Logarithmusfunktionen

14.
Für $x > 0$ sei $f(x) = \frac{(\ln x)^2}{x}$.

a) Untersuche die Funktion f. Zeichne den Graphen von f für $0 < x \le 10$ (1. Achse: 1 Einheit $\hat{=}$ 1 cm, 2. Achse: 1 Einheit $\hat{=}$ 5 cm).

b) Es bezeichne g die von der 1. Achse verschiedene Tangente vom Koordinatenursprung $O(0|0)$ aus an den Graphen von f. Gib eine Gleichung für g an, und berechne den Flächeninhalt der vom Graphen von f und der Tangente eingeschlossenen Fläche.
Hinweis: Berechne den Schnittpunkt der Tangente mit dem Graphen von f mit dem Newtonschen Näherungsverfahren auf zwei Stellen nach dem Komma genau.

c) Für $1 \le x \le e$ (Eulersche Zahl) bildet die Tangente an den Graphen von f durch $P(x|f(x))$ mit den Koordinatenachsen ein Dreieck. Bestimme x so, dass das Dreieck einen maximalen Flächeninhalt hat.

d) Für $k \in \mathbb{R}$ sei die Funktionenschar f_k gegeben durch $f_k(x) = \frac{(\ln x)^2}{x^k}$ mit $x > 0$.
Untersuche das Verhalten von $f_k(x)$ für $x \to 0$ bzw. $x \to \infty$ in Abhängigkeit von $k \in \mathbb{R}$.
Begründe (ohne Differentialrechnung), dass alle Graphen der Funktionen f_k auf der 1. Achse einen Tiefpunkt haben. Bestimme die Ortslinie aller Hochpunkte.

15.
Gegeben ist die Funktion f mit $f(x) = \ln(x) \cdot (\ln(x) + 1)$ mit $x > 0$.

a) Untersuche den Graphen von f auf Nullstellen, Extrempunkte, Wendepunkte und Verhalten für $x \to \infty$ und für $x \to 0$. Zeichne den Graphen von f für $0 < x \le 5$ (1 Einheit $\hat{=}$ 1 cm).

b) Berechne den Inhalt der Fläche, die der Graph von f im 1. Quadranten mit den Koordinatenachsen einschließt. *Teillösung:* Eine Stammfunktion von f ist F mit $F(x) = x \cdot (\ln(x))^2 - x \cdot \ln(x) + x$.

c) Die Funktion f gehört zur Funktionenschar f_k mit $f_k(x) = \ln(x) \cdot (\ln(x) - k)$, $k \in \mathbb{R}$.
Bestimme die Ortslinie der Extrempunkte der Funktionenschar.

d) Zeige, dass für beliebiges $k \in \mathbb{R}$ der Graph von f_k durch eine Verschiebung um $\frac{k^2}{4}$ in Richtung der 2. Achse und eine anschließende Streckung in Richtung der 1. Achse auf den Graphen von f_0 abgebildet werden kann. Gib den Streckfaktor an.

16.
Für $k \in \mathbb{R}$ und $k > 0$ ist durch $f_k(x) = k^2 \cdot \ln x + (1 - k^2) \cdot \frac{1}{x}$ eine Menge von Funktionen f_k gegeben.

a) Untersuche die Graphen dieser Funktionenschar. Zeige, dass sich alle Funktionsgraphen in einem Punkt schneiden. Zeichne die Graphen für $k = \frac{1}{2}$ und für $k = 1$ in *ein* Koordinatensystem.

b) Gib das Verhalten der in Teilaufgabe a) angegebenen Funktionen für $x \to \infty$ an.

c) Bestimme eine Ortslinie für die Extrempunkte der Funktionen f_k und zeichne sie in das Koordinatensystem aus Teilaufgabe a) ein.

17.

a) Gegeben ist die Funktion f mit $f(x) = \ln(x^2+1) - \ln x$ und $x > 0$.
Zeichne ihren Funktionsgraphen für $0 < x \leq 10$.

b) Für $k \in \mathbb{R}$ sei die Funktionenschar f_k gegeben durch $f_k(x) = \ln(x^2+1) - k \cdot \ln x$ und $x > 0$.
Bestimme die Anzahl der Extrempunkte und die Anzahl der Wendepunkte der Graphen von f_k in Abhängigkeit von $k \in \mathbb{R}$.

c) Zeige, dass für f_2 mit $f_2(x) = \ln(x^2+1) - 2 \cdot \ln x$ und $x > 0$, gilt: $f_2(x) > 0$ für alle $x > 0$ und $f_2(x) \to 0$ für $x \to \infty$. Zeichne den Graphen von f_2.
Für $x > 0$ bezeichne $A(x)$ den Flächeninhalt des Rechtecks mit achsenparallelen Seiten und $O(0\,|\,0)$ und $P(x\,|\,f(x))$ als zwei Eckpunkten. Zeige, dass $A(x)$ für $x \approx 0{,}5$ maximal wird.

d) Bestimme den Flächeninhalt der Fläche, die vom Graphen von f_2 aus Teilaufgabe c) und den Koordinatenachsen begrenzt wird.
Hinweis: Weise zunächst nach, dass F mit $F(x) = 2\arctan x + x \cdot \ln(x^2+1) - 2x \cdot \ln x$ und $x > 0$ eine Stammfunktion von f_2 ist.

18.

Die Funktion f sei gegeben durch $f(x) = (\ln x)^3 - \frac{19}{8} \cdot (\ln x)^2 + \ln x$ und $x > 0$.

a) Untersuche die Funktion f und zeichne den Graphen von f für $0 < x \leq 20$ (1. Achse: 1 Einheit $\hat{=}$ 1 cm, 2. Achse: 1 Einheit $\hat{=}$ 2 cm).

b) Für $k > 0$ sei die Funktionenschar f_k gegeben durch $f_k(x) = (\ln x)^3 - k \cdot (\ln x)^2 + \ln x$ und $x > 0$.
Zeige, dass der Graph von f_k genau dann Extrempunkte besitzt, wenn $k > \sqrt{3}$ ist.
Bestimme die Ortslinie für die Extrempunkte dieser Funktionen.

c) Begründe, dass für $k \to \infty$ die Maxima der Funktionen f_k monoton gegen null streben.
Hinweis: Zeige zunächst, dass $\ln(x_k)$ für $k \to \infty$ monoton gegen null strebt, wobei x_k die Maximalstelle von f_k bezeichne.

d) Zeige, dass die Graphen aller Funktionen f_k den Graphen der Funktion g mit $g(x) = \ln x$ berühren, und berechne den Flächeninhalt der vom Graphen von f_k und dem Graphen von g eingeschlossenen Fläche.

19.

Gegeben ist die Funktion f mit $f(x) = \frac{1}{x \ln x - x}$ und $x > 0$ sowie $x \neq e$ (Eulersche Zahl).

a) Untersuche die Funktion f und zeichne den Graphen von f für $0 < x \leq 10$.

b) Vom Koordinatenursprung $O(0\,|\,0)$ aus werde die Tangente t an den Graphen von f gelegt.
Bestimme die Koordinaten des Berührpunktes sowie die Gleichung der Tangente.
Bestimme den Flächeninhalt der Fläche, die vom Graphen von f, der Tangente t von $O(0\,|\,0)$ an den Graphen von f und der Tangente durch den Hochpunkt von f eingeschlossen wird.

c) Der Graph von f rotiere um die 1. Achse. V_b bezeichne das Volumen des entstehenden Rotationskörpers im Intervall $[5; b]$ mit $b > 5$.
Bestimme V_7 näherungsweise mit Hilfe des Trapezsummenverfahrens, wobei das Intervall $[5; 7]$ in 4 Teilintervalle unterteilt werden soll.
Begründe: Für $b \to \infty$ strebt V_b gegen einen endlichen Grenzwert.

d) Für $k \in \mathbb{R}$ sei die Funktionenschar f_k gegeben durch $f_k(x) = \frac{1}{x(\ln x - k)}$.
Zeige, dass sich für beliebiges $k \in \mathbb{R}$ der Graph von f_k durch eine Streckung aus dem Graphen von f_0 mit $f_0(x) = \frac{1}{x \ln x}$ gewinnen lässt.

e) Für $r > -1$ bezeichne $A_r(x)$ den Flächeninhalt des Rechtecks mit den Eckpunkten $A(0|r)$, $B(0|f(x))$, $C(x|f(x))$, $D(x|r)$ mit $0 < x < e$ (Eulersche Zahl).
Begründe: Für $x \to 0$ gilt $A_r(x) \to 0$. Für $x \to e$ gilt $A_r(x) \to \infty$.
$A_r(x)$ ist monoton steigend für $1 < x < e$.
Zeige, dass $A_r(x)$ mit $0 < x < e$, genau dann ein lokales Extremum annimmt, wenn $r < -\frac{e}{4}$ ist.
Hinweis: Bilde $A_r'(x)$ und untersuche die Funktion $x \mapsto r \cdot x \cdot (\ln x - 1)^2 + 1$ auf Extrema.

9.3 Weitere Funktionstypen

Gebrochenrationale Funktionen

1.
Gegeben ist die Funktion f mit $f(x) = \frac{x^3 - 3x + 2}{(x+1)^2}$.

a) Bestimme den Definitionsbereich von f. Zeige, dass $f(x) = x - 2 + \frac{4}{(x+1)^2}$ ist, und untersuche den Graphen von f auf Achsenschnittpunkte, Polstellen, Extrempunkte, Wendepunkte und Verhalten für $x \to +\infty$ bzw. $x \to -\infty$. Zeichne den Graphen von f sowie die Asymptote für $-4 \leq x \leq 5$ (x-Achse: 1 Einheit $\hat{=}$ 1 cm, y-Achse: 1 Einheit $\hat{=}$ 1 cm).

b) Der Graph von f schließt mit den Koordinatenachsen im 1. Quadranten ein Flächenstück ein. Berechne den Inhalt der Fläche.

c) Vom Punkt $P(-1|9)$ aus lassen sich zwei Tangenten an den Graphen von f legen. Bestimme die zugehörigen Berührpunkte.

2.
Gegeben ist die Funktion f mit $f(x) = \frac{x^3 - 3x}{x^2 - 4}$.

a) Gib den Definitionsbereich von f an, und untersuche den Graphen von f auf Symmetrie, Polstellen, Nullstellen, Extrempunkte, Wendepunkte und asymptotisches Verhalten. Zeichne den Graphen von f sowie die Asymptote für $-5 \leq x \leq 5$ (1 Einheit = 1 cm).

b) Berechne den Flächeninhalt der Flächen, die der Graph von f mit der 1. Achse einschließt.

c) Bestimme x mit $0 < x < \sqrt{3}$ so, dass das Rechteck mit den Eckpunkten $O(0|0)$, $P(x|0)$, $Q(x|f(x))$ und $R(0|f(x))$ einen maximalen Flächeninhalt hat.

d) Für $k \in \mathbb{R}$ ist die Funktionenschar f_k gegeben durch $f_k(x) = \frac{x^3 - kx}{x^2 - 4}$.
Zeige, dass $f_k(x) = x + (4 - k) \cdot \frac{x}{x^2 - 4}$ ist und dass die Graphen von f_k genau dann Extrempunkte besitzen, wenn $k < 4$ ist. Bestimme die Ortslinie der Extrempunkte aller Funktionsgraphen von f_k.

3.
Gegeben sind die Funktionen f_1 und f_2 mit $f_1(x) = \frac{x^3}{x^2 + 4}$ und $f_2(x) = \frac{x^3}{x^2 - 4}$.

a) Skizziere die Graphen der beiden Funktionen anhand einer Funktionsuntersuchung.

b) Begründe den Verlauf der Graphen von f_1 und f_2 ohne Zuhilfenahme der Ableitungen und der Kriterien zur Funktionsuntersuchung.

c) Begründe die Unterschiede der Graphen.

d) *Zeige:* Der Graph einer der Funktionen hat genau an den Stellen horizontale Tangenten, an denen die andere Wendestellen hat.

4.

Für $k \in \mathbb{R}$ ist $f_k(x) = \frac{2x^3 + x^2 - 4kx - 3k}{x^4}$.

a) Zeige, dass sich alle Funktionsgraphen im Punkt $\left(-\frac{3}{4} \middle| -\frac{8}{9}\right)$ schneiden, und berechne den Winkel α, unter dem sich die Graphen von f_0 und f_{-1} schneiden.

$\left(\textit{Teilergebnis: } f'_k(x) = -2\frac{x^3 + x^2 - 6kx - 6k}{x^5}\right)$

b) Untersuche die Funktion f_k in Abhängigkeit von $k \in \mathbb{R}$ auf Extrempunkte.
Bestimme die zugehörigen Ortslinien.

c) Prüfe, ob es eine Stelle x_0 gibt, sodass alle Funktionsgraphen f_k an der Stelle x_0 dieselbe Steigung haben.

d) Berechne den Flächeninhalt der von den Graphen von f_0 und f_{-1} eingeschlossenen Fläche.

5.

Die Funktion f ist gegeben durch $f(x) = \frac{x^3 - 3x^2 + 4}{x}$.

a) Untersuche die Funktion f.

b) Zeige, dass die Gerade g mit $y = 4{,}75x - 14$ den Graphen von f berührt und berechne den Flächeninhalt der Fläche, die von dem Graphen von f der Geraden g und der 1. Achse im 1. Quadranten begrenzt wird.

c) Für $k \in \mathbb{R}$ ist f_k gegeben durch $f_k(x) = \frac{x^3 + 3kx^2 - 4k^3}{x}$.
Zeige, dass der Graph einer jeden Funktion f_k die 1. Achse an der Stelle $x = -2k$ berührt und bestimme alle weiteren Nullstellen.

d) Berechne die Wendepunkte der Graphen aller Funktionen f_k aus Teilaufgabe c) und zeige, dass sie auf einer Parabel liegen.

6.

Gegeben ist die Funktion f mit $f(x) = \frac{7x^4 - 4x^3 - 68x^2}{8(x+2)^2}$.

a) Bestimme den Definitionsbereich von f und untersuche den Graphen von f auf Achsenschnittpunkte, Extrempunkte, Wendepunkte, Verhalten an den Polstellen und Verhalten für $x \to \infty$ bzw. $x \to -\infty$. Zeichne den Graphen von f für $-3 \leq x \leq 5$ (1 Einheit = 1 cm).

b) Berechne den Flächeninhalt der Fläche, die der Graph von f mit der Parabel $y = \frac{7}{8}x^2 - 4x + 4$ für $x \geq 0$ einschließt.

c) Für $k \in \mathbb{R}$ ist die Funktionenschar f_k gegeben durch
$f_k(x) = kx^2 - 4x + 4 - \frac{16}{(x+2)^2}$.
Bestimme die Wendestellen von f_k in Abhängigkeit von $k \in \mathbb{R}$.
Untersuche ebenfalls in Abhängigkeit von $k \in \mathbb{R}$, welchen besonderen Punkt der Graph von f_k an der Stelle 0 hat.

d) Bestimme – unter Rückgriff auf Ergebnisse aus Teilaufgabe c) – in Abhängigkeit von $k \in \mathbb{R}$ die Anzahl und Art der Extrempunkte von f_k.
Die exakten Extremstellen müssen nicht bestimmt werden.
Skizziere die verschiedenen Typen der Funktionsgraphen.

7.
Gegeben ist die Funktion f mit $f(x) = \frac{-x^3 - x^2 + 8x}{x+1}$.

a) Bestimme den Definitionsbereich von f und untersuche den Graphen von f auf Achsenschnittpunkte, Extrempunkte, Wendepunkte, Verhalten an den Polstellen und asymptotisches Verhalten. Zeichne den Graphen von f für $-3 \leq x \leq 3$ (1 Einheit = 1 cm).

b) Berechne den Flächeninhalt der Fläche, die der Graph von f mit der Geraden zu $y = -x$ einschließt.

c) Für $k \in \mathbb{R} \setminus \{0\}$ ist die Funktionenschar f_k gegeben durch $f_k(x) = \frac{-x^3 - kx^2 + 8k^2x}{k^2x + k^3}$.
Bestimme, für welche $k \in \mathbb{R} \setminus \{0\}$ die Graphen der Funktionenschar f_k Extrempunkte (Wendepunkte) besitzen. Bestimme die Ortslinie aller Extrempunkte (Wendepunkte).

d) Durch welche geometrische Abbildung lässt sich der Graph von f_k aus dem Graphen von f gewinnen? Begründe!

8.
Gegeben ist die Funktion f mit $f(x) = \frac{2x^2 - 5x + 2}{2x^2 + 5x + 2}$.

a) Bestimme den Definitionsbereich von f und untersuche den Graphen von f auf Nullstellen, Pole, Extrempunkte und asymptotisches Verhalten.
Zeige, dass an der Stelle $2^{\frac{1}{3}} + 2^{-\frac{1}{3}}$ der einzige Wendepunkt liegt.
Zeichne den Funktionsgraphen für $-8 \leq x \leq 10$ (1 LE = 1 cm).

b) Berechne den Flächeninhalt der vom Funktionsgraphen und den Koordinatenachsen im 1. Quadranten eingeschlossenen Fläche.

c) Für $k \in \mathbb{R}$, $k > 0$, ist die Funktionenschar f_k definiert durch $f_k(x) = \frac{2x^2 - 5x + k}{2x^2 + 5x + k}$.
Bestimme den Definitionsbereich von f_k. Berechne die Ortslinie aller Tiefpunkte und die Ortslinie alter Hochpunkte der Funktionsgraphen von f_k.

d) Skizziere unter Verwendung der Ergebnisse aus Teilaufgabe c) den Graphen von f_4.

9.
Gegeben ist die Funktion f mit $f(x) = \frac{x^3 + 2x^2 + 12x}{x^2 + 1}$.

a) Gib den Definitionsbereich von f an, und untersuche den Graphen von f auf Nullstellen, Extrempunkte, Wendepunkte und asymptotisches Verhalten.
Zeichne den Graphen von f sowie die Asymptote für $-6 \leq x \leq 6$ (1 Einheit = 0,5 cm).

b) Berechne den Flächeninhalt der Fläche, die der Graph von f mit der Tangente im Tiefpunkt einschließt.

c) Bestimme die Anzahl der Lösungen der Gleichung $x^3 - x^2 + (4-k) \cdot x + k = 0$ in Abhängigkeit von $k \in \mathbb{R}$.
(*Hinweis:* Bestimme zunächst den Schnittpunkt der Ortslinie der Extrempunkte der Funktionen h_k mit $h_k(x) = x^3 - x^2 + (4-k) \cdot x + k$ und $k \in \mathbb{R}$, mit der 1. Achse.)

d) Für $k \in \mathbb{R}$ ist die Funktionenschar f_k gegeben durch $f_k(x) = \frac{x^3 + 2x^2 + kx}{x^2 + 1}$.
Zeige, dass f_k an der Stelle -1 genau dann ein Extremum hat, wenn $k = 3$ ist.
Bestimme unter Verwendung des Ergebnisses von Teilaufgabe c) die Anzahl der Extrempunkte der Graphen von f_k in Abhängigkeit von $k \in \mathbb{R}$.
Skizziere die verschiedenen Typen der Funktionsgraphen.

10.

Gegeben ist die Funktion f mit $f(x) = \frac{2x^4 - 7x^2 + 3}{x^3}$ mit $x \neq 0$.

a) Gib den Definitionsbereich von f an, und untersuche den Graphen von f auf Symmetrie, Polstellen, Nullstellen, Extrempunkte, Wendepunkte und asymptotisches Verhalten.
Zeichne den Graphen von f sowie die Asymptote für $-4 \leq x \leq 4$ (1 Einheit = 1 cm).

b) Berechne den Flächeninhalt der Flächen, die vom Graphen von f und von der Geraden zu $y = -2x$ eingeschlossen werden.

c) Für $k > 0$ ist die Funktionenschar f_k gegeben durch $f_k(x) = \frac{2x^4 - 7k^2x^2 + 3k^4}{x^3}$.
Bestimme die Ortslinie der Extrempunkte der Graphen zu f_k.
Zeichne die Ortslinie sowie den Graphen von f_2 in das Koordinatensystem aus Teilaufgabe a).

d) Zeige, dass der Graph einer jeden Funktion f_k zum Graphen von f zentrisch ähnlich ist.

Trigonometrische Funktionen

11.

Gegeben seien die Funktionen f und g mit $f(x) = \sin x$ und $g(x) = \sin(3x)$.

a) Zeichne die Graphen von f und g in ein Koordinatensystem und zeichne den Graphen von h mit $h(x) = f(x) + g(x)$ durch Überlagerung der beiden Funktionsgraphen für $x \in [-\pi; 2\pi]$.
Untersuche h auf Symmetrie und Periodizität.

b) Berechne die genaue Lage der Null- und Extremstellen von h.
Forme dazu die auftretenden Funktionsterme mittels der Additionstheoreme (Formelsammlung) geeignet um.

c) Der Graph von h schließt mit der 1. Achse Flächenstücke ein. Berechne deren Flächeninhalt.
Berechne das Volumen des Rotationskörpers, der bei Rotation eines dieser Flächenstücke um die 1. Achse entsteht.

d) Betrachte die Funktionenschar g_k mit $g_k(x) = \frac{1}{k}\sin(3x)$ mit $k > 0$. Die Normalen in den Wendepunkten des Graphen von g_k schließen mit dem Graphen von g_k Flächenstücke ein.
Für welches k haben diese minimalen Flächeninhalt?

12.

Gegeben sei die Funktionenschar f_k mit $f_k(x) = k \cdot (1 + \sin(kx))$ mit $k > 0$.

a) Zeichne den Graphen von f_2.
Wie ergibt sich der Graph von f_2 aus dem Graphen der Sinusfunktion?

b) Begründe, dass gilt: $f_k(x) \geq 0$ für alle $x \in \mathbb{R}$. Ermittle die Hoch- und Wendepunkte der Graphen der Funktionenschar.
Auf welcher Kurve liegen die Hochpunkte der Schar im 1. Quadranten mit der jeweils kleinsten 1. Koordinate? Zeichne die Kurve (Ortslinie).

c) Die Graphen der Funktionenschar schließen mit der 1. Achse Flächenstücke ein. Zeige, dass deren Flächeninhalte unabhängig von k stets gleich groß sind.

d) Für welches k geht die Normale im 1. Wendepunkt des Graphen von f_k im 1. Quadranten mit positiver 1. Koordinate durch den Ursprung? Diese Normale, die zugehörige Wendetangente und die 2. Achse schließen ein Dreieck ein. Berechne dessen Flächeninhalt.

e) Es sei f_{k^*} definiert durch $f_{k^*}(x) = f_{-k}(x)$ mit $k > 0$.
Welcher Zusammenhang besteht zwischen den Graphen von f_{k^*} und f_k?

13.
Gegeben sind die Funktionenscharen f_k und g_k mit $f_k(x) = kx + \sin\left(\frac{x}{k}\right)$ und $g_k(x) = kx^2 + \sin\left(\frac{x}{k}\right)$, wobei $k > 0$.

a) Untersuche die Funktion $f_{\frac{1}{2}}$ auf Symmetrie, Null- , Extrem- und Wendestellen.
Zeichne den Graphen von $f_{\frac{1}{2}}$ im Intervall $[-\pi; \pi]$.

b) Zeichne den Graphen von $g_{\frac{1}{2}}$ durch Überlagerung zweier Funktionsgraphen. Welche Aussage kann man ohne Berechnung über Anzahl und Lage der Nullstellen und der Extrempunkte machen?

c) Welche Punkte haben die Graphen von f_k und g_k gemeinsam? Zeige: Die Graphen von f_k und g_k können sich im Ursprung nicht senkrecht schneiden und können im Ursprung keine gemeinsame Tangente haben.

d) Berechne den Flächeninhalt der von den Graphen von f_k und g_k ein geschlossenen Fläche.
Für welche k beträgt der Flächeninhalt 1?

e) Auf welcher Kurve liegen die Wendepunkte der Funktionenschar f_k mit betragsmäßig kleinster 1. Koordinate im 1. Quadranten? Zeichne die Kurve.

f) Für welche $k \in \mathbb{R}$ haben die Graphen der Funktionenschar f_k Extrempunkte?
Welcher Sonderfall ergibt sich für $k = 1$?

14.
Gegeben sei die Funktionenschar f_k mit $f_k(x) = (k^2 + 1) \sin\left(k \cdot \frac{\pi}{2} x\right)$ und $k > 0$.

a) Zeichne die Graphen von f_1 und f_2 in ein Koordinatensystem. Notiere charakteristische Punkte der beiden Graphen. Wie ergeben sich die beiden Graphen aus dem Graphen der Sinusfunktion?

b) Unter welchen Winkeln schneiden sich die Graphen von f_1 und f_2 in den gemeinsamen Schnittpunkten mit der 1. Achse?

c) Die Graphen der Funktionen f_k schließen mit der 1. Achse Flächenstücke ein.
(1) Für welches k haben diese Flächenstücke einen minimalen Flächeninhalt?
(2) Die Flächenstücke rotieren um die 1. Achse. Für welches k haben die Volumina der Rotationskörper einen minimalen Wert?

d) Bestimme die Funktion g, auf deren Graphen die Hochpunkte der Funktionenschar mit betragsmäßig kleinster 1. Koordinate im 1. Quadranten liegen.

Arkusfunktionen

15.
Gegeben ist die Funktionenschar f_t mit $f_t(x) = \arctan \frac{|x| + t}{|x| - t}$ und $t > 0$.

a) Bestimme den maximalen Definitionsbereich.

b) Untersuche das Verhalten am Rande des Definitionsbereiches.

c) Bestimme die Schnittpunkte der Graphen mit den beiden Achsen.

d) Bestimme Monotonieabschnitte.

e) Weise mithilfe von d) nach, dass alle Graphen zu $f_t(x)$ genau eine Extremstelle besitzen.
Bestimme Art und Lage der Extrempunkte.

f) Zeichne den Graphen zu $f_t(x)$ für $t = 4$.

g) Zeige, dass für g mit $g(x) = \arctan\left(\frac{1}{2}x\right)$ gilt $g'(x) + f_2'(x) = 0$.

h) Gegeben sei nun $F_0(x) = \int_0^x f(t)\,dt$ mit $D_F =]-2; 2[$. Untersuche $F(x)$ auf Nullstellen, Symmetrie, Extrem- und Wendestellen. Ermittle eine integralfreie Darstellung von $F(x)$.

e-Funktion, trigonometrische Funktionen und Arkusfunktionen

16.

Gegeben sei die Funktionenschar f_t mit $f_t(x) = \frac{t - e^x}{t + e^x}$ und $t \in \mathbb{R}$.

a) Untersuche den Graphen der Funktion auf Definitionsbereich, Symmetrie, Verhalten für $x \to \pm\infty$ in Abhängigkeit von t, gemeinsame Punkte mit den Koordinatenachsen und Extrempunkte.

b) Zeige, dass für alle t gilt: $f_t(\ln t + x) = -f_t(\ln t - x)$
Was bedeutet dies für die Graphen zu f_t?

c) Zeichne den Graphen zu $t = 2$ in ein Koordinatensystem.

d) Die 1. Achse, der Graph zu f_t und die Gerade $x = \ln(2t)$ schließen für $t > 0$ eine Fläche ein. Zeige, dass der Flächeninhalt unabhängig von t ist.

e) Skizziere den Graphen zu $f_t'(x)$ in dasselbe Koordinatensystem wie $f_t(x)$.

f) Zeige, dass sich alle Graphen zu f_t und f_t' in einem Punkt S_t schneiden. Berechne die Koordinaten von S_t.
Was lässt sich über die Lage aller Schnittpunkte sagen?

g) Begründe, dass jede Funktion der Schar f_t eine Umkehrfunktion $\bar{f}_t$ besitzt. Gib den Definitionsbereich und den Funktionsterm zu $\bar{f}_t$ an.

17.

Durch $f_a(x) = \frac{a + \ln x}{x}$ mit $x \in \mathbb{R}^+$ und $a \in \mathbb{R}$ ist eine Funktionenschar f_a gegeben.

a) Bestimme die Asymptoten, die Nullstellen und den Wertebereich von f_a.

b) Weise nach, dass $(e^{1-a} \mid e^{a-1})$ für jedes $a \in \mathbb{R}$ der einzige Extrempunkt und $(e^{1,5-a} \mid e^{a-1,5})$ der einzige Wendepunkt ist.

c) Bestimme die Ortslinie aller Extrempunkte der Funktionenschar.

d) Zeichne die Graphen von f_a für $a = 0{,}5$ und $a = 2$.

e) Der Graph zu f_a, die 1. Achse und die zur 2. Achse parallele Gerade durch den Extrempunkt von f_a umschließen eine Fläche A.
Zeige: Die Maßzahl der Fläche A ist unabhängig vom Scharparameter a.

18.

Gegeben ist die Funktionenschar f_k mit $f_k(x) = \ln\left(\frac{x^2}{k} + 1\right)$ mit $k \in \mathbb{R}\setminus\{0\}$.

a) Untersuche den Graphen der Funktion in Abhängigkeit von k auf Definitionsbereich, Symmetrie, Verhalten für $\to \pm\infty$, gemeinsame Punkte mit den Koordinatenachsen und Wendepunkte.

b) Zeichne den Graphen für $k = 4$. Zeichne ebenfalls den Graphen zu g_k mit $g_k(x) = \ln(x^2)$.

c) Eine Gerade mit der Gleichung $x = t$ schneidet für $t \neq 0$ den Graphen zu f_4 und g_4 in den Punkten S_1 und S_2. Zeige, dass die Länge der Strecke $S_1 S_2$ durch $\ln(t^2 + 4) - 2\ln t$ gegeben ist.

d) Zeige, dass die Länge der Strecke $\overline{S_1 S_2}$ gegen 0 strebt, falls $t \to \infty$.

19.
Gegeben ist die Funktionsschar $f_a: x \mapsto \frac{a^2 - x^2}{e^{x^2}}$ mit $x \in \mathbb{R}$ und $a \in \mathbb{R}^+$.

a) Untersuche die Graphen von f_a auf Symmetrie, Schnittpunkte mit der 1. Achse, Hoch- und Tiefpunkte, sowie auf Asymptoten.
$\left(\textit{Teilergebnis:}\ f'_a(x) = \frac{2x(x^2 - 1 - a^2)}{e^{x^2}}\right)$

b) Zeichne den Graphen von f_1 für $|x| \leq 2$. (1 LE = 4 cm)

c) Die 1. Achse und die Tangenten an den Graphen von f_a in seinen Schnittpunkten mit der 1. Achse schließen ein Dreieck ein. Berechne seine Flächeninhaltsmaßzahl $A(a)$. Für welches $a \in \mathbb{R}^+$ ist $A(a)$ maximal?

d) Bestimme p, q und r so, dass sich f_a durch
$f_a(x) = \int_a^x (pt^3 + qt)e^{-t^2}\,dt + r$ mit $x \in \mathbb{R}$ und $a \in \mathbb{R}^+$ darstellen lässt.

20.
Gegeben sei die Schar der Funktionen g_a mit $g_a(x) = \frac{|x|}{\sqrt{a^2 - x^2}}$ und $a \in \mathbb{R}^+$.

a) Bestimme den Definitionsbereich D der Schar. Untersuche den Graphen zu g_a auf Symmetrie und asymptotisches Verhalten.

b) Zeige, dass für alle $x \in D_g$ mit $x > 0$ gilt: $g'_a(x) = \frac{a^2}{(\sqrt{a^2 - x^2})^3}$
Ist $g'_a(x)$ im ganzen Definitionsbereich differenzierbar? Begründe deine Antwort.

c) Untersuche die Funktionenschar auf Monotonierverhalten und zeige, dass alle Funktionen der Schar genau einen Extrempunkt besitzen. Bestimme die zugehörige Wertemenge.

d) Skizziere unter Verwendung der bisherigen Ergebnisse den Graphen zu $g_2(x)$ in ein Koordinatensystem.

e) Berechne den Flächeninhalt J_a der Fläche, die von der 1. Achse, dem Graphen einer Funktion g_a und seinen Asymptoten begrenzt wird.

f) Im weiteren sei die Funktionenschar f_a gegeben mit: $f_a(x) = \arctan \frac{|x|}{\sqrt{a^2 - x^2}}$. Untersuche $f_a(x)$ auf maximalen Definitionsbereich, Symmetrie, Extrempunkte und Wertemenge unter Verwendung der Eigenschaften der arctan-Funktion und der Ergebnisse aus den Teilaufgaben a) bis e).

g) Bestimme $f'_a(x)$ und gib den zugehörigen Definitionsbereich von $f'_a(x)$ an.
Untersuche das Verhalten von $f'_a(x)$, wenn x gegen die Ränder des Definitionsbereiches strebt.

h) Zeige, dass sich der Funktionsterm $f_a(x)$ auch durch $f_a(x) = \arcsin \frac{|x|}{a}$ darstellen läßt.

i) Skizziere den Graphen zu $f_2(x)$ unter Verwendung der bisherigen Ergebnisse in das Koordinatensystem von $g_2(x)$.

j) Der Graph zu $f_a(x)$ und die Gerade $y = \frac{\pi}{2}$ schließen ein Flächenstück ein. Zeige, dass der Flächeninhalt ebenfalls den Inhalt J_a aus Teilaufgabe e) hat.

21.

Gegeben ist eine Funktionenschar f_a mit $f_a\colon\ x \mapsto x \cdot \left(\sqrt{x} - a\right)$.

a) Untersuche f_a auf
(1) maximalen Definitionsbereich,
(2) Schnittpunkte mit den beiden Achsen,
(3) Verhalten an den Rändern des Definitionsbereiches,
(4) Monotonieverhalten,
(5) Extrempunkte.

b) Bestimme die Gleichungen der Tangenten an den beiden Nullstellen.

c) Zeichne unter Verwendung der Ergebnisse aus a) und b) den Graphen und die Tangenten für $a = 4$.

d) Die beiden Tangenten in den Nullstellen des Graphen schneiden sich in einem Punkt A. Berechne seine Koordinaten.

e) Die Tangenten bilden mit der 1. Achse ein Dreieck. Berechne seinen Flächeninhalt in Abhängigkeit von a.

f) Zeige, dass der Flächeninhalt des Dreiecks stets kleiner ist als die vom Graphen und der 1. Achse eingeschlossenen Fläche. Gibt es ein a, sodass diese Flächen sich um weniger als 0,01 unterscheiden?

g) Gegeben ist weiter die Funktion g_a mit $g_a(x) = \arctan f_a(x)$. Welche Eigenschaften der Funktion f_a lassen sich auf die Funktion g_a übertragen?

h) Skizziere den Graphen zu g_a für $a = 4$ in das Koordinatensystem von Teilaufgabe c).

22.

Gegeben ist eine Funktionenschar f_a mit $f_a(x) = \cos x \cdot e^{a \sin x}$.

a) Untersuche f_a auf
(1) Periodizität,
(2) Schnittpunkte mit den beiden Achsen,
(3) Symmetrie,
(4) Monotonieverhalten,
(5) Extrempunkte.

b) Zeige, dass alle Graphen der Schar zum Punkt $P(0{,}5\pi \mid 0)$ symmetrisch sind.

c) Zeige, dass sich die zweite Ableitung darstellen lässt durch
$f_a''(x) = f_a(x) \cdot [(a \cdot \cos x)^2 - 3a \sin x - 1]$

d) Bestimme für $a = 2$ die Wendepunkte des Graphen f_2.

e) Zeichne unter Verwendung der Ergebnisse aus a), b) und c) den Graphen zu f_a für $a = 2$.

f) Der Graph zu f_a und die 1. Achse schließen für positive x ein Flächenstück ein.
Berechne seinen Flächeninhalt in Abhängigkeit von a.

g) Gegeben ist eine weitere Funktionenschar g_a mit $g_a\colon\ x \mapsto \cos(x - 2a) \cdot e^{a \sin(x - 2a)}$.
Welche Ergebnisse lassen sich von der Funktionenschar f_a auf g_a übertragen?

ANHANG I: BEWEISE

I.1 Das Beweisverfahren der vollständigen Induktion

Beispiel

Addiert man die ungeraden Zahlen von 1 angefangen bis zu einer bestimmten ungeraden Zahl, z.B. bis zu 7 oder bis zu 11, so erhält man eine Quadratzahl:

$1 + 3 + 5 + 7 = 16 = 4^2$ $\quad$ $1 + 3 + 5 + 7 + 9 + 11 = 36 = 6^2$ $\quad$ $1 + 3 + 5 = 9 = 3^2$

Wir wollen versuchen, durch ein systematisches, schrittweises Vorgehen herauszufinden, ob das nur zufällig oder *immer* so ist.

1. Schritt: Im einfachsten Fall besteht die Summe der ungeraden Zahlen nur aus der Zahl 1.
1 ist aber Quadratzahl: $1 = 1^2$.

2. Schritt: Wir addieren auf beiden Seiten die nächste ungerade Zahl 3.
Aus $1 = 1^2$ folgt dann nacheinander:

$$\begin{aligned} 1 + 3 &= 1^2 + 3 \\ &= 1^2 + 2 \cdot 1 + 1 \\ &= (1 + 1)^2 = 2^2 \end{aligned}$$

3 so zerlegen, dass eine binomische Formel anwendbar ist.

3. Schritt: Wir addieren auf beiden Seiten die nächste ungerade Zahl.
Aus $1 + 3 = 2^2$ folgen die Gleichungen:

$$\begin{aligned} 1 + 3 + 5 &= 2^2 + 5 \\ &= 2^2 + 2 \cdot 2 + 1 \\ &= (2 + 1)^2 = 3^2 \end{aligned}$$

5 so zerlegen, dass eine binomische Formel anwendbar ist.

4. Schritt: Wir addieren wieder auf beiden Seiten die nächste ungerade Zahl 7.
Aus $1 + 3 + 5 = 3^2$ folgen die Gleichungen:

$$\begin{aligned} 1 + 3 + 5 + 7 &= 3^2 + 7 \\ &= 3^2 + 2 \cdot 3 + 1 \\ &= (3 + 1)^2 = 4^2 \end{aligned}$$

7 so zerlegen, dass eine binomische Formel anwendbar ist.

So könnte man immer nach demselben Schema fortfahren.

Wir versuchen dieses Schema allgemein zu beschreiben.

Man beachte: Die k-te gerade Zahl ist $2 \cdot k$, die k-te ungerade Zahl also $2 \cdot k - 1$.

Allgemeine Beschreibung des Verfahrens

Wenn für die Summe der k ersten ungeraden Zahlen $1 + 3 + 5 + \ldots + (2k - 1) = k^2$ gilt, dann erhält man die Summe der $(k + 1)$ten ungeraden Zahlen durch Addition der nächsten ungeraden Zahl $2k - 1 + 2$, also von $2k + 1$:

$$1 + 3 + 5 + \ldots + (2k - 1) + (2k + 1) = k^2 + (2k + 1) = (k + 1)^2$$

Fast alle Einzelschritte hätten wir uns sparen können, wenn wir nur diese letzte Überlegung und Rechnung durchgeführt hätten, da sie die Einzelrechnungen als Spezialfall enthalten. Überflüssig waren die Schritte 2, 3, 4, nicht dagegen Schritt 1, der Anfang der Überlegung.

Der ganze Beweis lässt sich daher auf *zwei* Teile verkürzen:

Zu beweisen ist die Gleichung: $1 + 3 + 5 \ldots + (2n - 1) = n^2$

D.h. zu beweisen ist die Behauptung:
Die Summe der n ersten ungeraden Zahlen ist eine Quadratzahl, nämlich n^2.
Der folgende Beweis dieser Behauptung erfolgt in zwei Teilen.

1. Teil: Anfang der Überlegung

Die Gleichung gilt für $n = 1$, denn links vom Gleichheitszeichen steht nur die Zahl 1 und rechts 1^2.

2. Teil: Schluss von k auf k + 1

Zu beweisen ist: *Wenn die Gleichung für $n = k$ gilt, dann auch für $n = k + 1$.*
Für $n = k$ lautet die Gleichung:

$$1 + 3 + 5 + \ldots + (2k - 1) = k^2$$

Wir addieren auf beiden Seiten die $(k + 1)$-te ungerade Zahl $2(k + 1) - 1$:

$$\begin{aligned} 1 + 3 + 5 \ldots + (2k - 1) + [2(k + 1) - 1] &= k^2 + [2(k + 1) - 1] \\ &= k^2 + 2k + 2 - 1 \\ &= k^2 + 2k + 1 \\ &= (k + 1)^2 \end{aligned}$$

Die vorher durchgeführten Einzelschritte (Seite 345) sind überflüssig. Sie werden durch den logischen Schluss von k auf $k + 1$ zusammengefasst. Man kann sich vorstellen, dass k nacheinander die Zahlen 1, 2, 3, 4, … durchläuft. Für $k = 1$ erhält man den 2. Schritt, für $k = 2$ den 3. Schritt usw.
Das durchgeführte Verfahren trägt den Namen **vollständige Induktion**. Der Anfang der Überlegung heißt **Induktionsanfang,** der logische Schluss von k auf $k + 1$ heißt **Induktionsschluss**.

Beweisverfahren der vollständigen Induktion
Um die Gültigkeit einer Gleichung $g(n)$ (oder eines mathematischen Satzes) für alle *natürlichen Zahlen* n zu beweisen, genügt der Beweis folgender Teile:

1. Teil: **Induktionsanfang**
Nachweis der Gültigkeit der Gleichung $g(n)$ (oder des Satzes) für $n = 1$.

2. Teil: **Induktionsschluss von k auf k + 1**
Nachweis von:
Wenn $g(k)$, dann $g(k + 1)$ für alle k. (Wenn der Satz für k gilt, dann auch für $k + 1$.)

Das Verfahren der vollständigen Induktion lässt sich nur anwenden, wenn die zu beweisende Behauptung schon vorher bekannt ist oder vermutet wird.

Beispiele für Beweise durch vollständige Induktion

Beispiel 1

Man beweise durch vollständige Induktion: $2 + 4 + 6 + \ldots + 2n = n(n + 1)$,
d.h. die Summe der n ersten geraden Zahlen ist gleich $n \cdot (n + 1)$.

1. Induktionsanfang:
Die Gleichung gilt für $n = 1$, denn links vom Gleichheitszeichen steht dann nur die Zahl 2 und rechts $1 \cdot (1 + 1) = 2$.

2. Induktionschluss:
Zu beweisen ist:
Wenn $2 + 4 + 6 + \ldots + 2k = k \cdot (k + 1)$, dann $2 + 4 + 6 + \ldots + 2k + 2(k + 1) = (k + 1) \cdot ((k + 1) + 1)$.
Es sei: $2 + 4 + 6 + \ldots + 2k = k(k + 1)$ *Induktionsannahme*

Wir addieren auf beiden Seiten die $(k + 1)$-te gerade Zahl. Das ist $2 \cdot (k + 1)$:

$$\begin{aligned} 2 + 4 + 6 + \ldots + 2k + 2(k + 1) &= k \cdot (k + 1) + 2(k + 1) \\ &= (k + 1) \cdot (k + 2) \\ &= (k + 1) \cdot ((k + 1) + 1) \end{aligned}$$

Beispiel 2

Man beweise durch vollständige Induktion: 5 ist ein Teiler von $6^n + 4$.

1. Induktionsanfang:
Die Behauptung gilt für $n = 1$, denn 5 ist ein Teiler von $6^1 + 4$, d.h von 10.

2. Induktionsschluss:
Zu beweisen ist:
Wenn 5 ein Teiler von $6^k + 4$ ist, dann ist 5 auch ein Teiler von $6^{k+1} + 4$.

5 sei ein Teiler von $6^k + 4$ (Induktionsannahme).
Es gilt: $6^{k+1} + 4 = 6^1 \cdot 6^k + 4 = 5 \cdot 6^k + 1 \cdot 6^k + 4$
$= 5 \cdot 6^k + (6^k + 4)$

Nun wissen wir:
5 ist ein Teiler von $6^k + 4$ (Induktionsannahme), und 5 ist auch Teiler von $5 \cdot 6^k$.
Wir können daraus schließen:
5 ist Teiler von $5 \cdot 6^k + (6^k + 4)$, also von $6^{k+1} + 4$.

Induktion in den Naturwissenschaften und vollständige Induktion in der Mathematik

(1) Naturgesetze wie das OHMsche Gesetz der Elektrizitätslehre, das Reflexionsgesetz der Optik, die MENDELschen Gesetze in der Biologie oder das Gesetz der multiplen Proportionen in der Chemie werden durch *Induktion* gewonnen, das bedeutet: Durch Betrachtung von Einzelbeispielen in naturwissenschaftlichen Experimenten wird die Vermutung eines allgemeinen Gesetzes gewonnen. Kurz: *Induktion ist das Aufsteigen von Einzelfällen zu einem allgemeinen Gesetz.* Dieses ist damit keineswegs zwingend bewiesen. Es hat vielmehr den Charakter einer Annahme, einer Hypothese. Die Beispiele bestätigen es nur. Je mehr Bestätigungsbeispiele es gibt, um so mehr ist das Gesetz erhärtet. Erst wenn man alle Einzelfälle vollständig zur Bestätigung erfassen würde, wäre das Gesetz zwingend bewiesen. Das ist aber nicht möglich.

(2) Die *vollständige Induktion* in der Mathematik ist etwas prinzipiell anderes. Sie hat strengen Beweischarakter. Durch den Induktionsanfang wird die Gültigkeit der Gleichung g(n) (bzw. des mathematischen Satzes) für den Fall $n = 1$ bewiesen, durch den Induktionsschluss für jeden anderen Fall einer natürlichen Zahl n. Es werden also alle Einzelfälle *vollständig* erfasst, daher die Bezeichnung vollständige Induktion.

Übungsaufgaben

1.
Beweise die Formel $\frac{1}{1 \cdot 2} + \frac{1}{2 \cdot 3} + \frac{1}{3 \cdot 4} + \ldots + \frac{1}{n(n+1)} = \frac{n}{n+1}$ durch vollständige Induktion.
Gehe dabei vor wie im Beispiel auf Seite 345.

2.
Beweise durch vollständige Induktion.

a) $1 + 2 + 3 + 4 + \ldots + n = \frac{n(n+1)}{2}$

b) $1^2 + 2^2 + 3^2 + \ldots + n^2 = \frac{n(n+1)(2n+1)}{6}$

c) $1^3 + 2^3 + 3^3 + \ldots + n^3 = \left(\frac{n(n+1)}{2}\right)^2$

d) $1 \cdot 2 + 2 \cdot 3 + 3 \cdot 4 + \ldots + n(n+1) = \frac{n(n+1)(n+2)}{3}$

e) $1 \cdot 2 \cdot 3 + 2 \cdot 3 \cdot 4 + \ldots + n(n+1)(n+2) = \frac{n(n+1)(n+2)(n+3)}{4}$

f) $\frac{1}{1 \cdot 3} + \frac{1}{3 \cdot 5} + \frac{1}{5 \cdot 7} + \ldots + \frac{1}{(2n-1)(2n+1)} = \frac{n}{2n+1}$

g) $\frac{1}{1 \cdot 4} + \frac{1}{4 \cdot 7} + \frac{1}{7 \cdot 10} + \ldots + \frac{1}{(3n-2)(3n+1)} = \frac{n}{3n+1}$

3.
Beweise durch vollständige Induktion. Für alle $n \in \mathbb{N}$ gilt:

a) 7 ist Teiler von $2^{3n} + 13$

b) 3 ist Teiler von $13^n + 2$

c) 5 ist Teiler von $7^n - 2^n$

d) 4 ist Teiler von $5^n + 7$

e) 7 ist Teiler von $50^n + 6$

f) 8 ist Teiler von $3^{2n} - 1$

g) 3 ist Teiler von $2^{3n} - 5^n$

h) 3 ist Teiler von $n^3 + 5n + 3$

4.
Beweise durch vollständige Induktion. Für alle $n \in \mathbb{N}$ gilt:

a) Die Anzahl der Untermengen einer Menge mit n Elementen ist 2^n.

b) $(1 + a)^n \geq 1 + n \cdot a$ (für $a > -1$) (*Bernoullische Ungleichung*)

c) Die Winkelsumme eines n-Ecks (ohne stumpfe Innenwinkel) beträgt $(n - 2) \cdot 180°$.

d) Ist ein Rechteck durch n Geraden in Teilgebiete zerlegt, so lässt es sich mit 2 Farben so färben, dass benachbarte Gebiete verschiedene Farben haben.

5.
Für alle $n \in \mathbb{N}$ gilt: $4n \leq n^2 + 4$.

a) Beweise die Ungleichung durch vollständige Induktion.

b) Beweise die Ungleichung durch Umformung und Anwenden der binomischen Formeln.

6.
Zeige, dass der Induktionsschluss durchführbar ist, die Formel jedoch für alle $n \in \mathbb{N}$ falsch ist.

a) $\frac{1}{2^1} + \frac{1}{2^2} + \frac{1}{2^3} + \ldots + \frac{1}{2^n} = 2 - \frac{1}{2^n}$

b) 2 ist Teiler von $3^n + 4$

c) $1 \cdot 2 + 2 \cdot 3 + 3 \cdot 4 + \ldots + n \cdot (n + 1) = \frac{1}{3}\, n(n + 1) \cdot (n + 2) + 5$

7.
Beweise: Für $n \in \mathbb{N}$ und $n > 6$ gilt: $2^{n-1} > n^2$.

8.
Beweise durch vollständige Induktion mit Hilfe der Produktregel der Differentiation:

a) Wenn $f(x) = x^n$, dann ist $f'(x) = n \cdot x^{n-1}$.

b) Wenn $f(x) = (u(x))^n$, dann ist $f'(x) = n \cdot (u(x))^{n-1} \cdot u'(x)$.

9.
Beweise die folgenden *Sätze über Folgen* durch vollständige Induktion

a) Für eine geometrische Folge $\langle a_n \rangle$ mit $a_{n+1} = a_n \cdot q$ $(a_1 \neq 0, q \neq 0)$ gilt:

(1) $a_n = a_1 \cdot q^{n-1}$ (2) Wenn $a_1 > 0$ und $q > 1$, dann ist $\langle a_n \rangle$ monoton steigend.

b) Für eine arithmetische Folge $\langle a_n \rangle$ mit $a_{n+1} = a_n + d$ gilt: $a_n = a_1 + (n - 1) \cdot d$

c) Für eine geometrische Reihe sind die beiden folgenden rekursiven Definitionen (1) und (2) gleichwertig. *Anleitung:* Zeige: Aus (1) folgt (2) und aus (2) folgt (1).

(1) $s_{n+1} = s_n + a_1 \cdot q^n$; $s_1 = a_1$ $(a_1 \neq 0, q \neq 0)$ (2) $s_{n+1} = a_1 + q \cdot s_n$; $s_1 = a_1$ $(a_1 \neq 0, q \neq 0)$

d) Die Summenformel $s_n = a_1 \cdot \frac{q^n - 1}{q - 1}$ $(q \neq 1)$ für geometrische Reihen mithilfe der Rekursionsgleichung (1) [der Rekursionsgleichung (2)] aus Teilaufgabe c).

I.2 Der indirekte Beweis

Beispiel 1: Man beweise den Satz: Es gibt keine rationale Zahl x, für die $x^2 = 2$ gilt.

Beweis: *indirekt*

Wenn der Satz nicht gilt, dann gibt es eine rationale Zahl a mit $a^2 = 2$.

Wir können a sogar als positiv ansehen. Jede positive rationale Zahl lässt sich durch einen gekürzten Bruch darstellen: $a = \frac{p}{q}$. Weil sich der Bruch nicht mehr kürzen lässt, gilt:

p und q sind natürliche Zahlen und haben nur den gemeinsamen Teiler 1.

Aus $a^2 = 2$ folgt weiter $\frac{p^2}{q^2} = 2$ und somit $p^2 = 2 \cdot q^2$.

In der letzten Gleichung steht auf der rechten Seite eine gerade natürliche Zahl, also muss p^2 auf der linken Seite auch eine gerade natürliche Zahl sein. Es muss sogar die Zahl p eine gerade natürliche Zahl sein, dann kommt in p^2 der Primfaktor 2 aber 2-mal vor.

Dann muss der Primfaktor 2 auch auf der rechten Seite 2-mal vorkommen. Das würde bedeuten, dass auch q eine gerade natürliche Zahl ist. Dies ist jedoch ein Widerspruch, da p und q nur den gemeinsamen Teiler 1 haben.

Beispiel 2: Man beweise: Es gibt unendlich viele Primzahlen.

Beweis: *indirekt*

Wenn der Satz nicht gilt, dann gibt es nur endlich viele Primzahlen:

$p_1 = 2, p_2 = 3, p_3 = 5, p_4 = 7, p_5 = 11, \ldots, p_n$, wobei p_n die größte Primzahl sei.

Wir bilden das Produkt aller Primzahlen und addieren 1: $b = p_1 \cdot p_2 \cdot p_3 \cdot p_4 \cdot p_5 \cdot \ldots \cdot p_n + 1$

Die entstehende Zahl b ist keine Primzahl, weil sie größer als die größte Primzahl p_n ist.

Sie muss sich daher aus den Primzahlen $p_1, p_2, \ldots, p_n$ multiplikativ zusammensetzen.

b muss daher durch mindestens eine der Primzahlen $p_1, p_2, p_3, \ldots, p_n$ teilbar sein.

Andererseits erkennt man bei Division von b durch eine der Primzahlen, dass b wegen der Addition von 1 durch keine der Primzahlen teilbar ist. Widerspruch.

Es gibt aber nur zwei Möglichkeiten: Entweder der Satz gilt oder er gilt nicht. Die zweite Möglichkeit führt zu einem Widerspruch. Es bleibt nur die erste bestehen. Der Satz ist bewiesen.

Analyse der beiden indirekten Beweise

Den zu beweisenden Satz bezeichnen wir mit A. A lautet in
- Beispiel 1: Es gibt keine rationale Zahl x mit $x^2 = 2$.
- Beispiel 2: Es gibt unendlich viele Primzahlen.

In beiden Beispielen wird von der Negation $\neg A$ (gelesen: nicht A) ausgegangen. $\neg A$ lautet in
- Beispiel 1: Es gibt eine rationale Zahl x mit $x^2 = 2$.
- Beispiel 2: Es gibt endlich viele Primzahlen.

Dann werden in beiden Beweisen aus $\neg A$ Folgerungen gezogen, die zu einem Widerspruch führen. Es werden nämlich eine Aussage C und die Negation $\neg C$ gefolgert. C lautet in
- Beispiel 1: p und q haben nur den gemeinsamen Teiler 1.
- Beispiel 2: b ist durch mindestens eine Primzahl teilbar.

Die ebenfalls gefolgerte Negation $\neg C$ lautet in
- Beispiel 1: q und q haben nicht nur den gemeinsamen Teiler 1.
- Beispiel 2: b ist durch keine Primzahl teilbar.

In beiden Beweisen erhält man:

$\neg A \Rightarrow C$ *und* $\neg A \Rightarrow \neg C$.

In einem indirekten Beweis geht man von der Negation $\neg A$ des zu beweisenden Satzes A aus und folgert daraus einen Widerspruch C und $\neg C$. Daraus kann man auf A schließen. Die folgende Schlussregel wird dabei angewendet:

$$\frac{\begin{array}{l}\neg A \Rightarrow C \\ \neg A \Rightarrow \neg C\end{array}}{A}$$

Der waagerechte Strich wird „also" gelesen.

Übungsaufgaben

1.
Gib in den folgenden indirekten Beweisen die Aussagen A, $\neg A$ und die beiden einander widersprechenden Folgerungen C, $\neg C$ an. (Einige der Sätze könnte man auch anders beweisen.)

a) **Satz:** Für alle reellen Zahlen x gilt: Wenn $0 < x < 1$, dann ist $x^2 < x$.

Beweis: Wenn der Satz nicht gilt, dann gibt es eine reelle Zahl x, für die gilt:
$0 < x < 1$ und $x^2 \geq x$.
Division der letzten Ungleichung durch x liefert $x \geq 1$. Das ist ein Widerspruch.

b) **Satz:** Für alle positiven reellen Zahlen a und b gilt: $\frac{1}{2}(a + b) \geq \sqrt{a \cdot b}$.

Beweis: Wenn der Satz nicht gilt, dann gibt es positive Zahlen a und b, für die gilt:
$\frac{1}{2}(a + b) < \sqrt{a \cdot b}$
Daraus folgt dann nacheinander:
$(a + b) < 2\sqrt{a \cdot b}$
$(a + b)^2 < (2\sqrt{a \cdot b})^2$
$a^2 + 2ab + b^2 < 4ab$
$a^2 - 2ab + b^2 < 0$
$(a - b)^2 < 0$
Andererseits ist $(a - b)^2$ als Quadrat der Zahl $a - b$ größer oder gleich 0.
Das ist ein Widerspruch.

c) **Satz:** Für alle natürlichen Zahlen n gilt:
Wenn n^2 ungerade ist, dann ist auch n ungerade.

Beweis: Wenn der Satz nicht gilt, dann gibt es eine natürliche Zahl n, für die gilt:
n^2 ist ungerade und n ist gerade.
Dann folgt: $n = 2 \cdot k$ (mit $k \in \mathbb{N}$).
Daraus folgt wieder: $n^2 = (2k)^2 = 2 \cdot 2k^2 = 2 \cdot m$ (mit $m = 2k^2 \in \mathbb{N}$).
Das bedeutet: n^2 ist eine gerade Zahl. Widerspruch.

d) **Satz** (Umkehrung des Pythagoras): Wenn in einem Dreieck gilt: $a^2 + b^2 = c^2$, so ist das Dreieck rechtwinklig.

Beweis: Wenn der Satz nicht gilt, dann gibt es ein Dreieck, für das gilt:
$a^2 + b^2 = c^2$, und keiner der Winkel ist ein rechter.
Nach dem Kosinussatz gilt: $c^2 = a^2 + b^2 - 2ab \cdot \cos\gamma$.
Wegen $c^2 = a^2 + b^2$, $a > 0$, $b > 0$ muss $\cos\gamma = 0$ sein, also $\gamma = 90°$. Widerspruch.

e) **Satz:** Es ist nicht möglich, Zahlen so aufzuschreiben, dass jede der Ziffern 0, 1, 2, 3, 4, 5, 6, 7, 8, 9 genau einmal vorkommt und die Summe der Zahlen 100 ist.

Beweis: Wenn der Satz nicht gilt, so gibt es solche Zahlen $x_1, x_2, x_3, \dots, x_n$.
Mindestens eine der Zahlen muss zweistellig sein, denn für die einstelligen Zahlen gilt nur:
$0 + 1 + 2 + 3 + 4 + 5 + 6 + 7 + 8 + 9 = 45$.
Z sei die Summe der Ziffern, welche Zehner bezeichnen. Dann folgt: Z ist eine natürliche Zahl.
Ferner ist $45 - Z$ die Summe der übriggebliebenen Ziffern. Es muss also gelten:
$10 \cdot Z + (45 - Z) = 100$
Daraus folgt:
$10Z + 45 - Z = 100; \quad 9Z = 55; \quad Z = \frac{55}{9}$.
Z ist keine natürliche Zahl. Widerspruch.

2.
Beweise indirekt und gib die Aussagen A, ¬A sowie die Folgerungen C, ¬C an.

a) Für alle reellen Zahlen x gilt: Wenn $1 < x$, dann $x < x^2$.

b) Für alle positiven reellen Zahlen a, b gilt: $\sqrt{a \cdot b} \geq \frac{2ab}{a+b}$.

c) Für alle natürlichen Zahlen n gilt: Wenn n^2 gerade ist, dann ist auch n gerade.

d) Es ist unmöglich, Zahlen so hinzuschreiben, dass jede der Ziffern 0, 1, 2, 3, 4, 5 genau einmal vorkommt und die Summe der Zahlen 50 ist.

I.3 Beweisen in der Mathematik

Kennzeichnen eines Beweises

In den vorigen Abschnitten haben wir die Struktur eines Beweises durch vollständige Induktion sowie die Struktur eines indirekten Beweises genauer betrachtet.
Indirekte Beweise und Beweise durch vollständige Induktion sind Spezialfälle von Beweisen.

(1) Ein **Beweis** besteht aus einer Kette von Folgerungen.
(2) Beim Übergang von einem Glied der Folgerungskette zum nächsten dürfen verwendet werden:
  (a) die Voraussetzung des Satzes
  (b) schon bewiesene Sätze
  (c) Gesetze der Logik, insbesondere des logischen Schließens (Schlussregeln), sowie Einsetzungs- und Ersetzungsregeln.
(3) Das letzte Glied in der Folgerungskette ist die Behauptung des Satzes.
(4) Innerhalb eines Beweises wird die Behauptung des zu beweisenden Satzes nicht verwendet.

Zur Verwendung der Gesetze der Logik in den Beweisen

Die Gesetze der Logik sind innerhalb eines Beweises immer dann im Spiel, wenn Ausdrücke wie „also", „daraus folgt", „dann ergibt sich", „man erhält daraus", „darum gilt" vorkommen. Man macht sie sich in den seltensten Fällen bewusst. Im Allgemeinen empfindet man sie als selbstverständlich. Ihre Anwendung hat man meist durch häufigen Gebrauch gelernt.
Er würde den Rahmen dieses Abschnitts sprengen, wenn wir alle Gesetze des logischen Schließens, die sogenannten Schlussregeln, aufzählen würden, die man bei mathematischen Beweisen intuitiv richtig verwendet. Bisher haben wir nur eine Schlussregel, nämlich die des indirekten Beweises, kennengelernt. Sie lautet (vgl. Seite 350):

$$\begin{array}{c} \neg A \Rightarrow C \\ \neg A \Rightarrow \neg C \\ \hline A \end{array}$$

Wir geben noch eine weitere Regel an, die sogenannte Abtrennungsregel.

Die Abtrennungsregel

Wir gehen von Beispielen aus, in denen die Abtrennungsregel angewendet wird.

Wenn die natürliche Zahl x durch 6 teilbar ist,
dann ist sie auch durch 3 teilbar.
Die Zahl x ist durch 6 teilbar.
―――――――――――――――
Die Zahl x ist durch 3 teilbar.

Wenn die Figur ABCD ein Quadrat ist,
dann ist sie auch ein Rechteck.
Die Figur ABCD ist ein Quadrat.
―――――――――――――――
Die Figur ABCD ist ein Rechteck.

Aus beiden Beispielen gewinnt man leicht die Regel.

Abtrennungsregel:

$$\begin{array}{c} A \Rightarrow B \\ A \\ \hline B \end{array}$$

Der waagerechte Strich wird „also" gelesen.

Zum deduktiven Aufbau der Mathematik

Beim Beweis eines mathematischen Satzes benötigt man andere schon bewiesene Sätze. Beim Beweis dieser Sätze braucht man wieder andere Sätze. So kann man fortfahren. Selbstverständlich muss man bei diesem Verfahren irgendwo Schluss machen. Sätze, auf deren Beweis man verzichtet und die man an die Spitze einer mathematischen Theorie stellt, nennt man **Axiome**. Aus diesen Axiomen werden die anderen Sätze der betreffenden Theorie gefolgert (deduziert).
Auf diese Weise entsteht der sogenannte *deduktive Aufbau der Mathematik*.

Übungsaufgaben

1.
Begründe, warum die nebenstehende Schlussregel als Schlussregel der vollständigen Induktion bezeichnet wird.

$$\begin{array}{ll} & A(1) \\ \text{Für alle } k \in \mathbb{N}: & A(k) \Rightarrow A(k+1) \\ \hline \text{Für alle } n \in \mathbb{N}: & A(n) \end{array}$$

2.
Entscheide, ob die Abtrennungsregel angewendet wird. Wenn nein, entscheide, ob der Schluss überhaupt korrekt ist.

a) Wenn Uwe in Stuttgart wohnt, dann wohnt er in Baden-Württemberg.
Uwe wohnt nicht in Baden-Württemberg.
―――――――――――
Uwe wohnt nicht in Stuttgart.

b) Wenn Sabine Deutsche ist, dann ist sie Europäerin.
Sabine ist keine Deutsche.
―――――――――――
Sabine ist keine Europäerin.

c) Wenn Michael 18 Jahre ist, dann ist er volljährig.
Michael ist volljährig.
―――――――――――
Michael ist 18 Jahre alt.

d) Wenn Markus in Köln wohnt, dann wohnt er in Nordrhein-Westfalen.
Markus wohnt in Köln.
―――――――――――
Markus wohnt in Nordrhein-Westfalen.

e) Wenn Elke in Kassel wohnt, dann wohnt sie in Hessen.
Elke wohnt in Hessen.
―――――――――――
Elke wohnt in Kassel.

3.
Gib für jede der Schlussregeln drei Beispiele an und entscheide, ob die Schlussregel korrekt ist.

a) $\begin{array}{c} A \Rightarrow B \\ \neg B \\ \hline \neg A \end{array}$ **c)** $\begin{array}{c} A \Rightarrow B \\ B \\ \hline A \end{array}$ **e)** $\begin{array}{c} A \text{ oder } B \\ \neg A \\ \hline B \end{array}$ **g)** $\begin{array}{c} A \Rightarrow B \\ \neg B \\ \hline A \end{array}$ **i)** $\begin{array}{c} \neg A \Rightarrow B \\ \neg A \\ \hline \neg B \end{array}$

b) $\begin{array}{c} A \Rightarrow B \\ \neg A \\ \hline \neg B \end{array}$ **d)** $\begin{array}{c} A \Rightarrow B \\ B \Rightarrow C \\ A \\ \hline C \end{array}$ **f)** $\begin{array}{c} \neg A \Rightarrow B \\ \neg B \\ \hline \neg A \end{array}$ **h)** $\begin{array}{c} A \Rightarrow B \\ B \Rightarrow C \\ \hline A \Rightarrow C \end{array}$ **j)** $\begin{array}{c} A \Rightarrow B \\ \neg C \Rightarrow \neg B \\ \hline A \Rightarrow C \end{array}$

4.
Was ist bei dem folgenden Beweisversuch nicht korrekt? Welche nicht korrekte Schlussregel von Aufgabe 3 ist dabei angewendet worden?
Zu beweisen ist: Das arithmetische Mittel zweier positiver Zahlen a und b ist immer größer oder gleich dem geometrischen Mittel.

Beweisversuch:	$\frac{a+b}{2} \geq \sqrt{ab}$	$\mid \cdot 2$
Daraus folgt:	$a + b \geq 2\sqrt{ab}$	| Quadrieren
Daraus folgt:	$(a+b)^2 \geq 4ab$	| Binomische Formel
Daraus folgt:	$a^2 + 2ab + b^2 \geq 4ab$	$\mid -4ab$
Daraus folgt:	$a^2 - 2ab + b^2 \geq 0$	| Binomische Formel
Daraus folgt:	$(a-b)^2 \geq 0$	

Die letzte Ungleichung gilt, weil das Quadrat der Zahl $a - b$ immer größer oder gleich 0 ist.
Also gilt $\frac{a+b}{2} \geq \sqrt{ab}$.

ANHANG II: LÖSUNGEN ZUM KLAUSURTRAINING

Lösungen zu den Seiten 84 und 85

Klausurtraining A

1.

a) $D = \mathbb{R}\setminus\{0\}$; Achsensymmetrie zur 2. Achse, denn $f(-x) = e^{-\frac{6}{(-x)^2}} = e^{-\frac{6}{x^2}} = f(x)$;
$f(x) \to 1$ für $x \to \infty$ und $f(x) \to 1$ für $x \to -\infty$, die Gerade mit der Gleichung $y = 1$ ist waagerechte Asymptote; keine Schnittpunkte mit den Koordinatenachsen;

Extrempunkte:

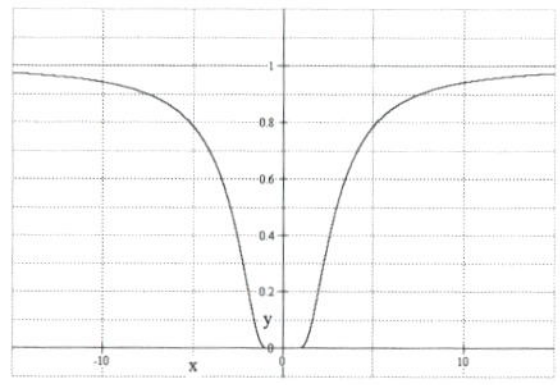

$f'(x) = \frac{12}{x^3} \cdot e^{-\frac{6}{x^2}}$ hat keine Nullstelle, also keine Extrempunkte.

Wendepunkte:

$f''(x) = \left(\frac{144}{x^6} - \frac{36}{x^4}\right) e^{\frac{6}{x^2}}$ hat die Nullstellen -2 und 2 mit Vorzeichenwechsel, also hat der Graph von f die Wendepunkte $W_1(-2 \mid e^{-1,5})$ und $W_2(2 \mid e^{-1,5})$.
$W = \mathbb{R}^+$

b) $\lim\limits_{x \to 0} f(x) = 0$, also ist die Funktion $f^*(x) = \begin{cases} e^{-\frac{6}{x^2}} & \text{für } x \neq 0 \\ 0 & \text{für } x = 0 \end{cases}$ auf ganz $\mathbb{R}$ stetig.

c) Für $t < 6$ ist der Graph parallel zur 1. Achse gestaucht, für $t > 6$ gestreckt im Vergleich zu dem von f.

2.

a) $D = \mathbb{R}\setminus\{0\}$

b) $f'(x) = \frac{2}{x} - 2x + 4 = 0$ für $x = 1 + \sqrt{2}$ und $x = 1 - \sqrt{2}$
Es gilt $f''(x) = -\frac{2}{x^2} - 2 < 0$ für alle $x \in \mathbb{R}\setminus\{0\}$. Also liegen an den Stellen $x = 1 + \sqrt{2}$ und $x = 1 - \sqrt{2}$ Hochpunkte vor.

c) Es gilt $x \to 0$, so $f(x) \to -\infty$. Die y-Achse ist also Polgerade. Die Darstellung täuscht einen Tiefpunkt vor, mithilfe der Zoom-Box kann man den Irrtum jedoch erkennen.

d) $f''(x) = -\frac{2}{x^2} - 2 \neq 0$ für alle $x \in \mathbb{R}\setminus\{0\}$
Es gibt keine Wendepunkte, zwischen den Extrema liegt eine Polstelle.

e) Wegen $\lim\limits_{x \to 0} f(x) = -\infty$, $f(1 + \sqrt{2}) > 0$ und $\lim\limits_{x \to \infty} f(x) = -\infty$ muss der Graph von f zweimal die 1. Achse schneiden. Die Nullstellen liegen in $[0; 5]$.

f)

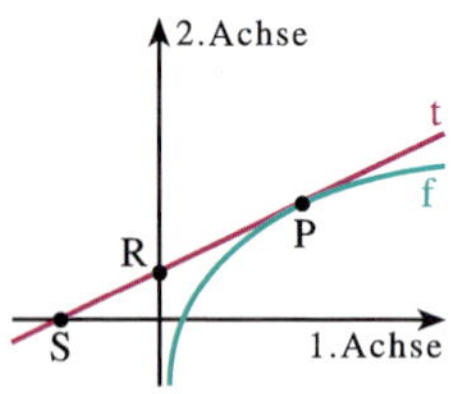

$f'(a) = \frac{2}{a}$

Gleichung der Tangente: t: $y = \frac{2}{a}x + c$

$P\left(a \,\middle|\, \ln\left(\frac{4}{a^2}\right)\right)$ liegt auf t.

$\ln\left(\frac{4}{a^2}\right) = \frac{2}{a} \cdot a + c$, also $c = \ln\left(\frac{4}{a^2}\right) - 2$

t: $y = \frac{2}{a}x + \ln\left(\frac{4}{a^2}\right) - 2$; $R\left(0 \,\middle|\, \ln\left(\frac{4}{a^2}\right) - 2\right)$ und $S\left(a - \frac{a}{2}\ln\left(\frac{4}{a^2}\right) \,\middle|\, 0\right)$

Inhalt des Rechtecks: $A = \left[\ln\left(\frac{4}{a^2}\right) - 2\right] \cdot \left[a - \frac{a}{2}\ln\left(\frac{4}{a^2}\right)\right]$

g) $A'(a) = 0$ für $a = \frac{2}{e}$ oder $a = \frac{-2}{e}$ oder $a = \frac{2}{e^3}$ oder $a = \frac{-2}{e^3}$
Es gilt: $A\left(\frac{2}{e}\right) = A\left(\frac{-2}{e}\right) = 0$ und $A\left(\frac{2}{e^3}\right) = 16\frac{1}{e^3}$ und $A\left(\frac{-2}{e^3}\right) = -16\frac{1}{e^3}$
Da $a > 0$ betrachtet wird, ergibt sich exakt bei $a = \frac{2}{e}$ der größte Flächeninhalt mit $A = 16\frac{1}{e^3}$.

Klausurtraining B

1.

a) $f_a'(x) = (3a^2 - 2ax)e^{-x^2+3ax-2a^2}$ hat eine Nullstelle mit Vorzeichenwechsel bei $x = \frac{3}{2}a$, also hat f_a genau einen Extrempunkt.
$f_a''(x) = (4ax^2 - 12a^2x + 9a^2 - 2a)e^{-x^2+3ax-2a^2}$ hat zwei Nullstellen mit Vorzeichenwechsel bei $x = \frac{3a-\sqrt{2}}{2}$ und $x = \frac{3a+\sqrt{2}}{2}$, also hat der Graph von f zwei Wendepunkte.

b) $f_a(x) = a\,e^{-x^2+3ax-2a^2} = a\,e^{-\left(\left(x-\frac{3}{2}a\right)^2-\frac{1}{4}a^2\right)}$, also gilt: $f_a\left(\frac{3}{2}a - x\right) = f_a\left(\frac{3}{2}a + x\right)$, d.h. Symmetrie des Graphen zur Geraden mit der Gleichung $x = \frac{3}{2}a$.

c)

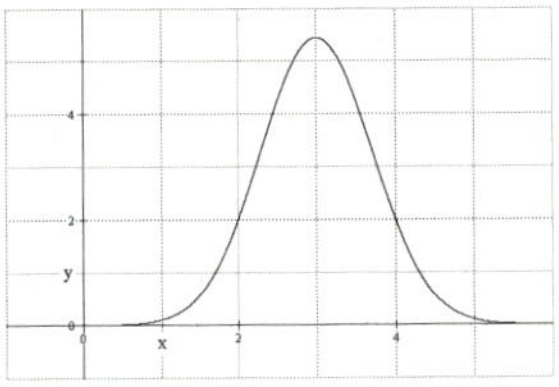

d) $f_a'(x) = f_a(x)$ liefert $3a^2 - 2ax = a$, also $x = \frac{3a-1}{2}$,
$f_a\left(\frac{3a-1}{2}\right) = a\,e^{\frac{a^2}{4}-\frac{1}{4}}$
Schnittpunkt: $\left(\frac{3a-1}{2}\;\middle|\; a\,e^{\frac{a^2}{4}-\frac{1}{4}}\right)$

e)

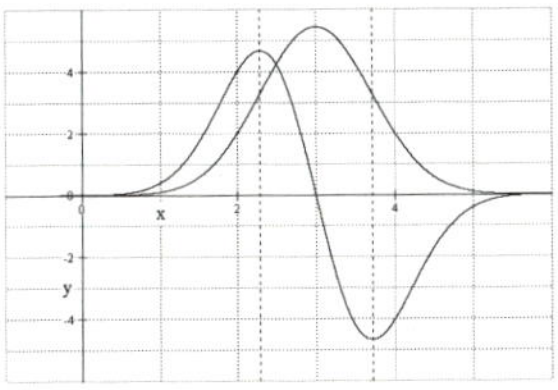

f) Der Graph von f_a' ist punktsymmetrisch zu Punkt $P\left(\frac{3}{2}a \;\middle|\; 0\right)$, da der Graph von f achsensymmetrisch zu der Geraden durch den Hochpunkt an der Stelle $\frac{3}{2}a$ ist.

2.

a) $D = \mathbb{R}\setminus\{0\}$; $f(x) \to \infty$ für $x \to \infty$; $f(x) \to -\infty$ für $x \to -\infty$;
$\lim\limits_{x \to 0} f(x) = 0$ durch Anwendung der l'Hospital'schen Regel
Punktsymmetrie zum Ursprung, da $f(-x) = -x\ln\left(\frac{(-x)^2}{9}\right) = -x\ln\frac{x^2}{9} = f(x)$
Nullstellen $x = 3$ und $x = -3$
$f'(x) = \ln\left(\frac{x^2}{9}\right) + 2$ hat Nullstellen mit Vorzeichenwechsel bei $x = -\frac{3}{e}$ und $x = \frac{3}{e}$.
$f\left(\frac{3}{e}\right) = -\frac{6}{e}$, also Hochpunkt $\left(-\frac{3}{e} \;\middle|\; +\frac{6}{e}\right)$, Tiefpunkt $\left(\frac{3}{e} \;\middle|\; -\frac{6}{e}\right)$;
$f''(x) = \frac{2}{x}$ hat keine Nullstellen, also keine Wendepunkte.

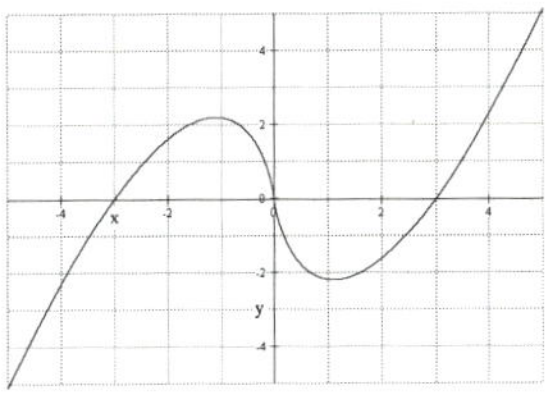

b) $f^*(x) = \begin{cases} x\ln\left(\frac{x^2}{9}\right) & \text{für } x \neq 0 \\ 0 & \text{für } x = 0 \end{cases}$ ist stetig auf ganz $\mathbb{R}$.

c) Für den Differenzenquotienten gilt:
$\frac{x\ln\left(\frac{x^2}{9}\right) - 0}{x - 0} = \ln\left(\frac{x^2}{9}\right) \to \infty$ für $x \to 0$
Also ist f an der Stelle 0 nicht differenzierbar, hat dort aber eine senkrechte Tangente.

Lösungen zu den Seiten 109 bis 111

Klausurtraining A

1.

a) $f(x) = ax^4 + bx^3 + cx^2 + dx + e$, mit $a, b, c, d, e \in \mathbb{R}$ und $a \neq 0$.
Da $O(0\,|\,0)$ ein Sattelpunkt ist, ergibt sich aus $f(0) = 0$, $f'(0) = 0$ und $f''(0) = 0$: $e = 0$, $d = 0$, $c = 0$.

Hieraus folgt: $f(x) = ax^4 + bx^3$.
Da $T(2 \mid -4)$ Tiefpunkt ist, folgt aus $f(2) = -4$ und $f'(2) = 0$: $\left| \begin{array}{l} 16a + 8b = -4 \\ 32a + 12b = 0 \end{array} \right|$

Aus diesem Gleichungssystem erhält man $b = -2$ und $a = \frac{3}{4}$, also $f(x) = \frac{3}{4}x^4 - 2x^3$.

Wegen $f'''(0) = -12 \neq 0$ und $f''(2) = 12 > 0$ liegt tatsächlich an der Stelle 0 ein Sattelpunkt und an der Stelle 2 ein Tiefpunkt.

b) Wie in der Lösung zur Teilaufgabe a) ergibt sich:
Genau die Funktionen f_a mit $f_a(x) = ax^4 - \left(2a + \frac{1}{2}\right)x^3$ sowie $a \neq 0$ und $a \neq -\frac{1}{4}$, haben die geforderten Eigenschaften.

c) Aus $f'_a(x) = 4ax^3 - 3 \cdot \left(2a + \frac{1}{2}\right)x^2 = 0$ erhält man $x = 0$ bzw. $x = \frac{3(4a+1)}{8a}$. Wegen $f''_a\left(\frac{3(4a+1)}{8a}\right) = \frac{9(4a+1)^2}{16a}$ ergibt sich an der Stelle $\frac{3(4a+1)}{8a}$ für $a > 0$ ein lokales Minimum und für $a < 0$, $a \neq -\frac{1}{4}$, ein lokales Maximum.
Aus $f'_a(x) = 4ax^3 - 3 \cdot \left(2a + \frac{1}{2}\right)x^2 = 0$ ergibt sich weiterhin $a = \frac{3}{4(2x-3)}$. Einsetzen in $f_a(x)$ liefert die Ortslinie mit $y = g(x) = -\frac{x^4}{4(2x-3)}$.

d) Aus $f'_a(x) = 0$ ergibt sich $x = 0$ oder $x = \frac{3(4a+1)}{8a}$.
Es ist $f_a\left(\frac{3(4a+1)}{8a}\right) = -\frac{27(4a+1)^4}{4096a^3}$ der mögliche Extremwert von f_a an der Stelle $\frac{3(4a+1)}{8a}$.
Die Funktion $a \mapsto \frac{-27(4a+1)^4}{4096a^3}$ hat den Punkt $\left(\frac{3}{4} \middle| -4\right)$ für $a > 0$ als absoluten Hochpunkt.

2.
Die Geradengleichungen lauten $y = x + 3$ und $y = -x + 3$.

a) Setzt man für den Übergangsbogen den Graphen eines Polynoms p vom Grad 2 an, so gilt aus Symmetriegründen zunächst $p(x) = ax^2 + b$. Wegen $p(2) = 1$ und $p'(2) = -1$ folgt $p(x) = -\frac{1}{4}x^2 + 2$.

b) Aus Symmetriegründen muss man ansetzen: $p(x) = ax^4 + bx^2 + c$ mit $a, b, c \in \mathbb{R}$. (Nachweis!)
Aus $p(2) = 1$, $p'(2) = -1$ und $p''(2) = 0$ ergibt sich $a = \frac{1}{64}$, $b = -\frac{3}{8}$ und $c = \frac{9}{4}$, also $p(x) = \frac{1}{64}x^4 - \frac{3}{8}x^2 + \frac{9}{4}$.

3.
Die allgemeine Lösung (vgl. Teilaufgaben d) und e)) ist:
Bei gleichmäßigem Abruf der Produkte vom Lager ist die durchschnittliche Höhe des Lagerbestandes gleich der Hälfte der Auflagenhöhe x. Beträgt die Produktionszeit für den gesamten Jahresbedarf t_0, so ergeben sich als gesamte Lagerkosten bei einem Lagerkostensatz k pro Produkteinheit und Jahr $k(x) = k \cdot \frac{x}{2} \cdot (1 - t_0)$.
Bei einer Auflagenhöhe x und einem Jahresbedarf D sind $\frac{D}{x}$ Einstellungen der Produktionsanlage erforderlich. Die Einstellkosten betragen somit $e(x) = K_0 \cdot \frac{D}{x}$.
Damit erhält man als Gesamtkosten $K(x) = k \cdot \frac{x}{2} \cdot (1 - t_0) + K_0 \cdot \frac{D}{x}$.
Es ist $K'(x) = \frac{k}{2} \cdot (1 - t_0) - K_0 \cdot \frac{D}{x^2}$ und man erhält als optimale Losgröße $x = \sqrt{\frac{2 \cdot D \cdot K_0}{k \cdot (1 - t_0)}}$.
Für $D = 5000$ Stück, $K_0 = 20000$ €, $k = 50$ € pro Stück und Jahr und $t_0 = 0$ erhält man als optimale Losgröße $x = 2000$ Stück.
Auf der Produktionsanlage muss also innerhalb von 2 Jahren in 5 Auflagen das Getriebe „UX 2010“ hergestellt werden.

4.
Es sei $f_k(x) = x^5 - kx^2$, $k \in \mathbb{R}$.

a) Alle Graphen der Schar haben $O(0 \mid 0)$ als gemeinsamen Punkt.

b) Für $k \neq 0$ gilt $f_{-k}(-x) = (-x)^5 - (-k)(-x)^2 = -x^5 + kx^2 = -(x^5 - kx^2) = -f_k(x)$.
Daher sind die Graphen zu f_{-k} und f_k zueinander punktsymmetrisch zum Ursprung.

c) Es ist $f'_k(x) = 5x^4 - 2kx$, $f(x) = 20x^3 - 2k$ und $f(x) = 60x^2$.
Für $k > 0$ ergibt sich: $O(0 \mid 0)$ ist Hochpunkt und $P_k\left(\sqrt[3]{\frac{2}{5}k} \middle| -\sqrt[3]{\frac{108k^5}{3125}}\right)$ ist Tiefpunkt.
Für $k < 0$ ergibt sich: $O(0 \mid 0)$ ist Tiefpunkt und $P_k\left(-\sqrt[3]{-\frac{2}{5}k} \middle| \sqrt[3]{-\frac{108k^5}{3125}}\right)$ ist Hochpunkt.

Für $k \neq 0$ ergibt sich $W_k\left(\sqrt[3]{\frac{k}{10}} \,\middle|\, -\sqrt[3]{\frac{729\,k^5}{100\,000}}\right)$ ist Wendepunkt.

Für $k = 0$ erhält man die Funktion zu $y = x^5$, die lediglich an der Stelle 0 einen Sattelpunkt hat.

Ortslinie für die Extrempunkte: $y = -\frac{3}{2}x^5$.

Ortslinie für die Wendepunkte: $y = -9x^5$.

d) 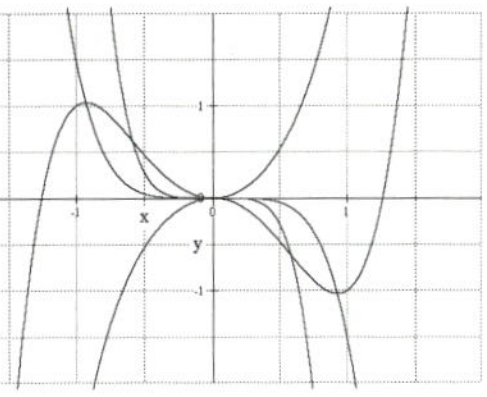

e) Für $k \neq 0$ ist das Verhältnis der Wendestelle zur (von Null verschiedenen) Nullstelle gleich $\frac{1}{\sqrt[3]{10}}$.

Für $k \neq 0$ ist das Verhältnis der von Null verschiedenen Extremstelle zur (von Null verschiedenen) Nullstelle stets gleich $\sqrt[3]{\frac{2}{5}}$.

Klausurtraining B

1.

a) Es ist $f'(x) = \left(p'(x) + p(x)\right) \cdot e^x$. Da f' zwei Nullstellen hat, muss der Grad von $p(x)$ mindestens zwei sein.
Mit dem Ansatz $p(x) = ax^2 + bx + c$ erhält man $f'(x) = (a \cdot x^2 + x \cdot (2 \cdot a + b) + b + c)e^x$ und aus $f'(-3) = 0$ und $f'(0) = 0$ schließlich $a = b = -c$.
Daher gilt für alle Funktionen f_a mit $f_a(x) = a \cdot (x^2 + x - 1)e^x$, $a \in \mathbb{R}$, $a \neq 0$: $f_a'(-3) = 0$ und $f_a'(0) = 0$.
Wegen $f_a''(-3) = -3ae^{-3} \neq 0$ und $f_a''(0) = 3a \neq 0$ liegen an diesen Stellen tatsächlich Extrempunkte.

b) Der Abstand eines beliebigen Punktes $\left(x \mid f_a(x)\right)$ des Funktionsgraphen von f_a zum Koordinatenursprung ist $d = \sqrt{x^2 + \left(f_a(x)\right)^2}$. Er ist genau dann extremal, wenn $g(x) = x^2 + \left(f_a(x)\right)^2$ extremal ist.
Es ist $g(x) = x^2 + \left(a \cdot (x^2 + x - 1)e^x\right)^2$, $g'(x) = 2a^2 \cdot x \cdot (x+3) \cdot (x^2 + x - 1) \cdot e^{2x} + 2x$
und $g''(x) = 2a^2 \cdot (2 \cdot x^4 + 12 \cdot x^3 + 16 \cdot x^2 - 2 \cdot x - 3) \cdot e^{2x} + 2$.
Wegen $g'(0) = 0$ und $g''(0) = 2 - 6a^2 \neq 0$ für $a \neq \frac{\sqrt{3}}{3}$ liegt an der Stelle 0 ein Punkt mit extremalem Abstand vom Koordinatenursprung.
Für $a = \frac{\sqrt{3}}{3}$ ergibt sich $g'(0) = g''(0) = 0$ und $g'''(0) = -\frac{16}{3} \neq 0$. Der Abstand ist *nicht* extremal.

2.

Der Radius des Kolbens sei mit r bezeichnet. Dann erhält man für den oberen rechten Eckpunkt die Koordinaten $(r \cdot \cos 30° \mid r \cdot \sin 30°)$. Die Tangente an die Parabel durch diesen Punkt muss die 1. Achse unter einem Winkel von 30° schneiden.

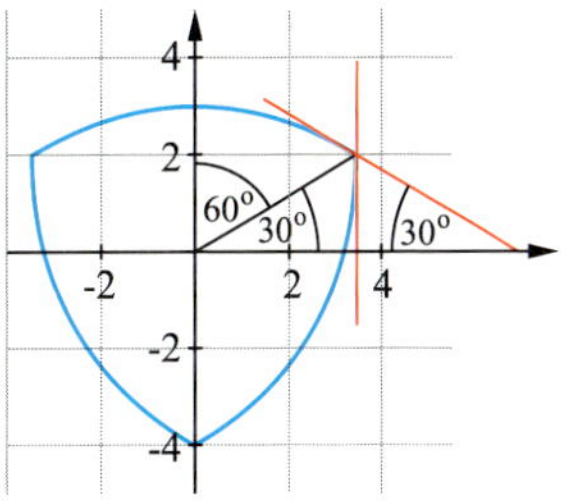

Mit $f(x) = ax^2 + b$ ergibt sich somit: $f(r \cdot \cos 30°) = r \cdot \sin 30°$, also

$a \cdot r^2 \cdot (\cos 30°)^2 + b = \frac{r}{2}$

und

$f'(r \cdot \cos 30°) = -\tan 30°$, also $2a \cdot r \cdot \cos 30° = -\tan 30°$.

Aus diesen Gleichungen ergibt sich $a = -\frac{1}{3r}$ und $b = \frac{3r}{4}$, also mit $r = 4$:

$y = -\frac{1}{12}x^2 + 3$.

3.

Es ist $V(x) = x \cdot (45 - 3{,}5x) \cdot (45 - 2x)$ mit $0 \leq x \leq \frac{90}{7}$.
Es ergibt sich $V'(x) = 3 \cdot (7 \cdot x^2 - 165 \cdot x + 675)$ und $V''(x) = 3 \cdot (14 \cdot x - 165)$.
Für $V'(x) = 0$ ergeben sich als Lösungen $x_1 \approx 18{,}30$ und $x_2 \approx 5{,}27$.
Wegen $x_1 > \frac{90}{7}$ und $V''(x_2) \approx -273{,}72 < 0$ wird das Volumen für $x \approx 5{,}27$ maximal.
Der Karton mit maximalem Volumen hat (näherungsweise) die Kantenlängen 5,27 cm, 26,56 cm und 34,46 cm. Es ist $V_{max} \approx 4822{,}5\ cm^3$.

4.

a) Die Gleichung $f_k(x) = 0$ ist genau dann lösbar, wenn $k\,e^x = 1$ lösbar ist, also $k > 0$ ist.
In diesen Fällen ergeben sich als Nullstellen die Stellen $-\ln(k)$ mit $k > 0$.

Es ist $f'_k(x) = -\frac{e^x(k\,e^{2x} + 2k\,e^x - 1)}{(e^x+1)^2}$, $f''_k(x) = -\frac{e^x(k\,e^{3x} + 3k\,e^{2x} + (4k+1)\,e^x - 1)}{(e^x+1)^3}$.

Die Gleichung $f'_k(x) = 0$ ist genau dann lösbar, wenn $k\,e^{2x} + 2k\,e^x - 1 = 0$ lösbar ist. Das ist genau dann der Fall, wenn $k > 0$ ist.
Die Gleichung $f'_k(x) = 0$ hat dann die Lösung $x = \ln\left(\frac{-k + \sqrt{k(k+1)}}{k}\right)$.

Da für $x \to -\infty$ gilt $f_k(x) > 0$ und für $x \to \infty$ gilt $f_k(x) \to -\infty$, muss an der Stelle $\ln\left(\frac{-k + \sqrt{k(k+1)}}{k}\right)$ ein Hochpunkt liegen.

b) Aus $f'_k(x) = 0$ erhält man ferner $k = \frac{e^{-x}}{e^x + 2}$ und hieraus als Gleichung der Ortslinie der Hochpunkte $y = \frac{e^x}{e^x + 2}$.
Aus $0 < \frac{e^x}{e^x + 2} < 1$ für alle $x \in \mathbb{R}$ folgt, dass alle Extremwerte der Funktionenschar f_k zwischen 0 und 1 liegen.

c) Es ist $f_k(0) = \frac{1-k}{2} = 0$ genau dann, wenn $k = 1$ ist.
Der Graph von $f_1(x) = \frac{1 - e^x}{1 + e^{-x}}$ ist der einzige Graph der Funktionenschar, der durch den Koordinatenursprung verläuft.

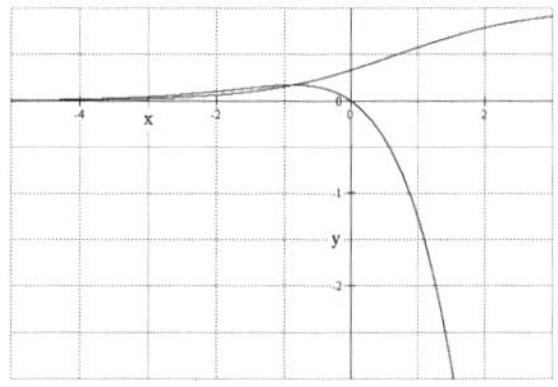

Lösungen zu den Seiten 176 und 177

Klausurtraining A

1.

a) $I_{-1}(x) = \frac{6}{7}x^7 - x^5 - \frac{1}{7}$; $\quad I_{-1}(4) = \frac{91\,135}{7} \approx 13\,019{,}29$

b) $I_{-1}(x) = \begin{cases} e^x - \frac{1}{e} & \text{für } -1 \le x \le 1 \\ \frac{e}{2}(x^2 - 1) & \text{für } 1 < x \end{cases}$; $\quad I_{-1}(4) = \frac{15}{2}e \approx 20{,}39$

2.

a) $F(x) = x^5 + 2x^4 + x + c$

b) Da $x \mapsto \frac{x^4}{4} + x^2 + 1$ keine Nullstelle hat, kann sie keine Integralfunktion sein.

c) $F(x) = -\frac{1}{2}e^{-2x+5} + c$

d) $F(x) = \frac{1}{3}(3x - 8) \cdot \ln(3x - 8) - \frac{1}{3}x + c$

3.

$-k + \frac{1}{6} = -2k + \frac{13}{3}$ für $k = \frac{25}{6}$

4.

a)

Zeit in Minuten	5	10	15	20	25	30
Wassermenge in Liter	10	30	50	50	40	30

$V(t) = \begin{cases} \frac{4}{10}t^2 & \text{für } 0 \le t \le 5 \\ 4t - 10 & \text{für } 5 \le t \le 15 \\ 50 & \text{für } 15 \le t \le 20 \\ 90 - 2t & \text{für } 20 \le t \end{cases}$

b) $V(t) = \int_0^t v(t)\,dt = \frac{5}{2}t^4 - 50t^3 + 250t^2$

c) $I_a(t) = F(t) - F(a)$. Wenn $F(a) = 0$, dann gilt $I_a(t) = F(t)$.

d) Zum Beweis und zur Formulierung des Hauptsatzes vgl. Seiten 156, 157 in diesem Buch. Hier gilt $V'(t) = v(t)$.

Klausurtraining B

1.

a) $-6(x^2-3)=12$, also $x_1=1$, $x_2=-1$

b) $\frac{15}{8}=\frac{3}{16}x^4-\frac{3}{16}$, also $x_1=\sqrt[4]{11}$, $x_2=-\sqrt[4]{11}$

2.

a) $A=\left|\int_{-3}^{-2} f(x)\,dx\right|+\int_{-2}^{2} f(x)\,dx+\left|\int_{2}^{5} f(x)\,dx\right|=\frac{7}{6}+\frac{16}{3}+\frac{27}{2}=20$

b) $A=\left|\int_{0}^{1} f(x)\,dx\right|+\int_{1}^{2} f(x)\,dx=\frac{19}{60}+\frac{97}{20}=\frac{31}{6}\approx 5{,}17$

3.

Schnittpunkte: $S_1\left(-\frac{1}{2}\,\middle|\,-\frac{3}{8}\right)$, $S_2(0\,|\,0)$, $S_3(2\,|\,-6)$

$A=\int_{-\frac{1}{2}}^{0}\left(x+\frac{5}{2}x^2-x^3\right)dx+\left|\int_{0}^{2}\left(x+\frac{3}{2}x^2-x^3\right)dx\right|=\frac{3}{64}+2=\frac{131}{64}\approx 2{,}05$

4.

a) *Schnittstellen:* 0; 2,5

$A=\int_{0}^{2{,}5}\left(g(x)-f(x)\right)dx\approx 2{,}604$

b) *Schnittstellen:* 0; $\frac{a+1}{2a}$

$A(a)=\frac{(a+1)^3}{24\cdot a^{2{,}5}}$, $A'(a)=\frac{(a+1)^2\cdot(a-5)}{48\cdot a^{3{,}5}}$, Minimum für $a=5$ mit $A(5)\approx 0{,}16$

5.

a) $A=\int_{0}^{b} f(x)\,dx=\begin{cases}10-\frac{(b-2)\cdot(5b-10)}{2} & \text{für } b>2\\ \frac{10+(10-5b)}{2}\cdot b & \text{für } 0<b\le 2\end{cases}$

b) $x_0=0$, $x_1=1\cdot\frac{b}{n}$, $x_2=2\cdot\frac{b}{n}$, …, $x_i=i\cdot\frac{b}{n}$, …, $x_n=n\cdot\frac{b}{n}$

$\overline{S}_n=\frac{b}{n}\cdot f(x_0)+\dots+\frac{b}{n}f(x_{n-1})=10b-2{,}5b^2\left(1-\frac{1}{n}\right)$

$\underline{S}_n=\frac{b}{n}f(x_1)+\dots+\frac{b}{n}f(x_n)=10b-2{,}5b^2\left(1+\frac{1}{n}\right)$

$\lim\limits_{n\to\infty}\overline{S}_n=\lim\limits_{n\to\infty}\underline{S}_n=10b-2{,}5b^2$

c) $\overline{S}_n-\underline{S}_n=\frac{5}{n}b^2$ für $b=1$ ergibt sich $\overline{S}_n-\underline{S}_n=\frac{5}{n}$. Für $\overline{S}_n-\underline{S}_n<0{,}01$ muss man $n>500$ wählen. Für $n=501$ weicht $\underline{S}_n$ um etwa 0,066 % von $\int_{0}^{1} f(x)\,dx$ ab.

Lösungen zu den Seiten 231 bis 233

Klausurtraining A

1.

a) Es ist $f(x)=\frac{12\cdot x^5-975\cdot x^4+26\,000\cdot x^3-225\,000\cdot x^2+7\,125\,000}{518\,750}$,

$f'(x)=\frac{6\cdot x\cdot(x^3-65\cdot x^2+1\,300\cdot x-7\,500)}{51\,875}$ und $f''(x)=\frac{6\cdot(4x^3-195\cdot x^2+2\,600\cdot x-7\,500)}{51\,875}$.

b) Die Punkte $H_1\left(0\,\middle|\,13\frac{61}{83}\right)$ und $H_2\left(25\,\middle|\,17\frac{1}{2}\right)$ sind Hochpunkte des Graphen, die Punkte $T_1(10\,|\,4)$ und $T_2\left(30\,\middle|\,16\frac{28}{83}\right)$ sind Tiefpunkte des Graphen.

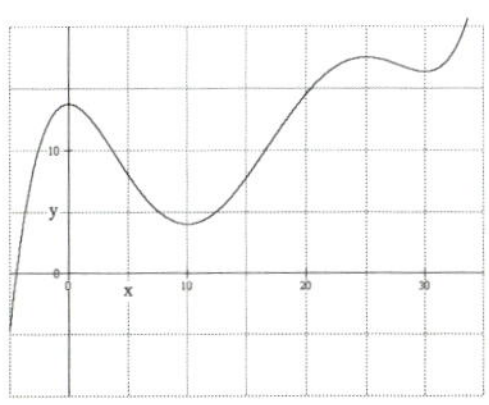

c) Durchmesser: 35 cm.

$V=\frac{\pi}{518\,750^2}\int_{0}^{25}(12\cdot x^5-975\cdot x^4+26\,000\cdot x^3-225\,000\cdot x^2+7\,125\,000)^2\,dx$

$\approx 9\,372{,}18\ \text{cm}^3$.

2.

a) Es ist $W = \int_a^b D x^3\,dx = D \cdot \left[\frac{x^4}{4}\right]_a^b = \frac{D}{4} \cdot (b^4 - a^4)$. Für $b = 2a$ erhält man $W = \frac{15\,a^4\,D}{4}$.

b) $\int_r^{r+\Delta r} G \cdot \frac{m_1\,m_2}{r^2}\,dr = G \cdot m_1 \cdot m_2 \left[-\frac{1}{r}\right]_r^{r+\Delta r} = G \cdot m_1 \cdot m_2 \left[\frac{1}{r} - \frac{1}{r+\Delta r}\right] = \frac{G \cdot m_1 \cdot m_2 \cdot \Delta r}{r \cdot (r+\Delta r)}$.

3.

a) (1) Aus der Gleichung $v(t_0) = t_0^3 = \frac{1}{10}\int_0^{10} t^3\,dt = \frac{10^3}{4} = 2500$ ergibt sich $t_0 = \sqrt[3]{2500} \approx 13{,}57$.

(2) Es ist $v(t) = \begin{cases} 6t & \text{für } 0 \le t \le 10 \\ 60 & \text{für } 10 \le t \le 50 \\ -\frac{3}{20}(t^2 - 100t + 2100) & \text{für } 50 \le t \le 70 \end{cases}$.

Es folgt $\int_0^{70} v(t)\,dt = \int_0^{10} 6t\,dt + \int_{10}^{50} 60\,dt + \int_0^{70} -\frac{3}{20}(t^2 - 100t + 2100)\,dt = 3500$.

Aus der Gleichung $v(t_0) \cdot (70 - 0) = \int_0^{70} v(t)\,dt = 3500$ folgt

$v(t_0) = 50$ und $t_0 = 8\frac{1}{3} = 8{,}\overline{3}$ oder $t_0 = 50 + \frac{10}{3}\sqrt{6} \approx 58{,}165$.

b) Setzt man in der Gleichung $\int_a^b f(x) \cdot g(x)\,dx = f(c) \cdot \int_a^b g(x)\,dx$ für $g(x) = 1$, so erhält man mit $\int_a^b f(x)\,dx = \int_a^b f(x) \cdot g(x)\,dx = f(c) \cdot \int_a^b g(x)\,dx = f(c) \cdot \int_a^b 1\,dx = f(c) \cdot (b - a)$, also die Gleichung des Mittelwertsatzes der Integralrechnung.

c) (1) Mithilfe des erweiterten Mittelwertsatzes der Integralrechnung ergibt sich mit einem geeigneten $x_0 \in]0; 1[$

$0 \le \int_0^1 x^{20} \sin x\,dx = \sin x_0 \cdot \int_0^1 x^{20}\,dx = \sin x_0 \cdot \frac{1}{21} \le \frac{1}{21}$, da $0 \le \sin x_0 \le 1$ ist.

(2) Mit $f(x) = \frac{1}{1+x^2}$ und $g(x) = x^5$ erhält man

$0 \le \int_0^1 \frac{x^5}{1+x^2}\,dx = \frac{1}{1+x_0^2} \cdot \int_0^1 x^5\,dx = \frac{1}{1+x_0^2} \cdot \frac{1}{6} \le \frac{1}{6} \approx 0{,}167$, da $\frac{1}{1+x_0^2} \ge 0$ ist.

Mit $f(x) = x^4$ und $g(x) = \frac{x}{1+x^2}$ erhält man

$0 \le \int_0^1 \frac{x^5}{1+x^2}\,dx = x \cdot \int_0^1 \frac{x}{1+x^2}\,dx = x \cdot \left[\frac{\ln(x^2+1)}{2}\right]_0^1 = x \cdot \frac{\ln 2}{2} \le \frac{\ln 2}{2} \approx 0{,}347$, da $x \ge 0$ ist.

Die erste Abschätzung ist besser. Es ist $\frac{1}{1+x_0^2} \in \left[\frac{1}{2}; 1\right]$, während $x \in [0; 1]$ ist.

Für den exakten Wert ergibt sich wegen $\frac{x^5}{1+x^2} = x^3 - x + \frac{x}{1+x^2}$ (Polynomdivision):

$\int_0^1 \frac{x^5}{1+x^2}\,dx = \int_0^1 \left(x^3 - x + \frac{x}{1+x^2}\right)dx = \left[\frac{x^4}{4} - \frac{x^2}{2} + \frac{\ln(x^2+1)}{2}\right]_0^1 = \frac{\ln 2}{2} - \frac{1}{4} \approx 0{,}097$.

4.

a) $-2e \approx -5{,}44$; $\frac{1}{4}(3e^4 + 1) \approx 41{,}20$; $\frac{\pi}{2} \approx 1{,}57$;

b) $2133360\,\frac{1}{9}$; $\approx 8{,}08$; $\frac{e}{2} \approx 1{,}36$

c) $\frac{1}{2}\ln\left(\frac{3}{2}\right) \approx 0{,}20$; $\frac{8}{3} - \ln\left(\frac{3}{4}\right) \approx 2{,}95$; $2 \cdot \ln 2 \approx 1{,}39$

Klausurtraining B

1.

a) Der Graph von f mit $f(x) = a(x^4 - 16)$ schneidet die erste Achse an den Stellen -2 und 2.

Aus $f(3) = 10$ folgt $a = \frac{2}{13}$, also $f(x) = \frac{2}{13}(x^4 - 16)$.

Für den Graphen von g mit $g(x) = b x^4 + 0{,}1$ gilt $f(0) = 0{,}1$.

Aus $g(2{,}9) = 10$ folgt $g(x) = \frac{99000}{707281} \cdot x^4 + 0{,}1$.

b) Zur Berechnung der Volumina spiegeln wir die Graphen von f und g für $x \leq 0$ an der Geraden zu $y = x$ und erhalten die Graphen zu $f^*(x) = \left(\frac{13x+32}{2}\right)^{\frac{1}{4}}$ und $g^*(x) = \left(\frac{707\,281}{990\,000}(10x-1)\right)^{\frac{1}{4}}$

Das Fassungsvermögen des Glases ist $\pi \int\limits_{0,1}^{10} \left(g^*(x)\right)^2 dx = \frac{841\sqrt{11}\,\pi}{49\,500}\left[(10x-1)^{\frac{3}{2}}\right]_{0,1}^{10} = \frac{27\,753\,\pi}{500} \approx 174{,}38.$

c) Es ist $\pi \int\limits_{0}^{10} \left(f^*(x)\right)^2 dx = \frac{\sqrt{2}\,\pi}{39}\left[(13x+32)^{\frac{3}{2}}\right]_{0}^{10} = \frac{2\,660\,\pi}{39} \approx 214{,}27.$

Damit ergibt sich als Masse für das Glas $2{,}5 \cdot \left(\pi \int\limits_{0}^{10} \left(f^*(x)\right)^2 dx - \pi \int\limits_{0,1}^{10} \left(g^*(x)\right)^2 dx\right) = 2{,}5 \cdot \frac{247\,633\,\pi}{19\,500} \approx 99{,}74$ [g]

2.

Anzahl der Zylinderschichten $= n$, Gewichtskraft einer Zylinderschicht $= \pi \cdot r^2 \cdot \frac{h}{n} \cdot 10^4$.

Arbeit für das Anheben aller Zylinderschichten bis zum oberen Rand

$\approx \sum\limits_{i=1}^{n} \pi \cdot r^2 \cdot \frac{h}{n} \cdot 10^4 \cdot \left(h - i \cdot \frac{h}{n}\right) = \pi \cdot r^2 \cdot 10^4 \cdot \sum\limits_{i=1}^{n} \left(h - i \cdot \frac{h}{n}\right) \cdot \frac{h}{n}$

Für $n \to \infty$ erhält man die Hubarbeit als Integral $\pi \cdot r^2 \cdot 10^4 \cdot \int\limits_0^h (h-x)\,dx = 5000 \cdot \pi \cdot r^2 \cdot h^2 \approx 8835{,}73$ J.

3.

a) Abschusspunkt sei der Ursprung $O(2\,|\,0)$. Zum Zeitpunkt hat das Geschoss die Koordinaten $(x(t)\,|\,y(t))$ mit $x(t) = 100t$ und $y(t) = 2 - \frac{g}{2}t^2$ mit $g \approx 9{,}81\,\frac{m}{s^2}$. Setzt man $t = \frac{x}{100}$ in die 2. Gleichung ein, so erhält man den Funktionsterm $f(x) = 2 - \frac{g}{20\,000}x^2$, $0 \leq x \leq \frac{200}{\sqrt{g}} \approx 63{,}86$, der Flugbahn.

b) Es ist $H'(x) = \frac{1}{2}\left(\frac{\frac{x}{\sqrt{1+x^2}}+1}{\sqrt{1+x^2}+x} + x \cdot \frac{x}{\sqrt{1+x^2}} + \sqrt{1+x^2}\right) = \frac{1}{2}\left(\frac{\frac{x+\sqrt{1+x^2}}{\sqrt{1+x^2}}}{\sqrt{1+x^2}+x} + \frac{x^2}{\sqrt{1+x^2}} + \frac{1+x^2}{\sqrt{1+x^2}}\right)$

$= \frac{1}{2}\left(\frac{1}{\sqrt{1+x^2}} + \frac{x^2}{\sqrt{1+x^2}} + \frac{1+x^2}{\sqrt{1+x^2}}\right) = \sqrt{1+x^2}.$

c) Der Graph von f schneidet die 1. Achse an der Stelle $x_0 = \frac{200}{\sqrt{g}} \approx 63{,}86$.

Daher ist die Länge der Flugbahn (Bogenlänge) $\int\limits_0^{x_0} \sqrt{1 + \left(f'(x)\right)^2}\,dx = \int\limits_0^{x_0} \sqrt{1 + \left(\frac{g}{10\,000} \cdot x\right)^2}\,dx.$

Mithilfe der Integration durch Substitution erhält man aus Teilaufgabe b):

Eine Stammfunktion zu $h(x) = \sqrt{1+(ax)^2}$ ist gegeben durch $H(x) = \frac{1}{2a}\left(\ln\left(\sqrt{1+(ax)^2} + ax\right) + ax\sqrt{1+(ax)^2}\right).$

Damit erhält man als Bogenlänge $\int\limits_0^{x_0} \sqrt{1+\left(f'(x)\right)^2}\,dx \approx 63{,}90$ Meter.

4.

Es ist $f(x) = \sqrt{1-x^2}$. Da der Graph von f für $0 \leq x \leq 1$ einen Viertelkreis mit dem Radius 1 beschreibt, ist $\int\limits_0^1 \sqrt{1-x^2}\,dx = \frac{\pi}{4}$.

a) Aufgrund der Keplerschen Fassregel gilt:

$\int\limits_0^1 \sqrt{1-x^2}\,dx \approx \frac{1}{6} \cdot (1-0) \cdot \left(f(0) + 4 \cdot f\left(\frac{0+1}{2}\right) + f(1)\right) = \frac{1}{6} \cdot \left(1 + 4 \cdot \frac{\sqrt{3}}{2} + 0\right) = \frac{1}{6} + \frac{\sqrt{3}}{2} \approx 0{,}7440169358.$

Dies ergibt als (sehr groben) Näherungswert für π die Zahl 2,98.

b) Nach der Regel von Simpson gilt für eine auf dem Intervall [a; b] stetige Funktion f und eine gerade Zahl $n > 2$ mit $y_i = f\left(a + i \cdot \frac{b-a}{n}\right)$: $\int\limits_a^b f(x)\,dx \approx \frac{1}{3} \cdot \frac{b-a}{n} \cdot \left(f(a) + f(b) + 4 \cdot (y_1 + y_3 + \ldots + y_{n-1}) + 2(y_2 + y_4 + \ldots + y_{n-2})\right)$

Setzt man $n = 2m$, $m \in \mathbb{N}$, $m > 1$, so erhält man für $f(x) = \sqrt{1-x^2}$, $a = 0$, und $b = 1$ den Ausdruck #2 auf der Computeranzeige.

Setzt man $m = 5$, so ergibt sich der Ausdruck #3 mit dem Näherungswert 0,7817520396 (#4) für $\frac{\pi}{4}$.

Man erhält als Näherungswert für π: $\pi \approx 3{,}127$.

Setzt man $m = 50$, so ergibt sich der Ausdruck #5 mit dem Näherungswert 0,7852833013 (#6) für $\frac{\pi}{4}$.

Man erhält nun als Näherungswert für π: $\pi \approx 3{,}14113$.

Die direkte Berechnung des Integrals $\int\limits_a^b \sqrt{1-x^2}\,dx$ mit dem Computer ergibt den Wert $\frac{\pi}{4} \approx 0{,}7853981667$ (Ausdrucke #7, #8, #9). Für $m = 500$ erhält man den Näherungswert 0,7853981667 für $\frac{\pi}{4}$ und damit 3,141578129 als Näherungswert für $\pi = 3{,}14159265\ldots$.

Lösungen zu den Seiten 288 und 289

Klausurtraining – Rationale Funktionen

1.

a) $f(x) = x - \frac{1}{x}$; Asymptote: $y = x$; Polgerade: $x = 0$

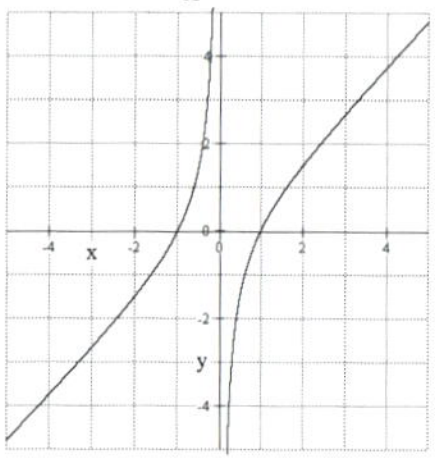

b) $f(x) = \frac{1}{x+1} + \frac{1}{x-1}$; Polgeraden: $x = -1$, $x = 1$

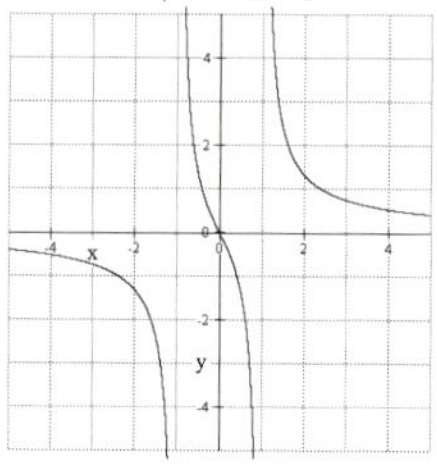

c) $f(x) = (x-1)^2 + \frac{1}{x-2}$; Polgerade: $x = 2$

Näherungsfunktion g mit $g(x) = (x-1)^2$

Grafik zu 1c

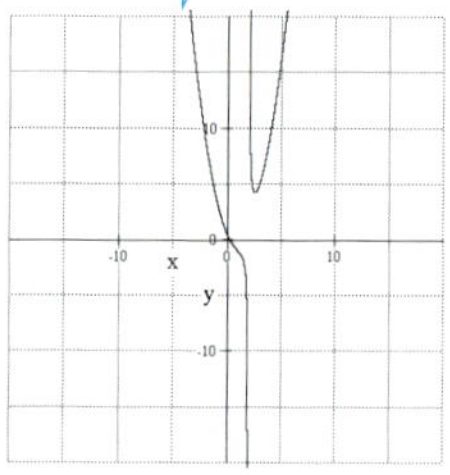

2.

a) $f(x) = x^2 + \frac{1}{x^2} = \frac{x^4+1}{x^2}$

b) $f(x) = x - \frac{1}{(x-1)^2} = \frac{x^3 - 2x^2 + x - 1}{x^2 - 2x + 1}$

3.

a) $f(x) = \frac{1}{x-3} + \frac{1}{x+3} - 2 = \frac{-2x^2 + 2x + 18}{x^2 - 9}$

b) z. B. $f(x) = \frac{1}{x^2+1} - x + 4$

4.

$f(x) = \frac{x^3 - 2x}{x^2 - 3}$, $f'(x) = \frac{x^4 - 7x^2 + 6}{(x^2-3)^2}$, $f''(x) = \frac{2x(x^2+9)}{(x^2-3)^3}$.

$\mathbb{D} = \mathbb{R} \setminus \{\sqrt{3}, -\sqrt{3}\}$, $f(x) = x + \frac{x}{x^2-3}$.

Wegen $-f(-x) = f(x)$ ist der Graph symmetrisch zu $O(0 \mid 0)$.

$-\sqrt{3}$ ist Polstelle mit $(-/+)$ VZW

$\sqrt{3}$ ist Polstelle mit $(-/+)$ VZW

Nullstellen: $-\sqrt{2}$; 0; $\sqrt{2}$

Extrempunkte: $H_1\left(-\sqrt{6} \,\middle|\, -\frac{4\sqrt{6}}{3}\right)$, $H_2\left(1 \,\middle|\, \frac{1}{2}\right)$, $T_1\left(-1 \,\middle|\, -\frac{1}{2}\right)$, $T_2\left(\sqrt{6} \,\middle|\, \frac{4\sqrt{6}}{3}\right)$

Wendepunkt: $O(0 \mid 0)$

Die Gerade zu $y = x$ ist Asymptote für $x \to -\infty$ und für $x \to +\infty$.

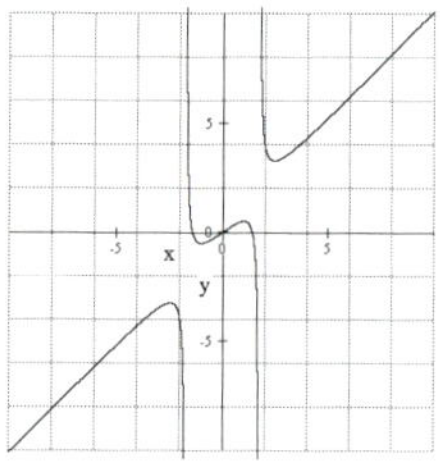

5.

a) $k > 0$: $f_k(x) = \frac{(x-k)(kx-1)}{kx}$, $f_k'(x) = \frac{x^2-1}{x^2}$, $f_k''(x) = \frac{2}{x^3}$

Da $f_k'(x)$ von k unabhängig ist, gehen alle Funktionsgraphen zu f_k, $k > 0$, durch Parallelverschiebung in Richtung der 2. Achse auseinander hervor.

Tatsächlich ist: $f_k(x) = x + \frac{1}{x} - \frac{k^2+1}{k}$.

Nullstellen: $k, \frac{1}{k}$

Extrempunkte: $H\left(-1 \,\middle|\, -\frac{(k+1)^2}{k}\right)$, $T\left(1 \,\middle|\, -\frac{(k-1)^2}{k}\right)$

Wendepunkte existieren nicht.

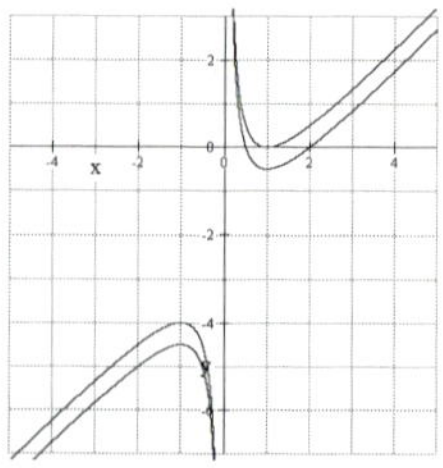

b) $A(k) = \left| \int_{\frac{1}{k}}^{k} \left(x + \frac{1}{x} - \frac{k^2+1}{k}\right) dx \right| = \left| 2\ln(k) - \frac{k^2}{2} + \frac{1}{2k^2} \right|$.

Für $k = 1$ erhält man $A(1) = 0$, der Flächeninhalt ist also minimal.

Klausurtraining B – Trigonometrische- und Arkusfunktionen

1.

a)

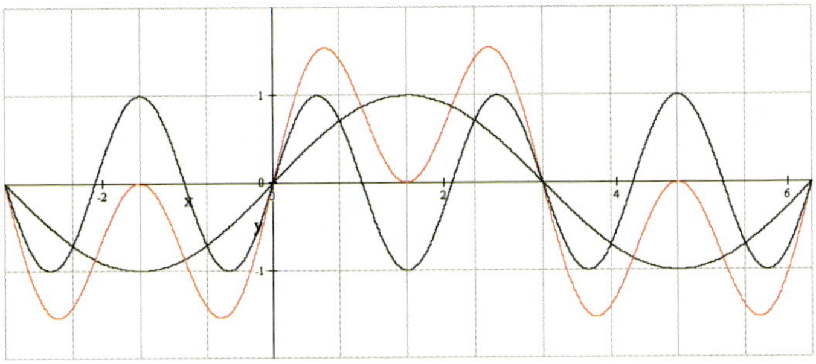

b) Punktsymmetrischer Graph zu allen Punkten $(k\pi \mid 0)$ mit $k \in \mathbb{N}$ Periode: $2k\pi$ mit $k \in \mathbb{N}^*$

c) $h(x) = \sin(x) + \sin(3x) = 4\sin(x)\cos^2(x)$;
Nullstellen bei $k\frac{\pi}{2}$ mit $k \in \mathbb{N}$.
$h'(x) = 4\cos(x) \cdot (1 - 3\sin^2(x))$;
Extremstellen bei $(2k+1)\frac{\pi}{2}$ sowie bei $k\pi - 0{,}6155$ und $k\pi + 0{,}6155$ mit $k \in \mathbb{N}$.

d) $A = \int_0^{\frac{\pi}{2}} h(x)\,dx = \left[-\frac{1}{3}\cos(3x) - \cos(x)\right]_0^{\frac{\pi}{2}} = \frac{4}{3}$

e) $V = \frac{\pi^2}{2} \approx 4{,}9348$

f) Wendepunkte z. B. bei $(0 \mid 0)$ und $\left(\frac{\pi}{3} \,\middle|\, 0\right)$
Gleichung der Normalen: $y_1 = -\frac{k}{3}x$ und $y_2 = \frac{k}{3}x - \frac{k}{9}\pi$
Schnittpunkt: $\left(\frac{\pi}{6} \,\middle|\, -\frac{k}{18}\pi\right)$

$A(k) = \frac{1}{2} \cdot \frac{\pi}{3} \cdot \frac{k}{18}\pi + \frac{1}{k}\int_0^{\frac{\pi}{3}} \sin(3x)\,dx = \frac{k \cdot \pi^2}{108} + \frac{2}{3 \cdot k}$

$A'(k) = \frac{\pi^2}{108} - \frac{2}{3k^2}$ Der Flächeninhalt wird minimal für $k = \frac{6 \cdot \sqrt{2}}{\pi}$ und beträgt dann $A = \frac{\pi}{9}\sqrt{2}$.

2.

a) *Definitionsbereich:* $x \in]-a; a[$
$x \to -a$, so $g_a(x) \to -\infty$ für $a \in \mathbb{R}^+$; $x \to a$, so $g_a(x) \to +\infty$ für $a \in \mathbb{R}^+$
Der Graph ist punktsymmetrisch zum Ursprung. *Nullstelle:* $x = 0$; *Extremstellen:* keine

b) Aus dem Verhalten von $g_a(x)$ für $x \to -a$ und $x \to a$ sowie der Punktsymmetrie und der Tatsache, dass es keine Extremstellen gibt folgt, dass der Ursprung Wendepunkt des Graphen ist.

c) $y = \frac{1}{|a|}x$

d)

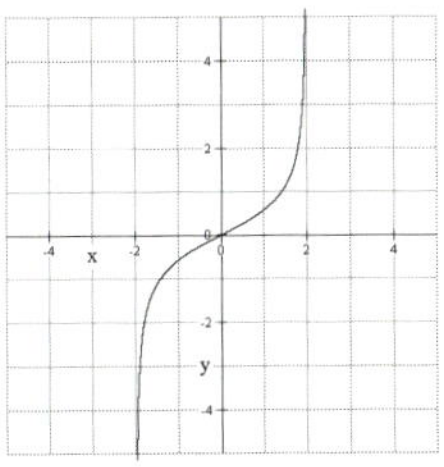

e) $F(x) = -\sqrt{a^2 - x^2} + c$

f) Punktsymmetrisch zum Ursprung, Nullstelle $x = 0$, Ursprung ist Wendepunkt; maximaler Definitionsbereich:
$x \in \left[-\frac{a}{\sqrt{2}}; \frac{a}{\sqrt{2}}\right]$; mit $g_a\left(-\frac{a}{\sqrt{2}}\right) = -1$ und $g_a\left(\frac{a}{\sqrt{2}}\right) = 1$; bei $-\frac{a}{\sqrt{2}}$ und $\frac{a}{\sqrt{2}}$ liegen Randextrema.

g) *maximaler Definitionsbereich:* $x \in [-2\sqrt{2}; 2\sqrt{2}]$;
Nullstellen: $x = 1$, $x = -1$
Extremstellen: $x = 0$, $x = -2\sqrt{2}$, $x = 2\sqrt{2}$

Stichwortverzeichnis

Bildquellenverzeichnis

Umschlagfoto: Wind Turbines: Thomas Wiewandt – Bavaria, München; *Seite 6:* Straßenbau: Mauritius – Hubatka, Mittenwald; Wasserhyazinthen: Mauritius – Thonig, Mittenwald; *Seite 7:* Algen: Mauritius – Weststock, Mittenwald; Szintigramm: Mauritius – Phototake; *Seite 10:* Astrophoto: Van Ravenswaay; Sörth; *Seite 11:* Mann mit Bleiplatten beim Röntgen: Siemens AG, Erlangen; *Seite 16:* Koch, Zefa, Düsseldorf; *Seite 18:* Menschenmenge: Mauritius – Kuchlbauer, Mittenwald; *Seite 19:* Spannungsmesser: Hans Tegen, Hambühren; *Seite 25:* Diskothek: Mauritius – Ridder, Mittenwald; *Seite 64:* Hans Tegen, Hambühren; *Seite 65:* Hans Tegen, Hambühren; *Seite 66:* Gauß: AKG, Berlin; *Seite 67:* Michael Fabian, Hannover; *Seite 77:* Menschenmenge: Mauritius – Kuchlbauer, Mittenwald; *Seite 78:* Radio mit Strommesser: Hans Tegen, Hambühren; *Seite 79:* Obstteller: Michael Fabian, Hannover; Kerbholz: Michael Fabian, Hannover; *Seite 80:* Cantor: AKG, Berlin; Dedekind: AKG, Berlin; Frobenius: Bildarchiv preußischer Kulturbesitz, Berlin; *Seite 86:* Mauritius – Schmidt-Luchs, Mittenwald; *Seite 89:* Bakterienkultur: eye of science; *Seite 91:* Frau bei der Arbeit: IFA – Bilderteam – Maximilian Stock, München; *Seite 93:* Max Planck: AKG, Berlin; Produktionsanlage: VCL – Bavaria, München; *Seite 96:* Sägewerk: Mauritius – Eberle, Mittenwald; *Seite 109:* Getriebeproduktion: VW AG, Wolfsburg; *Seite 111:* Schachtel: Michael Fabian, Hannover; *Seite 112:* Chwarizmi: Dr. Zemanek, Wien; Lullus: Deutsches Museum, München; *Seite 113:* King's College, Cambridge und The Royal Society; *Seite 132:* Straßenverkehr: Zefa – Svenja – Foto, Düsseldorf; *Seite 178:* AKG, Berlin; *Seite 179:* Riemann: AKG, Berlin; *Seite 181:* Traktor und Segelflugzeug: Michael Fabian, Hannover; Pkw abschleppen: Bernd Trambauer, Arnum; *Seite 183:* Coulomb: AKG, Berlin; *Seite 184:* Otto: AKG, Berlin; *Seite 185:* Bohrmaschine: Michael Fabian, Hannover; Megaphon: Michael Fabian, Hannover; *Seite 188:* Wok: Michael Fabian, Hannover; *Seite 226:* Brot: Michael Fabian, Hannover; Cavalieri: Deutsches Museum, München; *Seite 229:* Abformung der altägyptischen Wasseruhr: Staatliches Museum Kassel; *Seite 236:* Segelflugzeug: Mauritius – Hubacher, Mittenwald; *Seite 254:* Taschenrechner: Michael Fabian, Hannover; Mofas: Michael Fabian, Hannover; *Seite 256:* Aufzeichnung von Klangbildern: Hans Tegen, Hambühren; *Seite 263:* Katakaustik: Hans Tegen, Hambühren; *Seite 274:* Piazza del Campo: Zefa – Everts, Düsseldorf; *Seite 300:* Feldhamster: Toni Angermayer, Holzkirchen; *Seite 304:* Maus: Toni Angermayer, Holzkirchen; *Seite 305:* Goldfische: Toni Angermayer, Holzkirchen; Seite 306: schwingende Blattfeder: Hans Tegen, Hambühren; *Seite 328:* Rechenschieber, Rechner, Tafelwerk: Michael Fabian, Hannover

Überblick über den Kern des Lehrgangs

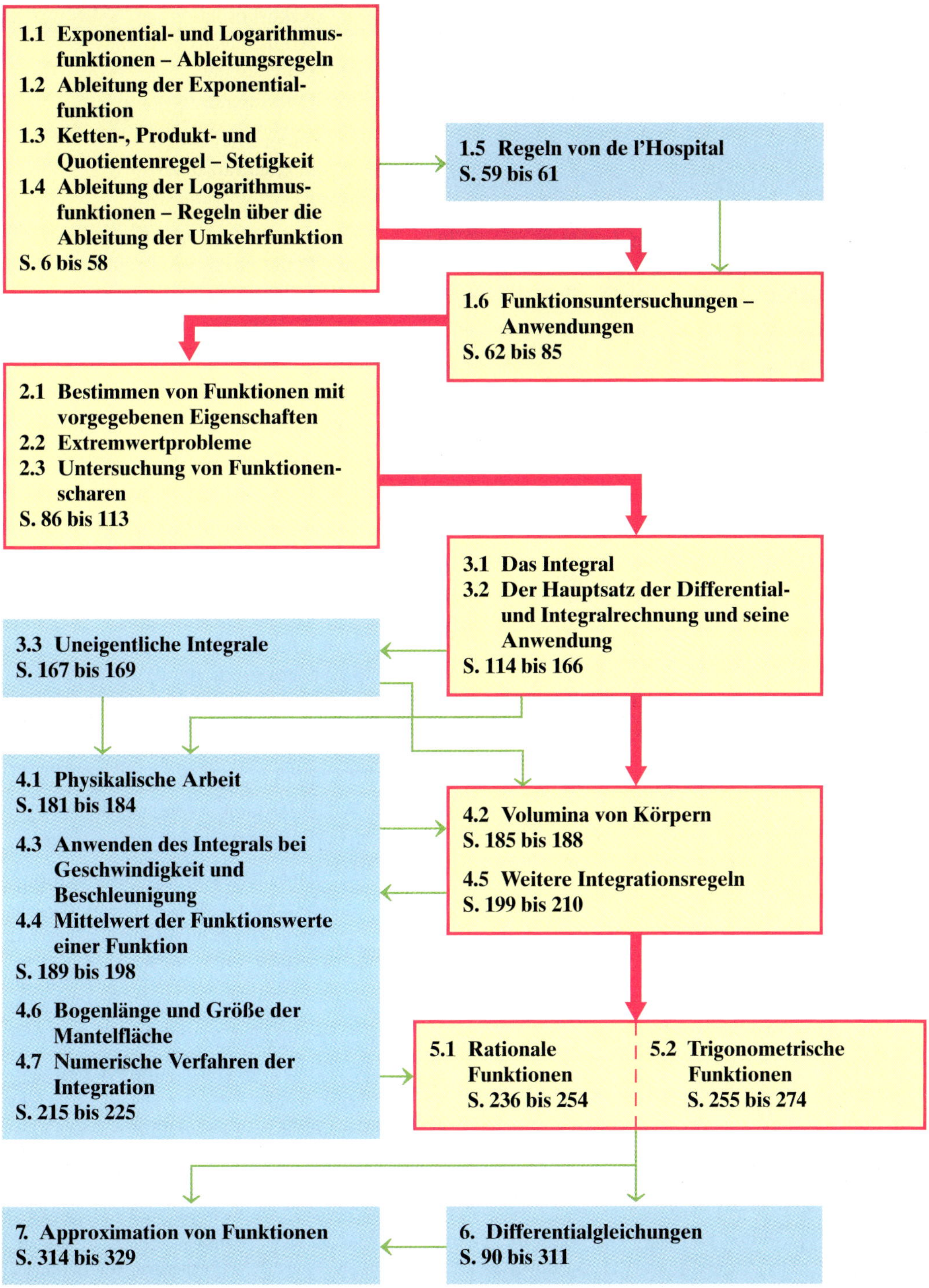

Verzeichnis mathematischer Symbole

Mengen, Zahlen

$\mathbb{N}$	Menge der natürlichen Zahlen
$\mathbb{N}^*$	Menge der natürlichen Zahlen ohne null
$\mathbb{Z}$	Menge der ganzen Zahlen
$\mathbb{Q}$	Menge der rationalen Zahlen
$\mathbb{R}$	Menge der reellen Zahlen
$\mathbb{R}^*$	Menge der reellen Zahlen ohne null
$\mathbb{R}^+$	Menge der positiven reellen Zahlen
$\mathbb{R}^-$	Menge der negativen reellen Zahlen
$\mathbb{R}_0^+$	Menge der positiven reellen Zahlen zuzüglich null
$x \in M$	x ist Element von M
$x \notin M$	x ist nicht Element von M
$\{x \in M \mid \ldots\}$	Menge aller x aus M, für die gilt …
$\{a, b, c, d\}$	Menge mit den Elementen a, b, c, d
$\{\ \}$	Leere Menge
$[a; b]$	$\{x \in \mathbb{R} \mid a \leq x \leq b\}$, abgeschlossenes Intervall
$]a; b[$	$\{x \in \mathbb{R} \mid a < x < b\}$, offenes Intervall
$[a; b[$	$\{x \in \mathbb{R} \mid a \leq x < b\}$
$[a; +\infty[$	$\{x \in \mathbb{R} \mid a \leq x\}$
$]-\infty; a[$	$\{x \in \mathbb{R} \mid x < a\}$
$U_\varepsilon(a)$	$]a-\varepsilon; a+\varepsilon[$ ε-Umgebung von a
$(a \mid b)$	geordnetes Paar a, b
$a < b$	a kleiner b
$a \leq b$	a kleiner oder gleich b
$\lvert x \rvert$	Betrag von x
x^n	x hoch n, n-te Potenz von x
$\sqrt{x}$	Wurzel aus x, (Quadrat-)Wurzel aus x
$\sqrt[n]{x}$	n-te Wurzel aus x
b^x	Potenz zur Basis b mit Exponent x (b hoch x)
$\sin x$	Sinus von x
$\cos x$	Kosinus von x
$\tan x$	Tangens von x
$\arcsin x$	Arkussinus x
$\arccos x$	Arkuskosinus x
$\arctan x$	Arkustangens x
$\underline{S}_n$	Untersumme
$\overline{S}_n$	Obersumme
$\sum_{i=1}^{m} i^2$	Summe der ersten m Quadratzahlen
$\log_b x$	Logarithmus von x zur Basis b
$\ln x$	natürlicher Logarithmus von x
$P(x \mid y)$	Punkt mit den Koordinaten x und y

Funktionen

$x \mapsto \operatorname{sgn} x$	Signumfunktion
$x \mapsto H(x)$	Heavisidefunktion
$x \mapsto \operatorname{INT}(x)$	Ganzteilfunktion
$x \mapsto \int_a^x f$	Integralfunktion
$x \mapsto b^x$	Exponentialfunktion
$x \mapsto a \cdot b^x$	allgemeine Exponentialfunktion
$x \mapsto \log_b x$	Logarithmusfunktion
$x \mapsto e^x$	e-Funktion
$x \mapsto \sin x$	Sinusfunktion
$x \mapsto \cos x$	Kosinusfunktion
$x \mapsto \tan x$	Tangensfunktion
$f(x)$	Funktionsterm der Funktion f, Funktionswert von f an der Stelle x
$x \mapsto f(x)$	Zuordnungsvorschrift der Funktion f
D_f	Definitionsbereich der Funktion f
W_f	Wertebereich der Funktion f
f'	Ableitungsfunktion von f
$f''\ [f''', f^{IV}, \ldots]$	zweite [dritte, vierte, …] Ableitung der Funktion f
$f'(a)$	Ableitung der Funktion f an der Stelle a
$\lim_{x \to a} f(x)$	Grenzwert der Funktion f an der Stelle a
$\langle a_n \rangle$	Folge mit den Gliedern $a_1, a_2, a_3, \ldots$
$\lim_{x \to \infty} a_n$	Grenzwert der Folge $\langle a_n \rangle$
$\int_a^b f(x)\,dx$	Integral von a bis b der Funktion f